VOLUMEN UNO

Matemáticas

un enfoque de resolución de problemas

para Maestros de Educación Básica

DÉCIMA EDICIÓN

RICK BILLSTEIN
Universidad de Montana

SHLOMO LIBESKIND
Universidad de Oregon

JOHNNY W. LOTT
Universidad de Mississippi

versión en español
MANUEL LÓPEZ MATEOS

con la colaboración de
LOURDES CLAUDIA PATIÑO ROMÁN
JULIO CÉSAR SALAZAR GARCÍA

López
Mateos
editores

Authorized translation from the English language edition, entitled PROBLEM SOLVING APPROACH TO MATHEMATICS FOR ELEMENTARY SCHOOL TEACHERS, A, 10th Edition by RICK BILLSTEIN; SHLOMO LIBESKIND; JOHNNY LOTT, published by Pearson Education, Inc., publishing as Addison-Wesley, Copyright © 2010 Pearson Education, Inc.

Traducción autorizada de la edición en inglés titulada PROBLEM SOLVING APPROACH TO MATHEMATICS FOR ELEMENTARY SCHOOL TEACHERS, A, décima edición por RICK BILLSTEIN; SHLOMO LIBESKIND; JOHNNY LOTT, publicada por Pearson Education, Inc., bajo Addison-Wesley Higher Education, Copyright © 2010 Pearson Education, Inc.

Traducción   Manuel López Mateos
Corrección del texto   José María Fábregas Puig
Corrección técnica   Lourdes Claudia Patiño Román, Julio César Salazar García
Formación   Constancio Hernández García
Formación de las páginas de muestra   Víctor Andrés Hernández Patiño
Revisión de páginas finales   Libia López Mateos Cortés
Printed by CreateSpace

Décima edición, 2011
© 2011 López Mateos Editores, s.a. de c.v.
    Camino al Seminario 78
    Tercera Sección
    San Pablo Etla, Oax.
    C.P. 68258
    México

ISBN-13: 978-1530153381.

ISBN-10: 1530153387.

Información para catalogación bibliográfica:
Billstein, Rick.
    MATEMÁTICAS: Un enfoque de resolución de problemas para maestros de educación básica, Vol. I /
    Rick Billstein, Shlomo Libeskind, Johnny W. Lott / Manuel López Mateos Tr.—10a ed.
    xii–339 p. cm.
    ISBN-13: 978-1530153381. ISBN-10: 1530153387.
    1. Matemáticas—Aprendizaje y enseñanza (básica) 2. Resolución de problemas—Aprendizaje y enseñanza (básica) 3. Formación de maestros—Actualización 4. Educación básica I. Libeskind, Shlomo. II. Lott, Johnny W., 1944- III. Título.

www.lopez-mateos.com

ISBN-13: 978-1530153381.
ISBN-10: 1530153387.

Para todos los estudiantes y maestros que han usado
este libro desde su origen—RWB, SL y JWL

Para Jane, por su paciencia durante estas 10 ediciones—RB

A la memoria de mi amado abuelo Itzhak Białowąs y mi querido
tío Marian Białowąs—SL

Para la siguiente generación de estudiantes de matemáticas, incluyendo a Hamilton Grey Lott,
William Thomas Falk y Grant Warren Falk—JWL

Contenido

* Sección optativa

* Sección optativa
~ Sección disponible en www.lopez-mateos.com/Billstein10einfo

~ Sección disponible en www.lopez-mateos.com/Billstein10einfo

Prefacio a la edición en español

La pertinencia de la versión en español de este libro, presentado ahora en tres volúmenes, que es uno de los más populares en su materia en Estados Unidos, se debe a la preocupante carencia de textos para la formación de profesores de matemáticas en el ámbito de habla hispana. Al cubrir los contenidos de matemáticas de la currícula de la educación básica, se convierte en el libro de texto ideal para la formación de maestros; pero no sólo eso, también se convierte en el soporte impreso adecuado para un curso de actualización de maestros de educación básica en servicio, para que, con un conocimiento sólido de los contenidos académicos de matemáticas, los maestros adquieran confianza y seguridad en los cursos que imparten, mejoren su metodología y capacidad didáctica y, finalmente, estén en óptimas condiciones para acoplarse a la inevitable evolución de los planes y programas de estudio.

OBSERVACIONES

En aras de tener una versión en español apegada al espíritu de la edición original, se ha mantenido el diseño gráfico, traduciendo el contenido de las páginas de libros de texto estadounidenses de educación básica incluidas como muestra. Dichas obras no existen en español. Asimismo, se ha preservado la diversidad empleada por los autores en el uso de unidades en ejemplos y ejercicios, así como las fuentes originales de los datos utilizados en el manejo de la estadística y la probabilidad. Los maestros podrán sugerir como actividad la búsqueda de bases de datos locales para ilustrar ciertos temas.

Se ha respetado la denominación de los conjuntos de números usada por los autores en la edición original, en la que introducen el término de **números completos** para los enteros no negativos (es decir, los naturales junto con el cero). Así, los conjuntos de números usados son los **números naturales**: 1, 2, 3,..., los **números completos**: 0, 1, 2, 3,... , y los **números enteros**: ..., $^-3$, $^-2$, $^-1$, 0, 1, 2, 3, ...

Para que el lector de habla hispana se ubique en el contexto de los niveles de educación básica empleados por los autores y referidos al sistema educativo de Estados Unidos, presentamos la siguiente tabla de equivalencias:

Edad	3	4	5	6	7	8	9	10	11	12	13	14	15	16	17
México	Pre1	Pre2	Pre3	1	2	3	4	5	6	1S	2S	3S	1B	2B	3B
EUA		PreK	K	1	2	3	4	5	6	7	8	9	10	11	12

La referencia en todo el libro es al sistema educativo de Estados Unidos, es decir, a los grados de preK a 12. En casi todo el ámbito iberoamericano la educación básica se divide en dos o tres años de educación preescolar (de 3 a 5 años), equivalente a preK (prekindergarten) y K (kindergarten); seis años de educación primaria, que coinciden con los grados 1-6 de Estados Unidos; tres años de educación secundaria, que coinciden con los grados 7-9; y tres años de bachillerato, equivalentes a los grados 10-12.

Para esta edición, contamos con la invaluable colaboración profesional del Mtro. José María Fábregas Puig en la corrección del texto, de Julio César Salazar García en la revisión técnica y del Dr. Constancio Hernández García en la formación.

M.L.M.

Prefacio

La décima edición de *MATEMÁTICAS: Un enfoque de resolución de problemas para maestros de educación básica* está diseñada para cubrir las necesidades de capacitación de los prospectos de maestros de educación básica, quienes serán los mentores de alta calidad en el futuro. Esta edición mantiene su orientación de basarse fuertemente en el desarrollo de conceptos y habilidades, con un nuevo énfasis en el aprendizaje activo y colectivo. Se revisó y actualizó el contenido a fin de preparar a los estudiantes para cuando ocupen, como maestros, su propio salón de clase.

OBJETIVOS DEL NCTM

- **Principios y objetivos** Nos enfocamos en la publicación del *National Council of Teachers of Mathematics* (Consejo Nacional de Maestros de Matemáticas de Estados Unidos) (NCTM), *Principles and Standards of School Mathematics* (Principios y objetivos para matemáticas escolares) (2000) (referidos de ahora en adelante como *Principios y objetivos*).

¡Nuevo! - **Puntos focales en el currículo** El *National Council of Teachers of Mathematics* (Consejo Nacional de Maestros de Matemáticas de Estados Unidos) publicó en 2006 *Curriculum Focal Points for Pre-kindergarten through Grade 8 Mathematics* (Puntos focales en el currículo de matemáticas, de preescolar al grado 8), donde describe los conceptos y habilidades matemáticos esenciales con los que se relacionan las matemáticas de cada capítulo. En todo el texto hacemos referencia a los *Puntos focales*.

El texto completo de NCTM *Principles and Standards* y de *Curriculum Focal Points* se puede encontrar en Internet, en www.nctm.org.

NUESTROS OBJETIVOS

- Presentar las matemáticas apropiadas de manera intelectualmente honesta y matemáticamente correcta.
- Usar la resolución de problemas como parte integral de las matemáticas.
- Presentar las matemáticas en un orden tal que inspiren confianza al estudiante y al mismo tiempo signifiquen un reto para él.
- Presentar formas alternativas de enseñanza y aprendizaje.
- Presentar problemas que deban exponerse para desarrollar la habilidad en la expresión escrita y permitan que los estudiantes expliquen en voz alta.
- Estimular la incorporación de herramientas tecnológicas.
- Presentar aspectos centrales de las matemáticas a los prospectos de maestros de educación básica y media de manera que les intrigue y se pregunten por qué las matemáticas se hacen como se hacen.
- Proporcionar aspectos centrales de las matemáticas que permitan a los maestros usar métodos integrados con contenido.
- Ayudar a los futuros maestros a conectar las matemáticas, sus ideas y sus aplicaciones.

La décima edición permite que los maestros utilicen diversos métodos de enseñanza, estimula la discusión y la colaboración entre los estudiantes y entre éstos y sus maestros, y permite incorporar proyectos de investigación al currículo. Lo más importante es que promueve el descubrimiento y el aprendizaje activo, tanto para estudiantes como para maestros.

LO NUEVO EN ESTA EDICIÓN

- Como el razonamiento algebraico es tan importante en todos los niveles, incluimos un nuevo capítulo separado sobre el tema, el capítulo 4 "Razonamiento algebraico", continuando así la integración del álgebra a lo largo del libro.
- Se añadió un capítulo aparte, el capítulo 8 "Razonamiento proporcional, porcentajes y aplicaciones", para satisfacer más ampliamente las necesidades de los futuros maestros de enseñanza media.
- Las evaluaciones están mejor organizadas, de manera más lógica y fácilmente accesibles. En el texto se da la respuesta a los problemas en la Evaluación A de manera que los estudiantes puedan revisar su trabajo. En la Evaluación B hay problemas similares a los de la Evaluación A, pero no se dan las respuestas. Al crear conjuntos paralelos de ejercicios incrementamos el número de problemas y damos más oportunidad de escoger a los maestros.

Los problemas de conexiones matemáticas se colocaron aparte pues suelen tener soluciones abiertas y permiten a los alumnos y al maestro trabajar solos o en grupo para hallar posibles soluciones. Están divididos en las siguientes categorías: *Comunicación, Solución abierta, Aprendizaje colectivo, Preguntas del salón de clase* y *Repaso*. Los conjuntos de problemas también incluyen ejemplos de preguntas de las pruebas TIMMS y NAEP, de modo que los futuros maestros puedan examinar el tipo de preguntas que se plantean a los estudiantes en los exámenes nacionales (de Estados Unidos) e internacionales.
* Se actualizó la parte de análisis de datos y razonamiento probabilístico —se amplió el material y se incluyó más contenido sobre poblaciones, muestreo y encuestas.

ASPECTOS DEL CONTENIDO

Volumen I

Capítulo 1 Una introducción a la resolución de problemas
Al reorganizar este capítulo colocamos primero el tema de matemáticas y la resolución de problemas, seguido de una sección ampliada sobre exploración de patrones. Se añadieron nuevos problemas y páginas de muestra, así como una nueva sección de sucesiones de Fibonacci. Se incluye la sección final sobre razonamiento y lógica para quienes quieran seguir estos temas durante el curso.

Capítulo 2 Sistemas de numeración y conjuntos
Este capítulo se abrevió y reorganizó. El desarrollo de los sistemas de numeración está ahora en la primera sección debido al desarrollo histórico de los sistemas, que existieron mucho antes de que se desarrollaran conceptos más formales de conjuntos. El capítulo incluye más adelante todos los conceptos tradicionales de conjuntos.

Capítulo 3 Números completos y sus operaciones
Este capítulo explora los números completos y las operaciones entre ellos. Varios algoritmos se analizan y explican en detalle. Se destacan la matemática mental y la estimación con números completos.

Capítulo 4 Razonamiento algebraico
En respuesta al gran énfasis puesto en el aprendizaje y enseñanza del álgebra a lo largo del currículo de la escuela elemental, se añadió un nuevo capítulo sobre razonamiento algebraico. Sólo se usan números completos, pero en cada capítulo subsecuente se refuerza el razonamiento algebraico cuando se introducen los números enteros, los racionales y finalmente los números reales. También se refuerza el razonamiento algebraico en el capítulo sobre probabilidad y estadística, así como en los capítulos sobre geometría.

Capítulo 5 Enteros y teoría de números
Este capítulo trata con enteros y las operaciones entre ellos. Se introducen con explicaciones nuevos modelos para operaciones y algoritmos con enteros. La divisibilidad y los números primos se estudian junto con explicaciones acerca de por qué funcionan las reglas de la divisibilidad. Se presentan el máximo divisor común y el mínimo múltiplo común. Hay una sección optativa sobre aritmética del reloj, o modular, dedicada a quienes quieran examinar la manera en que funciona un sistema numérico diferente.

Volumen II

Capítulo 6 Números racionales como fracciones
Nuevos ejemplos en este capítulo hacen énfasis en las habilidades algebraicas por medio de la simplificación de expresiones algebraicas y la resolución de ecuaciones y de problemas planteados mediante alguna situación. Se resalta el concepto de división mediante explicaciones y ejemplos mejor trabajados. Se repasan las funciones con dominio en los números racionales.

Capítulo 7 Decimales y números reales
Este capítulo se abrevió al añadir un nuevo capítulo, el 8. Se añadieron más páginas de muestra; una nueva sección optativa, "Uso de números reales en ecuaciones", agrega un énfasis algebraico a este reorganizado capítulo.

Capítulo 8 Razonamiento proporcional, porcentajes y aplicaciones

Debido a que el razonamiento proporcional y los porcentajes son tan importantes en la enseñanza media, se dedica todo un capítulo al tema. El capítulo incluye una explicación de por qué la relación entre dos razones es multiplicativa en lugar de aditiva, y por qué esto es importante. Se amplía el trabajo con porcentajes y se incluyen las barras de porcentajes y estimaciones con porcentajes. Se incluye una sección optativa sobre cálculo de intereses para ilustrar una aplicación de los porcentajes.

Capítulo 9 Probabilidad

El problema preliminar, que incluye una obra de FRANÇOIS MORELLET, da indicios de que la probabilidad se usa en el mundo real y en el mundo que los alumnos experimentan. Se añadieron páginas de muestra para ilustrar cómo aparecen los conceptos en cada grado; los conceptos se ilustran con dibujos, tiras cómicas y diagramas.

Capítulo 10 Análisis de datos/Estadística: una introducción

Se ha hecho énfasis en las Indicaciones para la evaluación e instrucción para la educación en estadística: Un marco curricular de Pre K a 12 (*Guidelines for Assessment and Instruction in Statistics Education (GAISE) Report: A Pre-K–12 Curriculum Framework*) de la Asociación Estadística de Estados Unidos (*the American Statistical Association*) (2005). Se desarrolla una sección, "Diseño de experimentos y recolección de datos", basada en este marco estadístico, con acceso mediante Internet. Se agregan muchos nuevos problemas y se utilizan nociones algebraicas en el desarrollo del capítulo.

Volumen III

Capítulo 11 Introducción a la geometría

Los variados conceptos de geometría se explican de manera más minuciosa y hay un tratamiento más detallado de los ángulos interiores y exteriores de polígonos convexos. A lo largo del capítulo se destaca el pensamiento algebraico.

Capítulo 12 Construcciones, congruencia y semejanza

El estudio sobre la congruencia y no congruencia de triángulos se amplió para incluir el caso ambiguo LLA; también se añadió el tema de la congruencia de cuadriláteros. El estudio de los sistemas de ecuaciones lineales se amplió para incluir una explicación algebraica acerca de cuándo un sistema de dos ecuaciones con dos incógnitas no tiene solución y cuándo tiene infinidad de soluciones.

Capítulo 13 Conceptos de medición

En este capítulo se trabaja tanto con el sistema inglés como con el sistema métrico, junto con conversiones dentro de los sistemas y entre ellos. Se incluyen mediciones lineales, de área, de volumen, de masa y de temperatura. Se deducen fórmulas para calcular mediciones ilustrando de dónde vienen. El teorema de Pitágoras y la fórmula de la distancia se desarrollan a lo largo de una nueva sección sobre la ecuación del círculo.

Capítulo 14 Geometría del movimiento y embaldosados

Aunque se mantiene la mayoría de las características de la pasada edición, en la nueva edición de este capítulo hay muchos más dibujos y más referencias a páginas de muestra que antes. Tratamos de construir lo que los futuros maestros necesitan saber, que es más de lo que sus futuros alumnos podrían necesitar. Este capítulo ofrece una visión de lo divertida e interesante que puede ser la geometría del movimiento.

Uso de calculadoras

Como se afirma en los *Principios y objetivos*, es necesario y oportuno trabajar con calculadoras. Los usos de calculadoras graficadoras se presentan cuando es relevante, en el Rincón de la tecnología. Además, en los conjuntos de problemas aparece el uso de calculadoras científicas/fraccionales y graficadoras.

CARACTERÍSTICAS

¡*Nuevo y mejorado!*

Seguimos incorporando ayudas y características que facilitan el aprendizaje.

Desarrollo profesional

- Se incluyen *Páginas de muestra de libros de texto* actualizadas para ilustrar cómo se presentan en la realidad las matemáticas a los alumnos de K a 8 y se hace referencia a ellas a lo largo del libro. Se pide a los alumnos completar varias actividades de las páginas de muestra de manera que perciban lo que van a ver en las escuelas básicas.
- Se presentan *Notas de investigación* en los márgenes, donde se exponen varios proyectos actuales de investigación en matemáticas y en matemática educativa, relacionados con el contexto.
- Las *Notas históricas* agregan contexto y humanizan las matemáticas.
- Se incorporan a lo largo del libro citas importantes de los *Principios y objetivos* y de los *Puntos focales* del *NCTM*.
- *Preguntas del salón de clase* presenta dudas que podrían tener los alumnos de K-8. Se añade un número importante de estas dudas y preguntas. Ahora aparecen al final de cada sección como parte de las *Conexiones matemáticas*.

Aprendizaje activo

- Los *Rompecabezas* proporcionan un camino diferente para resolver problemas. Se pueden usar como reto para los alumnos.
- Las *Actividades de laboratorio* están integradas a lo largo del libro para proporcionar ejercicios de aprendizaje por medio de actividades.
- *Ahora intenta éste*, son actividades que aparecen a lo largo de cada capítulo que están diseñadas para que los alumnos se involucren de manera activa en su aprendizaje, facilitando así el desarrollo e incremento de su razonamiento crítico y habilidad para resolver problemas, y estimulando las discusiones tanto dentro como fuera del salón de clases. Al final del libro aparecen las respuestas.
- En el *Rincón de la tecnología* se incluye el uso de hojas de cálculo, calculadoras graficadoras y científicas, el programa *The Geometer's Sketchpad* y actividades con computadoras.

Herramientas pedagógicas

- Las *definiciones, propiedades y teoremas* se resaltan en el texto para un rápido repaso.
- Las *estrategias para resolver problemas* se resaltan en *cursivas*, y en las cajas azules de **Resolución de problemas** se usan estas estrategias.
- Las *tiras cómicas* enseñan o hacen énfasis en material importante y amenizan el contenido.
- En el *Esbozo del capítulo* al final de cada capítulo se ayuda a los alumnos a revisarlo.
- El *Resumen del capítulo* al final de cada uno permite a los alumnos autoevaluarse de manera efectiva como preparación para un examen.
- La *Bibliografía seleccionada* al final de cada capítulo, se actualizó y revisó.

Evaluación

¡*Nuevo y mejorado!*

- *Conjuntos de problemas:* Se revisaron minuciosamente y se reorganizaron en Evaluación A, B y Conexiones matemáticas. Los problemas en la Evaluación A tienen la respuesta al final del libro de modo que los alumnos puedan verificar sus resultados. La Evaluación B contiene problemas similares a los de la Evaluación A, pero no se dan las respuestas. Las Conexiones matemáticas se dividen en las siguientes categorías de problemas: Comunicación, Respuesta abierta, Aprendizaje colectivo, Preguntas del salón de clase y Problemas de repaso. Al final del libro se incluyen las respuestas a los ejercicios impares.
- Los problemas reales y de importancia son más accesibles y atractivos para estudiantes de los más diversos antecedentes.

Agradecimientos

Muchos ilustres y famosos educadores en matemáticas y matemáticos han revisado las anteriores ediciones de este libro. Para honrar su trabajo, así como el de los revisores de la actual edición, hemos nombrado a todos, pero señalamos con un asterisco a los revisores de esta edición. Queremos agradecer a Jerrold Grossman su minuciosa revisión de este libro.

Leon J. Ablon
Paul Ache
G.L. Alexanderson
Haldon Anderson
Bernadette Antkoviak
Richard Avery
Sue H. Baker
Jane Barnard
Joann Becker
Cindy Bernlohr
James Bierden
Jackie Blagg
Jim Boone
Sue Boren
Barbara Britton
Beverly R. Broomell
Anne Brown
* Jane Buerger
Maurice Burke
David Bush
Laura Cameron
Louis J. Chatterley
Phyllis Chinn
Donald J. Dessart
Ronald Dettmers
Jackie Dewar
* Nicole Duvernoy
Amy Edwards
Lauri Edwards
Margaret Ehringer
* Rita Eisele
Albert Filano
Marjorie Fitting
Michael Flom
Martha Gady
Edward A. Gallo
Dwight Galster
Sandy Geiger
Glenadine Gibb
Don Gilmore

Diane Ginsbach
Elizabeth Gray
* Jerrold Grossman
Alice Guckin
Jennifer Hegeman
Joan Henn
Boyd Henry
Linda Hintzman
Alan Hoffer
E. John Hornsby, Jr.
* Patricia A. Jaberg
Judith E. Jacobs
Donald James
Thomas R. Jay
* Jeff Johannes
Jerry Johnson
Wilburn C. Jones
Robert Kalin
Sarah Kennedy
Steven D. Kerr
Leland Knauf
Margret F. Kothmann
Kathryn E. Lenz
Hester Lewellen
Ralph A. Liguori
* Richard Little
* Susan B. Lloyd
Don Loftsgaarden
Sharon Louvier
Stanley Lukawecki
* Lou Ann Martin
Judith Merlau
Barbara Moses
Cynthia Naples
Charles Nelson
Glenn Nelson
Kathy Nickell
* Bethany Noblitt
Dale Oliver
Mark Oursland

Linda Padilla
Dennis Parker
Clyde Paul
Keith Peck
Barbara Pence
Glen L. Pfeifer
Debra Pharo
Jack Porter
Edward Rathnell
Sandra Rucker
Jennifer Rutherford
Helen R. Santiz
Sherry Scarborough
Jane Schielack
Barbara Shabell
M. Geralda Shaefer
Nancy Shell
Wade H. Sherard
Gwen Shufelt
Julie Sliva
Ron Smit
Joe K. Smith
William Sparks
Virginia Strawderman
Mary M. Sullivan
Viji Sundar
Sharon Taylor
Jo Temple
C. Ralph Verno
Hubert Voltz
John Wagner
Edward Wallace
Virginia Warfield
Lettie Watford
Mark F. Weiner
Grayson Wheatley
Jim Williamson
Ken Yoder
Jerry L. Young
Deborah Zopf

1

Una introducción a la resolución de problemas

Problema preliminar

Hay tres platos de fruta en un estante tan alto que no los puedes ver. Un plato contiene sólo manzanas, otro plato contiene sólo naranjas y otro plato contiene manzanas y naranjas. Cada plato tiene visible uno de los siguientes rótulos: MANZANAS, NARANJAS, o MANZANAS Y NARANJAS. Sin embargo, cada plato tiene el rótulo equivocado. Tu misión es seleccionar un plato, alcanzarlo y tomar una fruta. Al hacer esto y con la información anterior, ¿puedes rotular correctamente cada plato? Explica tu respuesta.

Resolver problemas se ha reconocido, desde hace mucho tiempo, como una característica relevante de las matemáticas. ¿Qué significa *resolver problemas*? George Pólya (1887–1985), uno de los más grandes matemáticos y maestros del siglo xx, señaló que "resolver un problema significa hallar una manera de superar una dificultad, o rodear un obstáculo, para lograr un objetivo que no podía obtenerse de inmediato" (Pólya 1981, p. ix).

En los *Principles and Standards for School Mathematics PSSM* (Principios y objetivos para matemáticas escolares), publicado por el NCTM, National Council of Teachers of Mathematics (Consejo Nacional de Maestros de Matemáticas) de Estados Unidos en el año 2000, se afirma que:

> Resolver un problema significa emprender una tarea para la cual no se conoce de antemano el método de solución. Para encontrar una solución, los estudiantes deben producir conocimiento, y en ese proceso desarrollarán una mayor comprensión matemática. Resolver problemas no es sólo un objetivo de aprender matemáticas, sino el mejor medio de hacerlo. Los estudiantes deberán tener oportunidades frecuentes para formular, enfrentar y resolver problemas complejos que requieran una cantidad significativa de esfuerzo, lo cual se plasmará en una mayor capacidad de razonar. (p. 52)

Más aún, hallamos que

> Los programas desde preescolar hasta el grado 12 capacitarán a los estudiantes para:
> • crear nuevo conocimiento matemático mediante la resolución de problemas;
> • resolver problemas que surjan en matemáticas y en otros contextos;
> • aplicar y adaptar diversas estrategias para resolver problemas;
> • revisar y meditar acerca del proceso de resolución matemática de problemas. (p. 52)

Los estudiantes aprenden matemáticas como resultado de resolver problemas. Los ejercicios, que son las prácticas rutinarias para adquirir habilidades tienen un propósito en el aprendizaje de las matemáticas, pero la resolución de problemas debe ser el centro de atención de las matemáticas escolares. Como se señala en la *Nota de investigación*, una cantidad razonable de tensión e incomodidad mejora el desempeño de los estudiantes para resolver problemas. Tu experiencia matemática te ayudará a identificar cuándo una situación es un *problema* o cuándo se trata de un *ejercicio*.

Nota de investigación

Una cantidad razonable de tensión e incomodidad mejora el desempeño de los estudiantes para resolver problemas. La motivación es deshacerse de la tensión una vez resuelto el problema. Si no está presente la tensión, el problema es un *ejercicio* o los estudiantes "generalmente no tienen el deseo de atacar el problema con seriedad" (Bloom y Broder 1950; McLeod 1985). ◆

La experiencia matemática de los estudiantes de nivel elemental deberá alimentarse con problemas interesantes, que valgan la pena, no sólo con problemas de rutina. Para involucrar a los estudiantes en tareas que valgan la pena, los problemas deben estar inmersos en un contexto familiar o conocido, como se ve en la tira cómica.

La buena experiencia de resolver problemas matemáticos ocurre cuando se da lo siguiente:

1. Se presenta a los estudiantes una situación que comprenden, pero ignoran cómo proceder directamente para obtener una solución.
2. Los estudiantes están interesados en obtener la solución y lo intentan.
3. Los estudiantes deben usar ideas matemáticas para resolver el problema.

En este libro de texto tendrás múltiples oportunidades para resolver problemas. Cada capítulo comienza con un problema que puede resolverse usando los conceptos desarrollados en ese capítulo. Al final de cada capítulo se da una sugerencia para la solución del problema. A lo largo del texto se encuentran numerosos problemas resueltos por el procedimiento de los cuatro pasos y otros resueltos por medio de diferentes formatos.

Nota de investigación

Los estudiantes que explican sus soluciones a otros estudiantes, principalmente si están en desacuerdo, obtendrán una mejor comprensión matemática. El análisis de los diferentes puntos de vista es parte importante del aprendizaje. Así se aprende el lenguaje matemático y se valora la necesidad de precisión en el lenguaje (HATANO e INGAKI 1991). ◆

Como lo indica la *Nota de investigación*, trabajar con otros estudiantes para resolver problemas mejora tanto tu capacidad para solucionarlos como tus habilidades de comunicación. Recomendamos el *aprendizaje colectivo* y sugerimos a los estudiantes que trabajen en grupo lo más posible. Para impulsar el trabajo en grupo e identificar cuándo conviene usar el aprendizaje colectivo, hemos ubicado actividades donde puede ser útil contar con varias personas para recolectar datos, o el problema puede ser tal que la discusión en grupo conduzca a encontrar estrategias para resolver el problema.

1-1 Matemáticas y resolución de problemas

Si enfocas la resolución de problemas de una sola manera, corres el riesgo de emplear ideas preconcebidas. Por ejemplo, deletrea la palabra *ropa* tres veces en voz alta: "¡R-O-P-A! ¡R-O-P-A! ¡R-O-P-A!" Ahora responde la pregunta: "¿Qué haces cuando llegas a un semáforo en verde?" Escribe tu respuesta. Si respondiste "Paro", se te puede acusar de tener una idea preconcebida. Uno no para con la luz *verde*.

Considera el siguiente problema: "Un pastor tenía 36 ovejas. Todas murieron, excepto 10. ¿Cuántas quedaron vivas?" ¿Tu respuesta fue "10"? Si así fue, ya estás entendiendo y estás preparado para intentar resolver algunos problemas. Si tu respuesta no fue "10", entonces no entendiste la pregunta. El primer paso en el proceso de cuatro pasos desarrollado por GEORGE POLYA es *entender el problema*. Usar el proceso de cuatro pasos para resolver problemas no garantiza que hallemos la solución, sino que nos proporciona una manera sistemática de atacarlos.

Nota histórica

GEORGE PÓLYA (1887–1985) nació en Hungría y recibió su doctorado en la Universidad de Budapest. Se mudó a Estados Unidos en 1940 y, después de una breve estancia en la Universidad de Brown, formó parte del personal docente de la Universidad de Stanford. Además de ser un eminente matemático, se ocupó de la importancia fundamental de la educación matemática. En Standford publicó 10 libros, incluyendo *How to Solve It* (Cómo plantear y resolver problemas) (1945), que se ha traducido a 23 idiomas. ◆

Proceso de cuatro pasos para resolver problemas

1. **Entender el problema**
   a. ¿Puedes enunciar el problema con tus propias palabras?
   b. ¿Qué tratas de hallar o de hacer?
   c. ¿Cuáles son las incógnitas?
   d. ¿De qué información dispones?
   e. ¿Qué información, si es el caso, falta o cuál no se necesita?

2. **Trazar un plan**
   La siguiente lista de estrategias, aunque no es completa, resulta muy útil:
   a. Buscar un patrón.
   b. Examinar problemas relacionados y determinar si las técnicas aplicadas para resolverlos se pueden aplicar en este caso.
   c. Examinar un caso más sencillo, o un caso particular del problema, para comprender mejor la solución del problema original.
   d. Hacer una tabla o lista.
   e. Hacer un diagrama.
   f. Plantear una ecuación.
   g. Proponer y verificar.
   h. Trabajar regresivamente.
   i. Identificar un objetivo parcial.
   j. Usar razonamiento indirecto.
   k. Usar razonamiento directo.

3. **Realizar el plan**
   a. Llevar a cabo la estrategia o estrategias del paso 2 y efectuar las acciones y los cálculos necesarios.
   b. Verificar cada paso del plan conforme se avanza. La verificación puede ser intuitiva o una demostración formal de cada paso.
   c. Llevar un registro preciso del trabajo.

4. **Revisar**
   a. Verificar los resultados en el problema original. (En algunos casos se requerirá una demostración.)
   b. Intepretar la solución en términos del problema original. ¿Tiene sentido tu respuesta?, ¿es razonable?, ¿responde la pregunta hecha originalmente?
   c. Averiguar si hay otro método para hallar la solución.
   d. Si es posible, determinar otros problemas relacionados, o más generales, para los cuales funcione la técnica usada.

¿Cuál es el papel que debería jugar el proceso de resolver problemas de Pólya en la enseñanza de las matemáticas elementales? Esto se responde en los *Principios y objetivos* de la siguiente manera:

Una pregunta obvia es ¿Cómo deberían enseñarse estas estrategias? ¿Deberían recibir una atención explícita, y cómo deberían integrarse al currículo matemático? Como cualquier otra componente de las herramientas matemáticas, debe darse la debida importancia a la enseñanza de las estrategias si se espera que los estudiantes las aprendan. En los grados inferiores los maestros pueden ayudar a los niños a expresar, categorizar y comparar sus estrategias. La oportunidad de usar estrategias debe incluirse de manera natural en el currículo, a lo largo del contenido de las diferentes áreas. Cuando los estudiantes lleguen a los grados medios ya deberían ser hábiles para reconocer cuándo son apropiadas diversas estrategias y ser capaces de decidir cuándo y cómo usarlas. (p. 54)

Nota de investigación La habilidad para resolver problemas se desarrolla lentamente, quizá debido a que la comprensión y los recursos necesarios para resolver problemas se desarrollan a diferentes ritmos. Un elemento clave para desarrollar habilidades en la resolución de problemas es tener experiencia múltiple y continua para resolver problemas en diferentes contextos y con distintos niveles de dificultad (KANTOWSKI 1981). ◆

Estrategias para resolver problemas

A continuación presentamos una variedad de problemas en diferentes contextos para que puedas obtener experiencia en resolver problemas, como se mencionó en la *Nota de investigación*. Con frecuencia es necesario emplear varias estrategias para resolver éstos y otros problemas.

Las estrategias son herramientas que puedes usar para descubrir o construir los medios que te permitan alcanzar un objetivo. Para cada estrategia descrita a continuación, damos un problema que puede resolverse usándola. Es frecuente que los problemas se puedan resolver en más de una manera, como se ilustra en la caricatura. Puedes diseñar una estrategia diferente para resolver los problemas de muestra. No existe una estrategia que sea la mejor.

SOLUCIÓN NO TRADICIONAL

Nota histórica

CARL GAUSS (1777–1855) está considerado como el más grande matemático del siglo diecinueve y uno de los más prominentes de todos los tiempos. Nacido de padres pobres en Brunswick, Alemania, fue un niño prodigio; se dice que a la edad de tres años corrigió un error cometido en la contabilidad de su padre. Gauss realizó contribuciones en las áreas de astronomía, geodesia y electricidad. Después de su muerte, el rey de Hanover ordenó acuñar una medalla conmemorativa en su honor. En la medalla se inscribió la frase, referida a Gauss, de "Príncipe de las Matemáticas", título que ha permanecido junto con su nombre. ◆

Estrategia: Buscar un patrón

Cuando Carl Gauss era niño, su maestro pidió a los alumnos que hallaran la suma de los primeros 100 números naturales, esperando así mantener a la clase ocupada un buen rato. Gauss dio la respuesta casi de inmediato. ¿Puedes hacerlo tú?

Comprender el problema Los **números naturales** son 1, 2, 3, 4, ... Así, el problema es hallar la suma $1 + 2 + 3 + 4 + \ldots + 100$.

Trazar un plan Aquí es útil la estrategia *buscar un patrón*. Una versión de la historia acerca del joven Gauss dice que listó los números según se muestra en la figura 1-1.

Sea $S = 1 + 2 + 3 + 4 + 5 + \ldots + 98 + 99 + 100$. Entonces,

$$\begin{array}{r} S = 1 + 2 + 3 + 4 + 5 + \ldots + 98 + 99 + 100 \\ S = 100 + 99 + 98 + 97 + 96 + \ldots + 3 + 2 + 1 \\ \hline 2S = 101 + 101 + 101 + 101 + 101 + \ldots + 101 + 101 + 101 \end{array}$$

Figura 1-1

Para descubrir la suma original, Gauss dividió entre 2 la suma $2S$ de la figura 1-1.

Realizar el plan Hay 100 sumas de 101. Así, $2S = 100 \cdot 101$ y $S = \dfrac{100 \cdot 101}{2}$, ó 5050.

Revisar El método es matemáticamente correcto pues la suma se puede efectuar en cualquier orden, y la multiplicación es una suma repetida. Además, la suma en cada par siempre es 101 pues al movernos de un par al siguiente, sumamos 1 al de arriba y restamos 1 al de abajo, lo cual no cambia la suma; por ejemplo, $2 + 99 = (1 + 1) + (100 - 1) = 1 + 100$, $3 + 98 = (2 + 1) + (99 - 1) = 2 + 99 = 101$, y así sucesivamente.

Un problema más general es hallar la suma de los primeros n números naturales, $1 + 2 + 3 + 4 + 5 + 6 + \ldots + n$. Usamos el mismo plan que antes y notamos la relación en la figura 1-2. Hay n sumas de $n + 1$ que dan un total de $n(n + 1)$. Por lo tanto,

$$2S = n(n + 1) \quad \text{y} \quad S = \frac{n(n + 1)}{2}.$$

$$\begin{array}{r} S = 1 + 2 + 3 + 4 + \ldots + n \\ S = n + (n - 1) + (n - 2) + (n - 3) + \ldots + 1 \\ \hline 2S = (n + 1) + (n + 1) + (n + 1) + (n + 1) + \ldots + (n + 1) \end{array}$$

Figura 1-2

Una estrategia diferente para hallar la suma $1 + 2 + 3 + \ldots + n$ consiste en *hacer un diagrama* y pensar la suma de manera geométrica como una pila de bloques. Para hallar la suma, considera la pila en la figura 1-3(a) y la pila del mismo tamaño pero colocada de manera diferente, como en la figura 1-3(b). El número total de bloques en la pila de la figura 1-3(b) es $n(n + 1)$, que es el doble de la suma deseada. Entonces la suma deseada es $n(n + 1)/2$.

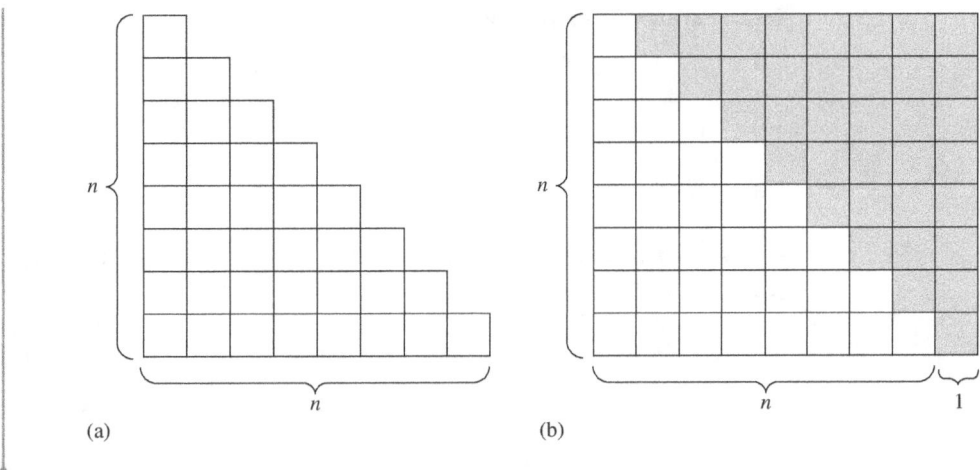

(a)   (b)

Figura 1-3

OBSERVACIÓN La suma $1 + 2 + 3 + 4 + 5 + \ldots + n = \dfrac{n(n + 1)}{2}$ se analizará de nuevo en la siguiente sección, cuando estudiemos sucesiones aritméticas.

AHORA INTENTA ÉSTE 1-1 Un corte en un tronco produce dos piezas, dos cortes producen tres piezas y tres cortes producen cuatro piezas. ¿Cuántas piezas se producen con diez cortes? Supón que los cortes se realizan de la misma manera que los tres primeros. ¿Cuántas piezas se producen con n cortes?

Estrategia: Examinar un problema relacionado

Resolver problemas   Suma de números naturales pares

Halla la suma de los números naturales pares menores o iguales a 100. Diseña una estrategia para hallar esa suma y generaliza el resultado.

Comprender el problema   Los números naturales pares son 2, 4, 6, 8, 10, ... El problema es obtener la suma de los números naturales pares $2 + 4 + 6 + 8 + \ldots + 100$.

Trazar un plan   Reconocer que la suma se puede separar en dos partes más sencillas relacionadas con el problema original de Gauss, nos ayuda a trazar un plan. Considera lo siguiente:

$$2 + 4 + 6 + 8 + \ldots + 100 = 2 \cdot 1 + 2 \cdot 2 + 2 \cdot 3 + 2 \cdot 4 + \ldots + 2 \cdot 50$$
$$= 2(1 + 2 + 3 + 4 + \ldots + 50)$$

Así, podemos usar el método de Gauss para hallar la suma de los primeros 50 números naturales y después tomar el doble.

Realizar el plan   Realizamos el plan como sigue:

$$2 + 4 + 6 + 8 + \ldots + 100 = 2(1 + 2 + 3 + 4 + \ldots + 50)$$
$$= 2 \cdot [50(50 + 1)/2]$$
$$= 2550$$

Así, la suma es 2550.

Revisar   Otra manera de considerar el problema es comprender que hay 25 sumas de 102, según se ve en la figura 1-4.

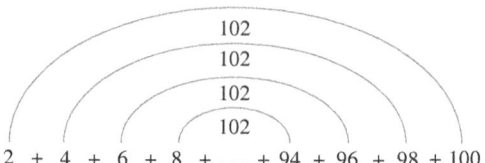

$$2 \; + \; 4 \; + \; 6 \; + \; 8 \; + \ldots + \; 94 \; + \; 96 \; + \; 98 + 100$$

Figura 1-4

◆Así, la suma es $25 \cdot 102$, ó 2550.

AHORA INTENTA ÉSTE 1-2

a. Halla la suma de los números naturales impares menores que 100.

b. Sea $a_1, a_2, a_3, a_4, \ldots, a_n$ cualquier sucesión de n términos, donde $a_2 - a_1 = a_3 - a_2 = a_4 - a_3 = \ldots = a_n - a_{n-1} = d$, donde d es un número fijo. Escribe una expresión para la suma de los términos de esta sucesión, expresada en términos de a_1, a_n y n.

Estrategia: Examinar un caso más sencillo

Una estrategia para resolver un problema complejo es *examinar un caso más sencillo* del problema y después considerar otras partes del problema complejo. En la siguiente página se muestra un ejemplo.

AHORA INTENTA ÉSTE 1-3   Dieciséis personas participaron en un torneo de frontenis de todos contra todos, es decir, cada persona juega contra cada uno de los otros participantes. ¿Cuántos partidos se jugaron?

Estrategia: Hacer una tabla

Una estrategia que se usa a menudo en la escuela primaria es *hacer una tabla*. Se puede usar una tabla para buscar patrones que emerjan en el problema y que a su vez puedan conducirnos a una solución. En la página 10 vemos un ejemplo de esta estrategia. ¿Realmente el Plan II paga $128?

AHORA INTENTA ÉSTE 1-4   Mónica y Carla se iniciaron en un nuevo empleo el mismo día. Después de comenzar, Mónica debe visitar la oficina central cada 15 días y Carla debe ir a la oficina central cada 18 días. ¿Cuántos días van a transcurrir antes de que vayan el mismo día a la oficina central?

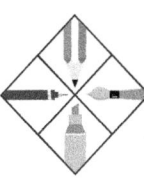

Página de un libro de texto Resolver un problema más sencillo

Lección 11-8

Estrategia para resolver problemas

¡Leer ayuda!

Aprovechar lo que sabes

te puede ayudar a...

usar la estrategia de:
Resolver un problema más sencillo.

Idea clave

Aprender cómo y cuándo resolver un problema más sencillo te puede ayudar a resolver problemas.

Resolver un problema más sencillo

APRENDE

¿Cómo resuelves un problema más sencillo?

Trenes de triángulos Cada lado de cada triángulo de la figura de la derecha mide una pulgada. Si hay 12 triángulos en fila, ¿cuál es el perímetro de la figura?

Lee y comprende

¿Qué sabes?   Los triángulos están conectados. Cada lado de cada triángulo mide una pulgada.

¿Qué tratas de hallar?   Hallar el perímetro de la figura con 12 triángulos

Planea y resuelve

¿Qué estrategia usarás?   **Estrategia: Resolver un problema más sencillo**

Puedo ver 1 triángulo, después 2 triángulos y después 3 triángulos.

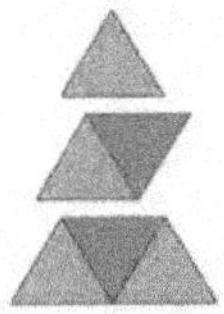

Paso 1 Divide o cambia el problema por uno que sea más fácil de resolver.

Paso 2 Resuelve el problema más sencillo.

Paso 3 Usa las respuestas del problema más sencillo para resolver el problema original.

perímetro = 3 pulgadas

perímetro = 4 pulgadas

perímetro = 5 pulgadas

Respuesta: El perímetro es 2 más que el número de triángulos. Para 12 triángulos el perímetro es de 14 pulgadas.

Revisa y verifica

¿El trabajo está bien?   Sí, ubiqué un patrón correcto.

✔ **Tema de plática**

1. ¿Cómo se dividió en problemas más sencillos?

2. Describe el patrón en los problemas más sencillos.

648

Fuente: Scott Foresman-Addison Wesley, Grade 4, 2008 (p. 648).

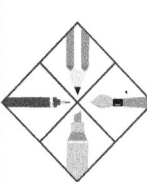

Página de un libro de texto Hacer una tabla

Lección 3-5

Estrategia para resolver problemas

Idea clave
Aprender cómo y
cuándo hacer una
tabla te puede
ayudar a resolver
problemas.

Hacer una tabla

APRENDE

**¿Cómo puedes hacer y usar una
tabla para resolver un problema?**

Cuidado de bebés   A Carolina le ofrecieron un empleo de cuidado
de bebés durante la tarde, por 10 días. Los padres que la quieren
contratar le ofrecieron dos planes de pago. ¿Cuál de ellos deberá
aceptar Carolina?

Plan I: Un pago único de $100 por los 10 días de trabajo.
Plan II: El pago por el primer día de trabajo será de $0.25. Después,
por cada día de trabajo se doblará el pago.

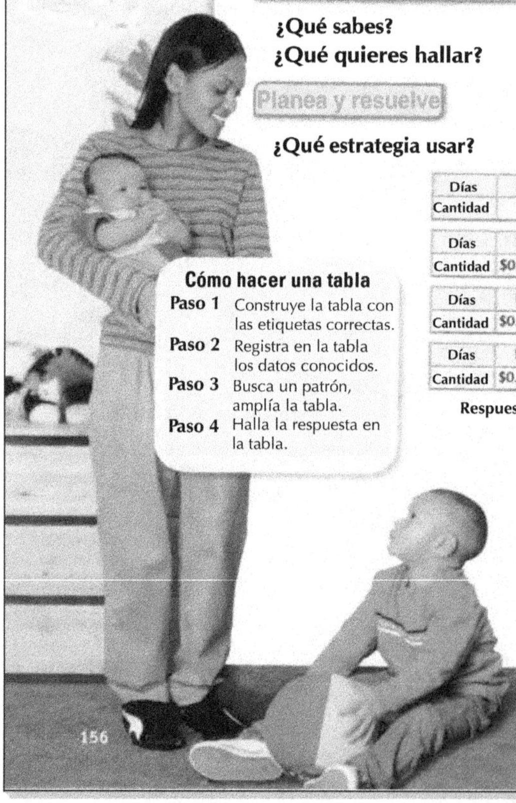

Lee y comprende

¿Qué sabes?   Hay dos planes diferentes.
¿Qué quieres hallar?   Hallar el pago total, por los 10 días
                           del Plan II.

Planea y resuelve

¿Qué estrategia usar?   **Estrategia:** Hacer una tabla

Días										
Cantidad										

Días	1	2	3
Cantidad	$0.25	$0.50	$1

Días	1	2	3	4	5	6	7	8	9	10
Cantidad	$0.25	$0.50	$1	$2	$4	$8	$16	$32	$64	$128

Días	1	2	3	4	5	6	7	8	9	10
Cantidad	$0.25	$0.50	$1	$2	$4	$8	$16	$32	$64	$128

Cómo hacer una tabla
Paso 1 Construye la tabla con
las etiquetas correctas.
Paso 2 Registra en la tabla
los datos conocidos.
Paso 3 Busca un patrón,
amplía la tabla.
Paso 4 Halla la respuesta en
la tabla.

Respuesta: Carolina debe aceptar el Plan II que paga $128.

Revisa y verifica

¿Es razonable?

Sí, la respuesta debe ser un
número par pues las cantidades
en la tabla se duplicaron.

156

Fuente: Scott Foresman-Addison Wesley, Grade 6, 2008 (p. 156).

Estrategia: Identificar un objetivo parcial

Al intentar trazar un plan para resolver algunos problemas, es posible tener la sensación de que el problema se podría resolver si pudiéramos hallar la solución de un problema algo más fácil o familiar. Hallar la solución de ese problema más fácil puede convertirse en un *objetivo parcial* del objetivo principal de resolver el problema original. El siguiente problema de cuadrados mágicos muestra un ejemplo de esta situación.

| Resolver problemas | Cuadrados mágicos |

Arregla los números del 1 al 9 en un cuadrado subdividido en nueve cuadrados menores como el mostrado en la figura 1-5, de manera que cada renglón, cada columna y cada diagonal principal sume lo mismo. (El resultado se llama *cuadrado mágico*.)

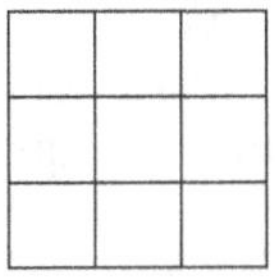

Comprender el problema   Necesitamos colocar cada uno de los nueve números 1, 2, 3, ..., 9 en los cuadrados pequeños, un número diferente en cada cuadrado, de manera que la suma de los números en cada renglón, columna y diagonal principal sea la misma.

Figura 1-5

Trazar un plan   Si conociéramos el número fijo que deben sumar los renglones, las columnas y las diagonales, tendríamos una mejor idea de qué números deben ir juntos en un renglón, columna o diagonal. Así, nuestro *objetivo parcial* es hallar esa suma fija. La suma de los nueve números, $1 + 2 + 3 + \ldots + 9$, es igual a 3 veces la suma en un renglón (¿por qué?). En consecuencia, la suma fija se obtiene al dividir $1 + 2 + 3 + \ldots + 9$, entre 3. Usando el procedimiento desarrollado por Gauss, tenemos $(1 + 2 + 3 + \ldots + 9) \div 3 = \left(\dfrac{9 \cdot 10}{2}\right) \div 3$, ó $45 \div 3 = 15$, de modo que la suma en cada renglón, columna y diagonal debe ser 15. A continuación, necesitamos decidir qué números podrían ocupar qué lugares. El número en el centro debe aparecer en cuatro sumas de 15 (en dos diagonales, en el segundo renglón y en la segunda columna). Cada número en las esquinas debe aparecer en tres sumas de 15. (¿Puedes ver por qué?) Si escribimos el 15 como suma de tres números diferentes del 1 al 9 de todas las maneras posibles, podríamos contar, para cada número del 1 al 9, cuántas sumas lo contienen. Los números que aparezcan en al menos cuatro sumas son candidatos para ocupar el cuadrado del centro, mientras que los números que aparezcan en al menos tres sumas son candidatos para los cuadrados de las esquinas. Nuestro nuevo *objetivo parcial* es escribir el número 15 de todas las maneras posibles, como suma de tres números diferentes tomados del conjunto $\{1, 2, 3, \ldots, 9\}$.

Realizar el plan   Las sumas de 15 se pueden escribir, de manera sistemática, como sigue:

$$9 + 5 + 1$$
$$9 + 4 + 2$$
$$8 + 6 + 1$$
$$8 + 5 + 2$$
$$8 + 4 + 3$$
$$7 + 6 + 2$$
$$7 + 5 + 3$$
$$6 + 5 + 4$$

Nota que $1 + 5 + 9$ y $5 + 1 + 9$, por ejemplo, se cuentan una sola vez. Nota que el 1 aparece sólo en dos sumas, el 2 aparece en tres sumas, el 3 aparece en dos sumas, y así sucesivamente. En la tabla 1-1 se resume el patrón.

Tabla 1-1

Número	1	2	3	4	5	6	7	8	9
Número de sumas que contienen al número	2	3	2	3	4	3	2	3	2

El único número que aparece en cuatro sumas es el 5; por lo tanto, el 5 debe estar en el centro del cuadrado. (¿Puedes ver por qué?) Como 2, 4, 6 y 8 aparecen tres veces cada uno, deben ir en las esquinas. Supongamos que escogemos el 2 para la esquina superior izquierda. Entonces debemos colocar el 8 en la esquina inferior derecha. (¿Por qué?) Observa la figura 1-6(a). Ahora podemos colocar el 6 en la esquina inferior izquierda o en la esquina superior derecha. Si escogemos la esquina superior derecha, obtenemos el resultado mostrado en la figura 1-6(b). El cuadrado mágico se puede completar como se muestra en la figura 1-6(c).

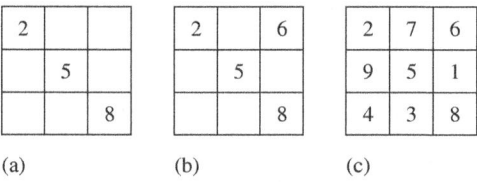

(a)   (b)   (c)

Figura 1-6

Revisar   Hemos visto que el 5 fue el único número, de los dados, que podía ocupar el centro. Sin embargo, tuvimos varios candidatos para las esquinas y, por lo tanto, parece que el cuadrado mágico que hallamos no es el único posible. ¿Puedes encontrar los demás?

Otra manera de ver que el 5 debe estar en el centro es considerar las sumas $1 + 9, 2 + 8, 3 + 7, 4 + 6$, como se muestra en la figura 1-7. Podemos sumar 5 a cada una para obtener 15.

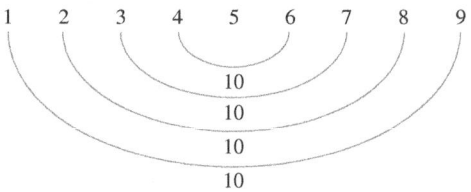

Figura 1-7

AHORA INTENTA ÉSTE 1-5 Cinco amigos decidieron hacer una fiesta y compartir los gastos en partes iguales. Alberto gastó $47.50 en invitaciones, Beti gastó $120 en bebidas y $52.50 en verduras, Carlos gastó $240 en comida, Daniel gastó $60 en platos y servilletas, y Elena gastó $130 en decorados. Averigua quién le debe dinero a quién y cómo se puede pagar.

Estrategia: Hacer un diagrama

Se ha dicho a menudo que una imagen vale lo que mil palabras. Esto es particularmente cierto en la resolución de problemas. En el problema siguiente, *hacer un diagrama* nos ayuda a entender el problema y a trabajar para encontrar la solución.

Resolver problemas   Problema de la carrera de 50 m

Beto y Juan compitieron 3 veces en una carrera de 50 m. La velocidad de los corredores no varió. En la primera carrera, Juan iba en el metro 45 cuando Beto estaba cruzando la meta.

a. En la segunda carrera, para que fuera más pareja Juan comenzó 5 m adelante de Beto, quien se colocó en la línea de salida. ¿Quién ganará ésta?

b. En la tercera carrera, Juan comienza en la línea de salida y Beto comienza 5 m atrás. ¿Quién ganará la carrera?

Comprender el problema   Cuando Beto y Juan corren 50 m, Beto gana por 5 metros; cada vez que Beto cubre 50 m, en ese mismo tiempo Juan cubre sólo 45 m. Si Beto comienza en la línea de salida y da a Juan una ventaja de 5 metros, debemos determinar quién gana la carrera. Si Juan comienza en la línea de salida y Beto 5 metros atrás, determinaremos quién va a ganar.

Trazar un plan   Una estrategia para determinar al ganador en cada una de las condiciones es *dibujar un diagrama*. En la figura 1-8(a) damos un diagrama para la primera carrera de 50 m. En este caso Beto gana por 5 m. En la segunda carrera Juan tiene 5 m de ventaja y cuando Beto corre los 50 m que lo separan de la meta, Juan corre sólo 45 m. Como Juan está a 45 m de la meta, llega al mismo tiempo que Beto. Esto se muestra en la figura 1-8(b). En la tercera carrera, como Beto comienza 5 m atrás, usamos la figura 1-8(a) y movemos a Beto 5 m como se muestra en la figura 1-8(c). Del diagrama podemos determinar los resultados en cada caso.

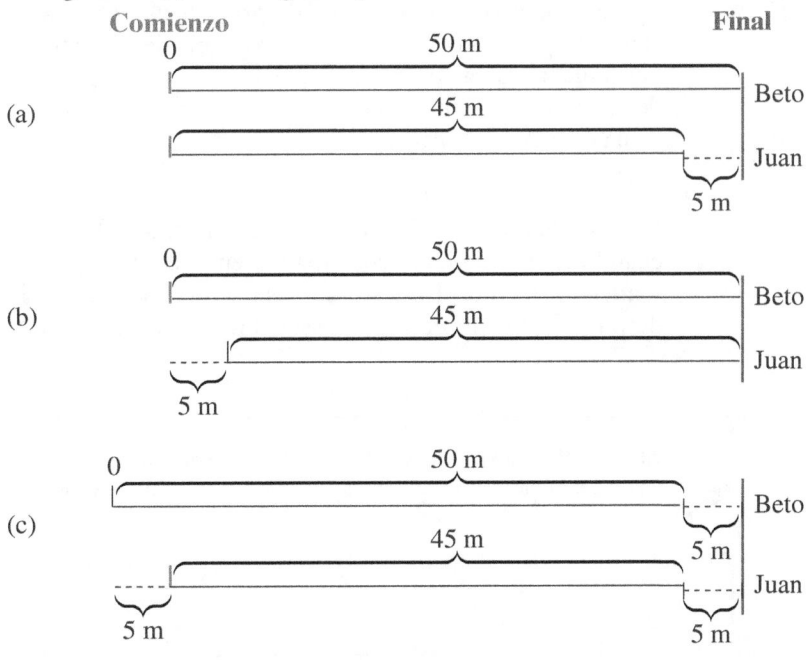

Figura 1-8

Realizar el plan   De la figura 1-8(b) vemos que si Juan recibe 5 m de ventaja, entonces la carrera se empata. Si Beto comienza 5 m detrás de Juan, entonces estarán empatados a los 45 m. Como Beto es más veloz que Juan, Beto recorrerá los últimos 5 m más rápido que Juan y ganará la carrera.

Revisar   Los diagramas muestran que la solución tiene sentido y es apropiada. Se pueden investigar otros problemas relacionados con carreras y ventajas. Por ejemplo, si Beto y Juan corren en una pista ovalada de 50 m, ¿cuántas vueltas requerirá Beto para aventajar a Juan una vuelta completa? (Supón que las velocidades son las anteriores.)

> **OBSERVACIÓN** En muchas ocasiones las soluciones de los estudiantes pueden incluir procesos que ocurren simultáneamente: pensar en el problema y apoyar ese razonamiento haciendo un diagrama.

AHORA INTENTA ÉSTE 1-6 Un elevador se detiene en el piso de en medio de un edificio. Después se mueve 4 pisos hacia arriba y se detiene. Luego se mueve hacia abajo 6 pisos y se detiene. A continuación se mueve 10 pisos hacia arriba y se detiene. El elevador está ahora a 3 pisos del piso más alto. ¿Cuántos pisos tiene el edificio?

Estrategia: Proponer y verificar

En la estrategia de *proponer y verificar*, primero proponemos una solución "al tanteo" usando un tanteo lo más razonable posible. A continuación, verificamos si la propuesta fue correcta. De no ser así, el paso siguiente es aprender lo más posible acerca de la solución basados en la propuesta anterior, antes de hacer una nueva propuesta. Esta estrategia se puede considerar una forma de ensayo y error, donde la información acerca del error nos ayuda a escoger el siguiente ensayo. La estrategia de proponer y verificar es utilizada con frecuencia por los alumnos que no saben resolver el problema de manera más eficiente o que no tienen aún las herramientas para resolver el problema con más rapidez. Vean en la página del libro de texto de la página 15 cómo se benefician los estudiantes al observar los "errores", como se menciona en la *Nota de investigación*.

Nota de investigación   Los estudiantes de los grados 1 a 3 usan principalmente la estrategia de *proponer y verificar* cuando encuentran un problema matemático, y conforme llegan a los grados de 6 a 12 esta tendencia decrece. Los estudiantes mayores se benefician más de los "errores" observados después de una primera propuesta al formular un nuevo "intento" (LESTER 1975).

AHORA INTENTA ÉSTE 1-7 Un criptarritmo es una colección de palabras donde cada letra representa un número único. Halla los dígitos que pueden substituirse en lo siguiente:

$$
\begin{array}{r}
TIN \\
+PIN \\
\hline
TOMA
\end{array}
$$

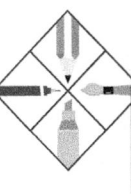

Página de un libro de texto **Proponer y verificar**

Lección 5-7

Estrategia de solución de problemas

¡Leer ayuda!

Predecir y verificar
te puede ayudar a...

usar la estrategia de:
Intentar, verificar y revisar.

Idea clave
La estrategia "Intenta, verifica y revisa" te puede ayudar a resolver problemas.

Intenta, verifica y revisa

APRENDE

¿Cómo intentar, verificar y revisar?

Venta Susana gastó $27, sin incluir impuestos, en artículos para perro. Compró dos piezas de un artículo y una pieza de otro. ¿Qué compró?

¡Venta de artículos para perros !	
Correa	$8
Collar	$6
Plato	$7
Cama	$15
Juguetes	$12

Lee y entiende

¿Qué sabes?
Ella compró tres piezas.
Dos de las piezas eran iguales.
Los precios están en la tabla.
Ella pagó $27 por las tres.

¿Qué estás buscando?
¿Qué artículos compró?

Planea y resuelve

¿Qué estrategia vas a usar?
Estrategia: Intentar, verificar y revisar

Cómo intentar, verificar y revisar

Paso 1 Piensa en realizar un primer intento razonable.

Paso 2 Verifica usando la información dada en el problema.

Paso 3 Revisa. Usa tu primer intento para hacer un segundo intento razonable. Verifica.

Paso 4 Usa los intentos anteriores para continuar intentando y verificando hasta que obtengas la respuesta.

Dos camas es demasiado. Intentaré con una. Después trataré de añadir 2 artículos pequeños. Lo intentaré primero con las correas.
$8 + $8 + $15 = $31
Se pasó, pero está muy cerca.

Si me quedo con la cama necesito bajar el total en $4, ó $2 en cada artículo. Intentaré con los collares.

$6 + $6 + $15 = $27   ¡Esto es!

Respuesta: Compró dos collares y una cama mediana.

Revisa y verifica

¿Tu respuesta es correcta?
Si, la suma es $27 y hay dos piezas de un artículo y una de otro.

278

Fuente: Scott Foresman-Addison Wesley, Grade 4, 2005 (p. 278).

Estrategia: Trabajar regresivamente

En algunos problemas es mejor comenzar por el resultado y trabajar hacia atrás (regresivamente), situación que ilustramos en la *Página de un libro de texto* siguiente. Nota que también se usa la estrategia de *hacer un diagrama*.

AHORA INTENTA ÉSTE 1-8 Luisa tiene un promedio (media) de 80 en sus 11 exámenes de matemáticas. Su maestra le dice que va a eliminar la calificación más baja, 50. ¿Cuál es su nuevo promedio?

Estrategia: Usar razonamiento indirecto

Para mostrar que una afirmación o proposición es verdadera, con frecuencia es más fácil mostrar que es imposible que la afirmación sea falsa. Esto puede lograrse mostrando que si la afirmación fuera falsa, implicaría algo contradictorio o imposible. Este enfoque es útil cuando se dificulta comenzar con un argumento directo y cuando negar la afirmación dada nos proporciona algo tangible para trabajar. Veamos un ejemplo.

Resolver problemas   Problema del tablero de ajedrez

En la figura 1-9 vemos un tablero de ajedrez donde eliminamos dos esquinas opuestas. Tenemos un conjunto de fichas de dominó de tal forma que cada una cubre 2 cuadros adyacentes del tablero. ¿Se pueden arreglar las fichas de dominó de manera que los cuadros restantes en el tablero queden cubiertos sin que haya fichas encimadas o colgando fuera? De no ser posible, ¿por qué?

Figura 1-9

Comprender el problema   Se eliminaron dos espacios rojos en esquinas opuestas del tablero de ajedrez, según se muestra en la figura 1-9. Se nos pregunta si es posible cubrir los 62 cuadros restantes con fichas de dominó del tamaño de 2 cuadros.

Trazar un plan   Si tratamos de cubrir el tablero de la figura 1-9 con fichas, veremos que éstas no encajan y que algunos cuadros quedan sin cubrir. Para mostrar que no hay manera de cubrir el tablero con fichas, usamos el *razonamiento indirecto*. Si los 62 cuadros de la figura 1-9 se pudieran cubrir con fichas de dominó sin que se encimen o salgan del tablero, se requerirían 31 fichas. Queremos mostrar que esto implica algo imposible.

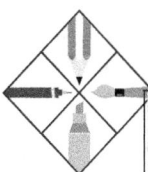

Página de un libro de texto   **Trabajar hacia atrás**

Lección 8-9

Estrategia para resolver problemas

¡Leer ayuda!

Identificar pasos en el proceso
te puede ayudar a...

usar la estrategia de:
Trabajar hacia atrás.

Idea clave
Aprender cómo y cuándo trabajar hacia atrás te puede ayudar a resolver problemas.

Trabajar hacia atrás

APRENDE

¿Cómo puedes trabajar hacia atrás para resolver un problema?

Construcción de túnel A los obreros les tomó 5 semanas excavar un túnel de 10 millas de largo. ¿Cuánto habían avanzado los obreros después de 3 semanas de excavar?

Durante la cuarta semana los obreros excavaron $2\frac{1}{2}$ millas. La semana siguiente excavaron $1\frac{1}{4}$ para terminar el túnel.

Lee y comprende

¿Qué sabes?

Los obreros terminaron un túnel de 10 millas en 5 semanas. Durante la semana 4 excavaron $2\frac{1}{2}$ millas. Durante la semana 5 excavaron $1\frac{1}{4}$ millas.

¿Qué estás buscando?

¿Cuántas millas del túnel excavaron los obreros en las primeras 3 semanas?

Planea y resuelve

¿Qué estrategia usarás?

Estrategia: Trabajar hacia atrás

No conocemos el número de millas que excavaron durante las 3 primeras semanas.

distancia excavada en las primeras 3 semanas = n millas

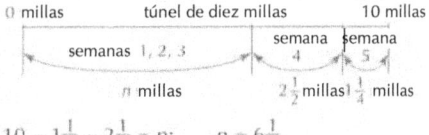

Cómo trabajar hacia atrás
Paso 1 Identifica lo que quieres hallar.
Paso 2 Traza un diagrama para mostrar cada cambio, comenzando en lo no conocido.
Paso 3 Comienza por el final. Trabaja hacia atrás usando el inverso de cada cambio.

$$10 - 1\frac{1}{4} - 2\frac{1}{2} = n; \qquad n = 6\frac{1}{4}$$

Respuesta: Los obreros cavaron 6 $\frac{1}{4}$ millas del túnel durante las primeras 3 semanas.

Revisa y verifica

¿Tu respuesta es razonable?

Sí, pues al trabajar hacia adelante, partiendo de la cantidad inicial, obtengo el resultado final.

$6\frac{1}{4}$ millas + $2\frac{1}{2}$ millas + $1\frac{1}{4}$ millas = 10 millas

484

Fuente: Scott Foresman-Addison Wesley, Grade 5, 2008 (p. 484).

Realizar el plan   Cada ficha de dominó debe cubrir 1 cuadro negro y 1 cuadro rojo. Por lo tanto, 31 fichas deberían cubrir 31 cuadros rojos y 31 cuadros negros. Esto es imposible pues el tablero de la figura 1-9 tiene 30 cuadros rojos y 32 cuadros negros. En consecuencia, nuestra hipótesis de que el tablero de la figura 1-9 se podía cubrir con fichas de dominó está equivocada.

Revisar   Del conteo de los cuadros negros y rojos vemos que si eliminamos cualquier número de cuadros de un tablero de ajedrez de manera que el número de los cuadros rojos restantes difiera del número de los cuadros negros restantes, el tablero no se podrá cubrir con fichas de dominó. (¿Puedes ver por qué?) También podríamos investigar lo que sucede cuando se eliminan dos cuadrados del mismo color de un tablero de 8 por 7 o de tableros de otras medidas. Podríamos investigar, además, si siempre es posible cubrir el tablero restante cuando se eliminan dos cuadros de color opuesto.

AHORA INTENTA ÉSTE 1-9   Ale, Beto, Cali y Dani participan en exactamente un deporte ya sea natación, beisbol, baloncesto o tenis. Beto juega beisbol. Ale no puede nadar. Cali juega baloncesto. ¿En qué deportes participa cada persona?

Estrategia: Usar razonamiento directo

Resolver problemas   Juego de damas

Dos personas jugaron damas entre sí y cada una ganó tres partidas. ¿Es posible que sólo hayan jugado cinco partidas?

Solución   Sabemos que cada persona ganó tres partidas. *Razonando de manera directa*, vemos que si cada una ganó tres partidas y jugaron entre ellas, entonces se tuvieron que jugar seis partidas. De otra forma no podrían haber jugado entre sí y tener tres victorias cada una. ¿Podría tener cada una tres victorias luego de jugar un total de cinco partidas, habiéndose enfrentado entre sí? La respuesta es no, y la situación es imposible.

Estrategia: Plantear una ecuación

Una estrategia para resolver problemas usada en el razonamiento algebraico es *plantear una ecuación*. Esta estrategia es muy importante y la veremos en el capítulo 4, "Razonamiento algebraico".

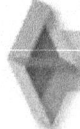

Evaluación 1-1A

1. Usa el enfoque del problema de Gauss para hallar las sumas siguientes (no uses fórmulas):
   a. $1 + 2 + 3 + 4 + \ldots + 99$
   b. $1 + 3 + 5 + 7 + \ldots + 1001$
2. Halla la suma $36 + 37 + 38 + 39 + \ldots + 146 + 147$.
3. Las galletas se venden solas o en paquetes de dos o de seis. ¿De cuántas maneras puedes comprar una docena de galletas?
4. Acabas de salir de Oaxaca hacia el Istmo. El Camarón está a 120 kilómetros y Tehuantepec está a 200 kilómetros. Hay un descanso a la mitad del camino entre El Camarón y Tehuantepec. ¿A qué distancia de Oaxaca está el punto de descanso?
5. Yolanda, Chocolata, Trueno y Marisolita están en una carrera de caballos. Chocolata es la más lenta, Trueno es más veloz que Yolanda pero más lento que Marisolita. Da el orden de llegada de los caballos.
6. Pancho y Juanito comienzan a leer una novela el mismo día. Pancho lee 8 páginas diarias y Juanito 5 páginas diarias. Si Pancho va en la página 72, ¿en qué página va Juanito?

7. ¿Cuál es la mayor suma de dinero —en monedas comunes y corrientes— que puedes llevar en el bolsillo sin que puedas dar cambio de un billete de cien pesos, ni uno de cincuenta, ni 25, ni una moneda de diez pesos ni una de cinco?

8. a. Coloca los dígitos 1, 2, 4, 5 y 7 en los cuadros siguientes de manera que en (i) se obtenga el mayor producto y en (ii) se obtenga el mayor cociente:

b. Usa los mismos dígitos que en (a) para obtener (i) el menor producto y (ii) el menor cociente.

9. Supón que puedes gastar $10 cada minuto, día y noche. ¿Cuánto podrías gastar en un año (de 365 días)?

10. ¿Cuántos números de cuatro dígitos tienen los mismos dígitos que 1993?

11. Un compás y una regla, juntos, cuestan $40. El compás cuesta $9 más que la regla. ¿Cuánto cuesta el compás?

12. Cata está parada a la mitad de una escalera. Sube tres escalones, baja cinco y luego sube siete escalones. Por último, sube los restantes seis escalones para llegar al final de la escalera. ¿Cuántos peldaños tiene la escalera?

★ **13.** Se pegan cubos del mismo tamaño para construir una sucesión de sólidos con forma de escalera, como se muestra:

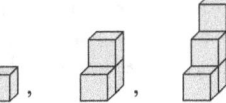

Todas las caras de los cubos que no están pegadas requieren pintarse. ¿Cuántos cuadrados necesitarán pintarse **(a)** en el 100-ésimo sólido y **(b)** en el *n*-ésimo sólido?

14. Un granjero necesita cercar un terreno rectangular y quiere que la longitud del campo sea 80 metros mayor que el ancho. Si tiene 1080 metros de material para la cerca, ¿cuáles deberán ser la longitud y el ancho del campo?

15. En una noche de invierno la temperatura descendió 2°C entre la medianoche y las 7 a.m. A las 11 a.m. la temperatura era el doble que la de las 7 a.m.. Para medio día se elevó 2°C para llegar a 16°C. ¿Cuál era la temperatura a la medianoche?

16. Alicia, Beti, Carlos y Daniel nacieron en diferente estación. Alicia nació en febrero. Beti no nació en otoño. Carlos nació en primavera. Determina en qué estación nació cada persona.

17. En los cuadros a continuación se escriben los 14 dígitos de una tarjeta de crédito. Si la suma de tres dígitos consecutivos cualesquiera es 20, ¿cuál es el valor de A?

A	7											7	4

Evaluación 1-1B

1. Usa el enfoque del problema de Gauss para hallar las sumas siguientes (no uses fórmulas):
  a. $1 + 2 + 3 + 4 + \ldots + 49$
  b. $1 + 3 + 5 + 7 + \ldots + 2009$

2. Halla la suma de $58 + 59 + 60 + 61 + \ldots + 203$.

3. ¿De cuántas maneras se puede fraccionar un billete de $50 usando billetes de $5, $10 y $20?

4. ¿Cuántos cuadrados diferentes hay en la siguiente figura?

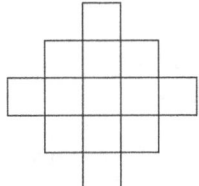

5. a. Sin calcular cada suma, encuentra cuál es el más grande, *O* o *E*, y por cuánto.

$$O = 1 + 3 + 5 + 7 + \ldots + 97$$
$$E = 2 + 4 + 6 + 8 + \ldots + 98$$

b. Si $P = 1 + 3 + 5 + 7 + \ldots + 99$, ¿cuál es el más grande, *E* o *P*, y por cuánto?

6. a. Coloca los dígitos 4, 5, 6, 7 y 9 en los cuadros siguientes de manera que en (i) se obtenga el mayor producto y en (ii) se obtenga el mayor cociente.

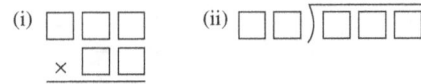

b. Usa los mismos dígitos que en (a) para obtener (i) el menor producto y (ii) el menor cociente.

7. Marta va a la tienda y lleva $1 en cambio. Tiene al menos una de cada moneda menor de 50¢, pero no tiene moneda de 50¢.
  a. ¿Cuál es el mínimo número de monedas que puede tener?
  b. ¿Cuál es el máximo número de monedas que puede tener?

8. Halla un cuadrado mágico de 3 por 3 usando los números 3, 5, 7, 9, 11, 13, 15, 17 y 19.

9. Tenemos ocho canicas de igual apariencia, pero una es un poco más pesada que las otras. Usando una balanza, explica cómo se puede descubrir la canica más pesada en exactamente
   a. tres pesadas.
   b. dos pesadas.

10. a. Halla la suma de todos los números en el arreglo siguiente:

1	2	3	4	5	6	...	100
2	4	6	8	10	12	...	200
3	6	9	12	15	18	...	300
⋮	⋮	⋮	⋮	⋮	⋮	⋮	⋮
100	200	300	400	500	600	...	$100 \cdot 100$

   b. Generaliza la parte (a) para un arreglo similar en donde cada renglón tenga n números y haya n renglones.

11. a. Usando las rectas existentes en el tablero de ajedrez que se muestra, ¿cuántos cuadrados diferentes hay?

   b. Si se duplica el número de renglones y de columnas del tablero, ¿se duplica también el número de cuadrados diferentes? Justifica la respuesta.

12. Supón que arrojas tres dardos al blanco ilustrado a continuación. Todos los dardos dan en el tablero. ¿Cuáles son las puntuaciones posibles?

13. El siguiente es un cuadrado mágico (todos los renglones, columnas y diagonales suman lo mismo). Halla el valor de cada variable.

17	a	7
12	22	b
c	d	27

14. Hay dos cartas sobre una mesa. En una está escrito el número 12 y en la otra el 9. Cada carta tiene un número escrito en el reverso. Al voltear una carta, las dos cartas o ninguna carta, y sumando los dos números, se obtienen las sumas de 15, 16, 20 y 21. ¿Qué número está escrito en el reverso de cada carta?

15. Supón que vas a comprar merienda para el club de matemáticas. Tienes dinero suficiente para comprar 20 ensaladas o 15 emparedados. El grupo quiere 12 emparedados. ¿Cuántas ensaladas puedes comprar?

16. a. Supón que tienes monedas de 25¢, 10¢ y 1¢ que suman un total de $1.19. ¿Cuántas monedas de cada una puedes tener de manera que no puedas cambiar $1.00?
    b. Di por qué la combinación de monedas que tienes en la parte (a) es la mayor cantidad de dinero que puedes tener sin cambiar $1.00.

17. Tienes dos recipientes. En uno caben 7 tazas y en el otro 4 tazas. ¿Cómo puedes medir exactamente 5 tazas de agua si dispones de una cantidad ilimitada de agua para empezar?

Conexiones matemáticas 1-1

Comunicación

1. ¿Por qué la enseñanza de la resolución de problemas es parte importante de las matemáticas?

2. Analiza cómo se relaciona el proceso de cuatro pasos de resolución de problemas de Polya con los dos últimos objetivos de la NCTM que aparecen en la tapa posterior del libro.

3. Explica cómo puedes usar la estrategia de *proponer y verificar*.

Solución abierta

4. Usa exactamente cuatro dígitos 4 y cualquier operación matemática para obtener los números del 1 al 20 inclusive; por ejemplo, $4/4 + 4/4 = 2$ y $4 \times 4 + 4 - \sqrt{4} = 18$.

5. Elige una estrategia para resolver problemas y elabora un problema en que pueda usarse esta estrategia. Escribe la solución usando el enfoque de los cuatro pasos de Pólya.

Aprendizaje colectivo

6. Que cada persona de tu grupo trabaje con el siguiente problema: si 8 personas se dan la mano entre sí, ¿cuántos apretones hubo?

  a. Comparen sus estrategias para resolver el problema. ¿En qué se parecen? ¿En qué difieren?

  b. Hallen la mayor cantidad posible de maneras para resolver el problema.

  c. Generalicen la solución para n personas.

7. La distancia alrededor del mundo es cercana a los 40,000 km. ¿Aproximadamente cuántas personas de tamaño promedio de tu grupo se requerirían para rodear el mundo tomadas de la mano?

8. Trabajen en parejas en la siguiente versión de un juego llamado NIM. Se necesita una calculadora para cada pareja.

  a. El jugador 1 presiona $\boxed{1}$ y $\boxed{+}$ ó $\boxed{2}$ y $\boxed{+}$. El jugador 2 hace lo mismo.
  Juegan de manera alternada hasta que se llega a 21. El primer jugador que llega a 21 gana. Determinen una estrategia que decida quién gana siempre.

  b. Jueguen NIM usando los dígitos 1, 2, 3 y 4, con la meta de 104. El primer jugador que llegue a 104 gana. ¿Cuál es la estrategia ganadora?

  c. Jueguen NIM usando los dígitos 3, 5 y 7, con la meta de 73. El primer jugador que rebase 73 pierde. ¿Cuál es la estrategia ganadora?

  d. Ahora jueguen NIM inverso con las teclas $\boxed{1}$ y $\boxed{2}$. En lugar de $\boxed{+}$ usen $\boxed{-}$. Coloquen el número 21 en la pantalla. La meta es 0. Determinen una estrategia para ganar en NIM inverso.

  e. Jueguen NIM inverso usando los dígitos 1, 2 y 3 y comiencen con 24 en la pantalla. La meta es 0. ¿Cuál es la estrategia ganadora?

  f. Jueguen NIM inverso usando los dígitos 3, 5 y 7 comenzando con el 73 en la pantalla. El primer jugador que obtenga un número negativo pierde. ¿Cuál es la estrategia ganadora?

9. Cuando se imprime un libro, se pasan pliegos por una impresora y después se doblan para formar el libro. Para ver cómo funciona esto comencemos con un libro sencillo, formado por una hoja de tamaño carta de $8\frac{1}{2} \times 11$pulg. Dobla la hoja a la mitad, a lo largo, forma un libro y numera sus páginas de 1 a 4. Cuando abres la hoja de papel, los números 2 y 3 están en un lado de la hoja y los números 1 y 4 están en el otro lado. La suma de los números en cada lado de la hoja de papel es 5 y la suma de los números de las páginas es 10. Si se usan dos hojas de papel para hacer un libro de 8 páginas y éstas se numeran, predice la suma de los números en cada lado de cada hoja y la suma de todos los números de las páginas. Haz tu libro para ver si estabas en lo correcto. Ensaya lo mismo con 3 hojas.

  a. Supón que vas a hacer un libro de 100 páginas; ¿cuántas hojas vas a necesitar?

  b. ¿Cuál es la suma de dos números de página colocados en el mismo lado de la hoja?

  c. ¿Cuál es la suma de todos los números de página del libro?

  d. Supón que tienes n hojas de papel. Generaliza para hallar el número de páginas del libro, la suma de los números colocados en el mismo lado de la hoja, y la suma de todos los números de página del libro.

Preguntas del salón de clase

10. Ana te pregunta "qué es la resolución de problemas" y si 3×8 es un problema. ¿Qué le dices?

11. Juanito pregunta por qué el último paso del proceso de cuatro pasos de Pólya para resolver problemas, *revisar*, es necesario si ya se dio la respuesta. ¿Qué le puedes decir?

12. Una estudiante pregunta por qué no puede simplemente realizar una "propuesta al azar" en lugar de una "propuesta inteligente" cuando se usa la estrategia de "proponer y verificar" para resolver problemas. ¿Qué le respondes?

13. Beto dice que sí es posible crear un cuadrado mágico con los números 1, 3, 4, 5, 6, 7, 8, 9 y 10. ¿Cómo le respondes?

Pregunta del *Third International Mathematics and Science Study* (TIMSS) (Tercer Estudio Internacional sobre las Matemáticas y la Ciencia)

4	11	6
9		5
8	3	10

La regla para construir la tabla es que los números de cada renglón y columna deben sumar lo mismo. ¿Qué número va en el centro de la tabla?

  a. 1 **b.** 2

  c. 7 **d.** 12

TIMSS 2003, Grado 4

Pregunta del *National Assessment of Educational Progress* (NAEP) (Evaluación Nacional del Progreso Educativo)

Habrá 58 personas en un desayuno y cada una comerá 2 huevos. Hay 12 huevos en cada cartón. ¿Cuántos cartones de huevo se necesitarán para el desayuno?

  a. 9 **b.** 10

  c. 72 **d.** 116

NAEP 2007, Grado 4

ROMPECABEZAS Diez mujeres están pescando sentadas en fila en un bote. El asiento del centro está vacío. Las cinco mujeres sentadas al frente quieren cambiar de asiento con las cinco sentadas atrás. Una persona se puede mover de su asiento al siguiente que esté vacío o puede pasar sobre otra persona sin que zozobre el bote. ¿Cuál es el número mínimo de movimientos necesarios para que las cinco mujeres sentadas al frente cambien de lugar con las cinco sentadas atrás?

ACTIVIDAD DE LABORATORIO Coloca una moneda de $20, una de $10 y una de $5 en la posición *A* mostrada en la figura 1-10. Trata de mover estas monedas, una por una, a la posición *C*. En ningún momento se permite colocar una moneda mayor sobre otra menor. Las monedas se pueden colocar en la posición *B*. ¿Cuántos movimientos se necesitan para llevarlas a la posición *C*? Añade ahora una moneda de $2 y observa cuántos movimientos son necesarios. Éste es un caso particular del famoso problema de las Torres de Hanoi, en el cual se pide a los ancianos sacerdotes brahamanes que muevan una pila de 64 discos de tamaño decreciente, después de lo cual el mundo acabará. ¿Cuánto tiempo tardarán si efectúan un movimiento por segundo?

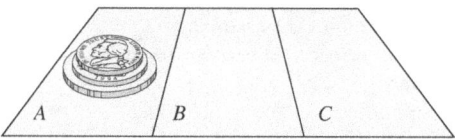

Figura 1-10

1-2   Exploración con patrones

Las matemáticas se han descrito como el estudio de los patrones. Hay patrones donde sea —en papel tapiz, mosaicos, tráfico y aun en los horarios de la televisión. Cuando se cometen crímenes en serie, los investigadores policíacos estudian los archivos de cada caso en busca del *modus operandi*, o patrón de operación. Los científicos buscan patrones para aislar variables de manera que se logren conclusiones válidas en su investigación. En los *Principios y objetivos* hallamos lo siguiente:

. . . los estudiantes deberán investigar patrones numéricos y geométricos y expresarlos matemáticamente en palabras o en símbolos. Deberán analizar la estructura del patrón y cómo crece o cambia, organizar sistemáticamente dicha información y usar su análisis para desarrollar generalizaciones acerca de las relaciones matemáticas en el patrón. (p. 159)

Los patrones no necesariamente son numéricos, como se muestra en la actividad *Ahora intenta éste 1-10*.

AHORA INTENTA ÉSTE 1-10

a. Halla tres términos más de manera que se continúe un patrón:

o, △, △, o, △, △, o ___, ___, ___

b. Describe con palabras el patrón hallado en la parte (a).

Los patrones pueden ser sorprendentes. Considera el ejemplo 1-1.

Ejemplo 1-1

a. Describe los patrones que ves en lo siguiente:

$$1 + 0 \cdot 9 = 1$$
$$2 + 1 \cdot 9 = 11$$
$$3 + 12 \cdot 9 = 111$$
$$4 + 123 \cdot 9 = 1111$$
$$5 + 1234 \cdot 9 = 11111$$

b. ¿Continúa el patrón anterior? Expresa por qué sí o por qué no.

Solución **a.** Hay varios patrones posibles. Por ejemplo, los números en el extremo izquierdo son números naturales, esto es, números del conjunto $\{1, 2, 3, 4, 5, \dots\}$. El patrón comienza con 1 y continúa al siguiente número natural mayor en cada línea sucesiva. Los números de "en medio" son el producto de dos números, el segundo de los cuales es 9. El primer número en el primer producto es 0; después ese primer número se forma usando números naturales y añadiendo uno más en cada línea sucesiva. Los números resultantes del lado derecho se forman usando números 1 y añadiendo un 1 en cada línea sucesiva.

b. El patrón en la ecuación completa parece continuar para varios casos más, pero no continúa en general; por ejemplo,

$$13 + 123456789101112 \cdot 9 = 1{,}111{,}111{,}101{,}910{,}021$$

El patrón se rompe cuando el número multiplicado por 9 contiene dígitos usados previamente.

Como vimos en el ejemplo 1-1, no es confiable determinar un patrón basados en unos cuantos casos. Cuando hallemos patrones debemos, una de dos, encontrar un contraejemplo que muestre que el patrón no es válido en general o explicar por qué el patrón siempre funciona.

En los *Principios y objetivos* hallamos lo siguiente:

Cuando los alumnos realizan un descubrimiento o determinan un hecho, en lugar de decirles si es válido para todos los números o si es correcto, el maestro deberá ayudarlos a que lo determinen por sí mismos. Los maestros deberían hacer preguntas como "¿Por qué es cierto?", "¿Cómo lo sabes?" y también deberían mostrar caminos para que los alumnos puedan determinar cuándo una afirmación es verdadera, una generalización es válida o una respuesta es correcta, y hacerlo por sí mismos en lugar de depender de la autoridad del maestro o del libro. (p. 126)

◆ *Nota de investigación*

En un estudio acerca de la comprensión de demostraciones matemáticas, se halló que el 80% de los estudiantes de grado 11 no comprendía el concepto de contraejemplo, y más del 70% del grupo no podía diferenciar entre razonamiento inductivo y deductivo, lo cual incluía no estar consciente de que el razonamiento inductivo no demuestra nada (WILLIAMS 1980). ◆

Razonamiento inductivo

Los científicos realizan observaciones y proponen leyes generales basados en patrones. Los estudiosos de la estadística usan patrones cuando llegan a conclusiones basados en los datos recolectados. Este proceso, el **razonamiento inductivo**, es el método de hacer generalizaciones con base en observaciones y patrones. Aunque el razonamiento inductivo puede conducir a descubrimientos, su debilidad consiste en que las conclusiones se obtienen sólo de las evidencias recolectadas. Si no se han verificado todos los casos, existe la posibilidad de que en algún otro caso la conclusión obtenida sea falsa. En matemáticas, el razonamiento inductivo nos puede conducir a emitir una **conjetura**, una afirmación que pensamos es verdadera pero que no se ha demostrado si es verdadera o falsa. Por ejemplo, basados únicamente en que $0^2 = 0$ y que $1^2 = 1$, podríamos emitir la conjetura de que *cualquier número elevado al cuadrado es igual a sí mismo*. Cuando hallamos un ejemplo que contradice la conjetura, hemos exhibido un **contraejemplo** y hemos demostrado que la conjetura es falsa en general. A los estudiantes se les dificulta comprender el concepto de contraejemplo, como se señala en la *Nota de investigación*. Para mostrar que la conjetura anterior es falsa, es suficiente exhibir al menos un contraejemplo, digamos $2^2 = 4$. A veces es difícil hallar un contraejemplo, pero el hecho de no poder hallar uno no significa que la conjetura sea verdadera.

A continuación vemos un patrón que sí funciona y nos ayuda a resolver un problema. ¿Cómo puedes hallar la suma de tres números naturales consecutivos sin efectuar la operación? Damos varios ejemplos. Busca un patrón en estos ejemplos.

$$14 + 15 + 16 \qquad (\mathbf{45})$$
$$19 + 20 + 21 \qquad (\mathbf{60})$$
$$99 + 100 + 101 \qquad (\mathbf{300})$$

Después de estudiar las sumas, se revela el patrón de multiplicar por 3 el número de en medio. Se pueden probar otros números para ver si podemos exhibir un *contraejemplo*. El patrón sugiere otros planteamientos matemáticos a considerar. Por ejemplo,

1. ¿Esto funciona con cualesquier tres números naturales consecutivos?
2. ¿Cómo puedes hallar la suma de un número impar de números naturales consecutivos?
3. ¿Qué sucede si hay un número par de números naturales consecutivos?

Para responder a la pregunta (1), demostramos que la suma de tres números naturales consecutivos es igual a 3 por el número de en medio.

◆ *Nota de investigación*

Al comparar soluciones y cuestionar el razonamiento del otro, los estudiantes comienzan a aprender a describir relaciones válidas en muchos casos y a desarrollar y defender argumentos acerca de por qué esas relaciones se pueden generalizar y a qué casos se aplican (MAHER y MARTINO 1996). ◆

Demostración

Sea n el primero de tres números naturales consecutivos. Entonces los tres números son n, $n + 1$ y $n + 2$. La suma de estos tres números es $n + (n + 1) + (n + 2) = 3n + 3 = 3(n + 1)$. Por lo tanto, la suma de los tres números naturales consecutivos es 3 veces el número de en medio.

El peligro de hacer conjeturas basados en unos cuantos casos

En los *Principios y objetivos* hallamos lo siguiente:

> Durante los grados 3–5, los estudiantes deberán avanzar hacia un razonamiento que dependa de relaciones y propiedades. Es necesario plantear retos a los estudiantes con preguntas como ¿Qué pasaría si te diera veinte problemas más como éste? ¿Los trabajarías todos de la misma manera? ¿Cómo lo sabes? (p. 190)

En la *Nota de investigación* se hace mayor énfasis en este concepto .

A continuación ilustraremos el peligro de emitir una conjetura basados en unos cuantos casos. En la figura 1-11, escogemos puntos en un círculo y los conectamos para formar regiones distintas, que no se traslapen. En la figura, 2 puntos determinan 2 regiones, 3 puntos determinan 4 regiones y 4 puntos determinan 8 regiones. ¿Cuál es el máximo número de regiones que podrían determinarse con 10 puntos?

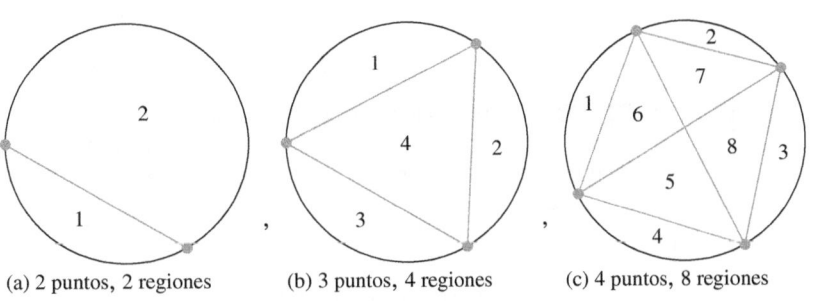

(a) 2 puntos, 2 regiones   (b) 3 puntos, 4 regiones   (c) 4 puntos, 8 regiones

Figura 1-11

Los datos de la figura 1-11 se registran en la tabla 1-2. Parece que cada vez que agregamos un punto se duplica el número de regiones. Si fuera cierto, para 5 puntos tendríamos 2 veces el número de regiones que con 4 puntos, ó $2 \cdot 8 = 16 = 2^4$, y así sucesivamente. Si basamos nuestra conjetura en este patrón, podríamos creer que para 10 puntos tendríamos 2^9, ó 512 regiones. (¿Por qué?)

Tabla 1-2

Número de puntos	2	3	4	5	6	...	10
Máximo número de regiones	2	4	8				?

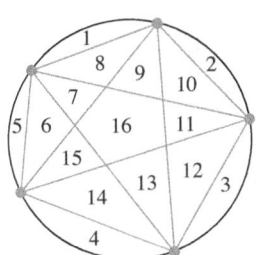

Figura 1-12

Una verificación inicial de esta conjetura es ver si obtenemos 16 regiones para 5 puntos. Obtenemos una figura similar a la figura 1-12, donde se verifica nuestra suposición de las 16 regiones. El patrón predice que para 6 puntos tendremos 32 regiones. Traza un círculo y escoge los puntos de modo que no estén arreglados simétricamente ni estén igualmente espaciados, y cuenta con cuidado las regiones. Obtendrás 31 regiones, no 32 como se predijo. No importa cómo se localicen los puntos en el círculo, la suposición de 32 regiones no es correcta. El contraejemplo nos dice que no es correcto el patrón de duplicar las regiones; nota que no nos dice si hay o no 512 regiones para 10 puntos, sino sólo que el patrón no se comporta como conjeturamos.

En este ejemplo se sugiere el patrón de apariencia natural 2, 4, 8, 16, ... pero el patrón no continúa, como se muestra cuando se trazan las figuras. Si vemos sólo los primeros cuatro términos de la sucesión 2, 4, 8, 16 fuera de contexto, el patrón de ir duplicando la cantidad es lógico. En el contexto de contar el número de regiones de un círculo, el patrón es incorrecto.

AHORA INTENTA ÉSTE 1-11   Un *número primo* es un número natural con exactamente dos números positivos, distintos, que lo dividen: 1 y el número mismo; por ejemplo, 2, 3, 5, 7, 11, 13 son primos. Un día Ana emitió la *conjetura* de que la fórmula $y = x^2 + x + 11$ produciría sólo números primos si en el lugar de x substituía los números naturales 1, 2, 3, 4, 5. . . . . Ella colocó su trabajo en la tabla 1-3 para $x = 1, 2, 3, 4$.

Tabla 1-3

x	1	2	3	4
y	13	17	23	31

a. ¿Qué tipo de razonamiento está usando Ana?
b. Prueba con los números que siguen, a ver cómo funciona.
c. ¿Puedes exhibir un contraejemplo para mostrar que la conjetura de Ana es falsa?

Sucesiones aritméticas

Una **sucesión** es un arreglo ordenado de números, figuras u objetos. Una sucesión tiene términos identificados como el *1°, 2°, 3°,* y así sucesivamente. A veces es posible clasificar las sucesiones por medio de sus propiedades. Por ejemplo, ¿qué propiedad tienen las primeras tres sucesiones que no tiene la cuarta?

a. 1, 2, 3, 4, 5, 6, . . .
b. 0, 5, 10, 15, 20, 25, . . .
c. 2, 6, 10, 14, 18, 22, . . .
d. 1, 11, 111, 1111, 11111, 111111, . . .

En cada una de las primeras tres sucesiones, cada término —comenzando desde el segundo— se obtiene del anterior sumando un número fijo llamado **diferencia común** o **diferencia**. En la parte (a) la diferencia es 1, en la parte (b) la diferencia es 5 y en la parte (c) la diferencia es 4. Sucesiones como las tres primeras son sucesiones aritméticas. Una **sucesión aritmética** es aquella en que cada término se obtiene del anterior mediante la suma o resta de un número fijo. La sucesión en la parte (d) no es aritmética pues no existe un número fijo que puedas sumar o restar del término anterior para obtener el siguiente.

También se pueden generar sucesiones aritméticas a partir de objetos, como se muestra en el ejemplo 1-2.

Ejemplo 1-2

Halla un patrón en el número de cerillos requeridos para continuar el patrón mostrado en la figura 1-13.

Figura 1-13

Solución   Supón que los cerillos se han arreglado de modo que cada figura tiene un cuadrado más a la derecha que la figura anterior. Nota que añadir un cuadrado a un arreglo requiere la adición de tres cerillos. Así, el patrón numérico obtenido es 4, 7, 10, 13, 16, 19, . . . , una sucesión aritmética con diferencia 3.

Se puede describir informalmente una sucesión aritmética mediante el patrón "sumar d", donde d es la diferencia común. En el ejemplo 1-2, $d = 3$. En lenguaje infantil el patrón del ejemplo 1-2 es "sumar 3". Éste es un ejemplo de **patrón recursivo**. En un patrón recursivo, después de uno o más términos consecutivos que se dan para comenzar, cada término sucesivo se obtiene a partir del término o términos anteriores. Por ejemplo, 3, 6, 9, ... es otra sucesión de "sumar 3" que comienza con 3, y 1, 2, 3, 5, 8, 13, ... es un patrón recursivo en el cual el término siguiente (a partir del tercero) se obtiene al sumar los dos términos anteriores.

Se usan patrones recursivos en una hoja de cálculo, como vemos en la tabla 1-4, donde en la columna A se registra el orden de los términos; los encabezados de las columnas son A, B, etc. El primer registro en la columna B (en la celda B1) es 4; y para hallar el término de la celda B2 usamos el número de la celda B1 y le sumamos 3. Una vez hallado el registro de la celda B2, se continúa el patrón por medio del comando *Llenar Abajo*. En lenguaje de hoja de cálculo, la fórmula $= B1 + 3$ halla cualquier término después del primero, sumando 3 al término anterior. La fórmula está basada en un patrón recursivo; es una **fórmula recursiva**. (Para instrucciones más detalladas acerca de cómo usar una hoja de cálculo, ver el Manual de tecnología.)

Tabla 1-4

	A	B
1	1	4
2	2	7
3	3	10
4	4	13
5	5	16
6	6	19
7	7	22
8	8	25
9	9	28
10		
11		
12		
13		

Si quieres hallar el número de cerillos en la figura número 100 del ejemplo 1-2, puedes usar una hoja de cálculo o hallar un tipo diferente de regla general para encontrar el número de cerillos dado el número del término. Aquí, de nuevo, es útil la estrategia de *hacer una tabla* para resolver problemas.

La hoja de cálculo de la tabla 1-4 proporciona una manera fácil de *hacer una tabla*. La columna A da la numeración de los términos y la columna B da los términos de la sucesión. Si se construye dicha tabla sin usar una hoja de cálculo, podría verse como la tabla 1-5. Las **elipsis**, denotadas con tres puntos, indican que la sucesión sigue de la misma manera. Nota que cada término es una suma de 4 más cierta cantidad de veces 3. Vemos que la cantidad de veces 3 es 1 menos que el número del término. Este patrón deberá continuar pues el primer término es $4 + 0 \cdot 3$ y cada vez que incrementamos en 1 el número del término, añadimos un 3 *más*. Así, se ve que el término 100-ésimo es $4 + (100 - 1)3$, y, en general, el término **n-ésimo**, a_n, es $4 + (n - 1)3$. Escribimos esto como $a_n = 4 + (n - 1)3$. Nota que $4 + (n - 1)3$ se puede escribir como $3n + 1$.

Tabla 1-5

Número de término	Término
1	4
2	$7 = 4 + 3 = 4 + 1 \cdot 3$
3	$10 = (4 + 1 \cdot 3) + 3 = 4 + 2 \cdot 3$
4	$13 = (4 + 2 \cdot 3) + 3 = 4 + 3 \cdot 3$
.	.
.	.
.	.
n	$4 + (n - 1)3$

Incluso podemos usar otro enfoque para obtener el número de cerillos en el término número cien de la figura 1-13. Procedamos así: si la figura formada por cerillos tiene 100 cuadrados, podríamos hallar el número total de cerillos sumando el número de cerillos horizontales y el de cerillos verticales. Hay $2 \cdot 100$ cerillos colocados horizontalmente (¿puedes ver por qué?). Nota que en la primera figura hay 2 cerillos colocados verticalmente, en la segunda hay 3 y en la tercera hay 4. En la figura número 100 deberá haber $100 + 1$ cerillos verticales. En total tendremos $2 \cdot 100 + (100 + 1)$, ó 301, cerillos en la figura número cien. De manera análoga, en la figura n-ésima habría $2n$ cerillos horizontales y $(n + 1)$ verticales, para dar un total de $3n + 1$. Resumimos esto en la tabla 1-6.

Tabla 1-6

Número de término	Número de cerillos horizontales	Número de cerillos Verticales	Total
1	2	2	4
2	4	3	7
3	6	4	10
4	8	5	13
.	.	.	.
.	.	.	.
.	.	.	.
100	200	101	301
.	.	.	.
.	.	.	.
n	$2n$	$n + 1$	$2n + (n + 1) = 3n + 1$

Si nos dieran el valor de un término, podríamos usar la fórmula del término n-ésimo de la tabla 1-6 para *trabajar hacia atrás*, o de manera regresiva, para hallar el número de término. Por ejemplo, dado el término 1798, sabemos que $3n + 1 = 1798$. Por lo tanto, $3n = 1797$ y $n = 599$. En consecuencia, el término número 599 es 1798. Obtendríamos la misma respuesta despejando n en $4 + (n - 1)3 = 1798$.

En el problema de los cerillos hallamos el término n-ésimo de una sucesión. Si nos dan el término n-ésimo podemos hallar cualquier término de la sucesión, como se muestra en el ejemplo 1-3.

Ejemplo 1-3

Halla los primeros cuatro términos de una sucesión cuyo término n-ésimo está dado, y di en qué caso la sucesión es aritmética:

a. $a_n = 4n + 3$ **b.** $a_n = n^2 - 1$

Solución a.

Número de término	Término
1	$4 \cdot 1 + 3 = 7$
2	$4 \cdot 2 + 3 = 11$
3	$4 \cdot 3 + 3 = 15$
4	$4 \cdot 4 + 3 = 19$

Así, los primeros cuatro términos de la sucesión son 7, 11, 15, 19. Esta sucesión es aritmética, con diferencia 4.

b.

Número de término	Término
1	$1^2 - 1 = 0$
2	$2^2 - 1 = 3$
3	$3^2 - 1 = 8$
4	$4^2 - 1 = 15$

Así, los primeros cuatro términos de la sucesión son 0, 3, 8, 15. Esta sucesión no es aritmética ya que no hay diferencia común.

Generalización de sucesiones aritméticas

Para generalizar nuestro trabajo con sucesiones aritméticas, supongamos que el primer término en una sucesión aritmética es a_1 y que la diferencia es d. Se puede usar la estrategia de *hacer una tabla* para investigar el término general de la sucesión $a_1, a_1 + d, a_1 + 2d, a_1 + 3d, \ldots$ como se muestra en la tabla 1-7. *El n-ésimo término de cualquier sucesión con primer término a_1 y diferencia d está dado por $a_n = a_1 + (n - 1)d$.* Por ejemplo, en la sucesión aritmética 5, 9, 13, 17, 21, 25, ..., el primer término es 5 y la diferencia es 4. Así, el término n-ésimo está dado por $a_1 + (n - 1)d = 5 + (n - 1)4$. Simplificando algebraicamente obtenemos $5 + (n - 1)4 = 5 + 4n - 4 = 4n + 1$. Verifica para ver si $4n + 1$ genera la sucesión 5, 9, 13, 17, 21, ...

Tabla 1-7

Número de término	Término
1	a_1
2	$a_1 + d$
3	$a_1 + 2d$
4	$a_1 + 3d$
5	$a_1 + 4d$
.	.
.	.
.	.
n	$a_1 + (n - 1)d$

OBSERVACIÓN El término n-ésimo de cualquier sucesión con primer término a_1 y diferencia d está dado por $a_n = a_1 + (n - 1)d$, donde n es un número natural pero no hay restricciones para d.

AHORA INTENTA ÉSTE 1-12 En una sucesión aritmética con segundo término 11 y quinto término 23, halla el término cien.

Ejemplo 1-4

Los diagramas de la figura 1-14 muestran la estructura molecular de los alcanos, una clase de hidrocarburos. C representa un átomo de carbono y H un átomo de hidrógeno. El segmento que los une muestra un enlace químico. (Observación: CH$_4$ significa C$_1$H$_4$.)

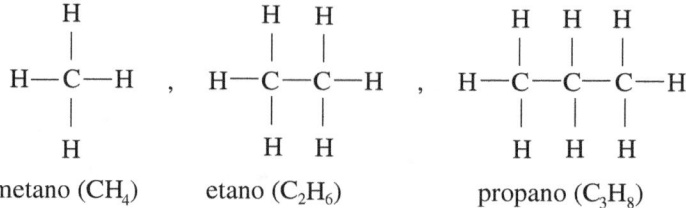

metano (CH$_4$)   etano (C$_2$H$_6$)   propano (C$_3$H$_8$)

Figura 1-14

a. El hectano es un alcano con 100 átomos de carbono. ¿Cuántos átomos de hidrógeno tiene?

b. Escribe una regla general para los alcanos C$_n$H$_m$ que muestre la relación entre m y n.

Solución **a.** Para determinar la relación entre el número de átomos de carbono y de hidrógeno, hay que estudiar la figura de los alcanos y no tomar en cuenta los átomos de hidrógeno que están en los extremos izquierdo y derecho. Con esta restricción podemos ver que por cada átomo de carbono hay dos átomos de hidrógeno. Por lo tanto, hay el doble de átomos de hidrógeno que de carbono, más los dos átomos de hidrógeno de los extremos. Por ejemplo, cuando hay 3 átomos de carbono hay $(2 \cdot 3) + 2$, u 8, átomos de hidrógeno. Esto se resume en la tabla 1-8. Si extendemos la tabla para 4 átomos de carbono, obtendremos $(2 \cdot 4) + 2$, ó 10, átomos de hidrógeno. Para 100 átomos de carbono hay $(2 \cdot 100) + 2$, ó 202, átomos de hidrógeno.

        b. En general, para n átomos de carbono se tendrían n átomos de hidrógeno por arriba, n por debajo y 2 más a los lados. Entonces, el total de número de átomos de hidrógeno sería $2n + 2$. Como se designó con m al número de átomos de hidrógeno, se sigue que $m = 2n + 2$.

Tabla 1-8

Núm. de átomos de carbono	Núm. de átomos de hidrógeno
1	4
2	6
3	8
.	.
.	.
.	.
100	?
.	.
.	.
.	.
n	m

Ejemplo 1-5

Un teatro está construido de manera que hay 20 asientos en la primera fila y 4 asientos adicionales en cada fila consecutiva. La última fila tiene 144 asientos. ¿Cuántas filas tiene el teatro?

Solución   Como en cada fila consecutiva se añaden 4 asientos, el número de asientos en una fila forma una sucesión aritmética. El primer término, a_1, de la sucesión es 20 y la diferencia d es 4. El último término de la sucesión es 144. Se podría usar una hoja de cálculo computarizada para contar el número de términos en la sucesión 20, 24, 28,..., 144. Sin embargo, sin tecnología podemos contar los términos de la manera que sigue: en una sucesión aritmética, el término, $a_n = a_1 + (n - 1)d$, donde a_1 es el primer término, d es la diferencia y n es el número del término. En este caso, $a_1 = 20$ y $d = 4$. Por lo tanto,

$$a_n = a_1 + (n - 1)d = 20 + (n - 1)4$$

Queremos ahora hallar el número del término cuando $a_n = 20 + (n - 1)4$ es igual a 144. Entonces,

$$20 + (n - 1)4 = 144$$
$$(n - 1)4 = 124$$
$$n - 1 = 31$$
$$n = 32$$

Esto muestra que hay 32 filas en el teatro.

Sucesión de Fibonacci

El popular libro *El Código Da Vinci* ha renovado el interés por una de las más famosas sucesiones de todos los tiempos, la **sucesión de Fibonacci**. Se habla de la sucesión de Fibonacci en la siguiente tira cómica. ¿Puedes dar una regla para obtener dicha sucesión?

Nota histórica

Leonardo de Pisa nació en alrededor de 1170. Su apellido real era Bonaccio, pero él prefirió el alias de Fibonacci, derivado del latín *filius Bonacci* que significa "hijo de Bonacci". En sus viajes, Leonardo aprendió el sistema numérico indoarábigo con los moros. En su libro *Liber Abaci* (1202), describió los trabajos del sistema indoarábigo. Uno de los problemas incluidos en su libro fue el ahora famoso problema de los conejos, cuya solución es la sucesión 1, 1, 2, 3, 5, 8, 13, 21,..., que se conoció como *sucesión de Fibonacci* ◆

En la tira cómica, la sucesión de Fibonacci tiene al 0 como término de inicio. Usualmente la sucesión es como sigue:

$$1, 1, 2, 3, 5, 8, 13, 21, 34, 55, 89, 144, \ldots$$

La sucesión se llama así en honor del italiano Leonardo de Pisa, mejor conocido como Fibonacci. Esta sucesión no es *aritmética* pues no hay una diferencia fija d.

La manera matemática convencional de representar un número de Fibonacci es F_1 para el primer término, F_2 para el segundo término, F_3 para el tercer término y, en general, F_n para el n-ésimo término. Si queremos indicar los números de Fibonacci que vienen después de F_n, los escribimos como F_{n+1}, F_{n+2}, y así sucesivamente. El número que viene antes de F_n es F_{n-1}. Con esta notación, la regla para generar la sucesión de Fibonacci se puede escribir como

$$F_n = F_{n-1} + F_{n-2}, \text{ para } n = 3, 4, 5, \ldots$$

Nota que esta regla no se puede aplicar a los dos primeros números de Fibonacci. Como $F_1 = 1$ y $F_2 = 1$, entonces $F_3 = 1 + 1 = 2$. Las *semillas* $F_1 = 1$ y $F_2 = 1$ y la regla $F_n = F_{n-1} + F_{n-2}$ dan otro ejemplo de una definición *recursiva* pues la regla en la sucesión define un número usando números anteriores en la misma sucesión. Usando las semillas y la regla podemos hallar cualquier número de Fibonacci. Para hallar F_{100}, con lo que sabemos hasta ahora, deberíamos conocer F_{98} y F_{99}. Con una hoja de cálculo se puede generar fácilmente esta sucesión.

AHORA INTENTA ÉSTE 1-13

a. Suma los primeros tres números de Fibonacci.

b. Suma los primeros cuatro números de Fibonacci.

c. Suma los primeros cinco números de Fibonacci.

d. Suma los primeros seis números de Fibonacci.

e. Suma los primeros siete números de Fibonacci.

f. ¿Qué patrón hay en las sumas de las partes (a)–(e) y cualquiera de los números restantes en la sucesión de Fibonacci?

g. Escribe una regla para el patrón que obtuviste en la parte (f) usando la notación para números de Fibonacci.

Sucesiones geométricas

Una niña tiene 2 padres biológicos (su mamá y su papá), 4 abuelos, 8 bisabuelos, 16 tatara-buelos, y así sucesivamente. El número de ancestros forma la **sucesión geométrica** 2, 4, 8, 16, 32, ... Cada término de una sucesión geométrica se obtiene a partir de su predecesor al multiplicarlo por un número fijo, la **razón**. En este ejemplo, tanto el primer término como la razón son iguales a 2. (La razón es 2 porque cada persona tiene dos padres.) Para hallar el término n-ésimo, a_n, examina el patrón de la tabla 1-9.

En la tabla 1-9, cuando el término dado se escribe como potencia de 2, el número del término es el **exponente**. Siguiendo este patrón, el término 10, a_{10}, es 2^{10}, ó 1024, el término

Tabla 1-9

Número de término	Término
1	$2 = 2^1$
2	$4 = 2 \cdot 2 = 2^2$
3	$8 = (2 \cdot 2) \cdot 2 = 2^3$
4	$16 = (2 \cdot 2 \cdot 2) \cdot 2 = 2^4$
5	$32 = (2 \cdot 2 \cdot 2 \cdot 2) \cdot 2 = 2^5$
.	.
.	.
.	.

100, a_{100}, es 2^{100}, y el término n-ésimo, a_n, es 2^n. Así, el número de ancestros en la n-ésima generación anterior es 2^n. La notación usada en la tabla 1-9 se puede generalizar de la siguiente manera:

Definición

$$\text{Si } n \text{ es un número natural, entonces } a^n = \overbrace{a \cdot a \cdot a \cdot \ldots \cdot a}^{n \text{ factores}}. \text{ Si } n = 0 \text{ y } a \neq 0, \text{ entonces } a^0 = 1.$$

Las sucesiones geométricas juegan un papel muy importante en la vida cotidiana. Por ejemplo, supón que tienes $1000 en un banco que paga 5% de interés anual. Si no depositas o retiras dinero, entonces al final del primer año tendrás el dinero inicial más el 5%, esto es,

Año 1: $\$1000 + 0.05(\$1000) = \$1000(1 + 0.05) = \$1000(1.05) = \$1050$

Si no depositas o retiras dinero, entonces al final del segundo año tendrás 5% más dinero que el año anterior.

Año 2: $\$1050 + 0.05(\$1050) = \$1050(1 + 0.05) = \$1050(1.05) = \$1102.50$

La cantidad de dinero en la cuenta después de cualquier número de años se puede hallar al notar que cada peso invertido durante un año se convierte en $1 + 0.05 \cdot 1$, ó 1.05 pesos. Por lo tanto, la cantidad de cada año se obtiene multiplicando la cantidad del año anterior por 1.05. Las cantidades en el banco después de transcurrido cada año forman una sucesión geométrica pues la cantidad de cada año (comenzando con el año 2) se obtiene multiplicando la cantidad del año anterior por el mismo número. Lo anterior se resume en la tabla 1-10.

Tabla 1-10

Número de término (Año)	Término (Cantidad al principio de cada año)
1	$1000
2	$\$1000(1.05)^1 = \$1050.00$
3	$\$1000(1.05)^2 = \$1102.50$
4	$\$1000(1.05)^3 = \$1157.63$
.	.
.	.
.	.
n	$\$1000(1.05)^{n-1}$

Tabla 1-11

Número de término	Término
1	a_1
2	$a_1 r$
3	$a_1 r^2$
4	$a_1 r^3$
5	$a_1 r^4$
.	.
.	.
.	.
n	$a_1 r^{n-1}$

Cómo hallar el término n-ésimo de una sucesión geométrica

Es posible hallar el término n-ésimo, a_n, de cualquier sucesión geométrica dados el primer término y la razón. Si el primer término es a_1 y la razón es r, entonces los términos son como se indica en la tabla 1-11. Nota que el segundo término es $a_1 r$, el tercer término es $a_1 r^2$ y el cuarto término es $a_1 r^3$. La potencia de r en cada término es 1 menos que el número del término. Este patrón continúa puesto que multiplicamos por r para obtener el término siguiente. Así, el término n-ésimo, a_n, es $a_1 r^{n-1}$. Para $n = 1$, tenemos $a_1 r^{1-1} = a_1 r^0$. Como el primer término es a_1, entonces $a_1 r^0 = a_1$. Para todos los números $r \neq 0$, tenemos que $r^0 = 1$. Para la sucesión geométrica 3, 12, 48, 192, ..., el primer término es 3 y la razón es 4, y así, el término n-ésimo, a_n, está dado por $a_n = a_1 r^{n-1} = 3 \cdot 4^{n-1}$.

> **OBSERVACIÓN** El término n-ésimo de una sucesión geométrica con primer término a_1 y razón r es $a_n = a_1 \cdot r^{n-1}$, donde n es un número natural y $r \neq 0$.

AHORA INTENTA ÉSTE 1-14

a. Hay dos bacterias en un plato. El número de bacterias se triplica cada hora. Siguiendo este patrón, halla el número de bacterias en el plato al cabo de 10 horas y al cabo de n horas.

b. Supón que en lugar de crecer geométricamente, como en la parte (a), el número de bacterias crece aritméticamente en 3 cada hora. Compara el crecimiento al cabo de 10 horas y al cabo de n horas. Haz un comentario sobre la diferencia en el crecimiento de una sucesión geométrica versus una sucesión aritmética.

Otras sucesiones

Los **números figurados** son ejemplos de sucesiones que no son ni aritméticas ni geométricas. Dichos números pueden representarse con puntos arreglados en la forma de algunas figuras geométricas. El número 1 es el comienzo de la mayoría de los patrones con números figurados. El arreglo en la figura 1-15 representa los primeros cuatro términos de la sucesión de **números triangulares**.

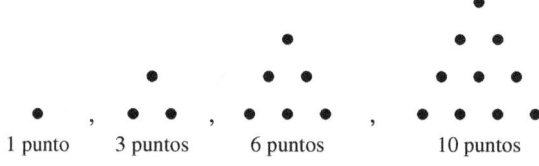

Figura 1-15

Los números triangulares se pueden escribir, numéricamente, como 1, 3, 6, 10, 15, ... Esta sucesión no es aritmética pues no hay una diferencia común, como lo muestra la figura 1-16. No es una sucesión geométrica porque no hay una razón común. Tampoco es una sucesión de Fibonacci.

$$
\begin{array}{ccccccccc}
1 & & 3 & & 6 & & 10 & & 15 \\
& \vee & & \vee & & \vee & & \vee & \\
\text{(Primera diferencia)} & 2 & & 3 & & 4 & & 5 &
\end{array}
$$

Figura 1-16

Sin embargo, la sucesión de las diferencias 2, 3, 4, 5,..., es una sucesión aritmética con diferencia 1, como lo muestra la figura 1-17. Los siguientes términos sucesivos de la sucesión original se muestran en color en la figura 1-17.

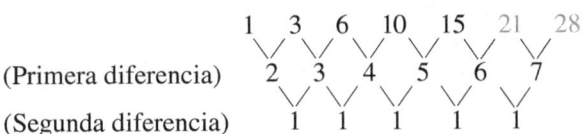

(Primera diferencia)

(Segunda diferencia)

Figura 1-17

La tabla 1-12 sugiere un patrón para hallar los términos siguientes y el término n-ésimo de los números triangulares. El segundo término se obtuvo sumándole 2 al primero; el tercer término se obtuvo sumándole 3 al segundo; y así sucesivamente.

Tabla 1-12

Número de término	Término
1	1
2	$3 = 1 + 2$
3	$6 = 1 + 2 + 3$
4	$10 = 1 + 2 + 3 + 4$
5	$15 = 1 + 2 + 3 + 4 + 5$
.	.
.	.
.	.
10	$55 = 1 + 2 + 3 + 4 + 5 + 6 + 7 + 8 + 9 + 10$

En general, debido a que el n-ésimo número triangular tiene n puntos en la n-ésima fila, es igual a la suma de los puntos en el número triangular anterior (el $(n - 1)$-ésimo) más los n puntos de la n-ésima fila. Siguiendo este patrón, el término décimo es $1 + 2 + 3 + 4 + 5 + 6 + 7 + 8 + 9 + 10$, ó 55, y el término n-ésimo, a_n, es $1 + 2 + 3 + 4 + 5 + \ldots + (n - 1) + n$. Este problema es similar al Problema de Gauss de la sección 1-1. Debido al trabajo realizado en la sección 1-1, sabemos que

$$a_n = \frac{n(n + 1)}{2}$$

A continuación consideremos los primeros cuatro **números cuadrados** de la figura 1-18. Estos números cuadrados, 1, 4, 9, 16,..., se pueden escribir como $1^2, 2^2, 3^2, 4^2$, y así sucesivamente. El número de puntos en el arreglo 10-ésimo es 10^2, el número de puntos en el arreglo 100-ésimo es 100^2 y el número de puntos en el arreglo n-ésimo es n^2. La sucesión de números cuadrados no es aritmética ni geométrica. Averigua si la sucesión de las primeras diferencias es una sucesión aritmética y di por qué.

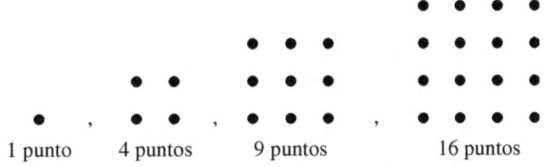

1 punto   4 puntos   9 puntos   16 puntos

Figura 1-18

Ejemplo 1-6

Usa diferencias para encontrar un patrón. Después, suponiendo que continúe el patrón descubierto, halla el séptimo término en cada una de las sucesiones siguientes:

a. 5, 6, 14, 29, 51, 80, . . .
b. 2, 3, 9, 23, 48, 87, . . .

Solución   **a.** Vemos a continuación la sucesión de las primeras diferencias:

$$
\begin{array}{ccccccc}
5 & 6 & 14 & 29 & 51 & 80 \\
\end{array}
$$
(Primera diferencia)   1   8   15   22   29

Para descubrir un patrón para la sucesión original, tratamos de hallar un patrón para la sucesión de diferencias 1, 8, 15, 22, 29, ... Esta sucesión es aritmética con diferencia fija 7:

$$
\begin{array}{ccccccc}
5 & 6 & 14 & 29 & 51 & 80 \\
\end{array}
$$
(Primera diferencia)   1   8   15   22   29
(Segunda diferencia)   7   7   7   7

Así, el sexto término en la primera diferencia es 29 + 7, ó 36, y el séptimo término de la sucesión original es 80 + 36, ó 116. ¿Qué número sigue al 116?

b. Como la segunda diferencia no es un número fijo, seguimos hasta la tercera diferencia, como se muestra:

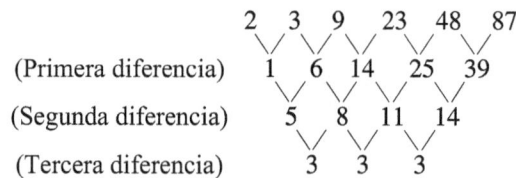

(Primera diferencia)   1   6   14   25   39
(Segunda diferencia)   5   8   11   14
(Tercera diferencia)   3   3   3

La tercera diferencia es un número fijo; por lo tanto, la segunda diferencia es una sucesión aritmética. El quinto término de la sucesión "segunda diferencia" es 14 + 3, ó 17; el sexto término de la sucesión "primera diferencia" es 39 + 17, ó 56; el séptimo término en la sucesión original es 87 + 56, ó 143.

AHORA INTENTA ÉSTE 1-15 En la figura 1-19 se muestran las tres primeras figuras de arreglos de palillos.

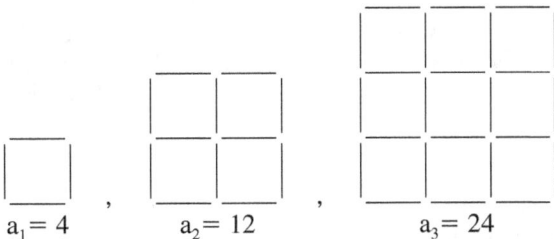

$a_1 = 4$ $a_2 = 12$ $a_3 = 24$

Figura 1-19

a. Traza el siguiente arreglo de palillos.
b. Construye una tabla que muestre el número de término y el número de palillos para $n = 1, 2, 3, 4$.
c. Usa diferencias para predecir el número de palillos para $n = 5, 6, 7$.
d. ¿Hallar diferencias es el mejor camino para determinar cuántos palillos hay en a_{100}? Di cómo obtendrías a_{100} y a_n.

Cuando se te pida hallar un patrón para una sucesión dada busca, en primer lugar, un patrón que sea fácilmente identificable y determina si la sucesión es aritmética o geométrica. Si el patrón sigue confuso, puede ser útil tomar diferencias sucesivas. *Es posible que ninguno de los métodos descritos revele un patrón.*

Evaluación 1-2 A

1. Para cada una de las siguientes sucesiones de figuras, determina un patrón posible y traza la que seguiría, de acuerdo con el patrón:

a.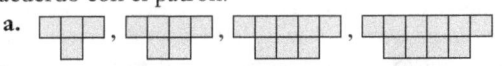
b.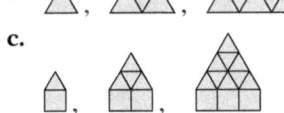
c.

2. En cada uno de los incisos siguientes, lista términos que continúen un posible patrón. ¿Cuáles de las siguientes sucesiones son aritméticas, cuáles son geométricas y cuáles no son ni una ni otra?
a. 1, 3, 5, 7, 9
b. 0, 50, 100, 150, 200
c. 3, 6, 12, 24, 48
d. 10, 100, 1,000, 10,000, 100,000
e. 9, 13, 17, 21, 25, 29
f. 1, 8, 27, 64, 125

3. Halla el 100-ésimo y el n-ésimo términos de cada una de las sucesiones del problema 2 anterior.
4. Usa una carátula de reloj tradicional para averiguar cuáles son los siguientes tres términos en la sucesión:

$$1, 6, 11, 4, 9, \ldots$$

5. En el patrón, 8, 16, 14, 10, ..., se puede usar la suma de los dígitos para crear el número siguiente. En este caso cada número sucesor es el doble de la suma de los dígitos del número previo.
a. Halla los tres números siguientes en la sucesión descrita.
b. Halla los tres números siguientes en la sucesión 4, 16, 49, 169, 256, ____, ____, ____. Describe la regla que usaste.
★c. Halla los tres números siguientes en la sucesión 4, 16, 37, 58, 89, 145, 42, 20, ____, ____, ____. Describe la regla que usaste.
d. ¿Qué sucederá si la sucesión de la parte (c) se continúa indefinidamente?

6. Los siguientes arreglos geométricos sugieren una sucesión de números:

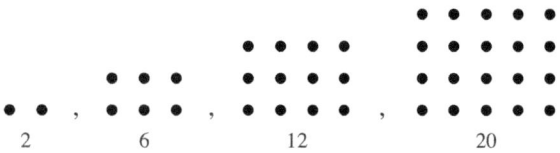

2   6   12   20

   a. Halla los siguientes tres términos.
   b. Halla el término 100-ésimo.
   c. Halla el término n-ésimo.

7. El primer juego de aspas consta de 5 cuadrados, el segundo requiere 9 cuadrados y el tercero lleva 13 cuadrados, según se muestra en la figura. ¿Cuántos cuadrados se necesitan para construir **(a)** el 10-ésimo juego de aspas? **(b)** el n-ésimo? **(c)** ¿Cuántos palillos se necesitarán para construir el n-ésimo juego de aspas?

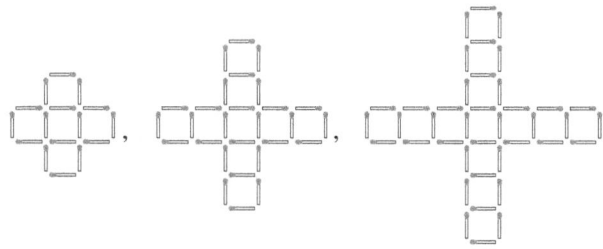

8. Las figuras de la siguiente sucesión están formadas por cubos pegados. Si se quiere pintar la superficie expuesta, ¿cuántos cuadrados se pintarán en **(a)** la 10-ésima figura? **(b)** la n-ésima figura?

9. En cierto plantel se predijo que la población escolar se incrementaría en 50 estudiantes al año durante los 10 años siguientes. Si la matrícula actual es de 700 estudiantes, ¿cuál será la matrícula al cabo de 10 años?

10. El ingreso anual de Pepe se ha incrementado cada año en la misma cantidad. En el primer año su ingreso fue de $24,000 y en el noveno año fue de $31,680. ¿En qué año tuvo un ingreso de $45,120?

11. La primera diferencia de una sucesión es 2, 4, 6, 8, 10, ... Halla los primeros seis términos de la sucesión original en cada uno de los casos siguientes:
   a. El primer término de la sucesión original es 3.
   b La suma de los primeros dos términos de la sucesión original es 10.
   c. El quinto término de la sucesión original es 35.

12. Lista los siguientes tres términos para continuar con el patrón en cada uno de los siguientes incisos. (Puede ser útil hallar diferencias.)
   a. 5, 6, 14, 32, 64, 115, 191
   b. 0, 2, 6, 12, 20, 30, 42

13. ¿Cuántos términos hay en cada una de las siguientes sucesiones?
   a. 51, 52, 53, 54, . . . , 151
   b. $1, 2, 2^2, 2^3, \ldots, 2^{60}$
   c. 10, 20, 30, 40, . . . , 2000
   d. 1, 2, 4, 8, 16, 32, . . . , 1024

14. Halla los primeros cinco términos de las sucesiones cuyos términos n-ésimos son:
   a. $a_n = n^2 + 2$
   b. $a_n = 5n - 1$
   c. $a_n = 10^n - 1$
   d. $a_n = 3n + 2$

15. Exhibe un contraejemplo para cada caso:
   a. Si x es un número natural, entonces $(x + 5)/5 = x + 1$.
   b. Si x es un número natural, entonces $(x + 4)^2 = x + 16$.

16. Supón que continúa el siguiente patrón de mosaicos, (□), y responde las preguntas.

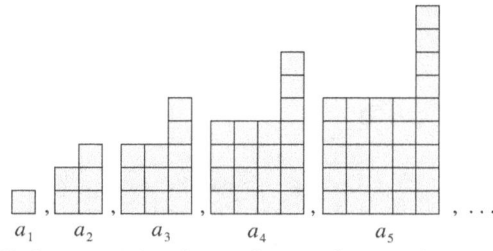

a_1 a_2 a_3 a_4 a_5

   a. ¿Cuántos mosaicos hay en la sexta figura, a_6?
   b. ¿Cuántos mosaicos hay en la n-ésima figura, a_n?
   c. ¿Existe una figura que tenga exactamente 1259 mosaicos? De ser así, ¿cuál es?

17. Halla los términos tercero, cuarto y quinto de la sucesión si $a_1 = 2, a_2 = 5$, y $a_n = 2a_{n-1} - a_{n-2}$.

18. Considera las siguientes sucesiones:

$$300, 500, 700, 900, 1100, 1300, \ldots$$
$$2, 4, 8, 16, 32, 64, \ldots$$

Halla el número del primer término en el cual la sucesión geométrica es mayor que la sucesión aritmética.

19. Comienza con un trozo de papel. Corta esa pieza de papel en cinco trozos. Toma cualquiera de los trozos y córtalos de nuevo en cinco piezas, y así sucesivamente.
   a. ¿Qué cantidad de trozos se puede obtener de esta manera?
   b. ¿Qué cantidad de trozos se obtuvo en el n-ésimo corte?

20. La sucesión 32, a, b, c, 512, . . . es una sucesión geométrica. Halla a, b, c.

21. Supón que continúa el siguiente patrón de puntos:
   a. ¿Cuántos puntos hay en a_6?
   b. ¿Cuántos puntos hay en la n-ésima figura, a_n?

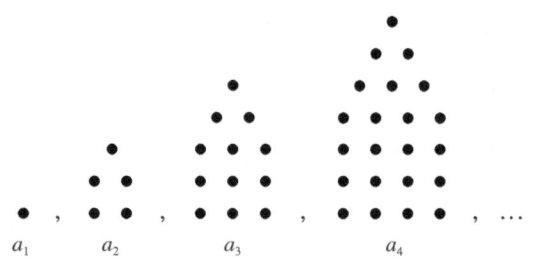

a_1 a_2 a_3 a_4

Evaluación 1-2 B

1. Para cada una de las siguientes sucesiones de figuras, determina un patrón posible y traza la que seguiría, de acuerdo con el patrón:

a.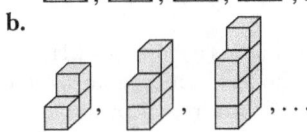

b.

c.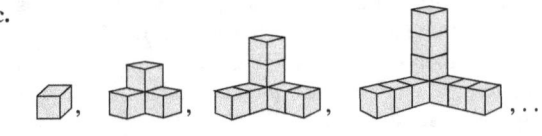

2. En cada uno de los incisos siguientes, lista términos que continúen un posible patrón. ¿Cuáles de las sucesiones son aritméticas, cuáles son geométricas y cuáles no son ni una ni otra?

a. $8, 11, 14, 17, 20, \ldots$
b. $1, 16, 81, 256, 625, \ldots$
c. $5, 15, 45, 135, 405, \ldots$
d. $2, 7, 12, 17, 22, \ldots$
e. $1, \dfrac{1}{2}, \dfrac{1}{4}, \dfrac{1}{8}, \dfrac{1}{16}, \ldots$

3. Halla el 100-ésimo y el n-ésimo términos de cada una de las sucesiones del problema 2 anterior.

4. Observa el siguiente patrón:

$$1 + 3 = 2^2,$$
$$1 + 3 + 5 = 3^2,$$
$$1 + 3 + 5 + 7 = 4^2$$

a. Establece una generalización basada en este patrón.
b. Con base en la generalización enunciada en (a), halla

$$1 + 3 + 5 + 7 + \ldots + 35$$

5. En el siguiente patrón se necesitan 6 palillos para formar un hexágono, 11 palillos para formar dos hexágonos y así sucesivamente. ¿Cuántos palillos se necesitarían para construir **(a)** 10 hexágonos? **(b)** n hexágonos?

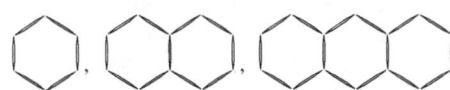

6. Cada una de las figuras siguientes está formada por triángulos pequeños, como el primero en la sucesión. (La segunda figura está formada por 4 triángulos.) Emite una conjetura respecto al número de triángulos pequeños que se necesitan para construir **(a)** la 100-ésima figura y **(b)** la n-ésima figura.

7. Al final del día, un tanque contiene 15,360 L de agua. Al final de cada día subsecuente queda la mitad del agua, y no se repone. ¿Cuánta agua quedará en el tanque al cabo de 10 días?

8. Cada lado de cada uno de los pentágonos de abajo mide 1 unidad de longitud.

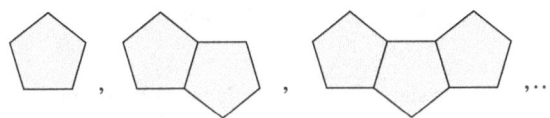

a. Traza la siguiente figura de la sucesión.
b. ¿Cuál es el perímetro (la distancia alrededor) de cada una de las primeras cuatro figuras?
c. ¿Cuál es el perímetro de la 100-ésima figura?
d. ¿Cuál es el perímetro de la n-ésima figura?

9. Una escuela secundaria tiene un horario que forma una sucesión aritmética. Cada periodo de clase dura lo mismo e incluye un 4º periodo para almorzar. Los primeros tres periodos comienzan a las 8:10 A.M., 9:00 A.M. y 9:50 A.M., respectivamente. ¿A qué hora comienza el octavo periodo?

10. La primera diferencia de una sucesión es 3, 6, 9, 12, 15, ... Halla los primeros seis términos de la sucesión original en cada uno de los casos siguientes:

a. El primer término de la sucesión original es 3.
b. La suma de los primeros dos términos de la sucesión original es 7.
c. El quinto término de la sucesión original es 34.

11. Lista los siguientes tres términos para continuar con el patrón en cada uno de los siguientes incisos. (Puede ser útil hallar diferencias.)

a. $3, 8, 15, 24, 35, 48, \ldots$
b. $1, 7, 18, 37, 67, 111, \ldots$

12. ¿Cuántos términos hay en cada una de las siguientes sucesiones?

a. $1, 2, 2^2, 2^3, \ldots, 2^{60}$
b. $9, 13, 17, 21, 25, \ldots, 353$
c. $38, 39, 40, 41, \ldots, 198$

13. Halla los primeros cinco términos de las sucesiones cuyos términos n-ésimos son:

a. $a_n = 5n + 6$
b. $a_n = 6n - 2$
c. $a_n = 5^n + 1$
d. $a_n = 3n - 3$

14. Exhibe un contraejemplo para cada caso:

a. Si x es un número natural, entonces $(3 + x)/3 = x$.
b. Si x es un número natural, entonces $(x - 2)^2 = x^2 - 2^2$.

15. Supón que continúa el siguiente patrón de mosaicos, ($\square$), y responde las preguntas.

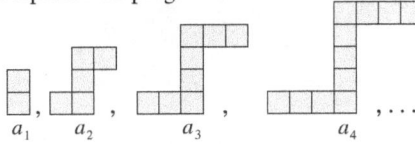

a. ¿Cuántos mosaicos hay en la sexta figura, a_6?

b. ¿Cuántos mosaicos hay en la n-ésima figura, a_n?

c. ¿Existe una figura que tenga exactamente 449 mosaicos? De ser así, ¿cuál es?

16. Escribe números impares consecutivos en forma triangular, como se muestra.

$$1$$
$$3 \quad 5$$
$$7 \quad 9 \quad 11$$
$$13 \quad 15 \quad 17 \quad 19$$

y así sucesivamente

a. Halla la suma de cada uno de los primeros cinco renglones.

b. ¿Notas algún patrón?

17. Halla los términos tercero, cuarto y quinto de la sucesión si $a_1 = 3$, $a_2 = 6$, y $a_n = 3a_{n-1} - 2a_{n-2}$.

18. Considera las siguientes sucesiones:

$$200, 500, 800, 1100, 1400, 1700, \ldots$$

$$1, 3, 9, 27, 81, 243, \ldots$$

Halla el número del primer término a partir del cual la sucesión geométrica es mayor que la sucesión aritmética.

19. La sucesión $17, a, b, c, 1377, \ldots$ es una sucesión geométrica. Halla a, b, c.

20. Halla la suma de los primeros 43 términos de una sucesión aritmética en la que el término número 11 es 83 y el término número 62 es 440.

21. Las abejas hembra nacen de huevos fertilizados y las abejas macho nacen de huevos no fertilizados. Esto significa que una abeja macho tiene sólo madre, mientras que una abeja hembra tiene madre y padre. Si se rastrean los ancestros de una abeja macho hasta 10 generaciones atrás, ¿cuántas abejas hay en esas 10 generaciones? (*Sugerencia:* La sucesión de Fibonacci puede ayudar.) Explica cómo llegaste a tu respuesta.

Conexiones matemáticas 1-2

Comunicación

1. Explica en qué sentido las dos sucesiones de cada caso son la misma, y en qué sentido son diferentes.

a. $2, 4, 6, 8, 10, \ldots$ y $2, 4, 8, 16, 32, \ldots$

b. $2, 4, 6, 8, 10, \ldots$ y $3, 5, 7, 9, 11, \ldots$

c. $5, 10, 15, 20, 25, \ldots$ y $50, 100, 150, 200, 250, \ldots$

2. Da dos ejemplos de cómo puedes usar el razonamiento inductivo en tu vida cotidiana. ¿Es cierta una conclusión basada en el razonamiento inductivo?

3. a. Si se suma un número fijo a cada término de una sucesión aritmética, ¿el resultado es una sucesión aritmética? Justifica la respuesta.

b. Si cada término de una sucesión aritmética se multiplica por un número fijo, ¿el resultado será siempre una sucesión aritmética? Justifica la respuesta.

c. Si se suman los términos correspondientes de dos sucesiones aritméticas, ¿el resultado es una sucesión aritmética?

4. Una estudiante dice que leyó que Thomas Robert Malthus (1766–1834), un renombrado economista y demógrafo británico, aseguraba que el incremento de población, de no controlarlo, se daría en sucesión geométrica, mientras que la producción de alimentos crecería sólo en sucesión aritmética. Esta teoría implica que la población crece más rápido que la producción de alimentos. La estudiante se pregunta por qué. ¿Qué le respondes?

Solución-abierta

5. Se pueden usar patrones para contar el número de puntos en un tablero de damas chinas. Se muestran dos patrones. Determina varios patrones más para contar los puntos.

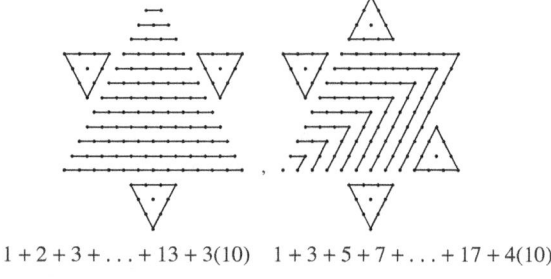

$$1 + 2 + 3 + \ldots + 13 + 3(10) \qquad 1 + 3 + 5 + 7 + \ldots + 17 + 4(10)$$

6. Construye un patrón con números figurados y halla una fórmula para el término 100-ésimo. Describe el patrón usado y la manera de hallar el término 100-ésimo.

7. Una sucesión que siga el mismo patrón que la sucesión de Fibonacci pero que sus dos primeros términos no sean 1, sino números cualesquiera, se llama *sucesión tipo Fibonacci*. Escoge algunas de dichas sucesiones y responde las preguntas de *Ahora intenta éste* 1-13. ¿Se comportan de la misma manera estas sucesiones?

Aprendizaje colectivo

8. El patrón siguiente se llama *triángulo de Pascal* en honor del matemático BLAISE PASCAL (1623–1662).

```
                1
              1   1
            1   2   1
          1   3   3   1
        1   4   6   4   1
      1   5  10  10   5   1
    1   6  15  20  15   6   1
  1   7  21  35  35  21   7   1
```

a. Se pide que cada persona del grupo halle cuatro diferentes patrones en el triángulo y luego los intercambie con el resto del grupo.

b. Suma los números de cada renglón. Analiza el patrón presentado.

c. Usa la experiencia obtenida en el punto (b) para hallar la suma en el renglón 16.

d. ¿Cuál es la suma de los números en el n-ésimo renglón?

9. Si el patrón mostrado en la figura continúa indefinidamente (lo cual quiere decir que continúa por siempre), la figura resultante se llama *triángulo de Sierpinski*.

En grupo, contesten las preguntas siguientes. Analicen diferentes estrategias para contar.

a. ¿Cuántos triángulos negros habría en la quinta figura?

b. ¿Cuántos triángulos blancos habría en la quinta figura?

c. Si el patrón continúa hasta n figuras, ¿cuántos triángulos negros habrá?

d. Si el patrón continúa hasta n figuras, ¿cuántos triángulos blancos habrá?

10. Crea una sucesión de números que siga un patrón. Muéstrala a tus compañeras de clase. En caso de que no puedan determinar la regla que sigue el patrón, explícala.

Preguntas del salón de clase

11. Pepe dijo que como 4, 24, 44 y 64 dejan residuo 0 al dividirlos entre 4, entonces todos los números que terminan en 4 deben dejar residuo 0 al dividirlos entre 4. ¿Cómo le respondes?

12. Se pidió a Alicia y a Beti que extendieran la sucesión 2, 4, 8, …. Alicia dijo que su respuesta de 2, 4, 8, 16, 32, 64, … era la correcta. Beti dijo que Alicia estaba equivocada y que debería ser 2, 4, 8, 14, 22, 32, 44, …. ¿Qué les dices a las estudiantes?

13. Un estudiante afirma que si el numerador y el denominador de una fracción son mayores, respectivamente, que el numerador y el denominador de otra fracción, entonces la primera fracción deberá ser la mayor. ¿Cómo le respondes?

14. Una estudiante afirma que la sucesión 6, 6, 6, 6, 6, … nunca cambia, de modo que no es aritmética ni geométrica. ¿Cómo le respondes?

15. Un estudiante afirma que dos términos son suficientes para determinar cualquier sucesión. Por ejemplo, 3, 6, … significa que la sucesión es 3, 6, 9, 12, 15, …. ¿Cómo le respondes?

16. Lisa afirma que al substraer el primer término del último término y dividiendo entre la diferencia común, puede decir cuál es el número de términos en cualquier sucesión aritmética finita. ¿Cómo le respondes?

Problemas de repaso

17. En una liga de beisbol formada por 10 equipos, cada equipo juega dos veces con cada uno de los demás. ¿Cuántos juegos se efectuarán?

18. ¿De cuántas maneras puedes cambiar una ficha de 40¢ usando sólo fichas de 5, 10 y 25?

19. Hay tiendas para 2, 3, 5, 6 ó 12 personas. ¿Qué combinaciones de tiendas son posibles para que duerman 26 personas si sólo se usa una tienda de 12 personas?

Preguntas del *Third International Mathematics and Science Study* (TIMSS) (Tercer Estudio Internacional sobre las Matemáticas y la Ciencia)

Los números de la sucesión 7, 11, 15, 19, 23, … crecen de cuatro en cuatro. Los números de la sucesión 1, 10, 19, 28, 37, … crecen de nueve en nueve. El número 19 está en ambas sucesiones. Si se continúan las dos sucesiones, ¿cuál es el siguiente número que estará en AMBAS sucesiones?

TIMSS 2003, Grado 8

Las tres figuras están divididas en pequeños triángulos congruentes.

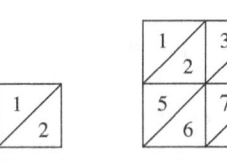
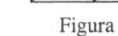
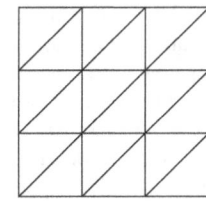

Figura 1   Figura 2   Figura 3

a. Completa la tabla que sigue. Primero, di cuántos triángulos pequeños forman la figura 3. Después, halla el número de triángulos pequeños que se requerirían para la cuarta figura si se extendiera la sucesión de las figuras.

b. Extendemos la sucesión hasta la séptima figura. ¿Cuántos triángulos pequeños se necesitarían para la figura 7?

c. Extendemos la sucesión hasta la figura 50. Explica una manera de hallar el número de triángulos pequeños en la figura 50 sin dibujar ni contar el número de triángulos.

TIMSS, Grado 8

Figura	Número de triángulos pequeños
1	2
2	8
3	
4	

 **ROMPECABEZAS** Halla el renglón que sigue en el patrón que aparece a continuación y explica tu patrón:

$$1$$
$$1\;1$$
$$2\;1$$
$$1\;2\;1\;1$$
$$1\;1\;1\;2\;2\;1$$

 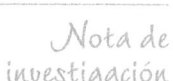

*1-3   Razonamiento y lógica: una introducción

Nota de investigación

La lógica es una herramienta utilizada en el razonamiento matemático y para resolver problemas. Es indispensable para razonar y, como se señala en la *Nota de investigación*, no se puede enseñar en una sola unidad sobre lógica. Sin embargo, en esta sección presentamos un breve resumen de los elementos. En lógica, una **proposición** es una frase que es *verdadera o falsa, pero no ambas*. Las siguientes expresiones no son proposiciones pues no es posible determinar sus valores de verdad sin disponer de mayor información:

No se puede enseñar a razonar y demostrar en una sola unidad sobre lógica, por ejemplo, o por medio de "hacer demostraciones". Demostrar es una tarea muy difícil para los estudiantes. Quizá a los estudiantes del nivel bachillerato les parecen tan difíciles las demostraciones porque sólo tienen la experiencia de escribir demostraciones en la geometría de secundaria, de modo que tienen una perspectiva limitada (MOORE 1994).

1. Ella tiene ojos azules.
2. $x + 7 = 18$.
3. $2y + 7 > 1$.
4. $2 + 3$

5. ¿Cómo estás?
6. ¡Cuidado!
7. Pedro Infante fue el mejor cantante.

Las expresiones (**1**), (**2**) y (**3**) pueden convertirse en proposiciones si para (**1**) identificamos quién es "ella" y para (**2**) y (**3**) asignamos valores a x y y, respectivamente. Sin embargo, una expresión que incluya a él o ella, o a x o y puede ser una proposición. Por ejemplo, "Si él mide más de $210\,\text{cm}$, entonces pasa de los $2\,\text{m}$ de altura" y "$2(x + y) = 2x + 2y$" son proposiciones verdaderas sin importar quién sea *él* o qué valores numéricos tengan x y y.

Negación y cuantificadores

Dada una proposición, es posible crear una nueva formando su **negación**. La negación de una proposición es *una proposición con valor de verdad opuesto al de la proposición dada*. Si una proposición es verdadera su negación es falsa, y si una proposición es falsa su negación es verdadera. Considera la proposición "Está lloviendo". La negación puede expresarse, simplemente, como "no está lloviendo".

Ejemplo 1-7

Niega cada una de las siguientes proposiciones:

a. $2 + 3 = 5$.
b. Un hexágono tiene 6 lados.

Solución **a.** $2 + 3 \neq 5$.
       b. Un hexágono no tiene 6 lados.

Frases como "La camisa es azul" y "La camisa es verde" son proposiciones si las colocamos en contexto. Sin embargo, no son negación una de la otra. Una proposición y su negación deben tener valores de verdad opuestos. Si sucede que la camisa es roja, entonces ambas frases anteriores serán falsas y, por lo tanto, no pueden ser negaciones una de otra. Sin embargo, las proposiciones "La camisa es azul" y "La camisa no es azul" son negaciones una de otra pues tienen valores de verdad opuestos, sin importar de qué color sea la camisa.

Algunas proposiciones incluyen **cuantificadores,** y negarlas es más complicado. Los cuantificadores incluyen palabras como *todo*, *alguno*, *cada* y *existe*.

• Los cuantificadores *todo*, *cada* y *ningún* se refieren a todos y cada uno de los elementos de un conjunto, y se llaman *cuantificadores universales*.
• Los cuantificadores *alguno* y *existe al menos uno* se refieren a uno o más, quizás a todos, los elementos de un conjunto, y se llaman *cuantificadores existenciales*.
• *Todo*, *cada* y *para cada* tienen el mismo significado matemático. De manera análoga, *algún*, *alguno* y *existe al menos uno* tienen el mismo significado.

Considera la siguiente proposición, que incluye el cuantificador existencial *algún* y que sabemos es verdadera: "Algunos profesores de la Universidad de Sonora miden más de 1.70 m". Esto significa que al menos un profesor de la Universidad de Sonora mide más de 1.70 m. No insinúa la posibilidad de que *todos* los profesores de la Universidad de Sonora midan más de 1.70 m, o de que algunos profesores de la Universidad de Sonora no midan más de 1.70 m. Como la negación de una proposición verdadera es falsa, ninguna de las proposiciones "Algunos profesores de la Universidad de Sonora no miden más de 1.70 m" y "Todos los profesores de la Universidad de Sonora miden 1.70 m" es una negación de la proposición original. Una posible negación de la proposición original es "Ningún profesor de la Universidad de Sonora mide más de 1.70 m".

Para saber si una proposición es negación de otra, usamos argumentos similares al del párrafo anterior y averiguamos si tienen valores de verdad opuestos en todos los casos posibles.

A continuación presentamos algunas proposiciones cuantificadas, junto con sus negaciones:

Proposición	**Negación**
Algunos *a* son *b*.	Ningún *a* es *b*.
Algunos *a* no son *b*.	Todos los *a* son *b*.
Todos los *a* son *b*.	Algunos *a* no son *b*.
Ningún *a* es *b*.	Algunos *a* son *b*.

Ejemplo 1-8

Niega cada una de las siguientes proposiciones sin importar su valor de verdad:

a. A todos los estudiantes les gustan los tacos.
b. A algunas personas les gustan las matemáticas.
c. Existe un número natural x tal que $3x = 6$.
d. Para todos los números naturales, $3x = 3x$.

Solución   **a.** A algunos estudiantes no les gustan los tacos.
b. A ninguna persona le gustan las matemáticas.
c. Para todos los números naturales x, $3x \neq 6$.
d. Existe un número natural x tal que $3x \neq 3x$.

Tablas de verdad y proposiciones compuestas

Para determinar la veracidad de una proposición, considera el siguiente acertijo propuesto por uno de los más importantes escritores actuales de acertijos lógicos, RAYMOND SMULL-YAN. Ha escrito varios libros sobre lógica, incluido *¿La dama o el tigre?* El título está tomado de un cuento de FRANK STOCKTON acerca de un prisionero que debe escoger entre dos puertas: detrás de una está un tigre hambriento y detrás de la otra está una bella dama.

La propuesta de Smullyan es que cada puerta tiene un letrero y el prisionero sabe que sólo *un* letrero dice la verdad. En la Puerta 1 se lee:

EN ESTA HABITACIÓN HAY UNA DAMA Y
EN LA OTRA HABITACIÓN HAY UN TIGRE.

En la Puerta 2 se lee:

EN UNA DE ESTAS HABITACIONES HAY UNA DAMA Y
EN UNA DE ESTAS HABITACIONES HAY UN TIGRE.

Con esta información la persona puede escoger la puerta correcta. Analiza este problema y trata de hallar una solución antes de seguir leyendo.

Solución *Si el letrero de la Puerta 1 es verdadero, entonces el letrero de la Puerta 2 **debe** ser verdadero. Como esto no puede suceder, el letrero de la Puerta 2 debe ser el verdadero, lo cual hace que el letrero de la Puerta 1 sea falso. Como el letrero de la Puerta 1 es falso, la dama no puede estar en la Habitación 1, y debe estar en la Habitación 2.*

Hay un sistema simbólico definido para ayudar en el estudio de la lógica. Si p representa una proposición, la negación de la proposición p se denota con $\neg p$ que se lee "no p". Las **tablas de verdad** se usan para mostrar todos los patrones posibles de verdad o falsedad de las proposiciones. En la tabla 1-13 presentamos la tabla de verdad para p y $\neg p$.

Tabla 1-13

Proposición p	Negación $\neg p$
V	F
F	V

Dadas dos proposiciones, podemos crear una nueva **proposición compuesta** usando un conectivo como *y*. Se puede formar una proposición compuesta combinando dos o más proposiciones. Por ejemplo, "Está nevando" y "la pista de esquiar está abierta" junto con *y* dan "Está nevando y la pista de esquiar está abierta". Otra proposición compuesta se obtiene usando el conectivo *o*. Por ejemplo, "Está nevando o la pista de esquiar está abierta". Se usan los símbolos $\wedge$ y $\vee$ para representar los conectivos *y* y *o*, respectivamente. Por ejemplo, si p representa "Está nevando" y q representa "la pista de esquiar está abierta", entonces "Está nevando y la pista de esquiar está abierta" se denota con $p \wedge q$. De manera análoga, "Está nevando o la pista de esquiar está abierta" se denota con $p \vee q$.

El valor de verdad de cualquier proposición compuesta, como $p \wedge q$, se define a partir del valor de verdad de cada proposición simple. Como cada una de las proposiciones p y q puede ser verdadera o falsa, hay cuatro posibilidades para el valor de verdad de $p \wedge q$, como se muestra en la tabla 1-14. La proposición compuesta es la **conjunción** de p y q y, por definición, es verdadera si, y sólo si, p y q son verdaderas. De no suceder así, es falsa.

Tabla 1-14

p	q	Conjunción $p \wedge q$
V	V	V
V	F	F
F	V	F
F	F	F

Tabla 1-15

p	q	Disyunción $p \vee q$
V	V	V
V	F	V
F	V	V
F	F	F

La proposición compuesta $p \vee q$ —esto es, p o q— es una **disyunción**. En lenguaje cotidiano, no siempre se interpreta *o* de la misma manera. En lógica usamos un *o inclusivo*. La proposición "Iré al cine o leeré un libro" significa que voy a ir al cine o voy a leer un libro, o voy a hacer ambas cosas. Por lo tanto, en lógica p o q, simbolizado por $p \vee q$, es, por definición, falsa si tanto p como q son falsas, y es verdadera en los demás casos. Resumimos esto en la tabla 1-15.

Ejemplo 1-9

Clasifica cada una de las siguientes proposiciones como verdadera o falsa.

$$p: 2 + 3 = 5 \qquad q: 2 \cdot 3 = 6 \qquad r: 5 + 3 = 9$$

a. $p \wedge q$ **c.** $\neg p \vee r$ **e.** $\neg(p \wedge q)$

b. $q \vee r$ **d.** $\neg p \wedge \neg q$ **f.** $(p \wedge q) \vee \neg r$

Solución   **a.** p es verdadera y q es verdadera, de modo que $p \wedge q$ es verdadera.

b. q es verdadera y r es falsa, de modo que $q \vee r$ es verdadera.

c. $\neg p$ es falsa y r es falsa, de modo que $\neg p \vee r$ es falsa.

d. $\neg p$ es falsa y $\neg q$ es falsa, de modo que $\neg p \wedge \neg q$ es falsa.

e. $p \wedge q$ es verdadera, de modo que $\neg(p \wedge q)$ es falsa.

f. $p \wedge q$ es verdadera y $\neg r$ es verdadera, de modo que $(p \wedge q) \vee \neg r$ es verdadera.

Las tablas de verdad se usan no sólo para resumir los valores de verdad de proposiciones compuestas; también se usan para determinar si dos proposiciones son lógicamente equivalentes. Dos proposiciones son **lógicamente equivalentes** si, y sólo si, tienen los mismos valores de verdad. Si p y q son lógicamente equivalentes, lo escribimos $p \equiv q$.

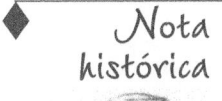

Nota histórica

George Boole (1815–1864) nació en Lincoln, Inglaterra, y fue llamado "el padre de la lógica". A la edad de 15 años comenzó su carrera de maestro. En 1849 fue nombrado profesor en Queens College, en Cork, Irlanda. En su trabajo empleó símbolos para representar conceptos y desarrolló un sistema de manipulaciones algebraicas que acompañaban a los símbolos. Su trabajo fue la unión de la lógica y las matemáticas. Muchas de las ideas de Boole, como el álgebra booleana, tienen aplicaciones en ciencias de la computación y en el diseño de aparatos conmutadores para telefonía. ◆

Ejemplo 1-10   Muestra que $\neg(p \wedge q) \equiv \neg p \vee \neg q$.

Solución   Dos proposiciones son lógicamente equivalentes si tienen los mismos valores de verdad. En las tablas 1-16 y 1-17 damos las tablas de verdad de estas proposiciones.

Tabla 1-16

p	q	$p \wedge q$	$\neg(p \wedge q)$
V	V	V	F
V	F	F	V
F	V	F	V
F	F	F	V

Tabla 1-17

p	q	$\neg p$	$\neg q$	$\neg p \vee \neg q$
V	V	F	F	F
V	F	F	V	V
F	V	V	F	V
F	F	V	V	V

Como las dos proposiciones tienen los mismos valores de verdad, vemos que $\neg(p \wedge q) \equiv \neg p \vee \neg q$.

AHORA INTENTA ÉSTE 1-16 En el ejemplo 1-10 se muestra que $\neg(p \wedge q) \equiv \neg p \vee \neg q$. De la misma manera podemos demostrar que $\neg(p \vee q) \equiv \neg p \wedge \neg q$. Estas equivalencias se llaman **Leyes de De Morgan.** Confirma que se cumple la segunda ley de De Morgan empleando tablas de verdad.

Condicionales y bicondicionales

Las proposiciones expresadas en la forma "si p, entonces q" se llaman **condicionales**, o **implicaciones**, y se denotan con $p \rightarrow q$. También se pueden leer como "p implica q". La parte "si" de una condicional es la **hipótesis** de la implicación y la parte "entonces" es la **conclusión**. Muchas proposiciones se pueden enunciar en la forma "si-entonces". Demos un ejemplo:

Proposición: Todos los triángulos equiláteros tienen ángulos agudos.

Forma "si-entonces": $\underbrace{\text{Si un triángulo es equilátero,}}_{\text{Hipótesis}}$ $\underbrace{\text{entonces tiene ángulos agudos.}}_{\text{Conclusión}}$

También se puede pensar en una implicación como una promesa. Supón que Beti hace la promesa, "Si logro un aumento, entonces te invitaré a cenar". Si Beti mantiene su promesa, la implicación es verdadera; si Beti rompe su promesa, la implicación es falsa. Considera las siguientes cuatro posibilidades:

	p	q	
(1)	V	V	Beti obtiene el aumento; te invita a cenar.
(2)	V	F	Beti obtiene el aumento; no te invita a cenar.
(3)	F	V	Beti no obtiene el aumento; te invita a cenar.
(4)	F	F	Beti no obtiene el aumento; no te invita a cenar.

El único caso en el que Beti rompe su promesa es cuando obtiene su aumento y no te invita a cenar, el caso (2). Si ella no obtiene el aumento, puede o no invitarte a cenar sin romper su promesa. La definición de la implicación está resumida en la tabla 1-18.

Tabla 1-18

p	q	Implicación $p \rightarrow q$
V	V	V
V	F	F
F	V	V
F	F	V

Observa que el único caso en que la implicación es falsa es cuando p es verdadera y q es falsa.

Una implicación se puede expresar de distintas maneras en palabras:

1. Si hay sol, entonces la piscina abre. (Si p, entonces q.)
2. Si hay sol, la piscina abre. (Si p, q.)
3. La piscina abre si hay sol. (q si p.)
4. Que haya sol implica que la piscina abra. (p implica q.)
5. Hay sol sólo si la piscina abre. (p sólo si q.)
6. Que haya sol es condición suficiente para que abra la piscina. (p es condición suficiente para q.)
7. Que la piscina abra es condición necesaria para que haya sol. (q es una condición necesaria para p.)

Cualquier implicación $p \rightarrow q$ tiene tres proposiciones relacionadas:

Proposición:	Si p, entonces q.	$p \rightarrow q$
Recíproca:	Si q, entonces p.	$q \rightarrow p$
Inversa:	Si no p, entonces no q.	$\neg p \rightarrow \neg q$
Contrapositiva:	Si no q, entonces no p.	$\neg q \rightarrow \neg p$

Ejemplo 1-11

Escribe la recíproca, la inversa y la contrapositiva de la siguiente proposición:

Si estoy en Pachuca, entonces estoy en Hidalgo.

Solución   *Recíproca:*   Si estoy en Hidalgo, entonces estoy en Pachuca.

Inversa: Si no estoy en Pachuca, entonces no estoy en Hidalgo.

Contrapositiva: Si no estoy en Hidalgo, entonces no estoy en Pachuca.

El ejemplo 1-11 se puede usar para mostrar que si una proposición es verdadera, su recíproca y su inversa no necesariamente son verdaderas. Sin embargo, la contrapositiva es verdadera. Verifiquemos estas observaciones en la siguiente proposición: *Si un número es natural, el número no es 0*. El conjunto de los números naturales es $N = \{1, 2, 3, 4, 5, 6, \ldots\}$. Verifiquemos la veracidad de la recíproca, la inversa y la contrapositiva.

Inversa: *Si un número no es natural, entonces es 0*. Esto es falso pues -6 no es natural pero tampoco es 0.

Recíproca: *Si un número no es 0, entonces es natural*. Esto es falso pues -6 no es 0 pero tampoco es un número natural.

Contrapositiva: *Si un número es 0, entonces no es un número natural*. Esto es cierto pues $N = \{1, 2, 3, 4, 5, 6, \ldots\}$.

La contrapositiva de la última proposición es la proposición original. Por lo tanto, lo anterior sugiere que si $p \rightarrow q$ es verdadera, su contrapositiva $\neg q \rightarrow \neg p$ también es verdadera; y si la contrapositiva es verdadera, la proposición original debe ser verdadera. Se sigue de aquí que una proposición y su contrapositiva no pueden tener valores de verdad opuestos. Resumimos lo anterior en el siguiente teorema.

> **Teorema 1–1: Equivalencia de una proposición y su contrapositiva**
>
> La implicación $p \rightarrow q$ y su contrapositiva $\neg q \rightarrow \neg p$ son lógicamente equivalentes.

Ejemplo 1-12

Usa tablas de verdad para mostrar que $p \rightarrow q \equiv \neg q \rightarrow \neg p$.

Solución   Las tablas de verdad para estas proposiciones están dadas en las tablas 1-19 y 1-20.

Tabla 1-19

p	q	$p \rightarrow q$
V	V	V
V	F	F
F	V	V
F	F	V

Tabla 1-20

p	q	$\neg q$	$\neg p$	$\neg q \rightarrow \neg p$
V	V	F	F	V
V	F	V	F	F
F	V	F	V	V
F	F	V	V	V

Como estas dos proposiciones tienen los mismos valores de verdad, vemos que
$p \rightarrow q \equiv \neg q \rightarrow \neg p$.

AHORA INTENTA ÉSTE 1-17 Anteriormente usamos la implicación "Si Beti obtiene un aumento (p), entonces te invita a cenar (q)" como motivación para construir la tabla de verdad de $p \rightarrow q$. Dijimos que el único caso en que Beti rompe su promesa es cuando obtiene el aumento y no te invita a cenar, esto es, $p \wedge \neg q$. Por lo tanto, $p \wedge \neg q$ es un buen candidato para la negación de $p \rightarrow q$. Usa tablas de verdad y verifica que $\neg (p \rightarrow q) \equiv p \wedge \neg q$ para averiguar si $p \wedge \neg q$ es la negación de $p \rightarrow q$.

Al conectar una proposición y su recíproca mediante el conectivo *y* obtenemos $(p \rightarrow q) \wedge (q \rightarrow p)$. Esta proposición compuesta se puede escribir como $p \leftrightarrow q$ y usualmente se lee "***p* si, y sólo si, *q***". La proposición "*p* si, y sólo si, *q*" es una **bicondicional**.

AHORA INTENTA ÉSTE 1-18 Construye una tabla de verdad para determinar cuándo una proposición bicondicional es verdadera.

Razonamiento válido

Al resolver problemas decimos que un razonamiento es **válido** si la conclusión se sigue de manera inevitable partiendo de hipótesis verdaderas. Así, en todos los argumentos presentados en esta sección suponemos que las hipótesis son verdaderas. Consideremos los ejemplos siguientes:

Hipótesis: Todos los perros son animales.
               Tintín es un perro.

Conclusión: Por lo tanto, Tintín es un animal.

La proposición "Todos los perros son animales" se puede ilustrar con el **diagrama de Euler** de la figura 1-20(a).

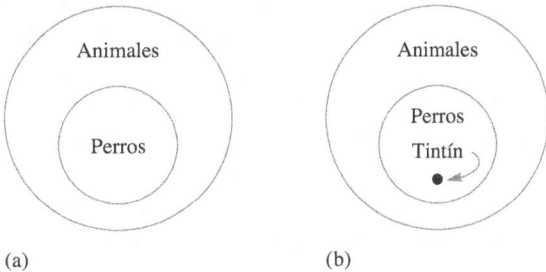

(a)   (b)

Figura 1-20

La información "Tintín es un perro" implica que Tintín debe pertenecer al círculo que contiene los perros, como se ilustra en la figura 1-20(b). Tintín también debe pertenecer al círculo que contiene los animales. Así, el razonamiento es válido porque es imposible trazar una figura que satisfaga la hipótesis y contradiga la conclusión.

Considera el siguiente argumento.

Hipótesis:	Todos los maestros de educación básica saben matemáticas.
	Algunas personas que saben matemáticas no son niños.
Conclusión:	Por lo tanto, ningún maestro de educación básica es niño.

Sea B el conjunto de los maestros de educación básica, M el conjunto de las personas que saben matemáticas y N el conjunto de los niños. Entonces, la proposición "Todos los maestros de educación básica saben matemáticas" se puede ilustrar como en la figura 1-21(a). La proposición "Algunas personas que saben matemáticas no son niños" se puede ilustrar de varias maneras; listamos tres de ellas en la figura 1-21, de la (b) a la (d). De acuerdo con la figura 1-21(d), es posible que algunos maestros de educación básica sean niños y, así, se satisfacen las proposiciones dadas. Por lo tanto, la conclusión de que "Ningún maestro de educación básica es niño" no se sigue de las hipótesis dadas. En consecuencia, el razonamiento no es válido.

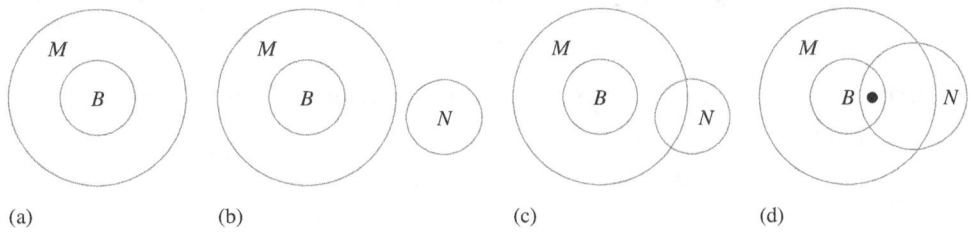

(a)   (b)   (c)   (d)

Figura 1-21

Basta con que se pueda trazar una figura que satisfaga las hipótesis de un argumento y contradiga la conclusión, para que el argumento no sea válido. Sin embargo, para mostrar que un argumento es válido, *todas* las figuras posibles deben mostrar que no hay contradicciones. No debe haber manera de satisfacer las hipótesis y contradecir la conclusión si el argumento es válido.

Ejemplo 1-13   Determinar si es válido el argumento siguiente:

Hipótesis: En el DF todos los gestores usan lentes obscuros.
                       Nadie en el DF que mida más de 1.80 m usa lentes obscuros.

Conclusión: Las personas que miden más de 1.80 m no son gestores en el DF.

Solución   Si G representa a los gestores en el DF y L a las personas que usan lentes obscuros, la primera hipótesis se ilustra en la figura 1-22(a). Si D representa a las personas en el DF que miden más de 1.80 m, la segunda hipótesis se ilustra en la figura 1-22(b). Como las personas que miden más de 1.80 m están fuera del círculo que representa a los que usan lentes obscuros y los gestores están en el círculo L, la conclusión es válida y ninguna persona que mida más de 1.80 m es gestor en el DF.

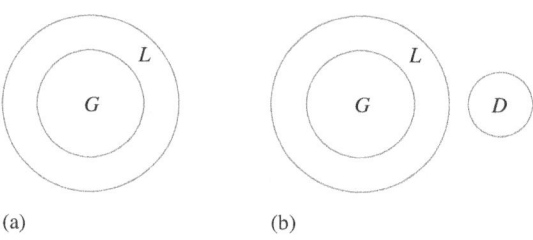

(a)   (b)

Figura 1-22

Un método diferente para determinar si un argumento es válido usa el **razonamiento directo** y una forma de argumento llamada **ley de encadenamiento hacia adelante** (o *modus ponens*). Por ejemplo, supongamos que las siguientes proposiciones son verdaderas:

Si sale el sol, entonces saldremos de viaje.

Salió el sol.

Usando estas dos proposiciones, podemos concluir que saldremos de viaje. En general, la ley de encadenamiento hacia adelante (o *modus ponens*) se expresa como:

Si la proposición "si p, entonces q" es verdadera, y si p es verdadera, entonces q debe ser verdadera.

Ejemplo 1-14   Determina si el siguiente argumento es válido si las hipótesis son verdaderas y x es un número natural:

Hipótesis: Si $x > 2$, entonces $x^2 > 4$.
                       $x > 2$.

Conclusión: Por lo tanto, $x^2 > 4$.

Solución   Usando el razonamiento directo, *modus ponens*, vemos que la conclusión es válida.

Ejemplo 1-15   Muestra que $[(p \rightarrow q) \wedge p] \rightarrow q$ siempre es verdadera.

Solución En la tabla 1-21 damos una tabla de verdad para estas implicaciones.

Tabla 1-21

p	q	$p \rightarrow q$	$(p \rightarrow q) \wedge p$	$[(p \rightarrow q) \wedge p] \rightarrow q$
V	V	V	V	V
V	F	F	F	V
F	V	V	F	V
F	F	V	F	V

OBSERVACIÓN La proposición $[(p \rightarrow q) \wedge p] \rightarrow q$ es una **tautología;** es decir, una proposición que siempre es verdadera.

Un tipo diferente de razonamiento, el **razonamiento indirecto**, usa otra forma de argumentación llamada *modus tollens*. Por ejemplo, considera las siguientes proposiciones verdaderas:

Si una figura es un cuadrado, entonces es un rectángulo.

La figura no es un rectángulo.

La conclusión es que la figura no puede ser un cuadrado. El *modus tollens* se puede interpretar como sigue:

Si tenemos una condicional aceptada como verdadera y sabemos que la conclusión es falsa, entonces la hipótesis debe ser falsa.

Ejemplo 1-16

Obtén conclusiones de cada uno de los siguientes pares de proposiciones verdaderas:

a. Si una persona vive en Jalapa, entonces la persona vive en Veracruz. Juana no vive en Veracruz.
b. Si $x = 3$, entonces $2x \neq 7$. Sabemos que $2x = 7$.

Solución   **a.** Juana no vive en Jalapa (*modus tollens*).
　　　　　　 b. $x \neq 3$ (*modus tollens*).

La argumentación final para razonar que vamos a ver aquí incluye la **regla de la cadena (transitividad)**. Considera las siguientes proposiciones:

Si ahorro, me retiraré pronto.

Si me retiro pronto, jugaré golf.

¿Cuál es la conclusión? La conclusión es que si ahorro, jugaré golf. En general, la regla de la cadena se puede expresar como sigue:

Si "si p, entonces q" y "si q, entonces r" son verdaderas, entonces "si p, entonces r" es verdadera.

Muchas personas suelen llegar a conclusiones inválidas basadas en anuncios u otra información. Considera, por ejemplo, la proposición válida "Las personas sanas comen el cereal Súper". ¿Son válidas las conclusiones siguientes?

Si una persona come cereal Súper, entonces la persona es sana.

Si la persona no es sana, la persona no come cereal Súper.

Si denotamos con $p \rightarrow q$ la proposición original, donde p es "una persona es sana" y q es "una persona come cereal Súper", entonces la primera conclusión es el recíproco de $p \rightarrow q$, es decir, $q \rightarrow p$, y la segunda conclusión es la inversa de $p \rightarrow q$, esto es, $\neg p \rightarrow \neg q$. Por lo tanto, ninguna es válida.

Ejemplo 1-17

Determina conclusiones para las siguientes proposiciones verdaderas:

a. Si un triángulo es equilátero, entonces es isósceles. Si un triángulo es isósceles, tiene al menos dos lados congruentes.

b. Si un número es un número completo, entonces el número es un entero. Si un número es entero, entonces el número es un número racional. Si un número es un número racional, entonces el número es un número real.

Solución   **a.** Si un triángulo es equilátero, entonces tiene al menos dos lados congruentes.

b. Si un número es un número completo, entonces es un número real.

Evaluación 1-3A

1. Determina cuáles de las siguientes son proposiciones y clasifica cada una como verdadera o falsa:
   a. $2 + 4 = 8$.
   b. Jalapa es un estado.
   c. ¿Qué hora es?
   d. $3 \cdot 2 = 6$.
   e. Esta proposición es falsa.

2. Usa cuantificadores para hacer verdadera cada una de las siguientes proposiciones, donde x es un número natural:
   a. $x + 8 = 11$.   **b.** $x^2 = 4$.
   c. $x + 3 = 3 + x$.   **d.** $5x + 4x = 9x$.

3. Usa cuantificadores para hacer que cada ecuación del problema 2 sea falsa.

4. Escribe la negación de cada una de las siguientes proposiciones:
   a. Este libro tiene 500 páginas.
   b. $3 \cdot 5 = 15$.
   c. Todos los perros tienen cuatro patas.
   d. Algunos rectángulos son cuadrados.
   e. No todos los rectángulos son cuadrados.
   f. Ningún perro tiene pulgas.

5. En cada caso, di si es verdadero o falso:
   a. Para algunos números naturales x, $x < 6$ y $x > 3$.
   b. Para algunos números naturales x, $x > 0$ o $x < 5$.

6. Completa cada una de las siguientes tablas de verdad:
   a.

p	$\neg p$	$\neg(\neg p)$
V		
F		

   b.

p	$\neg p$	$p \vee \neg p$	$p \wedge \neg p$
V			
F			

   c. Con base en la parte (a), ¿es p lógicamente equivalente a $\neg(\neg p)$?
   d. Con base en la parte (b), ¿es $p \vee \neg p$ lógicamente equivalente a $p \wedge \neg p$?

7. Si q significa "El curso es fácil" y r significa "Los flojos no estudian", escribe cada expresión en forma simbólica:
   a. El curso es fácil y los flojos no estudian.
   b. Los flojos no estudian o el curso no es fácil.
   c. Es falso tanto que el curso sea fácil como que los flojos no estudien.
   d. El curso no es fácil.

8. Si p es falsa y q es verdadera, halla los valores de verdad para lo siguiente:

    a. $p \wedge q$ **b.** $\neg p$

    c. $\neg(\neg p)$ **d.** $p \wedge \neg q$

    e. $\neg(\neg p \wedge q)$

9. Halla el valor de verdad de cada proposición del problema 8 si p es falsa y q es falsa.

10. Di qué par de proposiciones son lógicamente equivalentes.

    a. $\neg(p \vee q)$ y $\neg p \vee \neg q$

    b. $\neg(p \wedge q)$ y $\neg p \wedge \neg q$

11. Completa la siguiente tabla de verdad:

p	q	$\neg p$	$\neg p \wedge q$
V	V		
V	F		
F	V		
F	F		

12. Escribe lo que sigue en forma simbólica si p es la proposición "Está lloviendo" y q es la proposición "La hierba está húmeda".

    a. Si está lloviendo, entonces la hierba está húmeda.

    b. Si no está lloviendo, entonces la hierba está húmeda.

    c. Si está lloviendo, entonces la hierba no está húmeda.

    d. La hierba está húmeda si está lloviendo.

    e. Que la hierba no esté húmeda implica que no está lloviendo.

    f. La hierba está húmeda si, y sólo si, está lloviendo.

13. Para cada una de las implicaciones siguientes escribe la recíproca, la inversa y la contrapositiva:

    a. Si $x = 5$, entonces $2x = 10$.

    b. Si no te gusta este libro, entonces no te gustan las matemáticas.

    c. Si no usas la pasta dental Ultra, entonces tienes caries.

    d. Si eres bueno en lógica, entonces tus calificaciones son altas.

14. Considera la proposición "Si todo dígito de un número es 6, entonces el número es divisible entre 3". ¿Cuáles expresiones son lógicamente equivalentes a la proposición?

    a. Si todo dígito de un número no es 6, entonces el número no es divisible entre 3.

    b. Si un número no es divisible entre 3, entonces algún dígito del número no es 6.

    c. Si un número es divisible entre 3, entonces todo dígito del número es 6.

15. Escribe una proposición lógicamente equivalente a la proposición "Si un número es múltiplo de 8, entonces es múltiplo de 4".

16. Investiga la validez de cada una de las siguientes argumentaciones:

    a. Todos los cuadrados son cuadriláteros.

    Todos los cuadriláteros son polígonos.

    Por lo tanto, todos los cuadrados son polígonos.

    b. Todas las maestras son inteligentes.

    Algunas maestras son ricas.

    Por lo tanto, alguna persona inteligente es rica.

    c. Si un estudiante está en primer año, entonces cursa matemáticas.

    Juana está en segundo año.

    Por lo tanto, Juana no cursa matemáticas.

17. Forma una conclusión que se siga lógicamente de las proposiciones dadas:

    a. A algunas estudiantes de primero les gustan las matemáticas.

    Todas las personas a las que les gustan las matemáticas son inteligentes.

    b. Si estudio para el examen final, entonces lo pasaré.

    Si paso el examen final, entonces pasaré el curso.

    Si paso el curso, entonces buscaré trabajo como maestra.

    c. Todo triángulo equilátero es isósceles.

    Existen triángulos que son equiláteros.

18. Escribe en forma si-entonces:

    a. Toda figura que es un cuadrado es un rectángulo.

    b. Todos los enteros son números racionales.

    c. Los polígonos con exactamente 3 lados son triángulos.

19. Usa las leyes de DeMorgan del *Ahora intenta éste 1-16* para escribir una negación de cada caso:

    a. $3 \cdot 2 = 6$ y $1 + 1 \neq 3$.

    b. Me puedes pagar ahora o me puedes pagar después.

Evaluación 1-3B

1. Determina cuáles de las siguientes son proposiciones y clasifica cada proposición como verdadera o falsa:

    a. Cierra la ventana.

    b. Él está en la ciudad.

    c. $2 \cdot 2 = 2 + 2$.

    d. $2 + 3 = 8$.

    e. ¡Quieto!

2. Usa cuantificadores para hacer verdadera cada una de las siguientes proposiciones, donde x es un número natural:

    a. $x + 0 = x$

    b. $x + 1 = x + 2$

    c. $3(x + 2) = 12$

    d. $x^3 = 8$

3. Usa cuantificadores para hacer que cada ecuación del problema 2 sea falsa.

4. Escribe la negación de cada una de las siguientes proposiciones:

   a. Seis es menor que 8.

   b. Algunos gatos no tienen nueve vidas.

   c. Todos los cuadrados son rectángulos.

   d. No todos los números son positivos.

   e. Algunas personas tienen el cabello castaño.

5. En cada caso, di si es verdadero o falso:

   a. Para algunos números naturales x, $x > 5$ y $x > 2$.

   b. Para algunos números naturales x, $x > 5$ ó $x < 5$.

6. Si sabes que p es verdadera, ¿qué puedes concluir acerca del valor de verdad de $p \lor q$, aunque no conozcas el valor de verdad de q?

7. Si sabes que p es falsa, ¿qué puedes concluir acerca del valor de verdad de $p \rightarrow q$, aun si no conoces el valor de verdad de q?

8. Si q es "Tú dijiste adiós" y r es "Yo dije hola", escribe lo siguiente en forma simbólica:

   a. Tú dijiste adiós y yo dije hola.

   b. Tú dijiste adiós y yo no dije hola.

   c. Yo no dije hola o tú no dijiste adiós.

   d. Es falso que tú dijiste adiós y yo dije hola.

9. Si p es falsa y q es verdadera, halla los valores de verdad para lo siguiente:

   a. $p \lor q$ **b.** $\neg q$

   c. $\neg p \lor q$ **d.** $\neg (p \lor q)$

   e. $\neg q \land \neg p$

10. Halla el valor de verdad de cada proposición del problema 9 si p es falsa y q es falsa.

11. Di qué par de proposiciones son lógicamente equivalentes.

   a. $\neg (p \lor q)$ y $\neg p \land \neg q$

   b. $\neg (p \land q)$ y $\neg p \lor \neg q$

12. Completa la siguiente tabla de verdad:

p	q	$\neg q$	$p \lor \neg q$
V	V		
V	F		
F	V		
F	F		

13. Escribe lo siguiente en forma simbólica si p es la proposición "Tú lo construiste" y q es la proposición "Ellos vendrán":

   a. Si tú lo construiste, ellos vendrán.

   b. Si tú no lo construiste, entonces ellos vendrán.

   c. Si tú lo construiste, ellos no vendrán.

   d. Ellos vendrán si tú lo construiste.

   e. Si tú no lo construiste, entonces ellos no vendrán.

   f. Si ellos no vienen, entonces tú no lo construiste.

14. Para cada una de las implicaciones siguientes escribe la recíproca, la inversa y la contrapositiva:

   a. Si $x = 3$, entonces $x^2 = 9$.

   b. Si nieva, entonces se suspenden las clases.

15. Iris realiza la proposición verdadera: "Si llueve, entonces voy al cine". ¿Se sigue lógicamente que si no llueve, entonces Iris no va al cine?

16. Investiga la validez de cada una de las siguientes argumentaciones:

   a. Todas las mujeres son mortales.
      Hipatia era mujer.
      Por lo tanto, Hipatia era mortal.

   b. Todos los días lluviosos están nublados.
      Hoy no está nublado.
      Por lo tanto, hoy no está lluvioso.

   c. A algunos estudiantes les gusta esquiar.
      Alicia es una estudiante.
      Por lo tanto, a Alicia le gusta esquiar.

17. Forma una conclusión que se siga lógicamente de las proposiciones dadas:

   a. Todos los estudiantes de bachillerato son pobres.
      Elena es estudiante de bachillerato.

   b. Todos los ingenieros necesitan matemáticas.
      Daniel no necesita matemáticas.

   c. Todas las bicicletas tienen ruedas.
      Todas las ruedas usan caucho.

18. Escribe en forma si-entonces:

   a. Todos los números naturales son números reales.

   b. Cada círculo es una figura cerrada.

19. Usa las leyes de De Morgan de *Ahora intenta éste 1-16* para escribir una negación de lo siguiente:

   a. $3 + 5 \neq 9$ y $3 \cdot 5 = 15$.

   b. Yo voy o ella va.

Conexiones matemáticas 1-3

Comunicación

1. Explica por qué las órdenes, preguntas y opiniones no son proposiciones.

2. Explica cómo escribir la negación de una proposición cuantificada de la forma "Algunos A son B". Da un ejemplo.

3. Describe lo que significa una proposición compuesta.

4. a. Describe en qué condiciones una disyunción es verdadera.

   b. Describe en qué condiciones una implicación es verdadera.

5. ¿Qué significa el uso del *o* "inclusivo"?

6. Explica cómo determinar si dos proposiciones son lógicamente equivalentes.

7. Describe lo más posible al Dr. No.

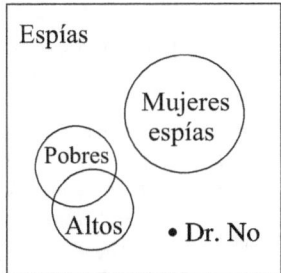

8. Considera el poema:

Por buscar un clavo se perdió el zapato.
Por buscar un zapato se perdió el caballo.
Por buscar un caballo se perdió el jinete.
Por buscar un jinete se perdió la batalla.
Por buscar la batalla se perdió la guerra.
Por lo tanto, por buscar un clavo se perdió la guerra.

a. Escribe cada renglón en forma de una proposición *si-entonces*.

b. ¿Se sigue lógicamente la conclusión? ¿Por qué?

9. Hoy día muchos estudiantes usan buscadores en Internet, como Yahoo o Google. Para usar de manera eficiente dichos buscadores hay que saber algo de los conectivos AND (Y), OR (O) y NOT (NO). Un tipo común de búsqueda avanzada se llama *búsqueda booleana* (ver la Nota histórica). Con una búsqueda booleana incrementas la precisión de la búsqueda al especificar relaciones entre frases y palabras clave. El operador AND dice al buscador que presente todos los documentos que contengan ambas palabras, por ejemplo, "deportes AND beisbol".

Conéctate a Internet y explora los conectivos AND, OR y NOT. Explica tus resultados.

Solución abierta

10. Da dos ejemplos de matemáticas para lo siguiente:

a. Una proposición y su recíproca son verdaderas.

b. Una proposición es verdadera, pero su recíproca es falsa.

c. Una proposición verdadera del tipo "si y sólo si".

d. Una proposición falsa del tipo "si y sólo si".

Aprendizaje colectivo

11. Cada uno de los miembros de un grupo realiza cinco proposiciones similares a las del ejemplo 1-13 pero acerca de objetos matemáticos, cada una con conclusiones válidas o inválidas. Las proposiciones deben ser lo más variadas posible. Cada integrante del grupo intercambia sus proposiciones con otra persona —sin revelar cuáles son válidas y cuáles no— y determina cuáles de las proposiciones recibidas de la otra persona son válidas y cuáles no. Los dos miembros del grupo comparan sus respuestas y discuten sus discrepancias.

12. Discute la paradoja que surge de lo siguiente:

a. Este libro tiene 1000 páginas.

b. El autor de este libro de texto es Dante.

c. Las proposiciones (a), (b) y (c) son falsas.

Preguntas del salón de clase

13. Una estudiante dice que no entiende la diferencia entre $\neg(p \land q)$ y $\neg p \land q$. ¿Cómo se lo explicas?

14. Una estudiante dice que no ve cómo una proposición compuesta formada por dos frases sencillas que son falsas, puede ser verdadera. ¿Cómo le respondes?

15. Un estudiante dice que si la hipótesis es falsa, un razonamiento no puede ser válido. ¿Cómo le respondes?

Sugerencia para resolver el problema preliminar

Aquí puede ser útil la estrategia de *proponer y verificar*. Por ejemplo, determinar qué sucedería si seleccionas un plato en particular con su rótulo incorrecto. ¿Qué fruta podrías sacar de ese plato, y basado en esa información, qué cambios de letrero habría que hacer? ¿Hay alguna selección que junto con razonamiento lógico conduzca a la rotulación correcta? ¿Hay sólo un punto inicial posible que conduzca a la rotulación correcta?

Resumen del capítulo

I. Resolución de problemas
  A. La resolución de problemas puede guiarse por el siguiente procedimiento de cuatro pasos:
    1. Entender el problema.
    2. Trazar un plan.
    3. Realizar el plan.
    4. Revisar.
  B. Entre las estrategias importantes para resolver problemas se incluyen las siguientes:
    1. Buscar un patrón.
    2. Hacer una tabla.
    3. Examinar un caso más sencillo o un caso particular del problema para acercarse a la solución del caso más general.
    4. Identificar un objetivo parcial.
    5. Examinar problemas relacionados y determinar si se puede aplicar la misma técnica.
    6. Trabajar regresivamente.
    7. Plantear una ecuación.
    8. Trazar un diagrama.
    9. Proponer y verificar.
    10. Usar razonamiento indirecto.
    11. Usar razonamiento directo.
  C. ¡Cuidado con los prejuicios!
II. Patrones matemáticos
  A. Los patrones son parte importante de la resolución de problemas.
  B. Los patrones se usan en el **razonamiento inductivo** para formar conjeturas. El razonamiento inductivo es un método que consiste en realizar generalizaciones basadas en observaciones y patrones. Una **conjetura** es una proposición que se piensa verdadera, pero que no se ha demostrado si es verdadera o falsa. Una manera de probar que una proposición es falsa es exhibiendo un **contraejemplo**.
  C. Una **sucesión** es un grupo de términos en un orden definido.
    1. Sucesión aritmética: Cada término sucesivo se obtiene del anterior sumando un número fijo llamado **diferencia**. El término n-ésimo está dado por $a_n = a_1 + (n - 1)d$, donde a_1 es el primer término y d es la diferencia.
    2. Sucesión geométrica: Cada término sucesivo se obtiene de su predecesor multiplicándolo por un número fijo llamado **razón**. El término n-ésimo está dado por $a_1 r^{n-1}$, donde a_1 es el primer término y r es la razón.

  3. En un **patrón recursivo**, después de dar uno o más terminos para comenzar la sucesión, cada término sucesivo se obtiene de los términos previos. La **sucesión de Fibonacci**, $1, 1, 2, 3, 5, 8, 13, 21, \ldots$, es un ejemplo de una sucesión recursiva, donde $F_1 = 1$, $F_2 = 1$, $F_{n+2} = F_n + F_{n+1}$.
  4. $a^n = \underbrace{a \cdot a \cdot a \cdot a \cdot a \cdot \ldots \cdot a}_{n \text{ factores}}$, donde $n \neq 0$.
  5. $a^0 = 1$, donde $a \neq 0$.
  6. Hallar las diferencias en una sucesión es una técnica para hallar los términos siguientes.
* III. Razonamiento y lógica
  A. Una **proposición** es una frase que es verdadera o falsa, pero no ambas.
  B. La **negación** de una proposición es una proposición cuyo valor de verdad es opuesto al de la proposición dada. La negación de p se denota con $\neg p$.
  C. La **proposición compuesta** $p \wedge q$ es la **conjunción** de p y q y, por definición, es verdadera si, y sólo si, p y q son verdaderas.
  D. La proposición compuesta $p \vee q$ es la **disyunción** de p y q, y es verdadera si p o q o ambas son verdaderas.
  E. Las proposiciones de la forma "si p, entonces q" son **condicionales** o **implicaciones** y son falsas sólo si p es verdadera y q es falsa.
  F. Dada la condicional $p \rightarrow q$, se pueden hallar las siguientes:
    1. Recíproca: $q \rightarrow p$
    2. Inversa: $\neg p \rightarrow \neg q$
    3. Contrapositiva: $\neg q \rightarrow \neg p$
  G. Si $p \rightarrow q$ es verdadera, entonces la recíproca y la inversa no necesariamente son verdaderas, pero la contrapositiva es verdadera.
  H. Dos proposiciones son **lógicamente equivalentes** si, y sólo si, tienen el mismo valor de verdad. Una implicación y su contrapositiva son lógicamente equivalentes.
  I. La proposición "$p \rightarrow q$ y $q \rightarrow p$" se escribe $p \leftrightarrow q$, es una **bicondicional**, y nos referimos a ella como "p si y sólo si q."
  J. Las leyes para determinar la validez de una argumentación incluyen el *modus ponens,* el *modus tollens* y la **regla de la cadena**.

Revisión del capítulo

1. Lista tres términos más para completar el patrón:
   a. 0, 1, 3, 6, 10, ____, ____, ____
   b. 52, 47, 42, 37, ____, ____, ____
   c. 6400, 3200, 1600, 800, ____, ____, ____
   d. 1, 2, 3, 5, 8, 13, ____, ____, ____
   e. 2, 5, 8, 11, 14, ____, ____, ____
   f. 1, 4, 16, 64, ____, ____, ____
   g. 0, 4, 8, 12, ____, ____, ____
   h. 1, 8, 27, 64, ____, ____, ____

2. Clasifica cada sucesión del problema 1 como aritmética, geométrica o ninguna de las dos.

3. Halla un posible término n-ésimo para:
   a. 5, 8, 11, 14, ...
   b. 0, 7, 26, 63, ...
   c. 3, 9, 27, 81, 243, ...

4. Halla los primeros cinco términos de las sucesiones cuyo término n-ésimo es:
   a. $3n - 2$
   b. $n^2 + n$
   c. $4n - 1$

5. Halla las sumas siguientes:
   a. $2 + 4 + 6 + 8 + 10 + \ldots + 200$
   b. $51 + 52 + 53 + 54 + \ldots + 151$

6. Construye un contraejemplo, si es posible, para refutar cada una de las siguientes expresiones:
   a. Si se suman dos números impares, entonces la suma es impar.
   b. Si un número es impar, entonces termina en 1 o en 3.
   c. Si se suman dos números pares, entonces la suma es par.

7. Completa el siguiente cuadrado mágico, esto es, completa el cuadrado de manera que la suma de cada renglón, columna y diagonal sea la misma.

16	3	2	13
	10		
9		7	12
4		14	

8. ¿Cuántas personas pueden sentarse en 12 mesas cuadradas alineadas una tras otra si cada mesa da cabida a cuatro personas?

9. Una camisa y una corbata se venden en $95. La camisa cuesta $55 más que la corbata. ¿Cuánto cuesta la corbata?

10. Si se van a colocar postes en fila cada 5 m para una cerca, ¿cuántos postes se necesitan para 100 m de cerca?

11. Hay un total de 129 jugadores en un torneo de eliminación simple de frontón a mano limpia. En la primera ronda, el jugador mejor clasificado pasa y los restantes 128 jugadores juegan en 64 partidos. Así, 65 jugadores entran a la segunda ronda. ¿Cuántos partidos deberán jugarse para determinar quién es el campeón del torneo?

12. **a.** Usa patrones para predecir los dos renglones siguientes.

$$3 = \frac{3 \cdot 2}{2}$$

$$3 + 6 = \frac{6 \cdot 3}{2}$$

$$3 + 6 + 9 = \frac{9 \cdot 4}{2}$$

$$3 + 6 + 9 + 12 = \frac{12 \cdot 5}{2}$$

   b. Muestra que este patrón funciona en general al añadir múltiplos consecutivos de 3.

13. Si una vuelta completa de una llanta de automóvil lo mueve 6 pies hacia adelante, ¿cuántas vueltas de llanta se darán antes de agotar la garantía de 50,000 millas?

14. Los alumnos de la clase de la maestra Dolores se paran formando un círculo, guardando la misma distancia entre sí y numerados en orden. El estudiante con el número 7 está parado directamente enfrente del estudiante número 17. ¿Cuántos estudiantes hay en la clase?

15. Un carpintero tiene tres cajas grandes. Dentro de cada caja grande hay dos cajas medianas. Dentro de cada caja mediana hay cinco cajas pequeñas. ¿Cuántas cajas hay en total?

16. ¿Cuántos triángulos diferentes hay en la siguiente figura? Explica tu razonamiento:

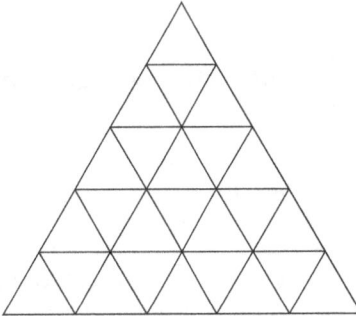

17. María viajó desde su casa en bicicleta, cuesta arriba, a casa de Luis, a un promedio de 16 km/h. De regreso por la misma ruta, venía a un promedio de 20 km/h. Si tardó 4 horas en hacer el trayecto de regreso, ¿cuánto tiempo duró todo el viaje?

18. Usa diferencias para hallar el siguiente término del patrón:

$$5, 15, 37, 77, 141, \_\_\_\_$$

19. Una granja de hormigas puede contener un total de 100,000 hormigas. Si la granja tiene 1500 hormigas el primer día, 3000 hormigas en el segundo día, 6000 hormigas el tercer día y así sucesivamente, ¿en cuánto tiempo estará llena la granja?

20. El equipo de Lipa participó en un concurso de matemáticas en el que los equipos compiten respondiendo preguntas que valen 3 ó 5 puntos. No se da crédito parcial. El equipo de Lipa obtuvo 44 puntos en 12 preguntas. ¿Cuántas preguntas de 5 puntos contestó correctamente el equipo?

21. Se requieren tres piezas de madera para un trabajo. Se van a obtener de una pieza de 90 cm de longitud. La pieza más larga debe tener 3 veces la longitud de la mediana y la más corta debe tener 10 cm menos que la mediana. ¿Se puede hacer esto en dos cortes? De ser así, di por qué

22. Estoy pensando un número. Si lo duplico, elevo el resultado al cuadrado y después lo divido entre 2 y le sumo 8, obtengo 40. ¿En qué número estoy pensando?

* 23. Explica la diferencia entre las proposiciones siguientes: (i) Todos los estudiantes pasaron el examen final. (ii) Algunos estudiantes pasaron el examen final.

* 24. ¿Cuáles de las siguientes expresiones son proposiciones?
  a. La luna no está habitada.
  b. $3 + 5 = 8$.
  c. $x + 7 = 15$.
  d. Algunas mujeres tienen doctorado en matemáticas.

* 25. Niega las siguientes proposiciones:
  a. Algunas mujeres fuman.
  b. $3 + 5 = 8$.
  c. La música de mariachi es ruidosa.
  d. Beethoven escribió sólo música clásica.

* 26. Escribe la recíproca, inversa y contrapositiva de lo siguiente: "Si hay un concierto de rock, alguien se va a desmayar".

* 27. Usa tablas de verdad para mostrar que $p \rightarrow \neg q \equiv q \rightarrow \neg p$.

* 28. Construye tablas de verdad para cada caso:
  a. $(p \wedge \neg q) \vee (p \wedge q)$
  b. $[(p \vee q) \wedge \neg p] \rightarrow q$

* 29. Obtén conclusiones válidas de las siguientes hipótesis verdaderas:
  a. Todos los mexicanos adoran a Juan Gabriel y el mole. Chucho González es mexicano.
  b. El acero finalmente se oxida. La estatua de la Libertad tiene una estructura de acero.
  c. Albertina pasó el curso de matemáticas o lo abandonó. Albertina no lo abandonó.

* 30. Escribe las siguientes argumentaciones de manera simbólica y determina su validez:
  Si tienes la piel delicada, te vas a quemar con el sol.
  Si te quemas, no irás al baile.
  Si no vas al baile, tus padres querrán saber por qué.
  Tus padres no quieren saber por qué no fuiste al baile.
  Por lo tanto, no tienes la piel delicada.

* 31. Averigua, en cada caso, si la conclusión es verdadera o falsa, y di por qué.
  a. Si Beto obtiene 80 en el examen final, pasará el curso.
  Beto no pasó el curso.
  Por lo tanto, Beto no obtuvo 80 en el final.
  b. Si lo construyes, vendrán.
  Lo construiste.
  Por lo tanto, vendrán.

Bibliografía seleccionada

Ameis, J. "Stories Invite Children to Solve Mathematical Problems." *Teaching Children Mathematics* 8 (January 2002): 260–264.

Artz, S., and E. Armour-Thomas. "Development of a Cognitive-Metacognitive Framework for Protocol Analysis of Mathematical Problem Solving in Small Groups." *Cognition and Instruction* 9 (1992): 137–175.

Bloom, B., and L. Broder. *Problem Solving Processes of College Students.* Chicago, IL: University of Chicago Press, 1950.

Buschman, L. "Becoming a Problem-Solver." *Teaching Children Mathematics* 9 (October 2002): 98–103.

_____. "Children Who Enjoy Problem-Solving." *Teaching Children Mathematics* 9 (May 2003): 539–544.

_____"Teaching Problem Solving in Mathematics." *Teaching Children Mathematics* 10 (February 2004): 302–309.

Buyea, R. "Problem Solving in a Structured Mathematics Program." *Teaching Children Mathematics* 13 (February 2007): 300–307.

Clement, L., and J. Bernhard. "A Problem-Solving Alternative to Using Key Words." *Mathematics Teaching in the Middle School* 10 (March 2005): 360–365.

Crespo, C., and A. Kyriakides. "To Draw or Not to Draw: Exploring Children's Drawings for Solving Mathematics Problems." *Teaching Children Mathematics* 14 (September 2007): 118–125.

Dugdale, S., J. Matthews, and S. Guerro. "The Art of Posing Problems and Guiding Investigations." *Mathematics Teaching in the Middle School* 10 (October 2004): 140–147.

Ferrucci, B., B. Yeap, and J. Carter. "A Modeling Approach for Enhancing Problem-Solving in the Middle Grades." *Mathematics Teaching in the Middle School* 8 (May 2003): 470–475.

Hatano, G., and K. Ingaki. "Sharing Cognition through Collective Comprehension Activity." In *Perspectives on Socially Shared Cognition*, edited by L. Resnick, J. Levine, and S. Teasley. Washington, D.C.: American Psychological Association, 1991, pp. 331–348.

Hylton-Lindsay, A. "Problem-Solving, Patterns, Probability, Pascal, and Palindromes." *Mathematics Teaching in the Middle School* 8 (February 2003): 288–293.

Hoosain, E., and R. Chance. "Problem-Solving Strategies of First Graders." *Teaching Children Mathematics* 10 (May 2004): 474–479.

Kantowski, M. "Problem Solving." In *Mathematics Education Research: Implications for the 80s*, edited by E. Fennema. Alexandria, VA: ASCD, 1981.

Krebs, A. "Studying Students' Reasoning in Writing Generalizations." *Mathematics Teaching in the Middle School* 10 (February 2005): 284–287.

Lee, L., and V. Freiman. "Developing Algebraic Thinking through Pattern Exploration." *Mathematics Teaching in the Middle School* 11 (May 2006): 428–433.

Lester, F. "Developmental Aspects of Children's Ability to Understand Mathematical Proof." *Journal for Research in Mathematics Education* 6 (1975): 14–25.

Maher, C., and A. Martino. "The Development of the Idea of Mathematical Proof: A Five-Year Case Study." *Journal for Research in Mathematics Education* 27 (March 1996): 194–214.

McLeod, D. "Affective Issues in Research on Teaching Mathematical Problem Solving." In *Teaching and Learning Mathematical Problem Solving: Multiple Research Perspectives*, edited by E. Silver. Hillsdale, NJ: LEA, 1985.

Martinez-Cruz, A., and E. Barger. "Adding a la Gauss." *Mathematics Teaching in the Middle School* 10 (October 2004): 152–155.

Moore, R. C. "Making the Transition to Formal Proof." *Educational Studies in Mathematics* 27, no. 3 (1994): 249–266.

Moran, G. "X-tending the Fibonacci Sequence." *Mathematics Teaching in the Middle School* 7 (April 2002): 452–454.

O'Donnell, B. "On Becoming a Better Problem-Solving Teacher." *Teaching Children Mathematics* 12 (March 2006): 346–351.

Pólya, G. *How to Solve It*. Princeton, NJ: Princeton University Press, 1945.

———. *Mathematical Discovery, Combined Edition*. New York: John Wiley & Sons, Inc., 1981.

Reeves, A., and R. Gleichowski. "Engaging Contexts for the Game of Nim." *Mathematics Teaching in the Middle School* 12 (December 2006/January 2007): 251–255.

Reid, D. "Describing Reasoning in Early Elementary School Mathematics." *Teaching Children Mathematics* 9 (December 2002): 234–237.

Rigelman, N. "Fostering Mathematical Thinking and Problem Solving: The Teacher's Role." *Teaching Children Mathematics* 13 (February 2007): 308–314.

Rivera, F., and J. Becker. "Figural and Numerical Modes of Generalizing in Algebra." *Mathematics Teaching in the Middle School* 11 (November 2005): 198–203.

Rubenstein, R. "Building Explicit and Recursive Forms of Patterns with the Function Game." *Mathematics Teaching in the Middle School* 7 (April 2002): 426–431.

Siegel, M. "The Sum of Cubes: An Activity Review and Conjecture." *Mathematics Teaching in the Middle School* 10 (March 2005): 356–359.

Smith, M., A. Hillen, and C. Catania. "Using Pattern Tasks to Develop Mathematical Understandings and Set Classroom Norms." *Mathematics Teaching in the Middle School* 13 (August 2007): 38–44.

Steele, D. "Understanding Students' Problem-Solving Knowledge Through Their Writing." *Mathematics Teaching in the Middle School* 13 (September 2007): 102–109.

Strutchens, M. "Multicultural Literature as a Context for Problem Solving: Children and Parents Learning Together." *Teaching Children Mathematics* 8 (April 2002): 448–454.

Thomas, K. "Students THINK: A Framework for Improving Problem Solving." *Teaching Children Mathematics* 13 (September 2006): 86–95.

Turner, E., and B. Strawhun. "Posing Problems That Matter: Investigating School Overcrowding." *Teaching Children Mathematics* 13 (May 2007): 457–463.

Van de Walle, J. *Elementary and Middle School Mathematics: Teaching Developmentally*. New York: Addison Wesley Longman, 2001.

Van Reeuwijk, M., and M. Wijers. "Students' Construction of Formulas in Context." *Mathematics Teaching in the Middle School* 2 (February 1997): 230–236.

Verzoni, K. "Turning Students into Problem Solvers." *Mathematics Teaching in the Middle School* 3 (October 1997): 102–107.

Wallace, A. "Anticipating Student Responses to Improve Problem Solving." *Mathematics Teaching in the Middle School* 12 (May 2007): 504–511.

Wells, P., and D. Coffey. "Are They Wrong? Or Did They Just Answer a Different Question?" *Teaching Children Mathematics* 12 (November 2005): 202–207.

Whitin, D. "Problem Posing in the Elementary Classroom." *Teaching Children Mathematics* 13 (August 2006): 14–18.

Wilburne, J. "Preparing Preservice Elementary Teachers to Teach Problem Solving." *Teaching Children Mathematics* 12 (May 2006): 454–463.

Williams, E. "An Investigation of Senior High School Students' Understanding of Mathematical Proof." *Journal for Research in Mathematics Education* 11 (May 1980): 165–166.

Yolles, A. "Using Friday Puzzles to Discover Arithmetic Sequences." *Mathematics Teaching in the Middle School* 9 (November 2003): 180–185.

Sistemas de numeración y conjuntos

2

Problema preliminar

En un viaje, varios egiptólogos/guías platicaban acerca de las personas que asistieron a la última conferencia sobre educación matemática, todas ellas de Mississippi o Tennessee. Los guías no podían recordar el número total de personas en el grupo; sin embargo, registraron los siguientes datos: el grupo contenía 26 mujeres de Mississippi, 17 señoras de Tennessee, 17 hombres de Tennessee, 29 niñas, 44 residentes de Mississippi, 29 señoras, y 24 adultos de Mississippi. Halla el número total de personas en el grupo.

E l *National Council of Teachers of Mathematics* (NCTM), Consejo Nacional de Maestros de Matemáticas, de Estados Unidos, reconoció en 2006 la necesidad de una mayor coherencia en el currículo de matemáticas de los grados elementales. En su documento *Curriculum Focal Points for Prekindergarten through Grade 8 Mathematics: A Quest for Coherence* (Puntos focales en el currículo de matemáticas, de las preescolares al grado 8: Una búsqueda de coherencia), el Consejo sugiere temas específicos que deben enseñarse desde preescolar hasta el grado 8. Ya desde preescolar, en ese documento vemos que:

> Niñas y niños desarrollan una comprensión de los significados de los números completos [0, 1, 2, 3, . . .] y reconocen la cantidad de objetos en grupos pequeños sin contar —el primero y más elemental algoritmo matemático. Entienden que los nombres de los números se refieren a cantidades. Usan correspondencia biunívoca (uno a uno) para resolver problemas identificando conjuntos entre sí y comparando cantidades, así como contando objetos hasta 10 y más. (p. 11)

En este capítulo presentamos varios sistemas de numeración antiguos. Después presentamos el desarrollo histórico matemático realizado por GEORG CANTOR, que dotó de una estructura al sistema numérico y proporcionó métodos para tratarlo teóricamente.

2-1   Sistemas de numeración

En esta sección introducimos varios sistemas numéricos y los comparamos con el sistema de numeración indoarábigo que usamos hoy día. Al comparar nuestro actual sistema con sistemas antiguos que usaban otras bases, podemos percibir con mayor claridad los números. Nuestro sistema está basado en 10 dígitos —0, 1, 2, 3, 4, 5, 6, 7, 8 y 9. Los símbolos escritos de los dígitos, como el 2 o el 5, son los **numerales**. A lo largo de los años, diferentes culturas desarrollaron distintos numerales para representar los números. La tabla 2-1 muestra otras representaciones y su relación con los dígitos del 0 al 9 y el número 10.

Tabla 2-1

	0	1	2	3	4	5	6	7	8	9	10
Babilonio		▼	▼▼	▼▼▼	▼▼▼▼	▼▼▼/▼▼	▼▼▼/▼▼▼	▼▼▼▼/▼▼▼	▼▼▼▼/▼▼▼▼	▼▼▼▼▼/▼▼▼▼	<
Egipcio		I	II	III	IIII	III/II	III/III	IIII/III	IIII/IIII	IIIII/IIII	∩
Maya	(concha)	•	••	•••	••••	—	•/—	••/—	•••/—	••••/—	═
Griego		α	β	γ	δ	∈	Ϝ	ζ	η	υ	ι
Romano		I	II	III	IV	V	VI	VII	VIII	IX	X
Hindú	0	1	2	3	4	5	6	7	8	9	
Árabe	•	١	٢	٣	٤	٥	٦	٧	٨	٩	
Indoarábigo	0	1	2	3	4	5	6	7	8	9	10

En la tabla 2-1 se muestran elementos de los distintos conjuntos de números. Un **sistema de numeración** es una colección de propiedades y símbolos acordados para representar números de manera sistemática. Mediante el estudio de diversos sistemas de numeración, exploramos la evolución de nuestro sistema actual, el sistema indoarábigo.

Sistema de numeración indoarábigo

El sistema de numeración indoarábigo que usamos actualmente fue desarrollado por los hindúes y transladado a Europa por los árabes, de ahí el nombre *indoarábigo*. El sistema indoarábigo se basa en las propiedades siguientes:

1. Todos los numerales se construyen a partir de los 10 dígitos —0, 1, 2, 3, 4, 5, 6, 7, 8 y 9.
2. El valor posicional está basado en las potencias de 10, el número base del sistema.

Debido a que el sistema indoarábigo está basado en potencias de 10, a veces se le llama sistema de base diez, o decimal. El **valor posicional** asigna un valor a un dígito dependiendo de su colocación en un numeral. Para hallar el valor de un dígito en un número completo, multiplicamos el valor posicional del dígito por su **valor nominal**, donde el valor nominal es un dígito. Por ejemplo, en el numeral 5984 el 5 tiene el valor posicional de "millares", el 9 tiene el valor posicional de "centenas", el 8 tiene el valor posicional de "decenas" y el 4 tiene el valor posicional de "unidades", como se ve en la figura 2-1.

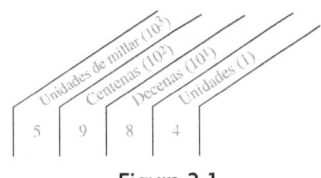

Figura 2-1

Podríamos escribir 5984 en **forma expandida** como $5 \cdot 10^3 + 9 \cdot 10^2 + 8 \cdot 10 + 4 \cdot 1$. En la forma expandida de 5984 hemos usado exponentes. Por ejemplo 1000, ó $10 \cdot 10 \cdot 10$, se escribe como 10^3. En este caso, 10 es un **factor** del producto. En general, tenemos la siguiente definición.

Definición de a^n

Si a es cualquier número y n es cualquier número natural, entonces
$$a^n = a \cdot a \cdot a \cdot \ldots \cdot a.$$

n factores

El conjunto de cubos de base diez mostrado en la figura 2-2 consta de *unidades, barras, losas* y *bloques* que representan 1, 10, 100 y 1000, respectivamente. Estos conjuntos de base diez, un subconjunto de los conjuntos multibase, se pueden usar para enseñar el valor posicional.

◆ *Nota de investigación*

Los cubos de base diez ayudan a los estudiantes a entender el valor posicional, a hacer cálculos precisos en problemas con sumas y restas de varios dígitos, y a incluir reagrupamiento o intercambio. (FUSON 1992). ◆

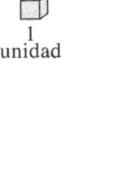
1 unidad

10 unidades = 1 barra

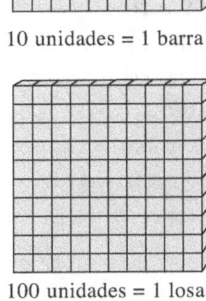
100 unidades = 1 losa

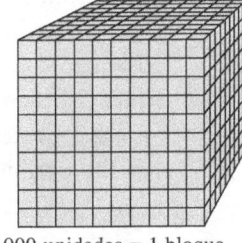
1000 unidades = 1 bloque

Figura 2-2

$$1 \text{ barra} \rightarrow 10^1 = 1 \text{ fila de } 10 \text{ unidades}$$

$$1 \text{ losa} \rightarrow 10^2 = 1 \text{ fila de } 10 \text{ barras, ó } 100 \text{ unidades}$$

$$1 \text{ bloque} \rightarrow 10^3 = 1 \text{ fila de } 10 \text{ losas, ó } 100 \text{ barras, ó } 1000 \text{ unidades}$$

Los alumnos manipulan los cubos reagrupándolos. Esto es, toman un conjunto de cubos de base diez, que representa un número, y lo van reagrupando hasta que tienen la menor cantidad de piezas posible representando el mismo número. Por ejemplo, supón que tienes 58 unidades y quieres cambiarlas por cubos de base diez. Primero substituye las unidades por tantas barras como sea posible. Cinco conjuntos de 10 unidades cada uno se pueden cambiar por 5 barras. Así, 58 unidades se pueden cambiar de modo que tengan ahora 5 barras y 8 unidades. En términos de números, esto es análogo a reescribir 58 como $5 \cdot 10 + 8$. Se ha demostrado que el uso de objetos manipulables ayuda al estudiante a comprender, como se ve en la *Nota de investigación* de la página 63.

Ejemplo 2-1

¿Cuál es el menor número de piezas que puedes recibir en un intercambio justo por 11 losas, 17 barras y 16 unidades?

Solución

11 losas	17 barras	~~16 unidades~~	(16 unidades = 1 barra y 6 unidades)
	1 barra	6 unidades	(Intercambio)
11 losas	18 barras	6 unidades	(Después del primer intercambio)

11 losas	~~18 barras~~	6 unidades	(18 barras = 1 losa y 8 barras)
1 losa	8 barras		(Intercambio)
12 losas	8 barras	6 unidades	(Después del segundo intercambio)

~~12 losas~~	8 barras	6 unidades	(12 losas = 1 bloque y 2 losas)
1 bloque	2 losas		(Intercambio)
1 bloque	2 losas	8 barras	6 unidades	(Después del tercer intercambio)

Por lo tanto, el menor número de piezas es $1 + 2 + 8 + 6 = 17$. Este intercambio es análogo a reescribir $11 \cdot 100 + 17 \cdot 10 + 16$ como $1 \cdot 10^3 + 2 \cdot 10^2 + 8 \cdot 10 + 6$, lo cual implica que hay 1286 unidades.

Nota histórica

La invención del sistema de numeración indoarábigo está considerada como uno de los acontecimientos más importantes en matemáticas. Primero se introdujo el sistema en la India y después se transmitió, por medio de los árabes, al norte de África y España, y de ahí al resto de Europa. Los historiadores registran el uso del cero como un lugar vacío hasta el siglo cuarto A.C. Los matemáticos árabes extendieron el sistema decimal para incluir las fracciones. El matemático italiano LEONARDO DE PISA (1170–1250), también conocido como FIBONACCI, estudió en Argelia y a su regreso trajo consigo el nuevo sistema de numeración, el cual describió y usó en un libro publicado en 1202. ◆

A continuación trataremos otros sistemas de numeración. El estudio de dichos sistemas nos dará una perspectiva histórica del desarrollo de los sistemas numéricos y nos ayudará a comprender mejor nuestro propio sistema.

Sistema de numeración de muescas

El **sistema de numeración de muescas** usa rayas o muescas para representar cada objeto contado; por ejemplo, los numerales que representan los diez primeros números son

$$\text{I, II, III, IIII, IIIII, IIIIII, IIIIIII, IIIIIIII, IIIIIIIII, IIIIIIIIII}$$

En un sistema de muescas hay una correspondencia entre las marcas y los objetos contados. El sistema es sencillo pero requiere muchos símbolos, principalmente cuando los números son mayores. Además, a medida que los números son más grandes, es más difícil leer los numerales.

Como vemos en la tira cómica de "Barney Google y Snuffy Smith", el sistema de muescas puede mejorarse *agrupando*. Vemos que las rayas se agrupan de cinco en cinco al trazar una diagonal cruzando cuatro rayas para formar, así, un grupo de cinco. Al agrupar se facilita la lectura del numeral.

Sistema de numeración egipcio

El sistema de numeración egipcio, que data de alrededor del 3400 A.C., usaba rayas. En los primeros nueve numerales de dicho sistema, presentados en la tabla 2-1, se nota el uso de rayas o muescas. Los egipcios mejoraron el sistema basado solamente en muescas al desarrollar un *sistema de agrupación* para representar ciertos conjuntos de números. Esto facilita la escritura del número. Por ejemplo, los egipcios usaban el símbolo del hueso del talón, ∩, para representar diez muescas agrupadas.

$$\text{IIIIIIIIII} \rightarrow \cap$$

En la tabla 2-2 se muestran otros numerales usados por los egipcios en su sistema, y en la figura 2-3 algunos de los símbolos del templo de Karnak en Luxor.

Tabla 2-2

Numeral egipcio	Descripción	Equivalente indoarábigo
I	Raya vertical	1
∩	Hueso de talón	10
9	Rollo	100
⚘	Flor de loto	1,000
𝑒	Dedo señalando	10,000
⌒	Pez	100,000
⚘	Hombre sorprendido	1,000,000

Figura 2-3

Nota que en la figura 2-3 el símbolo para 100 está labrado en una dirección diferente de como aparece en la tabla 2-2.

En su forma más sencilla, el sistema egipcio incluye una **propiedad aditiva**, a saber: el valor de un número era la suma de los valores nominales de los numerales. Los egipcios escribían los numerales en orden decreciente de izquierda a derecha, como en ⌒999∩∩II. El número se puede convertir a base diez como se muestra a continuación:

⌒	representa	100,000
999	representa	300 (100 + 100 + 100)
∩∩	representa	20 (10 + 10)
II	representa	2 (1 + 1)
⌒999∩∩II	representa	100,322

AHORA INTENTA ÉSTE 2-2

a. Usa el sistema egipcio para representar 1,312,322.
b. Usa el sistema indoarábigo para representar ⟨símbolos egipcios⟩.
c. ¿Qué desventajas ves en el sistema egipcio comparado con el sistema indoarábigo?

Sistema de numeración babilonio

El sistema de numeración babilonio se desarrolló casi al mismo tiempo que el sistema egipcio. Los símbolos de la tabla 2-3 se trazaron usando una mediacaña, aplicada vertical u horizontalmente, en tabletas de arcilla.

Tabla 2-3

Numeral babilonio	Equivalente indoarábigo
▼	1
<	10

Los numerales babilonios del 1 al 59 eran similares a los numerales egipcios, pero la raya vertical y el hueso del talón se reemplazaron por los símbolos mostrados en la tabla 2-3. Por ejemplo, << ▼▼ representa 22.

El sistema de numeración babilonio utilizó un *sistema de valor posicional*. Los números mayores que 59 se representaban repitiendo grupos de 60, así como ahora usamos grupos de 10. Por ejemplo, ▼▼   << representaría $2 \cdot 60 + 20$, ó 140. El espacio indica que ▼▼ representa $2 \cdot 60$ en lugar de 2. Los numerales situados inmediatamente a la izquierda del segundo espacio tienen un valor de $60 \cdot 60$ multiplicado por el valor nominal, y así sucesivamente.

<< ▼	representa	$20 \cdot 60 + 1$, ó 1201
<▼ <▼ ▼	representa	$11 \cdot 60 \cdot 60 + 11 \cdot 60 + 1$, ó $11 \cdot 60^2 + 11 \cdot 60 + 1$, ó 40,261
▼ <▼ <▼ ▼	representa	$1 \cdot 60 \cdot 60 \cdot 60 + 11 \cdot 60 \cdot 60 + 11 \cdot 60 + 1$, ó $1 \cdot 60^3 + 11 \cdot 60^2 + 11 \cdot 60 + 1$, ó 256,261

Según los cánones actuales, el sistema babilonio inicial sería inadecuado. Por ejemplo, el símbolo ▼▼ podría representar 2 ó $2 \cdot 60$. Posteriormente, los babilonios introdujeron el símbolo ⟨símbolo⟩ para indicar ausencia de valor en una posición. Usando el símbolo, < <<▼ representa $10 \cdot 60 + 21$ y < ⟨símbolo⟩ <<▼ representa $10 \cdot 60^2 + 0 \cdot 60 + 21$. En este sentido, ⟨símbolo⟩ representa al 0.

AHORA INTENTA ÉSTE 2-3

a. Usa el sistema babilonio para representar 12,321.
b. Usa el sistema indoarábigo para representar ▼▼   <▼   ▼ .
c. ¿Qué ventajas tiene el sistema indoarábigo sobre el sistema babilonio?

Sistema de numeración maya

En el desarrollo temprano de los sistemas de numeración las personas usaban, con frecuencia, las partes del cuerpo para contar. Los dedos se podían hacer corresponder con objetos y representar uno, dos, tres, cuatro o cinco objetos. Entonces, con las dos manos se podían representar hasta diez objetos. En climas cálidos, con los pies descubiertos, también se podían usar, para contar, los dedos de los pies además de los de las manos. Los mayas introdujeron un atributo que no estaba presente en el sistema egipcio o en el babilonio temprano, a saber, un símbolo para el cero. Los mayas usaban sólo tres símbolos, que se muestran en la tabla 2-4, y basaron su sistema en el 20 con agrupación vertical.

Tabla 2-4

Numeral maya	Equivalente indoarábigo
•	1
——	5
⬭	0

Los símbolos para los primeros diez numerales del sistema maya se mostraron en la tabla 2-1. Nota los agrupamientos de cinco, donde cada barra horizontal representa un grupo de cinco. Así, el símbolo para 19 era ▦, o tres cincos y cuatro unos. El símbolo para 20 era ⬭, que representa un grupo de veinte más cero unos. En la figura 2-4(a) tenemos $2 \cdot 5 + 3 \cdot 1$, ó 13 grupos de veinte, más $2 \cdot 5 + 1 \cdot 1$, u once unos, lo que hace un total de 271. En la figura 2-4(b) tenemos $3 \cdot 5 + 1 \cdot 1$, ó 16, grupos de 20 y cero unos, lo que hace un total de 320.

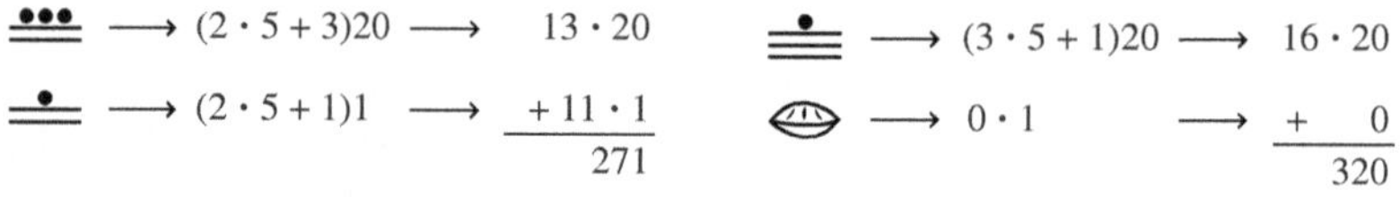

▰▰▰ ⟶ $(2 \cdot 5 + 3)20$ ⟶ $13 \cdot 20$		▰ ⟶ $(3 \cdot 5 + 1)20$ ⟶ $16 \cdot 20$
▰ ⟶ $(2 \cdot 5 + 1)1$ ⟶ $\underline{+ 11 \cdot 1}$		⬭ ⟶ $0 \cdot 1$ ⟶ $\underline{+ \quad 0}$
271		320
(a)		(b)

Figura 2-4

En un verdadero sistema de base veinte el valor posicional de la tercera posición vertical, a partir de abajo, debería ser 20^2, ó 400. Sin embargo, el sistema maya usaba $20 \cdot 18$, ó 360, en lugar de 400. (El número 360 es una aproximación de la longitud de un año, que constaba de 18 meses de 20 días cada uno, más 5 días de "mala suerte".) Así, en lugar de los valores posicionales de $1, 20, 20^2, 20^3, 20^4$, y así sucesivamente, los mayas usaron $1, 20, 20 \cdot 18, 20^2 \cdot 18, 20^3 \cdot 18$, y así sucesivamente. Por ejemplo, en la figura 2-5(a) tenemos $5 + 1$ (ó 6) grupos de 360, más $2 \cdot 5 + 2$ (ó 12) grupos de 20, más $5 + 4$ (ó 9) grupos de 1, lo que hace un total de 2409. En la figura 2-5(b) tenemos $2 \cdot 5$ (ó 10) grupos de 360, más 0 grupos de 20, más dos 1, lo que hace un total de 3602. Los espacios son importantes en el sistema maya. Por ejemplo, si se colocan dos barras horizontales juntas, como en ▤, los símbolos representan $5 + 5 = 10$. Pero si están espaciadas, como en ▤, entonces el valor es $5 \cdot 20 + 5 \cdot 1 = 105$.

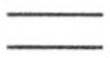

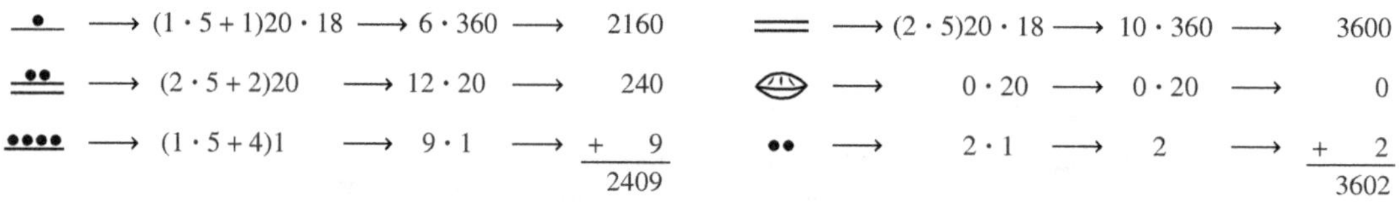

▰ ⟶ $(1 \cdot 5 + 1)20 \cdot 18$ ⟶ $6 \cdot 360$ ⟶ 2160		▤ ⟶ $(2 \cdot 5)20 \cdot 18$ ⟶ $10 \cdot 360$ ⟶ 3600
▰▰ ⟶ $(2 \cdot 5 + 2)20$ ⟶ $12 \cdot 20$ ⟶ 240		⬭ ⟶ $0 \cdot 20$ ⟶ $0 \cdot 20$ ⟶ 0
▰▰▰▰ ⟶ $(1 \cdot 5 + 4)1$ ⟶ $9 \cdot 1$ ⟶ $\underline{+ \quad 9}$		•• ⟶ $2 \cdot 1$ ⟶ 2 ⟶ $\underline{+ \quad 2}$
2409		3602
(a)		(b)

Figura 2-5

Sistema de numeración romano

El sistema de numeración romano se usó en Europa, en su forma temprana, desde el tercer siglo A.C. Todavía se usa, como se puede ver en piedras conmemorativas, en las primeras páginas de libros y en las carátulas de algunos relojes. El sistema romano usa sólo algunos símbolos, como se muestra en la tabla 2-5.

Tabla 2-5

Numeral romano	Equivalente indoarábigo
I	1
V	5
X	10
L	50
C	100
D	500
M	1000

Los numerales romanos se pueden combinar usando una propiedad aditiva. Por ejemplo, MDCLXVI representa $1000 + 500 + 100 + 50 + 10 + 5 + 1 = 1666$; CCCXXVIII representa 328, y VI representa 6.

Para evitar repetir un símbolo más de tres veces, como en IIII, se introdujo en la Edad Media una **propiedad substractiva**. Por ejemplo, I es menor que V, así que si se coloca a la izquierda de V, se resta. Entonces, IV tiene el valor de $5 - 1$, ó 4, y XC representa $100 - 10$, ó 90. Algunas extensiones de la propiedad substractiva podrían conducir a resultados ambiguos. Por ejemplo, IXC podría ser 91 u 89. Por costumbre, 91 se escribe XCI y 89 se escribe LXXXIX. En general, sólo un símbolo de número menor se coloca a la izquierda de un símbolo de número mayor, y la pareja debe ser una de las listadas en la tabla 2-6.

Tabla 2-6

Numeral romano	Equivalente indoarábigo
IV	$5 - 1$, ó 4
IX	$10 - 1$, ó 9
XL	$50 - 10$, ó 40
XC	$100 - 10$, ó 90
CD	$500 - 100$, ó 400
CM	$1000 - 100$, ó 900

En la Edad Media se colocó una barra sobre un número romano para multiplicarlo por 1000. El uso de barras se basa en una **propiedad multiplicativa**. Por ejemplo, $\overline{V}$ representa $5 \cdot 1000$, ó 5000, y $\overline{CDX}$ representa $410 \cdot 1000$, ó 410,000. Para indicar números aún mayores, se usan más barras. Por ejemplo, $\overline{\overline{V}}$ representa $(5 \cdot 1000)1000$, ó 5,000,000; $\overline{\overline{CXI}}$ representa $111 \cdot 1000^3$, ó 111,000,000,000; y $\overline{CX}$I representa $110 \cdot 1000 + 1$, ó 110,001.

Se pueden usar varias propiedades para representar algunos números, por ejemplo:

$$\overline{D}CLIX = \underbrace{(500 \cdot 1000)}_{\text{Multiplicativa}} + \underbrace{(100 + 50)}_{\text{Aditiva}} + \underbrace{(10 - 1)}_{\text{Substractiva}} = 500{,}159$$

$$\underbrace{}_{\text{Aditiva}}$$

Además, el sistema romano evolucionó al transcurrir el tiempo, de modo que existen ejemplos en los cuales no se siguen todas las reglas.

Sistemas de numeración con otras bases

Para comprender mejor nuestro sistema de base diez, y para investigar algunos de los problemas que pudieran tener los alumnos cuando están aprendiendo el sistema indoarábigo, buscamos sistemas similares pero con diferente base numérica.

Base cinco

Las personas de Luo, en Kenia, usaban un sistema *quintario*, o de base cinco. Un sistema de este tipo se puede modelar contando sólo con una mano. Los dígitos disponibles para contar son 0, 1, 2, 3 y 4. En el "sistema de una mano", o sistema de base cinco, se cuenta 1, 2, 3, 4, 10, donde *10 representa una mano, sin dedos adicionales*. Para contar en base cinco se procede según se muestra en la figura 2-6. Escribimos el número "cinco" en letras pequeñas debajo del numeral para recordar que el número está escrito en base cinco. Si no se escribe un número, entonces suponemos que está en base diez. Nota, además, que 1, 2, 3, 4 son iguales y tienen el mismo significado en ambas bases, cinco y diez.

Sistema de una mano	Símbolo en base cinco	Cubos en base cinco
0 dedos	0_{cinco}	
1 dedo	1_{cinco}	
2 dedos	2_{cinco}	
3 dedos	3_{cinco}	
4 dedos	4_{cinco}	
1mano y 0 dedos	10_{cinco}	
1 mano y 1 dedo	11_{cinco}	
1 mano y 2 dedos	12_{cinco}	
1 mano y 3 dedos	13_{cinco}	
1 mano y 4 dedos	14_{cinco}	
2 manos y 0 dedos	20_{cinco}	
2 manos y 1 dedo	21_{cinco}	

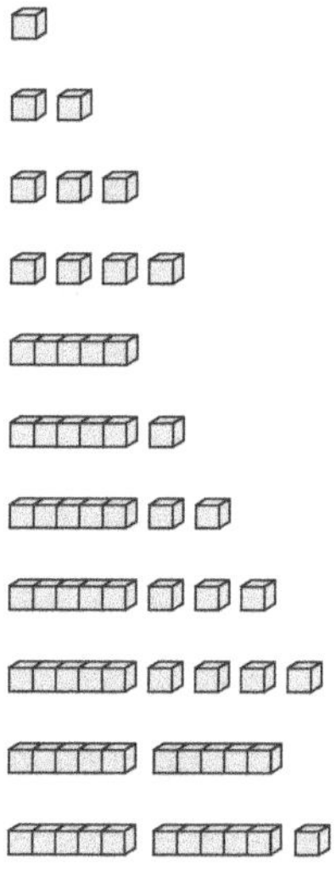

Figura 2-6

Contar en base cinco es similar a contar en base diez. Como sólo tenemos cinco dígitos (0_{cinco}, 1_{cinco}, 2_{cinco}, 3_{cinco} y 4_{cinco}), 4_{cinco} juega el papel del 9 en base diez. En la figura 2-7 se muestra cómo podemos hallar el número que sigue a 34_{cinco} usando cubos de base cinco.

$$34_{cinco} \xrightarrow{+1} 34_{cinco} + 1_{cinco} \longrightarrow 40_{cinco}$$

Figura 2-7

¿Qué número sigue al 44_{cinco}? Ya no hay más números de dos dígitos en el sistema, después de 44_{cinco}. En base diez ocurre lo mismo con el 99. Usamos el 100 para representar diez números 10, o un 100. En el sistema de base cinco necesitamos un símbolo para representar cinco 5. Continuando con la analogía con la base diez, usamos 100_{cinco} para representar un grupo de cinco 5, cero grupos de cinco, y cero unidades. Para distinguirlo del "cien" en base diez, el nombre de 100_{cinco} se lee "uno-cero-cero base cinco". El número 100 significa $1 \cdot 10^2 + 0 \cdot 10^1 + 0$, mientras que el número 100_{cinco} significa $(1 \cdot 10^2 + 0 \cdot 10^1 + 0)_{\text{cinco}}$, ó $1 \cdot 5^2 + 0 \cdot 5^1 + 0$, ó 25.

En la figura 2-8 presentamos ejemplos de numerales en base cinco junto con su representación de cubos en base cinco y conversiones a base diez. A lo largo del libro usaremos cubos multibase para ilustrar varios conceptos.

Numeral en base cinco	Cubos en base cinco	Numeral en base diez
14_{cinco}		$1 \cdot 5 + 4 = 9$
124_{cinco}		$1 \cdot 5^2 + 2 \cdot 5 + 4 = 39$
1030_{cinco}		$1 \cdot 5^3 + 0 \cdot 5^2 + 3 \cdot 5 + 0 \cdot 1 = 140$

Figura 2-8

Ejemplo 2-2

Convierte 11244_{cinco} a base diez.

Solución

$$
\begin{aligned}
11244_{\text{cinco}} &= 1 \cdot 5^4 + 1 \cdot 5^3 + 2 \cdot 5^2 + 4 \cdot 5^1 + 4 \cdot 1 \\
&= 1 \cdot 625 + 1 \cdot 125 + 2 \cdot 25 + 4 \cdot 5 + 4 \cdot 1 \\
&= 625 + 125 + 50 + 20 + 4 \\
&= 824
\end{aligned}
$$

El ejemplo 2-2 sugiere un método para cambiar un número en base diez a un número en base cinco, usando potencias de 5. Para convertir 824 a base cinco, dividimos entre potencias sucesivas de cinco. A continuación presentamos un método abreviado para ilustrar la conversión mencionada:

$$5^4 = 625 \;\rightarrow\; 625\,\overline{)\,824\,}\;\;1 \qquad \text{¿Cuántos grupos de 625 hay en 824?}$$
$$-625$$

$$5^3 = 125 \;\rightarrow\; 125\,\overline{)\,199\,}\;\;1 \qquad \text{¿Cuántos grupos de 125 hay en 199?}$$
$$-125$$

$$5^2 = 25 \;\rightarrow\; 25\,\overline{)\,74\,}\;\;2 \qquad \text{¿Cuántos grupos de 25 hay en 74?}$$
$$-50$$

$$5^1 = 5 \;\rightarrow\; 5\,\overline{)\,24\,}\;\;4 \qquad \text{¿Cuántos grupos de 5 hay en 24?}$$
$$-20$$

$$5^0 = 1 \;\rightarrow\; 1\,\overline{)\,4\,}\;\;4 \qquad \text{¿Cuántos 1 hay en 4?}$$
$$\frac{-4}{0}$$

Así, $824 = 11244_{\text{cinco}}$.

AHORA INTENTA ÉSTE 2-4 Se muestra un método diferente de convertir 824 a base cinco por medio de divisiones sucesivas entre 5. En cada caso el cociente se coloca debajo del dividendo y el residuo se coloca a la derecha, en el mismo renglón que el cociente. La respuesta se lee de abajo hacia arriba, esto es, 11244_{cinco}.

$$
\begin{array}{r|rl}
5 & 824 & \\
5 & 164 & 4 \\
5 & 32 & 4 \\
5 & 6 & 2 \\
& 1 & 1
\end{array}
$$

a. ¿Por qué funciona el método?
b. Usa el método anterior para convertir 728 a base cinco.

Se pueden usar calculadoras con la característica de división entera —$\boxed{\text{INT}\div}$ en una calculadora Texas Instruments o $\boxed{\div\text{R}}$ en una Casio— para cambiar números de base diez a diferentes bases numéricas. Por ejemplo, para convertir 8 a base cinco tecleamos $\boxed{8}$ $\boxed{\text{INT}\div}$ $\boxed{5}$ $\boxed{=}$ y obtenemos $-\frac{1}{Q}- -\frac{3}{R}-$. Esto implica que $8 = 13_{\text{cinco}}$. ¿Funcionará esta técnica para convertir 34 a base cinco? ¿por qué sí o por qué no?

Base dos

Se relatan historias de tribus antiguas que usaban la base dos. Algunas tribus aborígenes aún cuentan "uno, dos, dos y uno, dos dos, dos dos y uno, … ." Como la base dos tiene sólo dos dígitos, se llama **sistema binario**. La base dos es particularmente importante debido a su uso en computadoras. Uno de los dos dígitos se representa con la presencia de una señal eléctrica y el otro con la ausencia de una señal eléctrica. Aunque la base dos funciona bien para algunos propósitos, es ineficiente para el uso diario pues al contar con este sistema se alcanzan rápidamente números de multiples dígitos. En la siguiente tira cómica vemos a un bebé trabajando con el sistema binario.

©1999, King Features Syndicate, Inc. World rights reserved   www.kingfeatures.com/comics/fastrack/index.htm   E-mail:BTHOLBROOK@compuserve.com

Las conversiones de base dos a base diez y viceversa se pueden efectuar de manera similar a la usada para base cinco.

Ejemplo 2-3

a. Convierte 10111_{dos} a base diez.
b. Convierte 27 a base dos.

Solución   a. $10111_{\text{dos}} = 1 \cdot 2^4 + 0 \cdot 2^3 + 1 \cdot 2^2 + 1 \cdot 2^1 + 1$
$$= 16 + 0 + 4 + 2 + 1$$
$$= 23$$

b.

16	27	1	¿Cuántos grupos de 16 hay en 27?
	-16		
8	11	1	¿Cuántos grupos de 8 hay en 11?
	-8		
4	3	0	¿Cuántos grupos de 4 hay en 3?
	-0		
2	3	1	¿Cuántos grupos de 2 hay en 3?
	-2		
1	1	1	¿Cuántos 1 hay en 1?
	-1		
	0		

Solución alternativa:

2	27	
2	13	1
2	6	1
2	3	0
	1	1

Así, 27 es equivalente a 11011_{dos}.

Base doce

Otro sistema de numeración usado comúnmente es el de base doce, o sistema duodecimal (las "docenas"). Los huevos se compran por docena y los lápices se compran por *gruesa* (una docena de docenas). En base doce hay doce dígitos, así como hay diez dígitos en la base diez, cinco dígitos en la base cinco y dos dígitos en la base dos. En la base doce necesitamos nuevos símbolos para representar los siguientes grupos de x:

$$\underbrace{xxxxxxxxxx}_{10\ x} \quad \text{y} \quad \underbrace{xxxxxxxxxxx}_{11\ x}$$

Usamos D y O, respectivamente, de modo que los dígitos en base doce son 0, 1, 2, 3, 4, 5, 6, 7, 8, 9, D y O. Así, en base doce contamos "1, 2, 3, 4, 5, 6, 7, 8, 9, D, O, 10, 11, 12, ..., 17, 18, 19, 1D, 1O, 20, 21, 22, ..., 28, 29, 2D, 2O, 30, ..."

Ejemplo 2-4
a. Convierte $O2D_{\text{doce}}$ a base diez.
b. Convierte 1277 a base doce.

Solución **a.** $O2D_{\text{doce}} = 11 \cdot 12^2 + 2 \cdot 12^1 + 10 \cdot 1$
$$= 11 \cdot 144 + 24 + 10$$
$$= 1584 + 24 + 10$$
$$= 1618$$

b.

144	1277	8	¿Cuántos grupos de 144 hay en 1277?
	-1152		
12	125	D	¿Cuántos grupos de 12 hay en 125?
	-120		
1	5	5	¿Cuántos 1 hay en 5?
	-5		
	0		

Así, $1277 = 8D5_{\text{doce}}$.

Ejemplo 2-5

Roberto usó la base doce para escribir lo siguiente:

$$g36_{doce} = 1050_{diez}$$

¿Cuál es el valor de g?

Solución Usando la forma expandida, podemos escribir las ecuaciones siguientes:

$$g \cdot 12^2 + 3 \cdot 12 + 6 \cdot 1 = 1050$$
$$144g + 36 + 6 = 1050$$
$$144g + 42 = 1050$$
$$144g = 1008$$
$$g = 7$$

Evaluación 2-1A

1. En cada caso, di cuál numeral representa el mayor número y por qué:
  a. M̄CDXXIV y M̿CDXXIV
  b. 4632 y 46,032
  c. ⟨▼▼ y ⟨ ▼▼
  d. 999∩∩|| y 𓏺∩|
  e. ⚏ y 👁

2. En cada caso, menciona el número subsecuente y el precedente (uno más y uno menos):
  a. MCMXLIX
  b. ⟨⟨ ⟨▼
  c. 𓏺99
  d. ⚏

3. Si en una piedra conmemorativa de un edificio se labra el año en que éste se construyó, y en la piedra se lee MCMXXII, ¿cuándo se construyó el edificio?

4. Escribe los números siguientes en símbolos romanos:
  a. 121   **b.** 42

5. Completa la tabla siguiente, la cual compara símbolos de números en diferentes sistemas de numeración:

Indo-arábigo	Babilonio	Egipcio	Romano	Maya
a. 72				
b.	⟨ ▼▼			
c.		𓏺99∩∩|||		

6. Para cada uno de lo numerales decimales siguientes, da el valor posicional del numeral subrayado:
  a. 827,<u>3</u>67
  b. 8,421,0<u>0</u>0

7. Reescribe cada caso como un numeral en base diez:
  a. $3 \cdot 10^6 + 4 \cdot 10^3 + 5$

b. $2 \cdot 10^4 + 1$

8. Un cierto número completo de tres dígitos tiene las propiedades siguientes: el dígito de las centenas es mayor que 7, el dígito de las decenas es un número impar y la suma de los dígitos es 10. ¿Qué número podría ser?

9. Estudia el siguiente marco de conteo. En el marco, el valor de cada punto está representado por el número en la caja ubicado debajo del punto. Por ejemplo, la figura

••	•••	••
64	8	1

siguiente representa el número 154:
¿Qué números están representados en los marcos (a) y (b)?

a.

25	5	1

b.

•		•	•
8	4	2	1

10. Escribe el numeral en base cuatro para los cubos en base

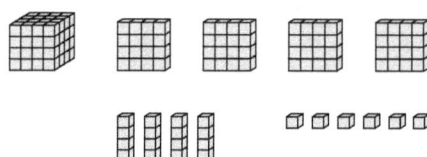

cuatro dados a continuación.

11. Escribe los primeros 15 números para cada una de las siguientes bases:
  a. base dos   **b.** base cuatro

12. ¿Cuántos dígitos diferentes se necesitan para la base veinte?

13. Escribe 2032_{cuatro} en notación expandida.

14. Determina el mayor número de tres dígitos en cada una de las bases siguientes:
  a. base dos   **b.** base doce

15. Halla los números precedente y sucesor:
  a. $OO0_{\text{doce}}$
  b. 100000_{dos}
  c. 555_{seis}

16. ¿Cuál es el error, de existir, con los numerales siguientes?
  a. 204_{cuatro}
  b. 607_{cinco}

17. El menor número de cubos de base cuatro necesarios para representar 214 es _____ bloque(s) _____ losa(s) _____ barra(s) _____ unidad(es).

18. Dibuja cubos multibase para representar 231_{cinco}.

19. Una introducción a la base cinco es particularmente adecuada para el aprendizaje inicial en la escuela elemental, cuando el niño puede pensar en cambiar monedas de centavo, cinco y veinticinco (llamadas pesetas). Usa sólo estas monedas para responder lo siguiente:
  a. ¿Cuál es el menor número de monedas de veinticinco, de cinco y de a centavo que puedes recibir en un intercambio justo por dos de veinticinco, nueve de cinco y ocho centavos?
  b. ¿Cómo podrías usar el enfoque de (a) para escribir 73 en base cinco?

20. Recuerda que con cubos de base diez, 1 barra = 10 unidades, 1 losa = 10 barras y 1 bloque = 10 losas (ver la Figura 2-2). En los siguientes conjuntos de piezas multibase, realiza todos los intercambios posibles para obtener el menor número de piezas y escribe el numeral correspondiente en la base dada.
  a. Diez losas en base diez
  b. Veinte losas en base doce

21. Cambia 42_{ocho} a base dos sin cambiar primero a base diez.

22. Escribe cada caso en base diez:
  a. 432_{cinco} **b.** 101101_{dos}
  c. $92O_{\text{doce}}$

23. Te piden distribuir $900 en premios. Los premios son de $625, $125, $25, $5 y $1. ¿Cómo deberás repartir los $900 de manera que des el menor número de premios?

24. Efectúa las conversiones siguientes:
  a. 58 días a semanas y días
  b. 29 horas a días y horas

25. En cada caso halla b, de ser posible. De no ser posible, di por qué.
  a. $b2_{\text{siete}} = 44_{\text{diez}}$ **b.** $5b2_{\text{doce}} = 734_{\text{diez}}$

26. El ábaco chino, según está presentado, muestra el nú-

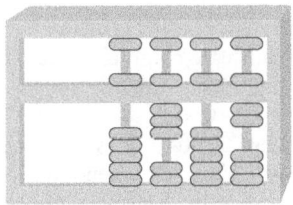

mero 5857. (*Sugerencia:* Las cuentas sobre la barra representan cantidades de 5, de 50, de 500 y de 5000.) Explica cómo se representa el número 5857 y muestra cómo se representa el número 4869.

27. En una calculadora, usando sólo las teclas diferentes del cero, llena la pantalla de la calculadora para mostrar el mayor número posible si cada tecla se puede usar una sola vez.

28. En un juego llamado BARRER, debemos "barrer" dígitos de la pantalla de una calculadora sin cambiar ninguno de los otros dígitos. En este caso, "barrer" significa reemplazar con un 0 el o los dígitos escogidos. Por ejemplo, si el número inicial es 54,321 y vamos a barrer el 4, podemos restar 4000 para obtener 50,321. Completa los dos problemas siguientes y después trata con otros números, o reta a otra persona para barrer un dígito de un número que hayas colocado en la pantalla:
  a. Barre los 2 de 32,420.
  b. Barre el 5 de 67,357.

Evaluación 2-1B

1. En cada caso di cuál numeral representa el mayor número, y por qué:
  a. $\overline{\text{MDCXXIV}}$ y $\overline{\text{MCDXXIV}}$
  b. 3456 y 30,456
  c. ⟨▼ y ⟨ ▼▼
  d. 99∩| y 999
  e. ⚊ y ☺

2. En cada caso, menciona el número subsecuente y el precedente (uno más y uno menos):
  a. $\overline{\text{MI}}$
  b. CMXCIX
  c. ⟨ ⟨▼
  d. 𒐖9
  e. ⚊

3. Escribe los números siguientes en símbolos romanos:
  a. 89
  b. 5202

4. Completa la tabla siguiente, la cual compara símbolos de números en diferentes sistemas de numeración:

	Indo-arábigo	Babilonio	Egipcio	Romano	Maya
a.	78				
b.		< ▼			
c.					

5. Para cada uno de lo numerales decimales siguientes, da el valor posicional del numeral subrayado:
  a. $9\underline{7},998$
  b. $\underline{8}10,485$

6. Reescribe cada caso como un numeral en base diez:
  a. $3 \cdot 10^3 + 5 \cdot 10^2 + 6 \cdot 10$
  b. $9 \cdot 10^6 + 9 \cdot 10 + 9$

7. Cierto número de dos dígitos tiene la propiedad de que el dígito de las unidades es 4 menos que el dígito de las decenas y el dígito de las decenas es el doble del dígito de las unidades. ¿Qué número podría ser?

8. En un marco de conteo se representa el número siguiente. ¿Qué número es? Explica tu razonamiento.

•	••	••
27	9	1

9. Escribe el numeral en base tres de la representación en base tres mostrada.

10. Escribe los primeros 10 números de cada una de las bases siguientes:
  a. base tres
  b. base ocho

11. ¿Cuántos dígitos diferentes se necesitan para la base dieciocho?

12. Escribe 2022_{tres} en forma expandida.

13. Determina cuál es el mayor número de tres dígitos en cada una de las siguientes bases:
  a. base tres   **b.** base doce

14. Halla los números precedente y sucesor:
  a. 100_{siete}
  b. 10000_{dos}
  c. 101_{dos}

15. ¿Cuál es el error, de existir, en los numerales siguientes?
  a. 306_{cuatro}
  b. 1023_{dos}

16. El menor número de cubos de base tres necesarios para representar 79 es _____ bloque(s) _____ losa(s) _____ barra(s) _____ unidad(es).

17. Dibuja cubos multibase para representar 1001_{dos}.

18. Usando un sistema numérico basado en docenas y gruesas, ¿cómo describirías la representación para 277?

19. Sin cambiar cada número a base diez, di cuál es el menor de cada uno de los siguientes pares de números:
  a. $OOD9O_{\text{doce}}$ ó $O0D9O_{\text{doce}}$
  b. 1011011_{dos} ó 101011_{dos}
  c. 50555_{seis} ó 51000_{seis}

20. ¿Cuál es el menor número de piezas de bloques multibase que se pueden usar para escribir el numeral correspondiente en la base dada?
  a. 10 barras en base cuatro
  b. 10 barras en base tres

21. Convierte cada número en base diez a números en la base indicada:
  a. 234 a base cuatro
  b. 1876 a base doce
  c. 303 a base tres
  d. 22 a base dos

22. Escribe cada caso en base diez:
  a. 432_{seis}
  b. 11011_{dos}
  c. $O29_{\text{doce}}$

23. *¿Quién quiere dinero?* es el nombre de un programa de televisión que distribuye premios que son potencias de 2. ¿Cuál es el mínimo número de premios que se pueden distribuir con $900?

24. Una cafetería vendió 1 taza, 1 pinta (2 tazas) y 1 cuarto (2 pintas) de café. Expresa en base dos el número de tazas vendidas.

25. En cada caso halla b, de ser posible. De no ser posible, di por qué.
  a. $b3_{\text{ocho}} - 31_{\text{diez}}$
  b. $1b2_{\text{doce}} = 1534_{\text{seis}}$

26. En una calculadora usa sólo las teclas numéricas y llena la pantalla con el mayor número posible de cuatro dígitos, si cada tecla se puede usar una sola vez.

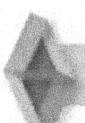

Conexiones matemáticas 2-1

Comunicación

1. Benjamín afirma que cero es lo mismo que nada. Explica cómo responderías a la afirmación de Benjamín si fueras su maestra.

2. ¿Cuáles son las mayores desventajas de cada uno de los sistemas siguientes?
  a. Egipcio   **b.** Babilonio   **c.** Romano

3. **a.** ¿Por qué en México se escriben comas para separar números grandes en grupos de tres?

   b. Halla ejemplos de países donde no se use la coma para separar grupos de tres dígitos.

4. Marta asegura que si realizas una serie de actividades y cálculos matemáticos, ella te puede decir cuál es tu mascota de la suerte. Primero debes hallar tu número especial de la siguiente manera.

   Toma el número de tu mes de nacimiento.

   Súmale 24.

   Súmale la diferencia obtenida cuando restas el número de tu mes de nacimiento de 12.

   Divide entre 3.

   Réstale 3.

   El resultado es tu número especial.

   Ahora asigna a cada letra del alfabeto el número de su orden alfabético, esto es, $a = 1$, $b = 2$, $c = 3$, $d = 4$ y así sucesivamente. Halla la letra que corresponda a tu número especial. A continuación, escribe el nombre de un animal que comience con esa letra. ¿Cuál fue la mascota de la suerte que te dijo Marta? ¿Cómo funciona esto?

Solución abierta

5. Un inspector de pesas y medidas usa un conjunto especial de pesas para verificar la precisión de las básculas. Se colocan varias pesas en una báscula para verificar la precisión de cualquier cantidad, de 1 oz a 15 oz. ¿Cuál es el menor número de pesas que necesita el inspector? ¿Qué pesas se necesitan para verificar la precisión de básculas de 1 oz a 15 oz? ¿Y de 1 oz a 31 oz?

Aprendizaje colectivo

6. **a.** Crea un sistema de numeración con tus propios símbolos y escribe un párrafo explicando las propiedades del sistema.

   b. Completa la tabla siguiente usando el sistema:

Numeral indoarábigo	Numeral en tu sistema
1	
5	
10	
50	
100	
5,000	
10,000	
115,280	

Preguntas del salón de clase

7. Al estudiar varias bases numéricas, una estudiante pregunta si es posible tener un número negativo como base. ¿Qué le dices a esta estudiante?

8. Un estudiante afirma que el sistema romano es un sistema de base diez pues tiene símbolos para 10, 100 y 1000. ¿Qué le respondes?

9. Al usar numerales romanos, una estudiante pregunta si es correcto escribir ī, así como мі, para 1001. ¿Cómo respondes?

10. Un padre de familia se queja del uso de objetos manipulables en el salón de clase y prefiere que se usen los dedos para contar. ¿Qué le dices?

Preguntas del *Third International Mathematics and Science Study* (TIMSS) (Tercer Estudio Internacional sobre las Matemáticas y la Ciencia)

¿Cuál es el dígito que está en el lugar de las centenas en 2345?

a. 2   **b.** 3   **c.** 4   **d.** 5

TIMSS, 2003, Grado 4

¿Cuál es el nombre de 9740?

a. Nueve mil setenta y cuatro

b. Nueve mil setecientos cuarenta

c. Nueve mil setecientos cuatro

d. Novecientos setenta y cuatro mil

TIMSS, 2003, Grado 4

Pregunta del *National Assessment of Educational Progress* (NAEP) (Evaluación Nacional del Progreso Educativo)

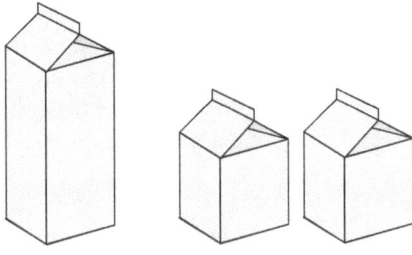

1 cuarto = 2 pintas

El señor Haro compró 6 pintas de leche. ¿A cuántos cuartos de leche equivalen?

a. 3   **b.** 4   **c.** 6   **d.** 12

NAEP, 2007, Grado 4

2-2   Descripción de conjuntos

Una vez presentados distintos sistemas de numeración y examinados algunos aspectos del sistema indoarábigo que usamos actualmente, ha llegado el momento de considerar una de las principales aportaciones surgidas casi al principio del siglo veinte, que dotó de una base teórica al sistema numérico que ya estábamos acostumbrados a usar. En los años de 1871 a 1884 Georg Cantor creó la *teoría de conjuntos*, que tuvo un profundo impacto en la investigación y enseñanza de las matemáticas.

Los conjuntos y las relaciones entre ellos forman una base para que los niños aprendan los *conceptos* de números completos y de "menor que", así como los de suma, resta y multiplicación de números completos. Introducimos la notación de conjuntos, las relaciones entre conjuntos, las operaciones entre conjuntos y sus propiedades. El concepto de conjunto es útil para definir relaciones y funciones (ver el Capítulo 4).

En los *Principios y objetivos* (2000) de la NCTM vemos que:

> Los programas desde preescolar hasta el grado 12 capacitarán a todos los estudiantes para
>
> • entender los números, maneras de representar números, relaciones entre números, y sistemas numéricos;
>
> • comprender significados de las operaciones y cómo se relacionan entre sí . . . . (p. 32)

La comprensión que tengan los maestros de los números y operaciones puede aumentar si se tiene una comprensión profunda de las matemáticas que hay detrás del sistema numérico. Una parte de dicha comprensión incluye la teoría de conjuntos.

El lenguaje de los conjuntos

Un **conjunto** se entiende como una colección de objetos. Los objetos individuales de un conjunto son sus **elementos** o **miembros**. Por ejemplo, cada letra es un elemento del conjunto de las letras del idioma español. El conjunto A de las letras minúsculas del alfabeto español se puede escribir de la siguiente manera en notación de conjuntos:

$$A = \{a, b, c, d, e, f, g, h, i, j, k, l, m, n, ñ, o, p, q, r, s, t, u, v, w, x, y, z\}$$

El orden en que se escriben los elementos no establece diferencia alguna, y *cada elemento se lista una sola vez.* Así, $\{l, e, r\}$ y $\{r, e, l\}$ se consideran el mismo conjunto.

La pertenencia de un elemento a un conjunto se representa por medio del símbolo $\in$. Por ejemplo, $b \in A$. Si un elemento no pertenece a un conjunto, se usa el símbolo $\notin$. Por ejemplo, $3 \notin A$.

Nota histórica

Georg Cantor (1845–1918) nació en San Petersburgo, Rusia. Su familia se mudó a Frankfurt cuando él tenía 11 años. En contra de los consejos de su padre de estudiar ingeniería, Cantor siguió la carrera de matemáticas y obtuvo su doctorado en Berlín a la edad de 22 años. La mayor parte de su carrera académica la realizó en la Universidad de Halle. Su deseo de ser profesor en la Universidad de Berlín no se materializó, pues su trabajo ganó poco reconocimiento durante su vida.

Sin embargo, después de su muerte el trabajo de Cantor se ha elogiado como un "asombroso producto del pensamiento matemático y una de las más bellas realizaciones de la actividad humana". ◆

> **OBSERVACIÓN** En matemáticas no se pueden intercambiar libremente una letra mayúscula y una minúscula. Por ejemplo, en el mencionado conjunto A tenemos que $b \in A$ pero $B \notin A$.

Para que un conjunto pueda ser así llamado en matemáticas, debe estar **bien definido**; esto es, si nos dan un conjunto y algún objeto particular, debemos poder decir si el objeto pertenece o no al conjunto. Por ejemplo, el conjunto de los habitantes de la ciudad de Veracruz que comieron arroz el 1° de enero del 2010 está bien definido. Podemos no saber si un habitante particular de Veracruz comió o no arroz, pero ese habitante pertenece o no pertenece al conjunto. Por otro lado, el conjunto de la gente alta no está bien definido pues no existe una manera precisa de cómo calificar a una persona como "alta".

Podemos usar conjuntos para definir términos matemáticos. Por ejemplo, el conjunto N de los *números naturales* se define como

$$N = \{1, 2, 3, 4, \dots\}$$

Una *elipsis* (tres puntos) indica que la sucesión continúa de la misma manera.

Dos métodos comunes para describir los conjuntos son el **listado** y la **notación constructora de conjuntos**, como vemos en los ejemplos:

Método de listado: $\qquad\qquad C = \{1, 2, 3, 4\}$

Notación constructora de conjuntos: $\quad C = \{x \mid x \in N \text{ donde } x < 5\}$

Esta notación se lee como sigue:

C	$=$	$\{$	x	$\mid$	$x \in N$	donde	$x < 5\}$
Conjunto C	es igual a	el conjunto de	todos los elementos x	tales que	x es un número natural	donde	x es menor que 5

Cuando los elementos individuales de un conjunto no se conocen o son demasiados para listarlos, se usa la notación constructora de conjuntos. Por ejemplo, el conjunto de decimales entre 0 y 1 se puede escribir como

$$D = \{x \mid x \text{ es un decimal entre 0 y 1}\}$$

que se lee "D es el conjunto de todos los elementos x tales que x es un decimal entre 0 y 1". Sería imposible listar todos los elementos de D. Por lo tanto, es indispensable aquí la notación constructora de conjuntos.

Ejemplo 2-6

Escribe los siguientes conjuntos usando la notación constructora de conjuntos:

a. $\{2, 4, 6, 8, 10, \dots\}$ **b.** $\{1, 3, 5, 7, \dots\}$

Solución **a.** $\{x \mid x$ es un número natural par$\}$. O, como todo número natural par se puede escribir como 2 multiplicado por algún número natural, este conjunto se puede escribir como $\{x \mid x = 2n, \text{ donde } n \in N\}$; o bien, en una forma más sencilla, como $\{2n \mid n \in N\}$.

b. $\{x \mid x$ es un número natural impar$\}$. O, como todo número natural impar se puede escribir como algún número par menos uno, este conjunto se puede escribir como $\{x \mid x = 2n - 1, \text{ donde } n \in N\}$ ó $\{2n - 1 \mid n \in N\}$.

Ejemplo 2-7

Cada uno de los conjuntos siguientes se describe mediante la notación constructora de conjuntos. Escribe cada conjunto listando sus elementos.

a. $A = \{2k + 1 \mid k = 3, 4, 5\}$
b. $B = \{a^2 + b^2 \mid a = 2 \text{ ó } 3 \text{ y } b = 2, 3 \text{ ó } 4\}$

Solución   a. Substituimos $k = 3, 4, 5$ en $2k + 1$ y obtenemos los valores correspondientes mostrados en la tabla 2-7. Así, $A = \{7, 9, 11\}$.

Tabla 2-7

k	$2k + 1$
3	$2 \cdot 3 + 1 = 7$
4	$2 \cdot 4 + 1 = 9$
5	$2 \cdot 5 + 1 = 11$

b. Aquí $a = 2$ ó 3 y $b = 2, 3$ ó 4. En la tabla 2-8 se muestran todas las combinaciones posibles de a y b y los valores correspondientes de $a^2 + b^2$. Así, $B = \{8, 13, 20, 18, 25\}$. Nota que el 13 aparece dos veces en la tabla, pero sólo una vez en el conjunto; ¿por qué?

Tabla 2-8

$a \backslash b$	2	3	4
2	$2^2 + 2^2 = 8$	$2^2 + 3^2 = 13$	$2^2 + 4^2 = 20$
3	$3^2 + 2^2 = 13$	$3^2 + 3^2 = 18$	$3^2 + 4^2 = 25$

Como se mencionó anteriormente, no importa el orden en que se listen. Si A y B son iguales, lo cual se escribe $A = B$, entonces todo elemento de A es un elemento de B y todo elemento de B es un elemento de A. Si A no es igual a B, lo escribimos $A \neq B$.

Definición de conjuntos iguales

Dos conjuntos son **iguales** si, y sólo si, contienen exactamente los mismos elementos.

Correspondencia biunívoca, o uno a uno

Una de las herramientas más útiles en matemáticas es establecer una **correspondencia biunívoca**, o **uno a uno**, entre dos conjuntos. Los conjuntos pueden ser iguales o no. Por ejemplo, considera el conjunto de personas $P = \{$Tomás, Daniel, Mari$\}$ y el conjunto de los carriles de natación $C = \{1, 2, 3\}$. Supón que cada persona en P va a nadar en un carril numerado 1, 2 ó 3, de manera que dos personas no pueden ocupar el mismo carril. Este pareo entre personas y carriles es una correspondencia biunívoca, también llamada correspondencia uno a uno. En la figura 2-9 se muestra una manera de exhibir una correspondencia mediante flechas que conectan los elementos correspondientes.

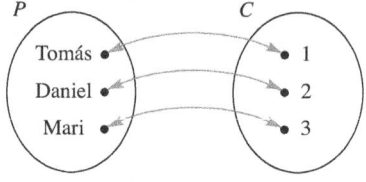

Figura 2-9

Existen otras posibles correspondencias biunívocas entre los conjuntos *P* y *C*. Hay varias maneras de exhibirlas. Por ejemplo, listamos a continuación las seis correspondencias biunívocas entre los conjuntos *P* y *C*:

1. Tomás ↔ 1   **2.** Tomás ↔ 1   **3.** Tomás ↔ 2
     Daniel ↔ 2   Daniel ↔ 3   Daniel ↔ 1
     Mari ↔ 3   Mari ↔ 2   Mari ↔ 3

4. Tomás ↔ 2   **5.** Tomás ↔ 3   **6.** Tomás ↔ 3
     Daniel ↔ 3   Daniel ↔ 1   Daniel ↔ 2
     Mari ↔ 1   Mari ↔ 2   Mari ↔ 1

Nota que el listado en (**1**) y la figura 2-9 representan una sola correspondencia biunívoca entre los conjuntos *P* y *C*. La correspondencia Tomás ↔ 1 también puede ser una correspondencia biunívoca pero entre otros dos conjuntos, a saber, {Tomás} y {1}. El conjunto de todas las correspondencias biunívocas entre los conjuntos *P* y *C* se muestra en la tabla 2-9.

Tabla 2-9

Pareos \ Carriles	1	2	3
1.	Tomás	Daniel	Mari
2.	Tomás	Mari	Daniel
3.	Daniel	Tomás	Mari
4.	Daniel	Mari	Tomás
5.	Mari	Tomás	Daniel
6.	Mari	Daniel	Tomás

A continuación, la definición general de correspondencia biunívoca:

Definición de correspondencia biunívoca

Si los elementos de los conjuntos *P* y *C* se pueden parear de manera que a cada elemento de *P* le corresponda exactamente un elemento de *C* y a cada elemento de *C* le corresponda exactamente un elemento de *P*, entonces se dice que los dos conjuntos, *P* y *C*, están en **correspondencia biunívoca**.

AHORA INTENTA ÉSTE 2-5 Considera un conjunto de cuatro personas {A, B, C, D} y un conjunto de cuatro carriles para nadar {1, 2, 3, 4}.

a. Exhibe todas las correspondencias biunívocas entre los dos conjuntos.
b. ¿Cuántas de dichas correspondencias biunívocas hay?
c. Halla el número de correspondencias biunívocas entre dos conjuntos con cinco elementos cada uno, y explica tu razonamiento.

También podemos usar un diagrama de árbol para listar las posibles correspondencias biunívocas, como se muestra en la figura 2-10. Para leer el diagrama de árbol y ver la correspondencia biunívoca, seguimos cada rama. La persona que ocupa un carril específico en una correspondencia se lista debajo del número del carril. Por ejemplo, la rama superior ilustra el pareo (Tomás, 1), (Daniel, 2) y (Mari, 3).

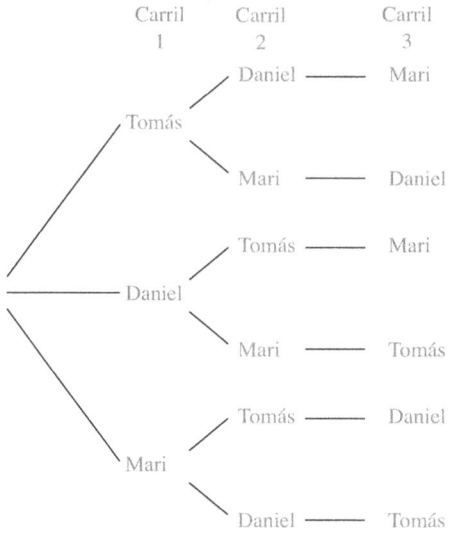

Figura 2-10

Observa en la figura 2-10 que al asignar a un nadador el carril 1, podemos colocar a alguna de las tres personas: Tomás, Daniel o Mari. Si ponemos a Tomás en el carril 1, entonces él no podrá estar en el carril 2 y, en consecuencia, el segundo carril deberá estar ocupado ya sea por Daniel o por Mari. Asimismo, vemos que si Daniel está en el carril 1, entonces hay dos maneras de escoger a alguien para el carril 2: Tomás o Mari. De manera análoga, si Mari está en el carril 1 hay, de nuevo, dos maneras de escoger a alguien para el segundo carril: Tomás o Daniel. Así, para cada una de las tres maneras en que podemos ocupar el primer carril, hay dos maneras subsecuentes de ocupar el segundo carril y hay, por lo tanto, $2 + 2 + 2$, ó $3 \cdot 2$, ó 6 maneras de colocar a los nadadores en los primeros dos carriles. Nota que para cada uno de los arreglos de los nadadores en los dos primeros carriles, sólo queda un posible nadador para ocupar el tercer carril. Esto es, si Mari ocupa el primer carril y Daniel el segundo, entonces Tomás debe ocupar el tercero. Así, el número total de arreglos para los tres nadadores es igual a $3 \cdot 2$, ó 6.

Se puede usar un razonamiento similar para hallar cuántos arreglos de sabores de helados es posible colocar en un barquillo donde quepan dos bolas si disponemos de diez sabores. Ahora, si consideramos que chocolate y vainilla (primero se coloca la bola de chocolate y encima la de vainilla) es diferente de vainilla y chocolate (primero se coloca la bola de vainilla y encima la de chocolate) y permitimos que haya dos bolas del mismo sabor, podemos proceder como sigue. Hay diez maneras de escoger la primera bola de helado, y para cada selección hay 10 maneras subsecuentes de escoger la segunda bola. Así, el número total de arreglos es de $10 \cdot 10$, ó 100.

El argumento usado para hallar el número de las posibles correspondencias biunívocas entre el conjunto de nadadores y el conjunto de carriles, así como el problema anterior de los arreglos de las bolas de helado, son ejemplos del Principio Fundamental del Conteo.

Teorema 2–1: Principio Fundamental del Conteo

Si un evento M puede ocurrir de m maneras y, después de ocurrido, el evento N puede ocurrir de n maneras, entonces el evento M seguido del evento N puede ocurrir de mn maneras.

AHORA INTENTA ÉSTE 2-6 Explica cómo es posible extender el Principio Fundamental del Conteo a cualquier número de eventos.

Conjuntos equivalentes

Estrechamente relacionado con las correspondencias biunívocas está el concepto de **conjuntos equivalentes**. Por ejemplo, supón que hay 20 sillas en una habitación y un estudiante está sentado en cada una, sin que nadie quede de pie. Hay una correspondencia biunívoca entre el conjunto de sillas y el conjunto de los estudiantes en la habitación. En este caso el conjunto de sillas y el conjunto de estudiantes son conjuntos equivalentes.

Definición de conjuntos equivalentes

Dos conjuntos A y B son **equivalentes** —se escribe $A \sim B$— si y sólo si existe una correspondencia biunívoca entre los conjuntos.

No debemos confundir el término *equivalente* con el término *igual*. En el ejemplo 2-8 se verá la diferencia.

Ejemplo 2-8

Sea

$$A = \{p, q, r, s\}, \quad B = \{a, b, c\}, \quad C = \{x, y, z\}, \quad \text{y} \quad D = \{b, a, c\}.$$

Compara los conjuntos usando los términos *igual* y *equivalente*.

Solución   Cada conjunto es igual, y es equivalente, a sí mismo.

Los conjuntos A y B no son equivalentes ($A \not\sim B$) y no son iguales ($A \neq B$).

Los conjuntos A y C no son equivalentes ($A \not\sim C$) y no son iguales ($A \neq C$).

Los conjuntos A y D no son equivalentes ($A \not\sim D$) y no son iguales ($A \neq D$).

Los conjuntos B y C son equivalentes ($B \sim C$) pero no iguales ($B \neq C$).

Los conjuntos B y D son equivalentes ($B \sim D$) e iguales ($B = D$).

Los conjuntos C y D son equivalentes ($C \sim D$) pero no iguales ($C \neq D$).

AHORA INTENTA ÉSTE 2-7

a. Si dos conjuntos son equivalentes, ¿necesariamente son iguales? Explica por qué sí o por qué no.
b. Si dos conjuntos son iguales, ¿necesariamente son equivalentes? Explica por qué sí o por qué no.

Números cardinales

El concepto de correspondencia biunívoca se puede usar para introducir el concepto de dos conjuntos con el mismo número de elementos. Sin saber contar, un niño podría comprender que tiene tantos dedos en la mano izquierda como en la otra mano colocando los dedos de una mano sobre los de la otra, como en la figura 2-11. Al colocar de manera natural los dedos de modo que el pulgar izquierdo toque el pulgar derecho, el índice izquierdo toque el índice derecho y así sucesivamente, exhibimos una correspondencia biunívoca entre los dedos de las dos manos. De manera análoga, sin contar, los niños comprenden que si todos los alumnos de un grupo se sientan en una silla y no hay sillas vacías, entonces hay tantas sillas como alumnos y viceversa.

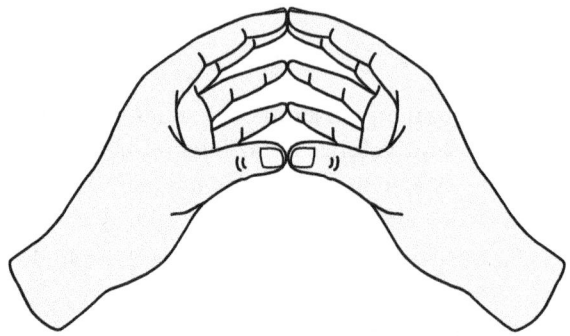

Figura 2-11

La correspondencia biunívoca entre conjuntos ayuda a explicar el concepto de número. Considera los cinco conjuntos $\{a, b\}$, $\{p, q\}$, $\{x, y\}$, $\{b, a\}$ y $\{*, \#\}$; son conjuntos equivalentes entre sí, comparten la propiedad de "ser dos"; es decir, estos conjuntos tienen el mismo número cardinal, a saber, 2. El **número cardinal** de un conjunto C, denotado con $n(C)$, indica el número de elementos que están en el conjunto C. Si $C = \{a, b\}$, el número cardinal de C es 2 y se escribe como $n(C) = 2$. Si dos conjuntos, A y B, son equivalentes, entonces A y B tienen el mismo número cardinal, esto es, $n(A) = n(B)$.

Un conjunto que no tiene elementos tiene número cardinal 0 y es un **conjunto vacío** o **nulo**. El conjunto vacío se designa por medio del símbolo $\emptyset$ o $\{\ \}$. A continuación presentamos dos ejemplos de conjuntos sin elementos:

$$C = \{x \mid x \text{ era un estado de México antes de } 1200 \text{ A.C.}\}$$
$$D = \{x \mid x \text{ es un número natural menor que } 1\}$$

> **OBSERVACIÓN** El conjunto vacío a menudo se escribe, de manera incorrecta, como $\{\emptyset\}$. Este conjunto no es vacío pues contiene un elemento. Asimismo, $\{0\}$ no representa al conjunto vacío. ¿Por qué?

Un **conjunto** es **finito** si su número cardinal es cero o un número natural. El conjunto N de los números naturales es un **conjunto infinito**; no es finito. El conjunto E que contiene todos los números naturales y el 0 es el de los **números completos** $E = \{0, 1, 2, 3, \dots\}$. E es un conjunto infinito.

La siguiente tira cómica de "Peanuts" ilustra cómo se relacionan los conceptos de la teoría de conjuntos con la suma, aunque no debe esperarse que un niño sepa estos conceptos para poder sumar 2 más 2.

AHORA INTENTA ÉSTE 2-8 Usa el *razonamiento* para explicar por qué no puede haber un número natural que sea el mayor. Esto es, explica por qué el conjunto de números naturales no es un conjunto finito, como lo sugiere Dolly en la tira cómica a continuación.

El CIRCO FAMILIAR®   **Por Bil Keaene**

"El alfabeto termina en la 'Z', pero los números continúan por siempre."

Más acerca de conjuntos

El **conjunto universal** o **universo**, denotado con U, es el conjunto que contiene todos los elementos considerados en una situación determinada. Supón que $U = \{x \mid x$ es una persona que vive en Caracas$\}$ y $M = \{x \mid x$ es una mujer que vive en Caracas$\}$. El conjunto universal, U, y el conjunto M se pueden representar por medio de un diagrama, como en la figura 2-12(a). El conjunto universal se representa con un rectángulo grande y M se indica por medio de un círculo dentro del rectángulo, como se muestra en la figura 2-12(a). Esta figura es un ejemplo de **diagrama de Venn**, llamado así en honor del inglés JOHN VENN (1834–1923), quien usó dichos diagramas para ilustrar ideas en lógica. El conjunto de los elementos en el universo que no están en M, denotado con $\overline{M}$, es el conjunto de los varones que viven en Caracas, y es el **complemento** de M. En la figura 2-12(b) se representa por medio de la región sombreada .

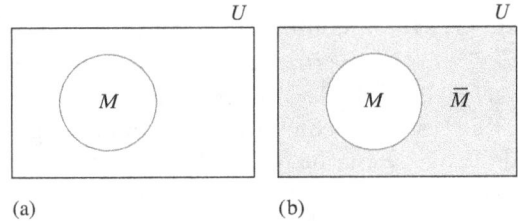

(a)   (b)

Figura 2-12

Definición de complemento de un conjunto

El **complemento** de un conjunto M, que escribimos como $\overline{M}$, es el conjunto de todos los elementos del conjunto universal U que no están en M; esto es, $\overline{M} = \{x \mid x \in U$ y $x \notin M\}$.

Ejemplo 2-9

a. Si $U = \{a, b, c, d\}$ y $B = \{c, d\}$, halla (i) $\overline{B}$; (ii) $\overline{U}$; (iii) $\overline{\varnothing}$.

b. Si $U = \{x \mid x$ es un animal del zoológico$\}$ y $S = \{x \mid x$ es una serpiente del zoológico$\}$, describe $\overline{S}$.

c. Si $U = N$, $P = \{2, 4, 6, 8, \ldots\}$, e $I = \{1, 3, 5, 7, \ldots\}$, halla (i) $\overline{P}$ y (ii) $\overline{I}$.

Solución   **a.** (i) $\overline{B} = \{a, b\}$; (ii) $\overline{U} = \varnothing$; (iii) $\overline{\varnothing} = U$

b. Como no sabemos cuáles son los animales del zoológico, $\overline{S}$ debe describirse usando la notación constructora de conjuntos:

$$\overline{S} = \{x \mid x \text{ es un animal del zoológico que no es una serpiente}\}$$

c. (i) $\overline{P} = I$; (ii) $\overline{I} = P$

Subconjuntos

Considera los conjuntos $A = \{1, 2, 3, 4, 5, 6\}$ y $B = \{2, 4, 6\}$. Todos los elementos de B están contenidos en A. Decimos entonces que B es un **subconjunto** de A y lo escribimos $B \subseteq A$. En general, tenemos la siguiente definición:

> ### Definición de subconjunto
>
> B es un **subconjunto** de A, se escribe $B \subseteq A$, si y sólo si todo elemento de B es un elemento de A.

Esta definición permite que B sea igual a A. La definición se escribió con la frase "si y sólo si", que significa que "si B es un subconjunto de A, entonces todo elemento de B es un elemento de A, y si todo elemento de B es un elemento de A, entonces B es un subconjunto de A". *Si suceden tanto $A \subseteq B$ como $B \subseteq A$, entonces $A = B$.*

Cuando un conjunto A no es subconjunto de otro conjunto B, escribimos $A \nsubseteq B$. Para mostrar que $A \nsubseteq B$, debemos hallar al menos un elemento de A que no esté en B. Si $A = \{1, 3, 5\}$ y $B = \{1, 2, 3\}$, entonces A no es un subconjunto de B pues 5 es un elemento de A que no está en B. Asimismo, $B \nsubseteq A$ pues 2 pertenece a B pero no está en A.

No es obvio que el conjunto vacío cumpla la definición de subconjunto pues no hay elementos del conjunto vacío que sean elementos de otro conjunto. Para analizar este problema usamos las estrategias de *razonamiento indirecto* y *examen de un caso particular*.

Para el conjunto $\{1, 2\}$, ha de suceder que $\varnothing \subseteq \{1, 2\}$ ó $\varnothing \nsubseteq \{1, 2\}$. Supón que $\varnothing \nsubseteq \{1, 2\}$. Entonces debe haber algún elemento de $\varnothing$ que no esté en $\{1, 2\}$. Como el conjunto vacío no tiene elementos, no puede haber un elemento en el conjunto vacío que no esté en $\{1, 2\}$. En consecuencia, $\varnothing \nsubseteq \{1, 2\}$ es falso. Por lo tanto la única otra posibilidad, $\varnothing \subseteq \{1, 2\}$, es verdadera. Se puede aplicar el mismo razonamiento en el caso del conjunto vacío o de cualquier otro conjunto.

Si B es un subconjunto de A y B no es igual a A, entonces B es un **subconjunto propio** de A, que se escribe $B \subset A$. Esto significa que todo elemento de B está contenido en A y que hay al menos un elemento de A que no está en B. A veces se usa un diagrama de Venn para indicar un subconjunto propio, como en la figura 2-13, mostrando un punto (un elemento) de A que no está en B.

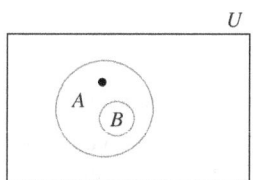

Figura 2-13

Ejemplo 2-10

Dados $A = \{1, 2, 3, 4, 5\}$, $B = \{1, 3\}$, $P = \{x \mid x = 2^n - 1,$ donde $n \in N\}$:

a. ¿Cuáles conjuntos son subconjuntos de cuáles?
b. ¿Cuáles subconjuntos son subconjuntos propios de cuáles?
c. Si $C = \{2k \mid k \in N\}$ y $D = \{4k \mid k \in N\}$, muestra que uno de los conjuntos es subconjunto del otro.

Solución
a. Como $2^1 - 1 = 1, 2^2 - 1 = 3, 2^3 - 1 = 7, 2^4 - 1 = 15, 2^5 - 1 = 31$, y así sucesivamente, $P = \{1, 3, 7, 15, 31, \dots\}$. Así, $B \subseteq P$. También $B \subseteq A, A \subseteq A$, $B \subseteq B$ y $P \subseteq P$.
b. $B \subset A$ y $B \subset P$
c. Como $4k = 2(2k)$, cada elemento de D es un elemento de C. Así, $D \subseteq C$.

AHORA INTENTA ÉSTE 2-9

a. Supón que $A \subset B$. ¿Podemos concluir siempre que $A \subseteq B$?
b. Si $A \subseteq B$, ¿se sigue que $A \subset B$?

A menudo se confunden los subconjuntos y los elementos de un conjunto. Decimos que $2 \in \{1, 2, 3\}$. Pero como 2 no es un conjunto, no podemos substituir el símbolo $\subseteq$ en lugar de $\in$. Sin embargo, $\{2\} \subseteq \{1, 2, 3\}$ y $\{2\} \subset \{1, 2, 3\}$. Nota que el símbolo $\in$ no puede colocarse entre $\{2\}$ y $\{1, 2, 3\}$ y obtener una proposición verdadera.

AHORA INTENTA ÉSTE 2-10 Convence a una compañera de clase de que lo siguiente es verdadero:

a. El conjunto vacío es un subconjunto de sí mismo.
b. El conjunto vacío no es un subconjunto propio de sí mismo.

Desigualdades: aplicación de los conceptos de conjuntos

El concepto de subconjunto propio y de correspondencia biunívoca se pueden usar para definir el concepto de "menor que" entre los números naturales. El conjunto $\{a, b, c\}$ tiene menos elementos que el conjunto $\{w, x, y, z\}$ pues al tratar de parear los elementos de los dos conjuntos, como en

$$\{a, b, c\}$$
$$\{x, y, z, w\}$$

vemos que hay un elemento del segundo conjunto al que no le corresponde uno del primer conjunto. El conjunto $\{a, b, c\}$ es equivalente a un subconjunto propio de $\{x, y, z, w\}$.

En general, *si A y B son conjuntos finitos, A tiene menos elementos que B si A es equivalente a un subconjunto propio de B*. Decimos entonces que $n(A)$ es **menor que** $n(B)$ y lo escribimos $n(A) < n(B)$. Decimos que a es **mayor que** b, y lo escribimos $a > b$, si y sólo si, $b < a$. El concepto de "menor o igual que" se define de manera análoga y se explora en la Evaluación 2-2A y 2-2B.

Hemos visto que si A y B son conjuntos finitos y $A \subset B$, entonces A tiene menos elementos que B y no es posible hallar una correspondencia biunívoca entre los conjuntos. En consecuencia, A y B no son equivalentes. Sin embargo, cuando ambos conjuntos son infinitos y $A \subset B$, los conjuntos podrían ser equivalentes. Por ejemplo, considera el conjunto N de nú-

meros naturales y el conjunto P de números naturales pares. Tenemos que $P \subset N$, pero, aun así, podemos hallar una correspondencia biunívoca entre los conjuntos. Para ello, hacemos corresponder cada número en el conjunto N con el doble del número en el conjunto P. Esto es, a $n \in N$ le corresponde $2n \in P$, como se muestra a continuación:

$$N = \{1, 2, 3, 4, \ 5, \ldots, n, \ldots\}$$
$$\uparrow\downarrow \ \uparrow\downarrow \ \uparrow\downarrow \ \uparrow\downarrow \ \uparrow\downarrow \qquad \searrow$$
$$P = \{2, 4, 6, 8, 10, \ldots, 2n, \ldots\}$$

Nota que en la correspondencia anterior, a cada elemento de N le corresponde un solo elemento de P y, recíprocamente, a cada elemento de P le corresponde un solo elemento de N. Por ejemplo, al 11 en N le corresponde el $2 \cdot 11$, ó 22, en P. Y a 100 en P le corresponde el $100 \div 2$, ó 50, en N. Así, $N \sim P$; Esto es, N y P son equivalentes.

A menudo los estudiantes tienen dificultades con los conjuntos infinitos y especialmente con sus números cardinales, llamados **números transfinitos**. Como se mostró anteriormente, P es un subconjunto propio de N, pero como se pueden poner en correspondencia biunívoca, son equivalentes y tienen el mismo número cardinal. Tsamir y Triosh hallaron que las representaciones de los conjuntos infinitos causaron problemas, como se ve en la *Nota de investigación*.

Resolver problemas   Aprobación de una medida

Una comisión de senadores está formada por Arroyo, Barragán, Cruz y Díaz. Supón que cada miembro de la comisión tiene un voto y que sólo se requiere mayoría simple para aprobar o rechazar una medida. Una medida que no pasa ni se rechaza se considera bloqueada y deberá votarse de nuevo. Determina el número de maneras en que una medida podría aprobarse o rechazarse, y el número de maneras en que una medida puede bloquearse.

Comprender el problema   Se nos pide determinar de cuántas maneras un comité de cuatro miembros puede aprobar o rechazar una propuesta y de cuántas maneras ese comité puede bloquear una propuesta. Para aprobar o rechazar una propuesta se requiere una coalición ganadora, esto es, un grupo de senadores que pueda aprobar o rechazar la propuesta independientemente de lo que hagan los otros. Para bloquear una propuesta debe haber una coalición bloqueadora, esto es, un grupo que impida que pase la proposición, pero que no pueda rechazarla.

Trazar un plan   Para resolver el problema podemos *hacer una lista* de subconjuntos del conjunto de senadores. Cualquier subconjunto del conjunto de senadores con tres o cuatro elementos formará una coalición ganadora. Cualquier subconjunto de senadores con precisamente dos elementos formará una coalición bloqueadora.

Realizar el plan   Listamos todos los subconjuntos del conjunto $S = \{$Arroyo, Barragán, Cruz, Díaz$\}$ que tengan al menos tres elementos y todos los subconjuntos que tengan exactamente dos elementos. Por conveniencia, identificamos los elementos como sigue: A—Arroyo, B—Barragán, C—Cruz, D—Díaz. A continuación damos todos los subconjuntos:

$\varnothing$	$\{A\}$	$\{A, B\}$	$\{A, B, C\}$	$\{A, B, C, D\}$
	$\{B\}$	$\{A, C\}$	$\{A, B, D\}$	
	$\{C\}$	$\{A, D\}$	$\{A, C, D\}$	
	$\{D\}$	$\{B, C\}$	$\{B, C, D\}$	
		$\{B, D\}$		
		$\{C, D\}$		

Hay cinco subconjuntos con al menos tres miembros que pueden formar una coalición ganadora y aprobar o rechazar una medida, y seis subconjuntos con exactamente dos miembros que pueden bloquear una medida.

Revisar   Se pueden considerar otras cuestiones, como:

1. ¿Cuántas coaliciones ganadoras mínimas hay? En otras palabras, ¿cuántos subconjuntos hay de los cuales ningún subconjunto propio puede aprobar una medida?
2. Diseña un método para resolver este problema sin listar todos los subconjuntos.
3. En la parte de "Realizar el Plan" se listaron 16 subconjuntos de $\{A, B, C, D\}$. Usa ese resultado para listar, de manera sistemática, todos los subconjuntos de un comité de cinco senadores. ¿Puedes hallar el número de subconjuntos de un comité de cinco miembros sin tener que contar los subconjuntos?

AHORA INTENTA ÉSTE 2-11 Supongamos que un comité de senadores consta de cinco miembros.

a. Compara el número de coaliciones ganadoras que tengan exactamente cuatro miembros con el número de senadores del comité. ¿Por qué razón obtenemos este resultado?
b. Compara el número de coaliciones ganadoras de exactamente tres miembros con el número de subconjuntos del comité que tienen exactamente dos miembros. ¿Por qué razón obtenemos este resultado?

Número de subconjuntos de un conjunto

¿Cuántos subconjuntos se pueden formar de un conjunto que tiene n elementos? Para obtener una fórmula general, usamos primero la estrategia de *intentar un caso más sencillo*.

1. Si $P = \{a\}$, entonces P tiene dos subconjuntos, $\varnothing$ y $\{a\}$.
2. Si $Q = \{a, b\}$, entonces Q tiene cuatro subconjuntos, $\varnothing$, $\{a\}$, $\{b\}$ y $\{a, b\}$.
3. Si $R = \{a, b, c\}$, entonces R tiene ocho subconjuntos, $\varnothing$, $\{a\}$, $\{b\}$, $\{c\}$, $\{a, b\}$, $\{a, c\}$, $\{b, c\}$ y $\{a, b, c\}$.

Una estrategia alternativa para listar el número de subconjuntos de un conjunto dado consiste en usar un diagrama de árbol. Por ejemplo, en la figura 2-14 se ilustran los diagramas de árbol de los subconjuntos de $Q = \{a, b\}$ y $R = \{a, b, c\}$.

$a \in Q$	$b \in Q$	Subconjuntos
Sí	Sí	$\{a, b\}$
	No	$\{a\}$
No	Sí	$\{b\}$
	No	$\varnothing$

(a)

$a \in Q$	$b \in Q$	$c \in Q$	Subconjuntos
Sí	Sí	Sí	$\{a, b, c\}$
		No	$\{a, b\}$
	No	Sí	$\{a, c\}$
		No	$\{a\}$
No	Sí	Sí	$\{b, c\}$
		No	$\{b\}$
	No	Sí	$\{c\}$
		No	$\varnothing$

(b)

Figura 2-14

Usando la información proporcionada por estos casos, *hacemos una tabla para buscar patrones*, como en la tabla 2-10.

Tabla 2-10

Número de elementos	Número de subconjuntos
1	2, ó 2^1
2	4, ó 2^2
3	8, ó 2^3
.	.
.	.
.	.

La tabla 2-10 sugiere que para cuatro elementos podría haber 2^4, ó 16, subconjuntos. ¿Es correcta esta suposición? Si $S = \{a, b, c, d\}$, entonces todos los subconjuntos de $R = \{a, b, c\}$ también son subconjuntos de S. Se forman ocho nuevos subconjuntos al agregar el elemento d a cada uno de los ocho subconjuntos de R. Los ocho nuevos subconjuntos son $\{d\}$, $\{a, d\}$, $\{b, d\}$, $\{c, d\}$, $\{a, b, d\}$, $\{a, c, d\}$, $\{b, c, d\}$ y $\{a, b, c, d\}$. Así, hay el doble de subconjuntos del conjunto S (con cuatro elementos) que de subconjuntos del conjunto R (con tres elementos). En consecuencia, hay $2 \cdot 8$, ó 2^4, subconjuntos de un conjunto con cuatro elementos.. Debido a que al incluir un elemento más en un conjunto finito se duplica el número de posibles subconjuntos del nuevo conjunto, un conjunto con 5 elementos tendrá $2 \cdot 2^4$, ó 2^5, subconjuntos, y así sucesivamente. En cada caso, el número de elementos y la potencia de 2 usada para obtener el número de subconjuntos son iguales. *Por lo tanto, si hay n elementos en un conjunto, se podrán formar 2^n subconjuntos.* Si aplicamos el resultado anterior al conjunto vacío —esto es, cuando $n = 0$— tenemos entonces que $2^0 = 1$. El patrón tiene sentido pues sólo hay un subconjunto del conjunto vacío: él mismo.

AHORA INTENTA ÉSTE 2-12

a. ¿Cuántos subconjuntos propios tiene un conjunto de cuatro elementos?
b. ¿Cuántos subconjuntos propios tiene un conjunto de n elementos?

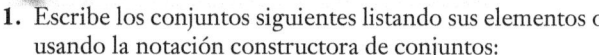 Evaluación 2-2A

1. Escribe los conjuntos siguientes listando sus elementos o usando la notación constructora de conjuntos:
  a. El conjunto de las letras en la palabra *matemáticas*
  b. El conjunto de los números naturales mayores que 20
2. Reescribe lo siguiente usando símbolos matemáticos:
  a. *P* es igual al conjunto cuyos elementos son *a*, *b*, *c* y *d*.
  b. El conjunto formado por los elementos 1 y 2 es un subconjunto propio de $\{1, 2, 3, 4\}$.
  c. El conjunto formado por los elementos 0 y 1 no es un subconjunto propio de $\{1, 2, 3, 4\}$.
  d. 0 no es un elemento del conjunto vacío.
3. De los siguientes pares de conjuntos, ¿cuáles se pueden colocar en correspondencia biunívoca?
  a. $\{1, 2, 3, 4, 5\}$ y $\{m, n, o, p, q\}$

  b. $\{a, b, c, d, e, f, \ldots, m\}$ y $\{1, 2, 3, 4, 5, 6, \ldots, 13\}$
  c. $\{x \mid x$ es una letra de la palabra *matemáticas*$\}$ y $\{1, 2, 3, 4, \ldots, 11\}$
4. ¿Cuántas correspondencias biunívocas hay entre dos conjuntos con
  a. 6 elementos cada uno?
  b. n elementos cada uno?
5. ¿Cuántas correspondencias biunívocas hay entre los conjuntos $\{x, y, z, u, v\}$ y $\{1, 2, 3, 4, 5\}$ si en cada correspondencia
  a. x debe corresponderse con 5?
  b. x debe corresponderse con 5 y y con 1?
  c. x, y y z deben corresponderse con números impares?

6. ¿Cuáles de los siguientes casos representan conjuntos iguales?

$A = \{a, b, c, d\}$ $B = \{x, y, z, w\}$

$C = \{c, d, a, b\}$ $D = \{x \mid 1 \leq x \leq 4 \text{ donde } x \in N\}$

$E = \varnothing$ $F = \{\varnothing\}$

$G = \{0\}$ $H = \{\ \}$

$I = \{x \mid x = 2n+1 \text{ donde } n \in C\}$ y $C = \{0, 1, 2, 3, \dots\}$

$J = \{x \mid x = 2n - 1 \text{ donde } n \in N\}$

7. Halla el número cardinal de cada uno de los siguientes conjuntos:

    a. $\{101, 102, 103, \dots, 1100\}$

    b. $\{1, 3, 5, \dots, 1001\}$

    c. $\{1, 2, 4, 8, 16, \dots, 1024\}$

    d. $\{x \mid x = k^2 \text{ donde } k = 1, 2, 3, \dots, \text{ ó } 100\}$

    e. $\{i + j \mid i \in \{1, 2, 3\} \text{ y } j \in \{1, 2, 3\}\}$

8. Si U es el conjunto de todos los estudiantes de secundaria y A es el conjunto de los estudiantes de secundaria con promedio de 10, describe $\overline{A}$.

9. Supón que B es un subconjunto propio de C.

    a. Si $n(C) = 8$, ¿cuál es el máximo número de elementos en B?

    b. ¿Cuál es el menor número posible de elementos en B?

10. Supón que C es un subconjunto de D y D es un subconjunto de C.

    a. Si $n(C) = 5$, halla $n(D)$.

    b. ¿Qué otra relación existe entre los conjuntos C y D?

11. Indica qué símbolo, $\in$ o $\notin$, hace que las proposiciones siguientes sean verdaderas:

    a. 0 _____ $\varnothing$

    b. $\{1\}$ _____ $\{1, 2\}$

    c. 1024 _____ $\{x \mid x = 2^n \text{ donde } n \in N\}$

    d. 3002 _____ $\{x \mid x = 3n - 1 \text{ donde } n \in N\}$

12. Indica qué símbolo, $\subseteq$ o $\not\subseteq$, hace que cada parte del problema 11 sea verdadera.

13. Responde lo siguiente. Si tu respuesta es *no*, di por qué.

    a. Si $A = B$, ¿siempre podemos concluir que $A \subseteq B$?

    b. Si $A \subseteq B$, ¿siempre podemos concluir que $A \subset B$?

    c. Si $A \subset B$, ¿siempre podemos concluir que $A \subseteq B$?

    d. Si $A \subseteq B$, ¿siempre podemos concluir que $A = B$?

14. Usa la definición de *menor que* para demostrar lo siguiente:

    a. $3 < 100$

    b. $0 < 3$

15. En cierto comité del senado hay siete senadores: Arana, Bedolla, Cuevas, Domínguez, Estrada, Fabela y García. Van a citar a tres de ellos para formar un subcomité. ¿Cuántos subcomités posibles hay?

16. ¿Cuántos números de dos dígitos en base diez pueden formarse de modo que el dígito de las decenas no sea 0 y ningún dígito se repita?

Evaluación 2-2B

1. Escribe los conjuntos siguientes listando sus elementos o usando la notación constructora de conjuntos:

    a. El conjunto de las letras en la palabra *geometría*

    b. El conjunto de los números naturales mayores que 7

2. Reescribe lo siguiente usando símbolos matemáticos:

    a. Q es igual al conjunto cuyos elementos son a, b y c.

    b. El conjunto formado por los elementos 1 y 3 es un subconjunto propio de los números naturales.

    c. El conjunto formado por los elementos 1 y 3 no es un subconjunto propio de $\{1, 4, 6, 7\}$.

    d. El conjunto vacío no contiene al 0 como elemento.

3. De los siguientes pares de conjuntos, ¿cuáles se pueden colocar en correspondencia biunívoca?

    a. $\{1, 2, 3, 4\}$ y $\{w, c, y, z\}$

    b. $\{1, 2, 3, \dots, 25\}$ y $\{a, b, c, d, \dots, x, y\}$

    c. $\{x \mid x \text{ es una letra de la palabra } geometría\}$ y $\{1, 2, 3, 4, 5, 6, 7, 8\}$

4. ¿Cuántas correspondencias biunívocas hay entre dos conjuntos con

    a. 8 elementos cada uno?

    b. $n - 1$ elementos cada uno?

5. ¿Cuántas correspondencias biunívocas hay entre los conjuntos $\{a, b, c, d\}$ y $\{1, 2, 3, 4\}$ si en cada correspondencia

    a. b debe corresponderse con 3?

    b. b debe corresponderse con 3 y d con 4?

    c. a y c deben corresponderse con números pares?

6. ¿Cuáles conjuntos representan conjuntos diferentes?

$A = \{a, b, c, d\}$ $B = \{x, y, z, w\}$

$C = \{c, d, a, b\}$ $D = \{x \mid 1 \leq x \leq 4 \text{ donde } x \in N\}$

$E = \varnothing$ $F = \{\varnothing\}$

$G = \{0\}$ $H = \{\ \}$

$I = \{x \mid x = 2n + 1 \text{ donde } n \in W\}$, y

$W = \{0, 1, 2, 3, \dots\}$

$J = \{x \mid x = 2n - 1 \text{ donde } n \in N\}$

7. Halla el número cardinal de cada uno de los siguientes conjuntos:

    a. $\{9, 10, 11, \dots, 99\}$

    b. $\{2, 4, 6, 8, \dots, 2002\}$

    c. $\{0, 1, 3, 7, 15, \dots, 1023\}$

    d. $\{x^2 \mid x = 1, 3, 5, 7, \dots, \text{ ó } 99\}$

    e. $\{i \cdot j \mid i \in \{1, 2, 3\} \text{ y } j \in \{1, 2, 3\}\}$

8. Si U es el conjunto de todas las mujeres y M es el conjunto de las alumnas de la Universidad Nacional Autónoma de México, describe $\overline{M}$.

9. Supón que $A \subseteq B$.
   a. ¿Cuál es el número mínimo de elementos que puede haber en el conjunto A?
   b. ¿Es posible que B sea el conjunto vacío? De ser así, da un ejemplo de conjuntos A y B que satisfagan esto. En caso contrario, explica por qué.

10. Si dos conjuntos son subconjuntos uno de otro, ¿qué otra relación hay, necesariamente, entre ellos?

11. Indica qué símbolo, $\in$ o $\notin$, hace que las proposiciones siguientes sean verdaderas:
    a. $\varnothing$ ____ $\varnothing$
    b. $\{2\}$ ____ $\{3, 2, 1\}$
    c. 1022 ____ $\{s \mid s = 2^n - 2$ donde n es un elemento de $N\}$
    d. 3004 ____ $\{x \mid x = 3n + 1$ donde n es un número natural$\}$

12. Indica qué símbolo, $\subseteq$ ó $\nsubseteq$, hace que cada parte del problema 11 sea verdadera.

13. Responde lo siguiente. Si tu respuesta es *no*, di por qué.
    a. Si $A \subseteq B$, ¿siempre podemos concluir que $A = B$?
    b. Si $A \subset B$, ¿podemos concluir que $A = B$?
    c. Si A y B se pueden colocar en correspondencia biunívoca, ¿entonces necesariamente $A = B$?
    d. Si A y B se pueden colocar en correspondencia biunívoca, ¿entonces necesariamente $A \subseteq B$?

14. Usa la definición de *menor que* para demostrar lo siguiente:
    a. $0 < 2$
    b. $99 < 100$

15. ¿Cuántas maneras hay de servir un cono de helado con 4 bolas si se puede escoger entre
    a. vainilla, chocolate, pistache y fresa, y cada bola debe ser diferente?
    b. vainilla, chocolate, pistache y fresa, y no hay la restricción de que las bolas deben ser diferentes?

16. ¿Cuántos números de teléfono de siete dígitos hay que no empiecen con 0 ó 1?

Conexiones matemáticas 2-2

Comunicación

1. Explica la diferencia entre un conjunto bien definido y otro que no lo está. Da ejemplos.

2. ¿Cuál de los siguientes conjuntos no está bien definido? Explica.
   a. El conjunto de maestras de escuela ricas
   b. El conjunto de grandes libros
   c. El conjunto de números naturales mayores que 100
   d. El conjunto de subconjuntos de $\{1, 2, 3, 4, 5, 6\}$
   e. El conjunto $\{x \mid x \neq x$ y $x \in N\}$

3. ¿Es $\varnothing$ un subconjunto propio de cualquier conjunto no vacío? Explica tu razonamiento.

4. Explica por qué $\varnothing$ es un elemento de $\{\varnothing\}$ y también es un subconjunto.

5. Explica cómo demostrarías que $A \nsubseteq B$.

6. Explica por qué todo conjunto es subconjunto de sí mismo.

7. Define *menor o igual que* de manera análoga a la definición de *menor que*.

Solución abierta

8. a. Da tres ejemplos de conjuntos A y B, y un conjunto universal U, tales que $A \subset B$; halla $\overline{A}$ y $\overline{B}$.
   b. Con base en tus observaciones, emite una conjetura acerca de la relación entre $\overline{B}$ y $\overline{A}$.
   c. Justifica tu conjetura en (b) por medio de un diagrama de Venn.

9. Halla un conjunto infinito A tal que
   a. $\overline{A}$ es finito.
   b. $\overline{A}$ es infinito.

10. Describe dos conjuntos partiendo de situaciones de la vida real de manera que quede claro, a partir del uso de la correspondencia biunívoca y no de contar, que un conjunto tiene menos elementos que el otro.

Aprendizaje colectivo

11. a. Usa una calculadora, si es necesario, para estimar el tiempo en años que tardaría una computadora en listar todos los subconjuntos de $\{1, 2, 3, \ldots, 64\}$. Supón que la computadora más rápida puede listar un subconjunto en aproximadamente 1 microsegundo (una millonésima de segundo).
    b. Estima el tiempo en años que le llevaría a la computadora exhibir todas las correspondencias biunívocas entre los conjuntos $\{1, 2, 3, \ldots, 64\}$ y $\{65, 66, 67, \ldots, 128\}$.

12. Coloca en fila a algunos compañeros de clase y determina el número posible de diferentes arreglos de 1, 2, 3, 4 y 5 personas. Usa tu modelo para validar el Principio Fundamental del Conteo.

Preguntas del salón de clase

13. Un estudiante asegura que $\{\varnothing\}$ es la notación adecuada para el conjunto vacío. ¿Qué le respondes?

14. Una estudiante afirma que un conjunto finito es cualquier conjunto que tiene un elemento mayor. ¿Estás de acuerdo?

15. Un estudiante alega que $A = \{1, \{1\}\}$ tiene sólo un elemento. ¿Cómo le respondes?

16. Una estudiante asegura que $A \subseteq B$ ó $B \subseteq A$. ¿Tiene razón la estudiante?

Problemas de repaso

17. Investiga cuáles son las medidas de longitud en el sistema métrico decimal. Diseña un plan para usar el valor posicional con las longitudes para convertir valores entre las diferentes unidades métricas.

18. Escribe 5280 en forma expandida.

19. ¿Cuál es el valor de MCDX en numerales indoarábigos?

20. Covierte cada caso a base diez:
   a. $00D_{doce}$
   b. 1011_{dos}
   c. 43_{cinco}

21. Si 1 mes tiene aproximadamente 4 semanas y 1 año tiene aproximadamente 365 días, ó 52 semanas, responde lo siguiente:
   a. LEWIS y CLARK pasaron aproximadamente 2 años, 4 meses y 9 días explorando el noroeste de Estados Unidos. ¿Cuánto tiempo es en semanas?
   b. MAGALLANES tardó 1126 días en dar la vuelta al mundo. ¿Cuántos años son?
   c. ¿Cuál es tu edad en segundos?
   d. ¿Aproximadamente cuántas veces late tu corazón en 1 año?

Pregunta del *National Assessment of Educational Progress* (NAEP) (Evaluación Nacional del Progreso Educativo)

Cuatro personas —A, X, Y y Z— van al cine y se colocan en asientos adyacentes. Si A se sienta junto al pasillo, lista todos los posibles arreglos de las otras tres personas. A continuación se muestra uno de los arreglos.

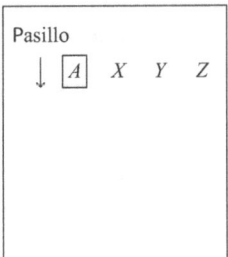

NAEP, 1996, Grado 12

ROMPECABEZAS En una escuela secundaria, los grupos del maestro González y de la maestra Salas tienen 24 y 25 alumnos, respectivamente. Linda, una alumna del maestro González, asegura que el número de comités escolares que se pueden formar de manera que contengan al menos un estudiante de cada grupo es mayor que el número de personas en el mundo. Suponiendo que un comité puede tener hasta 49 estudiantes, halla el número de comités y determina si Linda tiene razón.

2-3 Otras operaciones entre conjuntos y sus propiedades

Hallar el complemento de un conjunto es una operación que actúa sólo en un conjunto a la vez. En esta sección consideramos operaciones que actúan en dos conjuntos a la vez.

Intersección de conjuntos

$A \cap B$

Figura 2-15

Supongamos que en el trimestre de otoño, en una escuela quieren enviar por correo una encuesta a los estudiantes inscritos tanto en cursos de arte como de biología. Para ello, las autoridades de la escuela deben identificar a los alumnos que toman ambas materias. Si A y B son, respectivamente, el conjunto de alumnos que toman arte y el conjunto de alumnos que toman biología durante el trimestre de otoño, respectivamente, entonces el conjunto de estudiantes buscado está formado por los que tienen en común A y B, o la **intersección** de A y B. La intersección de los conjuntos A y B es la región sombreada en la figura 2-15.

OBSERVACIÓN La figura 2-15 describe la posibilidad de que A y B contengan elementos comunes. La intersección podría no contener elementos.

Definición de intersección de conjuntos

La **intersección** de dos conjuntos A y B, que se escribe $A \cap B$, es el conjunto de todos los elementos comunes a A y a B, $A \cap B = \{x \mid x \in A \text{ y } x \in B\}$.

La palabra clave en la definición de *intersección* es "**y**" (ver el Capítulo 1). Como en el lenguaje cotidiano, en matemáticas "**y**" significa que se deben cumplir ambas condiciones. En el ejemplo anterior, el conjunto deseado es el de los estudiantes inscritos en ambas materias, arte y biología.

Si los conjuntos A y B no tuvieran elementos en común, entonces se trataría de **conjuntos ajenos**. En otras palabras, dos conjuntos A y B son ajenos si, y sólo si, $A \cap B = \varnothing$. Por ejemplo, el conjunto de varones que toman biología y el conjunto de mujeres que toman biología son ajenos.

Ejemplo 2-11

Halla $A \cap B$

a. $A = \{1,2,3,4\}$, $B = \{3,4,5,6\}$
b. $A = \{0,2,4,6,\dots\}$, $B = \{1,3,5,7,\dots\}$
c. $A = \{2,4,6,8,\dots\}$, $B = \{1,2,3,4,\dots\}$

Solución **a.** $A \cap B = \{3,4\}$.
b. $A \cap B = \varnothing$; por lo tanto, A y B son ajenos.
c. $A \cap B = A$ pues todos los elementos de A también están en B.

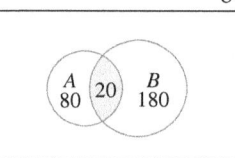

Figura 2-16

Si A representa a todos los estudiantes que toman clases de arte y B a todos los estudiantes que toman clases de biología, podemos usar un diagrama de Venn tomando en cuenta que algunos estudiantes están inscritos en ambas materias. Si sabemos que hay 100 estudiantes en arte y 200 en biología, y que 20 de ellos toman tanto arte como biología, entonces $100 - 20$, u 80, estudiantes están inscritos en arte pero no en biología, y $200 - 20$, ó 180, están inscritos en biología pero no en arte. Podemos registrar esta información como en la figura 2-16. Nota que el número total de estudiantes en el conjunto A es 100 y que el total en el conjunto B es 200.

Unión de conjuntos

Si A es el conjunto de los estudiantes que cursan arte durante el trimestre de otoño y B es el conjunto de los estudiantes que cursan biología, entonces el conjunto de estudiantes que cursan arte o biología, o ambos, durante el trimestre de otoño, es la **unión** de los conjuntos A y B. La unión de los conjuntos A y B se representa gráficamente en la figura 2-17.

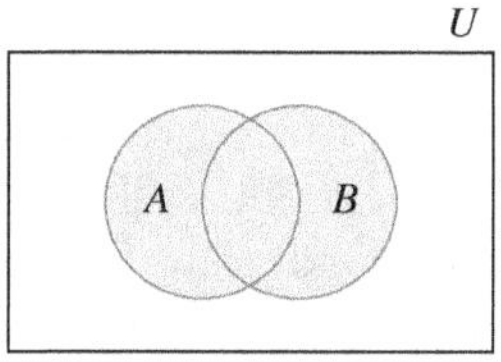

Definición de unión de conjuntos

La **unión** de dos conjuntos A y B, que se escribe $A \cup B$, es el conjunto de todos los elementos que están en A o en B, $A \cup B = \{x \mid x \in A \text{ o } x \in B\}$.

$A \cup B$

Figura 2-17

La palabra clave en la definición de *unión* es "**o**". En matemáticas, "**o**" usualmente significa "uno u otro o ambos". Se conoce como "**o inclusivo**".

Ejemplo 2-12

Halla $A \cup B$ en cada uno de los siguientes casos:

a. $A = \{1, 2, 3, 4\}$, $B = \{3, 4, 5, 6\}$
b. $A = \{0, 2, 4, 6, \ldots\}$, $B = \{1, 3, 5, 7, \ldots\}$
c. $A = \{2, 4, 6, 8, \ldots\}$, $B = \{1, 2, 3, 4, \ldots\}$

Solución **a.** $A \cup B = \{1, 2, 3, 4, 5, 6\}$.
   b. $A \cup B = \{0, 1, 2, 3, 4, \ldots\}$.
   c. Como todo elemento de A ya está en B, tenemos que $A \cup B = B$.

AHORA INTENTA ÉSTE 2-13 Nota que en la figura 2-16, $n(A \cup B) = 80 + 20 + 180 = 280$, pero que $n(A) + n(B) = 100 + 200 = 300$; por lo tanto, en general, $n(A \cup B) \neq n(A) + n(B)$. Usa el concepto de intersección de conjuntos a fin de obtener una fórmula para $n(A \cup B)$.

Diferencia de conjuntos

Si A es el conjunto de los estudiantes que cursan arte durante el trimestre de otoño y B es el conjunto de estudiantes que cursan biología, entonces el conjunto de todos los estudiantes que cursan biología pero no arte se llama **complemento de A respecto a B** o **diferencia de conjuntos** de B y A.

Definición de complemento relativo

El **complemento de A respecto a B**, que se escribe $B - A$, es el conjunto de todos los elementos en B que no están en A; $B - A = \{x \mid x \in B \text{ y } x \notin A\}$.

OBERVACIÓN Nota que $B - A$ no se lee como "B menos A". *Menos* es una operación entre números y *diferencia de conjuntos* es una operación entre conjuntos.

En la figura 2-18(a) se muestra un diagrama de Venn que representa $B - A$. La región sombreada representa todos los elementos que están en B pero no en A. En la figura 2-18(b) presentamos un diagrama de Venn para $B \cap \overline{A}$. La región sombreada representa todos los elementos que están en B y en $\overline{A}$. Nota que $B \cap \overline{A} = B - A$ pues $B \cap \overline{A}$ es por definición de intersección y de complemento, el conjunto de todos los elementos en B que no están en A.

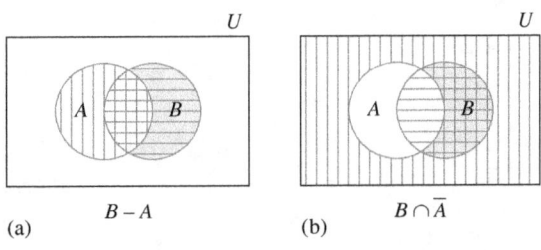

Figura 2-18

Ejemplo 2-13

Si $A = \{d, e, f\}$, $B = \{a, b, c, d, e, f\}$ y $C = \{a, b, c\}$, halla:

a. $A - B$
b. $B - A$
c. $B - C$
d. $C - B$
e. ¿Es importante saber cuál es el conjunto universo para responder las partes (a)–(d)?

Solución **a.** $A - B = \varnothing$
   b. $B - A = \{a, b, c\}$
   c. $B - C = \{d, e, f\}$
   d. $C - B = \varnothing$
   e. Las respuestas de las partes (a)–(d) son independientes del conjunto universo. La definición de diferencia de conjuntos relaciona un conjunto con otro, sin importar cuál sea el conjunto universo.

Propiedades de las operaciones entre conjuntos

Debido a que no importa el orden de los elementos en un conjunto, $A \cup B$ es igual a $B \cup A$. Ésta es la **propiedad conmutativa de la unión de conjuntos**. No importa en qué orden se escriban los conjuntos cuando se trata de su unión. De manera análoga, $A \cap B = B \cap A$. Ésta es la **propiedad conmutativa de la intersección de conjuntos**.

AHORA INTENTA ÉSTE 2-14 Usa diagramas de Venn y otros medios para ver en qué casos es importante la manera en que se agrupan los términos cuando se trata de la misma operación. Por ejemplo, ¿es siempre cierto que $A \cap (B \cap C) = (A \cap B) \cap C$? Investiga cuestiones semejantes respecto a la unión y la diferencia.

Quizá al responder *Ahora intenta éste* 2-14 hayas descubierto las propiedades siguientes:

Teorema 2–2: Propiedad asociativa de la intersección y de la unión de conjuntos

La propiedad $A \cap (B \cap C) = (A \cap B) \cap C$ es la **propiedad asociativa de la intersección de conjuntos**. De manera análoga, $A \cup (B \cup C) = (A \cup B) \cup C$ es la **propiedad asociativa de la unión de conjuntos**.

Ejemplo 2-14

¿Es importante la manera en que se agrupan los términos cuando se trata de dos operaciones? Por ejemplo, ¿es siempre cierto que $A \cap (B \cup C) = (A \cap B) \cup C$?

Solución Para investigar la situación, tomamos $A = \{a, b, c, d\}$, $B = \{c, d, e\}$ y $C = \{d, e, f, g\}$. Entonces

$$A \cap (B \cup C) = \{a, b, c, d\} \cap (\{c, d, e\} \cup \{d, e, f, g\})$$
$$= \{a, b, c, d\} \cap \{c, d, e, f, g\}$$
$$= \{c, d\}$$
$$(A \cap B) \cup C = (\{a, b, c, d\} \cap \{c, d, e\}) \cup \{d, e, f, g\}$$
$$= \{c, d\} \cup \{d, e, f, g\}$$
$$= \{c, d, e, f, g\}$$

En este caso, $A \cap (B \cup C) \neq (A \cap B) \cup C$. Así, hemos hallado un contraejemplo, esto es, un ejemplo que ilustra que la proposición no siempre es verdadera.

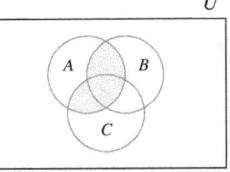

Figura 2-19

Para descubrir una expresión que sea igual a $A \cap (B \cup C)$, considera el diagramas de Venn mostrado en la figura 2-19. donde la región sombreada representa $A \cap (B \cup C)$. En la figura, $A \cap C$ y $A \cap B$ son subconjuntos de la región sombreada. La unión de $A \cap C$ y $A \cap B$ es toda la región sombreada. Luego entonces, $A \cap (B \cup C) = (A \cap B) \cup (A \cap C)$. A continuación enunciamos formalmente esta propiedad.

Teorema 2–3: Propiedad distributiva de la intersección sobre la unión

Para conjuntos cualesquiera A, B y C,
$$A \cap (B \cup C) = (A \cap B) \cup (A \cap C)$$

AHORA INTENTA ÉSTE 2-15 ¿Será verdadera la propiedad obtenida al intercambiar los símbolos $\cap$ y $\cup$ en ambos lados de la ecuación de la propiedad distributiva de la intersección sobre la unión ? Explica por qué. ¿Cómo debería llamarse la propiedad?

Ejemplo 2-15

Usa notación de conjuntos para describir las partes sombreadas de los diagramas de Venn de la figura 2-20.

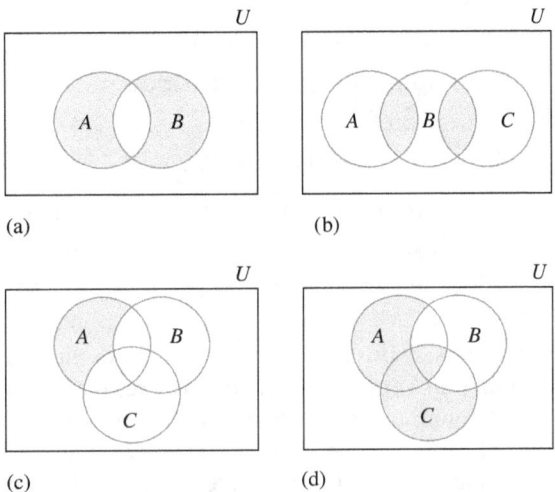

Figura 2-20

Solución   La solución se puede escribir de maneras distintas pero equivalentes. Las siguientes son posibles respuestas:

a. $(A \cup B) - (A \cap B), (A \cup B) \cap \overline{(A \cap B)}$ o $(A - B) \cup (B - A)$
b. $(A \cap B) \cup (B \cap C)$ o $B \cap (A \cup C)$
c. $(A - B) - C, A - (B \cup C)$ o $(A - (A \cap B)) - (A \cap C)$
d. $((A \cup C) - B) \cup (A \cap B \cap C)$ o $(A - (B \cup C)) \cup (C - (A \cup B)) \cup (A \cap C)$

Diagramas de Venn como herramienta para resolver problemas

Los diagramas de Venn se pueden usar como una herramienta para modelar información al resolver problemas, como se muestra en los ejemplos siguientes.

Ejemplo 2-16

Supón que M es el conjunto de todos los estudiantes que toman matemáticas y E es el conjunto de quienes toman español. Identifica a los estudiantes descritos en cada región de la figura 2-21.

Solución

Figura 2-21

La región (a) contiene a todos los estudiantes que toman matemáticas pero no español.

La región (b) contiene a todos los estudiantes que toman tanto matemáticas como español.

La región (c) contiene a todos los estudiantes que toman español pero no matemáticas.

La región (d) contiene a todos los estudiantes que no toman ni matemáticas ni español.

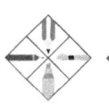 **AHORA INTENTA ÉSTE 2-16** En la siguiente *Página de un libro de texto* aparece otro ejemplo donde se usan diagramas de Venn para modelar información. Responde la pregunta 27.

Ejemplo 2-17

Se aplicó una encuesta a 110 alumnos de primer ingreso de la universidad para investigar su formación en el bachillerato, y se reunió la información siguiente:

25 cursaron física.

45 cursaron biología.

48 cursaron matemáticas.

10 cursaron física y matemáticas.

8 cursaron biología y matemáticas.

6 cursaron física y biología.

5 cursaron todas las materias.

a. ¿Cuántos estudiantes cursaron biología pero no física ni matemáticas?

b. ¿Cuántos cursaron física, biología o matemáticas?

c. ¿Cuántos no cursaron ninguna de las tres materias?

Solución Para resolver este problema *construimos un modelo* usando conjuntos. Como hay tres materias distintas, deberemos usar tres círculos. El máximo número de regiones de un diagrama de Venn determinado por tres círculos es ocho. En la figura 2-22 representamos con F el conjunto de estudiantes que cursaron física, con B el conjunto que cursó biología y con M el conjunto que cursó matemáticas. La región sombreada representa a los cinco estudiantes que cursaron las tres materias. La región rayada representa a los estudiantes que cursaron física y matemáticas pero no biología.

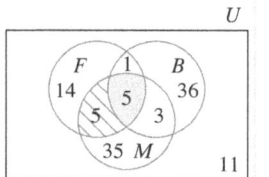

Figura 2-22

En la parte (a) se nos pide hallar el número de estudiantes en el subconjunto de B que no tiene elementos en común con F o con M. Esto es, $B - (F \cup M)$. En la parte (b) se nos pide el número de elementos en $F \cup B \cup M$. Finalmente, en la parte (c) se nos pide el número de elementos en $\overline{F \cup B \cup M}$, o $U - (F \cup B \cup M)$. Nuestra estrategia es hallar el número de estudiantes en cada una de las ocho regiones, sin traslapo.

Un prejuicio del cual debemos cuidarnos en este problema es pensar que los 25 que cursaron, por ejemplo, física, sólo cursaron física. Eso no necesariamente es así. Si esos estudiantes sólo hubieran cursado física, nos lo debieron haber dicho.

a. Como un total de 10 estudiantes cursaron física y matemáticas, y 5 de ellos también cursaron biología, $10 - 5$, ó 5, estudiantes cursaron física y matemáticas pero no biología.

Página de un libro de texto   DIAGRAMAS DE VENN

Para un trabajo de clase, los estudiantes recopilan datos acerca del número de niñas y niños que hay en las familias de sus compañeros. Usa la tabla siguiente para responder a los ejercicios 27 a 30

Nombre	Número de niñas en la familia	Número de niños en la familia
Ana	2	0
Beto	0	8
Cali	2	1
Diana	1	0
Elsa	1	1
Félix	0	2
Gloria	2	0
Hugo	2	1
Iván	1	1
Jorge	1	4

27. Ana quiere hacer un diagrama de Venn con los grupos "Tiene niñas en la familia" y "Tiene niños en la familia". Ella comienza colocándose a sí misma en el diagrama. Copia y completa su diagrama.

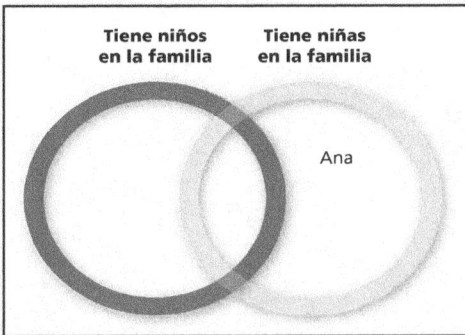

28. Construye una gráfica de barras que muestre que el número usual de menores en la familia es dos y que la familia de Beto no es usual.

29. Cali quiere construir una gráfica circular. ¿Cómo se pueden nombrar las partes del círculo?

30. Construye una gráfica para ver si existe alguna relación entre el número de niñas en una familia y el número de niños.

Investigación 4 Relacionar dos variables   **77**

Fuente: Connected Mathematics 2, 2006 (p. 77).

De manera análoga, como 8 estudiantes cursaron biología y matemáticas, y 5 cursaron las tres materias, 8 − 5, ó 3, cursaron biología y matemáticas pero no física. Además 6 − 5, ó 1, estudiante cursó física y biología pero no matemáticas. Para hallar el número de estudiantes que cursaron biología pero no física ni matemáticas, restamos de 45 (el número total de quienes cursaron biología) el número de aquellos que están en las regiones que incluyen biología y las otras materias, esto es, 1 + 5 + 3, ó 9. Como 45 − 9 = 36, sabemos que 36 estudiantes cursaron biología pero no física ni matemáticas.

b. Para hallar el número de estudiantes en las distintas regiones de *F, M* o *B*, procedemos como sigue. El número de estudiantes que cursó física pero no matemáticas ni biología es 25 − (1 + 5 + 5), ó 14. El número de estudiantes que cursó matemáticas pero no física ni biología es 48 − (5 + 5 + 3), ó 35. Así, el número de estudiantes que cursó matemáticas, física o biología es 35 + 14 + 36 + 3 + 5 + 5 + 1, ó 99.

c. Como el número total de estudiantes es 110, el número de aquellos que no cursaron ninguna de las materias mencionadas es 110 − 99, u 11.

Productos cartesianos

Otra manera de obtener un conjunto a partir de dos conjuntos dados es construir su **producto cartesiano**. Se forman parejas relacionando los elementos de un conjunto con los elementos del otro, de una manera específica. Supongamos que una persona tiene tres pantalones, $P = \{$azul, blanco, verde$\}$ y dos camisas, $C = \{$azul, roja$\}$. De acuerdo con el Principio Fundamental del Conteo, hay $3 \cdot 2$, ó 6, posibles pares diferentes de pantalón y camisa, como se muestra en la figura 2-23.

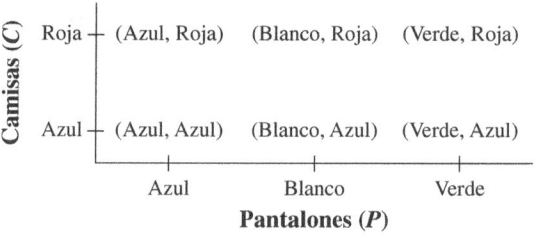

Figura 2-23

Los pares de pantalones y camisas forman el conjunto de todos los pares posibles en donde el primer miembro del par es un elemento del conjunto *P* y el segundo miembro es un elemento del conjunto *C*. En la figura 2-23 se da el conjunto de todos los pares posibles. Como la primera componente de cada par representa pantalones y la segunda componente de cada par representa camisas, es importante el orden en que se escriban las componentes. Así, (verde, azul) representa pantalón verde y camisa azul, mientras que (azul, verde) representa pantalón azul y camisa verde. Por lo tanto, los dos pares representan una vestimenta distinta. Debido a que el orden en cada par es importante, los pares son **pares ordenados**. Las posiciones que ocupen los pares dentro del conjunto de vestimentas no tiene la menor importancia. Lo que es importante es el orden de las **componentes** en cada par.

La pareja pantalón-camisa sugiere la siguiente definición de igualdad de **pares ordenados**: $(x, y) = (m, n)$ *si, y sólo si, las primeras componentes son iguales y las segundas componentes son iguales*. Un conjunto formado de pares ordenados es un ejemplo de producto cartesiano. A continuación se presenta una definición formal.

Definición de producto cartesiano

Para dos conjuntos cualesquiera A y B, el **producto cartesiano** de A y B, que se escribe $A \times B$, es el conjunto de todos los pares ordenados tales que la primera componente de cada par es un elemento de A y la segunda componente de cada par es un elemento de B.

$$A \times B = \{(x,y) \mid x \in A \text{ y } y \in B\}$$

OBSERVACIÓN $A \times B$ comúnmente se lee como "A cruz B" y nunca debe leerse como "A por B".

Ejemplo 2-18

Si $A = \{a,b,c\}$ y $B = \{1,2,3\}$, halla cada uno de los siguientes conjuntos:

a. $A \times B$ **b.** $B \times A$ **c.** $A \times A$

Solución **a.** $A \times B = \{(a,1),(a,2),(a,3),(b,1),(b,2),(b,3),(c,1),(c,2),(c,3)\}$
  b. $B \times A = \{(1,a),(1,b),(1,c),(2,a),(2,b),(2,c),(3,a),(3,b),(3,c)\}$
  c. $A \times A = \{(a,a),(a,b),(a,c),(b,a),(b,b),(b,c),(c,a),(c,b),(c,c)\}$

Es posible formar un producto cartesiano que incluya el conjunto vacío. Supongamos que $A = \{1,2\}$. Como no hay elementos en $\varnothing$, no es posible formar pares ordenados (x,y) con $x \in A$ y $y \in \varnothing$, así que $A \times \varnothing = \varnothing$. Esto es válido para todo conjunto A. De manera análoga, $\varnothing \times A = \varnothing$ para todo conjunto A. Hay cierta analogía entre la última ecuación y el hecho de que $0 \cdot a = 0$, donde a es un número natural. En el capítulo 3 usamos el concepto de producto cartesiano para definir la multiplicación de números naturales.

Evaluación 2-3A

1. Si $N = \{1,2,3,4,\ldots\}, A = \{x \mid x = 2n - 1$ donde $n \in N\}, B = \{x \mid x = 2n$ donde $n \in N\}$ y $C = \{x \mid x = 2n + 1$ donde $n = 0$ o $n \in N\}$, halla las expresiones más sencillas para:
  a. $A \cup C$ **b.** $A \cup B$ **c.** $A \cap B$

2. Di cuáles de los siguientes pares de conjuntos siempre son iguales:
  a. $A \cap B$ y $B \cap A$
  b. $A \cup B$ y $B \cup A$
  c. $A \cup (B \cup C)$ y $(A \cup B) \cup C$
  d. $A \cup A$ y $A \cup \varnothing$

3. Di si lo mencionado a continuación es verdadero para todos los conjuntos A y B. De ser falso, exhibe un contraejemplo.
  a. $A \cup \varnothing = A$
  b. $A - B = B - A$
  c. $\overline{A \cap B} = \overline{A} \cap \overline{B}$
  d. $(A \cup B) - A = B$
  e. $(A - B) \cup A = (A - B) \cup (B - A)$

4. Si $B \subseteq A$, halla una expresión más sencilla para:
  a. $A \cap B$ **b.** $A \cup B$

5. En las figuras que siguen, sombrea la parte del diagrama de Venn que represente el conjunto dado:
  a. $A \cup B$ **b.** $\overline{A \cap B}$
  c. $(A \cap B) \cup (A \cap C)$ **d.** $(A \cup B) \cap \overline{C}$
  e. $(A \cap B) \cup C$

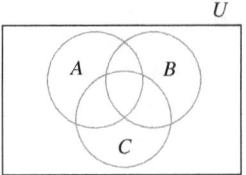

6. Si S es un subconjunto del universo U, halla:
  a. $S \cup \overline{S}$ **b.** $\overline{U}$
  c. $S \cap \overline{S}$ **d.** $\varnothing \cap S$

7. Halla $A - B$ en las condiciones siguientes:
  a. $A \cap B = \varnothing$
  b. $B = U$

8. Si sabemos que para los conjuntos A y B sucede que $A - B = \varnothing$, ¿es necesariamente verdadero que $A \subseteq B$? Justifica la respuesta.

9. Usa notación de conjuntos para identificar cada una de las regiones sombreadas:

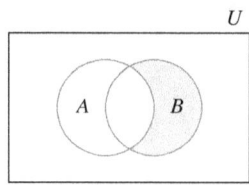

a.

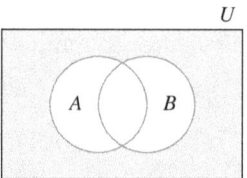

b.

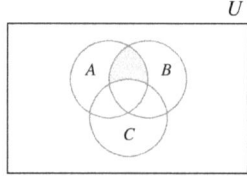

c.

10. En la figura que sigue, sombrea la parte del diagrama de Venn que represente el conjunto dado:

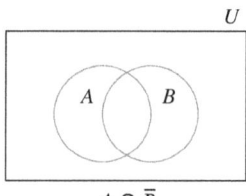

$$A \cap \overline{B}$$

11. Usa diagramas de Venn para determinar si cada caso es verdadero:
   a. $A \cup (B \cap C) = (A \cup B) \cap C$
   b. $A - (B - C) = (A - B) - C$

12. Para cada uno de los pares siguientes de conjuntos, explica cuál es subconjunto del otro. Si sucede que ninguno es subconjunto del otro, explica por qué.
   a. $A \cap B$ y $A \cap B \cap C$
   b. $A \cup B$ y $A \cup B \cup C$

13. **a.** Si A tiene tres elementos y B tiene dos elementos, ¿cuál es el mayor número de elementos posible en (i) $A \cup B$? (ii) $A \cap B$?   (iii) $B - A$?   (iv) $A - B$?
   b. Si A tiene n elementos y B tiene m elementos, ¿cuál es el mayor número de elementos posible en (i) $A \cup B$? (ii) $A \cap B$?   (iii) $B - A$?   (iv) $A - B$?

14. Si $n(A) = 4, n(B) = 5$ y $n(C) = 6$, ¿cuál es el mayor y cuál es el menor número de elementos posible en
   a. $A \cup B \cup C$?
   b. $A \cap B \cap C$?

15. Dado el universo como el conjunto de todos los seres humanos, $B = \{x \mid x$ es un jugador de baloncesto universitario$\}$ y $E = \{x \mid x$ es un estudiante universitario que mide más de 200 cm$\}$, describe con palabras los conjuntos siguientes:
   a. $B \cap E$ **b.** $\overline{E}$ **c.** $B \cup E$
   d. $\overline{B \cup E}$ **e.** $\overline{B} \cap E$ **f.** $B \cap \overline{E}$

16. De los alumnos de segundo grado de una escuela secundaria, 7 jugaron baloncesto, 9 jugaron voleibol, 10 jugaron futbol, 1 jugó sólo baloncesto y voleibol, 1 jugó sólo baloncesto y futbol, 2 jugaron sólo voleibol y futbol, y 2 jugaron voleibol, baloncesto y futbol. ¿Cuántos jugaron uno o más de los tres deportes mencionados?

17. En una asociación estudiantil con 30 miembros, 18 cursan matemáticas, 5 cursan matemáticas y biología, y 8 no cursan ni matemáticas ni biología. ¿Cuántos cursan biología pero no matemáticas?

18. En la tienda de bicicletas de Pablo se revisaron 40 bicicletas. Si 20 necesitaban llantas nuevas y 30 necesitaban reparación de frenos, responde lo siguiente:
   a. ¿Cuál es el mayor número de bicicletas que requieren ambos?
   b. ¿Cuál es el menor número de bicicletas que podrían requerir de ambos?
   c. ¿Cuál es el mayor número de bicicletas que no requerirían reparación?

19. La Cruz Roja busca la presencia de tres tipos de antígenos en los análisis de sangre: A, B y Rh. Cuando se presenta el antígeno A o B se lista, pero si ambos antígenos están ausentes la sangre es de tipo O. Si está presente el antígeno Rh la sangre es positiva; de no ser así, es negativa. Si los técnicos del laboratorio reportan el siguiente resultado después de analizar las muestras de sangre de 100 personas, ¿cuántas fueron clasificadas como O negativo? Explica tu razonamiento.

Número de muestras	Antígeno en sangre
40	A
18	B
82	Rh
5	A y B
31	A y Rh
11	B y Rh
4	A, B y Rh

20. Clasifica cada una de las afirmaciones siguientes como verdadera o falsa. Si es falsa, exhibe un contraejemplo. Supón que A y B son conjuntos finitos.
   a. Si $n(A) = n(B)$, entonces $A = B$.
   b. Si $A - B = \varnothing$, entonces $A = B$.
   c. Si $A \subset B$, entonces $n(A) < n(B)$.

21. Tres cronistas intentan predecir quiénes van a ser los ganadores del futbol del domingo. El único equipo que juega el domingo y no eligieron fue el Necaxa. Las opiniones fueron:

Felipe: Cruz Azul, Guadalajara, UNAM, Atlas
Paula: Guadalajara, Pachuca, Cruz Azul, América
Ramón: América, UNAM, Santos, Cruz Azul

Si los equipos que juegan el domingo son únicamente los mencionados, ¿quién juega contra quién?

22. Sean $A = \{x,y\}$ y $B = \{a,b,c\}$. Halla:

   a. $A \times B$

   b. $B \times A$

23. Halla C y D si el producto cartesiano $C \times D$ es:

   a. $\{(a,b),(a,c),(a,d),(a,e)\}$

   b. $\{(1,1),(1,2),(1,3),(2,1),(2,2),(2,3)\}$

   c. $\{(0,1),(0,0),(1,1),(1,0)\}$

Evaluación 2-3B

1. Si $C = \{0,1,2,3, \dots \}$, $A = \{x \mid x = 2n + 1$ donde $n \in C\}$, $B = \{x \mid x = 2n$ donde $n \in C\}$, y $N = \{1,2,3, \dots \}$, halla las expresiones más sencillas para:

   a. $C - A$ **b.** $A \cap B$ **c.** $C \cap N$

2. Di cuáles de los siguientes pares de conjuntos siempre son iguales.

   a. $X \cap Y$ y $Y \cap X$

   b. $X \cup Y$ y $Y \cup X$

   c. $A \cap (B \cap C)$ y $(A \cap B) \cap C$

   d. $B \cup \varnothing$ y $B \cap B$

3. Di si lo mencionado a continuación es verdadero o falso, para todos los conjuntos A, B o C. De ser falso, exhibe un contraejemplo.

   a. $A - B = A - \varnothing$

   b. $\overline{A \cup B} = \overline{A} \cup \overline{B}$

   c. $A \cap (B \cup C) = (A \cap B) \cup C$

   d. $(A - B) \cap A = A$

   e. $A - (B \cap C) = (A - B) \cap (A - C)$

4. Si $X \subseteq Y$, halla una expresión más sencilla para:

   a. $X - Y$ **b.** $X \cap \overline{Y}$

5. En los casos siguientes, sombrea la porción del diagrama de Venn que ilustre el conjunto:

   a. $A \cap \overline{C}$ **b.** $\overline{A \cup B}$

   c. $(A \cap B) \cup (B \cap C)$ **d.** $A \cup (B \cap C)$

   e. $A \cup \overline{(B \cap C)}$

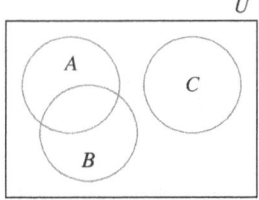

6. Si A es un subconjunto del universo U, halla:

   a. $A \cup U$ **b.** $U - A$

   c. $A - \varnothing$ **d.** $\overline{\varnothing} \cap A$

7. Halla $B - A$ en las condiciones siguientes:

   a. $A = B$ **b.** $B \subseteq A$

8. Da dos ejemplos de conjuntos A y B para los cuales $B - A = \varnothing$. Muestra que en cada ejemplo $B \subseteq A$.

9. Usa notación de conjuntos para identificar cada una de las regiones sombreadas:

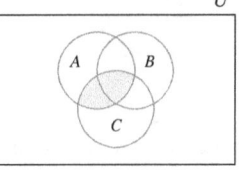

a.

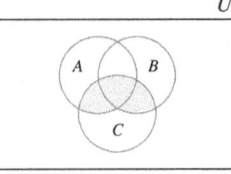

b.

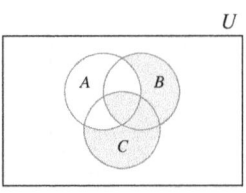

c.

10. En la figura que sigue, sombrea la parte del diagrama de Venn que represente el conjunto dado:

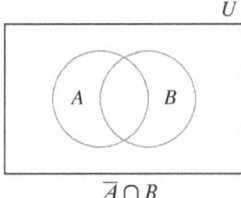

$$\overline{A} \cap B$$

11. Usa diagramas de Venn para determinar si cada caso es verdadero:

   a. $A - (B \cap C) = (A - B) \cap (A - C)$

   b. $A - (B \cup C) = (A - B) \cup (A - C)$

12. Para cada uno de los pares siguientes de conjuntos, explica cuál es subconjunto del otro. Si sucede que ninguno es subconjunto del otro, explica por qué.

   a. $A - B$ y $A - (B - C)$

   b. $A \cup B$ y $(A \cup B) - \varnothing$

13. **a.** Si $n(A \cup B) = 22, n(A \cap B) = 8$ y $n(B) = 12$, halla $n(A)$.

   b. Si $n(A) = 8$, $n(B) = 14$ y $n(A \cap B) = 5$, halla $n(A \cup B)$.

14. La ecuación $\overline{A \cup B} = \overline{A} \cap \overline{B}$ y una ecuación análoga para $\overline{A \cap B}$ se conocen como *leyes de De Morgan* en honor del famoso matemático británico que las descubrió.

   a. Usa diagramas de Venn para mostrar que $\overline{A \cup B} = \overline{A} \cap \overline{B}$.

b. Descubre una ecuación análoga que incluya a $\overline{A \cap B}$, $\overline{A}$ y $\overline{B}$. Usa diagramas de Venn para mostrar que la ecuación es válida.

c. Verifica las ecuaciones (a) y (b) para conjuntos específicos.

15. Supongamos que E es el conjunto de todos los estudiantes de segundo grado en una escuela secundaria. B es el conjunto de los estudiantes que tocan en una banda y C el de los estudiantes que participan en un coro. Identifica con palabras a los estudiantes descritos por cada región de la figura siguiente:

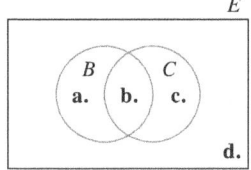

16. Llena los diagramas de Venn con los números apropiados, con base en la información siguiente:

$n(A) = 26$ $n(B \cap C) = 12$
$n(B) = 32$ $n(A \cap C) = 8$
$n(C) = 23$ $n(A \cap B \cap C) = 3$
$n(A \cap B) = 10$ $n(U) = 65$

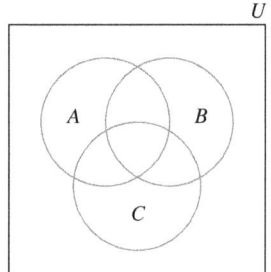

17. Escribe las letras en la sección apropiada del siguiente diagrama de Venn, usando la información siguiente:

A es el conjunto de las letras de la palabra *Iowa*.
B es el conjunto de las letras de la palabra *Hawaii*.
C es el conjunto de las letras de la palabra *Ohio*.

El conjunto universal U es el conjunto de las letras de la palabra *Washington*.

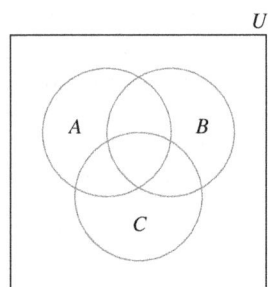

18. Cuando se intersecan tres conjuntos A, B y C, como en el diagrama del problema 17, se crean ocho regiones sin traslapo. Describe cada una de las regiones usando notación de conjuntos.

19. Una encuestadora entrevistó a 500 estudiantes universitarios avanzados que tenían tarjeta de crédito. Reportó que 240 tenían TarjetaOro, 290 tenían SuperTarjeta y 270 tenían GranTarjeta. De esos estudiantes el reporte afirmaba que 80 tenían sólo TarjetaOro y SuperTarjeta, 70 tenían sólo TarjetaOro y GranTarjeta, 60 tenían sólo SuperTarjeta y GranTarjeta, y 50 tenían las tres tarjetas. Cuando enviaron el reporte para publicación en el periódico universitario, el editor lo rechazó asegurando que la encuesta no era correcta. ¿Tuvo razón el editor? ¿Por qué sí o por qué no?

20. El manejador de un equipo de beisbol revisó su lista de jugadores y se percató de lo siguiente.

- Todos los jardineros fueron bateadores ambidiestros.
- Un tercio del cuadro fueron bateadores ambidiestros.
- La mitad de los bateadores ambidiestros fueron jardineros.
- Hay 12 jugadores de cuadro y 8 jardineros, y ninguna persona jugó en ambas posiciones.

¿Cuántos bateadores ambidiestros no fueron jugadores de cuadro ni jardineros?

21. En el primer día para la selección de la Miniliga, se presentaron 128 niños de edades: 10 (D), 11 (O) y 12 (C). Se les preguntó qué posición querrían jugar, aparte de lanzador: cuadro (K), jardín (J) o receptor (R). Los resultados se muestran en la tabla siguiente:

	K	J	R	Total
10 (D)	28	14	12	54
11 (O)	18	20	8	46
12 (C)	10	12	6	28
Total	56	46	26	128

Di en palabras lo que significa lo siguiente junto con el número de niños indicados en cada parte:

a. $K \cap C$
b. $R \cap (D \cup O)$
c. $(K \cup J) \cap D$
d. $(D \cup O) \cap J$

22. Di, en cada caso, si lo siguiente es verdadero o falso, y por qué.

a. $(2,5) = (5,2)$ **b.** $(2,5) = \{2,5\}$

23. Responde lo siguiente:

a. Si A tiene cinco elementos y B tiene cuatro elementos, ¿cuántos elementos hay en $A \times B$?

b. Si A tiene m elementos y B tiene n elementos, ¿cuántos elementos hay en $A \times B$?

c. Si A tiene m elementos, B tiene n elementos y C tiene p elementos, ¿cuántos elementos hay en $(A \times B) \times C$?

Conexiones matemáticas 2-3

Comunicación

1. Responde lo siguiente y justifica la respuesta:
   a. Si $a \in A \cap B$, ¿es verdad que $a \in A \cup B$?
   b. Si $a \in A \cup B$, ¿es verdad que $a \in A \cap B$?
2. Explica cómo se relaciona $\overline{A}$ con $U - A$.
3. ¿Es conmutativa la operación de formar productos cartesianos? Explica por qué sí o por qué no.
4. Si A y B son conjuntos, ¿es cierto siempre que $n(A - B) = n(A) - n(B)$? Explica.

Solución abierta

5. Redacta y resuelve una situación acerca de ciertos conjuntos A, B y C para los cuales se conozca $n(A \cup B \cup C)$ y se requiera hallar $n(A), n(B)$ y $n(C)$.
6. Describe una situación de la vida real que se pueda representar con:
   a. $A \cap \overline{B}$
   b. $A \cap B \cap C$
   c. $A - (B \cup C)$

Aprendizaje colectivo

7. Usa operaciones de conjuntos como unión, intersección, complemento y diferencia para describir, en la mayor cantidad de maneras posible, la región sombreada de la figura siguiente. Compara tus expresiones con las de otros grupos para ver quién tiene más. ¿Cuál es el número total de expresiones diferentes halladas entre todos los grupos? ¿Qué expresiones aparecieron en todos los grupos?

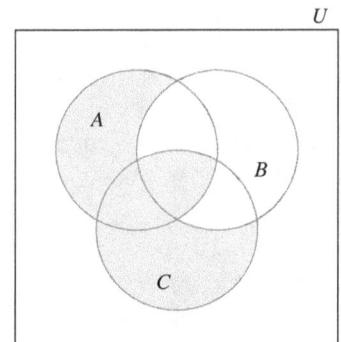

Preguntas del salón de clase

8. Un estudiante pregunta, "¿Si $A = \{a,b,c\}$ y $B = \{b,c,d\}$, por qué no es cierto que $A \cup B = \{a,b,c,b,c,d\}$?" ¿Qué le respondes?
9. Una estudiante dice que ella puede demostrar que si $A \cap B = A \cap C$, entonces $B = C$ no necesariamente es cierto; pero piensa que en el caso de que $A \cap B = A \cap C$ y $A \cup B = A \cup C$, entonces $B = C$. ¿Qué le respondes?
10. Un estudiante afirma que se puede "romper" la barra sobre la operación de intersección; esto es, que $\overline{A \cap B} = \overline{A} \cap \overline{B}$. ¿Qué le respondes?
11. Se le pide a un estudiante que encuentre todas las correspondencias biunívocas posibles entre dos conjuntos dados. Él obtiene el producto cartesiano de los conjuntos y afirma que ésa es la respuesta correcta pues tiene todos los posibles pareos entre los elementos de los conjuntos. ¿Qué le respondes?
12. Una estudiante asegura que es lo mismo sumar dos conjuntos A y B, o $A + B$, que tomar la unión, $A \cup B$. ¿Cómo le respondes?

Problemas de repaso

13. ¿Existe el número "dos" en base dos? Explica tu razonamiento.
14. ¿Cómo escribirías 81 en base tres? ¿Y cualquier potencia de 3 en base diez?
15. a. Escribe $\{4,5,6,7,8,9\}$ usando la notación generadora de conjuntos.
    b. Escribe $\{x \mid x = 5n$, donde $n = 3, 6$ ó $9\}$ como lista.
16. Halla el número de elementos en los conjuntos siguientes:
    a. $\{x \mid x$ es una letra de *abandonados*$\}$
    b. El conjunto de letras que aparecen en la palabra *atractiva*
17. Si $A = \{1,2,3,4\}$ y $B = \{1,2,3,4,5\}$, responde:
    a. ¿Cuántos subconjuntos de A no contienen el elemento 1?
    b. ¿Cuántos subconjuntos de A contienen el elemento 1?
    c. ¿Cuántos subconjuntos de A contienen el elemento 1 ó 2?
    d. ¿Cuántos subconjuntos de A no contienen los elementos 1 ni 2?
    e. ¿Cuántos subconjuntos de B contienen el elemento 5 y cuántos no?
    f. Si conocemos todos los subconjuntos de A, ¿cómo podemos listar, de manera sistemática, todos los subconjuntos de B? ¿Cuántos subconjuntos de B hay?
18. a. ¿Cuáles de los conjuntos siguientes son iguales?
    b. ¿Cuáles son subconjuntos propios de otro?

    $A = \{2,4,6,8,10, \dots\}$
    $B = \{x \mid x = 2n + 2$ donde $n = 0,1,2,3,4, \dots\}$
    $C = \{x \mid x = 4n$ donde $n \in N\}$

19. Da ejemplos de la vida real para:
    a. Una correspondencia biunívoca entre dos conjuntos
    b. Una correspondencia entre dos conjuntos que no sea biunívoca

20. Si hay seis equipos en la liga Alfa y cinco equipos en la liga Beta y si cada equipo de una liga juega contra cada equipo de la otra liga una sola vez, ¿cuántos partidos se jugaron?

21. José tiene cuatro pantalones, cinco camisas y tres suéteres. Si cada día escoge un pantalón, una camisa y un suéter, ¿cuántas combinaciones puede hacer?

Pregunta del *National Assessment of Educational Progress* (NAEP) (Evaluación Nacional del Progreso Educativo)

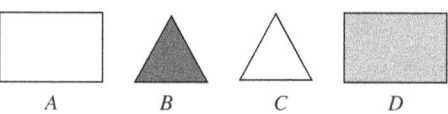

Melissa escogió una de las figuras anteriores.
- La figura que escogió estaba sombreada.
- La figura que escogió *no* fue un triángulo.

¿Qué figura escogió?

a. *A*   **b.** *B*   **c.** *C*   **d.** *D*

NAEP, 2007, Grado 4

ACTIVIDAD DE LABORATORIO Un juego de figuras y atributos consta de 32 piezas. Cada pieza está identificada por su forma, tamaño y color. Las 4 formas son cuadrado, triángulo, rombo y círculo; los 4 colores son rojo, amarillo, azul y verde; los 2 tamaños son grande y chico. Además de las piezas, hay un grupo de 20 cartas. Diez de las cartas especifican uno de los atributos (por ejemplo rojo, grande, cuadrado). Las otras 10 cartas son cartas de negación y especifican la ausencia de un atributo (ejemplo no verde, no círculo). Con este material se pueden estudiar muchos problemas de conjuntos . Por ejemplo, sea *A* el conjunto de todas las piezas verdes y *B* el conjunto de todas las piezas grandes. Usando todas las piezas como el conjunto universal, describe los elementos de cada uno de los conjuntos listados a continuación y determina cuáles son iguales:

1. $A \cup B$; $B \cup A$
2. $\overline{A \cap B}$; $\overline{A} \cap \overline{B}$
3. $\overline{A \cap B}$; $\overline{A} \cup \overline{B}$
4. $A - B$; $A \cap \overline{B}$

Sugerencia para resolver el problema preliminar

El diagrama de Venn que vimos en este capítulo es una buena herramienta para ordenar datos. Trata de ubicar varios conjuntos ajenos de personas. Por ejemplo, considera un círculo con adultos, otro con los ciudadanos de Mississippi y otro con personas del sexo femenino. Al ir ordenando la información con estos círculos encontrarás el camino para hallar la solución. Recuerda ubicar qué tipo de personas está en las intersecciones y cuáles son los complementos de los conjuntos.

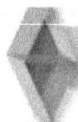

Resumen del capítulo

I. Sistemas de numeración

   A. Un **sistema de numeración** está formado por un conjunto de símbolos con operaciones y propiedades para presentar los números de manera sistemática.

   B. Las propiedades de los sistemas de numeración dan la estructura básica de los sistemas.

      1. Propiedad aditiva

      2. Propiedad del valor posicional

      3. Propiedad substractiva o de la resta

      4. Propiedad multiplicativa

      5. El **valor posicional** asigna un valor a un dígito dependiendo de su colocación en un numeral. El valor de un dígito es el producto de su valor posicional por su **valor nominal**.

   C. El **sistema de numeración indoarábigo** es un sistema de base diez que usa los dígitos 0, 1, 2, 3, 4, 5, 6, 7, 8 y 9.

II. Exponentes

  A. Para cualquier número completo a y cualquier número natural n,

$$a^n = \underbrace{a \cdot a \cdot a \cdot \ldots \cdot a}_{n \text{ factores}}$$

  donde a es la **base** y n es el **exponente**.

  B. $a^0 = 1$ donde $a \in N$

III. Definiciones y notación de conjuntos

  A. Un **conjunto** se puede describir como cualquier colección de objetos.

  B. Los conjuntos deben estar **bien definidos** de manera que dado un objeto, éste pertenece o no pertenece al conjunto.

  C. Un **elemento** es cualquier **miembro** de un conjunto.

  D. Los conjuntos se pueden especificar **listando** todos sus elementos o usando la notación **constructora de conjuntos.**

  E. El **conjunto vacío**, que se escribe $\varnothing$, no tiene elementos.

  F. El **conjunto universo** contiene todos los elementos en consideración.

IV. Relaciones y operaciones entre conjuntos

  A. Dos conjuntos son **iguales** si, y sólo si, tienen exactamente los mismos elementos.

  B. Dos conjuntos A y B están en **correspondencia biunívoca o correspondencia uno-a-uno** si, y sólo si, a cada elemento de A le corresponde exactamente un elemento de B y a cada elemento de B le corresponde exactamente un elemento de A.

  C. Dos conjuntos A y B son **equivalentes** si, y sólo si, sus elementos se pueden colocar en correspondencia biunívoca (se escribe $A \sim B$).

  D. El conjunto A es un **subconjunto** del conjunto B si, y sólo si, todo elemento de A es un elemento de B (se escribe $A \subseteq B$).

  E. El conjunto A es un **subconjunto propio** del conjunto B si, y sólo si, todo elemento de A es un elemento de B y existe al menos un elemento de B que no está en A (se escribe $A \subset B$).

  F. Un conjunto con n elementos tiene 2^n subconjuntos.

  G. La **unión** de dos conjuntos A y B es el conjunto de todos los elementos que están en A, en B o en ambos (se escribe $A \cup B$).

  H. La **intersección** de dos conjuntos A y B es el conjunto de todos los elementos que pertenecen tanto a A como a B (se escribe $A \cap B$).

  I. El **número cardinal** de un conjunto finito C, $n(C)$ indica el número de elementos del conjunto.

  J. Un conjunto es **finito** si el número de elementos en el conjunto es cero o un número natural. De lo contrario, el conjunto es **infinito**.

  K. Dos conjuntos A y B son **ajenos** si no tienen elementos en común.

  L. El **complemento** de un conjunto A es el conjunto formado por los elementos del conjunto universo que no están en A (se escribe $\overline{A}$).

  M. El **complemento del conjunto A respecto al conjunto B** (diferencia de conjuntos) es el conjunto de todos los elementos de B que no están en A (se escribe $B - A$).

  N. El **producto cartesiano** de los conjuntos A y B, que se escribe $A \times B$, es el conjunto de todos los pares ordenados tales que el primer elemento de cada par es de A y el segundo elemento de cada par es de B.

  O. Propiedades de las operaciones de conjuntos

    1. Propiedad conmutativa de la unión e intersección de conjuntos

    2. Propiedad asociativa de la unión e intersección de conjuntos

    3. Propiedad distributiva de la intersección sobre la unión, y de la unión sobre la intersección de conjuntos.

  P. **Principio fundamental del conteo:** Si un evento M puede ocurrir de m maneras y, después de que ocurrió, el evento N puede ocurrir de n maneras, entonces el evento M seguido por el evento N puede ocurrir de mn maneras.

Revisión del capítulo

1. Para cada uno de los números siguientes en base diez, di el valor posicional de cada uno de los dígitos en círculos:

  a. 4③2   **b.** ③432

  c. 19③24

2. Convierte cada caso a base diez:

  a. $\overline{\text{CDXLIV}}$

  b. 432_{cinco}

  c. $OD0_{\text{doce}}$

  d. 1011_{dos}

  e. 4136_{siete}

3. Convierte cada caso al número en el sistema indicado:

  a. 999 a romano

  b. 86 a egipcio

  c. 123 a maya

  d. 346_{diez} a base cinco

  e. 27_{diez} a base dos

4. Simplifica cada caso, de ser posible. Escribe la respuesta en forma exponencial, a^b.

  a. $3^4 \cdot 3^7 \cdot 3^6$ **b.** $2^{10} \cdot 2^{11}$

5. Escribe el numeral en base tres de los cubos en base tres mostrados a continuación.

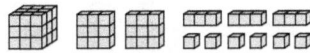

6. El menor número de cubos de base tres necesarios para representar 51 es _____ cubos _____ losas _____ barras _____ unidades.

7. Dibuja cubos multibase para representar

  a. 123_{cuatro}.   **b.** 24_{cinco}.

8. a. El primer dígito de la izquierda (el frontal) de un numeral de base diez es 4 seguido de 10 ceros. ¿Cuál es el valor posicional del 4?

b. Un número en base cinco tiene 10 dígitos. ¿Cuál es el valor posicional del segundo dígito a la izquierda?

c. Un número en base dos tiene dígito frontal 1 seguido de 30 ceros y dígito de las unidades 1. ¿Cuál es el valor posicional del dígito frontal?

9. Escribe los siguientes numerales de base diez en la base indicada, sin efectuar ninguna multiplicación:

a. $10^{10} + 23$ en base diez
b. $2^{10} + 1$ en base dos
c. $5^{10} + 1$ en base cinco
d. $10^{10} - 1$ en base diez
e. $2^{10} - 1$ en base dos
f. $12^5 - 1$ en base doce

10. Escribe un ejemplo de una base distinta de la base diez que se use en una situación de la vida real. ¿Cómo se usa?

11. Describe las características importantes de los siguientes sistemas:

a. Egipcio   **b.** Babilonio
c. Romano   **d.** Indoarábigo

12. Escribe 128 en cada una de las bases siguientes:

a. cinco   **b.** dos
c. doce

13. Escribe en las bases indicadas sin multiplicar las potencias:

a. $4 \cdot 5^6 + 11 \cdot 5^4 + 9$ en base cinco
b. $2^{10} + 2^3$ en base dos
c. $11 \cdot 12^5 + 10 \cdot 12^3 + 20$ en base doce
d. $9 \cdot 8^5 + 8$ en base ocho

14. Lista todos los subconjuntos de $\{m, a, t, e\}$.

15. Sea

$U = \{u, n, i, v, e, r, s, a, l\}$,
$A = \{v, e, r, a\}$, $C = \{n, e, l, i\}$,
$B = \{e, r, a\}$, $D = \{s, a, l, e\}$.

Halla:

a. $A \cup B$ **b.** $C \cap D$
c. $\overline{D}$ **d.** $A \cap \overline{D}$
e. $\overline{B \cup C}$
f. $(B \cup C) \cap D$
g. $(\overline{A} \cup B) \cap (C \cap \overline{D})$
h. $(C \cap D) \cap A$
i. $n(\overline{C})$ **j.** $n(C \times D)$

16. Indica los siguientes conjuntos sombreando la figura:

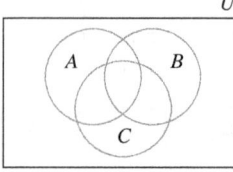

a. $A \cap (B \cup C)$ **b.** $(\overline{A \cup B}) \cap C$

17. Supón que juegas a las palabras con siete letras distintas. ¿Cuántas palabras de siete letras puede haber?

18. a. Muestra una posible correspondencia biunívoca entre los conjuntos D y E si $D = \{v, o, y\}$ y $E = \{f, i, n\}$.

b. ¿Cuántas correspondencias biunívocas es posible establecer entre los conjuntos D y E?

19. Usa un diagrama de Venn para ver si $A \cap (B \cup C) = (A \cap B) \cup C$ para todos los conjuntos A, B y C.

20. De acuerdo con una encuesta a 16 estudiantes les gusta la materia de historia, a 19 la de literatura, a 18 la de matemáticas, a 8 la de matemáticas y la de literatura, a 5 la de historia y la de literatura, a 7 la de historia y la de matemáticas, a 3 les gustan las tres materias y a todos los estudiantes les gusta al menos una de las materias. Traza un diagrama de Venn que describa esta información y responde las preguntas siguientes:

a. ¿Cuántos estudiantes participaron en la encuesta?
b. ¿A cuántos estudiantes les gusta sólo matemáticas?
c. ¿A cuántos estudiantes les gusta literatura y matemáticas pero no historia?

21. Describe, usando símbolos, la porción sombreada en cada una de las siguientes figuras:

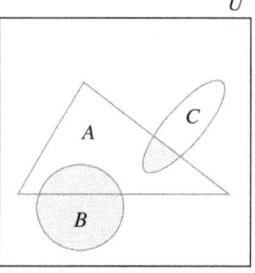   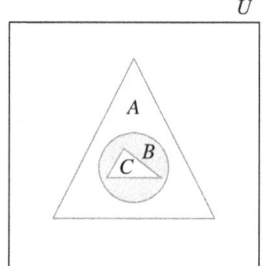

a.   **b.**

22. Clasifica cada una de las siguientes afirmaciones como verdadera o falsa. De ser falsa, di por qué.

a. Para todos los conjuntos A y B, sucede que $A \subseteq B$ o $B \subseteq A$.
b. El conjunto vacío es un subconjunto propio de cualquier conjunto.
c. Para todos los conjuntos A y B, si $A \sim B$, entonces $A = B$.
d. El conjunto $\{5, 10, 15, 20, \ldots\}$ es un conjunto finito.
e. Ningún conjunto es equivalente a un subconjunto propio de sí mismo.
f. Si A es un conjunto infinito y $B \subseteq A$, entonces B también es un conjunto infinito.
g. Para todos los conjuntos finitos A y B, si $A \cap B \neq \varnothing$, entonces $n(A \cup B) \neq n(A) + n(B)$.
h. Si A y B son conjuntos tales que $A \cap B = \varnothing$, entonces $A = \varnothing$ o $B = \varnothing$.

23. Usa diagramas de Venn para decir cuál de las afirmaciones siguientes siempre es verdadera para los conjuntos finitos A y B.

a. $n(A \cup B) = n(A - B) + n(B - A) + n(A \cap B)$
b. $n(A \cup B) = n(A - B) + n(B) = n(B - A) + n(A)$

24. Supón que P y Q son conjuntos equivalentes y que $n(P) = 17$.

    a. ¿Cuál es el mínimo número de elementos en $P \cup Q$?

    b. ¿Cuál es el máximo número de elementos en $P \cup Q$?

    c. ¿Cuál es el mínimo número de elementos en $P \cap Q$?

    d. ¿Cuál es el máximo número de elementos en $P \cap Q$?

25. En una escuela se designó para competir a 26 estudiantes en remo, 15 en natación y 16 en futbol. Si la selección consta de 46 estudiantes y sólo 2 participan en todos los deportes, ¿cuántos estudiantes fueron seleccionados para participar en exactamente dos de los tres deportes?

26. Considera el siguiente conjunto estados del norte de la República Mexicana {Baja California, Sonora, Chihuahua, Coahuila, Nuevo León, Tamaulipas, Durango, Sinaloa}. Si una persona escoge un elemento, muestra que bastan tres preguntas de *sí* o *no* para determinar ese elemento.

27. Usando las definiciones de menor que o mayor que, prueba que cada una de las siguientes desigualdades es verdadera:

    a. $3 < 13$ **b.** $12 > 9$

28. Nina tiene un pantalón café y uno gris; una blusa café, una amarilla y una blanca; y un suéter azul y uno blanco. ¿De cuántas maneras puede vestirse si lleva un pantalón, una blusa y un suéter?

Bibliografía seleccionada

Barkley, C. "Other Ways to Count." *Student Math Notes* (November 2003).

Framer, J., and R. Powers. "Exploring Mayan Numerals." *Teaching Children Mathematics* 12 (September 2005): 69.

Fuson, K. "Research on Learning and Teaching Addition and Subtraction of Whole Numbers." In *Handbook of Research on Mathematics Teaching and Learning*, edited by D. Grouws. New York: MacMillan, 1992.

Ginsburg, H., A. Klein, and P. Starkey. "The Development of Children's Mathematical Thinking: Connecting Research with Practice." In *Child Psychology in Practice*, edited by Irving E. Sigel and K. Ann Renninger, pp. 401–476, vol. 4 of *Handbook of Child Psychology*, edited by William Damon. New York: John Wiley & Sons, 1998.

Klein, A., M. Beishuizen, and A. Treffers. "The Empty Number Line in Dutch Second Grades: Realistic Versus Gradual Program Design." *Journal of Research in Mathematics Education* 29 (July 1998): 443–464.

Moldovan, C. "Culture in the Curriculum: Enriching Numeration and Number Operations." *Teaching Children Mathematics* 8 (December 2001): 238–243.

Overbay, S., and M. Brod. "Magic with Mayan Mathematics." *Mathematics Teaching in the Middle School* 12 (February 2007): 340.

Pickreign, J. "Alternative Base Arithmetic Activities." *ON-Math* 5 (2006–7).

Resnick, L. "From Protoquantities to Operators: Building Mathematical Competence on a Foundation of Everyday Knowledge." In *Analysis of Arithmetic for Mathematics Teaching*, edited by D. Leinhardt, R. Putnam, and R. Hattrup. Hillsdale, NJ: LEA, 1992.

Siegler, R. *Emerging Minds: The Process of Change in Children's Thinking*. New York: Oxford University Press, 1996.

Tsamir, P., and D. Triosh. "Consistency and Representations: The Case of Actual Infinity." *Journal for Research in Mathematics Education* 30 (March 1999): 213–219.

Uy, F. "The Chinese Numeration System and Place Value." *Teaching Children Mathematics* 9 (January 2003): 243.

Walmsley, A. "Math Roots: Understanding Aztec and Mayan Numeration Systems." *Mathematics Teaching in the Middle School* 12 (August 2006): 55.

Zaslavsky, C. "Developing Number Sense: What Can Other Cultures Tell Us?" *Teaching Children Mathematics* 7 (February 2001): 312–319.

Zaslavsky, C. "The Influence of Ancient Egypt on Greek and Other Numeration Systems." *Mathematics Teaching in the Middle School* 9 (November 2003): 174.

Números completos y sus operaciones

Problema preliminar

Usando precisamente cinco números 5 y sólo suma, resta, multiplicación y división, escribe una expresión que sea igual a cada uno de los números del 1 al 10. No tienes que usar todas las operaciones. Se permiten números como 55; por ejemplo, 5 se puede escribir como
$5 + [(5 - 5) \cdot 55]$.

En la sección 2-2 vimos que se puede usar el concepto de correspondencia biunívoca entre conjuntos para explicar a niñas y niños el concepto de número. En *Curriculum Focal Points for Prekindergarten through Grade 8 Mathematics* (Puntos focales en el currículo de matemáticas de preescolar al grado 8) de la NCTM, hallamos lo siguiente:

> Niñas y niños desarrollan la capacidad para comprender el significado de los números completos y reconocen la cantidad de objetos en grupos pequeños tanto sin contar como contando —el primer y más elemental algoritmo matemático. Entienden que los nombres de los números se refieren a cantidades. Usan correspondencia biunívoca para resolver problemas al parear conjuntos y comparar los números, así como al contar objetos hasta 10 y más. Entienden que la última palabra que pronuncian al contar dice "cuántos son", cuentan para determinar el número correspondiente a la cantidad y comparan las cantidades (usando expresiones como "mayor que" y "menor que"), para finalmente ordenar los conjuntos según el número de objetos en ellos. (p. 11)

En la siguiente tira cómica de *Peanuts*, parece que el hermano menor de Lucy todavía no puede asociar los nombres de los números con una colección de objetos. Pronto aprenderá que este conjunto de dedos se puede poner en correspondencia biunívoca con muchos conjuntos de objetos que pueden contarse. Asociará la palabra *tres* no sólo con los tres dedos que le muestra Lucy, sino con otros conjuntos de objetos con el mismo número cardinal.

En este capítulo estudiaremos las operaciones que usan números completos. Según se afirma en los *Principios y objetivos (POME)*, en "Número y operación" para los grados de preescolar a 2, todos los estudiantes de este nivel deberán entender el significado de las operaciones y cómo se relacionan una con otra. En particular, en POME se afirma que de preescolar al grado 2 todos los estudiantes deberán:

• comprender los diferentes significados de suma y resta de números completos, y la relación entre las dos operaciones;

• entender los efectos de sumar y restar números completos;

• comprender situaciones que incluyan la multiplicación y la división, como los agrupamientos iguales y la repartición equitativa. (p. 78)

3-1   Suma y resta de números completos

Cuando se añade el cero al conjunto de los números naturales, $N = \{1, 2, 3, 4, 5, \dots\}$, tenemos el conjunto de números completos, denotados con $E = \{0, 1, 2, 3, 4, 5, \dots\}$. En esta sección proporcionamos una variedad de modelos para enseñar a desarrollar habilidades para efectuar cuentas con ellos y damos la oportunidad de repasar las matemáticas y obtener la comprensión profunda que requiere un maestro.

Suma de números completos

En sus años de preescolar, niñas y niños se encuentran con la suma al combinar objetos y preguntarse cuántos objetos hay en el conjunto combinado. Pueden "continuar contando" como lo sugieren Carpenter y Moser en la *Nota de investigación*, o pueden contar los objetos en el conjunto combinado para hallar su número cardinal.

Modelo de conjuntos

Un modelo de conjuntos es una manera de representar la suma de números completos. Supón que Juana tiene 4 cubos en un montón y 3 en otro. Si junta los dos grupos de cubos, ¿cuántos cubos hay en el grupo combinado? La figura 3-1 muestra la solución como podría aparecer en un libro de texto de educación básica. El conjunto combinado de cubos es la unión de los conjuntos ajenos de 4 cubos y 3 cubos. Después de juntar los conjuntos, los niños cuentan los cubos y concluyen que hay 7 cubos en total. *Nota la importancia de que los conjuntos no tengan elementos en común*. Si los conjuntos tienen elementos en común, podríamos extraer una conclusión incorrecta.

Nota de investigación

Los estudiantes pueden entender mejor problemas sencillos de suma y resta cuando resuelven problemas donde hay que "añadir" o "quitar", modelando directamente la situación o usando estrategias de continuación del conteo o contar hacia atrás (Carpenter y Moser 1984).

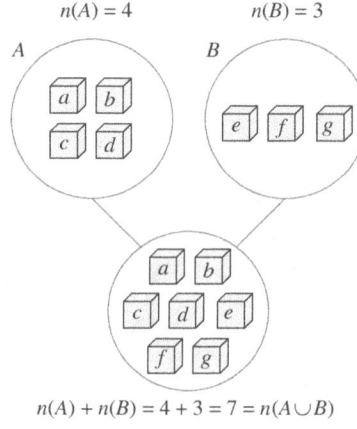

$$n(A) + n(B) = 4 + 3 = 7 = n(A \cup B)$$

Figura 3-1

Definimos formalmente la suma usando la terminología de conjuntos.

Definición de suma de números completos

Sean A y B dos conjuntos finitos ajenos. Si $n(A) = a$ y $n(B) = b$, entonces $a + b = n(A \cup B)$.

Los números a y b en $a + b$ son los **sumandos** y $a + b$ es la **suma**.

AHORA INTENTA ÉSTE 3-1 Si en la definición anterior de suma de números completos los conjuntos no son ajenos, explica por qué la definición es incorrecta.

Nota histórica

Los historiadores piensan que la palabra *cero* viene de la palabra hindú *sūnya*, que significa "vacío". Después *sūnya* se tradujo al árabe como *sifr*, que al traducirse al latín se convirtió en *zephirum*, de la cual se deriva la palabra *cero*. ◆

Modelo de la recta numérica (mediciones)

Para algunos problemas, el modelo de conjuntos podría no ser el mejor. Considera, por ejemplo, las preguntas siguientes:

1. José tiene 4 metros de cinta roja y 3 metros de cinta blanca. ¿Cuántos metros de cinta tiene en total?
2. Un día Gilda bebió 4 onzas de jugo de naranja en la mañana y 3 onzas en el almuerzo. Si ella no tomó más jugo de naranja ese día, ¿cuántas onzas de jugo de naranja bebió en todo el día?

Se puede usar una *recta numérica* para modelar la suma de números completos y responder las preguntas 1 y 2. Cualquier recta marcada con dos puntos fundamentales, uno representando 0 y otro representando 1, se puede habilitar como recta numérica. Los puntos que representan 0 y 1 marcan los extremos de un *segmento unitario*. Se pueden marcar otros puntos y darles nombre, como se muestra en la figura 3-2. Cualesquier dos puntos consecutivos sobre la recta numérica de la figura 3-2 marcan los extremos de un segmento que tiene la misma longitud que el segmento unitario.

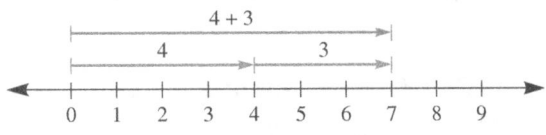

Figura 3-2

Los problemas de suma se pueden modelar usando flechas dirigidas (vectores) sobre la recta numérica. Por ejemplo, en la figura 3-2 se muestra la suma 4 + 3. Las flechas que representan los sumandos, 4 y 3, se combinan para formar una flecha que representa la suma 4 + 3. La figura 3-2 plantea un problema a los estudiantes. Si una flecha que comienza en 0 y termina en 3 representa al 3, ¿por qué va a representar al 3 una flecha que comienza en 4 y termina en 7? Los estudiantes necesitan entender que la suma representada por cualesquier dos flechas dirigidas se puede obtener al colocar en 0 el inicio de la primera flecha dirigida y después unir la flecha dirigida del segundo número, sin huecos ni traslapos. Así se puede ver cuál es la suma de los números. Hemos descrito los sumandos como flechas (o vectores) colocadas sobre la recta numérica, pero los estudiantes concatenan (conectan) las flechas directamente en la recta.

AHORA INTENTA ÉSTE 3-2 Un error común es que los estudiantes representan 3 como una flecha sobre la recta numérica que comienza en 1, como se muestra en la figura 3-3. Explica por qué esto no es apropiado.

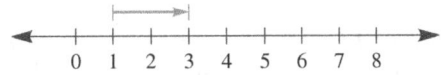

Figura 3-3

Nota histórica   El símbolo "+" apareció primero en un manuscrito de 1417 y era una forma de abreviar la palabra en latín *et*, que significa "y". La palabra *minus* significa "menos" en latín. Primero se escribió como una *m* y después se abrevió como una barra horizontal. En 1489 Johannes Widman escribió un libro en el que usó los símbolos + y − para la suma y la resta. ♦

Orden en los números completos

En los *Puntos focales del currículo* de la NCTM para el grado 1 hallamos lo siguiente:

> Niñas y niños comparan y ordenan números completos (al menos hasta 100) para comprender y resolver problemas que incluyan los tamaños relativos de estos números. Piensan los números completos entre 10 y 100 como grupos de dieces y unos (reconociendo de manera especial los números del 11 al 19 como el grupo 1 de diez y números particulares de unos). Entienden el orden secuencial de los números y de sus magnitudes relativas, y representan números sobre la recta numérica. (p. 13)

En el capítulo 2 usamos el concepto de conjunto y el concepto de correspondencia biunívoca para definir la relación *mayor que*. También podemos usar una recta numérica horizontal para describir relaciones de **mayor que** y de **menor que** en el conjunto de los números completos. Por ejemplo, en la figura 3-2 notamos que, en la recta numérica, el 4 está a la izquierda del 7. Decimos entonces "cuatro es menor que siete" y lo escribimos $4 < 7$. Como 4 está a la izquierda de 7, hay un número natural que puede sumarse al 4 para obtener 7, a saber 3. Así, $4 < 7$ porque $4 + 3 = 7$. Podemos formalizar estos comentarios para elaborar la siguiente definición de *menor que*.

Definición de menor que

Para cualesquier números completos a y b, a es **menor que** b, que escribimos $a < b$, si, y sólo si, existe algún número natural k tal que $a + k = b$.

A veces se combina la igualdad con las desigualdades mayor que y menor que para dar las relaciones **mayor o igual que** y **menor o igual que**, denotadas con $\geq$ y $\leq$. Así, $a \leq b$ significa $a < b$ o $a = b$. El énfasis respecto a estos símbolos es en el nexo "*o*" de modo que $3 \leq 5$, $5 \geq 3$ y $3 \geq 3$ son proposiciones verdaderas.

Propiedades de la suma de números completos

Garantizamos que cada vez que se sumen dos números completos se obtendrá un número completo. Esta propiedad suele llamarse *cerradura de la suma de números completos*. Decimos que "el conjunto de los números completos es cerrado bajo la suma".

Teorema 3–1: Propiedad de la cerradura de la suma de números completos

Si a y b son números completos, entonces $a + b$ es un número completo.

OBSERVACIÓN La propiedad de la cerradura implica que *existe* la suma de dos números completos y que esa suma es un número completo *único*; por ejemplo, $5 + 2$ es un número completo único e identificamos ese número como 7.

AHORA INTENTA ÉSTE 3-3 Di cuál de los conjuntos siguientes es cerrado bajo la suma:

a. $E = \{2, 4, 6, 8, 10, \dots\}$
b. $F = \{1, 3, 5, 7, 9\}$

En los *Principios y objetivos* hallamos lo siguiente:

Al comprender el significado de suma y resta con números completos, los estudiantes irán encontrando las propiedades de las operaciones, como la conmutatividad y la asociatividad de la suma. Aunque hay estudiantes que descubren y usan las propiedades de manera natural, los maestros pueden resaltar estas propiedades mediante discusiones en clase. (p. 83)

La figura 3-4(a) muestra dos sumas. Arriba de la recta numérica se ilustra 3 + 5 y debajo de la recta numérica tenemos 5 + 3. La suma es la misma. La figura 3-4(b) muestra la misma suma obtenida por medio de barras coloreadas, cuyo resultado es el mismo. Ambas ilustraciones presentan la idea de que dos números completos se pueden sumar en cualquier orden. Esta propiedad es cierta y se conoce como *propiedad conmutativa de la suma de números completos*. Decimos que la "suma de números completos es conmutativa". La palabra *conmutativa* viene de *conmutar*, que significa "intercambiar".

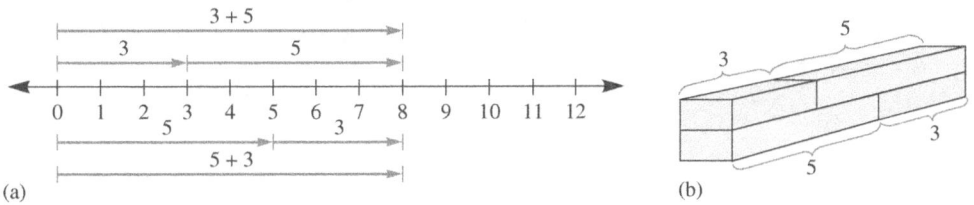

Figura 3-4

Teorema 3–2: Propiedad conmutativa de la suma de números completos

Si a y b son números completos cualesquiera, entonces $a + b = b + a$.

La propiedad conmutativa de la suma de números completos no es obvia para muchas niñas y niños. Pueden ser capaces de obtener la suma 9 + 2 y no poder hallar la suma 2 + 9. Con la técnica de *seguir contando* se puede calcular 9 + 2 comenzando en el 9 y después seguir contando dos veces más y decir "diez" y "once". Para calcular 2 + 9 sin la propiedad conmutativa, *seguir contando* es más complicado. Los alumnos deben comprender que 2 + 9 es otra manera de llamar a 9 + 2.

AHORA INTENTA ÉSTE 3-4 Usa el modelo de conjuntos para mostrar la propiedad conmutativa en 3 + 5 = 5 + 3.

Se presenta otra propiedad de la suma cuando escogemos el orden para sumar tres o más números. Por ejemplo, podríamos calcular 24 + 8 + 2 agrupando 24 y 8: (24 + 8) + 2 = 32 + 2 = 34. (Los paréntesis indican que los dos primeros números están agrupados.) También podemos reconocer que es fácil sumar cualquier número más 10 y calcular 24 + (8 + 2) = 24 + 10 = 34. Este ejemplo ilustra la *propiedad asociativa de la suma de números completos*. La palabra *asociativa* viene de *asociar*, que significa "unir".

Teorema 3–3: Propiedad asociativa de la suma de números completos

Si a, b y c son números completos, entonces $(a + b) + c = a + (b + c)$.

Cuando se suman varios números, usualmente se omiten los paréntesis pues agruparlos no altera el resultado.

Otra propiedad de la suma de números completos opera cuando un sumando es 0. En la figura 3-5, el conjunto A tiene 5 cubos y el conjunto B tiene 0 cubos. La unión de los conjuntos A y B tiene sólo 5 cubos.

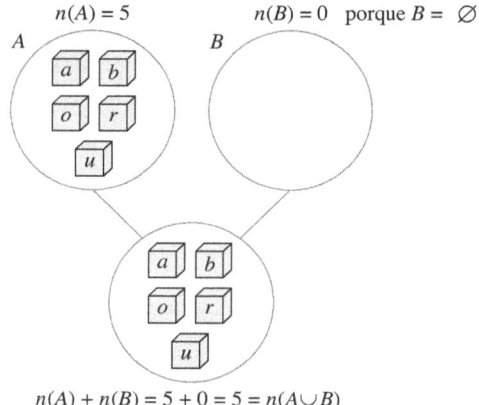

$n(A) + n(B) = 5 + 0 = 5 = n(A \cup B)$

Figura 3-5

Este ejemplo ilustra la siguiente propiedad de los números completos:

Teorema 3–4: Propiedad de la identidad aditiva de números completos

Existe un número completo único, el 0, llamado **identidad aditiva**, tal que para cualquier número completo a, $a + 0 = a = 0 + a$.

Nota cómo se introducen las propiedades asociativas y de identidad en el grado 3, en la página de muestra que sigue. Resuelve las partes 4–7.

Ejemplo 3-1

¿Qué propiedades justifican lo siguiente?

a. $5 + 7 = 7 + 5$
b. $1001 + 733$ es un único número completo.
c. $(3 + 5) + 7 = (5 + 3) + 7$
d. $(8 + 5) + 2 = 2 + (8 + 5) = (2 + 8) + 5$

Solución **a.** Propiedad conmutativa de la suma
        b. Propiedad de la cerradura de la suma
        c. Propiedad conmutativa de la suma
        d. Propiedades conmutativa y asociativa de la suma

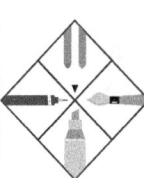

Página de un libro de texto PROPIEDADES DE LA SUMA

¿Cuál es la propiedad asociativa?

La **propiedad asociativa (de agrupación) de la suma** dice que puedes agrupar los sumandos de cualquier manera y la suma será la misma.

$$(3 + 1) + 2 = 6$$

> Los símbolos de agrupación, como los paréntesis, ( ), indican qué números sumar primero.

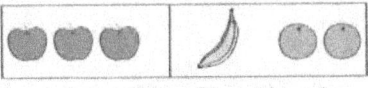

$$3 + (1 + 2) = 6$$

Así, $(3 + 1) + 2 = 3 + (1 + 2)$.

✔ Tema de plática

4. Evaristo dice, "Puedes reescribir $(5 + 3) + 2$ como $8 + 2$". ¿Estás de acuerdo? Explica.

¿Cuál es la propiedad de la identidad?

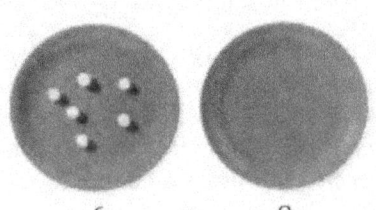

La **propiedad de la identidad (el cero) de la suma** dice que la suma de cualquier número y el cero es ese mismo número.

$$6 + 0 = 6$$

✔ Tema de plática

5. ¿Cómo puedes usar la propiedad de la identidad de la suma para obtener $536 + 0$?

VERIFICACIÓN ✔

Ver otro ejemplo en el Conjunto 2-1, en la p. 116.

Obtén cada suma.

1. $2 + (5 + 3)$ **2.** $3 + (1 + 4)$ **3.** $3 + 2 + 6$

Escribe el número faltante.

4. $5 + 2 = 2 + $ ___   **5.** ___ $ + 4 = 4$ **6.** $(1 + 4) + 3 = $ ___ $ + (4 + 3)$

7. Sentido numérico ¿Qué propiedad de la suma se utiliza en la siguiente proposición numérica? Explica. $4 + (5 + 2) = (5 + 2) + 4$

Fuente: Scott Foresman-Addison Wesley Math, Grade 3, 2008 (p. 67).

Perfeccionar sumas básicas

Un aspecto matemático importante son las *sumas básicas*. Las sumas básicas son las que incluyen la suma de un dígito más otro dígito, mismas que conocemos como "tablas de sumar". En la tira cómica de "Daniel el Travieso" se nota que Daniel todavía no conoce las tablas de sumar.

DANIEL EL TRAVIESO

"Decídete. ¡Primero me dices que 3 más 3 son seis, y ahora dices que 4 más 2 son seis!"

◆ *Nota de investigación*

Los estudiantes que están aprendiendo las tablas de sumar tendrían que familiarizarse con estrategias que incluyan sumas derivadas. Por ejemplo, 5 + 6 se puede transformar en (5 + 5) + 1, que puede resolverse obteniendo la suma más fácil del doble 5 + 5 = 10 y 1. Como estrategia, permite al estudiante desarrollar un sentido numérico y relaciones importantes entre ciertas combinaciones básicas de sumas; esto lo ayuda a recordar las sumas y lo dota de un mecanismo al cual puede recurrir (Fuson 1992). ◆

Un método para aprender sumas básicas es organizarlas de acuerdo con diferentes sumas derivadas basadas en estrategias, listadas a continuación.

1. **Seguir contando.** La estrategia de seguir contando a partir del mayor de los sumandos puede usarse en cualquier momento para sumar números completos, pero es ineficiente. La usamos cuando el otro sumando es 1, 2 ó 3. Por ejemplo, en la tira cómica Daniel pudo calcular 4 + 2 comenzando en 4 y continuar contando 5, 6. Asimismo, podemos calcular 3 + 3 comenzando en 3 y continuar contando 4, 5, 6.

2. **Dobles.** En la siguiente estrategia se usan los *dobles*. Los dobles, como el 3 + 3 de la tira cómica, llaman de manera especial la atención de los estudiantes. Después de dominar los dobles, es fácil aprender *dobles* + 1 y *dobles* + 2. Por ejemplo, si un estudiante sabe que 6 + 6 = 12, entonces 6 + 7 es (6 + 6) + 1, o uno más que el doble de 6, ó 13. Asimismo, 7 + 9 es (7 + 7) + 2, ó 2 más que el doble de 7, ó 16.

3. **Completar 10.** Otra estrategia es *completar 10* y después sumar el resto. Por ejemplo, podemos pensar 8 + 5 como se muestra en la figura 3-6. Nota que, en realidad, usamos la propiedad asociativa de la suma.

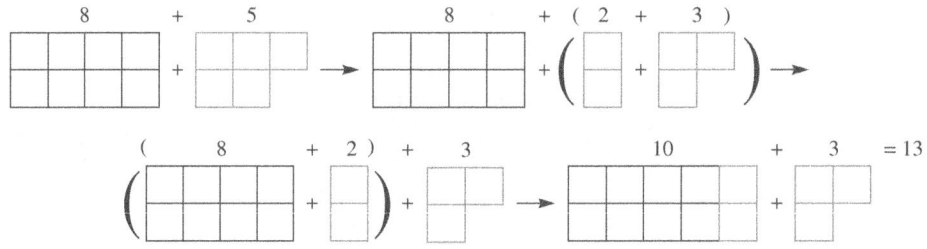

Figura 3-6

4. **Contar hacia atrás.** La estrategia de *contar hacia atrás* se usa cuando un número es 1 ó 2 menor que 10. Por ejemplo, como 9 es 1 menor que 10, entonces $9 + 7$ es 1 menos que $10 + 7$, ó 16. Usando símbolos, $9 + 7 = (10 + 7) - 1 = 17 - 1 = 16$. También, $8 + 7 = (10 + 7) - 2 = 17 - 2 = 15$.

Muchas sumas básicas se pueden clasificar en más de una estrategia. Por ejemplo, podemos hallar $9 + 8$ *completando* 10 como $9 + (1 + 7) = (9 + 1) + 7 = 10 + 7 = 17$, o podemos usar *dobles* $+ 1$ como $(8 + 8) + 1$.

Resta de números completos

En los *Puntos focales* para el grado 1 hallamos lo siguiente:

> Al comparar varias estrategias de solución, niñas y niños relacionan la suma y la resta como operaciones inversas. (p. 13)

En la escuela básica, las operaciones que se "deshacen" entre sí se llaman **operaciones inversas**. La resta o substracción es la operación inversa de la suma. Como se ve en la siguiente tira cómica, a veces resulta difícil para los estudiantes entender la relación inversa entre las dos operaciones.

B.C.

En los *Principios y objetivos* hallamos lo siguiente:

> Los estudiantes comprenden mejor la suma cuando resuelven problemas de sumando faltante que surgen en relatos o en la vida real. La resta se entiende mejor por medio de situaciones en que se necesita igualar dos colecciones o que una colección debe lograr un tamaño determinado. Algunos problemas, como "Carlos tenía tres galletas. María le dio algunas más, y ahora tiene ocho. ¿Cuántas galletas le dio?", pueden ayudar a los estudiantes a ver la relación entre la suma y la resta. (p. 83)

La resta de números completos se puede modelar por medio de varias estrategias de solución, incluyendo el modelo de *quitar elementos*, el modelo del *sumando faltante*, el modelo de *comparación* y el modelo de la *recta numérica* (*medición*).

Modelo de quitar elementos

En la suma, imaginamos un segundo conjunto de objetos añadidos a un primer conjunto, pero en la resta imaginamos un segundo conjunto de elementos como algo que *se va a quitar* del primero. Por ejemplo, supongamos que tenemos 8 cubos y quitamos 3. Lo ilustramos en la figura 3-7 y registramos este proceso como $8 - 3 = 5$.

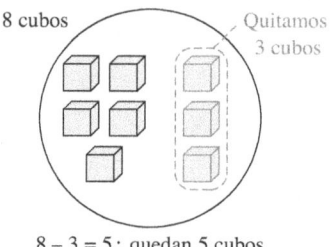

8 − 3 = 5 ; quedan 5 cubos

Figura 3-7

AHORA INTENTA ÉSTE 3-5 Recuerda que la suma de números completos se definió usando el concepto de unión de dos conjuntos ajenos. De manera análoga, plantea una definición de resta de números completos usando los conceptos de subconjuntos y de diferencia de conjuntos.

Modelo del sumando faltante

Un segundo modelo para la resta, el modelo del *sumando faltante*, relaciona la resta y la suma. En la figura 3-7 representamos $8 - 3$ como 8 cubos de los cuales "quitamos" 3 cubos. El número de cubos restantes es el número $8 - 3$, ó 5. Esto también puede pensarse como el número de cubos que deberíamos añadir a 3 cubos para obtener 8 cubos, esto es,

$$3 + \boxed{8 - 3} = 8$$

El número $8 - 3$, ó 5, es el **sumando faltante** en la ecuación

$$3 + \square = 8.$$

También podemos relacionar el enfoque del *sumando faltante* con los conjuntos o con una recta numérica. La resta $8 - 3$ se ilustra en la figura 3-8(a) usando conjuntos y en la figura 3-8(b) usando la recta numérica.

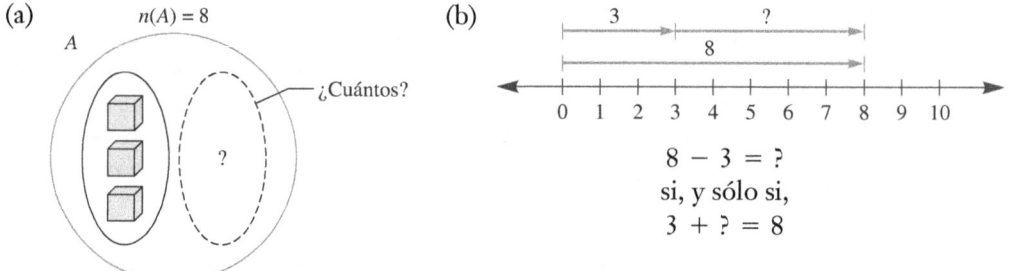

Figura 3-8

El modelo del sumando faltante proporciona una oportunidad para que los estudiantes de la escuela básica comiencen a practicar el razonamiento algebraico. Una incógnita es una parte principal del problema de hallar la diferencia $8 - 3$.

Los cajeros a veces usan el modelo del sumando faltante. Por ejemplo, si la entrada al cine es de $30 y pagan con un billete de $50, el cajero puede calcular el cambio diciendo "30 y 20 son 50". Esta idea puede generalizarse: para cualesquier números completos a y b tales que $a \geq b$, $a - b$ es el único número completo tal que $b + (a - b) = a$. Esto es, $a - b$ es la única solución de la ecuación $b + \square = a$. La definición se puede escribir como sigue:

Definición de resta de números completos

Para cualesquier números completos a y b tales que $a \geq b$, $a - b$ es el único número completo c tal que $b + c = a$.

Observa la siguiente página de muestra para que veas cómo se enseña a los estudiantes de grado 3 la relación existente entre suma y resta por medio de una **familia de hechos**. Responde las preguntas planteadas en *Tema de plática* al final de la página.

Modelo de comparación

Otra manera de considerar la resta es usando el modelo de *comparación*. Supongamos que Juan tiene 8 cubos y Susana tiene 3 cubos, y queremos saber cuántos cubos más tiene Juan respecto a Susana. Podemos parear los cubos de Susana con algunos de los cubos de Juan, como se muestra en la figura 3-9, y determinar que Juan tiene 5 cubos más que Susana. También escribimos esto como $8 - 3 = 5$.

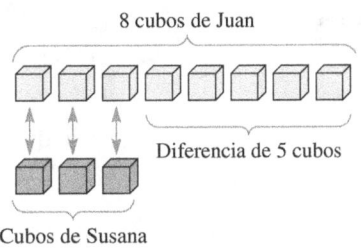

Figura 3-9

Modelo de la recta numérica (medición)

También podemos modelar la resta en una recta numérica, como se sugiere en la figura 3-10, donde se muestra que $5 - 3 = 2$.

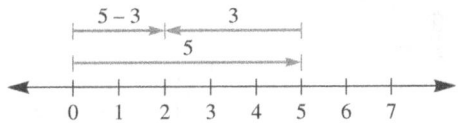

Figura 3-10

Los siguientes cuatro problemas ilustran por qué deben considerarse los cuatro modelos para la resta o substracción. En los cuatro problemas la respuesta es 5, pero cada uno se puede pensar usando un modelo diferente.

1. **Modelo de quitar elementos.** Alicia tenía $9 y gastó $4. ¿Cuánto le quedó?
2. **Modelo del sumando faltante.** Alicia ha leído 4 capítulos de un libro de 9 capítulos. ¿Cuántos capítulos le quedan por leer?
3. **Modelo de comparación.** Alicia tiene 9 libros y Beti tiene 4 libros. ¿Cuántos libros más tiene Alicia respecto a Beti?
4. **Modelo de la recta numérica.** Alicia recorrió en bicicleta 9 km en dos días. El segundo día recorrió 4 km. ¿Cuánto recorrió el primer día?

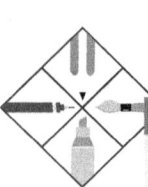

Página de un libro de texto   RELACIÓN ENTRE LA SUMA Y LA RESTA

Álgebra

Idea clave
Las cuentas relacionadas, o familias de hechos, muestran cómo están relacionadas la suma y la resta.

Vocabulario
- familia de hechos
- diferencia

¡Piensa!
Puedo trazar una figura del tipo **todo-en partes** para ilustrar la suma y la resta.

Relación entre la suma y la resta

Aprende

¿Cómo están relacionadas la suma y la resta?

Puedes pensar partes del todo para ilustrar cómo están relacionadas la suma y la resta.

Calentamiento

1. 2 + 5   2. 7 − 2
3. 3 + 9   4. 12 − 3
5. 4 + 7   6. 11 − 4

7. Hay 9 carros rojos y 8 carros azules. ¿Cuántos carros hay en total?

Todo

13
5	8

Parte   Parte

Puedes escribir una **familia de hechos** cuando conoces las partes y el todo.

Familia de hechos:

$5 + 8 = 13$ $13 - 8 = 5$
$8 + 5 = 13$ $13 - 5 = 8$

diferencia

Ejemplo

Halla $12 - 7$.

Lo que **piensas**	Lo que **escribes**
$7 + ? = 12$	
$7 + 5 = 12$	$12 - 7 = 5$

Tema de plática

1. ¿Cuáles son las otras tres proposiciones numéricas en la familia de hechos que contiene $6 + 3 = 9$?

2. ¿Qué suma básica te puede ayudar a obtener $11 - 3$?

Fuente: Scott Foresman-Addison Wesley Math, Grade 3, 2008 (p. 70).

Propiedades de la resta

En un intento por hallar $3 - 5$, usamos la definición de resta: $3 - 5 = c$ si, y sólo si, $c + 5 = 3$. Como no existe algún número completo c que satisfaga la ecuación, entonces $3 - 5$ no tiene sentido en el conjunto de números completos. En general, se puede demostrar que si $a < b$, entonces $a - b$ no tiene sentido en el conjunto de los números completos. Por lo tanto, la resta no es cerrada en el conjunto de los números completos.

AHORA INTENTA ÉSTE 3-6 ¿Cuáles de las siguientes propiedades se cumplen para la resta de números completos? Explica.

a. Propiedad de la cerradura
c. Propiedad conmutativa

b. Propiedad asociativa
d. Propiedad de la identidad

Álgebra elemental usando suma y resta de números completos

Expresiones como $9 + 5 = x$ y $12 - y = 4$ pueden ser verdaderas o falsas dependiendo de los valores de x y y. Por ejemplo, si $x = 10$, entonces $9 + 5 = x$ es falsa. Si $y = 8$, entonces $12 - y = 4$ es verdadera. Si el valor usado hace que la ecuación sea verdadera, es una **solución** de la ecuación.

AHORA INTENTA ÉSTE 3-7 Halla la solución en cada caso, donde x es un número completo:

a. $x + 8 = 13$ **b.** $15 - x = 8$ **c.** $x > 9$ y $x < 11$

Evaluación 3-1A

1. Da un ejemplo que muestre por qué, en la definición de suma, los conjuntos A y B deben ser ajenos.

2. ¿Para qué caso es cierto que $n(A) + n(B) = n(A \cup B)$?
  a. $A = \{a, b, c\}, B = \{d, e\}$
  b. $A = \{a, b, c\}, B = \{b, c\}$
  c. $A = \{a, b, c\}, B = \varnothing$

3. Si $n(A) = 3$, $n(B) = 5$ y $n(A \cup B) = 6$, ¿qué sabes acerca de $n(A \cap B)$?

4. Si $n(A) = 3$ y $n(A \cup B) = 6$,
  a. ¿Cuáles son los posibles valores de $n(B)$?
  b. Si $A \cap B = \varnothing$, ¿cuáles son los posibles valores de $n(B)$?

5. Explica si los conjuntos dados son cerrados bajo la suma:
  a. $B = \{0\}$
  b. $T = \{0, 3, 6, 9, 12, \dots\}$
  c. $N = \{1, 2, 3, 4, 5, \dots\}$
  d. $V = \{3, 5, 7\}$
  e. $\{x \mid x \in C$ y $x > 10\}$

6. Cada uno de los casos siguientes ejemplifica una de las propiedades de la suma de números completos. Identifica la propiedad ilustrada.
  a. $6 + 3 = 3 + 6$
  b. $(6 + 3) + 5 = 6 + (3 + 5)$
  c. $(6 + 3) + 5 = (3 + 6) + 5$
  d. $5 + 0 = 5 = 0 + 5$
  e. $5 + 0 = 0 + 5$
  f. $(a + c) + d = a + (c + d)$

7. En la definición de *menor que*, ¿puede reemplazarse el número natural k por el número completo k? ¿Por qué sí o por qué no?

8. a. Recuerda cómo definimos las relaciones de *menor que* y *mayor que*. Da una definición análoga usando el concepto de resta:
  i. $a < b$
  ii. $a > b$
  b. Usa la resta para definir $a \geq b$.

9. Halla los tres términos siguientes en cada una de las sucesiones aritméticas:
   a. 8, 13, 18, 23, 28, ____, ____, ____
   b. 98, 91, 84, 77, 70, 63, ____, ____, ____

10. Si A, B y C representan cada uno un solo dígito del 1 al 9, y si $A + B = C$, contesta:
   a. ¿Cuál es el mayor dígito que puede ser C? ¿Por qué?
   b. ¿Cuál es el mayor dígito que puede ser A? ¿Por qué?
   c. ¿Cuál es el menor dígito que puede ser C? ¿Por qué?
   d. Si A, B y C son pares, ¿qué número(s) puede(n) ser C? ¿Por qué?
   e. Si C es 5 más que A, ¿qué número(s) puede(n) ser B? ¿Por qué?
   f. Si A es 3 veces B, ¿qué número(s) puede(n) ser C? ¿Por qué?
   g. Si A es impar y A es 5 más que B, ¿qué número(s) puede(n) ser C? ¿Por qué?

11. Suponiendo que el patrón en la siguiente figura continúa, halla el total de los términos en el renglón número 50:

   1   1er renglón
   1 − 1   2° renglón
   1 − 1 + 1   3er renglón
   1 − 1 + 1 − 1   4° renglón
   1 − 1 + 1 − 1 + 1   5° renglón

12. Completa los cuadrados mágicos (en el capítulo 1 se definió cuadrado mágico):
   a.

	1	6
	5	7
4		2

   b.

17	10	
	14	
13	18	

13. a. En un juego de voleibol las jugadoras se formaron en una fila ordenadas por estatura. Si Queta es más baja que Miriam, Sandra es más alta que Miriam y Vera es más alta que Sandra, ¿quién es la más alta y quién la más baja?
   b. Escribe posibles estaturas para las jugadoras de la parte (a).

14. Reescribe cada uno de los problemas de resta como un problema equivalente de suma:
   a. $9 − 7 = x$
   b. $x − 6 = 3$
   c. $9 − x = 2$

15. Revisa la *Página de un libro de texto* anterior para recordar la descripción de *familia de hechos*.
   a. Escribe la familia de hechos para $8 + 3 = 11$.
   b. Escribe la familia de hechos para $13 − 8 = 5$.

16. ¿Qué condiciones, si existen, deben pedirse a a, b y c en los casos siguientes para asegurar que el resultado sea un número completo?
   a. $a − b$ b. $a − (b − c)$

17. Ilustra $8 − 5 = 3$ usando cada uno de los modelos siguientes:
   a. Quitar elementos   b. Sumando faltante
   c. Comparación   d. Recta numérica

18. Halla la solución para cada caso:
   a. $3 + (4 + 7) = (3 + x) + 7$
   b. $8 + 0 = x$
   c. $5 + 8 = 8 + x$
   d. $x + 8 = 12 + 5$

Evaluación 3-1B

1. ¿Para qué caso es cierto que $n(A) + n(B) = n(A \cup B)$?
   a. $A = \{a, b\}$, $B = \{d, e\}$
   b. $A = \{a, b, c\}$, $B = \{b, c, d\}$
   c. $A = \{a\}$, $B = \varnothing$

2. Si $n(A) = 3$, $n(B) = 5$ y $n(A \cap B) = 1$, ¿qué sabes acerca de $n(A \cup B)$?

3. Explica si los conjuntos dados son cerrados bajo la suma:
   a. $B = \{0, 1\}$
   b. $T = \{0, 4, 8, 12, 16, \dots\}$
   c. $F = \{5, 6, 7, 8, 9, 10, \dots\}$
   d. $\{x \mid x \in C \text{ y } x > 100\}$

4. El conjunto A tiene como elemento al 1. ¿Qué otros números completos deben estar en el conjunto A para que sea cerrado bajo la suma?

5. El conjunto A es cerrado bajo la suma y contiene a los números 2, 5 y 8. Lista otros seis elementos que deban estar en A.

6. Cada uno de los casos siguientes ejemplifica una de las propiedades de la suma de números completos. Llena el espacio en blanco para obtener una proposición verdadera e identifica la propiedad.
   a. $3 + 4 = $ ____ $+ 3$
   b. $5 + (4 + 3) = (4 + 3) + $ ____
   c. $8 + $ ____ $= 8$
   d. $3 + (4 + 5) = (3 + $ ____ $) + 5$
   e. $3 + 4$ es un número ____ único.

7. Cada uno de los casos siguientes ejemplifica una de las propiedades de la suma de números completos. Identifica la propiedad ilustrada.
   a. $6 + 8 = 8 + 6$
   b. $(6 + 3) + 0 = 6 + 3$

c. $(6 + 8) + 2 = (8 + 6) + 2$

d. $(5 + 3) + 2 = 5 + (3 + 2)$

8. Halla los tres términos siguientes en cada una de las sucesiones aritméticas:

   a. 5, 12, 19, 26, 33, ____, ____, ____

   b. 63, 59, 55, 51, 47, ____, ____, ____

9. Si A, B, C y D representan cada uno un solo dígito del 1 al 9, responde lo siguiente si

$$
\begin{array}{r}
A \\
+\ B \\
\hline
CD
\end{array}
$$

   a. ¿Cuál es el valor de C? ¿Por qué?

   b. ¿Puede ser D igual a 1? ¿Por qué?

   c. Si D es 7, ¿qué valores puede tomar A?

   d. Si A es 6 veces más que B, ¿cuál es el valor de D?

10. a. Un juego de dominó contiene todos los pares de números desde el doble 0 hasta el doble 6, donde cada par de números está presente una sola vez; por ejemplo, la siguiente ficha cuenta como 2-4 y 4-2. ¿Cuántas fichas hay en ese juego?

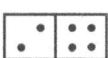

   b. Explica la importancia de la propiedad conmutativa cuando consideramos la suma de todos los puntos en una ficha de dominó.

11. Reescribe cada uno de los problemas de resta como un problema equivalente de suma:

   a. $9 - 3 = x$

b. $x - 5 = 8$

c. $11 - x = 2$

12. Revisa la *Página de un libro de texto* anterior para recordar la descripción de *familia de hechos*.

   a. Escribe la familia de hechos para $9 + 8 = 17$.

   b. Escribe la familia de hechos para $15 - 7 = 8$.

13. Muestra que cada uno de los casos siguientes es verdadero. Da una propiedad de la suma que justifique cada paso.

   a. $a + (b + c) = c + (a + b)$

   b. $a + (b + c) = (c + b) + a$

14. Ilustra $7 - 3 = 4$ usando cada uno de los modelos siguientes:

   a. Quitar elementos

   b. Sumando faltante

   c. Comparación

   d. Recta numérica

15. Halla la solución para cada caso:

   a. $12 - x = x + 6$

   b. $(9 - x) - 6 = 1$

   c. $3 + x = x + 3$

   d. $15 - x = x - 7$

   e. $14 - x = 7 - x$

16. Roberto tiene 11 lápices. Queta tiene 5 lápices. ¿Qué número le corresponde a la expresión que ilustra cuántos lápices más tiene Roberto?

   (i) $11 + 5 = 16$

   (ii) $16 - 5 = 11$

   (iii) $11 - 5 = 6$

   (iv) $11 - 6 = 5$

 ## Conexiones matemáticas 3-1

Comunicación

1. En una encuesta aplicada a 52 estudiantes, 22 dijeron que cursaban álgebra y 30 dijeron que cursaban biología. ¿Es necesariamente cierto que los 52 estudiantes cursaban álgebra o biología? ¿Por qué?

2. Para hallar $9 + 7$ una estudiante dice que piensa $9 + 7$ como $9 + (1 + 6) = (9 + 1) + 6 = 10 + 6 = 16$. ¿Qué propiedad o propiedades está usando?

3. En la figura 3-2 se usaron flechas para representar números y completar una suma. ¿Consideras que una flecha que comienza en 0 y termina en 3 representa el mismo número que una flecha que comienza en 4 y termina en 7? ¿Cómo lo explicarías a un alumno?

4. Cuando aparecen restas y sumas en una expresión sin paréntesis, hay el acuerdo de que las operaciones se efectúen en orden de aparición, de izquierda a derecha. Tomando esto en cuenta, responde lo siguiente:

   a. Usa un modelo apropiado para la resta a fin de explicar por qué

$$a - b - c = a - c - b$$

   suponiendo que las expresiones tengan sentido.

b. Usa un modelo apropiado para la resta a fin de explicar por qué

$$a - b - c = a - (b + c)$$

5. Explica por qué crees que sea importante que los estudiantes de educación básica aprendan más de un modelo para efectuar las operaciones de suma y resta.

6. ¿Deben los estudiantes de nivel básico aprender las sumas y restas básicas (es decir, las tablas), aun cuando aprender a usar la calculadora sea parte de su programa de estudios? ¿Por qué sí o por qué no?

7. Explica cómo es posible usar el modelo siguiente para ilustrar cada una de las sumas y restas:

   a. $9 + 4 = 13$ **b.** $4 + 9 = 13$

   c. $4 = 13 - 9$ **d.** $9 = 13 - 4$

13

9	4

8. ¿Cómo están relacionadas la suma y la resta? Explica.

9. ¿Por qué el 0 no es una identidad para la resta? Explica.

Solución abierta

10. Describe algún modelo no incluido en este libro que usarías para enseñar a sumar a tus alumnos.

11. Supón que $A \subseteq B$. Si $n(A) = a$ y $n(B) = b$, entonces $b - a$ podría definirse como $n(B - A)$. Escoge dos conjuntos A y B e ilustra esta definición.

12. a. Redacta un problema para el cual el modelo de conjuntos sería el más apropiado para mostrar que $25 + 8 = 33$.

   b. Redacta un problema para el cual el modelo de la recta numérica (medición) sería el más apropiado para mostrar que $25 + 8 = 33$.

Aprendizaje colectivo

13. Analiza con tu grupo cada uno de los casos siguientes. Usa la tabla de sumas básica.

+	0	1	2	3	4	5	6	7	8	9
0	0	1	2	3	4	5	6	7	8	9
1	1	2	3	4	5	6	7	8	9	10
2	2	3	4	5	6	7	8	9	10	11
3	3	4	5	6	7	8	9	10	11	12
4	4	5	6	7	8	9	10	11	12	13
5	5	6	7	8	9	10	11	12	13	14
6	6	7	8	9	10	11	12	13	14	15
7	7	8	9	10	11	12	13	14	15	16
8	8	9	10	11	12	13	14	15	16	17
9	9	10	11	12	13	14	15	16	17	18

   a. ¿Cómo se muestra en la tabla la propiedad de la cerradura?

   b. ¿Cómo se muestra en la tabla la propiedad conmutativa?

   c. ¿Cómo se muestra en la tabla la propiedad de la identidad?

   d. ¿Cómo pueden ayudar las propiedades de la suma para que los estudiantes aprendan la tabla de sumas básicas?

14. Supón que un sistema numérico usa sólo cuatro símbolos, a, b, c y d, y que la operación Δ y el sistema funcionan según se muestra en la tabla. Analiza con tu grupo cada caso.

Δ	a	b	c	d
a	a	b	c	d
b	b	c	d	a
c	c	d	a	b
d	d	a	b	c

   a. ¿El sistema es cerrado? ¿Por qué?

   b. ¿El sistema es conmutativo? ¿Por qué?

   c. ¿Hay un elemento identidad en el sistema? De ser así, ¿cuál es?

   d. Mediante varios ejemplos, investiga el comportamiento de la propiedad asociativa de esta operación.

15. Cada una de las personas del grupo escoja un libro de texto de diferente grado y describa cómo y cuándo introduce la resta de números completos. Compárenlos con las diferentes maneras en que se trató la resta en esta sección.

Preguntas del salón de clase

16. Un alumno dice que el 0 es la identidad para la resta. ¿Cómo le respondes?

17. Un alumno afirma que en la siguiente recta numérica, la flecha realmente no representa al 3 pues el inicio de la flecha no comienza en 0. ¿Cómo le respondes?

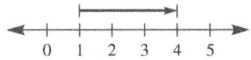

18. Una alumna pregunta por qué usamos la resta para saber cuántos lápices más tiene Roberto que Queta si no se ha quitado nada. ¿Cómo le respondes?

19. Una alumna afirma que la resta es cerrada respecto a los números completos. Para mostrar que esto es cierto, ella muestra que $8 - 5 = 3$, $5 - 2 = 3$, $6 - 1 = 5$ y $12 - 7 = 5$, y dice que ella puede seguir todo el día mostrando ejemplos como estos, en que se obtengan números completos cuando se efectúe la resta. ¿Cómo le respondes?

20. Jonathan asegura que puede obtener la misma respuesta al problema siguiente sumando hacia arriba (comenzando con $4 + 7$) o sumando hacia abajo (comenzando con $8 + 7$). Él quiere saber por qué, y si esto funciona siempre. ¿Cómo le contestas?

Preguntas del *Third International Mathematics and Science Study* (TIMSS) (Tercer Estudio Internacional sobre las Matemáticas y la Ciencia)

Alberto tiene 50 manzanas. Vendió algunas y le quedaron 20. ¿Cuál de las siguientes expresiones numéricas muestra esto?

   a. $\Box - 20 = 50$

   b. $20 - \Box = 50$

   c. $\Box - 50 = 20$

   d. $50 - \Box = 20$

TIMSS 2003, Grado 4

La regla de la tabla es que los números en cada renglón y cada columna deben sumar lo mismo. ¿Qué número va en el centro de la tabla?

   a. 1

   b. 2

   c. 7

   d. 12

4	11	6
9		5
8	3	10

TIMSS 2003, Grado 4

ROMPECABEZAS Usa la figura 3-11 para diseñar un *cuadrado antimágico*. Esto es, usa cada uno de los dígitos 1, 2, 3, 4, 5, 6, 7, 8 y 9 exactamente una vez de manera que toda columna, renglón y diagonal tenga una suma diferente.

Figura 3-11

3-2   Algoritmos para la suma y la resta de números completos

En los *Puntos focales en el currículo* correspondiente al grado 2 hallamos lo siguiente respecto a la soltura para efectuar sumas y restas de números con varios dígitos:

> Las niñas y los niños usan la comprensión que tienen de la suma para desarrollar una manera rápida de recordar las tablas de la suma y las correspondientes tablas de la resta. Resuelven problemas aritméticos al aplicar la comprensión que tienen de los modelos de la suma y la resta (tales como combinar o separar conjuntos, o usar rectas numéricas), de las relaciones y propiedades del número (como el valor posicional), y de las propiedades de la suma (conmutatividad y asociatividad). Desarrollan, discuten y usan de manera eficiente, precisa y generalizable métodos para sumar y restar números completos de varios dígitos. Seleccionan y aplican métodos apropiados para estimar sumas y diferencias o para calcularlas mentalmente dependiendo del contexto y de los números implícitos. Desarrollan soltura en el manejo de procedimientos eficientes, incluyendo los algoritmos convencionales, para sumar y restar números completos; entienden por qué funcionan los procedimientos (con base en el valor posicional y las propiedades de las operaciones) y los usan para resolver problemas. (p. 14)

En los *Principios y objetivos* también hallamos algo acerca de *soltura computacional* y los *algoritmos convencionales.*

> Para finales del grado 2 los estudiantes deberán saber las combinaciones básicas de suma y resta, tener habilidad para sumar números de dos dígitos y conocer métodos para restar números de dos dígitos. En el nivel de los grados 3 a 5, conforme los estudiantes desarrollen las combinaciones básicas de números para multiplicar y dividir, también deberán desarrollar algoritmos confiables para resolver, de manera eficiente y precisa, problemas aritméticos. Estos métodos deberán aplicarse a números grandes y practicarlos para lograr un manejo hábil . . . los estudiantes deben lograr soltura para efectuar cálculos aritméticos —deben tener métodos eficientes y precisos, basados en una comprensión de los números y las operaciones. Los algoritmos "convencionales" para cálculos aritméticos son un medio de lograr esta soltura. (p. 35)

En la sección anterior introdujimos las operaciones de suma y resta de números completos y ahora, según se señala en los *Puntos focales* y en los *Principios y objetivos*, es el momento de concentrarnos en lograr *soltura computacional* —disponer y usar métodos eficientes y precisos para calcular. Los *Principios y objetivos* sugieren que manejar los "algoritmos convencionales" es un medio para lograr esta soltura. Un **algoritmo** (llamado así en honor del matemático persa del siglo noveno MUHAMMAD AL-JWÂRIZMÎ) es un procedimiento sistemático utilizado para efectuar una operación. En el Anuario de 1998 del *National Council of Teachers of Mathematics* (NCTM) (Consejo Nacional de Maestros de Matemáticas de Estados Unidos), *Teaching and Learning Algorithms in School Mathematics*, (Enseñanza y aprendizaje de algoritmos en las matemáticas escolares), USISKIN afirmó que "los algoritmos son generalizaciones que dan cuerpo a una de las principales razones para estudiar matemáticas —hallar la manera de resolver *clases* de problemas. Cuando conocemos un algoritmo podemos completar no sólo una tarea, sino todas las tareas de un tipo determinado y tenemos la garantía de obtener una respuesta o respuestas. El poder de un algoritmo radica en la amplitud de su aplicabilidad". (p. 10)

En esta sección nos concentramos en desarrollar y comprender algoritmos para la suma y la resta. Además de los algoritmos convencionales, desarrollaremos otros alternativos.

Algoritmos para la suma

Para enseñar matemáticas a niñas y niños pequeños, es importante apoyarlos en la transición del pensamiento concreto al abstracto mediante el uso de técnicas similares a su proceso de maduración. Para que niñas y niños comprendan cómo usar los algoritmos de papel y lápiz deberán, primero, explorar la suma usando recursos didácticos manipulables. Si pueden tocar y mover objetos como fichas, cuentas, un ábaco o cubos de base diez, se les podrá conducir (y con frecuencia lo harán, de manera natural, por sí mismos) a la creación de los algoritmos para la suma. A continuación usaremos cubos de base diez para ilustrar el desarrollo de un algoritmo para sumar números completos.

Supón que vamos a sumar $14 + 23$. Comenzaremos con el modelo concreto de la figura 3-12(a), pasaremos al algoritmo expandido de la figura 3-12(b) y después abordaremos el algoritmo convencional de la figura 3-12(c).

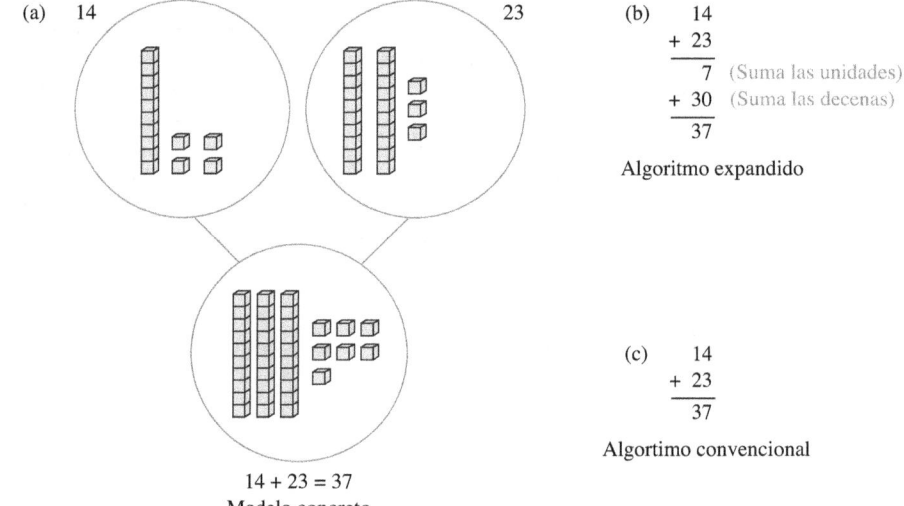

Figura 3-12

Una justificación más formal para esta suma, que usualmente no se presenta en el nivel básico, es la siguiente:

$$14 + 23 = (1 \cdot 10 + 4) + (2 \cdot 10 + 3) \qquad \text{Valor posicional}$$
$$= (1 \cdot 10 + 2 \cdot 10) + (4 + 3) \qquad \text{Propiedades conmutativa y asociativa de la suma}$$
$$= (1 + 2)10 + (4 + 3) \qquad \text{Propiedad distributiva de la multiplicación sobre la suma}$$
$$= 3 \cdot 10 + 7 \qquad \text{Suma básica de dígitos}$$
$$= 37 \qquad \text{Valor posicional}$$

 En la *Página de un libro de texto* (página 129) vemos un ejemplo de sumar números de dos dígitos reagrupándolos mediante cubos de base diez. El método de Cati lleva al *algoritmo expandido* y el método de Quique lleva al *algoritmo convencional*. Cada uno de estos algoritmos se analiza en detalle en la página 130. Nota que en la *Página de un libro de texto* se pide a los estudiantes estimar sus respuestas antes de efectuar el algoritmo. Esto constituye una buena práctica y permite desarrollar un sentido numérico, además de ayudar a los estudiantes a ver si sus respuestas son razonables. Estudia la página de un libro de texto y responde las preguntas del *Tema de plática*.

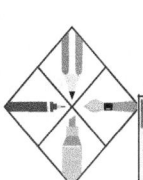

Página de un libro de texto   **SUMA DE NÚMEROS DE DOS DÍGITOS**

Lección 3-1

Idea clave
Para sumar, puedes separar números usando el valor posicional.

Vocabulario
• reagrupar

Reflexión

¡Piensa!
• Debo **estimar** para saber si mi respuesta es razonable.
• Puedo usar **bloques de valor posicional** para ilustrar la suma.

Suma de números de dos dígitos

Calentamiento

Usa matemática mental.
1. $48 + 20$ 2. $63 + 11$
3. $71 + 8$ 4. $53 + 5$

Aprende

¿Cómo sumas números de dos dígitos?

Ejemplo

Carlos contó 46 catarinas en un tronco y 78 más en unos arbustos. ¿Cuántas catarinas contó en total?

Halla $46 + 78$

Estima: redondeo 46 a 50, redondeo 78 a 80.

$50 + 80 = 130$; así, la respuesta debe estar alrededor de 130.

Lo que **piensas**	Lo que **escribes**

Según Cati
• Suma las unidades
  $6 + 8 = 14$ unidades
• Suma las decenas
  4 decenas + 7 decenas = 11 decenas = 110
• Obtén la suma

11 decenas   14 unidades

```
   46
 + 78
 ----
   14
  110
 ----
  124
```

Según Quique
• Suma las unidades
  $6 + 8 = 14$ unidades
• **Reagrupa** 14 unidades como 1 decena y 4 unidades.
• Suma las decenas
  1 decena + 4 decenas + 7 decenas = 12 decenas
• Obtén la suma

14 unidades = 1 decena 4 unidades

```
    1
   46
 + 78
 ----
  124
```

Carlos contó 124 catarinas en total.

✓ **Tema de plática**

1. ¿Por qué Quique escribió un 1 pequeño sobre el 4 en el lugar de las decenas?

2. ¿Por qué debes estimar cuando sumas números de dos dígitos?

126

Fuente: Scott Foresman–Addison Wesley Mathematics, Grade 3, 2008 (p. 126)

Después de dominar modelos concretos con reagrupamiento, niñas y niños deberán estar en condiciones de usar los algoritmos expandido y convencional. En la figura 3-13 se muestra el cálculo de 37 + 28 usando ambos algoritmos. Nota que en la figura 3-13(b), cuando hay más de 10 unos, reagrupamos 10 unos como un diez y después sumamos las decenas. Nota que ahora son de uso común en el salón de clase las palabras *reagrupar* o *intercambiar* para describir lo que llamábamos *llevar*.

(a)

$$37$$
$$+\ 28$$
$$\overline{15} \quad \text{(Sumamos las unidades)}$$
$$+\ 50 \quad \text{(Sumamos las decenas)}$$
$$\overline{65}$$

Algoritmo expandido

(b)

$$\overset{1}{3}7$$
$$+\ 28$$
$$\overline{65} \quad \text{(Sumamos las unidades, reagrupamos y}$$
$$\text{sumamos las decenas)}$$

Algoritmo convencional

Figura 3-13

A continuación sumamos dos números de tres dígitos mediante dos reagrupamientos. En la figura 3-14 se muestra cómo sumar 186 + 127 usando cubos de base diez y cómo este modelo concreto conlleva el algoritmo convencional.

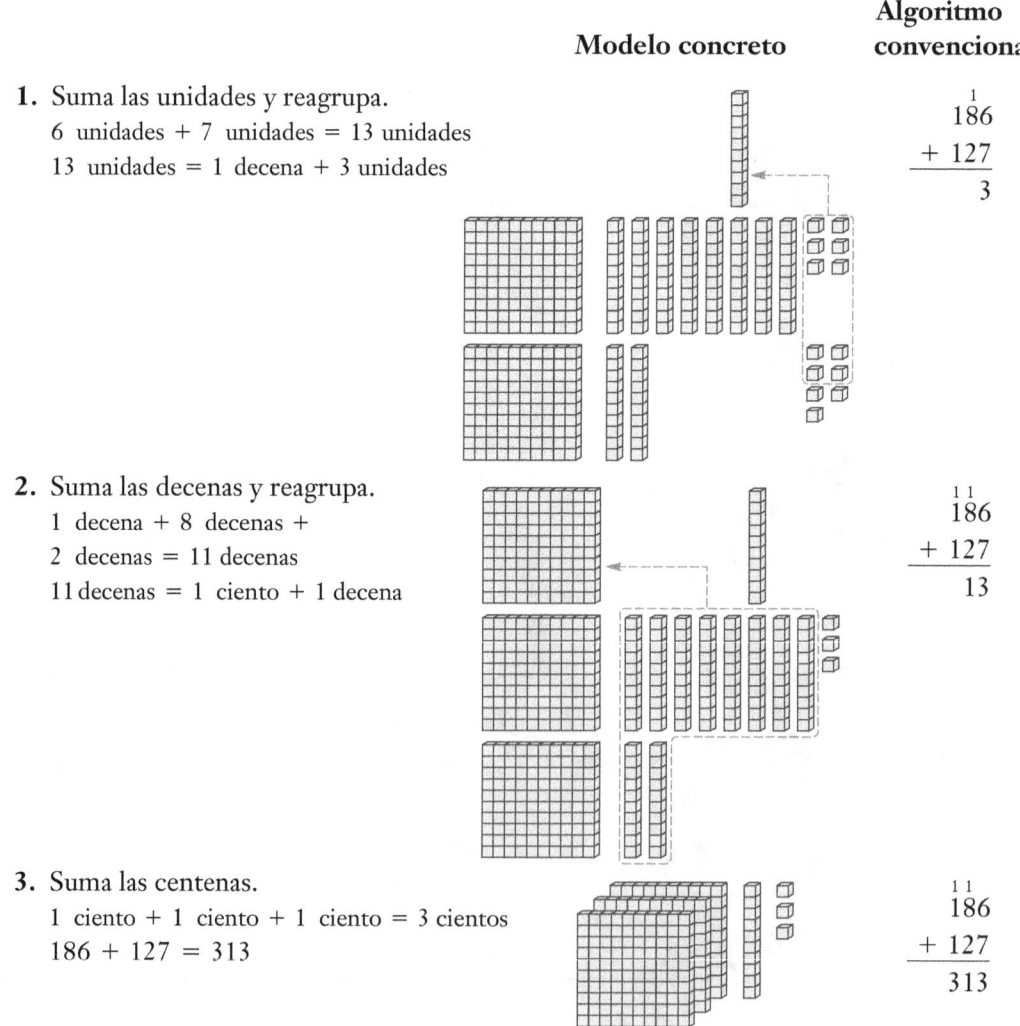

	Modelo concreto	**Algoritmo convencional**

1. Suma las unidades y reagrupa.

    6 unidades + 7 unidades = 13 unidades

    13 unidades = 1 decena + 3 unidades

$$\overset{1}{1}86$$
$$+\ 127$$
$$\overline{3}$$

2. Suma las decenas y reagrupa.

    1 decena + 8 decenas +

    2 decenas = 11 decenas

    11 decenas = 1 ciento + 1 decena

$$\overset{1\ 1}{1}86$$
$$+\ 127$$
$$\overline{13}$$

3. Suma las centenas.

    1 ciento + 1 ciento + 1 ciento = 3 cientos

    186 + 127 = 313

$$\overset{1\ 1}{1}86$$
$$+\ 127$$
$$\overline{313}$$

Figura 3-14

Con frecuencia los estudiantes desarrollan sus propios algoritmos. Al investigar cómo trabajan y si en verdad funcionan varios algoritmos, se avanza en el aprendizaje. La suma por medio de cubos conlleva, de manera natural, la forma expandida y el uso de intercambios usados anteriormente. Por ejemplo, considera la suma siguiente:

$$
\begin{array}{r}
376 \\
459 \\
+\ 8716 \\
\hline
\end{array}
\quad \text{ó} \quad
\begin{array}{r}
3\cdot 10^2 + 7\cdot 10 + 6 \\
4\cdot 10^2 + 5\cdot 10 + 9 \\
8\cdot 10^3 + 7\cdot 10^2 + 1\cdot 10 + 6 \\
\hline
8\cdot 10^3 + 14\cdot 10^2 + 13\cdot 10 + 21
\end{array}
$$

Para completar la suma se usan intercambios. Ahora considera un problema de álgebra análogo, de suma de polinomios:

$$(3x^2 + 7x + 6) + (4x^2 + 5x + 9) + (8x^3 + 7x^2 + x + 6) \text{ ó}$$

$$
\begin{array}{r}
3x^2 + 7x + 6 \\
4x^2 + 5x + 9 \\
+\ 8x^3 + 7x^2 + x + 6 \\
\hline
8x^3 + 14x^2 + 13x + 21
\end{array}
$$

Nota que si $x = 10$, la suma es la misma que la anterior. Nota también que conocer el valor posicional en problemas de suma ayuda a desarrollar el pensamiento algebraico. A continuación exploramos varios algoritmos que se han usado a lo largo de la historia.

Algoritmo de izquierda a derecha para la suma

Como niñas y niños aprenden a leer de izquierda a derecha, parece natural que traten de sumar de izquierda a derecha. Al trabajar con cubos de base diez muchas niñas y niños combinan, en efecto, primero las piezas mayores y después las menores. Este método tiene la ventaja de que hace énfasis en el valor posicional. Un algoritmo de izquierda a derecha es como sigue:

$$
\begin{array}{rcl}
 & & \begin{array}{r} 568 \\ +\ 757 \\ \hline \end{array} \\
(500 + 700) & \rightarrow & 1200 \\
(60 + 50) & \rightarrow & 110 \\
(8 + 7) & \rightarrow & 15 \\
& & \overline{1325}
\end{array}
\qquad \longrightarrow \qquad
\begin{array}{r}
568 \\
+\ 757 \\
\hline
12\cancel{1}5 \\
{\scriptstyle 3\ 2}
\end{array}
\ \rightarrow\ 1325
$$

Explica por qué funciona esta técnica y aplícala para sumar $9076 + 4689$.

Algoritmo de retícula para la suma

Presentamos este algoritmo efectuando una suma de dos números de cuatro dígitos. Por ejemplo,

$$
\begin{array}{c}
3\ \ 5\ \ 6\ \ 7 \\
+\ 5\ \ 6\ \ 7\ \ 8 \\
\hline
\begin{array}{|c|c|c|c|}
\hline
0\diagup & 1\diagup & 1\diagup & 1\diagup \\
\diagup 8 & 1\diagup 3 & \diagup 5 \\
\hline
\end{array} \\
9\ \ 2\ \ 4\ \ 5
\end{array}
$$

Para usar este algoritmo, suma los dígitos del valor posicional del número de arriba a los dígitos del número de abajo, de derecha a izquierda, y registra el resultado en una retícula. Después suma las diagonales. Nota que esto es muy parecido al algoritmo expandido que introdujimos antes. Practica esta técnica con $4578 + 2691$.

Algoritmo de la marca para la suma

Se considera que el algoritmo de la marca para la suma es un *algoritmo relajado* pues permite a los estudiantes efectuar sumas complicadas mediante varias sumas de dos dígitos. Presentamos un ejemplo:

1. 87
   6$\cancel{5}$$_2$
   + 49
      Suma los números en las unidades comenzando desde arriba. Cuando la suma es 10 ó más, registra esta suma trazando una marca que cruce el último dígito sumado y escribiendo el número de unidades junto al dígito marcado. Por ejemplo, como $7 + 5 = 12$, la "marca" representa 10 y el 2 representa las unidades.

2. 87
   6$\cancel{5}$$_2$
   + 4$\cancel{9}$$_1$
      Continúa sumando las unidades, incluidos los nuevos dígitos. Cuando, de nuevo, el resultado de la suma sea 10 ó más, como en $2 + 9 = 11$, repite el proceso descrito en (1).

3. ^{2}87
   6$\cancel{5}$$_2$
   + 4$\cancel{9}$$_1$
     1
      Cuando se complete la primera columna de suma, escribe el número de las unidades, 1, abajo de la línea de suma en el valor posicional adecuado. Cuenta las marcas, 2, y suma este número en la segunda columna.

4. ^{2}8$_0$7
   6 $\cancel{5}$$_2$
   $\cancel{4}_0\cancel{9}_1$
   2 0 1
      Repite el procedimiento para cada columna sucesiva hasta la última columna que tenga valores diferentes de cero. Ahora suma las marcas y coloca el número a la izquierda de la posición actual.

Prueba esta técnica con $56 + 23 + 34 + 67$.

Algoritmos para resta

Como sucede con la suma, los cubos de base diez proporcionan un modelo concreto para la resta. Observa cómo usamos cubos de base diez para efectuar la resta $243 - 61$: primero representamos 243 con 2 losas, 4 barras y 3 unidades, como se muestra en la figura 3-15.

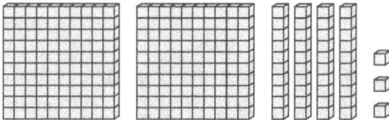

Figura 3-15

Para restar o substraer 61 de 243, tratamos de quitar 6 barras y 1 unidad de los cubos de la figura 3-15. Podemos eliminar 1 unidad, como en la figura 3-16.

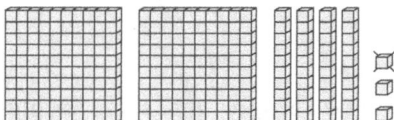

Figura 3-16

Para eliminar 6 barras de la figura 3-16, necesitamos intercambiar 1 losa por 10 barras, como se muestra en la figura 3-17.

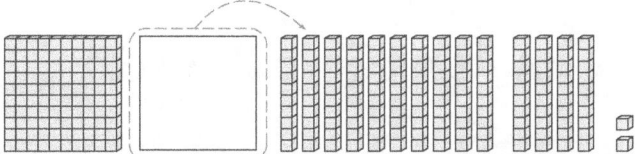

Figura 3-17

Ahora podemos eliminar, quitar o "retirar" 6 barras, quedando 1 losa, 8 barras y 2 unidades, ó 182, como se muestra en la figura 3-18.

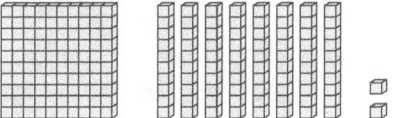

Figura 3-18

  El trabajo de los estudiantes por medio de discusiones y registro de resultados con cubos de base diez los conduce al desarrollo del algoritmo convencional, como se ve en la página 134. Realiza el trabajo señalado en (a)–(f) de la *Página de un libro de texto*.

 **AHORA INTENTA ÉSTE 3-8** Usa cubos de base diez y la suma para verificar que $243 - 61 = 182$.

La resta de números completos usando cubos conlleva, de manera natural, la forma expandida y el intercambio. Por ejemplo, considera el siguiente problema de resta, que ya hicimos con cubos:

$$
\begin{array}{r} 243 \\ -\ 61 \\ \hline \end{array}
\ \text{ó}\
\begin{array}{r} 2 \cdot 10^2 + 4 \cdot 10 + 3 \\ -\ (6 \cdot 10 + 1) \\ \hline \end{array}
\ \text{ó}\
\begin{array}{r} 1 \cdot 10^2 + 14 \cdot 10 + 3 \\ -\ (6 \cdot 10 + 1) \\ \hline 1 \cdot 10^2 + (14 - 6)10 + (3 - 1) \end{array}
$$

cuyo resultado es 182. Nota que para completar la substracción usamos intercambios. Así como con la suma, vemos que al calcular restas es útil comprender el valor posicional.

Algoritmo de los sumandos iguales

El algoritmo de los sumandos iguales para la resta está basado en el hecho de que la diferencia entre dos números no cambia si se suma la misma cantidad a ambos números. Por ejemplo, $93 - 27 = (93 + 3) - (27 + 3)$. Así, la diferencia se puede calcular como $96 - 30 = 66$. Usando este enfoque, podríamos efectuar la resta en la *Página de un libro de texto* como sigue:

$$
\begin{array}{r} 255 \\ -\ 163 \\ \hline \end{array}
\ \rightarrow\
\begin{array}{r} 255 + 7 \\ -\ (163 + 7) \\ \hline \end{array}
\ \rightarrow\
\begin{array}{r} 262 \\ -\ 170 \\ \hline \end{array}
\ \rightarrow\
\begin{array}{r} 262 + 30 \\ -\ (170 + 30) \\ \hline \end{array}
\ \rightarrow\
\begin{array}{r} 292 \\ -\ 200 \\ \hline 92 \end{array}
$$

Página de un libro de texto **MODELOS PARA RESTAR NÚMEROS DE TRES DÍGITOS**

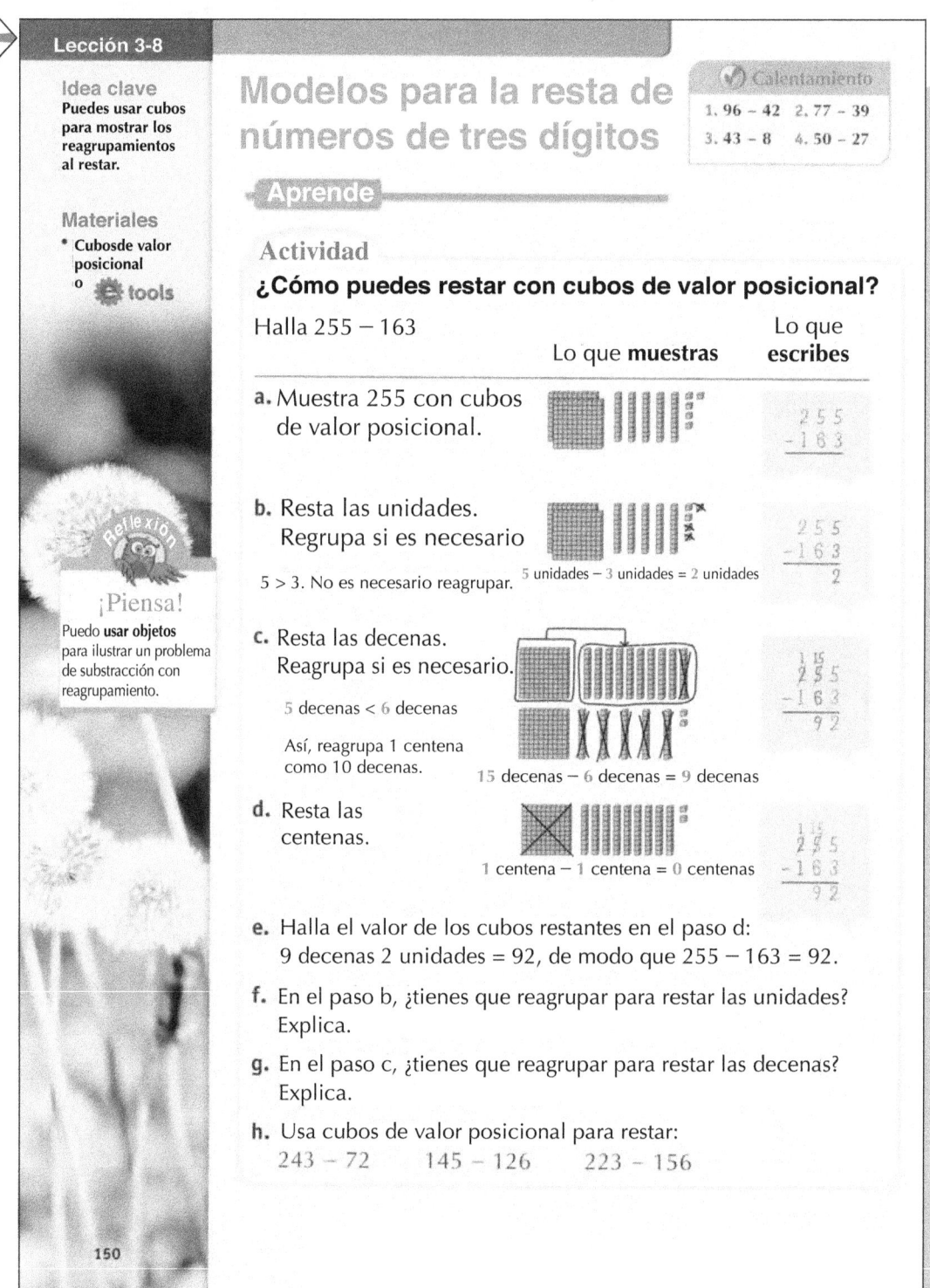

Lección 3-8

Idea clave
Puedes usar cubos para mostrar los reagrupamientos al restar.

Materiales
* Cubosde valor posicional
  o ⚙ tools

Reflexión

¡Piensa!
Puedo **usar objetos** para ilustrar un problema de substracción con reagrupamiento.

150

Modelos para la resta de números de tres dígitos

✓ Calentamiento
1. 96 – 42   2. 77 – 39
3. 43 – 8   4. 50 – 27

Aprende

Actividad

¿Cómo puedes restar con cubos de valor posicional?

Halla 255 – 163

| | Lo que **muestras** | Lo que **escribes** |

a. Muestra 255 con cubos de valor posicional.

```
  255
- 163
```

b. Resta las unidades. Regrupa si es necesario

5 > 3. No es necesario reagrupar.   5 unidades – 3 unidades = 2 unidades

```
  255
- 163
    2
```

c. Resta las decenas. Reagrupa si es necesario.

5 decenas < 6 decenas

Así, reagrupa 1 centena como 10 decenas.   15 decenas – 6 decenas = 9 decenas

```
  1 15
  2 5 5
- 1 6 3
    9 2
```

d. Resta las centenas.

1 centena – 1 centena = 0 centenas

```
  1 15
  2 5 5
- 1 6 3
    9 2
```

e. Halla el valor de los cubos restantes en el paso d: 9 decenas 2 unidades = 92, de modo que 255 – 163 = 92.

f. En el paso b, ¿tienes que reagrupar para restar las unidades? Explica.

g. En el paso c, ¿tienes que reagrupar para restar las decenas? Explica.

h. Usa cubos de valor posicional para restar:

243 – 72   145 – 126   223 – 156

Fuente: Scott Foresman-Addison Wesley Mathematics, Grade 3, 2008 (p. 150).

AHORA INTENTA ÉSTE 3-9 Juanita asegura que un método similar al de los *sumandos iguales* para la resta también funciona para la suma. Dice que en un problema de suma, "puedes sumar la misma cantidad a un número que la que restas del otro". Por ejemplo, $68 + 29 = (68 - 1) + (29 + 1)$. Así, la suma se puede calcular como $67 + 30 = 97$ o como $(68 + 2) + (29 - 2) = 70 + 27 = 97$. (i) Explica por qué es válido este método y (ii) úsalo para calcular $97 + 69$.

Comprensión de sumas y restas en bases diferentes a diez

Conocer los cálculos en otras bases ayuda a comprender los cálculos en base diez. Usar cubos multibase puede ayudar a construir la tabla de sumar para diferentes bases, y es altamente recomendable. La tabla 3-1 es una tabla de sumar para la base cinco.

Tabla 3-1 Tabla de sumar para la base cinco

+	0	1	2	3	4
0	0	1	2	3	4
1	1	2	3	4	10
2	2	3	4	10	11
3	3	4	10	11	12
4	4	10	11	12	13

AHORA INTENTA ÉSTE 3-10 Escribe lo siguiente como numerales en base cinco:

a. $444_{cinco} + 1_{cinco}$ **b.** $13_{cinco} + 13_{cinco}$

Usando los resultados de la tabla 3-1, desarrollamos algoritmos para la suma en base cinco similares a los de la suma en base diez. En la figura 3-19(a) mostramos el cálculo usando un modelo concreto; en la figura 3-19(b) usamos el algoritmo expandido; en la figura 3-19(c) usamos el algoritmo convencional.

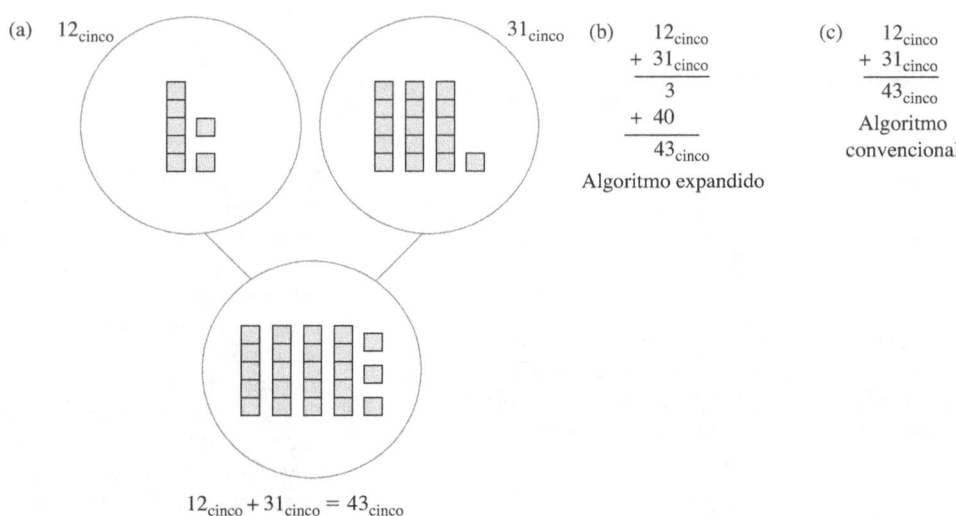

Figura 3-19

La tabla de restar para la base cinco se puede obtener de la tabla de sumar, por medio de la definición de resta. Por ejemplo, para hallar $12_{cinco} - 4_{cinco}$, recordamos que $12_{cinco} - 4_{cinco} = c_{cinco}$ si, y sólo si, $c_{cinco} + 4_{cinco} = 12_{cinco}$. De la tabla 3-1, vemos que $c = 3_{cinco}$. En la figura 3-20 presentamos un ejemplo de resta, $32_{cinco} - 14_{cinco}$, reagrupando.

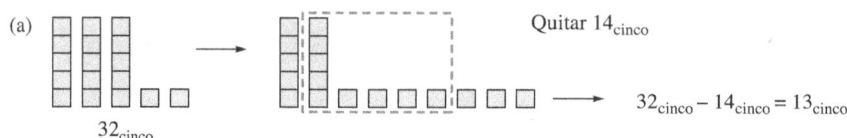

(a)

Quitar 14_{cinco}

$32_{cinco} - 14_{cinco} = 13_{cinco}$

32_{cinco}

(b)

Cincos	Unidades
3	2
− 1	4

Cincos	Unidades
2	12
− 1	4
1	3

(c)
$$\begin{array}{r} \overset{2\ 1}{32}_{cinco} \\ -\ 14_{cinco} \\ \hline 13_{cinco} \end{array}$$

Figura 3-20

AHORA INTENTA ÉSTE 3-11

a. Construye una tabla de sumar para la base dos.
b. Usa la tabla de sumar de la parte (a) para obtener (i) $1101_{dos} - 111_{dos}$, (ii) $1111_{dos} + 111_{dos}$

ROMPECABEZAS El número de una placa de automóvil consta de cinco dígitos. Al colocar la placa de cabeza la podemos leer, pero el valor de la placa, de cabeza, es 78,633 mayor que el número real de la placa. ¿Cuál es el número de la placa?

Evaluación 3-2A

1. Halla los dígitos faltantes:

a.

$$\begin{array}{r} \_\ \_\ 1 \\ +\ 4\ 2\ \_ \\ \hline \_\ 4\ 0\ 2 \end{array}$$

b.

$$\begin{array}{r} \_\ 0\ 2\ 5 \\ 1\ 1\ \_\ 6 \\ +\ 3\ 1\ 4\ 8 \\ \hline 6\ \_\ 6\ \_ \end{array}$$

2. Traza una figura semejante a la figura 3-14 para ilustrar el uso de cubos de base diez al calcular $29 + 37$.

3. Coloca los dígitos 7, 6, 8, 3, 5 y 2 en las cajas para obtener:
a. la mayor suma.   b. la menor suma.

$$\begin{array}{r} \Box\Box\Box \\ +\ \Box\Box\Box \\ \hline \end{array}$$

4. La dieta de René le permite sólo 1500 calorías diarias. En el desayuno René tomó leche descremada (90 calorías), un waffle sin miel (120 calorías) y un plátano (119 calorías). Para el almuerzo tomó $\frac{1}{2}$ taza de ensalada (185 calorías) con mayonesa (110 calorías) y té (0 calorías). Después comió un pay de nuez (570 calorías). ¿Puede cenar pescado (250 calorías), una $\frac{1}{2}$ taza de ensalada sin mayonesa y té?

5. Guille registró sus gastos de la semana pasada. Su salario fue de $1500 más $540 de tiempo extra y $2600 de propinas. Sus gastos de transporte fueron de $220, los de comida fueron de $600, sus costos de lavandería fueron de $150, en diversión gastó $580 y su renta fue de

$1850. ¿Le quedó dinero? ¿Cuánto?

6. En el siguiente problema la suma es correcta, pero los dígitos de cada sumando están en desorden. Corrige los sumandos para obtener la suma correcta.

$$
\begin{array}{r}
2834 \\
+\ 6315 \\
\hline
9059
\end{array}
\qquad
\begin{array}{r}
\square\square\square\square \\
+\ \square\square\square\square \\
\hline
9059
\end{array}
$$

7. Usa el enfoque de los sumandos iguales para calcular:

a.
$$
\begin{array}{r}
93 \\
-\ 37 \\
\hline
\end{array}
$$

b.
$$
\begin{array}{r}
321 \\
-\ 38 \\
\hline
\end{array}
$$

8. Juana resolvió sus problemas para sumar colocando la suma parcial como se muestra aquí:

$$
\begin{array}{r}
569 \\
+\ 645 \\
\hline
14 \\
10 \\
11 \\
\hline
1214
\end{array}
$$

a. Usa este método para resolver:

(i)
$$
\begin{array}{r}
687 \\
+\ 549 \\
\hline
\end{array}
$$
(ii)
$$
\begin{array}{r}
359 \\
+\ 673 \\
\hline
\end{array}
$$

b. Explica por qué funciona el algoritmo.

9. Analiza los cálculos siguientes. Explica cuál es el error en cada caso.

a.
$$
\begin{array}{r}
28 \\
+\ 75 \\
\hline
913
\end{array}
$$

b.
$$
\begin{array}{r}
28 \\
+\ 75 \\
\hline
121
\end{array}
$$

c.
$$
\begin{array}{r}
305 \\
-\ 259 \\
\hline
154
\end{array}
$$

d.
$$
\begin{array}{r}
{}^{2\,10}\!\!\cancel{3}05 \\
-\ 259 \\
\hline
56
\end{array}
$$

10. Da razones para cada uno de los pasos siguientes:

$$
\begin{aligned}
16 + 31 &= (1 \cdot 10 + 6) + (3 \cdot 10 + 1) \\
&= (1 \cdot 10 + 3 \cdot 10) + (6 + 1) \\
&= (1 + 3)10 + (6 + 1) \\
&= 4 \cdot 10 + 7 \\
&= 47
\end{aligned}
$$

11. En cada caso, justifica el algoritmo convencional de la suma usando el valor posicional de los números, las pro-piedades conmutativa y asociativa de la suma, y la propie-dad distributiva de la multiplicación sobre la suma:

a. $68 + 23$
b. $174 + 285$
c. $2458 + 793$

12. Usa el algoritmo de la retícula para efectuar:

a. $4358 + 3864$
b. $4923 + 9897$

13. Efectúa cada una de las operaciones siguientes usando las bases mostradas:

a. $43_{cinco} + 23_{cinco}$
b. $43_{cinco} - 23_{cinco}$
c. $432_{cinco} + 23_{cinco}$
d. $42_{cinco} - 23_{cinco}$
e. $110_{dos} + 11_{dos}$
f. $10001_{dos} - 111_{dos}$

14. Construye una tabla de sumar para la base ocho.

15. Efectúa cada una de las operaciones siguientes:

a.
$$
\begin{array}{r}
3\ \text{h}\ 36\ \text{min}\ 58\ \text{s} \\
+\ 5\ \text{h}\ 56\ \text{min}\ 27\ \text{s} \\
\hline
\end{array}
$$
b.
$$
\begin{array}{r}
5\ \text{h}\ 36\ \text{min}\ 38\ \text{s} \\
-\ 3\ \text{h}\ 56\ \text{min}\ 58\ \text{s} \\
\hline
\end{array}
$$

16. La calculadora de Andrés no estaba funcionando correc-tamente. Cuando tecleaba $\boxed{8}\,\boxed{+}\,\boxed{6}\,\boxed{=}$, aparecía el nu-meral 20 en la pantalla. Cuando tecleaba $\boxed{5}\,\boxed{+}\,\boxed{4}\,\boxed{=}$, se presentaba el 13. Cuando tecleaba $\boxed{1}\,\boxed{5}\,\boxed{-}\,\boxed{3}\,\boxed{=}$, se mostraba el 9. ¿Qué piensas que estaba haciendo la calculadora de Andrés?

17. Usa suma con marcas para efectuar:

a.
$$
\begin{array}{r}
432 \\
976 \\
+\ 1418 \\
\hline
\end{array}
$$

b.
$$
\begin{array}{r}
32_{cinco} \\
13_{cinco} \\
22_{cinco} \\
43_{cinco} \\
23_{cinco} \\
+\ 12_{cinco} \\
\hline
\end{array}
$$

18. Realiza cada una de las operaciones siguientes:

a.
$$
\begin{array}{r}
4\ \text{gruesas}\ 4\ \text{docenas}\ 6\ \text{unidades} \\
-\ \qquad\quad 5\ \text{docenas}\ 9\ \text{unidades} \\
\hline
\end{array}
$$

b.
$$
\begin{array}{r}
2\ \text{gruesas}\ 9\ \text{docenas}\ 7\ \text{unidades} \\
+\ 3\ \text{gruesas}\ 5\ \text{docenas}\ 9\ \text{unidades} \\
\hline
\end{array}
$$

19. Determina cuál es el error:

$$
\begin{array}{r}
22_{cinco} \\
+\ 33_{cinco} \\
\hline
55_{cinco}
\end{array}
$$

20. Coloca los números faltantes:

a.
$$
\begin{array}{r}
2\_\_{}_{cinco} \\
-\ 2\ 2_{cinco} \\
\hline
\_\,0\ 3_{cinco}
\end{array}
$$

b. $2\,0\,0\,1\,0_{\text{tres}}$
$$\underline{-\,2\,-\,2\,-_{\text{tres}}}$$
$$1\,-\,2\,-\,1_{\text{tres}}$$

21. Halla el numeral que debe colocarse en el espacio en blanco de manera que cada ecuación sea verdadera. No conviertas a base diez.

   a. $3423_{\text{cinco}} - $ _____ $= 2132_{\text{cinco}}$
   b. $11011_{\text{dos}} + $ _____ $= 100000_{\text{dos}}$
   c. $DOO_{\text{doce}} - $ _____ $= 1$
   d. $1000_{\text{cinco}} + $ _____ $= 10000_{\text{cinco}}$

22. Un palíndromo es cualquier número que se lee lo mismo hacia adelante que hacia atrás, por ejemplo 121 y 2332. Intenta lo siguiente: comienza con cualquier número. ¿Es un palíndromo? De no ser así, invierte el orden de los dígitos y suma este número al original. ¿El resultado es un palíndromo? De no ser así, repite el procedimiento anterior hasta obtener un palíndromo. Por ejemplo, comienza con 78. Vemos que 78 no es un palíndromo, y sumamos: $78 + 87 = 165$. Como 165 tampoco es un palíndromo, sumamos: $165 + 561 = 726$. Nuevamente, 726 no es un palíndromo, luego entonces sumamos $726 + 627$ para obtener 1353. Finalmente, $1353 + 3531$ produce 4884, que es un palíndromo.

   a. Aplica este método a los números siguientes:
      (i) 93   **(ii)** 588   **(iii)** 2003
   b. Halla un número para el cual el procedimiento descrito requiera más de cinco pasos para formar un palíndromo.

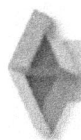

Evaluación 3-2B

1. Halla los dígitos faltantes:

   a. $3\,\_\,\_$
   $$\underline{-\,1\,5\,9}$$
   $$\_\,2\,4$$

   b. $1\,\_\,\_\,\_\,6$
   $$\underline{-\quad\ \ 8\,3\,0\,9}$$
   $$4\,9\,8\,7$$

2. Traza una figura semejante a la figura 3-12 para ilustrar el uso de cubos de base diez al calcular $46 + 38$.

3. Coloca los dígitos 7, 6, 8, 3, 5 y 2 en los cuadros para obtener:
   a. la mayor diferencia.
   b. la menor diferencia.

$$\square\square\square$$
$$\underline{-\,\square\square\square}$$

4. En el siguiente problema la suma es correcta, pero los dígitos de cada sumando están en desorden. Corrige los sumandos para obtener la suma correcta.

$$\begin{array}{r}8354 \\ +3456 \\ \hline 11729\end{array}\qquad\begin{array}{r}\square\square\square\square \\ +\square\square\square\square \\ \hline 1\,1\,7\,2\,9\end{array}$$

5. Usa el enfoque de los sumandos iguales para calcular:

   a. $\begin{array}{r}86 \\ -38 \\ \hline\end{array}$ **b.** $\begin{array}{r}582 \\ -44 \\ \hline\end{array}$

6. Juana resolvió sus problemas para sumar colocando la suma parcial como se muestra aquí:

$$\begin{array}{r}569 \\ +645 \\ \hline 14 \\ 10 \\ 11 \\ \hline 1214\end{array}$$

Usa este método para resolver:

   a. $\begin{array}{r}985 \\ +356 \\ \hline\end{array}$

   b. $\begin{array}{r}413 \\ +89 \\ \hline\end{array}$

7. Analiza los cálculos siguientes. Explica cuál es el error en cada caso.

   a. $\begin{array}{r}135 \\ +47 \\ \hline 172\end{array}$

   b. $\begin{array}{r}87 \\ +25 \\ \hline 1012\end{array}$

   c. $\begin{array}{r}57 \\ -38 \\ \hline 21\end{array}$

   d. $\begin{array}{r}56 \\ -18 \\ \hline 48\end{array}$

8. Jorge está preparando una cena. Sólo puede cocinar un platillo a la vez en su horno de microondas. El pavo tarda 75 min, el pastel tarda 18 min, los rollos tardan 45 s y una taza de café tarda 30 s en calentar. ¿Cuánto tiempo necesita para cocinar la cena?

9. Da razones para cada uno de los pasos siguientes:

$$\begin{aligned}123 + 45 &= (1\cdot 10^2 + 2\cdot 10 + 3) + (4\cdot 10 + 5) \\ &= 1\cdot 10^2 + (2\cdot 10 + 4\cdot 10) + (3 + 5) \\ &= 1\cdot 10^2 + (2 + 4)10 + (3 + 5) \\ &= 1\cdot 10^2 + 6\cdot 10 + 8 \\ &= 168\end{aligned}$$

10. En cada caso, justifica el algoritmo convencional de la suma usando el valor posicional de los números, las propiedades conmutativa y asociativa de la suma, y la

propiedad distributiva de la multiplicación sobre la suma:
   a. 46 + 32
   b. 3214 + 783
11. Usa el algoritmo de la retícula para efectuar:
   a. 2345 + 8888
   b. 8713 + 4214
12. Efectúa cada una de las operaciones siguientes usando las bases mostradas:
   a. $43_{cinco} - 24_{cinco}$
   b. $143_{cinco} + 23_{cinco}$
   c. $32_{cinco} - 23_{cinco}$
   d. $232_{cinco} + 43_{cinco}$
   e. $110_{dos} + 111_{dos}$
   f. $10001_{dos} - 101_{dos}$
13. Construye una tabla de sumar para la base seis.
14. Efectúa las operaciones siguientes ($2\,c = 1\,pt$, $2\,pt = 1\,qt$, $4\,qt = 1\,gal$):
   a.   1 qt 1 pt 1 c
         $+$ 1 pt 1 c

   b.   1 qt   1c
         $-$ 1 pt 1c

   c. 1 gal 3 qt 1 c
         $-$ 4 qt 2 c
15. El siguiente es un cuadrado supermágico tomado de un grabado de Durero llamado *Melancolía*. Nota el 1514 en el renglón inferior; es el año en que lo hizo.

16	3	2	13
5	10	11	8
9	6	7	12
4	15	14	1

   a. Halla la suma de cada renglón, la suma de cada columna y la suma de cada diagonal.
   b. Halla la suma de los cuatro números del centro.
   c. Halla la suma de los cuatro números de las esquinas.
   d. Suma 11 a cada número del cuadrado. ¿Sigue siendo un cuadrado mágico? Explica tu respuesta.
   e. Resta 11 de cada número del cuadrado. ¿Sigue siendo mágico?
16. Usa la suma con marcas para efectuar:
   a.   537
            318
         $+ 2345$

   b. 41_{seis}
            32_{seis}
            22_{seis}
            43_{seis}
            22_{seis}
         $+54_{seis}$

17. Determina cuál es el error:

$$23_{seis}$$
$$+\ 43_{seis}$$
$$\overline{66_{seis}}$$

18. Halla el numeral que debe colocarse en el espacio en blanco de manera que cada ecuación sea verdadera. No conviertas a base diez.
   a. $342_{cinco} - \underline{\quad} = 213_{cinco}$
   b. $1101_{dos} - \underline{\quad} = 1011_{dos}$
   c. $O08_{doce} - \underline{\quad} = 9_{doce}$
   d. $100_{dos} + \underline{\quad} = 10000_{dos}$
19. Los Halcones jugaron un partido de baloncesto contra Los Ciervos. Con base en la información proporcionada abajo, completa la tabla en donde se muestran los puntos anotados por cada equipo en cada cuarto, así como el marcador final.

Equipos	Cuartos				Marcador final
	1	2	3	4	
Halcones					
Ciervos					

   a. Los Halcones anotaron 15 puntos en el primer cuarto.
   b. Los Halcones iban abajo 5 puntos al final del primer cuarto.
   c. Los Ciervos anotaron 5 puntos más en el segundo cuarto de los que anotaron en el primer cuarto.
   d. Los Halcones anotaron 7 puntos más que Los Ciervos en el segundo cuarto.
   e. Los Ciervos rebasaron por 6 puntos a Los Halcones en el cuarto cuarto.
   f. Los Halcones alcanzaron un marcador final de 120 puntos.
   g. Los Halcones anotaron el doble de puntos en el tercer cuarto de los que anotaron Los Ciervos en el primer cuarto.
   h. Los Ciervos anotaron la misma cantidad de puntos en el tercer cuarto que Los Halcones en la suma de los dos primeros cuartos.
20. **a.** Coloca los números del 24 al 32 en los círculos siguientes, de modo que las sumas sean las mismas en cada dirección:

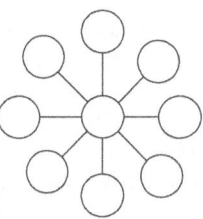

   b. ¿Cuántos números diferentes pueden colocarse en el centro para obtener una solución?

Conexiones matemáticas 3-2

Comunicación

1. Analiza el mérito del siguiente algoritmo para la suma en donde primero sumamos las unidades, después las decenas, después las centenas y después el total:

$$
\begin{array}{r}
479 \\
+\ 385 \\
\hline
14 \\
150 \\
+\ 700 \\
\hline
864
\end{array}
$$

2. En el ejemplo siguiente usamos un enfoque de reagrupamiento para la resta. Analiza la conveniencia de este enfoque para la enseñanza.

$$
\begin{array}{r}
843 \\
-\ 568 \\
\end{array}
\rightarrow
\begin{array}{r}
800 + 40 + 3 \\
-(500 + 60 + 8) \\
\end{array}
\rightarrow
$$

$$
\begin{array}{r}
800 + 30 + 13 \\
-(500 + 60 +\ \ 8) \\
\end{array}
\rightarrow
\begin{array}{r}
700 + 130 + 13 \\
-(500 +\ \ 60 +\ \ 8) \\
\hline
200 +\ \ 70 +\ \ 5 \\
\end{array}
= 275
$$

3. Lara, una estudiante de cuarto grado, suma agregando y restando el mismo número. Ella suma como sigue:

$$
\begin{array}{r}
39 \\
+\ 84 \\
\end{array}
\rightarrow
\begin{array}{r}
39 + 1 \\
+\ 84 - 1 \\
\end{array}
\rightarrow
\begin{array}{r}
40 \\
+\ 83 \\
\hline
123
\end{array}
$$

¿Cómo responderías si fueras su maestra?

4. Explica por qué funciona el algoritmo de las marcas.

5. En esta sección introdujimos el algoritmo de *sumandos iguales*. A continuación mostramos cómo funciona el algoritmo para 1464 − 687:

$$
\begin{array}{r}
1\ 4\ 6^1\ 4 \\
-\ \ \ 6^9\ 8\ 7 \\
\hline
7
\end{array}
$$

(Suma 10 a las 4 unidades para obtener 14 unidades.)
(Suma 1 decena a las 8 decenas para obtener 9 decenas.)
(Resta las unidades.)

Pasemos ahora a la segunda columna.

$$
\begin{array}{r}
1\ 4^1\ 6^1\ 4 \\
-\ ^7 6^9\ 8\ 7 \\
\hline
7\ \ 7\ 7
\end{array}
$$

(Suma 10 decenas a 6 decenas para obtener 16 decenas.)
(Suma 1 centena a las 6 centenas para obtener 7 centenas.)
(Resta las 9 decenas de las 16 decenas y después las 7 centenas de las 14 centenas.)

a. Aplica esta técnica a otras tres restas.

b. Explica por qué funciona el algoritmo de sumandos iguales.

6. Cati halló su propio algoritmo para la resta. Lo hace así:

$$
\begin{array}{r}
97 \\
-\ 28 \\
\hline
-\ 1 \\
+\ 70 \\
\hline
69
\end{array}
$$

¿Cómo le responderías si fueras su maestra?

7. Analiza por qué, en los algoritmos para la suma y resta, se usan las palabras *reagrupar* y *cambiar* o *intercambiar* en lugar de *llevar* y *pedir*.

8. Considera el siguiente algoritmo para la substracción.
a. Explica cómo funciona.
b. Usa este algoritmo para hallar 787 − 398.

$$
\begin{array}{r}
585 \\
-\ 277 \\
\hline
385 \\
285 \\
+\ 23 \\
\hline
308
\end{array}
$$

Solución abierta

9. Busca o desarrolla un algoritmo para sumar o restar números completos y escribe una descripción de tu algoritmo de modo que otros lo puedan comprender y usar.

Aprendizaje colectivo

10. En esta sección les hemos presentado varios algoritmos. Analiza con tu grupo si conviene impulsar a niñas y niños para que desarrollen y usen sus propios algoritmos para la suma y resta de números completos, o si se les debe enseñar un solo algoritmo por operación y todos los estudiantes deben usar sólo un algoritmo.

Preguntas del salón de clase

11. Para hallar 68 − 19, Pepe comenzó restando 9 − 8. ¿Cómo le puedes ayudar?

12. Gilda restó 415 − 212 y obtuvo 303. Te pregunta si está bien. ¿Cómo le responderías?

13. Beti obtuvo que 518 − 49 = 469. Como ella no sabía si estaba bien, trató de verificar su respuesta sumando 518 + 49. ¿Cómo le puedes ayudar?

14. Se pide a una niña calcular 7 + 2 + 3 + 8 + 11 y ella escribe $7 + 2 = 9 + 3 = 12 + 8 = 20 + 11 = 31$. Al notar que la respuesta es correcta, ¿cómo reaccionarías si fueras su maestro?

Problemas de repaso

15. ¿El conjunto $\{1, 2, 3\}$ es cerrado bajo la suma? ¿Por qué?

16. Da un ejemplo de la propiedad asociativa de la suma de los números completos.

Preguntas del *National Assessment of Educational Progress* (NAEP) (Evaluación Nacional del Progreso Educativo)

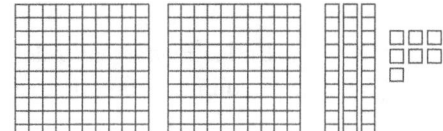

La figura anterior representa 237. ¿Qué número es

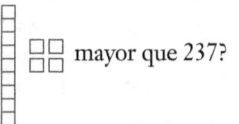 mayor que 237?

a. 244 **b.** 249 **c.** 251 **d.** 377

NAEP 2007, Grado 4

El puente Ben Franklin tenía 75 años en 2001. ¿En qué año tenía el puente 50 años?

a. 1951 **b.** 1976 **c.** 1984 **d.** 1986

NAEP 2007, Grado 4

ACTIVIDAD DE LABORATORIO

1. En la figura 3-21(a) se muestra un tipo de ábaco japonés, el *soroban*. En este ábaco una barra separa dos conjuntos de cuentas. Cada cuenta arriba de la barra representa cinco veces las cuentas de abajo de la barra. Los números se describen moviendo las cuentas hacia la barra. Se ilustra el número 7632. Practica mostrando y sumando números en este ábaco.

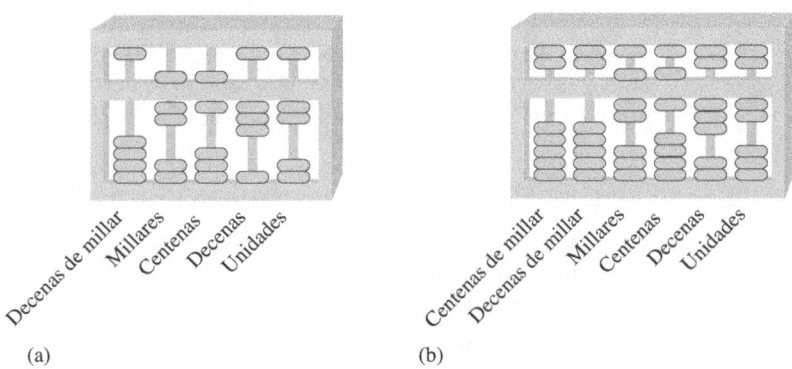

(a)   (b)

Figura 3-21

2. El ábaco chino, *suan pan* (ver la Figura 3-21(b)), aún se usa hoy día. Este ábaco es similar al japonés, pero tiene dos cuentas arriba de la barra y cinco cuentas debajo de ella. Se ilustra el número 7632. Practica mostrando y sumando números con este ábaco. Compara la facilidad de uso de las dos versiones.

3-3   Multiplicación y división de números completos

En los *Puntos focales* del grado 3 hallamos lo siguiente respecto a la multiplicación y división de números completos:

> Las personas (estudiantes) comprenden los significados de multiplicación y división de números completos por medio de representaciones (p.ej., grupos de igual tamaño, arreglos, modelos de área y "saltos" iguales sobre la recta numérica para la multiplicación, así como substracciones sucesivas, particiones y repartos para la división). Usan las propiedades de la suma y la multiplicación (p.ej., conmutatividad, asociatividad y distributividad) para multiplicar números completos y aplicar estrategias cada vez más sofisticadas basadas en estas propiedades, para resolver problemas de multiplicación y división que impliquen el manejo de las tablas. Al comparar varias estrategias de solución, las personas relacionan a la multiplicación y la división como operaciones inversas. (p. 15)

Más aún, en los *Puntos focales* del grado 3 vemos la relación entre el estudio de la multiplicación y división de números completos y el estudio del álgebra.

> Comprender las propiedades de la multiplicación y la relación entre multiplicación y división es parte de la preparación en álgebra que se desarrolla en el grado 3. En este grado es cuando debiera ocurrir la creación y análisis de patrones y relaciones que incluyan la multiplicación y división. Los estudiantes construyen la base para una posterior comprensión de relaciones funcionales al describir relaciones en un contexto, con proposiciones como "El número de patas es 4 veces el número de sillas". (p. 15)

Estas citas de los *Puntos focales* marcan el tono y propósito de esta sección. Analizamos representaciones que pueden ayudar a los estudiantes a comprender los significados de multiplicación y división. Desarrollamos la propiedad distributiva de la multiplicación sobre la suma junto con la relación de la multiplicación y la división como operaciones inversas.

Multiplicación de números completos

En esta sección exploramos el tipo de problemas que tiene el Abuelo en la tira cómica *Peanuts*. ¿Por qué piensas que tiene más problemas con "9 por 8" que con "3 por 4"? Si las tablas, o multiplicaciones básicas, sólo se memorizan, se pueden olvidar. Pero si los estudiantes tienen una comprensión conceptual de las multiplicaciones básicas cuando las necesiten, entonces pueden obtener todas las tablas aunque no las recuerden automáticamente.

Modelo de la suma repetida

En la página 144 de muestra de un libro de texto, vemos que si tenemos 4 grupos de tres brochas podemos usar la suma para colocar juntos a los grupos. Cuando juntamos grupos del mismo tamaño podemos usar la multiplicación. Podemos pensar en combinar 4 conjuntos de 3 objetos en un solo conjunto. Los 4 conjuntos de 3 sugieren la suma siguiente:

$$\underbrace{3 + 3 + 3 + 3}_{\text{cuatro 3}} = 12$$

Escribimos $3 + 3 + 3 + 3$ como $4 \cdot 3$ y decimos "cuatro veces tres" o "tres multiplicado por cuatro", o bien "tres por cuatro". Cuando el número de sumandos es grande, es evidente la ventaja de la notación de multiplicación sobre la suma repetida; por ejemplo, si tenemos 25 grupos de 3 brochas, podemos hallar el número total de brochas sumando 25 tres ó $25 \cdot 3$.

El modelo de la *suma repetida* se puede ilustrar de diversas maneras, entre ellas el uso de una recta numérica y de arreglos. Por ejemplo, si usamos barras coloreadas de longitud 4, podemos ver que la longitud de cinco barras de 4 se puede hallar colocando una después de otra, como en la figura 3-22(a). La figura 3-22(b) muestra el proceso por medio de flechas en una recta numérica.

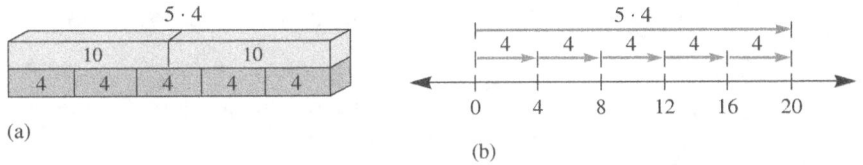

(a)

(b)

Figura 3-22

La característica de operación constante, en una calculadora, puede relacionar la multiplicación con la suma. Los estudiantes pueden obtener productos en la calculadora sin usar la tecla $\boxed{\times}$. Por ejemplo, si una calculadora tiene la *característica de constante*, entonces 5×3 se puede hallar tecleando $\boxed{+}\ \boxed{3}\ \boxed{=}\ \boxed{=}\ \boxed{=}\ \boxed{=}\ \boxed{=}$. Cada presión del signo igual añadirá 3 al valor en la pantalla. (Algunas calculadoras pueden funcionar de manera diferente.)

Como se señala en la *Nota de investigación*, si sólo se tiene acceso al modelo de la "suma repetida" para la multiplicación, se puede provocar una confusión. En esta sección presentamos otros tres modelos para estudiar la multiplicación: los modelos del *arreglo* y del *área*, y el modelo del *producto cartesiano*.

Nota de investigación

A los estudiantes que están aprendiendo la multiplicación como una operación conceptual hay que presentarles varios modelos (por ejemplo, el arreglo y el área). Conocer "la multiplicación sólo como suma repetida" y el término mismo *veces*, llevan a confundir aspectos básicos de la multiplicación que complican las extensiones futuras a decimales y fracciones (Bell *et al*. 1989; English y Halford 1995). ◆

Nota histórica

William Oughtred (1574–1660), matemático inglés, hizo énfasis en el uso de símbolos matemáticos. Fue el primero en introducir el uso de la "cruz de San Andrés" (×) como símbolo de la multiplicación. Este símbolo no se adoptó de inmediato pues, según lo objetó Gottfried Wilhelm von Leibniz (1646–1716), se podía confundir fácilmente con la letra *x*. Leibniz adoptó el uso del punto (·) para indicar la multiplicación, que se volvió de uso común. ◆

Página de libro de texto
LA MULTIPLICACIÓN COMO SUMA REPETIDA

Lección 5-1

Álgebra

Idea clave
Multiplicar es una manera rápida de sumar grupos iguales.

Vocabulario
• multiplicación
• factor
• producto

Material
• fichas
o **tools**

Reflexión

¡Piensa!
Puedo usar **objetos** para mostrar grupos iguales.

La multiplicación como suma repetida

Aprende

✓ Calentamiento
1. 2 + 2 + 2
2. 3 + 3 + 3 + 3
3. 5 + 5 + 5 + 5 + 5

Actividad

¿Cómo puedes hallar el total?

Hay **4 grupos de 3** brochas.

Puedes usar la suma para juntar los grupos.

$$3 + 3 + 3 + 3 = 12$$ **Expresión de suma**

Cuando juntas **grupos iguales**, también puedes usar la **multiplicación**.

Dices: 4 veces 3 es igual a 12

Escribes: $4 \times 3 = 12$ **Expresión de multiplicación**

      factor   factor   producto

a. Escribe una expresión de suma y una expresión de multiplicación para mostrar el número total de fichas.

b. Usa fichas y traza una figura para ilustrar los grupos descritos a continuación. Para cada figura, escribe una expresión de suma y una expresión de multiplicación que ilustre cuántas fichas hay en total.

5 grupos de 2
4 grupos de 5
3 grupos de 3

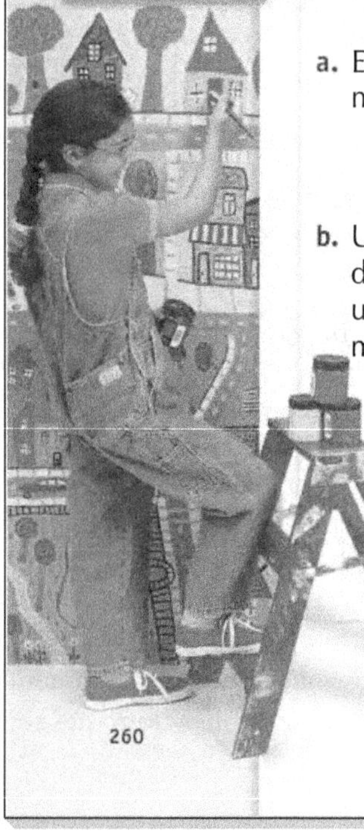

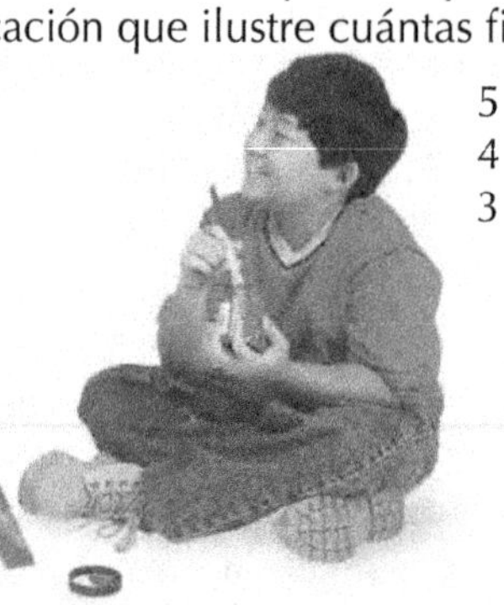

Consulta en la RED
More Examples
www.scottforesman.com

260

Fuente: Scott Foresman-Addison Wesley Math, Grade 3, 2008 (p. 260).

Modelos de arreglos y de áreas

Otra representación que resulta útil al explorar la multiplicación de números completos es el *arreglo*. Pensamos en un arreglo cuando tenemos objetos colocados en filas del mismo tamaño, como en la figura 3-23.

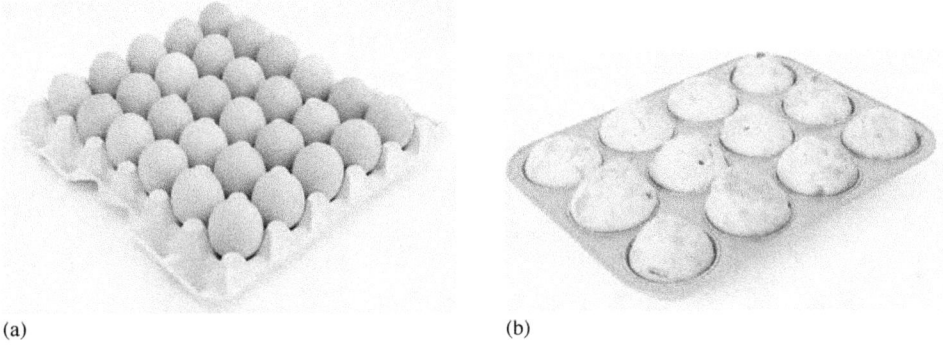

(a)   (b)

Figura 3-23

En la figura 3-24(a) cruzamos líneas para crear puntos de intersección, formando así un arreglo de puntos. El número de puntos en una sola línea vertical es de 4, y hay 5 líneas, formando un total de $5 \cdot 4$ puntos en el arreglo. En la figura 3-24(b), se muestra el modelo del área como una malla de 4 por 5. El número de cuadrados unitarios requeridos para llenar la malla es 20. Estos modelos motivan la siguiente definición de multiplicación de números completos.

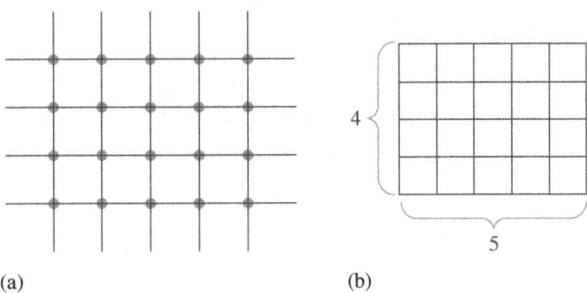

(a)   (b)

Figura 3-24

Definición de multiplicación de números completos

Para cualesquier números completos a y $n \neq 0$,
$$n \cdot a = \underbrace{a + a + a + \ldots + a.}_{n \text{ términos}}$$
Si $n = 0$, entonces $0 \cdot a = 0$.

OBSERVACIÓN Usualmente escribimos $n \cdot a$ como na, donde a no es un número, sino una variable.

Modelo del producto cartesiano

El modelo del *producto cartesiano* ofrece otra manera de estudiar la multiplicación. Supón que puedes ordenar una hamburguesa de soya en pan blanco o negro, con un condimento: mostaza, mayonesa o salsa. Para mostrar las diferentes órdenes que puede tomar un mesero, usamos un *diagrama de árbol*. En la figura 3-25 listamos las maneras de ordenar, donde el pan se escoge del conjunto $P = \{$blanco, negro$\}$ y el condimento se escoge del conjunto $C = \{$mostaza, mayonesa, salsa$\}$.

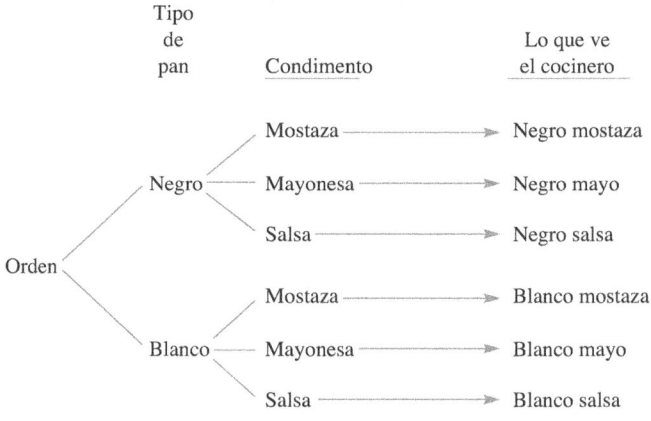

Tipo de pan — Condimento — Lo que ve el cocinero

Orden
- Negro
  - Mostaza → Negro mostaza
  - Mayonesa → Negro mayo
  - Salsa → Negro salsa
- Blanco
  - Mostaza → Blanco mostaza
  - Mayonesa → Blanco mayo
  - Salsa → Blanco salsa

Figura 3-25

Cada orden se puede escribir como un par ordenado, por ejemplo (negro, mostaza). El conjunto de pares ordenados forma el producto cartesiano $P \times C$. El Principio Fundamental del Conteo nos dice que el número de pares ordenados en $P \times C$ es $2 \cdot 3$.

En el análisis anterior ilustramos cómo se puede definir la multiplicación de números completos por medio del producto cartesiano. Así, damos a continuación una definición alternativa de multiplicación de números completos:

Definición alternativa de multiplicación de números completos

Para conjuntos finitos A y B, si $n(A) = a$ y $n(B) = b$, entonces $a \cdot b = n(A \times B)$.

En esta definición alternativa no se requiere que los conjuntos A y B sean ajenos. La expresión $a \cdot b$, o simplemente ab, es el **producto** de a y b, y a y b son los **factores**. Nota que $A \times B$ indica el producto cartesiano, no la multiplicación. Multiplicamos números, no conjuntos.

 **AHORA INTENTA ÉSTE 3-12** ¿Cómo usarías la definición de multiplicación como suma repetida para explicar a un niño que no conoce el Principio Fundamental del Conteo que el número posible de vestimentas consistente en una combinación de camisa y pantalón —dadas 6 camisas y 5 pantalones— es $6 \cdot 5$?

Los siguientes problemas ilustran cada uno de los modelos mostrados para la multiplicación. En los cinco problemas la respuesta puede pensarse usando un modelo diferente. Trabaja cada problema usando el modelo sugerido.

1. *Modelo de la suma repetida.* Un caramelo cuesta $5; ¿cuánto cuestan tres caramelos?
2. *Modelo de la recta numérica.* Si Alicia camina a 5 km por hora durante 3 h, ¿cuánto ha caminado?
3. *Modelo del arreglo.* Una plana de estampillas tiene 4 filas de 5 estampillas. ¿Cuántas estampillas hay en una plana?
4. *Modelo del área.* Si una alfombra mide 5 m por 3 m, ¿cuál es el área de la alfombra?
5. *Modelo del producto cartesiano.* Alberto tiene 5 camisas y 3 pantalones; ¿cuántas combinaciones de ropa camisa-pantalón son posibles?

Propiedades de la multiplicación de números completos

El conjunto de los números completos es *cerrado* bajo la multiplicación. Esto es, si multiplicamos cualesquier dos números completos, el resultado es un número completo. Esta propiedad se llama *propiedad de la cerradura de la multiplicación de números completos*. La multiplicación en el conjunto de los números completos tiene, como en la suma, propiedades conmutativa, asociativa y de existencia de neutro, o identidad.

> ### Teorema 3–5: Propiedades de la multiplicación de números completos
>
> **Propiedad de cerradura de la multiplicación de números completos** Para cualesquier números completos a y b, $a \cdot b$ es un número completo único.
>
> **Propiedad conmutativa de la multiplicación de números completos** Para cualesquier números completos a y b, $a \cdot b = b \cdot a$.
>
> **Propiedad asociativa de la multiplicación de números completos** Para cualesquier números completos a, b y c, $(a \cdot b) \cdot c = a \cdot (b \cdot c)$.
>
> **Propiedad de la identidad o neutro multiplicativo de los números completos** Existe un número completo único 1 tal que para cualquier número completo a, $a \cdot 1 = a = 1 \cdot a$.
>
> **Propiedad de la multiplicación por cero de los números completos** Para cualquier número completo a, $a \cdot 0 = 0 = 0 \cdot a$.

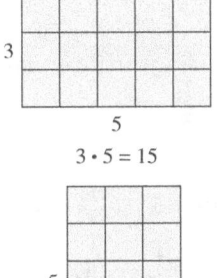

$3 \cdot 5 = 15$

$5 \cdot 3 = 15$

Figura 3-26

La *propiedad conmutativa de la multiplicación de números completos* se ilustra fácilmente construyendo una malla de 3 por 5 y haciéndola girar para colocarla sobre el otro lado, como se muestra en la figura 3-26. Vemos que el número de cuadrados de 1×1 presentes en cada caso es 15, esto es, $3 \cdot 5 = 15 = 5 \cdot 3$. La propiedad conmutativa se puede verificar recordando que $n(A \times B) = n(B \times A)$.

La *propiedad asociativa de la multiplicación de números completos* se puede ilustrar como sigue. Supón que $a = 3, b = 5$ y $c = 4$. En la figura 3-27(a) vemos una representación gráfica de $3(5 \cdot 4)$ cubos. En la figura 3-27(b) vemos los mismos cubos, esta vez arreglados como $4(3 \cdot 5)$. Por la propiedad conmutativa, esto se puede escribir como $(3 \cdot 5)4$. Como ambos conjuntos de cubos de la figura 3-27(a) y (b) se pueden juntar y obtener el conjunto mostrado en la figura 3-27(c), vemos que $3(5 \cdot 4) = (3 \cdot 5)4$. La propiedad asociativa es útil para efectuar cálculos como el siguiente:

$$3 \cdot 40 = 3(4 \cdot 10) = (3 \cdot 4)10 = 12 \cdot 10 = 120$$

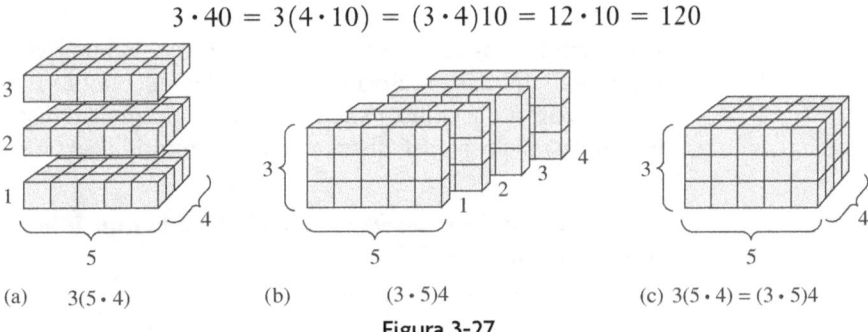

(a) $3(5 \cdot 4)$ (b) $(3 \cdot 5)4$ (c) $3(5 \cdot 4) = (3 \cdot 5)4$

Figura 3-27

La *identidad multiplicativa para los números completos* es 1. Por ejemplo, $3 \cdot 1 = 1 + 1 + 1 = 3$. En general, para cualquier número completo a,

$$a \cdot 1 = \underbrace{1 + 1 + 1 + \ldots + 1}_{a \text{ términos}} = a$$

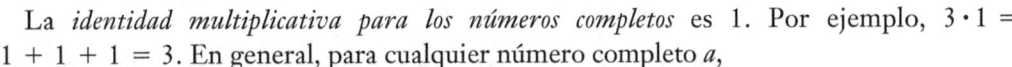

Así, $a \cdot 1 = a$, lo cual, debido a la propiedad conmutativa de la multiplicación, implica que $a \cdot 1 = a = 1 \cdot a$. También se puede mostrar que $a \cdot 1 = a = 1 \cdot a$ usando productos cartesianos.

Ahora consideremos la multiplicación por 0. Por ejemplo, por definición $0 \cdot 6$ significa que tenemos cero 6, ó 0. También $6 \cdot 0 = 0 + 0 + 0 + 0 + 0 + 0 = 0$. Así vemos que al multiplicar 0 por 6 ó 6 por 0 se obtiene el producto 0. Éste es un ejemplo de la *propiedad de la multiplicación por cero*. Esta propiedad también se puede verificar usando la definición de multiplicación en términos de productos cartesianos. En álgebra, $3x$ significa 3 veces x ó $x + x + x$. Por lo tanto, $0 \cdot x$ significa 0 veces x, ó 0.

Propiedad distributiva de la multiplicación sobre la suma y la resta

Ahora vamos a estudiar las bases para comprender los algoritmos de la multiplicación para números completos. El área del rectángulo grande de la figura 3-28 es igual a la suma de las áreas de los dos rectángulos pequeños y, por lo tanto, $5(3 + 4) = 5 \cdot 3 + 5 \cdot 4$.

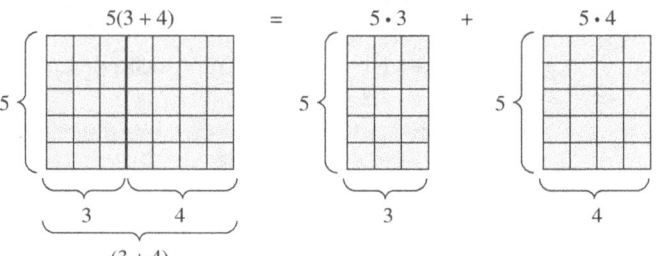

Figura 3-28

También se pueden usar las propiedades de suma y multiplicación para justificar este resultado:

$$5(3 + 4) = \underbrace{(3 + 4) + (3 + 4) + (3 + 4) + (3 + 4) + (3 + 4)}$$

Cinco términos: por la definición de multiplicación.

$= (3 + 3 + 3 + 3 + 3) + (4 + 4 + 4 + 4 + 4)$, por las propiedades conmutativa y asociativa de la suma.

$= 5 \cdot 3 + 5 \cdot 4$, por la definición de multiplicación.

Nota que $5(3 + 4)$ se puede pensar como 5 veces $(3 + 4)$.

Este ejemplo ilustra la *propiedad distributiva de la multiplicación sobre la suma* para números completos. También es válida la propiedad similar sobre la resta. Como en álgebra se acostumbra escribir $a \cdot b$ como ab, enunciamos la propiedad distributiva de la multiplicación sobre la suma y la propiedad distributiva de la multiplicación sobre la resta como sigue:

Teorema 3–6: Propiedad distributiva de la multiplicación sobre la suma para números completos

Para cualesquier números completos a, b y c,
$$a(b + c) = ab + ac$$

Teorema 3–7: Propiedad distributiva de la multiplicación sobre la resta o substracción para números completos

Para cualesquier números completos a, b y c con $b > c$,
$$a(b - c) = ab - ac$$

> **OBSERVACIÓN** Como en los números completos se cumple la propiedad conmutativa de la multiplicación, podemos reescribir la propiedad distributiva de la multiplicación sobre la suma como $(b + c)a = ba + ca$.
>
> La propiedad distributiva se puede generalizar para cualquier número finito de téminos. Por ejemplo, $a(b + c + d) = ab + ac + ad$.

La propiedad distributiva se puede escribir como

$$ab + ac = a(b + c)$$

Esto se conoce como *factorización*. Así, los factores de $ab + ac$ son a y $(b + c)$.

La propiedad distributiva de la multiplicación sobre la suma ayudará a los alumnos a efectuar cálculos mentales. Por ejemplo, $13 \cdot 7 = (10 + 3)7 = 10 \cdot 7 + 3 \cdot 7 = 70 + 21 = 91$. La propiedad distributiva de la multiplicación sobre la suma es importante en el estudio del álgebra y en el desarrollo de algoritmos para operaciones aritméticas. Por ejemplo, se usa para combinar términos semejantes cuando se trabaja con variables, como en $3x + 5x = (3 + 5)x = 8x$ ó $3ab + 2b = (3a + 2)b$.

Ejemplo 3-2

a. Usa un modelo de área para mostrar que $(x + y)(z + w) = xz + xw + yz + yw$.

b. Usa la propiedad distributiva de la multiplicación sobre la suma para justificar el resultado de la parte (a).

Solución **a.** Considera el rectángulo de la figura 3-29, cuyo ancho es $x + y$ y su longitud es $z + w$. El área de todo el rectángulo es $(x + y)(z + w)$. Si dividimos el rectángulo en rectángulos más pequeños, según se muestra, notamos que la suma de las áreas de los cuatro rectángulos pequeños es $xz + xw + yz + yw$. Como el área del rectángulo original es igual a la suma de las áreas de los rectángulos más pequeños, obtenemos el resultado deseado.

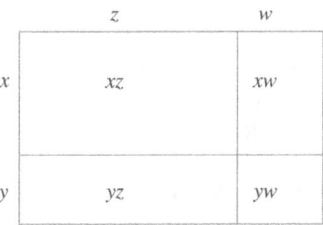

Figura 3-29

b. Para aplicar la propiedad distributiva de la multiplicación sobre la suma, pensamos $x + y$ como un número y procedemos como sigue:

$$
\begin{aligned}
(x + y)(z + w) &= (x + y)z + (x + y)w &&\text{Propiedad distributiva de la multiplicación sobre la suma} \\
&= xz + yz + xw + yw &&\text{Propiedad distributiva de la multiplicación sobre la suma} \\
&= xz + xw + yz + yw &&\text{Propiedades conmutativa y asociativa de la suma}
\end{aligned}
$$

Las propiedades de la multiplicación de números completos pueden reducir las 100 multiplicaciones básicas, es decir la tabla con los números del 0 al 9, que los estudiantes tienen que aprender. Por ejemplo, hay 19 multiplicaciones por 0, y 17 más tienen factor 1. Por lo tanto, conocer las propiedades de la multiplicación por cero y de la multiplicación por la identidad permite al estudiante dominar 36 multiplicaciones básicas. A continuación, 8 multiplicaciones son *cuadrados*, como $5 \cdot 5$, que los estudiantes parecen conocer; esto deja 56 multiplicaciones. La propiedad conmutativa parte el número en dos pues si los estudiantes saben $7 \cdot 9$, entonces, por la propiedad conmutativa, saben $9 \cdot 7$. Esto deja 28 multiplicaciones que los estudiantes pueden aprender, o usar las propiedades asociativa y distributiva para obtenerlas. Por ejemplo, $6 \cdot 5$ se puede pensar como $(5 + 1)5 = 5 \cdot 5 + 1 \cdot 5$, ó 30.

División de números completos

Estudiaremos la división mediante tres modelos: el modelo de *conjuntos* (*reparto*), el modelo del *factor faltante* y el modelo de la *resta repetida*.

Modelo de conjuntos (reparto)

Supongamos que tenemos 18 caramelos y queremos dar un número igual de caramelos a cada uno de tres amigos: Beto, David y Carlos. ¿Cuántos deberá recibir cada persona? Si trazamos una figura, veremos que podemos dividir (o partir) los 18 caramelos en 3 conjuntos, con igual número de caramelos en cada conjunto. La figura 3-30 muestra que cada amigo recibió 6 caramelos.

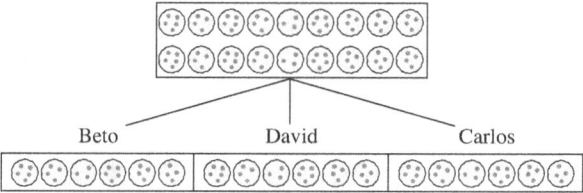

Figura 3-30

Podemos representar la respuesta como $18 \div 3 = 6$. Así, $18 \div 3$ es el número de caramelos en cada uno de los tres conjuntos ajenos cuya unión tiene 18 caramelos. Con este enfoque de la división, partimos un conjunto en cierto número de subconjuntos equivalentes.

Modelo del factor faltante

Otra estrategia para dividir 18 caramelos entre tres amigos es usar el modelo del *factor faltante*. Si cada amigo recibe c caramelos, entonces los tres amigos recibirán $3c$, ó 18, caramelos. Entonces, $3c = 18$. Como $3 \cdot 6 = 18$, tenemos que $c = 6$. Hemos resuelto el cálculo de la división por medio de la multiplicación. Esto nos conduce a la siguiente definición de división de números completos:

> **Definición de división de números completos**
>
> Para cualesquier números a y b, con $b \neq 0$, $a \div b = c$ si, y sólo si, c es el único número completo tal que $b \cdot c = a$.

El número a es el **dividendo**, b es el **divisor** y c es el **cociente**. Nota que $a \div b$ también se puede escribir como $\frac{a}{b}$ ó $b\overline{)a}$.

Modelo de la resta repetida

Supongamos que tenemos 18 caramelos y queremos empacarlos en bolsitas con 6 caramelos cada una. ¿Cuántas bolsitas necesitamos? Podríamos razonar diciendo que si una bolsita está llena, entonces nos quedarían $18 - 6$ (ó 12) caramelos. Si llenamos una bolsita más, entonces quedan $12 - 6$ (ó 6) caramelos. Finalmente, podemos colocar los 6 caramelos restantes en una tercera bolsita. La exposición anterior puede resumirse escribiendo $18 - 6 - 6 - 6 = 0$. Hemos hallado, mediante resta repetida, que $18 \div 6 = 3$. Tratar la división como resta repetida funciona bien mientras no queden caramelos. Si quedan caramelos entonces surgirá un residuo no nulo.

 Puedes usar una calculadora para ilustrar que la división de números completos se puede pensar como una resta repetida. Por ejemplo, considera $135 \div 15$. Si la calculadora tiene una tecla constante, $\boxed{K}$, presiona $\boxed{1}\ \boxed{5}\ \boxed{-}\ \boxed{K}\ \boxed{1}\ \boxed{3}\ \boxed{5}\ \boxed{=}$ ... y cuenta cuántas veces debes presionar $\boxed{=}$ hasta que aparezca 0 en la pantalla. Hay calculadoras cuya característica "constante" es diferente y requieren que se teclee en diferente orden. Por ejemplo, si la calculadora tiene constante automática, podemos teclear $\boxed{1}\ \boxed{3}\ \boxed{5}\ \boxed{-}\ \boxed{1}\ \boxed{5}\ \boxed{=}$ y contar el número de veces que tecleamos $\boxed{=}$ hasta obtener la lectura $\boxed{0}$.

Algoritmo de la división

Así como la resta de números completos no es cerrada, la división de números completos tampoco es cerrada. Por ejemplo, para efectuar $27 \div 5$ buscamos un número completo c tal que $5c = 27$.

La tabla 3-2 muestra varios productos de números completos por 5. Como 27 está entre 25 y 30, no existe número completo c tal que $5c = 27$. Como ningún número completo c satisface esta ecuación, vemos que $27 \div 5$ no tiene sentido en el conjunto de números completos y que el conjunto de números completos no es cerrado bajo la división.

Tabla 3-2

$5 \cdot 1$	$5 \cdot 2$	$5 \cdot 3$	$5 \cdot 4$	$5 \cdot 5$	$5 \cdot 6$
5	10	15	20	25	30

Aunque sucede que el conjunto de los números completos no es cerrado bajo la división, la operación de división tiene sentido con los números completos. Por ejemplo, si repartimos 27 manzanas entre cinco estudiantes, cada estudiante recibirá 5 manzanas y sobrarán 2 manzanas. El número 2 es el **residuo**. Así, 27 contiene cinco 5 con un residuo de 2. Observa que el residuo es un número completo menor que 5. Ilustramos esta operación en la figura 3-31. El concepto ilustrado es el **algoritmo de la división**.

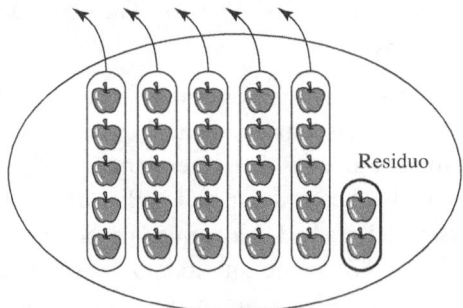

$$27 = 5 \cdot 5 + 2 \text{ con } 0 \leq 2 < 5$$

Figura 3-31

Algoritmo de la división

Dados cualesquier números completos a y b con $b \neq 0$, existen números completos únicos c (cociente) y r (residuo) tales que

$$a = bc + r \quad \text{con } 0 \leq r < b$$

Cuando "dividimos" a entre b y el residuo es 0, decimos que a es *divisible* entre b o que b es un *divisor* de a, o bien que b *divide* a a. Por el algoritmo de la división, a es divisible entre b si $a = bc$ para un único número completo c. Así, 63 es divisible entre 9 porque $63 = 9 \cdot 7$. Nota que 63 también es divisible entre 7 y que el residuo es 0.

Ejemplo 3-3

Si 123 se divide entre un número y el residuo es 13, ¿cuáles son los posibles divisores?

Solución Si dividimos 123 entre b, entonces, por el algoritmo de la división, tenemos

$$123 = bc + 13 \quad \text{y } b > 13$$

Usando la definición de resta, tenemos que $bc = 123 - 13$, y por lo tanto $110 = bc$. Ahora buscamos dos números cuyo producto sea 110, donde un número sea mayor que 13. La tabla 3-3 muestra los pares de números cuyo producto es 110.

Tabla 3-3

1	110
2	55
5	22
10	11

Vemos que 110, 55 y 22 son los únicos valores posibles para b pues cada uno es mayor que 13.

AHORA INTENTA ÉSTE 3-13 Cuando se organizó a la banda en filas de 5, sobró un elemento. Cuando los elementos se colocaron en filas de 6, seguía sobrando un elemento. Sin embargo, cuando se colocaron en filas de 7, nadie sobró. ¿Cuál es el menor número de elementos que podría haber en la banda?

Relacionar la multiplicación y la división como operaciones inversas

En la sección 3-1 vimos que la resta y la suma estaban relacionadas como operaciones inversas y vimos las familias de hechos de ambas. La división con residuo cero y la multiplicación están relacionadas de manera análoga. La división es la inversa de la multiplicación. Podemos verlo al considerar las familias de hechos que aparecen en la siguiente *Página de un libro de texto* del grado 3. Nota que la pregunta 1 en *Tema de plática* hace que los estudiantes piensen la división como un modelo de *resta repetida* al contar hacia abajo desde un punto inicial. La pregunta 2 hace que piensen la división usando el modelo del *factor faltante*.

Página de libro de texto  **RELACIONAR LA MULTIPLICACIÓN Y LA DIVISIÓN**

Lección 7-5

Álgebra

Idea clave
Las familias de hechos muestran cómo están conectadas la multiplicación y la división.

Vocabulario
- arreglo (p. 262)
- familia de hechos (p.70)
- factor (p.260)
- producto (p.260)
- dividendo
- divisor
- cociente

¡Piensa!
Puedo usar **lo que ya sé** sobre la multiplicación para entender la división.

Relacionar la multiplicación y la división

Aprende

¿Cómo puede un arreglo ilustrar la división?

En 1818 sólo había 20 estrellas en la bandera de Estados Unidos.

Había 4 filas iguales de estrellas.

¿Cuántas estrellas había en cada fila?

El **arreglo** muestra:

Multiplicación

4 filas de **5** estrellas = 20 estrellas

$4 \times 5 = 20$

División

20 estrellas en 4 filas iguales = **5** estrellas en cada fila

$20 \div 4 = 5$

Así, hay 5 estrellas en cada fila.

¿Cómo te puede ayudar a dividir una familia de hechos?

Una **familia de hechos** ilustra cómo están relacionadas la multiplicación y la división.

Familia de hechos para 4, 5, 20:

$$4 \times 5 = 20 \qquad 20 \div 4 = 5$$
$$5 \times 4 = 20 \qquad 20 \div 5 = 4$$

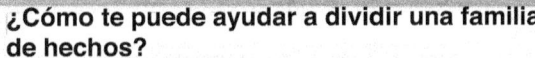

factor × factor = producto   dividendo ÷ divisor = cociente

✔ Tema de plática

1. Esteban contó de 5 en 5 para hallar 4×5. Después comenzó en 20 y contó hacia atrás de 5 en 5 hasta llegar a 0. El número de veces que cuentas hacia atrás es el cociente de $20 \div 5$.

2. ¿Cómo puedes usar la multiplicación básica $3 \times 6 = 18$ para hallar $18 \div 3$?

3. **Sentido numérico** ¿Es $3 \times 5 = 15$ parte de la familia de hechos para 3, 4 y 12? Explica.

384

Fuente: Scott Foresman-Addison Wesley Math, Grade 3, 2008 (p. 384).

A continuación vemos cómo están relacionadas las cuatro operaciones de suma, resta, multiplicación y división en el conjunto de los números completos. Esto se muestra en la figura 3-32. Nota que la suma y la resta son inversas entre sí, como lo son la multiplicación y la división con residuo 0. Nota también que la multiplicación es una suma repetida y que la división es una resta repetida.

Figura 3-32

En la sección 3-1 vimos cómo el conjunto de los números completos es cerrado bajo la suma y que la suma es conmutativa y asociativa y tiene un elemento identidad. Sin embargo, la resta no tenía estas propiedades. En esta sección hemos visto que la multiplicación tiene algunas de las propiedades que valen para la suma. ¿Se sigue que la división tiene algunas de las propiedades de la resta? Investiga esto en *Ahora intenta éste* 3-14.

AHORA INTENTA ÉSTE 3-14

a. Proporciona contraejemplos para mostrar que el conjunto de números completos no es cerrado bajo la división y que la división no es conmutativa ni asociativa.
b. ¿Por qué el 1 no es la identidad para la división?

División entre 0 y entre 1

Con frecuencia los estudiantes se equivocan con la división entre 0 y entre 1. Antes de seguir leyendo, intenta hallar valores para las tres expresiones siguientes:

$$\textbf{1. } 3 \div 0 \qquad \textbf{2. } 0 \div 3 \qquad \textbf{3. } 0 \div 0$$

Considera las siguientes explicaciones:

1. Por definición, $3 \div 0 = c$ si existe un número único c tal que $0 \cdot c = 3$. Como la propiedad de la multiplicación por cero afirma que $0 \cdot c = 0$ para cualquier número completo c, no existe número completo c tal que $0 \cdot c = 3$. Así, $3 \div 0$ está indefinida pues no existe respuesta al problema equivalente de multiplicación.

2. Por definición, $0 \div 3 = c$ si existe un número único tal que $3 \cdot c = 0$. Cualquier número multiplicado por 0 da 0 y, en particular, $3 \cdot 0 = 0$. Entonces, $c = 0$ y $0 \div 3 = 0$. Nota que $c = 0$ es el único número que satisface $3 \cdot c = 0$.

3. Por definición, $0 \div 0 = c$ si existe un número completo único c tal que $0 \cdot c = 0$. Nota que para *cualquier* c, $0 \cdot c = 0$. Pero, de acuerdo con el algoritmo de la división, c debe ser único. Como no existe un *único* número c tal que $0 \cdot c = 0$, se sigue que $0 \div 0$ está indeterminado o indefinido.

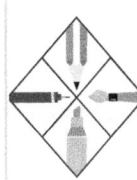

Página de libro de texto   DIVISIÓN ENTRE 0 Y ENTRE 1

Lección 7-10

Idea clave
Pensar en multiplicaciones básicas te puede ayudar a comprender las reglas de la división entre 0 y 1.

División entre 0 y 1

Calentamiento
1. 0×3 2. 8×1
3. 2×0 4. 1×9

Aprende

¿Cuáles son las reglas de la división para el 0 y el 1?

Ejemplo A

	Lo que **piensas**	Lo que **escribes**
Divide un número entre 1. $4 \div 1 =$	¿1 por cuánto = 4? $1 \times 4 = 4$ Así, $4 \div 1 = 4$	$4 \div 1 = 4 \text{ ó } 1\overline{)4}^{\,4}$

Regla: Cuando cualquier número se divide entre 1, el cociente es ese número.

Ejemplo B

Divide un número entre sí mismo. $7 \div 7 =$	¿7 por cuánto = 7? $7 \times 1 = 7$ Así, $7 \div 7 = 1$.	$7 \div 7 = 1 \text{ ó } 7\overline{)7}^{\,1}$

Regla: Cuando cualquier número (excepto el 0) se divide entre sí mismo, el cociente es 1.

Ejemplo C

Divide cero entre un número. $0 \div 2 =$	¿2 por cuánto = 0? $2 \times 0 = 0$ Así, $0 \div 2 = 0$	$0 \div 2 = 0 \text{ ó } 2\overline{)0}^{\,0}$

Regla: Cuando cero se divide entre un número (excepto el 0), el cociente es 0.

Ejemplo D

Divide un número entre cero. $3 \div 0 =$	¿0 por cuánto = 3? Ningún número funciona, así que no puede efectuarse $3 \div 0$.	No puede efectuarse $3 \div 0$.

Regla: No puedes dividir un número entre 0.

✔ Tema de plática

1. ¿Cómo puedes decir, sin dividir, que $427 \div 1 = 427$?

396

Fuente: Scott Foresman-Addison Wesley Math, Grade 3, 2008 (p. 396).

Las divisiones que incluyen el 0 se pueden resumir como sigue. Sea n cualquier número completo distinto de cero. Entonces,

1. $n \div 0$ está indefinido;   **2.** $0 \div n = 0$;   **3.** $0 \div 0$ está indefinido.

Recuerda que $n \cdot 1 = n$ para cualquier número completo n. Así, por la definición de división, $n \div 1 = n$. Por ejemplo, $3 \div 1 = 3, 1 \div 1 = 1$ y $0 \div 1 = 0$. En la *Página de un libro de texto* de la página 155 puedes hallar un estudio correspondiente al grado 3 de la división entre 0 y entre 1.

Orden de las operaciones

A veces surgen dificultades respecto al orden de efectuar operaciones aritméticas. Por ejemplo, habrá estudiantes que traten $2 + 3 \cdot 6$ como $(2 + 3)6$, mientras que otros lo tratarán como $2 + (3 \cdot 6)$. En el primer caso el valor es 30 y en el segundo caso el valor es 20. Para evitar confusiones, los matemáticos están de acuerdo en que cuando no hay paréntesis, las multiplicaciones y divisiones se efectúan *antes* que las sumas y restas. Las multiplicaciones y divisiones se efectúan en el orden en que se presentan, y después las sumas y las restas se efectúan en el orden en que se presenten. Así, $2 + 3 \cdot 6 = 2 + 18 = 20$. Este orden de efectuar las operaciones no lo tienen algunas calculadoras, que presentan una respuesta equivocada de 30. El cálculo $8 - 9 \div 3 \cdot 2 + 3$ se efectúa:

$$
\begin{aligned}
8 - 9 \div 3 \cdot 2 + 3 &= 8 - 3 \cdot 2 + 3 \\
&= 8 - 6 + 3 \\
&= 2 + 3 \\
&= 5
\end{aligned}
$$

Evaluación 3-3A

1. Halla, si es posible, los números completos que hacen verdaderas las ecuaciones siguientes:
  a. $3 \cdot \square = 15$ **b.** $18 = 6 + 3 \cdot \square$
  c. $\square \cdot (5 + 6) = \square \cdot 5 + \square \cdot 6$

2. En términos de la teoría de conjuntos, se podría pensar en el producto na como el número de elementos en la unión de n conjuntos con a elementos en cada uno. Si ése fuera el caso, ¿qué deberían cumplir, necesariamente, los conjuntos?

3. Determina si los conjuntos siguientes son cerrados bajo la multiplicación:
  a. $\{0, 1\}$ **b.** $\{2, 4, 6, 8, 10, \ldots\}$
  c. $\{1, 4, 7, 10, 13, \ldots\}$

4. a. Si quitamos el 5 del conjunto de los números completos, ¿el conjunto es cerrado respecto a la suma? Explica.
  b. Si quitamos el 5 del conjunto de los números completos, ¿el conjunto es cerrado respecto a la multiplicación? Explica.
  c. Responde las mismas preguntas que en (a) y (b) si quitamos el 6 del conjunto de los números completos.

5. Reescribe lo siguiente usando la propiedad distributiva de la multiplicación sobre la suma, de manera que no haya paréntesis en la respuesta:
  a. $(a + b)(c + d)$
  b. $\square(\Delta + \bigcirc)$
  c. $a(b + c) - ac$

6. Coloca paréntesis, si es necesario, para hacer que las ecuaciones siguientes sean verdaderas:
  a. $5 + 6 \cdot 3 = 33$
  b. $8 + 7 - 3 = 12$
  c. $6 + 8 - 2 \div 2 = 13$
  d. $9 + 6 \div 3 = 5$

7. Usando la propiedad distributiva de la multiplicación sobre la suma podemos factorizar, como en $x^2 + xy = x(x + y)$. Usa la propiedad distributiva y otras propiedades de la multiplicación para factorizar lo siguiente:
  a. $xy + y^2$ **b.** $xy + x$
  c. $a^2b + ab^2$

8. Halla números completos que hagan verdadera, si es posible, cada una de las proposiciones siguientes:
  a. $18 \div 3 = \square$ **b.** $\square \div 76 = 0$
  c. $28 \div \square = 7$

9. Una tienda de artículos deportivos tiene 6 modelos de camisas, 4 de pantalones y 3 de chalecos. ¿Cuántos uniformes diferentes de camisa-pantalón-chaleco son posibles?

10. ¿Qué propiedad se ilustra en cada caso?
  a. $6(5 \cdot 4) = (6 \cdot 5)4$

b. $6(5 \cdot 4) = 6(4 \cdot 5)$
c. $6(5 \cdot 4) = (5 \cdot 4)6$
d. $1(5 \cdot 4) = 5 \cdot 4$
e. $(3 + 4) \cdot 0 = 0$
f. $(3 + 4)(5 + 6) = (3 + 4)5 + (3 + 4)6$

11. Se escuchó a unas estudiantes afirmar lo siguiente. ¿Qué propiedades justifican sus afirmaciones?
a. Yo sé que $9 \cdot 7$ es 63 ó 69 y que no pueden ser correctos ambos.
b. Yo sé que $9 \cdot 0$ es 0 porque sé que cualquier número por 0 es 0.
c. Cualquier número por 1 es el mismo número con el que comencé, así que $9 \cdot 1$ es 9.

12. El producto $6 \cdot 14$ se puede obtener pensando el problema como $6(10 + 4) = (6 \cdot 10) + (6 \cdot 4) = 60 + 24 = 84$.
a. ¿Qué propiedad se usó?
b. Usa esta técnica para calcular mentalmente $32 \cdot 12$.

13. La propiedad distributiva de la multiplicación sobre la resta es

$$a(b - c) = ab - ac$$

Usa esta propiedad para obtener:
a. $9(10 - 2)$
b. $20(8 - 3)$

14. Muestra que $(a + b)^2 = a^2 + 2ab + b^2$ por medio de
a. la propiedad distributiva de la multiplicación sobre la suma y otras propiedades.
b. un modelo de área.

15. Si a y b son números completos con $a > b$, usa los rectángulos de la figura para explicar por qué $(a + b)^2 - (a - b)^2 = 4ab$.

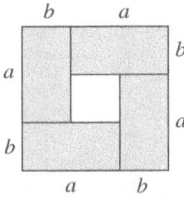

16. Demuestra, en cada caso, que el lado izquierdo de la ecuación es igual al lado derecho y da una razón para cada paso:
a. $(ab)c = (ca)b$ **b.** $(a + b)c = c(b + a)$

17. Factoriza:
a. $xy - y^2$
b. $47 \cdot 101 - 47$
c. $ab^2 - ba^2$

18. Reescribe cada uno de los siguientes problemas de división como un problema de multiplicación:
a. $40 \div 8 = 5$ **b.** $326 \div 2 = x$

19. Muestra que, en general, para números completos a, b y c es falso que:

a. $(a \div b) \div c = a \div (b \div c)$
b. $a \div (b + c) = (a \div b) + (a \div c)$

20. Supón que c es un divisor de a y de b. Muestra que $(a + b) \div c = (a \div c) + (b \div c)$ utilizando
a. un modelo.
b. la definición de división en términos de multiplicación y la propiedad distributiva de la multiplicación sobre la suma.

21. Halla el conjunto solución para cada caso:
a. $5x + 2 = 22$ **b.** $3x + 7 = x + 13$
c. $3(x + 4) = 18$

22. Miriam y Sabina comenzaron a ahorrar al mismo tiempo. Miriam planea ahorrar \$3 diarios y Sabina \$5 diarios. ¿Después de cuántos días tendrá Sabina exactamente \$10 más que Miriam?

23. Para un día de campo hay 17 emparedados para 7 personas. ¿Cuántos emparedados completos le tocan a cada persona si se distribuyen equitativamente? ¿Cuántos sobraron?

24. **a.** Halla todos los pares de números completos cuyo producto sea 36.
b. Localiza en una malla los puntos hallados en (a).
c. Compara el patrón en la figura formada por los puntos de la gráfica con el patrón de la figura que se formaría usando todos los pares de números completos cuya suma es 36.

25. Hay disponible un nuevo modelo de automóvil en 4 colores exteriores y 3 colores interiores. Usa un diagrama de árbol y colores específicos para mostrar cuántas combinaciones de color son posibles para un automóvil.

26. Para efectuar $7 \div 5$ en la calculadora, se teclea $\boxed{7} \boxed{\div} \boxed{5} \boxed{=}$, con lo cual se obtiene 1.4. Para hallar el número completo que es el residuo, ignora la parte decimal de 1.4, multiplica $5 \cdot 1$ y resta de 7 este producto. El resultado es el residuo. Usa una calculadora para hallar el número completo que es el residuo de las divisiones siguientes:
a. $28 \div 5$ **b.** $32 \div 10$
c. $29 \div 3$ **d.** $41 \div 7$
e. $49,382 \div 14$

27. ¿Es posible hallar un número completo menor que 100 que al dividirlo entre 10 deje un residuo de 4 y que al dividirlo entre 47 deje un residuo de 17?

28. Di, en cada caso, qué operación debe realizarse al último:
a. $5(16 - 7) - 18$
b. $54/(10 - 5 + 4)$
c. $(14 - 3) + (24 \cdot 2)$
d. $21,045/345 + 8$

29. Escribe una expresión algebraica para:
a. El ancho de un rectángulo con área A y longitud l
b. Pies, p, en yardas
c. Horas, h, en minutos
d. Días, d, en semanas

Evaluación 3-3B

1. Halla, si es posible, los números completos que hacen verdaderas las ecuaciones siguientes:
  a. $8 \cdot \square = 24$ **b.** $28 = 4 + 6 \cdot \square$
  c. $\square \cdot (8 + 6) = \square \cdot 8 + \square \cdot 6$

2. Determina si los conjuntos siguientes son cerrados bajo la multiplicación:
  a. $\{0\}$ **b.** $\{1, 3, 5, 7, 9, \dots\}$
  c. $\{0, 1, 2\}$

3. Reescribe usando la propiedad distributiva de la multiplicación sobre la suma, de manera que no haya paréntesis en la respuesta. Simplifica cuando sea posible.
  a. $3(x + y + 5)$
  b. $(x + y)(x + y + z)$
  c. $x(y + 1) - x$

4. Coloca paréntesis, si es necesario, para hacer que las ecuaciones siguientes sean verdaderas:
  a. $4 + 3 \cdot 2 = 14$
  b. $9 \div 3 + 1 = 4$
  c. $5 + 4 + 9 \div 3 = 6$
  d. $3 + 6 - 2 \div 1 = 7$

5. La propiedad distributiva generalizada a tres términos dice que para cualesquier números completos a, b, c y d, $a(b + c + d) = ab + ac + ad$. Justifica esta propiedad usando la propiedad distributiva para dos términos.

6. Usando la propiedad distributiva de la multiplicación sobre la suma podemos factorizar, como en $x^2 + xy = x(x + y)$. Usa la propiedad distributiva y otras propiedades para factorizar lo siguiente:
  a. $47 \cdot 99 + 47$
  b. $(x + 1)y + (x + 1)$
  c. $x^2 y + z x^3$

7. Halla números completos que hagan verdadera, si es posible, cada una de las proposiciones siguientes:
  a. $27 \div 9 = \square$ **b.** $\square \div 52 = 1$
  c. $13 \div \square = 13$

8. Un carro nuevo viene en 5 colores exteriores y 3 colores interiores. ¿Cuántas presentaciones de carros son posibles?

9. ¿Qué multiplicación sugieren los siguientes modelos?
  a.
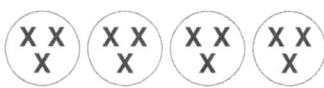

  b.

10. ¿Qué propiedad de los números completos se ilustra en cada caso?
  a. $(5 \cdot 4)0 = 0$
  b. $7(3 \cdot 4) = 7(4 \cdot 3)$
  c. $7(3 \cdot 4) = (3 \cdot 4)7$
  d. $(3 + 4)1 = 3 + 4$
  e. $(3 + 4)5 = 3 \cdot 5 + 4 \cdot 5$
  f. $(1 + 2)(3 + 4) = (1 + 2)3 + (1 + 2)4$

11. Se escuchó a unas estudiantes afirmar lo siguiente. ¿Qué propiedades justifican sus afirmaciones?
  a. Yo recuerdo cuánto es $7 \cdot 9$, y, por lo tanto, sé cuánto es $9 \cdot 7$.
  b. Para obtener $9 \cdot 6$, sólo necesito recordar que $9 \cdot 5$ es 45 y así $9 \cdot 6$ es 9 más que 45, ó 54.

12. El producto $5 \cdot 24$ se puede obtener pensando el problema como $5(20 + 4) = 5 \cdot 20 + 5 \cdot 4 = 100 + 20 = 120$.
  a. ¿Qué propiedad se usó?
  b. Usa esta técnica para calcular mentalmente $8 \cdot 34$.

13. La propiedad distributiva de la multiplicación sobre la resta es
$$a(b - c) = ab - ac$$
Usa esta propiedad para obtener:
  a. $15(10 - 2)$ **b.** $30(9 - 2)$

14. Muestra que si $b > c$, entonces $a(b - c) = ab - ac$ usando:
  a. el modelo de área sugerido por la figura dada (expresa el área sombreada de dos maneras diferentes).

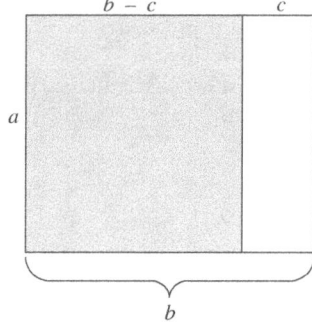

  b. la definición de resta en términos de suma y de la propiedad distributiva de la multiplicación sobre la suma.

15. Muestra que el lado izquierdo de la ecuación es igual al lado derecho y da una razón para cada paso.
  a. $(ab)c = b(ac)$ **b.** $a(b + c) = ac + ab$

16. Factoriza:
  a. $xy - y$
  b. $(x + 1)y - (x + 1)$
  c. $a^2 b^3 - ab^2$

17. Reescribe cada uno de los siguientes problemas de división como un problema de multiplicación:
  a. $48 \div x = 16$ **b.** $x \div 5 = 17$

18. Piensa un número. Multiplícalo por 2. Súmale 2. Divídelo entre 2. Réstale 1. ¿Se parece el resultado al número que pensaste? ¿Esto funcionará en todos los casos? Explica tu respuesta.

19. Muestra que, en general, para números completos a, b y c es falso que:
  a. $a \div b = b \div a$
  b. $a - b = b - a$

20. Halla la solución para cada caso:

    a. $5x + 8 = 28$ **b.** $5x + 6 = x + 14$

    c. $5(x + 3) = 35$

21. Es posible hacer figuras artísticas conectando por medio de un segmento de recta puntos regularmente espaciados, marcados en los ejes vertical y horizontal. Conecta el punto más lejano del origen sobre el eje vertical con el punto más cercano al origen en el eje horizontal. Continúa de esa manera hasta que estén conectados todos los puntos, como se muestra en la figura siguiente. ¿Cuántos puntos de intersección se crearon al marcar 10 puntos en cada eje?

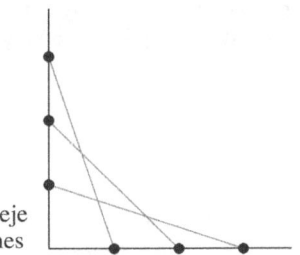

3 marcas por eje
3 intersecciones

22. Un grupo de estudiantes se divide en ocho equipos de nueve personas cada uno. Más tarde los mismos estudiantes se dividen en equipos de seis cada uno; ¿cuántos equipos formaron?

23. Juanito tiene una gran colección de canicas. Ha notado que si algún amigo le presta 5 canicas, podría ordenar las canicas en filas de 13 cada una. ¿Cuál es el residuo que obtiene al dividir su número original de canicas entre 13?

24. En los problemas siguientes sólo puedes teclear los números mencionados, pero puedes presionar cualquier tecla de función.

    a. Usa las teclas $\boxed{1}$, $\boxed{9}$ y $\boxed{7}$ sólo una vez, en cualquier orden y usando cualquier operación, para escribir la mayor cantidad posible de números completos del 1 al 20. Por ejemplo, $9 - 7 - 1 = 1$ y $1 \cdot 9 - 7 = 2$.

    b. Usa la tecla $\boxed{4}$ las veces que quieras, con cualquier operación, hasta obtener 13.

    c. Usa tres veces la tecla $\boxed{2}$ con cualquier operación, para obtener 24.

    d. Usa cinco veces la tecla $\boxed{1}$ con cualquier operación, para obtener 100.

25. Di, en cada caso, qué operación debe realizarse al último:

    a. $5 \cdot 6 - 3 \cdot 4 + 2$

    b. $19 - 3 \cdot 4 + 9 \div 3$

    c. $15 - 6 \div 2 \cdot 4$

    d. $5 + (8 - 2)3$

26. Halla infinidad de números completos que dejen residuo 3 al dividirlos entre 5.

27. La operación $\odot$ se define en el conjunto $C = \{a, b, c\}$, como se muestra en la tabla siguiente. Por ejemplo, $a \odot b = b$ y $b \odot a = b$.

$\odot$	a	b	c
a	a	b	c
b	b	a	c
c	c	c	c

    a. ¿Es C cerrado respecto a $\odot$?

    b. ¿Es $\odot$ conmutativa en C?

    c. ¿Existe algún elemento identidad para $\odot$ en C? De ser así, di cuál.

    d. Por medio de ejemplos, investiga la propiedad asociativa para $\odot$ en C.

Conexiones matemáticas 3-3

Comunicación

1. Un número deja residuo 6 al dividirlo entre 10. ¿Cuál es el residuo de ese número al dividirlo entre 5? Justifica tu razonamiento.

2. ¿Puede ser el 0 un elemento identidad para la multiplicación? Explica por qué sí o por qué no.

3. Supón que olvidaste el producto $9 \cdot 7$. Describe varias maneras de obtener el producto usando diferentes multiplicaciones básicas y propiedades.

4. ¿Es siempre cierto que $x \div x$ es igual a 1? Explica tu respuesta.

5. ¿Hay algún caso en que $x \cdot x$ sea igual a x? Explica tu respuesta.

6. Describe todos los pares de números completos tales que su suma y su producto sean iguales.

Solución abierta

7. Describe una situación real que pudiera ser representada por la expresión $3 + 2 \cdot 6$.

8. ¿Cómo explicarías a un niño que un número par es de la forma $2c$ y que uno impar es de la forma $2c + 1$, donde c es un número completo?

Aprendizaje colectivo

9. Hay varias multiplicaciones básicas que la mayoría de los niños ha memorizado, como las de la tabla siguiente, parcialmente llena:

×	1	2	3	4	5	6	7	8	9
1									
2									
3									
4			16						
5						35			
6									
7									
8								72	
9									81

a. Llena la tabla de multiplicación. Halla la mayor cantidad de patrones que puedas. Lista todos los patrones descubiertos por tu grupo y explica por qué se presentan dichos patrones en la tabla.

b. ¿Cómo puede usarse la tabla de multiplicación para resolver problemas de división?

c. Considera el número impar 35, que aparece en la tabla de multiplicación. Considera todos los números que lo rodean. Nota que todos son pares. ¿Sucede lo mismo para todos los números impares de la tabla? Explica por qué sí o por qué no.

Preguntas del salón de clase

10. Supón que un alumno argumenta que $0 \div 0 = 0$ porque "nada dividido entre nada" es "nada". ¿Cómo podrías ayudarlo?

11. Susi asegura que lo siguiente es cierto, por la ley distributiva, donde a y b son números completos:

$$3(ab) = (3a)(3b)$$

¿Cómo la puedes ayudar?

12. a. Un estudiante asegura que para todo número completo $(ab) \div b = a$. ¿Qué le respondes?

b. El estudiante de la parte (a) asegura que $0 \div 0 = 0$. El razonamiento del estudiante es, "Si $a = 0$ y $b = 0$ se substituyen en la ecuación de la parte (a), el resultado es $0 \cdot 0 \div 0 = 0$. Pero como $0 \cdot 0 = 0$, se sigue que $0 \div 0 = 0$". ¿Cómo le respondes?

13. Una estudiante pregunta si la división en el conjunto de números completos es distributiva sobre la resta. ¿Qué le respondes?

14. Un estudiante dice que el 1 es la identidad para la división. ¿Qué le respondes?

Problemas de repaso

15. Da un conjunto que no sea cerrado bajo la suma.

16. ¿Es conmutativa la operación de resta para los números completos? De no ser así, exhibe un contraejemplo.

17. ¿Dónde está el error?

a.	**b.**	**c.**	**d.**
137	35	56	46
+ 56	+ 47	− 29	− 17
183	712	33	39

Preguntas del *Third International Mathematics and Science Study* (TIMSS) (Tercer Estudio Internacional sobre las Matemáticas y la Ciencia)

En la clase de Tobías hay el doble de niñas que de niños. Hay 8 niños en la clase. ¿Cuál es el número total de niñas y niños en la clase?

a. 12
b. 16
c. 20
d. 24

TIMSS 2003, Grado 4

Una pieza de cuerda de 204 cm se corta en 4 partes iguales. ¿Cuál de las siguientes operaciones da la longitud de cada parte, en centímetros?

a. $204 + 4$
b. 204×4
c. $204 - 4$
d. $204 \div 4$

TIMSS 2003, Grado 4

Pregunta del *National Assessment of Educational Progress* (NAEP) (Evaluación Nacional del Progreso Educativo)

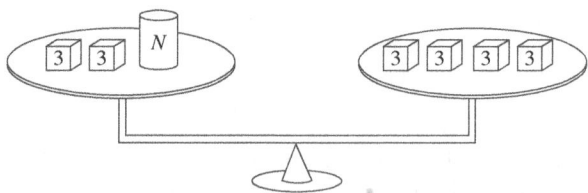

Los pesos en la balanza anterior están equilibrados. Cada cubo pesa 3 kilos. El cilindro pesa N kilos. ¿Cuál de las expresiones numéricas describe mejor la situación?

a. $6 + N = 12$
b. $6 + N = 4$
c. $2 + N = 12$
d. $2 + N = 4$

NAEP, 2007, Grado 4

ACTIVIDAD DE LABORATORIO Teclea en la calculadora un número menor que 20. Si el número es par, divídelo entre 2; si es impar, multiplícalo por 3 y súmale 1. A continuación, usa el número que aparece en la pantalla. Sigue las instrucciones dadas. Repite el proceso.

1. ¿Llegarás a 1?
2. ¿Cuál es el número menor que 20 que emplea el mayor número de pasos para llegar a 1?
3. ¿Qué números llegan más rápido a 1, los pares o los impares?
4. Investiga lo que sucede con los números mayores que 20

3-4   Algoritmos para multiplicar y dividir números completos

En los *Puntos focales* para el grado 4, hallamos lo siguiente respecto a la multiplicación y división, y respecto al uso de algoritmos para efectuar cálculos o *cuentas*:

> Las y los estudiantes emplean su comprensión de la multiplicación para desarrollar una manera rápida de recordar las tablas de la multiplicación y las tablas de la división relacionadas. Aplican su comprensión de los modelos de la multiplicación (es decir, grupos del mismo tamaño, arreglos, modelos de área, intervalos iguales en la recta numérica), del valor posicional y de las propiedades de las operaciones (en particular, la propiedad distributiva) cuando desarrollan, analizan y usan de manera eficiente, precisa y generalizable métodos para multiplicar números completos de varios dígitos. Seleccionan métodos apropiados y los aplican para estimar productos o calcularlos mentalmente, dependiendo del contexto y de los números involucrados. Desarrollan soltura para usar procedimientos eficientes, incluyendo el algoritmo usual para multiplicar números completos, y entienden por qué funcionan los procedimientos (con base en el valor posicional y las propiedades de las operaciones) y los usan para resolver problemas. (p. 16)

En esta sección se desarrollarán algoritmos para la multiplicación y división usando varios modelos.

Algoritmos de multiplicación

A fin de desarrollar algoritmos para multiplicar números completos de varios dígitos, usamos la estrategia de *examinar primero cálculos sencillos*. Considera $4 \cdot 12$. Este cálculo se puede ilustrar como en la figura 3-33(a) con 4 filas de 12 cubos, ó 48 cubos. Los cubos de la figura 3-33(a) también pueden partirse para ilustrar que $4 \cdot 12 = 4(10 + 2) = 4 \cdot 10 + 4 \cdot 2$. Los números $4 \cdot 10$ y $4 \cdot 2$ son *productos parciales*.

(a)

(b)

Decenas	Unidades
1	2
$\times$	4

$$\begin{array}{r} 10 + 2 \\ \times \quad 4 \\ \hline 40 + 8 \end{array} \rightarrow \begin{array}{r} 12 \\ \times 4 \\ \hline 8 \\ 40 \\ \hline 48 \end{array} \rightarrow \begin{array}{r} 12 \\ \times 4 \\ \hline 48 \end{array}$$

Figura 3-33

La figura 3-33(a) ilustra la propiedad distributiva de la multiplicación sobre la suma en el conjunto de números completos. En la figura 3-33(b) se ve el proceso que conduce a un algoritmo para multiplicar $4 \cdot 12$. Nota la analogía entre la multiplicación de la figura 3-33 y la siguiente multiplicación algebraica:

$$4(x + 2) = 4x + 4 \cdot 2$$
$$= 4x + 8$$

Asimismo, nota la analogía entre el producto

$$23 \cdot 14 = (2 \cdot 10 + 3)(1 \cdot 10 + 4) \text{ y } (2x + 3)(1x + 4)$$

La analogía continúa según se muestra a continuación:

$$
\begin{array}{r}
2 \cdot 10 + 3 \\
\times\ (1 \cdot 10 + 4) \\
\hline
12 \\
8 \cdot 10 \\
3 \cdot 10 \\
2 \cdot 10^2 \\
\hline
2 \cdot 10^2 + 11 \cdot 10 + 12
\end{array}
\qquad
\begin{array}{r}
2x + 3 \\
\times\ (1x + 4) \\
\hline
8x + 12 \\
2x^2 + 3x \\
\hline
2x^2 + 11x + 12
\end{array}
$$

Exploraremos la multiplicación de numerales de tres o más dígitos por un factor de un dígito después de estudiar la multiplicación por una potencia de 10.

Multiplicación por 10^n

Ahora consideraremos multiplicaciones por potencias de 10. Primero veremos qué sucede cuando multiplicamos por 10 un número dado, como $10 \cdot 23$. Si comenzamos con nuestra representación del 23 con cubos de base diez, tenemos 2 barras y 3 unidades. Para multiplicar por 10 debemos reemplazar cada pieza con una pieza de base diez que represente la siguiente potencia mayor de 10. Esto se muestra en la figura 3-34. Nota que al multiplicar por 10 las 3 unidades de 23, éstas se transforman en 3 barras ó 3 decenas. Por lo tanto, después de multiplicar por 10 no hay unidades y tenemos, así, 0 en el lugar de las unidades. En general, si multiplicamos cualquier número por 10, anexamos un 0 al final del número.

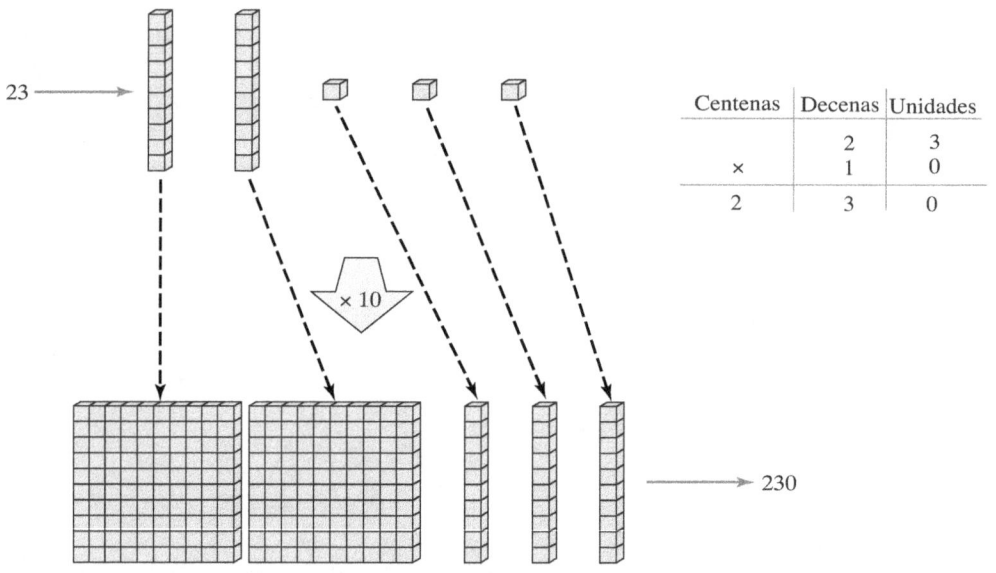

Centenas	Decenas	Unidades
	2	3
×	1	0
2	3	0

Figura 3-34

El cálculo de $23 \cdot 10$ en la figura 3-34 se puede explicar como sigue:

$$
\begin{aligned}
23 \cdot 10 &= (2 \cdot 10 + 3)10 \\
&= (2 \cdot 10)10 + 3 \cdot 10 \\
&= 2(10 \cdot 10) + 3 \cdot 10 \\
&= 2 \cdot 10^2 + 3 \cdot 10 \\
&= 2 \cdot 10^2 + 3 \cdot 10 + 0 \cdot 1 \\
&= 230
\end{aligned}
$$

Para calcular productos como $3 \cdot 200$, procedemos así:

$$\begin{aligned}
3 \cdot 200 &= 3(2 \cdot 10^2) \\
&= (3 \cdot 2)10^2 \\
&= 6 \cdot 10^2 \\
&= 6 \cdot 10^2 + 0 \cdot 10 + 0 \cdot 1 \\
&= 600
\end{aligned}$$

Vemos que multiplicar 6 por 10^2 da como resultado la anexión de dos ceros a 6. Esta idea puede generalizarse mediante la afirmación de que *al multiplicar cualquier número natural por 10^n, donde n es un número natural, el resultado es anexar n ceros al número.*

OBSERVACIÓN El hecho de añadir n ceros cuando multiplicamos por 10^n también puede explicarse como sigue. Primero multiplicamos por 10, lo cual da como resultado añadir un cero (como en $23 \cdot 10 = 230$). Cuando multiplicamos por otro 10, se añade otro cero (como en $230 \cdot 10 = 2300$). Como multiplicamos n veces por 10, se añaden n ceros al número natural factor.

Cuando multiplicamos potencias de 10, usamos la definición de exponente. Por ejemplo, $10^2 \cdot 10^1 = (10 \cdot 10)10 = 10^3$, ó 10^{2+1}. En general, $a^m \cdot a^n$, donde a es un número natural y m y n son números completos, está dado por:

$$\begin{aligned}
a^m \cdot a^n &= \underbrace{(a \cdot a \cdot a \cdot \ldots \cdot a)}_{m \text{ factores}} \cdot \underbrace{(a \cdot a \cdot a \cdot \ldots \cdot a)}_{n \text{ factores}} \\
&= \underbrace{a \cdot a \cdot a \cdot \ldots \cdot a}_{m + n \text{ factores}} = a^{m+n}
\end{aligned}$$

En consecuencia, $a^m \cdot a^n = a^{m+n}$.

 **AHORA INTENTA ÉSTE 3-15** Usa el hecho de que $a^m \cdot a^n = a^{m+n}$ entre otras propiedades de la multiplicación, para explicar por qué ambos cálculos en la tira cómica son ciertos.

Multiplicar por una potencia de 10 es útil al calcular el producto de un número de un dígito y un número de tres dígitos. En el ejemplo siguiente usamos el algoritmo desarrollado anteriormente para multiplicar un numeral de un dígito por un numeral de dos dígitos:

$$
\begin{aligned}
4 \cdot 367 &= 4(3 \cdot 10^2 + 6 \cdot 10 + 7) \\
&= 4(3 \cdot 10^2) + 4(6 \cdot 10) + 4 \cdot 7 \\
&= (4 \cdot 3)10^2 + (4 \cdot 6)10 + 4 \cdot 7 \\
&= 1200 + 240 + 28 \\
&= 1468
\end{aligned}
$$

$$
\begin{array}{r}
367 \\
\times\ 4 \\
\hline
28 \\
240 \\
1200 \\
\hline
1468
\end{array}
$$

 **AHORA INTENTA ÉSTE 3-16** Usa la suma expandida y un enfoque similar al anterior para calcular $7 \cdot 4589$.

Multiplicación con factores de dos dígitos

Considera $14 \cdot 23$. Modelemos este cálculo comenzando con el uso de cubos de base diez, como se muestra en la figura 3-35(a), y después mostrando todos los *productos parciales* y sumando, como se muestra en la figura 3-35(b).

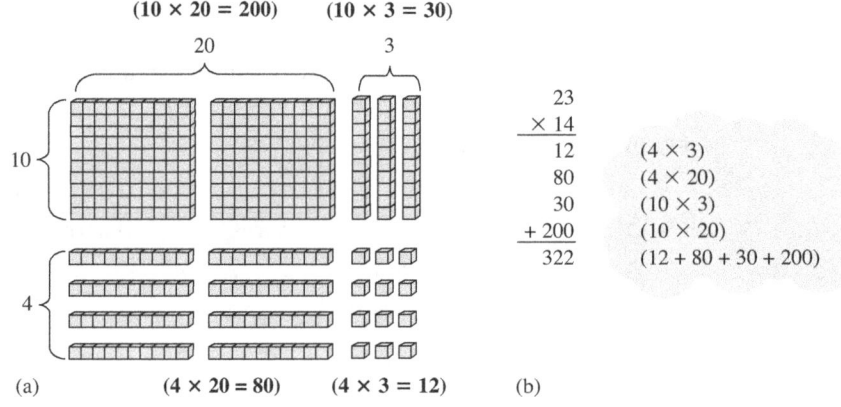

Figura 3-35

Este último enfoque conduce a un algoritmo para la multiplicación:

$$
\begin{array}{r}
23 \\
\times\ 14 \\
\hline
92 \\
230 \\
\hline
322
\end{array}
\quad
\begin{array}{l}
(10 + 4) \\
(4 \cdot 23) \\
(10 \cdot 23)
\end{array}
\quad ó \quad
\begin{array}{r}
23 \\
\times\ 14 \\
\hline
92 \\
23\ \ \\
\hline
322
\end{array}
$$

Estamos acostumbrados a ver el producto parcial 230 escrito sin el cero, como 23. Colocar el 23 con el 3 en la columna de las decenas evita tener que escribir el 0 en la columna de las unidades. Cuando los niños comiencen a aprender los algoritmos de la multiplicación, se les debe pedir que incluyan el cero. Esto propicia una mejor comprensión del procedimiento y ayuda a evitar errores.

Se puede usar la propiedad distributiva de la multiplicación sobre la suma para explicar por qué funciona el algoritmo de la multiplicación. Considera de nuevo $14 \cdot 23$.

$$
\begin{aligned}
14 \cdot 23 &= (10 + 4)23 \\
&= 10 \cdot 23 + 4 \cdot 23 \\
&= 230 + 92 \\
&= 322
\end{aligned}
$$

Como los algoritmos son tan poderosos, a veces se tiende a aplicarlos en exceso o a usar papel y lápiz para efectuar tareas que deberían hacerse mentalmente. Por ejemplo, considera

$$
\begin{array}{r}
213 \\
\times\ 1000 \\
\hline
000 \\
000 \\
000 \\
213 \\
\hline
213000
\end{array}
$$

Esta aplicación del algoritmo no está mal, pero es ineficiente. Efectuar cálculos y estimaciones mentales es una herramienta importante en el aprendizaje de las matemáticas y debe practicarse además de los cálculos con papel y lápiz. Se debe impulsar a niñas y niños a *estimar* para saber si sus respuestas son razonables. Al calcular $14 \cdot 23$ ya sabemos que la respuesta debe estar entre $10 \cdot 20 = 200$ y $20 \cdot 30 = 600$ porque $10 < 14 < 20$ y $20 < 23 < 30$.

Multiplicación reticular

La **multiplicación reticular** tiene la ventaja de posponer todas las sumas hasta haber realizado todas las multiplicaciones de un dígito. Quizá por ello es que se le llama "algoritmo relajado". Este algoritmo parece gustarles a los estudiantes de bajo rendimiento, quizá por la estructura reticular. En la figura 3-36 se ilustra el algoritmo de la **multiplicación reticular** para multiplicar 14 y 23. (La explicación de por qué funciona la multiplicación reticular se deja como ejercicio.)

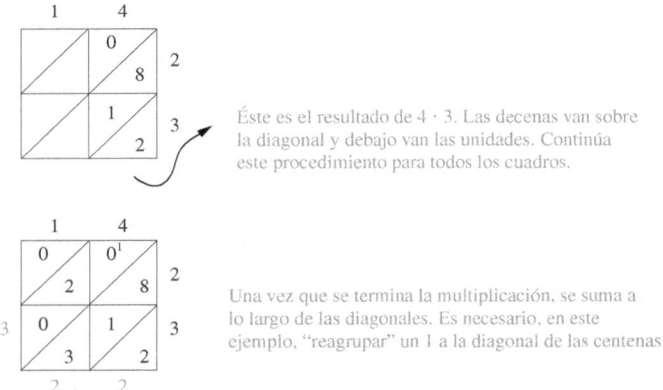

Éste es el resultado de 4 · 3. Las decenas van sobre la diagonal y debajo van las unidades. Continúa este procedimiento para todos los cuadros.

Una vez que se termina la multiplicación, se suma a lo largo de las diagonales. Es necesario, en este ejemplo, "reagrupar" un 1 a la diagonal de las centenas.

Figura 3-36

Nota histórica

La multiplicación reticular se remonta a la India del siglo diez. Europa importó este algoritmo y fue popular en los siglos catorce y quince. Los rodillos (o huesos) de Napier, desarrollados por JOHN NAPIER a principios de los años 1600, se modelaron mediante la multiplicación reticular. Los rodillos de Napier se pueden usar en procedimientos de multiplicación. ◆

Algoritmos de división

Uso de la resta o substracción consecutiva para desarrollar el algoritmo convencional de la división

En una sección anterior se desarrolló un algoritmo para dividir números completos mediante restas consecutivas. Sin embargo, podría hacerse más eficiente. Considera lo siguiente:

> Una empleada está almacenando botellas de jugo en cajas con capacidad para 6 botellas. Tiene 726 botellas. ¿Cuántas cajas necesita?

Podríamos razonar que si 1 caja contiene 6 botellas, entonces 10 cajas contendrán 60 botellas y 100 cajas contendrán 600 botellas. Si se llenan 100 cajas, sobrarán $726 - 100 \cdot 6$, ó 126, botellas. Si se llenan 10 cajas más, entonces sobrarán $126 - 10 \cdot 6$, ó 66, botellas. De manera análoga, si se llenan 10 cajas más, sobrarán $66 - 10 \cdot 6$, ó 6, botellas. Finalmente, las 6 botellas restantes cabrán en 1 caja. El número total de cajas necesarias es de $100 + 10 + 10 + 1$, ó 121. Este procedimiento se resume en la figura 3-37(a). En la figura 3-37(b) se muestra un método más eficiente.

```
(a) 6)726                      (b) 6)726
    - 600     100 seis             - 600     100 seis
      126                            126
    - 60       10 seis             - 120      20 seis
       66                              6
    -60        10 seis               - 6       1 seis
        6                              0     121 seis
    - 6         1 seis
        0     121 seis
```

Figura 3-37

Las divisiones como en la figura 3-38 se presentan de manera más eficiente en los libros de texto de educación básica, como en la figura 3-38(b), donde se omiten los números a color de la figura 3-38(a) La técnica usada en la figura 3-38(a) se conoce como "andamiaje" y

```
(a)   121     (b)   121
        1         6)726
       20         - 6
      100           12
    6)726         - 12
    - 600              6
      126            - 6
    - 120              0
        6
      - 6
        0
```

Figura 3-38

◆ Nota de investigación

Muchos estudiantes nunca llegan a dominar el algoritmo convencional de la división larga. Muy pocos logran tener una comprensión razonable ya sea del algoritmo o de las respuestas que produce. Una de las razones principales detrás de esta dificultad es que en el algoritmo convencional (como se enseña usualmente) se pide que los estudiantes soslayen la comprensión del valor posicional (Silver *et al.* 1993). ◆

se puede usar como paso preliminar para llegar al algoritmo convencional, como en la figura 3-38(b). Nota que el andamiaje toma los números de la derecha de la figura 3-37(b) y los coloca arriba, como en la figura 3-38(a). Nota asimismo que el andamiaje muestra el valor posicional y, como se indica en la *Nota de investigación*, el valor posicional es importante para entender el algoritmo convencional.

Uso de cubos de base diez para desarrollar el algoritmo convencional de la división

Como se señala en la *Nota de investigación*, es necesario que los estudiantes vean por qué cada paso del algoritmo es adecuado en lugar de simplemente saber cuál es la sucesión de pasos a seguir. A continuación usamos cubos de base diez para justificar por qué es apropiado cada paso del algoritmo convencional. En la tabla 3-4, del lado izquierdo están los pasos del modelo de base diez y del lado derecho los pasos correspondientes del algoritmo convencional.

Nota de investigación

Los estudiantes, al ir dando sentido al procedimiento efectuado en una operación, como la división larga, necesitan concentrarse en comprender por qué cada paso es apropiado en un algoritmo, en lugar de qué paso realizar y en qué sucesión. Además, los maestros deben alentar a los estudiantes a inventar sus propios procedimientos para efectuar operaciones, pero debe esperarse que expliquen por qué son válidas sus invenciones (Lampert 1992). ◆

Tabla 3-4

Cubos de base diez	Algoritmo
1. Primero representamos 726 con cubos de base diez. (representación con cubos de base diez)	$6\overline{)726}$
2. A continuación determinamos cuántos conjuntos de 6 losas (centenas) hay en la representación. Hay 1 conjunto de 6 losas, sobrando 1 losa, 2 barras (decenas) y 6 unidades. (representación con cubos de base diez)	1 conjunto de 6 losas $\begin{array}{r} 1 \\ 6\overline{)726} \\ -6 \\ \hline 1 \end{array}$ quedan 1 losa 2 barras 6 unidades
3. Ahora convertimos la losa sobrante a 10 barras (decenas). Tenemos así 12 barras (decenas) y 6 unidades. 1 losa= 10 barras (representación con cubos de base diez)	1 conjunto de 6 losas $\begin{array}{r} 1 \\ 6\overline{)726} \\ -6 \\ \hline 12 \end{array}$ quedan 12 barras 6 unidades *(continúa)*

Cubos de base diez	Algoritmo
4. A continuación determinamos cuántos conjuntos de 6 barras (decenas) hay en las 12 barras y 6 unidades. Tenemos 2 conjuntos de 6 barras, sobrando 6 unidades. 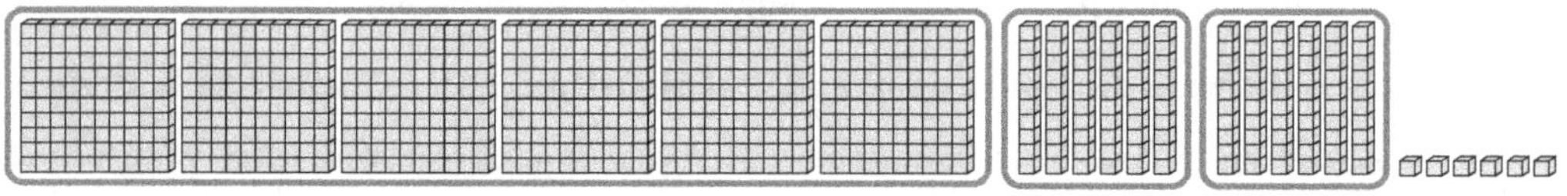	1 conjunto de 6 losas 2 conjuntos de 6 barras $$\begin{array}{r} 12 \\ 6\overline{)726} \\ -\ 6 \\ \hline 12 \\ -12 \\ \hline 6 \end{array}$$ quedan 6 unidades
5. Después determinamos cuántos conjuntos de 6 unidades hay en las restantes 6 unidades. Hay 1 conjunto de 6 unidades y no sobran unidades (el residuo es 0). 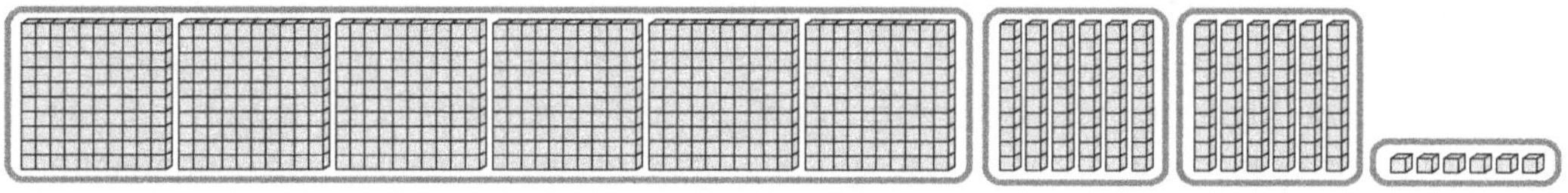	1 conjunto de 6 losas 2 conjuntos de 6 barras 1 conjunto de 6 unidades $$\begin{array}{r} 121 \\ 6\overline{)726} \\ -\ 6 \\ \hline 12 \\ -12 \\ \hline 6 \\ -6 \\ \hline 0 \end{array}$$ 0 residuo

Así, vemos que en la representación de cubos de base diez del 726 hay 1 grupo de 6 losas (centenas), 2 grupos de 6 barras (decenas) y 1 grupo de 6 unidades, sin que sobre algo. De aquí que el cociente sea 121 con residuo 0. Los pasos del algoritmo se muestran al lado de la manipulación de los cubos de base diez.

División corta

El proceso ilustrado en la figura 3-38(b) se conoce como división "larga". Cuando el divisor es un número de un dígito se puede usar otra técnica, llamada división "corta", donde casi todo el trabajo se realiza mentalmente. En la figura 3-39 damos un ejemplo de división corta.

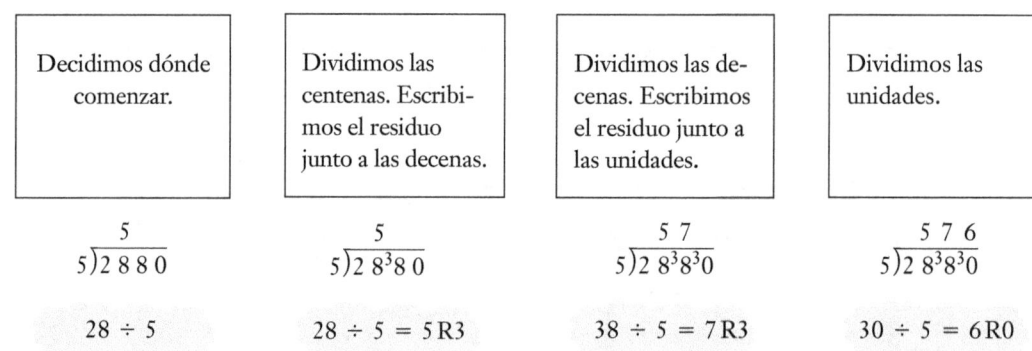

Decidimos dónde comenzar.	Dividimos las centenas. Escribimos el residuo junto a las decenas.	Dividimos las decenas. Escribimos el residuo junto a las unidades.	Dividimos las unidades.
$5\overline{)2\,8\,8\,0}$ con cociente 5	$5\overline{)2\,8^{3}8\,0}$ con cociente 5	$5\overline{)2\,8^{3}8^{3}0}$ con cociente $5\,7$	$5\overline{)2\,8^{3}8^{3}0}$ con cociente $5\,7\,6$
$28 \div 5$	$28 \div 5 = 5\,R3$	$38 \div 5 = 7\,R3$	$30 \div 5 = 6\,R0$

Figura 3-39

En varios libros de texto de educación básica la división se enseña usando un algoritmo de cuatro pasos: *estimar*, *multiplicar*, *restar* y *comparar*. Lo presentamos en la página de muestra. Nota que los estudiantes verifican la división usando la operación inversa, la multiplicación. Estudia la página y responde las preguntas ahí planteadas.

División entre un divisor de dos dígitos

A continuación presentamos una división entre un divisor de más de un dígito. Considera $32\overline{)2618}$.

1. Estima el cociente de $32\overline{)2618}$. Como $1 \cdot 32 = 32, 10 \cdot 32 = 320, 100 \cdot 32 = 3200$, vemos que el cociente está entre 10 y 100.

2. Halla el número de decenas en el cociente. Como $26 \div 3$ es aproximadamente 8, entonces 26 centenas divididas entre 3 decenas es, aproximadamente, 8 decenas. Escribimos el 8 en el lugar de las decenas, como se muestra:

$$
\begin{array}{r}
80 \\
32\overline{)2618} \\
-2560 \\
\hline
58
\end{array}
\quad (32 \cdot 80)
$$

3. Halla el número de unidades en el cociente. Como $5 \div 3$ es aproximadamente 1, entonces 5 decenas dividido entre 3 decenas es aproximadamente 1. Esto se muestra del lado izquierdo, con el algoritmo convencional del lado derecho.

$$
\begin{array}{r}
81 \\
\hline
1 \\
80 \\
32\overline{)2618} \\
-2560 \\
\hline
58 \\
-32 \\
\hline
26
\end{array}
\quad (32 \cdot 1) \quad \rightarrow \quad
\begin{array}{r}
81\ \text{R26} \\
32\overline{)2618} \\
-256 \\
\hline
58 \\
-32 \\
\hline
26
\end{array}
$$

4. Verifica: $32 \cdot 81 + 26 = 2618$.

Normalmente en los libros de primaria vemos el formato mostrado del lado derecho, que coloca el residuo al lado del cociente.

Multiplicación y división en otras bases

Como sucedió con la suma y la resta, primero necesitamos identificar las multiplicaciones básicas, o tabla de multiplicar, antes de poder usar algoritmos. En la tabla 3-5 damos las multiplicaciones básicas en base cinco. Estos resultados se pueden obtener usando la suma consecutiva.

Tabla 3-5 Base cinco
Tabla de multiplicar

x	0	1	2	3	4
0	0	0	0	0	0
1	0	1	2	3	4
2	0	2	4	11	13
3	0	3	11	14	22
4	0	4	13	22	31

Página de un libro de texto DIVIDIR NÚMEROS DE TRES DÍGITOS

Lección 7-7

Idea clave
Puedes dividir números grandes de la misma manera que divides números pequeños.

Dividir números de tres dígitos

Aprende

¿Cómo divides números grandes?

Una compañía de autobuses escolares tiene 273 autobuses y cinco estacionamientos. Si la compañía quiere colocar el mismo número de autobuses en cada estacionamiento, ¿cuántos autobuses deberá colocar en cada estacionamiento?

273

? ? ? ? ?

Como la compañía quiere colocar el mismo número de autobuses en cada estacionamiento, puedes dividir.

¡Piensa!
• Puedo dividir cuando necesito **hallar cuántos hay en cada grupo.**
• Puedo **trazar una figura** para ilustrar la idea principal.

Ejemplo A

Halla $273 \div 5$.

Estima: 273 está cerca de 250 y $250 \div 5$ es 50, por lo que el cociente es un poco más que 50.

PASO 1

Divide las decenas.

$$\begin{array}{r} 5 \\ 5\overline{)273} \\ -\ 25 \\ \hline 2 \end{array}$$ Multiplica.
Resta.
Compara. $2 < 5$

PASO 2

Baja las unidades y divide.

$$\begin{array}{r} 54\ R3 \\ 5\overline{)273} \\ -\ 25\downarrow \\ \hline 23 \\ -\ 20 \\ \hline 3 \end{array}$$ Multiplica.
Resta.
Compara. $3 < 5$

Verifica

Multiplica el cociente por el divisor y suma el residuo.

$$\begin{array}{r} {\overset{2}{54}} \\ \times\ 5 \\ \hline 270 \end{array} \qquad \begin{array}{r} 270 \\ +\ 3 \\ \hline 273 \end{array}$$

La respuesta coincide. El dividendo es 273.

Así, $273 \div 5 = 54\ R3$.

La compañía puede colocar 54 autobuses en cada estacionamiento, y van a sobrar 3 autobuses.

✐ Tema de plática

1. ¿Por qué, en el ejemplo A, comenzaste dividiendo las decenas?

386

Fuente: Scott Foresman–Addison Wesley Math, Grade 4, 2008 (p. 386).

Hay varias maneras de realizar la multiplicación $21_{cinco} \cdot 3_{cinco}$:

Cincos	Unidades
2	1
×	3

$$\begin{array}{r} (20 + 1)_{cinco} \\ \times \quad 3_{cinco} \\ \hline (110 + 3)_{cinco} \end{array} \longrightarrow \begin{array}{r} 21_{cinco} \\ \times\, 3_{cinco} \\ \hline 3 \\ 110 \\ \hline 113_{cinco} \end{array} \longrightarrow \begin{array}{r} 21_{cinco} \\ \times\, 3_{cinco} \\ \hline 113_{cinco} \end{array}$$

A continuación multiplicamos un número de dos dígitos por un número de dos dígitos:

$$\begin{array}{rl} 23_{cinco} & \\ \times\, 14_{cinco} & (10 + 4)_{cinco} \\ \hline 22 & (4 \cdot 3)_{cinco} \\ 130 & (4 \cdot 20)_{cinco} \\ 30 & (10 \cdot 3)_{cinco} \\ 200 & (10 \cdot 20)_{cinco} \\ \hline 432_{cinco} & \end{array} \qquad \begin{array}{r} 23_{cinco} \\ \times 14_{cinco} \\ \hline 202 \\ 230 \\ \hline 432_{cinco} \end{array}$$

También se puede usar la multiplicación reticular para números en otras bases numéricas. Esto se explora en la Evaluación 3-4.

La división en otras bases se puede efectuar usando la tabla de multiplicar y la definición de división. Por ejemplo, $22_{cinco} \div 3_{cinco} = c$ si, y sólo si, $c \cdot 3_{cinco} = 22_{cinco}$. De la tabla 3-5 vemos que $c = 4_{cinco}$. Como sucede en la base diez, se requiere práctica para efectuar divisiones multidígitos en otras bases. Las ideas detrás de los algoritmos de la división se pueden desarrollar usando la substracción consecutiva. Por ejemplo, en la figura 3-40(a) calculamos $3241_{cinco} \div 43_{cinco}$ por medio de la técnica de la substracción o resta consecutiva, y en la figura 3-40(b) empleamos el algoritmo convencional. Así, $3241_{cinco} \div 43_{cinco} = 34_{cinco}$ con residuo 14_{cinco}.

(a)
$$\begin{array}{rl} 43_{cinco}\overline{)3241_{cinco}} & \\ -\,430 & (10 \cdot 43)_{cinco} \\ \hline 2311 & \\ -\,430 & (10 \cdot 43)_{cinco} \\ \hline 1331 & \\ -\,430 & (10 \cdot 43)_{cinco} \\ \hline 401 & \\ -\,141 & (2 \cdot 43)_{cinco} \\ \hline 210 & \\ -\,141 & (2 \cdot 43)_{cinco} \\ \hline 14 & (34 \cdot 43)_{cinco} \end{array}$$

(b)
$$\begin{array}{r} 34_{cinco}\ \mathrm{R}14_{cinco} \\ 43_{cinco}\overline{)3241_{cinco}} \\ -\,234 \\ \hline 401 \\ -\,332 \\ \hline 14_{cinco} \end{array}$$

Figura 3-40

En el ejemplo 3-4 presentamos cálculos con la base dos.

Ejemplo 3-4

a. Multiplica:

$$\begin{array}{r} 101_{dos} \\ \times\, 11_{dos} \\ \hline \end{array}$$

b. Divide:

$$101_{dos}\overline{)110110_{dos}}$$

Solución   a. 101_{dos}
$$\times\ 11_{dos}$$
$$\dfrac{}{101}$$
$$\underline{101}$$
$$1111_{dos}$$

b.
$$\phantom{101_{dos})}1010_{dos}\ \text{R}100_{dos}$$
$$101_{dos})\overline{110110_{dos}}$$
$$\underline{-\ 101}$$
$$111$$
$$\underline{-\ 101}$$
$$100_{dos}$$

Evaluación 3-4A

1. Halla, en cada caso, los números faltantes:

  a.
$$\begin{array}{r} 4\_6 \\ \times\ 783 \\ \hline 1\_78 \\ 3408 \\ \underline{982} \\ 3335\_8 \end{array}$$

  b.
$$\begin{array}{r} 327 \\ \times\ 9\_1 \\ \hline 327 \\ 1\_08 \\ \underline{9\_3} \\ 30\_\_07 \end{array}$$

2. Efectúa las siguientes multiplicaciones usando el algoritmo de la multiplicación reticular:

  a.   728   **b.**   306
     $\times\ 94$ $\times\ 24$

3. Explica por qué funciona el algoritmo de la multiplicación reticular.

4. Simplifica cada caso usando propiedades de los exponentes. Da la respuesta en potencias.

  a. $5^7 \cdot 5^{12}$ **b.** $6^{10} \cdot 6^2 \cdot 6^3$
  c. $10^{296} \cdot 10^{17}$ **d.** $2^7 \cdot 10^5 \cdot 5^7$

5. a. ¿Cuál es mayor, $2^{80} + 2^{80}$ ó 2^{100}? ¿Por qué?
  b. ¿Cuál es mayor, $2^{101}, 3 \cdot 2^{100}$ ó 2^{102}? ¿Por qué?

6. El modelo siguiente ilustra $22 \cdot 13$:

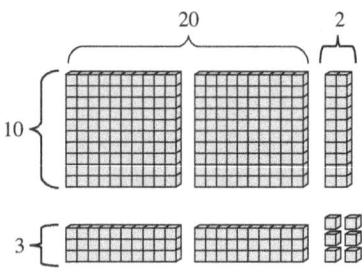

  a. Explica dónde se muestran, en la figura, los productos parciales.
  b. Dibuja un modelo similar para $15 \cdot 21$.
  c. Dibuja un modelo similar en base cinco para el producto $43_{cinco} \cdot 23_{cinco}$. Explica cómo puede usarse el modelo para encontrar la respuesta en base cinco.

7. Considera lo siguiente:

$$\begin{array}{r} 476 \\ \times\ 293 \\ \hline 952 \\ 4284 \\ \underline{1428} \\ 139468 \end{array}$$
  $(2 \cdot 476)$
  $(9 \cdot 476)$
  $(3 \cdot 476)$

  a. Usa el algoritmo convencional para mostrar que la respuesta es correcta.
  b. Explica por qué funciona el algoritmo.
  c. Usa el método para multiplicar 84×363.

8. Presentamos el algoritmo del campesino ruso para multiplicar 27×68. (No consideres los residuos cuando saques la mitad.)

Mitades		Dobles	
	→	27 ×	⑥⑧
Mitad de 27	→	13	⑬⑥ es el doble de 68
Mitad de 13	→	6	272 es el doble de 136
Mitad de 6	→	3	⑤④④ es el doble de 272
Mitad de 3	→	1	⑩⑧⑧ es el doble de 544

En la columna de las "Mitades" escoge los números impares. En la columna de los "Dobles" señala los números correspondientes a los impares de la columna de las "Mitades". Suma los números señalados.

$$\begin{array}{r} 68 \\ 136 \\ 544 \\ \underline{1088} \\ 1836 \end{array}$$ Éste es el producto de $27 \cdot 68$.

Usa este algoritmo para $17 \cdot 63$ y para otros números.

9. Responde las preguntas siguientes con base en la tabla de actividades dada a continuación:

Actividad	Calorías quemadas por hora
Tenis	462
Caminata sobre nieve	708
Esquí a campo traviesa	444
Voleibol	198

a. ¿Cuántas calorías se queman durante 3 h de esquiar a campo traviesa?

b. Juana jugó tenis durante 2 h mientras que Carolina jugó voleibol durante 3 h. ¿Quién quemó más calorías, y cuántas más?

c. Lalo fue a caminar sobre nieve durante 3 h y Mauricio fue a esquiar a campo traviesa durante 5 h. ¿Quién quemó más calorías, y cuántas más?

10. Durante unas vacaciones de 14 días, Gerardo incrementó su consumo de calorías en 1500 calorías diarias. Pero también hizo más ejercicio que el habitual, nadando 2 h diarias. Nadar quema 666 calorías por hora, y un aumento neto de 3500 calorías añade 1 lb de peso. ¿Aumentó Gerardo al menos 1 lb durante sus vacaciones?

11. Efectúa cada una de las divisiones siguientes usando el algoritmo de la resta consecutiva y el convencional.

   a. $8\overline{)623}$ b. $36\overline{)298}$

   c. $391\overline{)4001}$

12. En una calculadora, Rafa multiplicó por 10 cuando debió haber dividido entre 10. En la pantalla se lee 300. ¿Cuál es la respuesta correcta?

13. En la figura siguiente se muestran cuatro máquinas-función. La salida de una es la entrada de la que sigue. Completa la tabla.

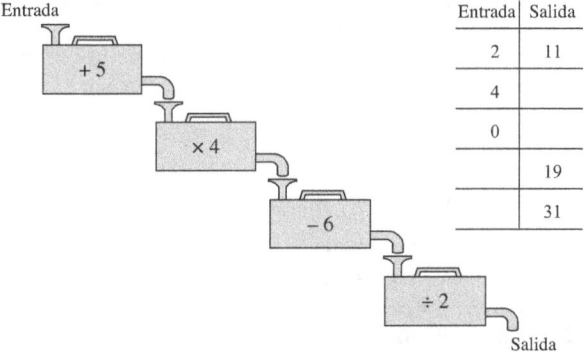

Entrada	Salida
2	11
4	
0	
	19
	31

14. Considera las multiplicaciones siguientes. Nota que cuando se invierten los dígitos en los factores, los productos son iguales.

$$\begin{array}{r} 36 \\ \times\ 42 \\ \hline 1512 \end{array} \qquad \begin{array}{r} 63 \\ \times\ 24 \\ \hline 1512 \end{array}$$

a. Halla otras multiplicaciones donde funcione el mismo procedimiento.

b. Halla un patrón para los números que se comportan de esa manera.

15. Mónica leyó 160 páginas de su libro en 4 h. Su hermana Carla empleó 4 h en leer 100 páginas del mismo libro. Si el libro tiene 200 páginas, y si las dos muchachas continúan su lectura a la misma velocidad, ¿cuánto más tardará Carla que Mónica en terminar el libro?

16. Daniel tiene 4520 monedas de un peso en tres cajas. Dice que hay 3 veces más monedas en la primera que en la tercera, y el doble de monedas en la segunda caja que en la primera. ¿Cuántas monedas tiene en cada caja?

17. Gilda compra manzanas en una huerta y las vende en una feria, en bolsas de 3, a $10 la bolsa. Ella compró 50 cajas de manzanas, con 36 manzanas por caja, y pagó $4520. Si vendió todas las manzanas, excepto 18, ¿cuál fue su ganancia?

18. Analiza un posible patrón de error en cada caso:

  a.
$$\begin{array}{r} 35 \\ \times\ 26 \\ \hline 90 \end{array}$$

  b.
$$\begin{array}{r} 5\ 3 \\ 5\overline{)2515} \\ -\ 25 \\ \hline 15 \\ -\ 15 \\ \hline 0 \end{array}$$

19. a. Justifica los pasos siguientes:

$$\begin{aligned} 56 \cdot 10 &= (5 \cdot 10 + 6) \cdot 10 \\ &= (5 \cdot 10) \cdot 10 + 6 \cdot 10 \\ &= 5 \cdot (10 \cdot 10) + 6 \cdot 10 \\ &= 5 \cdot 10^2 + 6 \cdot 10 \\ &= 5 \cdot 10^2 + 6 \cdot 10 + 0 \cdot 1 \\ &= 560 \end{aligned}$$

b. Justifica cada paso al multiplicar $34 \cdot 10^2$.

20. Para transportar a 1672 estudiantes a una reunión con el gobernador, la escuela planea rentar autobuses con un cupo de 29 estudiantes cada uno. ¿Cuántos autobuses se necesitan? ¿Todos irán llenos?

21. Coloca los dígitos 7, 6, 8 y 3 en las cajas siguientes para obtener

$$\begin{array}{r} \square\square\square \\ \times\ \ \square \\ \hline \end{array}$$

a. el mayor producto.

b. el menor producto.

22. ¿Para qué bases posibles son correctos estos cálculos?

  a.
$$\begin{array}{r} 213 \\ +\ 308 \\ \hline 522 \end{array}$$

  b.
$$\begin{array}{r} 213 \\ \times\ 32 \\ \hline 430 \\ 1043 \\ \hline 11300 \end{array}$$

23. a. Usa la multiplicación reticular para calcular $323_{\text{cinco}} \cdot 42_{\text{cinco}}$.

b. Halla los valores más pequeños de a y b tales que $32_a = 23_b$.

24. Efectúa cada una de estas operaciones usando las bases mostradas:

a. $32_{\text{cinco}} \cdot 4_{\text{cinco}}$

b. $32_{\text{cinco}} \div 4_{\text{cinco}}$

c. $43_{\text{seis}} \cdot 23_{\text{seis}}$

d. $143_{\text{cinco}} \div 3_{\text{cinco}}$

e. $10010_{\text{dos}} \div 11_{\text{dos}}$

f. $10110_{\text{dos}} \cdot 101_{\text{dos}}$

Evaluación 3-4B

1. Halla, en cada caso, los números faltantes:

$$
\begin{array}{r}
4\_4 \\
\times\ 327 \\
\hline
3\_88 \\
968\ \ \\
\_452\ \ \ \\
\hline
1582\_8
\end{array}
$$

2. Efectúa las siguientes multiplicaciones usando el algoritmo de la multiplicación reticular:

a. $\begin{array}{r} 327 \\ \times\ 43 \\ \hline \end{array}$ **b.** $\begin{array}{r} 2618 \\ \times\ 137 \\ \hline \end{array}$

3. La tabla siguiente nos muestra el consumo promedio de agua de 1 persona en un día:

Uso	Cantidad promedio
Baño de tina	110 L (litros)
Ducha	75 L
Inodoro	22 L
Lavar manos, cara	7 L
Beber	1 L
Lavar dientes	1 L
Lavar trastes (una comida)	30 L
Cocinar (una comida)	18 L

a. Usa la tabla para calcular cuánta agua consumes diariamente.
b. El estadounidense promedio gasta 200 L de agua al día. ¿Cuál es tu promedio?
c. Si hay 100,000,000 de personas en México, ¿cuánta agua se usa en promedio, al día, en el país?

4. Simplifica cada caso usando propiedades de los exponentes. Da la respuesta en potencias.
a. $3^8 \cdot 3^4$ **b.** $5^2 \cdot 5^4 \cdot 5^2$
c. $6^2 \cdot 2^2 \cdot 3^2$

5. a. ¿Cuál es mayor, $2^{20} + 2^{20}$ ó 2^{21}? ¿Por qué?
b. ¿Cuál es mayor, 3^{31}, $9 \cdot 3^{30}$ ó 3^{33}? ¿Por qué?

6. El modelo siguiente ilustra $13 \cdot 12$:

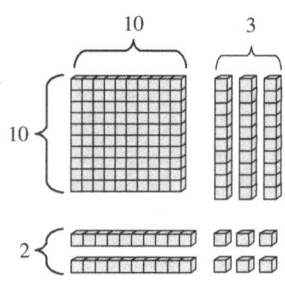

a. Explica dónde se muestran, en la figura, los productos parciales.
b. Dibuja un modelo similar para $12 \cdot 22$.

7. a. Usa cubos de base cinco para calcular $14_{\text{cinco}} \cdot 23_{\text{cinco}}$.
b. Usa la propiedad distributiva de la multiplicación sobre la suma para explicar por qué la multiplicación de un número natural en base cinco por 10_{cinco} resulta en añadir un 0 al número.
c. Explica por qué la multiplicación de un número natural en base cinco por 100_{cinco} resulta en añadir dos 0 al número.
d. Usa la propiedad distributiva de la multiplicación sobre la suma, y la parte (b), para calcular $14_{\text{cinco}} \cdot 23_{\text{cinco}}$.

8. Completa la tabla siguiente:

a	b	$a \cdot b$	$a + b$
	56	3752	
32			110
		270	33

9. Susana compró una póliza de seguro de vida por $300,000 al precio de $240 por cada $10,000 de cobertura. Si paga la prima en 12 mensualidades, ¿de cuánto es cada mensualidad?

10. Efectúa cada una de las divisiones siguientes usando el algoritmo de la resta consecutiva y el convencional:
a. $7\overline{)392}$
b. $37\overline{)925}$
c. $423\overline{)5002}$

11. Coloca en las cajas $\Box\overline{)\Box\Box\Box}$ los dígitos 7, 6, 8 y 3, de modo que se obtenga
a. el mayor cociente.
b. el menor cociente.

12. Veinte miembros de una banda musical planean asistir a un festival. Ellos lavaron 245 carros a $2 por carro, como ayuda para sus gastos. La escuela contribuirá a los gastos aportando $1 por cada $1 que colecte la banda. El costo de rentar un autobús para transportar a la banda es de 72¢ por milla y el viaje redondo es de 350 mi. Los miembros de la banda permanecerán en un dormitorio durante 2 noches a $5 por persona por noche. Las comidas costarán $28 por persona. ¿Ha colectado la banda suficiente dinero? De no ser así, ¿cuántos carros más deben lavar?

13. En la figura siguiente se muestran tres máquinas-función. La salida de una es la entrada de la que sigue. Completa la tabla.

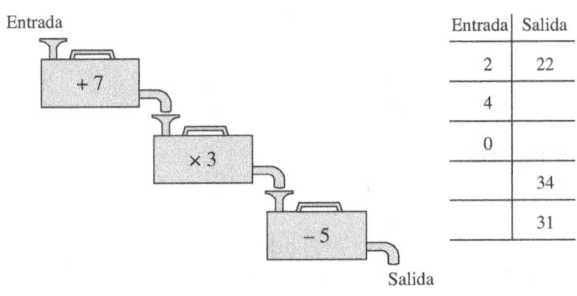

Entrada	Salida
2	22
4	
0	
	34
	31

14. Escoge tres dígitos diferentes.

   a. Crea todos los números menores que 100 que sean posibles con los dígitos escogidos. En cada número sólo se puede usar una vez cada dígito.

   b. Suma los seis números.

   c. Suma los tres dígitos que escogiste.

   d. Divide la respuesta en (b) entre la respuesta en (c).

   e. Repite de (a) a (d) con otros tres números.

   f. ¿Es siempre igual el resultado? ¿Por qué?

15. Juan ahorró $5340 en 3 años. Si ahorró $95 al mes en el primer año y una cantidad fija por mes durante los 2 años siguientes, ¿cuánto ahorró mensualmente durante los últimos 2 años?

16. Un grupo de niñas de cuarto grado tenía que cortar cuatro piezas de listón de 4 pies de longitud, de un rollo de 44 yardas. ¿Cuál es la longitud del listón restante? (Una yarda tiene tres pies.)

17. Analiza un posible patrón de error en cada caso:

   a. $\begin{array}{r} 34 \\ \times\ 8 \\ \hline 2432 \end{array}$ **b.** $\begin{array}{r} 34 \\ \times 6 \\ \hline 114 \end{array}$

18. Justifica los pasos siguientes:

$$\begin{aligned}
35 \cdot 100 &= (3 \cdot 10 + 5)100 \\
&= (3 \cdot 10 + 5)10^2 \\
&= (3 \cdot 10)10^2 + 5 \cdot 10^2 \\
&= 3(10 \cdot 10^2) + 5 \cdot 10^2 \\
&= 3 \cdot 10^3 + 5 \cdot 10^2 \\
&= 3 \cdot 10^3 + 5 \cdot 10^2 + 0 \cdot 10 + 0 \cdot 1 \\
&= 3500
\end{aligned}$$

19. a. Halla todos los números completos que dejan residuo 1 al dividirlos entre 4. Escribe tu respuesta usando la notación constructora de conjuntos.

   b. Escribe los números de la parte (a) en una sucesión que comience por el más pequeño.

   c. ¿Qué tipo de sucesión es la de la parte (b)?

20. Efectúa cada una de estas operaciones usando las bases mostradas:

   a. $42_{cinco} \cdot 3_{cinco}$

   b. $22_{cinco} \div 4_{cinco}$

   c. $32_{cinco} \cdot 42_{cinco}$

   d. $1313_{cinco} \div 23_{cinco}$

   e. $101_{dos} \cdot 101_{dos}$

   f. $1001_{dos} \div 11_{dos}$

21. ¿Para qué bases posibles sucede que estos cálculos son correctos?

   a. $\begin{array}{r} 322 \\ -\ 233 \\ \hline 23 \end{array}$

   b. $\begin{array}{r} 101 \\ 11)\overline{1111} \\ -\ 11 \\ \hline 11 \\ -\ 11 \\ \hline 0 \end{array}$

22. a. Usa la multiplicación reticular para calcular $423_{cinco} \cdot 23_{cinco}$.

   b. Halla los valores más pequeños de a y b tales que $41_a = 14_b$.

23. Coloca los dígitos 7, 6, 8, 3 y 2 en las cajas siguientes para obtener

$$\square\square\square$$
$$\times\ \square\square$$

   a. el mayor producto.   **b.** el menor producto.

24. Halla los productos siguientes y describe el patrón que surja:

   a. 1×1

   11×11

   111×111

   1111×1111

   b. 99×99

   999×999

   9999×9999

   c. Pon a prueba los patrones descubiertos. Si los patrones no continúan como se esperaba, determina cuándo se detienen.

Conexiones matemáticas 3-4

Comunicación

1. ¿Cómo explicarías a niñas y niños la manera de multiplicar $345 \cdot 678$, suponiendo que saben y entienden la multiplicación por un sólo dígito y la multiplicación por una potencia de 10?

2. ¿Qué sucede cuando multiplicas cualquier número de dos dígitos por 101? Explica por qué.

3. Escoge un número. Dóblalo. Multiplica el resultado por 3. Súmale 24. Divídelo entre 6. Réstale el número original. ¿Es el resultado siempre el mismo? Escribe un argumento convincente para tu respuesta.

4. ¿Piensas que conviene a los estudiantes conocer más de un método para resolver problemas de cálculo? ¿por qué?

5. Escoge el que consideres el "mejor" algoritmo estudiado en esta sección. Explica el razonamiento que fundamenta tu selección.

6. Tomás asegura que no debe prestarse mucha atención a la división larga en grupos elementales. ¿Estás de acuerdo con él, o no? Defiende tu respuesta.

7. Prueba que todos los números de la forma *abba* (*a* y *b* son dígitos en base diez) dejan residuo 0 al dividirlos entre

11. ¿Sucede lo mismo para todos los números de la forma *abccba*? ¿por qué?

Solución abierta

8. Si una estudiante presenta un nuevo "algoritmo" para calcular con números completos, describe el proceso que le recomendarías para determinar si su algoritmo funciona en todos los casos.

Aprendizaje colectivo

9. La secuencia tradicional para la enseñanza de las operaciones en la escuela elemental es ver primero la suma, después la resta o substracción, luego la multiplicación y, finalmente, la división. Algunos educadores abogan por enseñar la suma seguida de la multiplicación y después la resta seguida de la división. Con tu grupo, preparen argumentos a favor de enseñar las operaciones en cada uno de los órdenes mencionados.

Preguntas del salón de clase

10. Una estudiante divide como se muestra. ¿Cómo la ayudarías?

$$
\begin{array}{r}
4\ 5 \\
3\overline{)1215} \\
-\ 12 \\
\hline
15 \\
-\ 15 \\
\hline
0
\end{array}
$$

11. Un estudiante divide como se muestra. ¿Cómo lo ayudarías?

$$
\begin{array}{r}
15 \\
6\overline{)36} \\
-\ 6 \\
\hline
30 \\
30 \\
\hline
\end{array}
$$

12. Un estudiante pregunta cómo puede hallar el cociente y el residuo en un problema de división como $592 \div 36$ usando una calculadora sin tecla de división entera.

13. Una estudiante asegura que para dividir entre 10 un número con 0 en el dígito de las unidades basta quitar el 0 para obtener la respuesta. Ella quiere saber si esto siempre es cierto y por qué, y si el 0 debe estar en el dígito de las unidades. ¿Cómo respondes?

14. Una estudiante asegura que si el residuo cuando *m* se divide entre *n* es 0, entonces el dividendo (*m*) y el divisor (*n*) se pueden multiplicar, cada uno, por el mismo número completo distinto de cero *c* y la respuesta a la división será la misma. Esto es, $m \div n = (mc) \div (nc)$. Ella quiere saber por qué. ¿Cómo responderías, suponiendo que la estudiante no sabe nada acerca de fracciones?

15. **a.** Un estudiante pregunta que si $39 + 41 = 40 + 40$, entonces es cierto que $39 \cdot 41 = 40 \cdot 40$. ¿Cómo respondes?

b. Otro estudiante dice que él ya sabe que $39 \cdot 41 \neq 40 \cdot 40$ pero encontró que $39 \cdot 41 = 40 \cdot 40 - 1$. También halló que $49 \cdot 51 = 50 \cdot 50 - 1$. Desea saber si el patrón continúa. ¿Cómo le respondes?

Problemas de repaso

16. Ilustra la propiedad de identidad de la suma para números completos.

17. Reescribe cada caso usando la propiedad distributiva de la multiplicación sobre la suma:
    a. $ax + bx + 2x$
    b. $3(a + b) + x(a + b)$

18. Al comienzo de un viaje el odómetro marcó 52,281. Al final del viaje el odómetro marcó 59,260. ¿Cuántas millas se recorrieron?

19. Escribe cada uno de los problemas de división como un problema de multiplicación:
    a. $36 \div 4 = 9$
    b. $112 \div 2 = x$
    c. $48 \div x = 6$
    d. $x \div 7 = 17$

Preguntas del *Third International Mathematics and Science Study* (TIMSS) (Tercer Estudio Internacional sobre Matemáticas y Ciencia)

Cada estudiante necesita 8 cuadernos para la escuela. ¿Cuántos cuadernos se necesitan para 115 estudiantes?

Usa los cuadros $\boxed{1}$, $\boxed{4}$ y $\boxed{5}$. Escribe los números de los cuadros en las cajas para obtener la mayor respuesta al multiplicar.

$$
\begin{array}{r}
\square\square \\
\times\ \ \square \\
\hline
\end{array}
$$

$37 \times \blacksquare = 703$.
¿Cuál es el valor de $37 \times \blacksquare + 6$?

TIMSS, 2003, Grado 4

Pregunta del *National Assessment of Educational Progress* (NAEP) (Evaluación Nacional del Progreso Educativo)

Asistirán 58 personas a un desayuno y cada persona comerá 2 huevos. Hay 12 huevos en cada cartón. ¿Cuántos cartones de huevo se necesitarán para el desayuno?
    a. 9
    b. 10
    c. 72
    d. 116

NAEP 2007, Grado 4

ROMPECABEZAS En cada caso, reemplaza las letras con dígitos de manera que el cálculo sea correcto. Cada letra puede representar sólo un dígito.

a.
```
  DANZON
×       S
────────
 TORNEON
```

b.
```
    MA
    MA
  + MA
  ────
   EEL
```

ACTIVIDAD DE LABORATORIO

1. Se han codificado mensajes en cinta de papel, en base dos. Un agujero en la cinta representa 1, mientras que un espacio representa 0. El valor de cada agujero depende de su posición, de izquierda a derecha, 16, 8, 4, 2, 1 (todas potencias de 2). Las letras del alfabeto se pueden codificar en base dos de acuerdo con su posición en el alfabeto. Por ejemplo, Ñ es la letra número quince. Como $15 = 1 \cdot 8 + 1 \cdot 4 + 1 \cdot 2 + 1$, los agujeros aparecen como en la 3-41:

```
○  ○  ○  ○
16  8  4  2  1
```

Figura 3-41

a. Descodifica el mensaje de la figura 3-42.

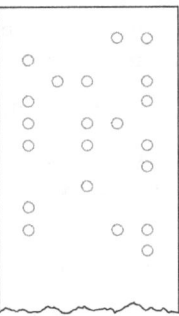

Figura 3-42

b. Escribe tu nombre en una cinta usando base dos.

2. El juego numérico de la figura 3-43 usa aritmética de base dos.

Carta E		Carta D		Carta C		Carta B		Carta A	
16	24	8	24	4	20	2	18	1	17
17	25	9	25	5	21	3	19	3	19
18	26	10	26	6	22	6	22	5	21
19	27	11	27	7	23	7	23	7	23
20	28	12	28	12	28	10	26	9	25
21	29	13	29	13	29	11	27	11	27
22	30	14	30	14	30	14	30	13	29
23	31	15	31	15	31	15	31	15	31

Figura 3-43

a. Supón que la edad de una persona aparece en las cartas E, C y B, y que la persona tiene 22 años. ¿Puedes descubrir cómo y por qué funciona?

b. Diseña la carta F de modo que los números 1 a 63 puedan usarse en el juego. Nota que las cartas A a E también deben modificarse.

3-5   Matemática mental y estimación para operaciones entre números completos

En los *Principios y objetivos* hallamos lo siguiente:

> Parte de la capacidad de calcular con fluidez consiste en realizar selecciones sensatas acerca de qué herramientas usar, y cuándo. Los estudiantes deben tener la experiencia suficiente para saber escoger entre cálculo mental, alguna estrategia con papel y lápiz, y la estimación o uso de calculadora. El contexto particular, la pregunta y los números utilizados, todo ello juega su papel en dicha selección. ¿Los números permiten una estrategia mental? ¿El contexto nos pide un estimado? ¿El problema requiere cálculos tediosos y repetidos? Los estudiantes, aprovechando su sentido numérico, deberán evaluar el planteamiento del problema para determinar si se necesita un estimado o una respuesta exacta, y ser capaces de justificar su decisión. (p. 36)

Además, en los *Puntos focales* hallamos las siguientes afirmaciones respecto a la estimación en varios grados escolares. Nota que conforme se avanza de grado se incluyen operaciones adicionales hasta cubrir las cuatro operaciones.

En los *Puntos focales* para el grado 2:

> Seleccionan (los estudiantes) y aplican métodos apropiados para estimar sumas y restas o para calcularlas mentalmente, dependiendo del contexto y de los números empleados. (p. 14)

En los *Puntos focales* para el grado 4:

> Seleccionan (los estudiantes) métodos apropiados y los aplican de manera precisa para estimar productos o calcularlos mentalmente, dependiendo del contexto y de los números empleados. (p. 16)

En los *Puntos focales* para el grado 5:

> Seleccionan (los estudiantes) métodos apropiados y los aplican de manera precisa para estimar cocientes o calcularlos mentalmente, dependiendo del contexto y de los números empleados. (p. 17)

En las secciones anteriores del presente capítulo nos concentramos en estrategias de papel y lápiz. A continuación estudiaremos otras dos herramientas, a saber, matemática mental y estimación de cálculo. **Matemática mental** es el procedimiento de producir una respuesta a un cálculo sin usar instrumentos computacionales. **Estimación de cálculo** es el procedimiento de conformar una respuesta *aproximada* a un problema numérico. Tener facilidad de

Nota de investigación

Las personas que son hábiles para estimar suelen tener fuerte autoestima en lo que respecta a los conceptos relacionados con las matemáticas, atribuyen su éxito más bien a sus habilidades que a sus esfuerzos, y piensan que la capacidad de estimar es una herramienta importante. Por el contrario, quienes estiman mal suelen tener una baja autoestima respecto a los conceptos relacionados con las matemáticas, atribuyen el éxito ajeno al esfuerzo y creen que la capacidad de estimar no es importante ni útil (J. Sowder 1989). ◆

Calvin y Hobbes   por Bill Watterson

Nota de investigación

El cálculo mental es eficiente cuando emplea algoritmos diferentes de los algoritmos convencionales de papel y lápiz. Además, las estrategias de cálculo mental son personales, dependen de la creatividad, flexibilidad y comprensión de los conceptos y propiedades numéricos. Por ejemplo, considera las habilidades y razonamiento implícitos en el calculo de la suma $74 + 29$ representando mentalmente el problema como $70 + (29 + 1) + 3 = 103$ (J. Sowder 1989).

manejar las estrategias de estimación ayuda a determinar si una respuesta es o no razonable. En la tira cómica "Calvin y Hobbes" vemos que Calvin es malo estimando y bien podría creer, como se menciona en la *Nota de investigación* de la página 178, que la estimación no es importante ni útil.

Tener capacidad para la matemática mental es útil en el desarrollo de las habilidades requeridas día con día para realizar estimaciones. Es indispensable contar con dichas habilidades, incluso cuando dispongas de una calculadora. Debes poder juzgar si la respuesta obtenida con la calculadora es razonable. La matemática mental recurre a diversas estrategias y propiedades. Como se menciona en la *Nota de investigación* de la izquierda, el cálculo mental se vuelve eficiente cuando emplea algoritmos diferentes de los algoritmos convencionales de papel y lápiz. A continuación consideramos varias de las estrategias más comunes para efectuar mentalmente operaciones con números completos. Nota que el algoritmo de *intercambio* no es más que el algoritmo de *sumas iguales* que ya estudiamos.

Matemática mental: Suma

1. *Sumar desde la izquierda*

    a.   67
            + 36

            $60 + 30 = 90$ (Suma las decenas.)
            $7 + 6 = 13$ (Suma las unidades.)
            $90 + 13 = 103$ (Suma las dos sumas.)

    b.   36
            + 36

            $30 + 30 = 60$ (Duplica 30.)
            $6 + 6 = 12$ (Duplica 6.)
            $60 + 12 = 72$ (Suma los dobles.)

2. *Separar y juntar*

    67
   + 36

    $67 + 30 = 97$ (Suma el primer número a las decenas del segundo número.)
    $97 + 6 = 103$ (Suma este número a las unidades del segundo número.)

3. *Intercambiar*

    a.   67
            + 36

            $67 + 3 = 70$ (Suma 3 para completar un múltiplo de 10.)
            $36 - 3 = 33$ (Resta 3 para compensar el 3 que sumaste.)
            $70 + 33 = 103$ (Suma los dos números.)

    b.   67
            + 29

            $67 + 30 = 97$ (Suma 30 (el siguiente múltiplo de 10 mayor que 29).)
            $97 - 1 = 96$ (Resta 1 para compensar el 1 adicional que sumaste.)

4. *Usar números compatibles*
    Los números compatibles son aquellos cuya suma es fácil de calcular mentalmente.

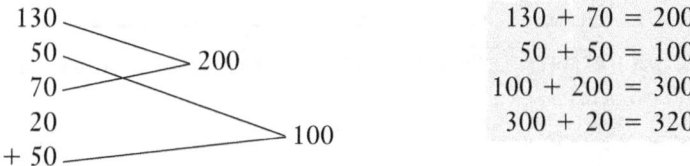

                            $130 + 70 = 200$
                              $50 + 50 = 100$
                            $100 + 200 = 300$
                            $300 + 20 = 320$

5. *Completar para tener números compatibles*

    25
   + 79

    $25 + 75 = 100$ (25 + 75 da 100.)
    $100 + 4 = 104$ (Suma otras 4 unidades.)

Matemática mental: Resta

1. *Separar y juntar*

67	$67 - 30 = 37$	(Resta del primer número las decenas del segundo.)
-36	$37 - 6 = 31$	(Resta de la diferencia las unidades del segundo.)

2. *Intercambiar*

71	$71 + 1 = 72; 39 + 1 = 40$	(Suma 1 a ambos números. Efectúa la
-39	$72 - 40 = 32$	substracción, la cual es más fácil que
		el problema original.)

Nota que sumar 1 a ambos números no altera la respuesta. ¿Por qué?

3. *Quitar los ceros*

8700	$87 - 5 = 82$	(Nota que hay dos ceros en cada número. Quita los ceros y
$- 500$	$82 \rightarrow 8200$	realiza el cálculo. Después coloca de nuevo los dos ceros para
		obtener el valor posicional adecuado.)

Otra técnica de matemática mental para la resta se llama "sumando". Este método se basa en el enfoque del *sumando faltante* y se conoce como "algoritmo del cajero". A continuación damos un ejemplo del *sumando* o *algoritmo del cajero*.

Ejemplo 3-5

Noé debía $11 en la tienda. Usó un billete de $50 para pagar. Mientras le daba el cambio a Noé, el cajero iba diciendo, "$11, $12, $13, $14, $15, $20, $30, $50". ¿Cuánto cambio recibió Noé?

Solución   La tabla 3-6 muestra lo que iba diciendo el cajero y el dinero que iba recibiendo Noé. Como $11 más $1 es $12, Noé debió recibir $1 cuando el cajero dijo $12. Se sigue el mismo razonamiento para $13, $14 y lo que sigue. Así, la cantidad total de cambio que recibió Noé está dada por $1 + $1 + $1 + $1 + $5 + $10 + $20 = $39. En otras palabras, $50 - $11 = $39 pues $39 + $11 = $50.

Tabla 3-6

El cajero dijo	$11	$12	$13	$14	$15	$20	$30	$50
Cantidad recibida por Noé cada vez	0	$1	$1	$1	$1	$5	$10	$20

AHORA INTENTA ÉSTE 3-17 Efectúa mentalmente cada una de las operaciones siguientes y explica qué técnica usaste para hallar la respuesta:

a. $40 + 160 + 29 + 31$
b. $3679 - 474$
c. $75 + 28$
d. $2500 - 700$

Matemática mental: Multiplicación

Así como sucede con la suma y la resta, la matemática mental es útil para multiplicar. Por ejemplo, considera 8×26. Los estudiantes pueden pensar este cálculo de diferentes maneras, como vemos a continuación.

$26 = 20 + 6$	$26 = 25 + 1$	$26 = 30 - 4$
8×20 es 160 y	8×25 es 200, entonces	8×30 es 240, luego
8×6 es 48, por tanto	8×1 es 8 más, así que	quitas $8 \times 4 = 32$,
8×26 es $160 + 48$,	8×26 es $200 + 8$,	por lo que 8×26 es
ó 208.	ó 208.	$240 - 32 = 208$.

Ahora consideramos varias de las estrategias más comunes para realizar matemática mental usando la multiplicación.

1. *Multiplicar desde la izquierda*

$$
\begin{array}{r}
64 \\
\times 5 \\
\end{array}
\qquad
\begin{array}{l}
60 \times 5 = 300 \\
4 \times 5 = 20 \\
\hline
300 + 20 = 320
\end{array}
$$

(Multiplica por 5 el número de las decenas del primer número.)
(Multiplica por 5 el número de las unidades del primer número.)
(Suma los dos productos.)

2. *Usar números compatibles*

$$2 \times 9 \times 5 \times 20 \times 5$$

Rearréglalo como $9 \times (2 \times 5) \times (20 \times 5) = 9 \times 10 \times 100 = 9000$.

3. *Pensar en monedas*

a. $\begin{array}{r} 64 \\ \times\ 5 \end{array}$ Piensa el producto como 64 monedas de 5, que se pueden pensar como 32 monedas de 10, lo cual da $32 \times 10 = 320$.

b. $\begin{array}{r} 64 \\ \times 50 \end{array}$ Piénsalo como el producto de 64 monedas de 50, que son 32 de 100, ó 3200.

c. $\begin{array}{r} 64 \\ \times 25 \end{array}$ Piénsalo como el producto de 64 monedas de 25, que son 32 de 50, ó 16 de 100, es decir, 1600.

Matemática mental: División

1. *Partir el dividendo*

$7\overline{)4256}$ $\qquad 7\overline{)42\,|\,56}$ (Partir el dividendo.)

$$
\begin{array}{l}
600 + 8 \\
\hline
7\overline{)4200 + 56} \\
600 + 8 = 608
\end{array}
$$

(Dividir ambas partes entre 7.)
(Sumar las respuestas.)

2. *Usar números compatibles*

a. $3\overline{)105}$ $\qquad 105 = 90 + 15$ (Busca números que reconozcas como divisibles entre 3 y cuya suma sea 105.)

$$\frac{30 + 5}{3\overline{)90 + 15}} = 35$$

(Divide ambas partes y suma las respuestas.)

b. $8\overline{)232}$ $\qquad 232 = 240 - 8$ (Busca números que sean fácilmente divisibles entre 8 y cuya diferencia sea 232.)

$$\frac{30 - 1}{8\overline{)240 - 8}} = 29$$

(Divide ambas partes y toma la diferencia.)

AHORA INTENTA ÉSTE 3-18 Efectúa mentalmente los cálculos siguientes y explica la técnica que usaste para obtener la respuesta:

a. 25 · 32 · 4   **b.** 123 · 3

c. 25 · 35   **d.** 5075 ÷ 25

Estimación de cálculo

La estimación de un cálculo puede ayudar a determinar si una respuesta es razonable o no. Esto es especialmente útil cuando el cálculo se efectúa mediante una calculadora. Damos a continuación algunas de las estrategias comunes para realizar estimaciones.

1. *Desde la izquierda*

La estimación desde la izquierda comienza considerando los primeros dígitos del frente o lado izquierdo del número. Se suman estos dígitos de la izquierda y se les asigna un valor posicional adecuado. Hasta aquí hemos estimado por defecto (desde abajo); se requiere un ajuste. Ajustamos considerando el siguiente grupo de dígitos. El ejemplo siguiente muestra cómo funciona la estimación desde la izquierda:

4 + 3 + 5	423 ——— 20	Pasos: **(1.) Suma los dígitos de la**
12 centenas	338 ⟩ 120	**izquierda** 4 + 3 + 5 = 12.
	+ 561 ⟩ 100	**(2.) Valor posicional** = 1200.
		(3.) Ajusta 61 + 38 ≈ 100 y
		20 + 100 es 120.
		(4.) El estimado ajustado es
		1200 + 120 = 1320.

2. *Completar números "agradables"*

La estrategia usada para obtener el ajuste en el ejemplo anterior es la estrategia de *completar números agradables*, lo cual significa juntar números "fáciles". Damos otro ejemplo.

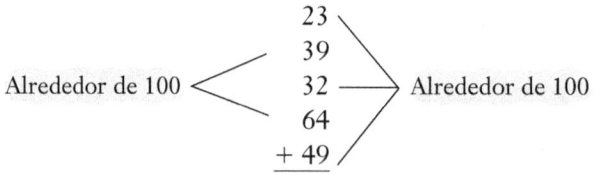

Por lo tanto, la suma es alrededor de 100 + 100, ó 200.

3. *Cúmulos*

Los *cúmulos* se usan cuando un grupo de números se acumulan alrededor de un valor común. Esta estrategia se limita a ciertos tipos de cálculos. En el ejemplo siguiente los números parecen acumularse alrededor de 6000.

6200	Estima el "promedio"—alrededor de 6000
5842	
6512	Multiplica el promedio por el número de valores
5521	para obtener 5 · 6000 = 30,000.
+ 6319	

4. *Redondeo*

El *redondeo* es una manera de "limpiar" números de modo que sean más fáciles de manejar. Al redondear podemos obtener respuestas aproximadas de cálculos:

4724	5000	(Redondea 4724 a 5000.)
+ 3192	+ 3000	(Redondea 3192 a 3000.)
	8000	(Suma los números redondeados.)

1267	1300	(Redondea 1267 a 1300.)
− 510	− 500	(Redondea 510 a 500.)
	800	(Suma los números redondeados.)

Para efectuar estimaciones se requiere saber el significado del valor posicional y conocer técnicas de redondeo. Ilustramos un procedimiento de redondeo que puede generalizarse a todas las situaciones de redondeo. Por ejemplo, supongamos que deseamos redondear 4724 al millar más cercano. Podemos proceder en cuatro pasos (ver también la Figura 3-44).

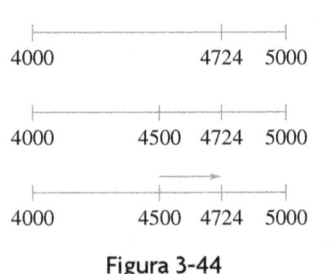

a. Determina dos millares consecutivos entre los cuales se ubique el número.

b. Determina el punto medio entre los dos millares.

c. Determina cuál millar está más cerca observando si el número es mayor o menor que el punto medio. (*No todos los libros de texto usan el mismo método para redondear cuando el número cae en el punto medio.*)

d. Si el número por redondear es mayor o igual que el punto medio, redondea el número dado al millar mayor; de otro modo, redondea al millar menor. En este caso redondeamos 4724 a 5000.

Figura 3-44

5. *Usar el rango*

Con frecuencia es útil saber en qué *rango* cae la respuesta. El rango queda determinado al hallar un estimado bajo y un estimado alto, y señalando que la respuesta cae en ese intervalo. Por ejemplo:

Problema	Estimado bajo	Estimado alto
378	300	400
+ 524	+ 500	+ 600
	800	1000

Así un rango para este problema es de 800 a 1000.

En la *Página de un libro de texto* en la página 184 se muestran las estrategias de estimación de *redondeo* y *desde la izquierda* aplicadas a un problema.

Estimación: Multiplicación y División

Damos a continuación ejemplos de estrategias de estimación para multiplicar y dividir.

1. *Desde la izquierda*

524	$500 \times 8 = 4000$	(Comienza multiplicando desde la izquierda para obtener un primer estimado.)
× 8		
	$20 \times 8 = 160$	(Multiplica el siguiente dígito en importancia por 8.)
	$4000 + 160 = 4160$	(Ajusta el primer estimado sumando los dos números.)

Página de un libro de texto   ESTIMACIÓN DE SUMAS Y RESTAS

Lección 1-9

Idea clave
Hay más de una manera de estimar sumas y restas

Vocabulario
• estimación desde la izquierda
• redondeo (p. 26)

Reflexión

¡Piensa!
Sólo necesito un **estimado** pues nos preguntan alrededor de cuántas libras

28

Estimación de sumas y restas

Aprende

¿Cómo puedes estimar sumas?

Los estudiantes de una escuela primaria recolectan latas de aluminio para reciclarlas. ¿Alrededor de cuántas libras de latas recolectaron en total?

Latas para reciclar				
Grado	3°	4°	5°	6°
Libras recolectadas	398	257	285	318

Puedes estimar 398 + 257 + 285 + 318 de dos maneras.

Juan usó **redondeo**.

Redondeo cada número a la centena más cercana.

$$398 \rightarrow 400$$
$$257 \rightarrow 300$$
$$285 \rightarrow 300$$
$$+318 \rightarrow +300$$
$$1,300$$

Alrededor de 1,300 libras

Kristi usó **estimación desde la izquierda** y después ajustó el estimado.

Primero sumo los dígitos de la izquierda.

$$398 \rightarrow 300$$
$$257 \rightarrow 200$$
$$285 \rightarrow 200$$
$$+318 \rightarrow +300$$
$$1,000$$

Después ajusto para incluir los números restantes.

$$98 \rightarrow 100.$$
$$85 \rightarrow 100.$$
$$57 + 18 \rightarrow 100.$$

Menos de 1,300 libras.

Fuente: Scott Foresman-Addison Wesley Math, Grade 5, 2008 (p. 28).

2. *Números compatibles*

$$5\overline{)4163}$$

$$5\overline{)4000}$$ (Substituye 4163 por un número cercano a él pero divisible entre 5.)

$$\frac{800}{5\overline{)4000}}$$ (Efectúa la división y obtén el primer estimado de 800. Se pueden usar varias técnicas para ajustar el primer estimado.)

AHORA INTENTA ÉSTE 3-19 Estima mentalmente cada caso y explica qué técnica usaste para obtener la respuesta:

a. Se realizó un concierto en un teatro con capacidad de 4525 personas, Los boletos se agotaron. Cada uno costó $9. ¿Cuánto dinero se juntó?

b. Se van a distribuir folletos en 3625 casas y hay 42 personas para hacerlo. Si se distribuyen equitativamente, ¿cuántas casas visitará cada persona?

Evaluación 3-5A

1. Calcula mentalmente:
  a. $180 + 97 - 23 + 20 - 140 + 26$
  b. $87 - 42 + 70 - 38 + 43$

2. Usa números compatibles para calcular mentalmente cada caso:
  a. $2 \cdot 9 \cdot 5 \cdot 6$ **b.** $8 \cdot 25 \cdot 7 \cdot 4$

3. Usa las estrategias de separar y juntar, o de multiplicación desde la izquierda, para obtener mentalmente:
  a. $567 + 38$ **b.** $321 \cdot 3$

4. Usa el intercambio para calcular mentalmente:
  a. $85 - 49$ **b.** $87 + 33$
  c. $143 - 97$ **d.** $58 + 39$

5. Un viaje en carro duró 8 horas a un promedio de 96 kmph. Calcula mentalmente el total de kilómetros viajados. Describe el método empleado.

6. Calcula cada caso usando el algoritmo del *sumando faltante* (del cajero).
  a. $53 - 28$ **b.** $63 - 47$

7. Calcula mentalmente cada caso. Explica brevemente el método usado.
  a. $86 + 37$
  b. $97 + 54$
  c. $230 + 60 + 70 + 44 + 40 + 6$

8. Redondea cada número al valor posicional indicado por el dígito en **negritas**.
  a. 5**2**80 **b.** **1**15,234
  c. 1**1**5,234 **d.** 2,3**2**5

9. Estima cada respuesta por redondeo.
  a. $878 \div 29$
  b. $25{,}201 - 19{,}987$

c. $32 \cdot 28$
d. $2215 + 3023 + 5967 + 975$

10. Usa la estimación desde la izquierda, con ajuste, para estimar cada caso:
  a. $2215 + 3023 + 5987 + 975$
  b. $234 + 478 + 987 + 319 + 469$

11. a. ¿Será bueno usar la estrategia de cúmulos en cada uno de los casos siguientes? ¿Por qué sí o por qué no?

(i)		(ii)	
	474		483
	1467		475
	64		530
+	2445		503
		+	528

  b. Estima cada parte de (a) usando las estrategias siguientes:
   (i) Desde la izquierda
   (ii) Completar números agradables
   (iii) Redondeo

12. Usa la estrategia del rango para estimar cada caso. Explica cómo obtuviste tus estimados.
  a. $22 \cdot 38$
  b. $145 + 678$
  c. $278 + 36$

13. Supón que tienes un saldo de $3287 en tu cuenta de cheques y que expides cheques por $85, $297, $403 y $523. Estima tu saldo, di cómo lo hiciste y di si piensas que tu estimado es muy alto o muy bajo.

14. Un teatro tiene 38 filas con 23 lugares en cada fila. Estima el número de lugares en el teatro y di cómo llegaste al estimado.

15. Sin efectuar los cálculos, di cuáles dan el mismo resultado. Describe tu razonamiento.
   a. $44 \cdot 22$ y $22 \cdot 11$
   b. $22 \cdot 32$ y $11 \cdot 64$
   c. $13 \cdot 33$ y $39 \cdot 11$

16. La siguiente es una lista del área en kilómetros cuadrados de los países más grandes de Europa. Usa esta información para decidir mentalmente cuáles de las afirmaciones son verdaderas.

Francia	543,965
España	505,990
Suecia	449,964
Finlandia	338,145
Noruega	323,758

   a. Suecia es menos de 100,000 km² más grande que Finlandia.
   b. Francia es más del doble que Noruega.
   c. Francia es más de 250,000 km² más grande que Noruega.
   d. España es alrededor de 55,000 km² mayor que Suecia

17. La asistencia a la feria mundial durante una semana fue de:

Lunes	72,250
Martes	63,891
Miércoles	67,490
Jueves	73,180
Viernes	74,918
Sábado	68,480

Estima la asistencia de la semana y di qué estrategia usaste y por qué.

18. En cada caso, determina si el estimado dado en el paréntesis es alto (mayor que la respuesta real) o bajo (menor que la respuesta real). Justifica tus respuestas sin calcular los valores exactos.
   a. $299 \cdot 300$ (90,000)
   b. $6001 \div 299$ (20)
   c. $6000 \div 299$ (20)
   d. $999 \div 99$ (10)

19. Usa tu calculadora para obtener 25^2, 35^2, 45^2 y 55^2, y después ve si puedes hallar un patrón que te permita calcular mentalmente 65^2 y 75^2.

Evaluación 3-5B

1. Calcula mentalmente:
   a. $160 + 92 - 32 + 40 - 18$
   b. $36 + 97 - 80 + 44$

2. Usa números compatibles para calcular mentalmente cada caso:
   a. $5 \cdot 11 \cdot 3 \cdot 20$
   b. $82 + 37 + 18 + 13$

3. Da razones para los primeros cuatro pasos.

$$(525 + 37) + 75 = 525 + (37 + 75)$$
$$= 525 + (75 + 37)$$
$$= (525 + 75) + 37$$
$$= 600 + 37$$
$$= 637$$

4. Usa las estrategias de separar y juntar, o de multiplicación desde la izquierda, para obtener mentalmente:
   a. $997 - 32$ **b.** $56 \cdot 30$

5. Usa el intercambio para calcular mentalmente:
   a. $75 - 38$ **b.** $57 + 35$
   c. $137 - 29$ **d.** $78 + 49$

6. Calcula cada caso usando el algoritmo del *sumando faltante* (del cajero):
   a. $74 - 63$ **b.** $73 - 57$

7. Calcula mentalmente cada caso. Explica brevemente el método usado.
   a. $81 - 46$ **b.** $98 - 19$
   c. $9700 - 600$

8. Redondea cada número al valor posicional indicado por el dígito en **negritas**.
   a. $3\underline{5}87$
   b. $\underline{1}48,213$
   c. $2\underline{3},785$
   d. $2,3\underline{5}7$

9. Estima cada respuesta por redondeo.
   a. $937 \div 28$ **b.** $32,285 - 18,988$
   c. $52 \cdot 48$ **d.** $3215 + 3789 + 5987$

10. Usa la estimación desde la izquierda, con ajuste, para estimar cada caso:
   a. $2345 + 5250 + 4210 + 910$
   b. $345 + 518 + 655 + 270$

11. a. ¿Será bueno usar la estrategia de cúmulos en cada uno de los casos siguientes? ¿Por qué sí o por qué no?

(i)	(ii)
318	2350
2314	1987
57	2036
+ 3489	2103
	+ 1890

   b. Estima cada parte de (a) usando las estrategias siguientes:
      (i) Desde la izquierda, con ajuste
      (ii) Completar números agradables
      (iii) Redondeo

12. Usa la estrategia del rango para estimar cada caso. Explica cómo obtuviste tus estimados.
   a. $32 \cdot 47$
   b. $123 + 780$
   c. $482 + 246$

13. Tomás estimó $31 \cdot 179$ de las tres maneras mostradas abajo.
   (i) $30 \cdot 200 = 6000$
   (ii) $30 \cdot 180 = 5400$
   (iii) $31 \cdot 200 = 6200$
   Sin hallar el producto, ¿cuál estimado consideras más cercano al resultado real? ¿Por qué?

14. Se deben quemar alrededor de 3,540 calorías para bajar medio kilo de peso. Estima cuántas calorías debes quemar para bajar 3 kilos.

15. Sin efectuar los cálculos, di cuáles dan el mismo resultado. Describe tu razonamiento.
   a. $88 \cdot 44$ y $44 \cdot 22$
   b. $93 \cdot 15$ y $31 \cdot 45$
   c. $12 \cdot 18$ y $20 \cdot 17$

16. En cada caso, responde usando métodos de estimación si es posible. Cuando la estimación no sea apropiada, explica por qué.
   a. José tiene $3800 en su cuenta de cheques. Quiere emitir cheques por $390, $280, $590 y $2500. ¿Tiene dinero suficiente para cubrir estos cheques?
   b. Gilda depositó dos cheques en su cuenta, uno por $9810 y el otro por $11,400. ¿Tiene suficiente dinero en su cuenta para cubrir un cheque de $20,000 si sabemos que inició con un saldo positivo?

   c. Alberto y Juan se postularon para puestos de elección. Van a recibir votos de dos distritos. Alberto recibe 3473 votos de un distrito y 5615 del otro distrito. Juan recibe 3463 votos del primer distrito y 5616 del segundo. ¿Quién resultó electo?
   d. Dos parcelas rectangulares tienen dimensiones de 101 m por 120 m, y 103 m por 129 m. ¿Qué parcela tiene mayor área? (Recuerda que el área de un rectángulo es el largo por el ancho.)

17. En cada caso, determina si el estimado dado en el paréntesis es alto (mayor que la respuesta real) o bajo (menor que la respuesta real). Justifica tu respuesta sin calcular los valores exactos.
   a. $398 \cdot 500$ (200,000)
   b. $8001 \div 398$ (20)
   c. $10,000 \div 999$ (10)
   d. $1999 \div 201$ (10)

18. Usa tu calculadora para multiplicar varios números de dos dígitos por 99. Después, ve si puedes hallar un patrón que te permita obtener mentalmente el producto de cualquier número de dos dígitos por 99.

Conexiones matemáticas 3-5

Comunicación

1. ¿Cuál es la diferencia entre matemática mental y estimación de cálculo?

2. ¿La estimación desde la izquierda siempre es menor que la suma exacta antes del ajuste? Explica por qué sí o por qué no.

3. En los nuevos libros de texto se hace énfasis en matemática mental y estimación. ¿Piensas que dichos temas son importantes para el estudiante actual? ¿Por qué?

4. Supón que x y y son números completos positivos (mayores que 0). Si x es mayor que y y estimas $x - y$ redondeando x hacia arriba y y hacia abajo, ¿tu estimado será siempre muy alto o muy bajo, o puede variar? Explica.

Solución abierta

5. Da varios ejemplos de situaciones del mundo real donde sea suficiente un estimado en lugar de una respuesta exacta.

6. a. Da un ejemplo numérico donde la estimación desde la izquierda y el redondeo produzcan el mismo resultado.
   b. Da un ejemplo de cuándo pueden producir resultados diferentes.

Aprendizaje colectivo

7. En un grupo cada persona escoge un libro de texto de diferente grado (3-6) y hace una lista de estrategias de matemática mental o de estimación presentadas para cada grado. ¿Cómo se comparan las listas?

8. Como grupo, y sin obtener realmente la respuesta, digan cuál es mayor: $19,876 \cdot 43$ ó $19,875 \cdot 44$. Preparen una respuesta de grupo para exponer al resto de la clase.

Preguntas del salón de clase

9. Mane calculó $261 - 48$ restando primero 50 de 261 para obtener 211; después, para equilibrar la suma adicional de 2 a 48, restó 2 de 211 para obtener una respuesta de 209. ¿Es correcto su razonamiento? De no ser así, ¿cómo podrías ayudarla?

10. Un estudiante pregunta por qué tiene que aprender otras estrategias de estimación además del redondeo. ¿Cuál es tu respuesta?

11. Para terminar rápidamente su tarea, una estudiante de nivel elemental resuelve sus problemas de estimación usando una calculadora para hallar las respuestas exactas y después redondearlas a fin de obtener un estimado. ¿Qué le dices?

Problemas de repaso

12. Explica por qué cuando un número se multiplica por 10, se añade un cero al número.

13. Efectúa cada una de las divisiones siguientes usando ambos algoritmos, el de la resta consecutiva y el convencional.

   a. $18\overline{)623}$

   b. $21\overline{)493}$

   c. $97\overline{)1000}$

14. Escribe cada una de las respuestas del problema 13 en la forma $a = b \cdot c + r$, donde $0 \leq r < b$.

Preguntas del *National Assessment of Educational Progress* (NAEP) (Evaluación Nacional del Progreso Educativo)

¿Cuál operación sería más fácil de resolver usando matemática mental?

   a. $\$65.12 - \$28.19$

   b. 358×2

   c. $1,625 \div 3$

   d. $\$100.00 + \$10.00$

NAEP 2007, Grado 4

Mika y su mamá vieron el letrero mostrado cuando iban en su automóvil hacia Rockville. Si su velocidad es de alrededor de 65 millas por hora aproximadamente, ¿en cuántas horas más terminarán su viaje?

   a. 1   **b.** 2   **c.** 3   **d.** 4   **e.** 5

NAEP 2007, Grado 8

ROMPECABEZAS En la Asociación de Padres y Maestros de una escuela organizaron un árbol telefónico para localizar a todos sus miembros. La responsabilidad de cada persona, después de recibir una llamada, es llamar a otros dos miembros asignados, y así hasta que todos los miembros hayan sido localizados. Supón que todos estaban en su casa y contestaron el teléfono, y que cada llamada duró 30 segundos. Si uno de los 85 miembros realiza la primera llamada telefónica e inicia un cronómetro, ¿cuál es la menor cantidad de tiempo necesaria para localizar a los 85 miembros del grupo?

Sugerencia para resolver el problema preliminar

No es común usar varios 5, como 55 y 555; el problema puede resolverse usando varios 5 sólo dos veces. El factor principal para resolver este problema, según se mostró en el ejemplo, es usar símbolos de agrupamiento.

Resumen del capítulo

I. Números completos
  A. El conjunto de los **números completos** C es $\{0, 1, 2, 3, \dots\}$.
  B. Las operaciones básicas de los números completos son: suma, resta, multiplicación y división.
    1. *Suma:* Si $n(A) = a$ y $n(B) = b$, donde $A \cap B = \varnothing$, entonces $a + b = n(A \cup B)$. Los números a y b son **sumandos** y $a + b$ es la **suma**.
    2. *Resta:* Si a y b son números completos cualesquiera, entonces $a - b$ es el único número completo c tal que $a = b + c$.
    3. *Multiplicación:* Si a y b son números completos cualesquiera y $a \neq 0$, entonces
    $$ab = \underbrace{b + b + b + \dots + b}_{a \text{ términos}}$$
    donde a y b son **factores** y ab es el **producto**.
    4. *Multiplicación:* Si A y B son conjuntos tales que $n(A) = a$ y $n(B) = b$, entonces $ab = n(A \times B)$.
    5. *División:* Si a y b son números completos cualesquiera, con $b \neq 0$, $a \div b$ es el único número completo c tal que $bc = a$. El número a es el **dividendo**, b es el **divisor** y c es el **cociente**.
    6. Algoritmo de la división: Dados cualesquier números completos a y b, con $b \neq 0$, existen números completos únicos c y r tales que $a = bc + r$, con $0 \leq r < b$.
  C. Propiedades de la suma y la multiplicación de números completos
    1. *Cerradura:* Si $a, b \in C$, entonces $a + b \in C$ y $ab \in C$.
    2. *Conmutativa:* Si $a, b \in C$, entonces $a + b = b + a$ y $ab = ba$.
    3. *Asociativa:* Si $a, b, c \in C$, entonces $(a + b) + c = a + (b + c)$ y $(ab)c = a(bc)$.
    4. *Identidad:* 0 es el único elemento identidad para la suma de números completos; 1 es el único elemento identidad para la multiplicación.
    5. *Propiedad distributiva de la multiplicación sobre la suma:* Si $a, b, c \in C$, entonces $a(b + c) = ab + ac$.
    6. *Propiedad distributiva de la multiplicación sobre la resta:* Si $a, b, c \in C$, con $b \geq c$, $a(b - c) = ab - ac$.
    7. *Propiedad de la multiplicación por cero:* Para cualquier número completo a, $a \cdot 0 = 0 = 0 \cdot a$.

  D. Relaciones en los números completos
    1. $a < b$ si, y sólo si, existe un número natural c tal que $a + c = b$.
    2. $a > b$ si, y sólo si, $b < a$.
II. Algoritmos para las operaciones con números completos
  A. Algoritmos para la suma y la resta
    1. Modelos concretos
    2. Algoritmos expandidos
    3. Algoritmos convencionales o conocidos
    4. Suma y resta reagrupando
    5. Suma con marcas
    6. Sumandos iguales
    7. Suma y resta en varias bases numéricas
  B. Algoritmos de multiplicación y división
    1. Modelos concretos
    2. Algoritmos expandidos
    3. Algoritmos convencionales
    4. Retícula para multiplicar
    5. Andamiaje para la división
    6. División corta
    7. Multiplicación y división en otras bases numéricas
III. Estrategias de matemática mental y de estimación de cálculos
  A. Matemática mental
    1. Sumar desde la izquierda
    2. Separar y juntar
    3. Intercambio
    4. Uso de números compatibles
    5. Completar a números compatibles
    6. Quitar ceros
    7. Algoritmo del cajero (sumandos iguales)
    8. Multiplicar desde la izquierda
    9. Pensar en monedas
    10. Partir el dividendo
  B. Estrategias para estimar el cálculo
    1. Desde la izquierda
    2. Completar números agradables
    3. Cúmulos
    4. Redondeo
    5. Rango
    6. Números compatibles

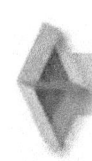

Revisión del capítulo

1. Identifica las propiedades de las operaciones de los números completos que ilustra cada caso:
   a. $3(a + b) = 3a + 3b$
   b. $2 + a = a + 2$
   c. $16 \cdot 1 = 1 \cdot 16 = 16$
   d. $6(12 + 3) = 6 \cdot 12 + 6 \cdot 3$
   e. $3(a \cdot 2) = 3(2a)$
   f. $3(2a) = (3 \cdot 2)a$

2. Usando las definiciones de menor que o mayor que, prueba que cada una de las siguientes desigualdades es verdadera:
   a. $3 < 13$
   b. $12 > 9$

3. Halla posibles reemplazos que hagan verdaderas las proposiciones siguientes acerca de números completos:
   a. $4 \cdot \square - 37 < 27$
   b. $398 = \square \cdot 37 + 28$
   c. $\square \cdot (3 + 4) = \square \cdot 3 + \square \cdot 4$
   d. $42 - \square \geq 16$

4. Usa la propiedad distributiva de la multiplicación sobre la suma y resultados de sumas, si es posible, para reescribir:
   a. $3a + 7a + 5a$
   b. $3x^2 + 7x^2 - 5x^2$
   c. $x(a + b + y)$
   d. $(x + 5)3 + (x + 5)y$

5. ¿Cuántas latas de jugo de 12 oz se necesitan para servir a 60 personas una porción de 8 oz a cada una?

6. Nina tiene un pantalón café y uno gris; una blusa café, una amarilla y una blanca; y un suéter azul y uno blanco. ¿De cuántas maneras puede vestirse si lleva un pantalón, una blusa y un suéter?

7. Estoy pensando un número completo. Si lo divido entre 13, después multiplico la respuesta por 12, luego le resto 20 y después le sumo 89, el resultado es 93. ¿Cuál fue el número que pensé?

8. Un centro vacacional ofrece un paquete de fin de semana con todo incluido por $800 por persona, o de $60,000 para un grupo de 80 personas. ¿Cuál será la opción más barata para un grupo de 80 personas?

9. Julia tiene un trabajo de 30 h/sem y le pagan $50/h. Si trabaja más de 30 h en una semana recibe $80/h por cada hora extra 30 h. Si trabajó 38 h esta semana, ¿cuánto le pagaron?

10. En un concurso de televisión hay que responder cinco preguntas. Cada pregunta vale el doble de la anterior. Si la última pregunta vale $64,000, ¿cuánto valía la primera pregunta?

11. a. Piensa un número.
    Súmale 17.
    Dobla el resultado.
    Réstale 4.
    Dobla el resultado.
    Súmale 20.
    Divídelo entre 4.
    Réstale 20.
    Tu respuesta será tu número original. Explica cómo funciona este truco.
    b. Plantea tres pasos más que te regresen a tu número original.
    Piensa un número.
    Súmale 18.
    Multiplícalo por 4.
    Réstale 7.
    .
    .
    .
    c. Elabora una serie de instrucciones que te regresen siempre a tu número original.

12. Usa el algoritmo de marcas y el tradicional para efectuar:
$$
\begin{array}{r}
316 \\
712 \\
+\ 91 \\
\end{array}
$$

13. En el caso siguiente usa el algoritmo tradicional y la retícula para multiplicar:
$$
\begin{array}{r}
613 \\
\times\ 98 \\
\end{array}
$$

14. Usa el algoritmo de la resta consecutiva y el convencional para efectuar:
    a. $912\overline{)4803}$
    b. $11\overline{)1011}$
    c. $23_{cinco}\overline{)3312}_{cinco}$
    d. $11_{dos}\overline{)1011}_{dos}$

15. Usa el algoritmo de la división para verificar las respuestas obtenidas en el problema 14.

16. En algunos cálculos conviene usar una combinación de matemática mental y calculadora. Por ejemplo, como
$$
\begin{aligned}
200 \cdot 97 \cdot 146 \cdot 5 &= 97 \cdot 146(200 \cdot 5) \\
&= 97 \cdot 146 \cdot 1000
\end{aligned}
$$
podemos calcular $97 \cdot 146$ en una calculadora y multiplicar mentalmente por 1000. Muestra cómo calcular cada uno de los casos siguientes combinando matemática mental y calculadora:
    a. $19 \cdot 5 \cdot 194 \cdot 2$
    b. $379 \cdot 4 \cdot 193 \cdot 25$

c. $8 \cdot 481 \cdot 73 \cdot 125$
d. $374 \cdot 200 \cdot 893 \cdot 50$

17. Tenías en tu chequera un saldo de $720 antes de expedir cheques por $162, $158 y $33 y de hacer un depósito de $28. ¿Cuál es tu nuevo saldo?

18. A Jaime le pagaron $3200 mensuales durante 6 meses y $4100 mensuales durante 6 meses. ¿Cuál fue el total de sus ingresos en el año?

19. Un fabricante de refrescos produce 15,600 latas de su producto cada hora. Se empacan 24 latas en una caja. ¿Cuántas cajas podrá llenar con las latas producidas durante 4 h?

20. Una sociedad de 120 inversionistas vendió un terreno en $461,040. Si esta cantidad se repartió equitativamente, ¿cuánto recibió cada inversionista?

21. Normalmente, las manzanas cuestan 32¢ cada una. Las venden de oferta en 3 por 69¢. ¿Cuánto ahorras si compras 2 docenas de manzanas cuando están en oferta?

22. El propietario de una tienda de bicicletas reportó su inventario de bicicletas y triciclos de manera poco común. Dijo que contó 126 ruedas y 108 pedales. ¿Cuántas bicicletas y cuántos triciclos tiene?

23. Efectúa los cálculos siguientes:

a. $\begin{array}{r} 123_{cinco} \\ + 34_{cinco} \\ \hline \end{array}$
b. $\begin{array}{r} 1010_{dos} \\ - 101_{dos} \\ \hline \end{array}$

c. $\begin{array}{r} 23_{cinco} \\ \times 34_{cinco} \\ \hline \end{array}$
d. $\begin{array}{r} 1001_{dos} \\ \times 101_{dos} \\ \hline \end{array}$

24. Di cómo usar mentalmente números compatibles para efectuar las operaciones siguientes:
a. $26 + 37 + 24 - 7$
b. $4 \cdot 7 \cdot 9 \cdot 25$

25. Calcula mentalmente. Menciona la estrategia usada para tu matemática mental (las estrategias pueden variar).
a. $63 \cdot 7$
b. $85 - 49$
c. $(18 \cdot 5)2$
d. $2436 \div 6$

26. Estima la suma siguiente usando (a) estimación desde la izquierda con ajuste, y (b) redondeo.

$$\begin{array}{r} 543 \\ 398 \\ 255 \\ 408 \\ + 998 \\ \hline \end{array}$$

27. Usa cúmulos para estimar la suma 2345 + 2854 + 2234 + 2203.

28. Explica cómo funciona el algoritmo convencional de la división para:

$$\begin{array}{r} 23 \\ 14\overline{)322} \\ -28 \\ \hline 42 \\ -42 \\ \hline 0 \end{array}$$

29. En algunos casos se puede usar la propiedad distributiva de la multiplicación sobre la suma, o la propiedad distributiva de la multiplicación sobre la resta, para obtener rápidamente una respuesta. Usa una de las propiedades distributivas para calcular cada uno de los casos siguientes de la manera más sencilla posible:
a. $999 \cdot 47 + 47$
b. $43 \cdot 59 + 41 \cdot 43$
c. $1003 \cdot 79 - 3 \cdot 79$
d. $1001 \cdot 113 - 113$
e. $101 \cdot 35$
f. $98 \cdot 35$

30. Recuerda que los problemas de suma como 3478 + 521 se pueden escribir y calcular usando notación expandida como se muestra aquí, y responde las preguntas siguientes.

$$\begin{array}{r} 3 \cdot 10^3 + 4 \cdot 10^2 + 7 \cdot 10 + 8 \\ + 5 \cdot 10^2 + 2 \cdot 10 + 1 \\ \hline 3 \cdot 10^3 + 9 \cdot 10^2 + 9 \cdot 10 + 9 \end{array}$$

a. Escribe un problema algebraico de suma correspondiente (usa x en lugar de 10) y obtén la respuesta.
b. Escribe un problema de resta y el problema algebraico correspondiente, y obtén la respuesta.
c. Escribe un problema de multiplicación y el problema algebraico correspondiente, y calcula la respuesta.

Bibliografía seleccionada

Baek, J. "Children's Mathematical Understanding and Invented Strategies for Multidigit Multiplication." *Teaching Children Mathematics* 12 (December 2005): 242–247.

Baroody, A. "Why Children Have Difficulties Mastering the Basic Number Combinations and How to Help Them." *Teaching Children Mathematics* 13 (August 2006): 22–31.

Bass, H. "Computational Fluency, Algorithms, and Mathematical Proficiency: One Mathematician's Perspective." *Teaching Children Mathematics* 9 (February 2003): 322–329.

Bell, A., B. Greer, C. Mangan, and L. Grimison. "Children's Performance on Multiplicative Word Problems: Elements of a Descriptive Theory." *Journal for Research in Mathematics Education* 1989, 20(5): 434–449.

Bobis, J. "The Empty Number Line: A Useful Tool or Just Another Procedure?" *Teaching Children Mathematics* 13 (April 2007): 410–413.

Broadent, F. "Lattice Multiplication and Division." *Arithmetic Teacher* 34 (January 1987): 28–31.

Brownell, W. "From NCTM's Archives: Meaning and Skill—Maintaining the Balance." *Teaching Children Mathematics* 9 (February 2003): 310–316.

Carpenter, T., and J. Moser. "The Acquisition of Addition and Subtraction Concepts in Grades One Through Three." *Journal for Research in Mathematics Education* 15 (May 1984): 179–202.

Crespo, S., A. Kyriakides, and S. McGee. "Nothing Basic about Basic Facts: Exploring Addition Facts with Fourth Graders." *Teaching Children Mathematics* 12 (September 2005): 60–67.

deGroot, C., and T. Whalen, "Longing for Division." *Teaching Children Mathematics* 12 (April 2006): 410–418.

Ebdon, S., M. Coakley, and D. Legnard. "Mathematical Mind Journeys: Awakening Minds to Computational Fluency." *Teaching Children Mathematics* 9 (April 2003): 486–493.

English, L., and G. Halford. *Mathematics Education Models and Processes*. Mahwah, New Jersey: Laurence Erlbaum, 1995.

Flowers, J., K. Kline, and R. Rubenstein. "Developing Teachers' Computational Fluency: Examples in Subtraction." *Teaching Children Mathematics* 9 (February 2003): 330–346.

Fuson, K. "Research on Learning and Teaching Addition and Subtraction of Whole Numbers." In *Handbook of Research on Mathematics Teaching and Learning*, edited by D. Grouws. New York: MacMillan, 1992.

———. "Toward Computational Fluency." *Teaching Children Mathematics* 9 (February 2003): 300–309.

Ginsburg, H., A. Klein, and P. Starkey. "The Development of Children's Mathematical Thinking: Connecting Research with Practice." In *Child Psychology in Practice*, edited by Irving E. Sigel and K. Ann Renninger, pp. 401–476, vol. 4 of *Handbook of Child Psychology*, edited by William Damon. New York: John Wiley & Sons, 1998.

Grant, T., J. Lo, and J. Flowers. "Shaping Prospective Teachers' Justifications for Computation: Challenges and Opportunities." *Teaching Children Mathematics* 14 (September 2007): 112–116.

Gregg, J. "Interpreting the Standard Division Algorithm in a 'Candy Factory' Context." *Teaching Children Mathematics* 14 (August 2007): 25–31.

Hedges, M., D. Huinker, and M. Steinmeyer. "Unpacking Division to Build Teachers' Mathematical Knowledge." *Teaching Children Mathematics* 11 (May 2005): 478–483.

Heuser, D. "Teaching without Telling: Computational Fluency and Understanding through Invention." *Teaching Children Mathematics* 11 (April 2005): 404–412.

Huinker, D., J. Freckman, and M. Steinmeyer. "Subtraction Strategies from Children's Thinking: Moving Toward Fluency with Greater Numbers." *Teaching Children Mathematics* 9 (February 2003): 347–353.

Lampert, M. "Teaching and Learning Long Division for Understanding in School." In *Analysis of Arithmetic for Mathematics Teaching*, edited by G. Leinhardt, R. Putnam, and R. Hattrup. Hillsdale, NJ: LEA, 1992.

Postlewait, K., M. Adams, and J. Shih. "Promoting Meaningful Mastery of Addition and Subtraction." *Teaching Children Mathematics* 9 (February 2003): 354–357.

Randolph, T., and H. Sherman. "Alternative Algorithms: Increasing Options, Reducing Errors." *Teaching Children Mathematics* 7 (April 2001): 480–484.

Resnick, L. "From Protoquantities to Operators: Building Mathematical Competence on a Foundation of Everyday Knowledge." In *Analysis of Arithmetic for Mathematics Teaching*, edited by D. Leinhardt, R. Putnam, and R. Hattrup. Hillsdale, NJ: LEA, 1992.

Reys, R. "Mental Computation and Estimation: Past, Present, and Future." *Elementary School Journal* 84 (1984): 547–557.

———. "Computation Versus Number Sense." *Mathematics Teaching in the Middle School* 4 (October 1998): 110–112.

Reys, B., and R. Reys. "Computation in the Elementary Curriculum: Shifting the Emphasis." *Teaching Children Mathematics* 5 (December 1998): 236–241.

Russell, S. "Developing Computational Fluency with Whole Numbers." *Teaching Children Mathematics* 7 (November 2000): 154–158.

Scharton, S. "I Did It My Way: Providing Opportunities for Students to Create, Explain, and Analyze Computation Procedures." *Teaching Children Mathematics* 10 (January 2004): 278–283.

Siegler, R. *Emerging Minds: The Process of Change in Children's Thinking*. New York: Oxford University Press, 1996.

Silver, E., L. Shapiro, and A. Deutsch. "Sense Making and the Solution of Division Problems Involving Remainders: An Examination of Middle School Students' Solution Processes and Their Interpretations of Solutions." *Journal for Research in Mathematics Education* 24 (March 1993): 117–135.

Sisul, J. "Fostering Flexibility with Numbers in the Primary Grades." *Teaching Children Mathematics* 9 (December 2002): 202–204.

Sowder, J. "Affective Factors and Computational Estimation Abilities." In *Affect and Problem Solving: A New Perspective*, edited by D. McLeod and V. Adams. New York: Springer-Verlag, 1989.

———. "Mental Computation and Number Sense." *Arithmetic Teacher* 37 (March 1990): 18–20.

Wallace, A., and S. Gurganus. "Teaching for Mastery of Multiplication." *Teaching Children Mathematics* 12 (August 2005): 26–33.

Whitenack, J., N. Knipping, S. Novinger, and G. Underwood. "Second Graders Circumvent Addition and Subtraction Difficulties." *Teaching Children Mathematics* 8 (December 2001): 228–233.

Wickett, M. "Discussion as a Vehicle for Demonstrating Computational Fluency in Multiplication." *Teaching Children Mathematics* 9 (February 2003): 318–321.

Razonamiento algebraico

Problema preliminar

Anita, una maestra del quinto grado, pide a sus alumnos que piensen un número, lo multipliquen por 6 le sumen 4 y luego, que dividan el resultado entre 2, le sumen 5, multipliquen el nuevo resultado por 2 y luego le resten 18. Después, pide que cada alumno le diga el resultado obtenido y conforme le responden, ella dice a cada uno cuál fue el número que pensó. ¿Cómo es posible que Anita supiera de inmediato el número de cada alumno?

Como el razonamiento algebraico es tan importante en las matemáticas, en todos los niveles y desde los grados más elementales, incluimos un capítulo exclusivo sobre el tema. En este capítulo estudiaremos no sólo patrones (introducidos en el capítulo 1), sino también otras características del razonamiento algebraico como resolución de ecuaciones, problemas narrados (formulados con palabras), funciones y graficación.

En años anteriores no se enseñaba álgebra a los estudiantes hasta finales de la enseñanza media o secundaria. Actualmente comprendemos la importancia de integrar el razonamiento algebraico y la resolución de problemas en todos los niveles, comenzando en el jardín de niños. De hecho, como lo señala la *Nota de investigación*, el razonamiento algebraico se debe enseñar a *todos* los estudiantes.

En los *Principios y objetivos* se recomienda que desde preescolar hasta el grado 2, los alumnos sean capaces de:

- usar representaciones concretas, gráficas y verbales para desarrollar la comprensión de notaciones simbólicas, ya sean inventadas o convencionales;

- modelar situaciones que incluyan la suma y resta de números completos, usando objetos, figuras y símbolos. (p. 90)

Para los grados de 3 a 5 se pide:

- representar y analizar patrones y funciones usando palabras, tablas y gráficas;
- representar el concepto de variable como cantidad desconocida usando una letra o símbolo;
- expresar relaciones matemáticas usando ecuaciones;
- investigar cómo el cambio en una variable se relaciona con el cambio en una segunda variable;
- identificar y describir situaciones con razones de cambio constante o variable, y compararlas. (p. 158)

Para los grados de 6 a 8, los estudiantes deben ser capaces de:

- identificar funciones como lineales o no lineales y contrastar sus propiedades por medio de tablas, gráficas o ecuaciones;

- desarrollar una comprensión conceptual inicial de distintos usos de las variables;

- explorar las relaciones entre expresiones simbólicas y gráficas de rectas, prestando particular atención al significado de cruce y pendiente;

- usar álgebra simbólica para representar situaciones y resolver problemas, especialmente aquellos que involucren relaciones lineales;

- reconocer y generar formas equivalentes para expresiones algebraicas sencillas y resolver ecuaciones lineales. (p. 222)

En los *Puntos focales* se afirma que a los estudiantes del grado 6 se les debe enseñar a:

- escribir expresiones matemáticas y ecuaciones que correspondan a situaciones dadas

- evaluar expresiones

- usar expresiones y fórmulas para resolver problemas

- entender que las variables representan números cuyos valores todavía no se han especificado

- usar variables de manera apropiada

Nota de investigación

Hemos hallado que desde pequeños, las niñas y los niños pueden aprender a participar en el razonamiento algebraico. Más aún, el aprendizaje de las grandes ideas y prácticas de las matemáticas no está reservado para unos cuantos alumnos matemáticamente dotados . De hecho, hay argumentos acerca de que es de vital importancia que los alumnos con riesgo de reprobar matemáticas, participen de estas ideas y prácticas (CARPENTER *et al.* 2003)

- entender que algunas expresiones presentadas en forma diferente pueden ser equivalentes

- reescribir una expresión para representar una cantidad de manera diferente

- saber que las soluciones de una ecuación son los valores de las variables que hacen verdadera a la ecuación

- resolver ecuaciones sencillas, de un paso, usando sentido numérico, propiedades de las operaciones y la idea de mantener la igualdad en ambos lados de una ecuación

- construir y analizar tablas

- usar ecuaciones para describir relaciones sencillas (como $3x = y$) mostradas en una tabla (p. 18)

En este capítulo usamos nuestro conocimiento básico de las operaciones para construir los principios del razonamiento algebraico. En los capítulos subsecuentes veremos más de cerca las matemáticas que damos aquí por sentadas así como nuevos temas, y profundizaremos en el razonamiento algebraico.

El álgebra es una rama de las matemáticas en la cual los números o elementos de un conjunto dado se representancon símbolos, usualmente con letras. El álgebra elemental se usa para generalizar la aritmética. Por ejemplo, las expresiones $7 + (3 + 5) = (7 + 3) + 5$ ó $9 + (3 + 8) = (9 + 3) + 8$, son casos particulares de $a + (b + c) = (a + b) + c$, donde a, b y c son números de un conjunto dado, por ejemplo los números completos, los enteros, los números racionales o los números reales. De manera análoga, $2 + 3 = 3 + 2$ y $2 \cdot 3 = 3 \cdot 2$ son casos particulares de $a + b = b + a$ y $a \cdot b = b \cdot a$ para todos los números completos a y b.

$\mathcal{N}$ota histórica

al-Jwârizmî

Fibonacci

La palabra *álgebra*, versión latinizada de la palabra árabe *al-jabr*, viene del libro *Hidab al-jabr wa'l muqabalah*, escrito por Muhammad ibn Musa al-Jwârizmî (ca. 825 ce). al-Jwârizmî (de cuyo nombre viene la palabra *algoritmo*) formaba parte de la Casa de la Sabiduría (Bayt al-Hikma), una institución para la educación y la investigación fundada por el califa al-Mamun. En su libro, sintetizó trabajos hindúes anteriores sobre los conceptos del álgebra y usó las palabras *jabr* y *muqubalah* para designar las dos operaciones básicas para resolver ecuaciones: *jabr* significaba pasar o compensar los términos restados de un lado al otro lado de la ecuación; *muqubalah* significaba cancelar o substraer términos similares en ambos lados de la ecuación. El título de su libro se traduce como *La ciencia de compensar lo que falta y substraer los iguales.*

Otra persona que contribuyó de manera principal al desarrollo del álgebra fue Diofanto (ca. 200– 284 ce). *Aritmética* es el más importante trabajo de Diofanto y el trabajo más prominente de álgebra en las matemáticas griegas. De los trece libros originales de los que constaba *Aritmética*, sólo sobreviven seis.

Alrededor de 900 años después, Leonardo di Pisa (ca. 1170–1250) introdujo el álgebra a Europa. También se le conoce como Fibonacci, que significa el hijo de Bonacci. Fibonacci fue el más grande matemático de su época; hizo que las matemáticas fueran más accesibles pues llevó a Europa occidental el sistema de numeración indoarábigo, incluyendo el cero. En aquella época se hacía referencia al álgebra como *Ars Magna* o "El gran arte".

Una tercera persona que también contribuyó de manera importante al álgebra fue Francois Viete (1540–1603), conocido como "el padre del álgebra moderna", quien introdujo la primera notación algebraica sistemática en su libro *In Artem Analyticam*. Era un prominente abogado que también fungió como consejero privado de Enrique IV, para quien descifró mensajes en época de guerra. ◆

4-1   Variables

Un aspecto importante del razonamiento algebraico es el concepto de **variable**. Comprender este concepto es fundamental en álgebra. Mientras que en la aritmética básica sólo tenemos números fijos, o **constantes**, como en $4 + 3 = 7$, en álgebra también tenemos cantidades que varían, de ahí el nombre de *variable*. Sin embargo, *variable* puede significar muchas cosas en matemáticas.

Una variable puede hacer las veces de un elemento faltante o desconocido, como en $x + 2 = 5$. En este caso, aunque podemos reemplazar la variable en la expresión con cualquier número, sólo hay un número que hace que la expresión sea verdadera. Aquí, cuando reemplazamos la incógnita x con 3 hacemos que la expresión sea verdadera.

En una situación diferente, una variable puede representar más de una cosa. Por ejemplo, para cierto grupo de niñas podemos decir que su estatura varía con la edad. Si a representa su estatura y e representa su edad, entonces tanto a como e pueden tener diferentes valores para diferentes niñas del grupo. Aquí una variable representa una cantidad cambiante.

Según vimos en la sección 1-2, también se pueden usar variables en la generalización de patrones. Si usáramos los valores específicos en lugar de las variables, las instrucciones se aplicarían sólo en un número limitado de casos.

Una variable puede ser también un elemento de un conjunto o un conjunto; por ejemplo, en la definición de la intersección de dos conjuntos $A \cap B = \{x \mid x \in A \text{ y } x \in B\}$, x es cualquier elemento que pertenece a ambos conjuntos.

Para aplicar álgebra en la resolución de problemas necesitamos, con frecuencia, traducir la información dada a una expresión matemática que incluya variables designadas con letras o palabras. En todos esos casos podemos denominar las variables como queramos.

Las variables son útiles pues nos permiten especificar instrucciones de manera general. Por ejemplo, si pedimos a cada estudiante pensar un número, duplicarlo y sumar 1 al resultado, las instrucciones se pueden escribir como $2x + 1$. En matemáticas, las letras que más se usan para variables son x, y y z, pero se puede usar cualquier otra letra del alfabeto latino o incluso del griego. Si se denomina con x a una variable entonces cada vez que aparece x en un problema, ecuación o demostración, se refiere a la misma cantidad.

En los ejemplos 4-1 y 4-2, así como en la *Página de un libro de texto* que les sigue, algunas expresiones en palabras se traducen en **expresiones algebraicas** (ver la definición en esa página). Nota, en la página de muestra, las expresiones algebraicas para la división. En este capítulo usaremos el hecho de que la división es la inversa de la multiplicación y viceversa, esto

---

Mary Everest Boole

Nota histórica

MARY EVEREST (1832–1916), quien nació en Inglaterra y creció en Francia, fue una matemática autodidacta y es muy conocida por sus trabajos en matemáticas y en educación científica. En 1855, Everest se casó con su amigo y colega matemático GEORGE BOOLE. (El Monte Everest se nombró así en honor de su tío, SIR GEORGE EVEREST.)

En *Philosophy and Fun of Algebra* (Filosofía y alegría del álgebra) (London: C. W. DANIEL, LTD, 1909), un libro para niñas y niños, escribió:

Pero cuando terminamos de estudiar aritmética no nos conformamos con estimar o adivinar; pasamos al álgebra —es decir, a enfrentar lógicamente el hecho de nuestra propia ignorancia. . .

En lugar de llamarle nueve o siete o ciento veinte o mil cincuenta, acordemos llamarle x y recordemos siempre que x representa lo Desconocido. . . . Este método de resolver problemas mediante una confesión honesta de la propia ignorancia se llama Álgebra. ◆

es, que $(a \div b) \cdot b = a$ y $(a \cdot b) \div b = a$ (donde $(b \neq 0)$. Sin embargo, seguiremos la práctica común de escribir $\frac{a}{b}$ en lugar de $a \div b$; así $\frac{a}{b} \cdot b = a$ y $\frac{a \cdot b}{b} = a$ $(b \neq 0)$.

Ejemplo 4-1

Escribe cada una de las siguientes proposiciones en forma algebraica:

a. 2 más un número
b. 2 más grande que un número
c. 2 menos que un número
d. 2 veces un número
e. Un número multiplicado por él mismo
f. El costo de rentar un carro cualquier número de días si la renta diaria es de $40
g. La distancia que viajó un carro a una velocidad constante de 65 mph durante cualquier número de horas

Solución
a. $n + 2$
b. $n + 2$
c. $n - 2$
d. $2 \cdot n$ ó $2n$
e. $n \cdot n$ ó n^2
f. Si n es el número de días, el costo de rentar el carro durante n días a $40 diarios es de $40 \cdot n$ ó $40n$ dólares.
g. Si h es el número de horas de viaje a 60 mph, la distancia total recorrida en h horas es $60 \cdot h$ ó $60h$ millas.

Para aplicar álgebra en la resolución de problemas necesitamos, con frecuencia, traducir la información dada a una expresión matemática que incluya variables designadas con letras o palabras. En todos esos casos, podemos denominar las variables como queramos.

Ejemplo 4-2

En las proposiciones siguientes traduce la información dada a expresiones simbólicas, designando por medio de letras las cantidades implícitas:

a. Un fin de semana una tienda vendió el doble de CD que de DVD y 25 cintas menos que CD. Si la tienda vendió d DVD, ¿cuántas cintas y cuántos CD vendió?
b. Las papas fritas tienen alrededor de 12 calorías por pieza. Una hamburguesa tiene alrededor de 600 calorías. Arturo sigue una dieta de 2000 calorías al día. Si ya comió p papas fritas y una hamburguesa, ¿cuántas calorías más puede comer ese día?

Solución
a. Como se vendieron d DVD, el doble de CD que de DVD son $2d$ CD. Así, 25 cintas menos que CD son $2d - 25$ cintas.
b. Primero calcula cuántas calorías consumió Arturo al comer p papas fritas y una hamburguesa. Después halla cuántas calorías puede consumir restando esta expresión de 2000.

1 papa frita   12 calorías

p papas fritas $12p$ calorías

Por lo tanto, el número de calorías en p papas fritas y una hamburguesa es

$$600 + 12p$$

El número de calorías restantes para ese día es $2000 - (600 + 12p)$, ó $2000 - 600 - 12p$, ó $1400 - 12p$.

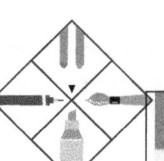

Página de un libro de texto VARIABLES Y EXPRESIONES

Fuente: *Mathematics, Diamond Edition, Grade Six, Scott Foresman-Addison Wesley 2008* (*p. 40*).

Lección 1-13

Álgebra

Idea clave
Se pueden escribir relaciones entre cantidades por medio del álgebra.

Vocabulario
- variable
- evaluar

Variables y expresiones

Aprende

¿Cómo puedes escribir una expresión algebraica?

> ✔ **Calentamiento**
> Usa símbolos para escribir la expresión.
> 1. la suma de 16 y 29
> 2. la diferencia entre 216 y 89

Ejemplo A

Rita compró unas velas a $4 cada una. ¿Cómo puedes representar su costo total?

Haz una tabla para mostrar el costo de diferentes cantidades de velas. Usa una letra, por ejemplo *n*, para representar el número de velas. Como *n* representa una cantidad cuyo valor puede variar, se llama **variable.**

El costo total de las velas se representa con $4 \times n$ ó $4n$.

Número de velas	Costo total ($)
1	4×1
2	4×2
3	4×3
4	4×4
:	:
:	:
n	$4 \times n$

Una **expresión algebraica** es una expresión matemática que contiene variables, números y símbolos de operaciones. Antes de escribir una expresión algebraica, identifica la operación. La tabla a continuación muestra cómo dos o más frases se pueden referir a una operación.

Frase	Operación	Expresión algebraica
la **suma** de 9 y un número *n* un número *m* **incrementado** en 8 seis **más que** un número *t* **añade** dieciocho a un número *h* setenta y siete **más** un número *r*	Suma	$9 + n$ $m + 8$ $t + 6$ $h + 18$ $77 + r$
la **diferencia** de 12 y un número *n* siete **menos que** un número *y* diez **disminuido** en un número *p*	Resta o substracción	$12 - n$ $y - 7$ $10 - p$
el **producto** de 4 y un número *k* quince **veces** un número *t* dos **multiplicado** por un número *m*	Multiplicación	$4k$ $15t$ $2m$
el **cociente** de un número dividido entre cinco veinticinco **dividido** entre un número *m*	División	$\dfrac{a}{5}$ $\dfrac{25}{m}$

40

Ejemplo 4-3   Una maestra dijo a sus alumnos:

> Tomen cualquier número y súmenle 15. Ahora multipliquen esa suma por 4. A continuación resten 8 y dividan la diferencia entre 4. Ahora resten 12 del cociente y díganme la respuesta. Yo les diré el número original.

Analiza las instrucciones para ver cómo pudo la maestra determinar el número original.

Solución   Traduce la información a una forma algebraica.

Instrucciones	Análisis	Símbolos
Toma cualquier número.	Como se usa cualquier número, necesitas una variable para representarlo. Sea n dicha variable.	n
Súmale 15.	Dice que "le" sumes 15. Por "le" se entiende la variable n.	$n + 15$
Multiplica esa suma por 4.	Dice multiplica "esa suma" por 4. "Esa suma" es $n + 15$.	$4(n + 15)$
Resta 8.	Dice que restes 8 al producto.	$4(n + 15) - 8$
Divide la diferencia entre 4.	La diferencia es $4(n + 15) - 8$. Divídela entre 4.	$\dfrac{4(n + 15) - 8}{4}$
Resta 12 del cociente y di la respuesta.	Dice que le restes 12 al cociente.	$\dfrac{4(n + 15) - 8}{4} - 12$

Al traducir las instrucciones de la maestra obtenemos la expresión algebraica $\dfrac{4(n + 15) - 8}{4} - 12$. La maestra también pidió que le dijeran el resultado y ella daría el número original. Usemos la estrategia de *trabajar regresivamente* para ver si podemos detectar lo sucedido. Supongamos que decimos a la maestra que nuestro resultado final es r. Piensa ahora cómo se obtuvo r. Antes de decirle "r," a la maestra, restamos 12. Para revertir esa operación podemos sumar 12 para obtener $r + 12$. Antes de eso habíamos dividido entre 4. Para revertir eso podemos multiplicar por 4 y obtener $4r + 48$. Para obtener ese resultado habíamos restado 8, así que ahora sumamos 8 para obtener $4r + 56$. Pero antes habíamos multiplicado por 4, de modo que ahora dividimos $4r + 56$ entre 4 para obtener $r + 14$. La primera operación fue sumar 15, de modo que ahora restamos 15 de $r + 14$ para obtener $r - 1$. Así, la maestra sabe, cuando le decimos que nuestro resultado final es r, que es 1 más que el número con el que comenzamos, o, dicho de otra manera, que el número n con que comenzamos es el resultado menos 1.

Podemos mostrarlo de la siguiente manera:

$$\frac{4(n + 15) - 8}{4} - 12 = \frac{4(n + 15 - 2)}{4} - 12$$
$$= (n + 13) - 12$$
$$= n + 1$$

Ejemplo 4-4

La figura 4-1 muestra una sucesión de figuras que contienen pequeños mosaicos cuadrados. Algunos están sombreados. Nota que la primera figura tiene un mosaico sombreado. La segunda figura tiene $2 \cdot 2$ ó 2^2 mosaicos sombreados. La tercera figura tiene $3 \cdot 3$ ó 3^2 mosaicos sombreados. Responde las preguntas siguientes:

a. ¿Cuántos mosaicos sombreados hay en la figura n-ésima?
b. ¿Cuántos mosaicos blancos hay en la figura n-ésima?

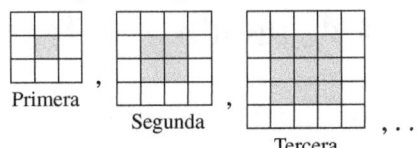

Primera , Segunda , Tercera , . . .

Figura 4-1

Solución   **a.** Los cuadros formados por mosaicos sombreados tienen lados de longitud creciente 1, 2, 3 y así sucesivamente. En la figura n-ésima, la longitud de un lado de la región sombreada será n. Por lo tanto, la figura n-ésima tiene n^2 mosaicos sombreados.

b. Una manera de considerar el número de mosaicos blancos es percatarse de que el número de mosaicos blancos en un lado es 2 más que n, ó $n + 2$. El número de mosaicos blancos sería 4 por $(n + 2)$, menos los que se traslapen. En este caso cada mosaico de la esquina se contó dos veces, de modo que hay 4 mosaicos blancos que se repitieron; esto nos da $4(n + 2) - 4$, ó $4n + 4$, mosaicos blancos.

Otra manera de contar los mosaicos blancos en la n-ésima figura es contar el número total de mosaicos y restar de este total el número de mosaicos sombreados. Ya vimos que el número de mosaicos blancos en el lado inferior del n-ésimo cuadro es $n + 2$ y el número de mosaicos sombreados en un lado es n. Así, el número de mosaicos blancos es $(n + 2)^2 - n^2$. Se puede demostrar que esta respuesta es igual a $4n + 4$ obtenida antes.

AHORA INTENTA ÉSTE 4-1

a. Hay otra manera de contar los mosaicos del ejemplo 4-4. Primero elimina los cuatro mosaicos blancos de las esquinas y después cuenta el número de mosaicos blancos restantes. Completa el enfoque.
b. Noe tiene algunos mosaicos blancos y algunos azules. Son del mismo tamaño. Primero forma una fila de mosaicos blancos y después la rodea con una sola capa de mosaicos azules, como se muestra en la figura 4-2.

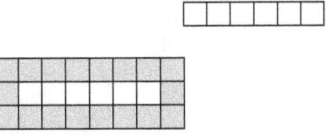

Figura 4-2

¿Cuántos mosaicos azules necesita para:

i. rodear una fila de 100 mosaicos blancos?
ii. rodear una fila de n mosaicos blancos?

Es común usar variables en hojas de cálculo. Tomaría mucho tiempo calcular a mano, o incluso con una calculadora, el término 50-ésimo de la sucesión de Fibonacci,

1, 1, 2, 3, 5, 8, 13, ..., en donde los primeros dos términos son 1, 1 y cada término subsecuente es la suma de los dos términos precedentes. Sin embargo, usando una hoja de cálculo aparece de manera instantánea cualquier término deseado de la sucesión de Fibanocci y los términos anteriores. En la Página de un libro de texto se muestra cómo crear la sucesión de Fibonacci en una hoja de cálculo usando dos variables, *A*1 y *A*2.

Página de un libro de texto APRENDIZAJE CON TECNOLOGÍA

Aprendizaje con tecnología

Herramienta Hoja de cálculo/Datos/Graficador: Generación de una sucesión

Hace casi 800 años, un matemático italiano llamado Leonardo Fibonacci descubrió esta sucesión de números: 1, 1, 2, 3, 5, 8, 13, 21, 34, 55, 89,144, 233, 377, 610,...

Comenzando con el número 1, cada número de la sucesión es la suma de los dos números anteriores.
$1 + 1 = \mathbf{2}, 1 + 2 = \mathbf{3}, 2 + 3 = \mathbf{5}, 3 + 5 = \mathbf{8}, 5 + 8 = \mathbf{13},$
$8 + 13 = \mathbf{21}, 13 + 21 = \mathbf{34},$ y así sucesivamente.

Crea una hoja de cálculo que genere los primeros 32 términos de la sucesión de Fibonacci. Copia la fórmula en la celda A5 a las celdas A6-A35 y la B6 a las celdas B7-B35.

1. ¿Crees que hay un número infinito de términos en la sucesión? Explica.

2. Cambia el número de la celda C2 a 3. ¿Qué sucede con los números en la columna B? ¿Cómo depende la sucesión de los números en las celdas B2 y C2?

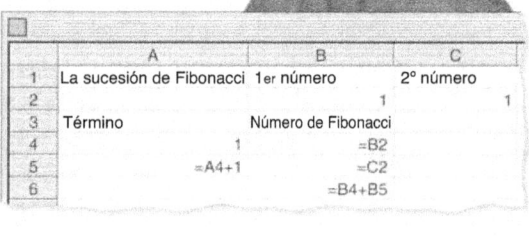

Fuente: Mathematics, Diamond Edition, Grade Six, Scott Foresman-Addison Wesley 2008 (p. 163).

El razonamiento algebraico se presenta de muchas maneras. Vemos a continuación un ejemplo que usa figuras.

Ejemplo 4-5

En el mercado campesino local los precios se ven como se indica en la figura 4-3. ¿Cuál es el costo de cada objeto?

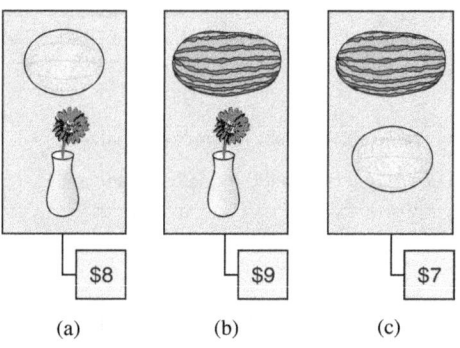

(a)   (b)   (c)

Figura 4-3

Solución Los enfoques sobre este problema pueden variar. Por ejemplo, si se juntan los objetos correspondientes a los dos primeros precios, el costo total sería de $8 + $9, ó $17. Ese costo sería de dos floreros, un melón y una sandía, como se indica en la figura 4-4.

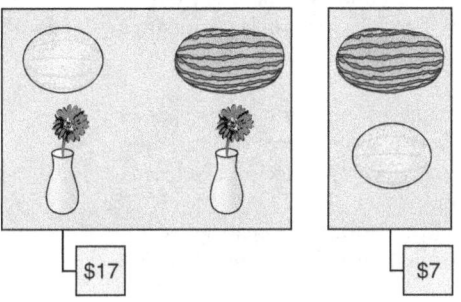

Figura 4-4

Ahora, si se apartan del total el melón y la sandía, de acuerdo con el costo de estos dos objetos, que aparece del lado derecho, nos quedaría que los dos floreros cuestan $10. Esto significa que cada uno de los floreros cuesta $5. Esto, a su vez, nos dice que el melón cuesta $8 − $5, ó $3, y que la sandía cuesta $9 − $5, ó $4.

La solución al ejemplo 4-5 podría incluir la estrategia de *plantear una ecuación*. Pero primero necesitamos tener un conocimiento básico de cómo resolver ecuaciones.

Evaluación 4-1A

1. Escribe cada una de las proposiciones siguientes en forma algebraica:
   a. El tercer término de una sucesión aritmética cuyo primer término es 10 y cuya diferencia es d
   b. 10 menos que el doble de un número
   c. 10 veces el cuadrado de un número
   d. La diferencia entre el cuadrado de un número y el doble del número
2. a. Traduce la información siguiente a forma algebraica: Toma cualquier número, súmale 3, multiplica la suma por 7, resta 14 y divide la diferencia entre 7. Finalmente, resta el número original.
   b. Simplifica tu respuesta de la parte (a).
3. En el patrón de mosaicos de la sucesión de figuras mostrada, cada figura, a partir de la segunda, tiene dos cuadrados azules más que la anterior. Responde lo siguiente:

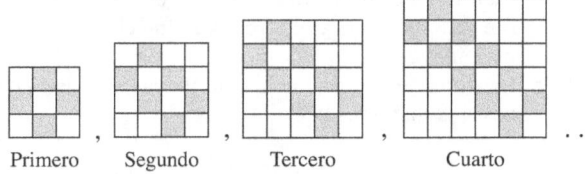

Primero , Segundo , Tercero , Cuarto   . . .

   a. ¿Cuántos mosaicos azules hay en la n-ésima figura?
   b. ¿Cuántos mosaicos blancos hay en la n-ésima figura?

4. En los casos siguientes, escribe una expresión en términos de la variable dada que represente la cantidad indicada. Por ejemplo, la distancia recorrida a una rapidez constante de 60 kph durante t horas puede escribirse como 60t kilómetros.
   a. El costo de tener un plomero trabajando en tu casa h horas, si el plomero cobra $200 por venir a tu casa y $250 por hora de trabajo.
   b. La cantidad de dinero en pesos en una jarra que contiene c monedas de cinco y algunas de diez y de veinte, si hay tres veces más monedas de diez que de cinco y dos veces más monedas de veinte que de diez.
   c. La suma de tres enteros consecutivos si el menor entero es x.
   d. La cantidad de bacterias después de n minutos si la cantidad inicial de bacterias es q y se duplica cada minuto. (*Sugerencia:* La respuesta debe contener q y n.)
   e. La temperatura después de t horas si la temperatura inicial es de 40°F y disminuye cada hora en 3°F.
   f. El salario total de Pablo después de 3 años si el primer año de salario fue de s dólares, el segundo año fue de $5000 más y el tercer año fue el doble del segundo año.

g. La suma de tres números naturales impares consecutivos si el menor es x.

h. La suma de tres números naturales consecutivos si el de en medio es m.

5. Si el número de profesores en una escuela es P y el número de estudiantes es E, y hay 20 veces más estudiantes que profesores, escribe una ecuación algebraica que muestre esta relación.

6. Si m es el número de mujeres en una clase y v es el número de varones y si hay cinco mujeres (m) más que varones (v) en una clase, escribe una ecuación algebraica que muestre esta relación.

7. Ricardo está construyendo sucesiones de cuadrados con cerillos. ¿Cuántos cerillos usará para la n-ésima figura?

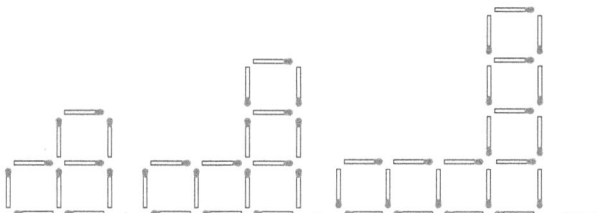

8. Escribe una ecuación algebraica que relacione las variables descritas en cada una de las situaciones siguientes:

a. La paga, P, por t horas si te pagan a $8 la hora.

b. La paga, P, por t horas si te pagan $15 por la primera hora y $10 por cada hora adicional.

9. Para cierto evento, los estudiantes pagan $5 por boleto y los no estudiantes pagan $13 por boleto. Si x estudiantes y 100 no estudiantes compran boletos, halla el ingreso total por la venta de los boletos en términos de x.

10. Supón que un testamento decreta que tres hermanas reciban una herencia en efectivo de acuerdo con lo siguiente: la mayor recibe 3 veces lo que la menor y dos veces más que la hermana de en medio. Responde lo siguiente:

a. Si la hermana menor recibe $x, ¿cuánto reciben las otras dos en términos de x?

b. Si la hermana de en medio recibe $y, ¿cuánto reciben las otras dos en términos de y?

c. Si la hermana mayor recibe $z, ¿cuánto reciben las otras dos en términos de z?

Evaluación 4-1B

1. Escribe cada una de las proposiciones siguientes en forma algebraica:

a. 10 más que un número

b. 10 menos que un número

c. 10 veces un número

d. La suma de un número y 10

e. La diferencia entre el cuadrado de un número y el número

2. Traduce lo siguiente a forma algebraica:

a. Toma cualquier número, súmale 25, multiplica la suma por 3, resta 60 y divide la diferencia entre 3. Finalmente, suma 5.

b. Simplifica tu respuesta de la parte (a).

3. Descubre un posible patrón de mosaicos en la sucesión siguiente y contesta las preguntas:

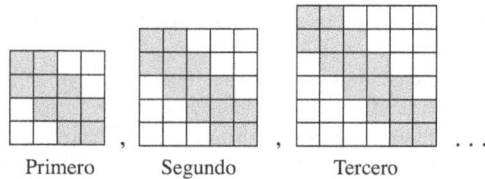

Primero   Segundo   Tercero

a. ¿Cuántos mosaicos sombreados hay en la n-ésima figura de tu patrón?

b. ¿Cuántos mosaicos blancos hay en la n-ésima figura de tu patrón?

4. Si en una escuela hay m mujeres y v varones y sabes que hay 100 varones más que mujeres, escribe una ecuación algebraica que relacione m y v.

5. Supón que en un salón de clase hay 15 sillas (s) más que mesas (m). Escribe una ecuación algebraica que relacione s y m.

6. Para cada caso, escribe una expresión en términos de las variables dadas que represente la cantidad indicada:

a. El costo de tener un plomero trabajando en tu casa h horas, si el plomero cobra $300 por venir a tu casa y $x por hora de trabajo.

b. La cantidad de dinero en pesos en una jarra que contiene algunas monedas de cinco, d de diez y algunas de veinte si hay 4 veces más de cinco que de diez y el doble de veinte que de cinco.

c. La suma de tres enteros consecutivos si el mayor entero es x.

d. La cantidad de bacterias después de n min si la cantidad inicial de bacterias es q y se triplica cada 30 s. (*Sugerencia:* La respuesta debe contener a q y a n.)

e. La temperatura hace t horas si la temperatura actual es de 40°F y cada hora ha bajado 3°F.

f. El salario total de Pablo después de 3 años si el primer año su salario fue de s dólares, el segundo año fue de $5000 más y el tercer año fue el doble del primer año.

g. La suma de tres números completos pares consecutivos si el mayor es x.

7. Ricardo está construyendo sucesiones de cuadrados con cerillos de manera que añade un cuadrado a la derecha cada vez, según se muestra. ¿Cuántos cerillos usará para la *n*-ésima figura y para la figura anterior a la *n*-ésima?

8. Escribe una ecuación algebraica que relacione las variables descritas en cada una de las situaciones siguientes:
   a. La paga, *P*, por *t* horas si te pagan a \$*d* la hora.
   b. La paga, *P*, por *t* horas si te pagan \$15 por la primera hora y \$*k* por cada hora adicional.
   c. La paga total, *P*, por una visita de *t* horas de jardinería si te pagan \$20 por la visita y \$10 por cada hora de jardinería.

d. El costo total, *C*, de la membresía de un club que cobra \$300 de inscripción y \$4 por cada uno de los *n* días que asististe.
   e. El costo, *C*, de rentar un carro mediano por 1 día recorriendo *m* millas si la renta es de \$30 por día más 35¢ por milla.

9. Una maestra dio las siguientes instrucciones a sus alumnos:

   Tomen cualquier número impar, multiplíquenlo por 4, sumen 16 y dividan el resultado entre 2. Resten 7 del cociente y díganme el resultado. Les diré el número original.

   Explica cómo pudo la maestra decir a cada alumno su número original.

10. Mati tiene el doble de palillos que David. Si David tiene *d* palillos y Mati *m* palillos, y Mati da a David 10 palillos, ¿cuántos palillos tiene cada uno en términos de *d*?

Conexiones matemáticas 4-1

Comunicación

1. Se pidió a los alumnos escribir una expresión algebraica para la suma de tres números naturales consecutivos. Uno escribió $x + (x + 1) + (x + 2) = 3x + 3$. Otro escribió $(x - 1) + x + (x + 1) = 3x$. Explica quién tiene razón y por qué.

Solución abierta

2. Una maestra dio instrucciones a sus alumnos para tomar cualquier número y realizar una serie de cálculos usando ese número. La maestra pudo decir a cada estudiante cuál era su número original restando 1 de la respuesta que daba el estudiante. Crea instrucciones similares para los estudiantes de manera que la maestra sólo haga lo siguiente para obtener el número original del estudiante:
   a. Sumar 1 a la respuesta.
   b. Multiplicar la respuesta por 2.
   c. Multiplicar la respuesta por 1.
3. Crea instrucciones parecidas a las del problema 2 que incluyan suma, resta, multiplicación y división, de manera que siguiendo las instrucciones cada estudiante obtenga su número original.

Aprendizaje colectivo

4. Examina varios libros de texto para los grados 1 a 5 y haz un reporte acerca de qué conceptos algebraicos que incluyan variables se introducen en cada uno.

Preguntas del salón de clase

5. Un estudiante afirma que la suma de cinco enteros consecutivos es igual a 5 por el entero de en medio y quisiera saber si esto siempre es cierto y por qué. Él quisiera saber si la proposición se generaliza a la suma de cinco términos consecutivos de cualquier sucesión aritmética. ¿Cómo le respondes?

6. Un estudiante escribe $a \cdot (b \cdot c) = (a \cdot b) \cdot (a \cdot c)$. ¿Qué le dices?
7. Una alumna pregunta si es posible considerar conjuntos como variables. ¿Qué le dices?
8. Un estudiante piensa que si *A* y *B* son conjuntos, entonces las proposiciones $A \cup B = B \cup A$ y $A \cap B = B \cap A$ son generalizaciones algebraicas de las propiedades de los conjuntos, de manera análoga a que las proposiciones $a + b = b + a$ y $ab = ba$ son generalizaciones de las propiedades aritméticas de los números. ¿Qué le respondes?

Pregunta del *Third International Mathematics and Science Study* (TIMSS) (Tercer estudio internacional sobre las matemáticas y la ciencia)

☐ representa el número de revistas que Lina lee cada semana. ¿Cuál de los siguientes representa el número de revistas que Lina lee en 6 semanas?
   a. 6 + ☐
   b. 6 × ☐
   c. ☐ + 6
   d. (☐ + ☐) × 6

TIMSS 2003, Grado 4

Pregunta del *National Assessment of Educational Progress* (NAEP) (Evaluación Nacional del Progreso Educativo)

N representa el número de horas que Juan duerme cada noche. ¿Cuál de los siguientes representa el número de horas que duerme Juan en una semana?
   a. $N + 7$
   b. $N - 7$
   c. $N \times 7$
   d. $N \div 7$

NAEP, Grado 4, 2005

4-2   Ecuaciones

Las variables con frecuencia se asocian con ecuaciones. Cuando las variables se piensan como incógnitas, podemos considerar ecuaciones como $w + c = 7$. El signo igual indica que los valores en ambos lados de la ecuación son los mismos aunque se vean de manera diferente. Como se señala en la *Nota de investigación*, a veces los estudiantes piensan, de manera errónea, que el signo de igual es sólo un símbolo de separación.

Para resolver ecuaciones necesitamos varias propiedades de la igualdad. Las niñas y niños descubren muchas de ellas por medio de una balanza. Por ejemplo, considera dos pesos de magnitudes a y b colocados en la balanza, como en la figura 4-5(a). Si la balanza está nivelada, entonces $a = b$. Cuando añadimos la misma cantidad de peso, c, en ambos lados de la balanza, la balanza sigue nivelada, como en la figura 4-5(b).

Nota de investigación

Van de Walle escribe que los estudiantes tienden a ver una ecuación como $3x + 7 = 5 + 9$ como algo que tiene dos lados separados con cosas que hacer, en lugar de dos nombres para la misma cosa. Con frecuencia el símbolo de igual se ve como un símbolo usado para separar un problema de su respuesta (Van de Walle 2007). ◆

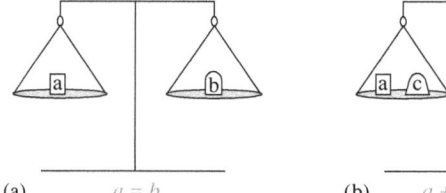

(a) $a = b$ (b) $a + c = b + c$

Figura 4-5

Esto ilustra que *si $a = b$, entonces $a + c = b + c$*, que es *la propiedad de suma de la igualdad*.

De manera análoga, si la balanza está nivelada con las cantidades a y b, como en la figura 4-6(a), y colocamos pesas adicionales de magnitud a en un lado de la balanza e igual número de pesas adicionales de magnitud b en el otro lado, la balanza permanece nivelada, como en la figura 4-6(b).

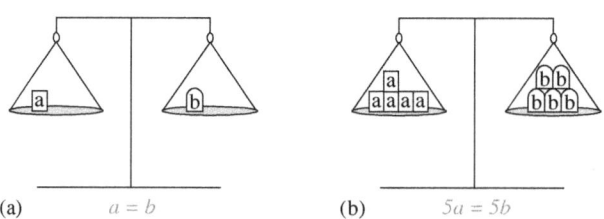

(a) $a = b$ (b) $5a = 5b$

Figura 4-6

La figura 4-6 sugiere que *si c es cualquier número natural y $a = b$, entonces $ac = bc$*, que es la *propiedad de la multiplicación de la igualdad*. A continuación se resumen estas propiedades, que son válidas para todos los números, aunque en este capítulo las usamos sólo para números completos.

OBSERVACIÓN

a. En álgebra es común omitir el signo de multiplicación en un producto que incluya letras. Así, escribimos ac en lugar de $a \cdot c$ y $3x$ en lugar de $3 \cdot x$.

b. En ciertas condiciones, las propiedades listadas aquí se pueden demostrar y por lo tanto se llaman teoremas.

Teorema 4–1: Propiedad de la igualdad para la suma

Para cualesquier números a, b y c, si $a = b$, entonces $a + c = b + c$.

Propiedad de la igualdad para la multiplicación Para cualesquier números a, b y c, si $a = b$, entonces $ac = bc$.

Las propiedades implican que podemos sumar el mismo número en ambos lados de una ecuación, o multiplicar ambos lados de una ecuación por un mismo número sin afectar la igualdad. Si invertimos el orden de las partes correspondientes al *si* y al *entonces* en las propiedades de la igualdad, obtenemos nuevas afirmaciones. La nueva afirmación se llama *recíproca* de la afirmación original. En el caso de la propiedad aditiva, la recíproca es una afirmación verdadera. La recíproca de la propiedad multiplicativa también es verdadera cuando $c \neq 0$. A continuación resumimos estas propiedades.

Teorema 4–2: Propiedades de cancelación para la igualdad

1. Para cualesquier números a, b y c, si $a + c = b + c$, entonces $a = b$.
2. Para cualesquier números a, b y c, con $c \neq 0$, si $ac = bc$, entonces $a = b$.

OBSERVACIÓN Nota que si dividimos entre c ambos lados de la ecuación $ac = bc$, obtenemos $a = b$.

La igualdad no se afecta si substituimos un número por su igual. Nos referiremos a esta propiedad como la de **substitución**. A continuación vemos ejemplos de substitución:

1. Si $a + b = c + d$ y $d = 5$, entonces $a + b = c + 5$.
2. Si $a + b = c + d$, $b = e$ y $d = f$, entonces $a + e = c + f$.

Con la propiedad de substitución vemos que podemos sumar o restar ecuaciones "lado a lado"; esto es, tenemos lo siguiente:

Teorema 4–3: Propiedades de suma y resta para las ecuaciones

Si $a = b$ y $c = d$, entonces $a + c = b + d$ y $a - c = b - d$.

Esta propiedad se puede justificar así: usando la propiedad de la suma para la igualdad, si $a = b$, entonces $a + c = b + c$. Substituyendo d en lugar de c en el lado derecho, obtenemos $a + c = b + d$. De manera análoga, $a - c = b - d$.

En los primeros grados se usan ampliamente las propiedades conmutativa y asociativa de la suma y la multiplicación, que se pueden realizar en cualquier orden, por ejemplo $2 + 8 = 8 + 2$ y $2 \cdot 8 = 8 \cdot 2$. También, $2 + (8 + 5) = (2 + 8) + 5$ y, en general, tenemos lo siguiente:

Teorema 4–4: Propiedades conmutativas para la suma y la multiplicación

$$a + b = b + a, \quad ab = ba$$

Teorema 4–5: Propiedades asociativas para la suma y la multiplicación

$$(a + b) + c = a + (b + c), \quad (ab)c = a(bc)$$

 En la *Página de un libro de texto* que sigue verás las dos propiedades recién presentadas.

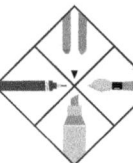

Página de un libro de texto PATRONES DE MULTIPLICACIÓN

Lección 2-1

Idea clave
Puedes usar tablas, patrones y propiedades para multiplicar mentalmente.

Vocabulario
• factor
• producto
• propiedad conmutativa de la multiplicación
• propiedad asociativa de la multiplicación

Materiales
• calculadora

Reflexión

¡Piensa!
Puedo **buscar un patrón** para hallar una regla.

Patrones de multiplicación

Aprende

✔ Calentamiento
1. 4×8 2. 6×8
3. 7×7 4. 7×8
5. 6×9 6. 7×9

Actividad

¿Cuál es el patrón?

a. Usa una calculadora para hallar cada producto.

3×5	3×50	3×500
30×5	30×50	30×500
300×5	300×50	300×500

> Los **factores** son números que se multiplican para obtener un **producto**.

b. Halla los productos siguientes sin calculadora. Después verifica tus resultados con una calculadora.

5×8, 50×8, 50×80, 500×8, 500×80, 500×800

c. Describe una regla que diga cómo hallar cada producto.

¿Cómo te pueden ayudar las propiedades para multiplicar más fácilmente?

Propiedad conmutativa para la multiplicación

Puedes cambiar el orden de los factores.

$34 \times 8 = 8 \times 34$

Propiedad asociativa para la multiplicación

Puedes cambiar el agrupamiento de los factores.

$(7 \times 25) \times 4 = 7 \times (25 \times 4)$

Ejemplo A

Halla $20 \times 5 \times 6$.

Usando la propiedad asociativa puedes pensar que:

$(20 \times 5) \times 6 = 100 \times 6 = 600$ ó
$20 \times (5 \times 6) = 20 \times 30 = 600$.

Ejemplo B

Halla $2 \times 70 \times 50$.

Usa las propiedades para cambiar el orden y los agrupamientos.

$$2 \times 70 \times 50 = 2 \times (70 \times 50)$$
$$= 2 \times (50 \times 70)$$
$$= (2 \times 50) \times 70$$
$$= 100 \times 70$$
$$= 7,000$$

Tema de plática

1. ¿Cómo se usa la propiedad asociativa en el ejemplo B?

2. ¿Cómo se usa la propiedad conmutativa en el ejemplo B?

3. ¿Puedes usar la propiedad asociativa para $2 \times (5 + 6)$? Explica.

Fuente: Mathematics, Diamond Edition, Grade Five, Scott Foresman-Addison Wesley 2008 (p. 66).

AHORA INTENTA ÉSTE 4-2 Responde las tres preguntas al final de la *Página de un libro de texto*.

Una propiedad vital para resolver ecuaciones —y, en general, para el razonamiento algebraico— es la *propiedad distributiva de la multiplicación sobre la suma*. Esta propiedad se usa en los primeros grados en problemas de multiplicación tales como hallar el producto $12 \cdot 65$. Si pensamos el producto como el número de plantas en 12 filas de 65 plantas cada una, ese número es igual al número de plantas en $10 + 2$ filas, o el número en 10 filas más el número en 2 filas, ó $10 \cdot 65 + 2 \cdot 65$. Así, $12 \cdot 65 = (10 + 2)65 = 10 \cdot 65 + 2 \cdot 65$.

Teorema 4–6: Propiedad distributiva de la multiplicación sobre la suma

Para cualesquier números a, b y c, $a(b + c) = ab + ac$.

Nota que usamos esta propiedad en la solución del ejemplo 4-3, cuando escribimos $4(n + 15)$ como $4n + 4 \cdot 15$. Nota también la propiedad análoga entre conjuntos: $A \cap (B \cup C) = (A \cap B) \cup (A \cap C)$. De manera análoga, tenemos

Teorema 4–7: Propiedad distributiva de la multiplicación sobre la resta

Para cualesquier números a, b y c, $a(b - c) = ab - ac$.

Nota que por medio de la propiedad conmutativa de la multiplicación, cada una de las propiedades distributivas anteriores se puede escribir en las formas equivalentes

$$(b + c)a = ba + ca \quad \text{y}$$
$$(b - c)a = ba - ca.$$

Cuando las propiedades distributivas se escriben de derecha a izquierda, nos referimos a ellas como *factorización*. Así, $ab + ac = a(b + c)$ y $ab - ac = a(b - c)$. Decimos entonces que a se ha "factorizado".

Resolución de ecuaciones

Parte del razonamiento algebraico incluye operaciones con números y otros elementos representados por símbolos. Hallar soluciones de ecuaciones es una parte importante del álgebra. Como se señala en la *Nota de investigación*, el uso de objetos tangibles puede incrementar la atención y comprensión de los estudiantes cuando trabajan con ecuaciones. El modelo de la balanza es una excelente ayuda para entender los conceptos básicos usados para resolver ecuaciones y desigualdades, y las ecuaciones se pueden explorar con una balanza nivelada. Las desigualdades inclinan la balanza.

Nota de investigación El uso de objetos y de modelos a escala para resolver ecuaciones produce una ganancia importante y una mejor actitud al resolver ecuaciones. (QUINLAN 1992).

Por ejemplo, consideremos la figura 4-7. ¿Qué sucederá si soltamos el lado izquierdo de la balanza? Al soltarla la balanza se inclinará hacia la derecha y tendremos una *desigualdad*, $2 \cdot 3 < 3 + (2 \cdot 2)$.

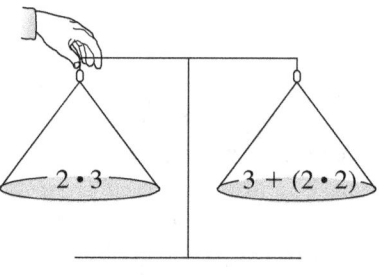

Figura 4-7

A continuación, considera la figura 4-8. Si soltamos la balanza, entonces los lados se nivelarán y tendremos la *igualdad* $2 \cdot 3 = (1 + 1) + 4$.

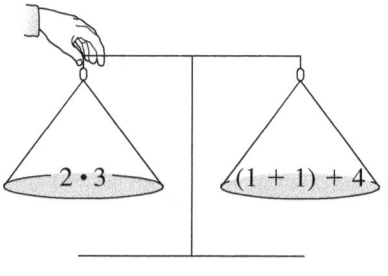

Figura 4-8

También se puede usar una balanza para reforzar la idea de reemplazo usada para las variables. Menciona algunas soluciones en la figura 4-9 que mantengan la balanza nivelada. Por ejemplo, $3 \cdot 2$ se nivela con $2 \cdot 3$, $3 \cdot 6$ se nivela con $2 \cdot 9$ y así sucesivamente. ¿Ves algún patrón en los números que nivelan la balanza?

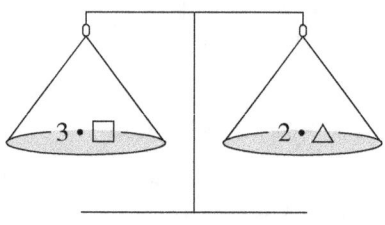

Figura 4-9

Otros tipos de problemas de balanza pueden ayudar a los estudiantes a prepararse para el álgebra. Antes de continuar, trabaja con *Ahora intenta éste* 4-3.

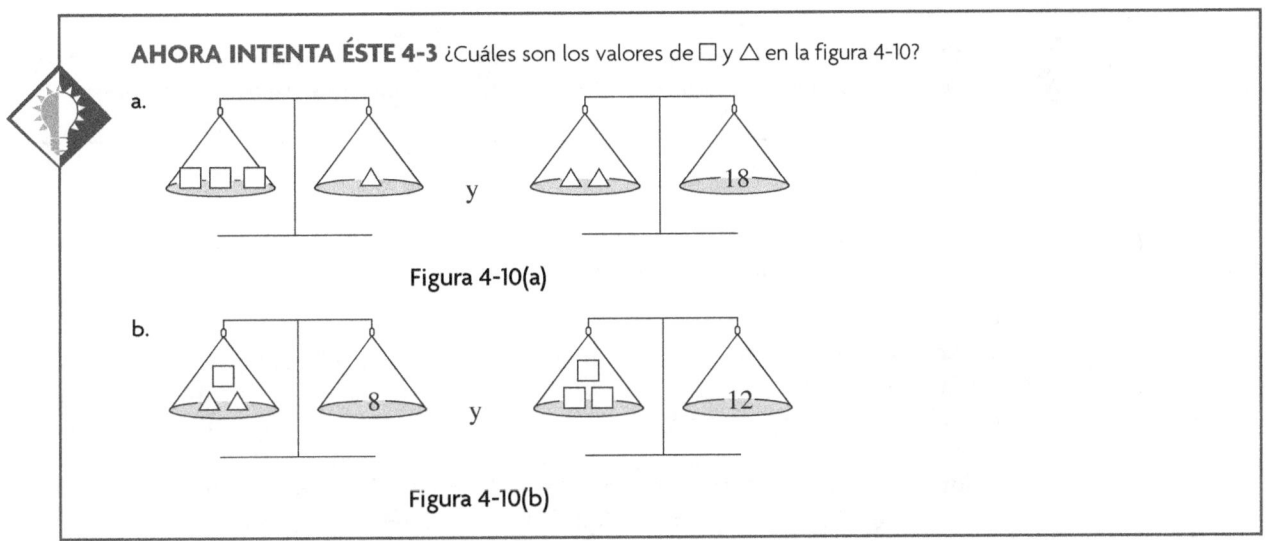

AHORA INTENTA ÉSTE 4-3 ¿Cuáles son los valores de □ y △ en la figura 4-10?

a.

y

Figura 4-10(a)

b.

y

Figura 4-10(b)

Para resolver ecuaciones podemos usar las propiedades de la igualdad desarrolladas anteriormente. Considera $3x - 14 = 1$. Coloca las expresiones iguales en los platillos opuestos de la balanza. Como las expresiones son iguales la balanza debe estar nivelada, como en la figura 4-11.

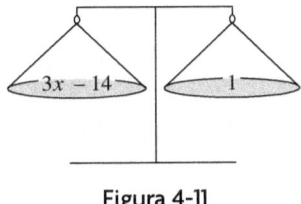

Figura 4-11

Para despejar x usamos las propiedades de la igualdad para manipular las expresiones en la balanza de manera que después de cada paso ésta permanezca nivelada y, en el paso final, permanezca sólo x en un lado de la balanza. El número en el otro platillo de la balanza representa la solución a la ecuación original. Para hallar x en la ecuación de la figura 4-11, considera las balanzas dibujadas en pasos sucesivos en la figura 4-12. En la figura 4-12 cada balanza sucesiva representa una ecuación que es equivalente a la ecuación original, esto es, cada una tiene la misma solución que la original. La última balanza muestra que $x = 5$. Para verificar que 5 sea la solución correcta, substituimos x por 5 en la ecuación original. Como $3 \cdot 5 - 14 = 1$ es una afirmación verdadera, 5 es la solución de la ecuación original.

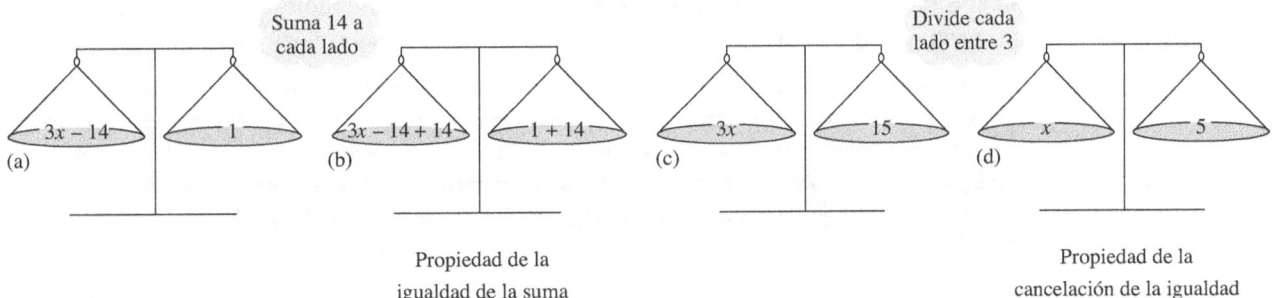

Figura 4-12

AHORA INTENTA ÉSTE 4-4 Nota el uso de objetos concretos para resolver ecuaciones en la *Página de un libro de texto* y responde la pregunta del "Tema de plática" que sigue al modelo de la balanza.

Ejemplo 4-6

Despeja x en las siguientes ecuaciones:

a. $x + 4 = 20$
b. $3x = x + 10$
c. $4x + 5x = 99$
d. $4(x + 3) + 5(x + 3) = 99$

Solución
a. $x + 4 = 20$ implica que $(x + 4) - 4 = 20 - 4$; $x = 16$.
b. $3x = x + 10$ implica que $3x - x = 10 + x - x$; $3 \cdot x - 1 \cdot x = 10$; $(3 - 1)x = 10$; $2x = 10$; $x = 5$.
c. $4x + 5x = 99$; $(4 + 5)x = 99$; $9x = 99$; $x = 11$
d. Podemos multiplicar y obtener

$$4(x + 3) + 5(x + 3) = 99; 4x + 12 + 5x + 15 = 99$$
$$9x + 27 = 99; 9x + 27 - 27 = 99 - 27; 9x = 72, x = 8$$

O pudimos pensar $x + 3$ como una nueva incógnita $\square$. De modo que si $x + 3 = \square$, obtenemos $4 \cdot \square + 5 \cdot \square = 99$, así que $9 \cdot \square = 99$, $\square = 11$, lo cual implica que $x + 3 = 11$ y, por lo tanto, $x = 8$.

Nota histórica

Mary Fairfax Somerville

Nacida dentro de una familia acomodada de Escocia, MARY FAIRFAX (1780–1872) estudió primero aritmética elemental superficialmente a la edad de 13 años. Por esa época se topó con unos símbolos misteriosos en una revista femenina de modas y, después de persuadir al tutor de su hermano de que le comprara algún libro básico sobre el tema, comenzó a estudiar álgebra. Más adelante, como madre y viuda joven, adquirió una pequeña biblioteca con material que le proporcionaría una base sólida en matemáticas. Por el resto de su vida, SOMERVILLE se distinguió como una hábil escritora científica respetada por sus colegas, y publicó numerosos trabajos. Su último libro científico, *Molecular and Microscopic Science* (Ciencia molecular y microscópica), fue publicado en 1869, cuando ella tenía 89 años. En su autobiografía Mary escribió acerca de cómo "a veces me molestaba cuando en medio de un problema difícil" llegaba un visitante. Poco antes de su muerte escribió:

Tengo ahora noventa y dos años... estoy extremadamente sorda y mi memoria me falla para eventos ordinarios y especialmente para nombres de personas, pero no para temas matemáticos y científicos. Todavía puedo leer libros de álgebra superior durante cuatro o cinco horas por la mañana e incluso resolver los problemas. A veces los encuentro difíciles pero sigo igual de obstinada que siempre, así que si no los resuelvo hoy, los atacaré de nuevo mañana. ◆

Página de un libro de texto RESOLUCIÓN DE ECUACIONES CON NÚMEROS COMPLETOS

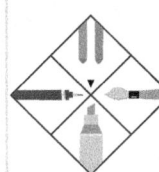

Lección 1-15

Álgebra

Idea clave
Puedes usar operaciones inversas y las propiedades de la igualdad para resolver ecuaciones.

Vocabulario
• ecuación (p.44)
• operaciones inversas (p.45)
• propiedades de la igualdad (p.44)

¡Piensa!
Puedo **pensar en una balanza** como ayuda para resolver el problema.

Resolución de ecuaciones con números completos

✓ Calentamiento
Explica cómo despejar la variable.
1. $12x = 60$
2. $d - 10 = 10$
3. $32 = 8 + a$

¿Cómo puedes resolver una ecuación?

Cuando **resuelves** una ecuación, hallas el valor de la variable que hace que la ecuación sea verdadera.

Ejemplo A

Güicho vendió 6 dibujos, cada uno por la misma cantidad, y obtuvo un total de $180 por la venta. ¿Cuánto cobró por cada dibujo?

Sea s igual a la cantidad pagada por cada dibujo.

Entonces la ecuación es $6s = 180$.

Lo que escribes	Nivelando la balanza	
$6s = 180$		La balanza está nivelada.
$6s \div 6 = 180 \div 6$		Se ha separado 180 en 6 partes iguales.
$s = 30$		Cada ⬜ es igual a ⬜.

Güicho cobró $30 por cada dibujo.

✓ Tema de plática

1. ¿Por qué se dividió entre 6 cada lado de la ecuación del ejemplo A?

¿Cómo puedes verificar tu respuesta?

Para verificar tu respuesta, substitúyela por la variable en la ecuación original. En el ejemplo A substituye s por 30 en $6s = 180$.

Verifica:

$6s = 180$
$6(30) = 180$

$180 = 180$ Cuando al simplificar ambos lados de la ecuación obtienes el mismo número, el valor de la variable es correcto.

Fuente: Mathematics, Diamond Edition, Grade 6, Scott Foresman-Addison Wesley 2008 (p. 48).

Problemas de aplicación

El sencillo modelo de la figura 4-13 muestra un método para resolver problemas de aplicación. Formula el problema como un modelo matemático, resuelve el modelo matemático y después interpreta la solución en términos del problema original.

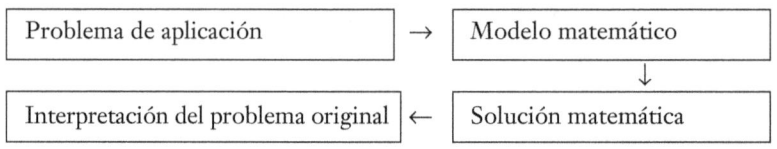

Figura 4-13

En la figura 4-14 aparece un ejemplo de este modelo para tercer grado.

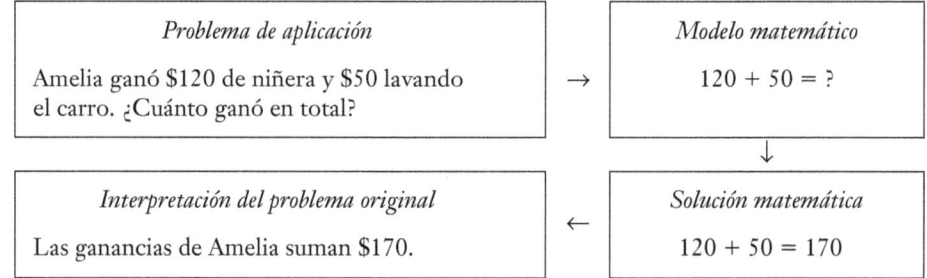

Figura 4-14

AHORA INTENTA ÉSTE 4-5 Lee la siguiente *Página de un libro de texto*, tomada de un libro de cuarto grado, y responde las preguntas del "Tema de plática".

Podemos aplicar el procedimiento de Polya de los cuatro pasos para resolver problemas expresados en palabras y en los que sea útil usar el razonamiento algebraico. En *Entender el problema* identificamos lo que se nos da y lo que hay que hallar. En *Trazar un plan* asignamos letras a las cantidades desconocidas y traducimos la información dada en el problema a un modelo que incluya ecuaciones. En *Realizar el plan* resolvemos las ecuaciones o desigualdades. En *Revisar* interpretamos y verificamos la solución en términos del problema original.

En los siguientes problemas mostramos el uso del proceso de Polya de cuatro pasos para resolver problemas.

Página de un libro de texto — TRADUCCIÓN DE PALABRAS A ECUACIONES

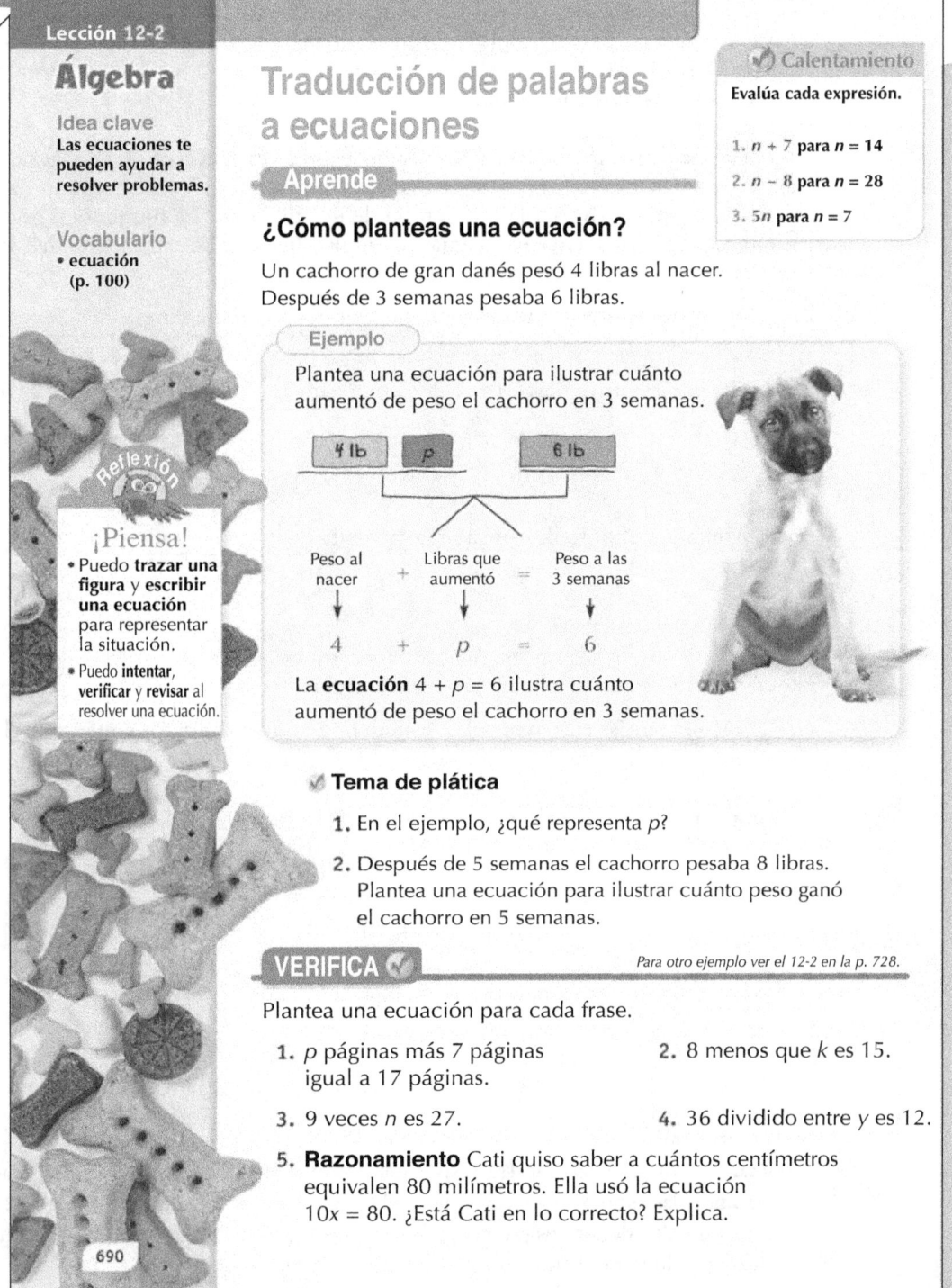

Lección 12-2

Álgebra

Idea clave
Las ecuaciones te pueden ayudar a resolver problemas.

Vocabulario
• ecuación
  (p. 100)

Reflexión

¡Piensa!
• Puedo **trazar una figura** y **escribir una ecuación** para representar la situación.
• Puedo **intentar**, **verificar** y **revisar** al resolver una ecuación.

690

Traducción de palabras a ecuaciones

Aprende

¿Cómo planteas una ecuación?

Un cachorro de gran danés pesó 4 libras al nacer.
Después de 3 semanas pesaba 6 libras.

Ejemplo

Plantea una ecuación para ilustrar cuánto aumentó de peso el cachorro en 3 semanas.

| 4 lb | p | 6 lb |

| Peso al nacer | + | Libras que aumentó | = | Peso a las 3 semanas |
| 4 | + | p | = | 6 |

La **ecuación** $4 + p = 6$ ilustra cuánto aumentó de peso el cachorro en 3 semanas.

Tema de plática

1. En el ejemplo, ¿qué representa p?

2. Después de 5 semanas el cachorro pesaba 8 libras. Plantea una ecuación para ilustrar cuánto peso ganó el cachorro en 5 semanas.

VERIFICA   *Para otro ejemplo ver el 12-2 en la p. 728.*

Plantea una ecuación para cada frase.

1. p páginas más 7 páginas igual a 17 páginas.

2. 8 menos que k es 15.

3. 9 veces n es 27.

4. 36 dividido entre y es 12.

5. **Razonamiento** Cati quiso saber a cuántos centímetros equivalen 80 milímetros. Ella usó la ecuación $10x = 80$. ¿Está Cati en lo correcto? Explica.

Calentamiento

Evalúa cada expresión.

1. $n + 7$ para $n = 14$

2. $n - 8$ para $n = 28$

3. $5n$ para $n = 7$

Fuente: Mathematics, Diamond Edition, Grade Four, Scott Foresman-Addison Wesley 2008 (p.690).

Libros vencidos

Bruno tiene cinco libros de la biblioteca vencidos. La multa para los libros vencidos es de 10¢ diarios por libro. Él recuerda que sacó un libro de astronomía una semana antes de sacar cuatro novelas. Si la multa total fue de $8.70, ¿cuánto tiempo estuvo vencido cada libro?

Comprender el problema   Bruno tiene cinco libros vencidos. Sacó uno de astronomía siete días antes que las cuatro novelas; por lo tanto, el libro de astronomía está vencido siete días más que las novelas. La multa diaria por cada libro es de 10¢ y la multa total fue de $8.70. Necesitamos hallar cuántos días estuvo vencido cada libro.

Trazar un plan   Sea d el número de días que estuvo vencida cada una de las novelas. El libro de astronomía estuvo vencido siete días más, esto es, $d + 7$ días. Para *plantear una ecuación* para d, podemos expresar la multa total de dos maneras. La multa total es de $8.70. Esta multa expresada en centavos es igual a la multa del libro de astronomía más la multa de las cuatro novelas.

$$\text{Multa por cada novela} = \underbrace{\text{multa por día}}_{10} \underbrace{\text{por}}_{\cdot} \underbrace{\text{el número de días vencidos}}_{d}$$

$$\text{Multa por las cuatro novelas} = \underbrace{\text{1 día de multa de las 4 novelas}}_{4 \cdot 10} \underbrace{\text{por}}_{\cdot} \underbrace{\text{número de días vencido}}_{d}$$

$$= (4 \cdot 10)d$$
$$= 40d$$

$$\text{Multa por el libro de astronomía} = \underbrace{\text{multa por día}}_{10} \underbrace{\text{por}}_{\cdot} \underbrace{\text{el número de días vencidos}}_{(d + 7)}$$

$$= 10(d + 7)$$

Como cada una de las expresiones anteriores está en centavos, necesitamos escribir la multa total de $8.70 como 870¢ para producir lo siguiente:

$$\text{Multa por las cuatro novelas} + \text{multa por el libro de astronomía} = \text{multa total}$$
$$40d \qquad + \qquad 10(d + 7) \qquad = 870$$

Realizar el plan   Despejar d en la ecuación:

$$40d + 10(d + 7) = 870$$
$$40d + 10d + 70 = 870$$
$$50d + 70 = 870$$
$$50d = 870 - 70$$
$$50d = 800$$
$$d = 16$$

Así, cada una de las novelas estuvo vencida 16 días y el libro de astronomía estuvo vencido por $d + 7$, ó 23, días.

Revisar   Para verificar nuestra respuesta, sigamos la información original. Cada una de las cuatro novelas estuvo vencida 16 días y el libro de astronomía estuvo vencido 23 días. Como la multa fue de 10¢ diarios por cada libro, la multa por cada una de las novelas fue de $16 \cdot 10$¢, ó 160¢. Por lo tanto, la multa por el total de novelas fue de $4 \cdot 160$¢, ó 640¢. La multa por el libro de astronomía fue de $23 \cdot 10\cent$, ó $230\cent$. En consecuencia, la multa total fue de $640\cent + 230\cent$, u $870\cent$, lo cual concuerda con la información dada de \$8.70 como la multa total.

Pudimos haber resuelto el problema sin emplear álgebra. Una manera de hacerlo es notar que el libro de astronomía estuvo vencido 7 días, generando una multa de $70\cent$, antes de que se vencieran los otros libros. Así, $870\cent - 70\cent$, u $800\cent$, es la multa por los cinco libros. Por lo tanto, la multa por un libro es de $800\cent/5$, ó $160\cent$. Como la multa es de $10\cent$ diarios, cada libro estuvo vencido por $160/10$, ó 16, días. El libro de astronomía fue prestado una semana antes y, por lo tanto, llevaba vencido 23 días.

Resolver problemas   Entrega de periódicos

En un pueblo, tres niños entregan todos los periódicos. Abel entrega tres veces la cantidad que entrega Brenda y Carla entrega 13 más que Abel. Si entre los tres niños entregan un total de 496 periódicos, ¿cuántos periódicos entregó cada uno?

Comprender el problema   El problema pregunta por el número de periódicos que entregó cada niño. Da información que compara el número de periódicos que entregó cada niño, así como el número total de periódicos entregados en el pueblo.

Trazar un plan   Sean a, b y c el número de periódicos entregados por Abel, Brenda y Carla, respectivamente. Traducimos la información dada en *ecuaciones* de la siguiente manera:

Abel entrega 3 veces la cantidad que entrega Brenda: $a = 3b$

Carla entrega 13 periódicos más que Abel: $c = a + 13$

La entrega total es de 496: $a + b + c = 496$

Para reducir el número de variables, substituimos a por $3b$ en la segunda y tercera ecuaciones.

$c = a + 13$ se convierte en $c = 3b + 13$

$a + b + c = 496$ se convierte en $3b + b + c = 496$

A continuación plantea una ecuación en una variable, b, substituyendo c por $3b + 13$ en la ecuación $3b + b + c = 496$, despeja b y después halla a y c.

Realizar el plan

$$3b + b + 3b + 13 = 496$$
$$7b + 13 = 496$$
$$7b = 483$$
$$b = 69$$

Así, $a = 3b = 3 \cdot 69 = 207$. También, $c = a + 13 = 207 + 13 = 220$. Por lo tanto, Abel entregó 207 periódicos, Brenda entregó 69 periódicos y Carla entregó 220 periódicos.

Revisar   Para verificar la respuesta sigue la información original usando $a = 207$, $b = 69$ y $c = 220$. La información de la primera frase, "Abel entrega tres veces la cantidad que entrega Brenda", se verifica pues $207 = 3 \cdot 69$. La segunda frase, "Carla entrega 13 más que Abel", es verdadera pues $220 = 207 + 13$. La información en la entrega total se verifica pues $207 + 69 + 220 = 496$.

AHORA INTENTA ÉSTE 4-6

1. Resuelve el problema anterior de *Entrega de periódicos* introduciendo una sola incógnita para el número de periódicos que entrega Brenda.
2. Recuerda que el ejemplo 4-5 lo resolvimos sin usar ecuaciones y que después de la solución mencionamos que el problema se podía resolver usando la estrategia de *plantear una ecuación*. Ahora ya estás preparado para resolver el problema de esta manera. Supón que el precio del melón es de *x*, el del florero es de *y* y el de la sandía de *z*. Verifica que de la información de la figura 4-3(a) obtenga $x + y = 8$ y plantea las ecuaciones correspondientes a las partes (b) y (c) de la figura. Resuelve las ecuaciones reduciéndolas a dos ecuaciones con dos incógnitas y después a una ecuación con una incógnita.

Evaluación 4-2A

1.

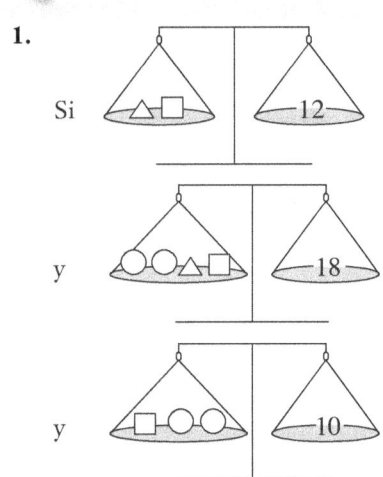

¿cuál es el valor de cada figura? Di por qué.

2. De ser posible, resuelve:
   a. $x - 3 = 21$
   b. $2x + 5 = x + 25$
   c. $2x + 5 = 3x - 4$
   d. $5(2x + 1) + 7(2x + 1) = 84$
   e. $3(2x - 6) = 4(2x - 6)$

Resuelve los problemas 3 al 10 planteando y resolviendo una ecuación.

3. Ricardo está construyendo sucesiones de cuadrados con cerillos de modo que cada vez se agrega un cuadrado a la derecha según se muestra. Él usó 67 cerillos para formar la última figura de su sucesión. ¿Cuántos cuadrados hay en la última figura?

4. Para cierto evento se vendieron 812 boletos para un total de $19,120. Si los estudiantes pagaron $20 por boleto y los no estudiantes pagaron $30, ¿cuántos boletos para estudiante se vendieron?

5. Hay un legado de $486,000 para tres hermanas. La mayor recibe 3 veces más que la menor. La de en medio recibe $14,000 más que la menor. ¿Cuánto recibió cada una?

6. Una tabla de 10 pies se va a cortar en tres piezas, dos piezas de igual longitud y la tercera 3 pulgadas más corta que cada una de las otras dos. Si no hay merma de longitud al cortar, ¿cuál es la longitud de cada pieza?

7. Una caja contiene 67 monedas, sólo de diez y de cinco. La cantidad de dinero en la caja es de $4.20. ¿Cuántas monedas de diez y cuántas de cinco hay en la caja?

8. Miriam es 10 años mayor que Ricardo. Hace dos años Miriam tenía 3 veces la edad que Ricardo tiene ahora. ¿Cuál es la edad de cada uno?

9. En una universidad hay inscritos 15 veces más estudiantes de licenciatura que de posgrado. Si el número total de estudiantes inscritos es de 10,000, ¿cuántos estudiantes de posgrado hay?

10. Una granjera tiene 700 yd de cerca para cercar un pastizal rectangular para sus chivos. Como un lado del pastizal está contiguo a un río, no requiere cerca. El lado paralelo al río debe ser del doble de longitud que el lado perpendicular al río. Halla las dimensiones del pastizal rectangular.

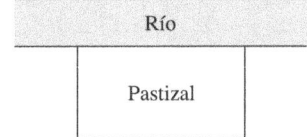

Evaluación 4-2B

1.

Si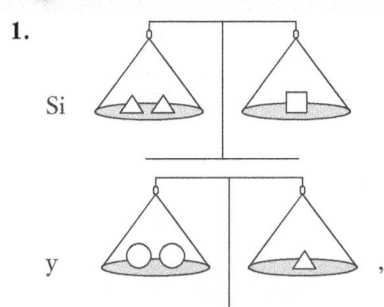

y ,

a. ¿qué figura pesa más? Di por qué.
b. ¿qué figura pesa menos? Di por qué.

2. De ser posible, resuelve:
  a. $3x + 13 = 2x + 100$
  b. $2x + 5 = 2(x + 5)$
  c. $7(3x + 6) + 5(3x + 6) = 144$
  d. $22 - x = 3x + 6$
  e. $22 - (2x - 6) = 3(2x - 6) + 6$
  f. $5(2x - 10) = 4(2x - 10)$

  Resuelve los problemas 3 al 11 planteando y resolviendo una ecuación.

3. Ricardo está construyendo sucesiones de cuadrados con cerillos, según se muestra. Ha usado 599 cerillos para formar las últimas dos figuras de su sucesión. ¿Cuántos cerillos usó en cada una de las dos últimas figuras de su sucesión?

4. La suma de dos términos consecutivos de la sucesión aritmética 1, 4, 7, 10, ... es 299; halla estos dos términos.
5. La suma de los dos primeros términos de una sucesión geométrica es 100 veces mayor que el primer término. ¿Cuál es la razón común?
6. Se dejó un legado de $1,000,000 a cuatro hermanas. La mayor debe recibir el doble de la menor. Las otras dos hermanas deben recibir, cada una, $16,000 más que la menor. ¿Cuánto recibirá cada una?
7. Miriam es cuatro años mayor que Ricardo. Hace diez años Miriam tenía 3 veces la edad que Ricardo tenía entonces.
  a. ¿Cuál es la edad de cada uno, ahora?
  b. Determina si tu respuesta es correcta verificando que satisfaga las condiciones del problema.
8. En una universidad hay 13 veces más estudiantes que profesores. Si el total de estudiantes y profesores es de 28,000, ¿cuántos estudiantes hay en la universidad?
9. Un granjero tiene 800 yd de cerca para cercar un pastizal rectangular. Como un lado del pastizal está contiguo a un río, no requiere cerca. Si el lado perpendicular al río debe ser del doble de longitud que el lado paralelo al río, ¿cuáles son las dimensiones del pastizal rectangular?
10. Dentro de diez años la edad de Ale será 3 veces su edad actual. Halla la edad actual de Ale.
11. Mati tiene el doble de palillos que David. ¿Cuántos palillos debe dar Mati a David de modo que cada uno tenga 120 palillos? Verifica que tu respuesta sea correcta.

Conexiones matemáticas 4-2

Comunicación

1. Se pidió a los alumnos que hallaran tres números completos consecutivos cuya suma sea 393. Una alumna escribió la ecuación $x + (x + 1) + (x + 2) = 393$. Otra escribió $(x - 1) + x + (x + 1) = 393$. ¿Es posible trabajar con ambos enfoques para obtener la respuesta a la pregunta? Explica por qué sí o por qué no.
2. Explica cómo resolver la ecuación $3x + 5 = 5x - 3$ usando una balanza.

Solución abierta

3. Inventa una ecuación con x en ambos lados para cada caso:
  a. Todo número completo es solución.
  b. Ningún número completo es solución.
  c. 0 es solución.

Aprendizaje colectivo

4. Examina varios libros de texto de educación básica, de los grados 1 a 5, y reseña cómo se introducen en cada uno los conceptos algebraicos que incluyen ecuaciones.

Preguntas del salón de clase

5. Un alumno asegura que la ecuación $3x = 5x$ no tiene solución porque $3 \neq 5$. ¿Qué le respondes?
6. Una alumna asegura que como en el siguiente problema necesitamos hallar tres cantidades desconocidas, ella debe plantear ecuaciones con tres incógnitas. ¿Qué le respondes?

  Abel entrega el doble de periódicos que Julián y Brenda entrega 50 periódicos más que Abel. ¿Cuántos periódicos entrega cada uno si el total de periódicos entregados es de 550?

7. Se dijo a una estudiante que para verificar la solución a un problema narrado, como el 6, no es suficiente verificar que la solución hallada satisface la ecuación que ella planteó, sino que es necesario verificar la respuesta en el problema original. Ella quiere saber por qué. ¿Cómo le respondes?

8. En un examen se pidió a una estudiante resolver la ecuación $4x + 5 = 3(x + 15)$. Ella procedió así:

$$4x + 5 = 3x + 45 = x + 5 = 45 = x = 40$$

En consecuencia, $x = 40$. Ella verificó que $x = 40$ satisface la ecuación original; sin embargo, no obtuvo crédito total por el problema. Ella quiere saber por qué. ¿Cómo le respondes?

Problemas de repaso

9. Si el número de todos los estudiantes de segundo, tercero y cuarto años se denota con x y si es 3 veces el número de los de primer año, denotado con y, escribe una ecuación algebraica que ilustre la relación.

10. Escribe la suma de cinco números pares consecutivos si el de en medio es n. Simplifica tu respuesta.

11. Si Julia tiene el doble de CD que Juan y Tina tiene 3 veces más que Julia, escribe una expresión algebraica para el número de CD que tiene cada una, en términos de una variable.

12. Escribe una ecuación algebraica que relacione las variables descritas en cada caso:

    a. La paga P por t horas si te pagan \$30 por la primera hora y \$5 más que la hora anterior por cada hora que sigue.

    b. La paga total de Jaime después de 4 años si el primer año su salario fue de d dólares y de ahí en adelante, cada año su salario duplica el del año anterior.

Preguntas del *Third International Mathematics and Science Study* (TIMSS) (Tercer Estudio Internacional sobre las Matemáticas y la Ciencia)

Arturo tiene 50 manzanas. Vendió algunas y le quedaron 20. ¿Cuál es la proposición que lo muestra?

a. $\square - 20 = 50$
b. $20 - \square = 50$
c. $\square - 50 = 20$
d. $50 - \square = 20$

TIMSS 2003, Grado 4

Los objetos en la balanza hacen que ésta se nivele. En el platillo izquierdo hay un peso de 1 kg (masa) y medio ladrillo. En el otro platillo hay un ladrillo.

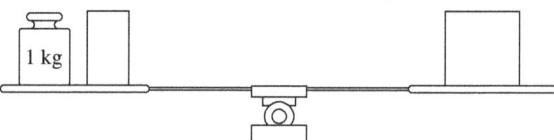

¿Cuánto pesa (masa) un ladrillo?

a. 0.5 kg
b. 1 kg
c. 2 kg
d. 3 kg

TIMSS 2003, Grado 8

4-3   Funciones

El concepto de función es fundamental en todas las matemáticas, en particular en álgebra, según se afirma en los *Principios y objetivos*:

Nota de investigación

Los estudiantes suelen ver una función como una colección de puntos o de pares ordenados. Esta visión limitada puede dificultar el desarrollo del concepto de función en el estudiante (Adams 1997).

> Al considerar el álgebra como un hilo conductor en la currícula de preescolar en adelante, los maestros pueden ayudar a los estudiantes a construir una base sólida de comprensión y experiencia que sirva de preparación para realizar un trabajo más complejo en álgebra, en los niveles medio y medio superior. Por ejemplo, tener experiencia sistemática con patrones servirá para comprender el concepto de función (Erick Smith, por aparecer), y tener experiencia con números y sus propiedades forma la base para trabajar, más adelante, con símbolos y expresiones algebraicas. Al comprender que hay situaciones que se pueden describir usando matemáticas, los estudiantes pueden formarse nociones elementales de modelación matemática. (p. 37)

Las funciones pueden modelar multitud de fenómenos del mundo real, según veremos en esta sección y en capítulos posteriores. En esta sección exploraremos varias maneras de representar funciones —como *reglas*, *máquinas*, *ecuaciones*, *diagramas de flechas*, *tablas*, *pares ordenados* y *gráficas*. Es importante que los estudiantes vean una gran variedad de maneras de representar funciones, como se indica en la *Nota de investigación*.

Funciones como reglas

A continuación presentamos un ejemplo de un juego llamado "adivine mi regla", que se usa a menudo para introducir el concepto de función.

Cuando Tomás dijo 2, Noé dijo 5. Cuando David dijo 4, Noé dijo 7. Cuando Mari dijo 10, Noé dijo 13. Cuando Isabel dijo 6, ¿qué dijo Noé? ¿Cuál es la regla de Noé?

La respuesta a la primera pregunta puede ser 9, y la regla podría ser "Tomar el número original y sumarle 3"; esto es, para cualquier número n, la respuesta de Noé es $n + 3$.

Ejemplo 4-7

Sugiere la regla del maestro para las respuestas siguientes:

a.

Tú	Maestro
1	3
0	0
4	12
10	30

b.

Tú	Maestro
2	5
3	7
5	11
10	21

c.

Tú	Maestro
2	0
4	0
7	1
21	1

Solución a. La regla del maestro podría ser "Multiplicar el número dado n por 3", esto es, $3n$.

b. La regla del maestro podría ser "Doblar el número original n y sumarle 1", esto es, $2n + 1$.

c. La regla del maestro podría ser "Si el número n es par, responde 0; si el número es impar, responde 1". Otra posible regla es "Si el número es menor que 5, responde 0; si es mayor o igual que 5, responde 1".

Funciones como máquinas

Otra manera de preparar a los estudiantes para el concepto de función es usando una "máquina-función". La siguiente *Página de un libro de texto* muestra un ejemplo de máquina-función. Lo que va hacia la máquina se llama *entrada* o *input* y lo que sale de la máquina se llama *salida* o *output*. Así, en la página de muestra, si la entrada a la función es 2, la salida es 110. Nota que la salida se denota con d. En grados superiores se usa una notación especial para la salida. Para cada elemento de entrada x la salida se denota como $f(x)$,* que se lee "f de x". Para la función $d = 55t$ en el ejemplo de la página de muestra, si f es la función entonces cuando la entrada es 2, la salida se puede escribir como $d(2)$. Como la salida es 110, tenemos $d(2) = 110$. Como la función trabaja de acuerdo con la regla $d(t) = 55t$, tenemos $d(2) = 2 \cdot 55 = 110$.

Leonhard Euler

Los babilonios de Mesopotamia (ca. 2000 A.C.) desarrollaron un concepto precursor de lo que hoy llamamos función. Para ellos una función era una tabla o una correspondencia. Dos tablillas halladas en Senkerah, en el Éufrates, en 1854 dan los cuadrados de números hasta el 59 y los cubos de números hasta el 32.

En el siglo diecisiete la idea de función tuvo mayor desarrollo. En su libro *Geometry* (Geometría) (1637), RENÉ DESCARTES (1596–1650) usó el concepto para describir multitud de relaciones matemáticas. Casi 50 años después de la publicación del libro de Descartes, GOTTFRIED WILHELM LEIBNIZ (1646–1716) introdujo el término de *función*. La idea de función fue formalizada por LEONHARD EULER (se pronuncia "oiler", 1707–1783), quien introdujo la notación de función, $y = f(x)$. Otras contribuciones al concepto fueron realizadas por los matemáticos JOSEPH-LOUIS LAGRANGE (1736–1813) y JEAN JOSEPH FOURIER (1768–1830). ◆

* Cuando una función designa una cantidad específica, como d (distancia) en la página de muestra, y la entrada es t (tiempo) se puede usar $d(t)$ en lugar de $f(x)$.

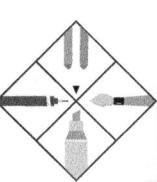

Página de un libro de texto REGLAS DE FUNCIONES

Algebra

9-4   Reglas de funciones

Verifica tus habilidades

1. **Revisión de vocabulario**
   ¿Por qué 5 + 2 no es una *expresión algebraica*?

   Evalúa -4x + 1 para cada valor de x.

   2. −2   3. 0

   4. $\frac{1}{4}$ 5. $-\frac{1}{4}$

Ve por ayuda a la
Lección 4-1

Vas a aprender a

Escribir y evaluar funciones

🔊 Vocabulario nuevo función

¿Por qué aprenderlo?

La distancia que recorres en un automóvil depende del tiempo de manejo. Cuando una cantidad depende de otra, dices que una es *función* de la otra. Así, la distancia es función del tiempo. Puedes usar funciones como ayuda para hacer predicciones.

Entrada (tiempo)

Salida (distancia)

En el diagrama de la derecha, se introduce una entrada a la "máquina-función" para producir una salida.

Una **función** es una relación que asigna exactamente una salida para cada valor de entrada.

EJEMPLO   Escribir una regla de una función

Carros Estás viajando en un carro a una rapidez promedio de 55 mi/h. Escribe una regla de una función que describa la relación entre el tiempo y la distancia que viajas.

Tú puedes *hacer una tabla* para resolver este problema.

Entrada: tiempo (h)	1	2	3	4
Salida: distancia (mi)	55	110	165	220

distancia en millas = 55 · tiempo en horas ← **Escribe la regla en palabras**

$$d = 55t$$ ← **Usa las variables *d* y *t* para la distancia y el tiempo.**

✓ Verificación rápida

1. Escribe una regla de una función para la relación entre el tiempo y la distancia que recorres a una rapidez promedio de 62 mi/h.

Fuente: Mathematics, Course 2, Pearson Prentice Hall 2008 (p. 452).

> **OBSERVACIÓN** En la mayoría de las calculadoras gráficas la notación usada para función es Y1, Y2, Y3, . . . , y así sucesivamente. Aquí Y1 actúa como $f(x)$ si la regla de la función se escribe en términos de x.

Ejemplo 4-8   Considera la máquina-función de la figura 4-15. ¿Qué sucederá con la función llamada f, si introducimos los números 0, 1, 3, 4 y 6?

Solución   Si los números de salida se denotan con $f(x)$, los valores correspondientes se pueden describir usando la tabla 4-1. Nota que $f(4)$ de la figura 4-15 es la salida de la función "f" cuando la entrada es 4.

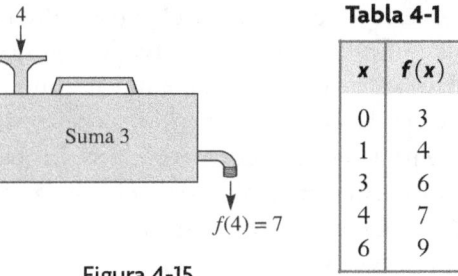

Tabla 4-1

x	f(x)
0	3
1	4
3	6
4	7
6	9

Figura 4-15

Funciones como ecuaciones

En el ejemplo 4-8 podemos escribir una ecuación que describa la regla. Si la entrada es x, la salida es $x + 3$; esto es, $f(x) = x + 3$. Los valores de salida se pueden obtener substituyendo con los valores 0, 1, 3, 4 y 6 la x de $f(x) = x + 3$, como se muestra a continuación:

$$f(0) = 0 + 3 = 3$$
$$f(1) = 1 + 3 = 4$$
$$f(3) = 3 + 3 = 6$$
$$f(4) = 4 + 3 = 7$$
$$f(6) = 6 + 3 = 9$$

Nota la terminología de entrada y salida en la representación de la máquina-función de la página de muestra anterior.

En multitud de aplicaciones, tanto las entradas como las salidas de una máquina-función son números; Sin embargo, las entradas y salidas también pueden ser cualquier objeto. Por ejemplo, considera una máquina que sólo acepta monedas de $25¢, 50¢$ y $75¢$ y despacha uno de tres tipos de dulces, cada uno de los cuales cuesta $25¢, 50¢$ y $75¢$, respectivamente. Una máquina-función asocia *exactamente una salida a cada entrada*. Si para el elemento de entrada x obtenemos $f(x)$ como salida, entonces cada vez que uses la misma x como entrada obtendrás la misma $f(x)$ como salida. La idea de una máquina-función que asocia exactamente una salida con cada entrada, de acuerdo con cierta regla, conduce a la definición siguiente.

Definición de función

Una **función** de un conjunto A a un conjunto B es una correspondencia de A a B en la cual cada elemento de A está pareado con uno, y sólo uno, de los elementos de B.

Nota de investigación

Los estudiantes frecuentemente tienen dificultades con el lenguaje de las funciones (por ejemplo *imagen, dominio, rango* y *uno a uno*), lo cual tiene impactos subsecuentes en sus habilidades para trabajar representaciones gráficas de funciones (Markovits *et al.* 1988). ◆

Figura 4-16

En la definición anterior, el conjunto *A* es el conjunto de todas las entradas permitidas y es el **dominio** de la función. El conjunto *B*, el **contradominio** o **codominio**, es cualquier conjunto que contenga todas las posibles salidas. El conjunto de todas las salidas es el **rango** o **imagen** de la función. El contradominio *B* en la definición puede ser cualquier conjunto que contenga el rango y puede coincidir con éste. La diferencia entre contradominio y rango se hace por conveniencia, pues a veces no es fácil ubicar el rango. Por ejemplo, haz corresponder a cada estudiante de una universidad con su número registro. Ésta es una función que va del conjunto de todos los estudiantes al conjunto *C* de los números completos. Es decir, el contradominio contiene al rango. El rango, en este caso, es el conjunto de números de registro que corresponden a los estudiantes inscritos en esa universidad. El rango es un subconjunto propio del contradominio *C*. Por lo regular, *en caso de no señalar un dominio para describir la función, se supone que el dominio está formado por todos los elementos para los cuales la regla tenga sentido.* Como se señala en la *Nota de investigación*, los estudiantes pueden tener dificultades para comprender estos conceptos.

Una calculadora contiene muchas funciones. Supón que un estudiante teclea $9 \times \boxed{K}$ en una calculadora que tiene tecla de constante, $\boxed{K}$. A continuación, el estudiante oprime $\boxed{0}$ y pasa la calculadora a otro estudiante. El otro estudiante debe determinar la regla tecleando otros números y oprimiendo, a continuación, la tecla $\boxed{=}$. También se pueden usar máquinas con la característica de constante automática.

Otras teclas de la calculadora son teclas de función. Por ejemplo la tecla $\boxed{\pi}$ presenta en pantalla, siempre, una aproximación de π, como 3.1415927; la tecla $\boxed{+/-}$ coloca un signo menos antes de un número o quita un signo menos existente; y las teclas $\boxed{x^2}$ y $\boxed{\sqrt{}}$ elevan al cuadrado y extraen la raíz cuadrada, respectivamente.

¿Son máquinas-función todas las máquinas de entrada-salida? Considera la máquina de la figura 4-16. Para cualquier número natural de entrada *x*, la máquina saca un número menor que *x*. Si, por ejemplo, introduces el número 10 la máquina puede sacar 9, pues 9 es menor que 10. Si de nuevo introduces 10, la máquina puede sacar 3, pues 3 es menor que 10. Dicha máquina no es una máquina-función, ya que la misma entrada puede producir diferentes salidas.

Ejemplo 4-9

Un fabricante de bicicletas tiene un gasto diario fijo de $1400 y le cuesta $500 fabricar una bicicleta. Responde lo siguiente:

a. Halla el costo $C(x)$ de fabricar *x* bicicletas al día.

b. Si el fabricante vende cada bicicleta en $700 y la ganancia (o pérdida) al producir y vender *x* bicicletas al día es $P(x)$, expresa $P(x)$ en términos de *x*.

c. Halla el punto de equilibrio, esto es, el número de bicicletas, *x*, producidas y vendidas en donde no hay pérdida ni ganancia.

Solución **a.** Como el costo de producir una sola bicicleta es de $500, el costo de producir *x* será de 500*x* dólares. Debido al gasto fijo diario de $1400, el costo total, $C(x)$ en dólares, de producir *x* bicicletas en un día dado es $C(x) = 500x + 1400$.

b. $P(x) = 700x - (500x + 1400)$
$= 200x - 1400$

c. Necesitamos hallar el número *x* de bicicletas producidas de modo que $P(x) = 0$; esto es, necesitamos resolver $200x - 1400 = 0$. Esta ecuación es equivalente a

$$200x = 1400 \quad \text{ó} \quad x = \frac{1400}{200} \text{ ó } 7$$

Así, el fabricante necesita producir 7 bicicletas para quedar a mano (sin pérdida ni ganancia).

Funciones como diagramas de flechas

Se pueden usar *diagramas de flechas* para examinar y determinar si una correspondencia representa una función. Esta representación se usa normalmente cuando los conjuntos *A* y *B* son conjuntos finitos con unos cuantos elementos. El ejemplo siguiente muestra cómo se pueden usar los diagramas de flechas para examinar tanto funciones como no funciones.

Ejemplo 4-10   ¿Qué parte, si la hay, de la figura 4-17 exhibe una función de *A* a *B*? Si una correspondencia es una función de *A* a *B*, halla el rango de la función.

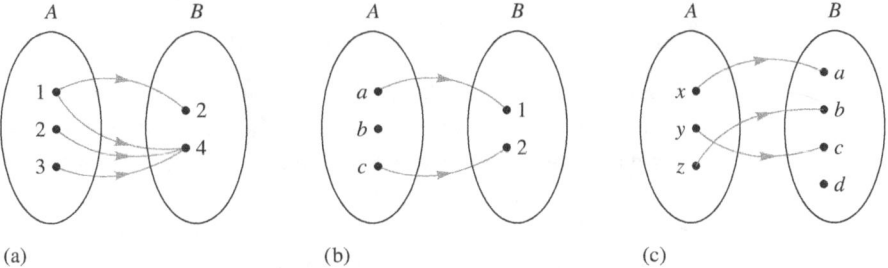

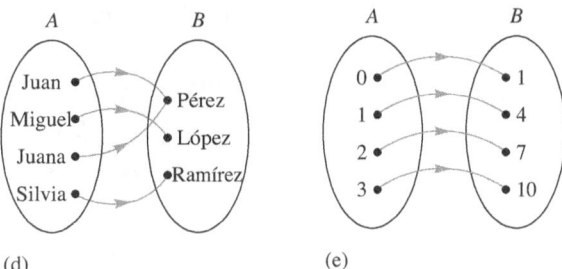

Figura 4-17

Solución   **a.** La figura 4-17(a) no define una función de *A* a *B* pues el elemento 1 está relacionado con 2 y con 4.

      b. La figura 4-17(b) no define una función de *A* a *B* pues el elemento *b* no está relacionado con algún elemento de *B*. (Es una función de un subconjunto de *A* a *B*.)

      c. La figura 4-17(c) sí define una función de *A* a *B* pues hay una, y sólo una, flecha que sale de cada elemento de *A*. El hecho de que *d*, un elemento de *B*, no esté relacionado con un elemento del dominio no viola la definición. El rango es $\{a, b, c\}$ y no incluye a *d* pues *d* no es una salida en esta función, ya que no hay un elemento de *A* que esté relacionado con *d*.

      d. La figura 4-17(d) ilustra una función, puesto que hay sólo una flecha que sale de cada elemento de *A*. No importa que un elemento del conjunto *B*, Pérez, tenga dos flechas que le apunten. El rango es {Pérez, López, Ramírez}.

      e. La figura 4-17(e) ilustra una función cuyo rango es {1, 4, 7, 10}.

La figura 4-17(e) también ilustra una correspondencia biunívoca, o uno a uno, entre *A* y *B*. De hecho, cualquier correspondencia biunívoca entre *A* y *B* define una función de *A* a *B*, así como una función de *B* a *A*.

AHORA INTENTA ÉSTE 4-7 ¿Cuáles de las siguientes son funciones del conjunto de los números naturales a {0, 1}? Justifica tu razonamiento.

a. Para todo número natural de entrada, la salida es 0.
b. Para todo número natural de entrada, la salida es 0 si la entrada es un número par y la salida es 1 si la entrada es un número impar.

Funciones como tablas y pares ordenados

Otra manera útil para describir una función es por medio de una tabla. Considera la información de la tabla 4-2 que relaciona la cantidad gastada en publicidad y las ventas en un mes dado, de una empresa pequeña. Nota que para la *Cantidad en publicidad* y la *Cantidad en ventas*, la información está dada en miles de pesos. Podríamos hablar de una función entre la cantidad gastada en *Publicidad* y la cantidad obtenida en *Ventas*, o podríamos simplificar usando una función definida como sigue: Si $P = \{0, 1, 2, 3, 4\}$ y $V = \{1, 3, 5, 7, 9\}$, la tabla describe una función de *P* a *V* donde *P* representa los miles de pesos gastados en publicidad y *V* representa los miles de pesos obtenidos en ventas. Por ejemplo, (2, 5) significa que se gastó $2000 en publicidad resultando en $5000 de ventas.

Tabla 4-2

Cantidad de publicidad (en miles de pesos)	Cantidad de ventas (en miles de pesos)
0	1
1	3
2	5
3	7
4	9

La función también se puede dar usando pares ordenados. Cuando la entrada es 0 y la salida es 1, registramos la información como el par ordenado (0, 1). De manera análoga, la información en el segundo renglón se registra como (1, 3) y el resto de la información como (2, 5), (3, 7) y (4, 9). La primera componente del par ordenado siempre es un elemento del dominio y la segunda componente es la salida correspondiente.

Ejemplo 4-11

¿Cuáles de los siguientes conjuntos de pares ordenados representan funciones? Si un conjunto representa una función, da su dominio y rango. De no ser así, explica por qué.

a. $\{(1,2), (1,3), (2,3), (3,4)\}$
b. $\{(1,2), (2,3), (3,4), (4,5)\}$
c. $\{(1,0), (2,0), (3,0), (4,4)\}$
d. $\{(a,b) \mid a \in N \text{ y } b = 2a\}$

Solución **a.** No es función pues la entrada 1 tiene dos salidas diferentes.

b. Es una función con dominio $\{1, 2, 3, 4\}$. Como el rango es el conjunto de las salidas, el rango es $\{2, 3, 4, 5\}$.

c. Es una función con dominio $\{1,2,3,4\}$ y rango $\{0,4\}$. La salida 0 aparece más de una vez, pero esto no contradice la definición de función de que a cada entrada corresponde una sola salida.

d. Ésta es una función con dominio N y rango P, el conjunto de todos los números naturales pares.

Funciones como gráficas

Quizás una de las representaciones más conocidas de una función sea la de una gráfica. Las gráficas son representaciones visuales de funciones y aparecen en periódicos y libros, y hasta en la televisión. Para graficar la función de la tabla 4-2, considera el conjunto de pares ordenados $\{(0,1),(1,3),(2,5),(3,7),(4,9)\}$ y haz corresponder cada par ordenado con un punto en la malla de la figura 4-18. Usamos la escala horizontal para las entradas y la escala vertical para las salidas, y marcamos el punto correspondiente a $(0,1)$ comenzando en 0 en la escala horizontal y subiendo una unidad en la escala vertical. Para marcar el punto correspondiente a $(1,3)$, comenzamos en 0 y nos movemos una unidad horizontalmente y 3 unidades verticalmente. Marcar el punto que corresponde a un par ordenado se conoce como **graficar** el par ordenado. El conjunto de todos los puntos que corresponden a todos los pares ordenados es la gráfica de la función. Nota que la gráfica consta de cinco puntos. Los puntos están conectados por medio de una recta punteada para ilustrar que están sobre una recta pero que no todo punto de la recta pertenece a la gráfica.

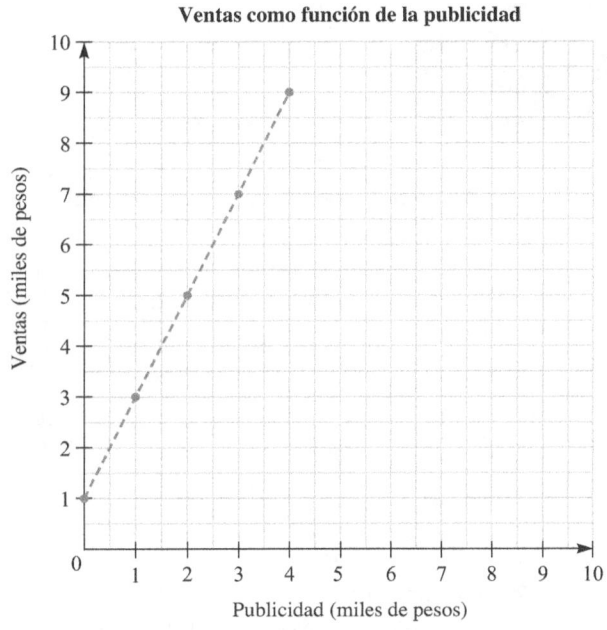

Figura 4-18

 Fíjate en los ejemplos A y C de las páginas de muestra parciales que siguen. La gráfica del ejemplo C consta de puntos que están sobre una recta. ¿Por qué conectamos los puntos por medio de una recta punteada en lugar de una recta sólida?

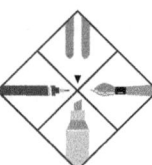

Página de un libro de texto REGLAS, TABLAS Y GRÁFICAS

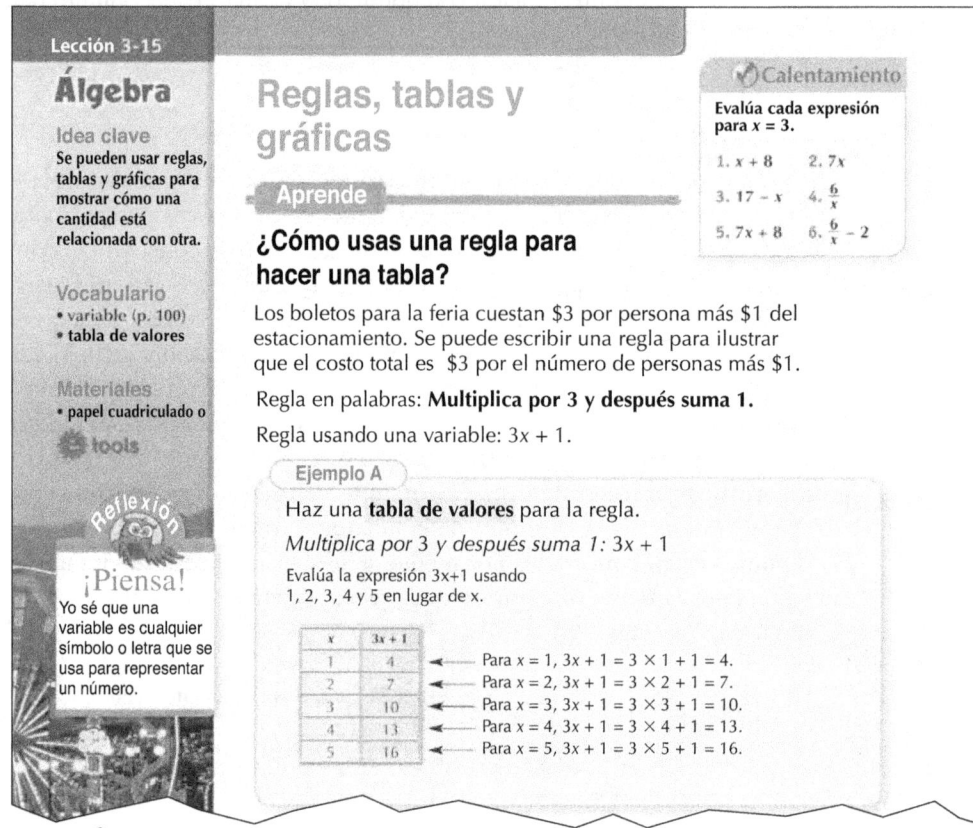

Lección 3-15

Álgebra

Idea clave
Se pueden usar reglas, tablas y gráficas para mostrar cómo una cantidad está relacionada con otra.

Vocabulario
• variable (p. 100)
• tabla de valores

Materiales
• papel cuadriculado o
🔧 tools

¡Piensa!
Yo sé que una variable es cualquier símbolo o letra que se usa para representar un número.

Reglas, tablas y gráficas

Aprende

¿Cómo usas una regla para hacer una tabla?

Los boletos para la feria cuestan $3 por persona más $1 del estacionamiento. Se puede escribir una regla para ilustrar que el costo total es $3 por el número de personas más $1.

Regla en palabras: **Multiplica por 3 y después suma 1.**

Regla usando una variable: $3x + 1$.

Ejemplo A

Haz una **tabla de valores** para la regla.

Multiplica por 3 y después suma 1: $3x + 1$

Evalúa la expresión $3x+1$ usando 1, 2, 3, 4 y 5 en lugar de x.

x	3x + 1
1	4
2	7
3	10
4	13
5	16

Para $x = 1$, $3x + 1 = 3 \times 1 + 1 = 4$.
Para $x = 2$, $3x + 1 = 3 \times 2 + 1 = 7$.
Para $x = 3$, $3x + 1 = 3 \times 3 + 1 = 10$.
Para $x = 4$, $3x + 1 = 3 \times 4 + 1 = 13$.
Para $x = 5$, $3x + 1 = 3 \times 5 + 1 = 16$.

Calentamiento

Evalúa cada expresión para $x = 3$.

1. $x + 8$ 2. $7x$
3. $17 - x$ 4. $\frac{6}{x}$
5. $7x + 8$ 6. $\frac{6}{x} - 2$

¿Cómo haces una gráfica para una tabla de valores?

Ejemplo C

Haz una gráfica para la tabla de valores del ejemplo A.

Grafica cada uno de los pares ordenados de la tabla:
(1, 4), (2, 7), (3, 10), (4, 13), (5, 16).

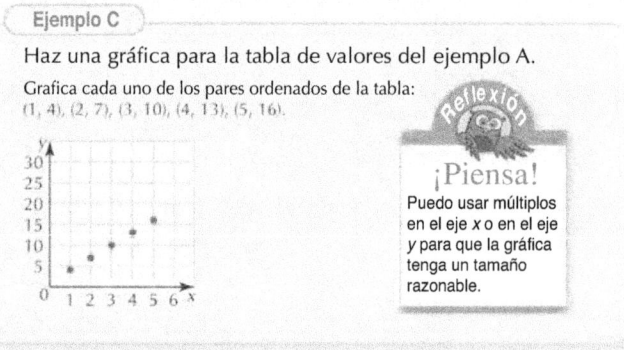

¡Piensa!
Puedo usar múltiplos en el eje x o en el eje y para que la gráfica tenga un tamaño razonable.

🖊 Tema de plática

4. ¿Qué notas acerca de los puntos de la gráfica?

5. **Razonamiento** ¿Cómo podrías usar la gráfica para hallar otro par ordenado que satisfaga la regla del ejemplo A?

6. ¿Crees que (6, 10) satisfaga la regla? ¿Cómo puedes averiguarlo sin hacer cuentas?

Fuente: Mathematics, Diamond Edition, Grade Five, Scott Foresman-Addison Wesley 2008 (pp. 176, 177).

AHORA INTENTA ÉSTE 4-8 Contesta las preguntas 4 a 6 de la página de muestra.

Ejemplo 4-12   Explica por qué una compañía telefónica no adoptaría las tarifas descritas en la gráfica de la figura 4-19.

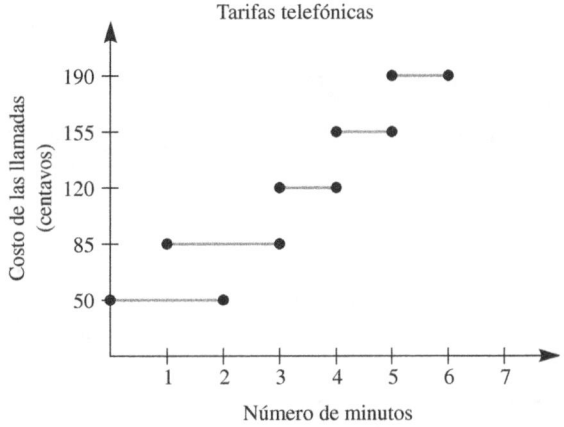

Figura 4-19

Solución   La gráfica no describe una función. Por ejemplo, a un cliente se le podría cobrar, por una llamada de 2 minutos, $0.50 u $0.85; luego entonces no toda entrada tiene una salida única.

Supón que te inscribes a un videoclub donde el costo de renta por película es de $5. Ya vimos que una manera de describir una función es mediante una ecuación. Con base en la información de la tabla 4-3, la ecuación que relaciona el número de películas rentadas con el costo es $C = n \cdot 5$, ó $C = 5n$, donde n es el número de películas rentadas.

Tabla 4-3

Número de rentas	Costo en pesos
1	$1 \cdot 5 = 5$
2	$2 \cdot 5 = 10$
3	$3 \cdot 5 = 15$
4	$4 \cdot 5 = 20$
5	$5 \cdot 5 = 25$
.	.
.	.
.	.
n	$n \cdot 5$ ó $5n$

Esto también podría escribirse como $f(n) = 5n$, donde $f(n)$ es el costo de las rentas en pesos. Si restringimos el número de rentas a los primeros cinco números naturales, la función se puede describir como el conjunto de pares ordenados $\{(1,5)(2,10),(3,15),$ $(4,20),(5,25)\}$. La figura 4-20 muestra la gráfica de la función, que consta de cinco puntos que no están conectados por una recta sólida. Al graficar la función en la figura 4-20, suponemos que el dominio es el conjunto $\{1,2,3,4,5\}$. No tiene sentido conectar los puntos pues no podemos, por ejemplo, rentar 1.5 películas. Sin embargo, para mostrar que los puntos están sobre una recta los conectamos mediante una recta punteada.

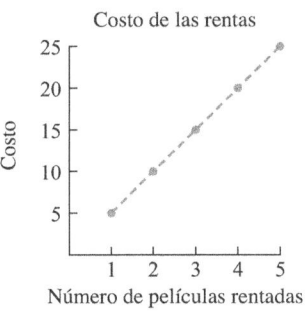

Figura 4-20

 **AHORA INTENTA ÉSTE 4-9** Halla el rango de la función de la figura 4-20.

Sucesiones como funciones

Las sucesiones aritméticas, geométricas y otras, introducidas en el capítulo 1, se pueden pensar como funciones cuyas entradas son los números naturales y sus salidas son los términos de cada sucesión. Por ejemplo, la sucesión aritmética 2, 4, 6, 8, ..., cuyo término n-ésimo es $2n$ puede describirse como una función que va del conjunto N (números naturales) al conjunto P (números naturales pares) mediante la regla $f(n) = 2n$, donde n es un número natural y $f(n)$ representa el valor del término n-ésimo.

Ejemplo 4-13   Si $f(n)$ denota el término n-ésimo de una sucesión, halla $f(n)$ en términos de n:

a. Una sucesión aritmética cuyo primer término es 3 y cuya diferencia es 3
b. Una sucesión geométrica cuyo primer término es 3 y cuya razón es 3
c. La sucesión $1, 1 + 2, 1 + 2 + 3, 1 + 2 + 3 + 4, \ldots$

Solución **a.** El primer término es 3, el segundo término es $3 + 3$, ó $2 \cdot 3$, el tercer término es $2 \cdot 3 + 3$, ó $3 \cdot 3$, y el cuarto término es $3 \cdot 3 + 3$, ó $4 \cdot 3$, el n-ésimo término es $n \cdot 3$, y por lo tanto $f(n) = n \cdot 3 = 3n$, donde n es un número natural.

b. El primer término es 3, el segundo $3 \cdot 3$, ó 3^2, el tercero $3 \cdot 3^2$, ó 3^3, y así sucesivamente. Por lo tanto, el término n-ésimo es 3^n y $f(n) = 3^n$, donde n es un número natural.

c. El término n-ésimo es $1 + 2 + 3 + 4 + \ldots + n$. En el capítulo 1 vimos que esta suma es igual a $\dfrac{n(n + 1)}{2}$, de modo que la función es $f(n) = \dfrac{n(n + 1)}{2}$, donde n es un número natural.

Composición de funciones

Considera las máquinas-función de la figura 4-21. Si introducimos 2 en la primera máquina, entonces $f(2) = 2 + 4 = 6$. Después introducimos 6 en la segunda máquina y obtenemos $g(6) = 2 \cdot 6 = 12$. Las funciones de la figura 4-21 ilustran la **composición de dos funciones**. En la composición de dos funciones, el rango de la primera función es un subconjunto del dominio de la segunda función.

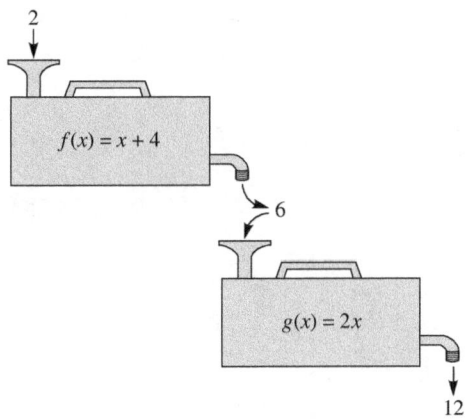

Figura 4-21

Si la primera función f es seguida de una segunda función g, como en la figura 4-21, simbolizamos la composición de las funciones como $g \circ f$. Si la entrada es 3 en las máquinas-función de la figura 4-21, la salida se representa con $(g \circ f)(3)$. Como f actúa primero en 3, para calcular $(g \circ f)(3)$ hallamos primero $f(3) = 3 + 4 = 7$ y después $g(7) = 2 \cdot 7 = 14$. Por lo tanto, $(g \circ f)(3) = 14$ y $(g \circ f)(3) = g(f(3))$. Nota también que $(g \circ f)(x) = g(f(x)) = 2 \cdot f(x) = 2(x + 4)$ y, por lo tanto, $g(f(3)) = 2(3 + 4) = 14$.

Ejemplo 4-14

Si $f(x) = 2x + 3$ y $g(x) = x - 3$, halla:

a. $(f \circ g)(3)$ **b.** $(g \circ f)(3)$ **c.** $(f \circ g)(x)$ **d.** $(g \circ f)(x)$

Solución   **a.** $(f \circ g)(3) = f(g(3)) = f(3 - 3) = f(0) = 2 \cdot 0 + 3 = 3$
         b. $(g \circ f)(3) = g(f(3)) = g(2 \cdot 3 + 3) = g(9) = 9 - 3 = 6$
         c. $(f \circ g)(x) = f(g(x)) = 2 \cdot g(x) + 3 = 2(x - 3) + 3 = 2x - 6 + 3 = 2x - 3$
         d. $(g \circ f)(x) = g(f(x)) = f(x) - 3 = (2x + 3) - 3 = 2x$

OBSERVACIÓN El ejemplo 4-14 muestra que la composición de funciones no es conmutativa pues $(f \circ g)(3) \neq (g \circ f)(3)$.

Hemos visto que podemos representar de muchas maneras una función. Las figuras con conjuntos y flechas y las máquinas-función se usan principalmente como instrumentos pedagógicos en el aprendizaje del concepto de función. Las representaciones más usadas son como tabla, ecuación o gráfica. Dependiendo de la situación, una representación puede ser más útil que otra. Por ejemplo, si el dominio de una función es un conjunto grande, no conviene usar una tabla. En capítulos posteriores aprenderemos cómo graficar cierto tipo de ecuaciones. Las calculadoras gráficas pueden graficar la mayoría de las funciones dadas por ecuaciones en un dominio específico.

RINCÓN DE LA TECNOLOGÍA En la figura 4-22 se muestra el trazo de la función $y = 2x + 1$ para x entre 0 y 5. Usa una calculadora gráfica para trazar las gráficas de $y = 2x + b$ para tres valores de b. ¿Qué tienen en común las gráficas? ¿Por qué?

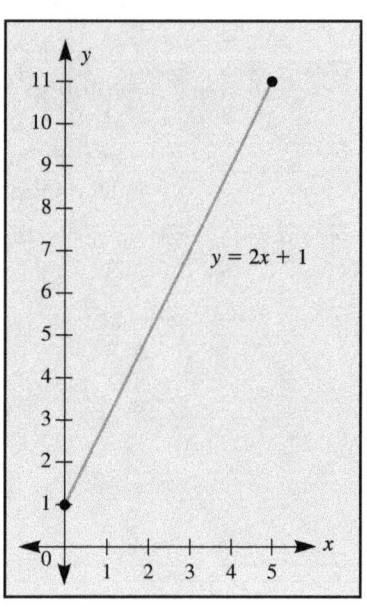

Figura 4-22

Relaciones

Así como en la definición de función de un conjunto A a un conjunto B, una *relación de un conjunto A a un conjunto B* es una correspondencia entre elementos de A y elementos de B, aunque a diferencia de las funciones no requerimos que cada elemento de A esté pareado con un, y sólo un, elemento de B. En consecuencia, cualquier conjunto de pares ordenados es una relación. Nota que cada función es una relación pero no toda relación es una función. Como ejemplos de relaciones tenemos:

"es hija de"   "es del mismo color que"

"es menor que"   "es mayor o igual que"

Considera la relación "es hermana de". La figura 4-23 ilustra esta relación entre niñas y niños en un jardín, representando sus nombres con letras de la A a la $\mathcal{J}$. Una flecha de I a $\mathcal{J}$ indica que I "es hermana de" $\mathcal{J}$. Nota que las flechas de F a G y de G a F, indican que F es hermana de G y que G es hermana de F. Esto implica que F y G son niñas. Por otro lado, la ausencia de flecha de $\mathcal{J}$ a I implica que $\mathcal{J}$ no es hermana de I. Así, I es una niña y $\mathcal{J}$ es un niño.

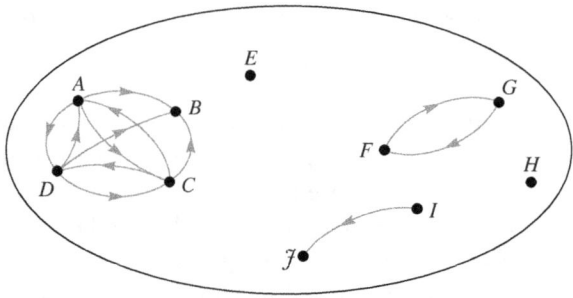

Figura 4-23

AHORA INTENTA ÉSTE 4-10 Si en la figura 4-23 están indicadas todas las relaciones de "ser hermana de", determina

a. cuáles son niños y cuáles son niñas.

b. para qué personas no hay suficiente información para determinar su género.

Otra manera de ilustrar la relación "es hermana de" es escribir la relación "A es hermana de B" como el par ordenado (A, B). Nota que (B, A) significa que B es hermana de A. Usando esta notación, la relación "es hermana de" se puede describir para las niñas y niños en el jardín como el conjunto

$$\{(A,B),(A,C),(A,D),(C,A),(C,B),(C,D),(D,A),(D,B),(D,C),(F,G),(G,F),(I,\mathcal{J})\}$$

Nota que es un subconjunto de $\{A,B,C,D,E,F,G,H,I,\mathcal{J}\} \times \{A,B,C,D,E,F,G,H,I,\mathcal{J}\}$.

Esta observación motiva la siguiente definición de relación.

Definición

Relación del conjunto A al conjunto B   Dados dos conjuntos A y B, una **relación** de A a B es un subconjunto de $A \times B$; esto es, R es una relación del conjunto A al conjunto B si, y sólo si, $R \subseteq A \times B$.

En la definición, la frase "de A a B" significa que las primeras componentes de los pares ordenados son elementos de A y las segundas componentes son elementos de B. Si $A = B$, decimos que la **relación es en** A.

Propiedades de las relaciones

La figura 4-24 representa un conjunto de niñas y niños de un grupo pequeño. Ellos han trazado todas las flechas posibles que representan la relación "su nombre comienza con la misma letra que". Nota que tuvieron el cuidado de verificar que cada persona del grupo tuviera la misma letra como inicio de su nombre. En la figura 4-24 se ilustran tres propiedades de las relaciones.

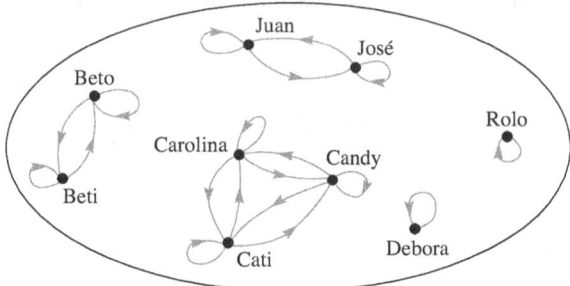

Figura 4-24

Definición de la propiedad reflexiva

Una relación R de un conjunto X es reflexiva si, y sólo si, para cada elemento $a \in X$, a está relacionado con a. Esto es, para cada $a \in X$, $(a, a) \in R$.

En el diagrama hay un **bucle** en cada punto. Por ejemplo, Rolo tiene la misma inicial que él mismo, a saber R. Una relación como "es más alto que" no es reflexiva pues ninguna persona puede ser más alta que ella misma.

Definición de la propiedad simétrica

Una relación R en un conjunto X es simétrica si, y sólo si, para todos los elementos a y b en X, cada vez que a está relacionado con b, entonces b también está relacionado con a. Esto es, si $(a, b) \in R$, entonces $(b, a) \in R$.

En términos del diagrama, cada par de puntos que tiene una flecha dirigida en una dirección también tiene una flecha de regreso. Por ejemplo, si Beto tiene la misma inicial que Beti, entonces Beti tiene la misma inicial que Beto. Una relación como "es hermano de" no es simétrica pues Daniel puede ser hermano de Juana, pero Juana no puede ser hermano de Daniel.

Definición de la propiedad transitiva

Una relación R en un conjunto X es transitiva si, y sólo si, para todos los elementos a, b y c de X, cada vez que a está relacionado con b y b está relacionado con c, entonces a está relacionado con c. Esto es, si $(a, b) \in R$ y $(b, c) \in R$, entonces $(a, c) \in R$.

OBSERVACIÓN a, b y c no tienen que ser diferentes. Se usan tres símbolos para permitir la diferencia.

Nota que la relación en la figura 4-24 es transitiva. Por ejemplo, si Carolina tiene la misma primera inicial que Candy y Candy tiene la misma primer inicial que Cati, entonces Carolina tiene la misma primera inicial que Cati. Una relación como "es el padre de" no es transitiva pues si Juan Pérez es el padre de Carlos Pérez y Carlos Pérez es el padre de José Pérez, entonces Juan Pérez no es el padre de José Pérez, sino su abuelo.

La relación "es del mismo color que" es reflexiva, simétrica y transitiva. La conocida relación "es igual que" también satisface las tres propiedades. En general, las relaciones que satisfacen las tres propiedades se llaman **relaciones de equivalencia**.

Definición

Una **relación de equivalencia** es cualquier relación R que satisface las propiedades reflexiva, simétrica y transitiva.

La relación de equivalencia natural que nos encontramos en la educación básica es "es igual a" en el conjunto de todos los números. En capítulos subsecuentes veremos más ejemplos de relaciones de equivalencia.

La propiedad de simetría de una relación es particularmente útil para determinar la naturaleza simétrica de funciones. Considera la relación $x + y = 10$, donde x y y son números completos. La relación consta de los 11 pares ordenados graficados en la figura 4-25; los puntos están sobre la recta punteada. Nota que si el par (a, b) está en la relación —esto es, está sobre la gráfica— también lo está el par (b, a). Por ejemplo, $(1, 9)$ está sobre la gráfica porque $1 + 9 = 10$, pero entonces $(9, 1)$ también está sobre la gráfica porque $9 + 1 = 10$. Nota también que la relación es una función. Esto se puede ver en la gráfica donde para cada entrada x, $x = 0, 1, 2, 3, \ldots, 10$, hay exactamente una salida y. También podemos ver que la relación es una función pues $x + y = 10$ da $y = 10 - x$; esto es, para cada x en el dominio hay una única y. El dominio y el rango de la función son el mismo conjunto $\{0, 1, 2, 3, \ldots, 10\}$.

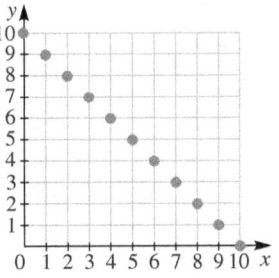

Figura 4-25

AHORA INTENTA ÉSTE 4-11

a. A partir de la figura 4-25, explica por qué el dominio y el rango de la función $y = 10 - x$, donde tanto x como y son números completos, es el conjunto $\{0, 1, 2, 3, \ldots, 10\}$.

b. Muestra por qué la función $y = x + 10$, donde x y y son números completos, no es una relación simétrica.

Evaluación 4-3A

1. Los siguientes conjuntos de pares ordenados son funciones. Da una regla que describa cada función.
   a. $\{(2, 4), (3, 6), (9, 18), (12, 24)\}$
   b. $\{(2, 8), (5, 11), (7, 13), (4, 10)\}$

2. ¿Cuáles son funciones del conjunto $\{1, 2, 3\}$ al conjunto $\{a, b, c, d\}$? Si el conjunto de pares ordenados no es una función, explica por qué.
   a. $\{(1, a), (2, b), (3, c), (1, d)\}$
   b. $\{(1, a), (2, b), (3, a)\}$

3. a. Traza un diagrama de flechas de una función con dominio $\{1, 2, 3, 4, 5\}$ y rango $\{a, b\}$.
   b. ¿Cuántas funciones posibles hay en la parte (a)?

4. Supón que $f(x) = 2x + 1$ y su dominio es $\{0, 1, 2, 3, 4\}$. Describe la función de las maneras siguientes:
   a. Traza un diagrama de flechas entre los dos conjuntos.
   b. Usa pares ordenados.
   c. Haz una tabla.
   d. Traza una gráfica que describa la función.

5. Di cuáles de las siguientes son funciones de $C = \{0, 1, 2, 3, \ldots\}$ o de un subconjunto de C a C. Si alguna no es función, explica por qué no.
  a. $f(x) = 2$ para toda $x \in C$
  b. $f(x) = x$
  c. $f(x)$ es la suma de los dígitos en x para toda $x \in C$.

6. a. Haz un diagrama de flechas para cada caso:
  (i) Regla: "duplicado da"

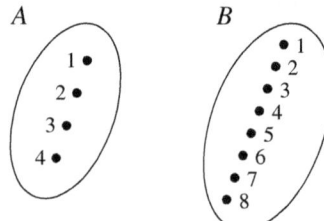

  (ii) Regla: "es mayor que"

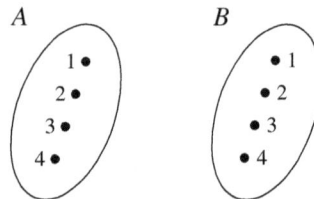

  b. ¿Cuál de las partes de (a), si la hay, exhibe una función de A a B? Si existe una función, di por qué y halla su rango.

7. La dosis de cierta medicina está relacionada con el peso de un niño de la manera siguiente: 50 mg, y 15 mg adicionales por cada kilo o fracción, para un peso que rebase 13 kg. Traza la gráfica de la dosis como función del peso para niños cuyo peso esté entre 8 y 18 kg.

8. Si la tarifa de un taxi es de $35 por los primeros 500 metros y $7.50 por cada 250 metros adicionales, entonces:
  a. ¿Cuál es el costo de un viaje de 2 km?
  b. Escribe una regla para calcular la tarifa de un viaje en taxi de n km si n es un número natural.

  9. Descubre una posible regla usada por Laura para responder. En cada caso, si n es tu entrada y $L(n)$ es la respuesta de Laura, expresa $L(n)$ en términos de n.

a.

Tú	Laura
3	8
4	11
5	14
10	29

b.

Tú	Laura
0	1
3	10
5	26
8	65

10. En los *Principios y objetivos* para los grados 6 a 8, en la sección de "Álgebra" (p. 229) se plantea el siguiente problema: TuCelu anuncia un servicio mensual de teléfono celular por $5 el minuto para los primeros 60 minutos, pero sólo $1 el minuto por cada minuto siguiente. TuCelu cobra, además, sólo el tiempo exacto usado. Contesta lo siguiente:

  a. Haz una gráfica que muestre el costo por minuto como función del número de minutos y la otra que muestre el costo total para las llamadas como función del número de minutos, hasta 100 minutos.
  b. Si conectas los puntos de la segunda gráfica de la parte (a), ¿qué hipótesis debe hacerse acerca de la manera como cobra las llamadas la compañía telefónica?
  c. ¿Por qué el costo total de las llamadas consta de dos segmentos de recta? ¿Por qué una está más inclinada que la otra?
  d. La función que representa el costo total de las llamadas como función del número de minutos hablados, se puede representar mediante dos ecuaciones. Escribe las ecuaciones.

11. Para cada una de las sucesiones siguientes, halla una posible función $f(n)$ cuyo dominio sea el conjunto de los números naturales y cuyas salidas sean los términos de la sucesión.
  a. $3, 8, 13, 18, 23, \ldots$
  b. $3, 9, 27, 81, 243, \ldots$

12. Considera dos máquinas-función colocadas como se muestra. Halla la salida final para cada una de las entradas siguientes:
  a. 5   **b.** 10

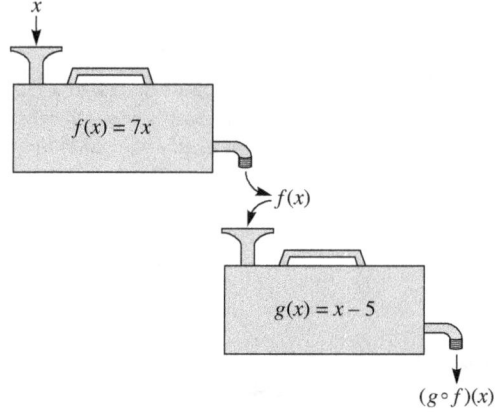

13. Sea $t(n)$ la representación del término n-ésimo de una sucesión para $n \in N$. Responde:
  a. Si $t(n) = 4n - 3$, determina cuáles son valores de la función:
    (i) 1   **(ii)** 385   **(iii)** 389   **(iv)** 392
  b. Si $t(n) = n^2$, determina cuáles son valores de la función:
    (i) 0   **(ii)** 25   **(iii)** 625   **(iv)** 1000   **(v)** 90
  c. Si $t(n) = n(n - 1)$, determina cuáles están en el rango de la función:
    (i) 0   **(ii)** 2   **(iii)** 20   **(iv)** 999

14. Considera una máquina-función que acepte pares ordenados como entradas. Supón que las componentes de los pares ordenados son números naturales y que la primera componente es la longitud de un rectángulo y la segunda componente es su ancho. La máquina siguiente calcula el perímetro (la distancia alrededor de una figura) del rectángulo. Así, para un rectángulo cuya longitud *l* es 3 y cuyo ancho *a* es 2, la entrada es (3, 2) y la salida es $2 \cdot 3 + 2 \cdot 2$, ó 10. Responde:

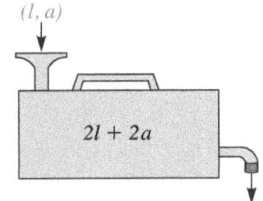

a. Para cada una de las entradas: (1, 7), (2, 6), (6, 2) y (5, 5), halla la salida correspondiente.

b. Halla el conjunto de todas las entradas cuya salida sea 20.

c. ¿Cuál es el dominio y el rango de la función?

15. La gráfica siguiente muestra la relación entre el número de carros en cierta carretera y la hora, en tiempos diferentes, entre las 5:00 A.M. y las 9:00 A.M.:

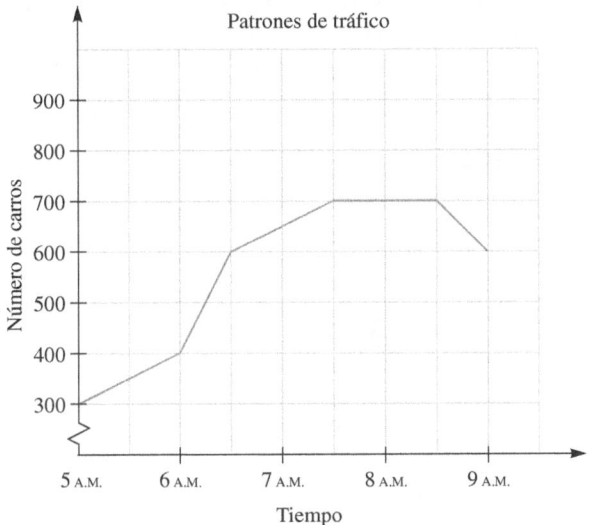

a. ¿Cuál es el incremento en el número de carros en la carretera entre las 6:30 A.M. y las 7:00 A.M.?

b. ¿Durante cuál media hora hubo el mayor incremento en el número de carros?

c. ¿Cuál fue el incremento en el número de carros entre las 8:00 A.M. y las 8:30 A.M.?

d. ¿Durante cuál o cuáles medias horas decreció el número de carros? ¿En cuánto?

e. La gráfica para este problema está compuesta de segmentos en lugar de sólo puntos como en la figura 4-20. ¿Por qué crees que se usan segmentos en lugar de sólo puntos?

16. Se lanza una bola hacia arriba. Sabemos que su altura *A*, en metros, después de *t* segundos está dada por la función $A(t) = 128t - 16t^2$.

a. Halla $A(2), A(6), A(3)$ y $A(5)$. ¿Por qué son iguales algunas salidas?

b. Grafica la función y, a partir de la gráfica, halla en qué instante la bola está en su punto más alto. ¿Cuál es su altura en ese instante?

c. ¿Cuánto tardará la bola en llegar al suelo?

d. ¿Cuál es el dominio de *A*?

e. ¿Cuál es el rango de *A*?

17. Para cada una de las siguientes sucesiones de figuras formadas con cerillos, sea $S(n)$ la función que da el número total de cerillos en la *n*-ésima figura.

a. Para cada una, halla el número total de cerillos empleados en la cuarta figura.

b. Para cada una, halla una fórmula lo más sencilla posible para $S(n)$ en términos de *n*.

(i)

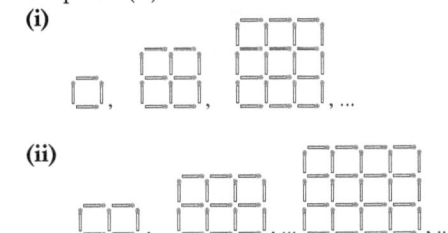

(ii)

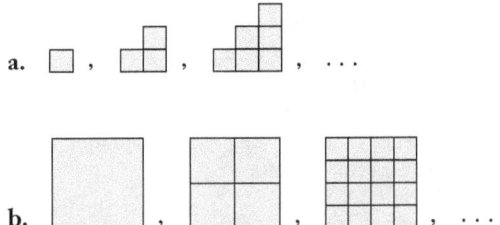

18. Supón que continúa el patrón mostrado en cada una de las sucesiones siguientes de figuras formadas por ladrillos cuadrados. Sea $S(n)$ la función que da el número total de ladrillos en la *n*-ésima figura. Para cada una, halla una fórmula para $S(n)$ en términos de *n*. En la parte (b), cada cuadrado se divide en cuatro cuadrados para obtener la figura subsecuente.

a. ☐ , ⊞ , ⊟ , · · ·

b. ☐ , ⊞ , ⊞ , · · ·

19. Una función se puede representar como un conjunto de pares ordenados donde el conjunto de todas las primeras componentes es el dominio y el conjunto de las segundas componentes es el rango. ¿Es cierto lo recíproco? Esto es, ¿todo conjunto de pares ordenados es una función cuyo dominio es el conjunto de las primeras componentes y su rango el de las segundas componentes? Justifica tu respuesta.

20. ¿Cuáles de las ecuaciones o desigualdades siguientes representan funciones y cuáles no? En cada caso *x* y *y* son números completos. Justifica tus respuestas.

a. $x + y = 2$

b. $x - y < 2$

c. $y = x^3 + x$

d. $xy = 2$

21. ¿Cuáles de las siguientes son gráficas de funciones y cuáles no? Justifica tus respuestas.

a.

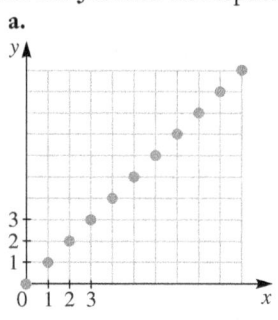

b.

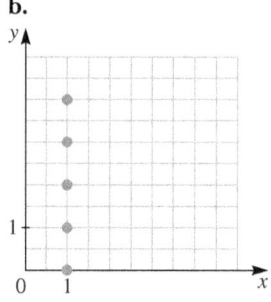

c.

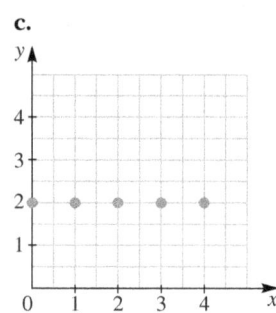

22. Supón que cada punto en la figura representa a una niña o niño en un jardín, que las letras representan sus nombres y que una flecha de I a J significa que I "es hermana de" J.

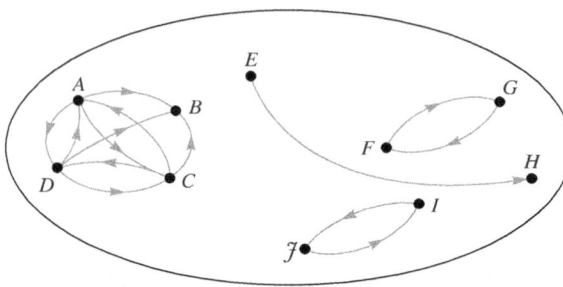

a. Con base en la información de la figura, ¿quiénes son con certeza niñas y quiénes son con certeza niños?

b. Supongamos que escribimos "A es hermana de B" como el par ordenado (A, B). Con base en la información del diagrama, escribe el conjunto de dichos pares ordenados.

c. ¿Es el conjunto de los pares ordenados en (b) una función con dominio igual al conjunto de todas las primeras componentes de los pares ordenados y rango igual al conjunto de todas las segundas componentes?

Evaluación 4-3B

1. Los siguientes conjuntos de pares ordenados son funciones. Da una regla que describa cada función.
  a. $\{(5,3),(7,5),(11,9),(14,12)\}$
  b. $\{(2,5),(3,10),(4,17),(5,26)\}$

2. ¿Cuáles son funciones del conjunto $\{1,2,3\}$ al conjunto $\{a,b,c,d\}$? Si el conjunto de pares ordenados no es una función, explica por qué no.
  a. $\{(1,c),(3,d)\}$
  b. $\{(1,a),(1,b),(1,c)\}$

3. a. Traza un diagrama de flechas de una función con dominio $\{1,2,3\}$ y rango $\{a,b\}$.
  b. ¿Cuántas funciones posibles hay en la parte (a)?

4. Supón que $f(x) = 2(x + 1)$ y el dominio es $\{0,1,2,3,4\}$. Describe la función de las maneras siguientes:
  a. Traza un diagrama de flechas entre dos conjuntos.
  b. Usa pares ordenados.   **c.** Haz una tabla.
  d. Traza una gráfica que describa la función.

5. Di cuáles de las siguientes son funciones de $C = \{0,1,2, 3, \ldots\}$ o de un subconjunto de C a C. Si alguna no es función, explica por qué no.
  a. $f(x) = 0$ si $x \in \{0,1,2,3\}$ y $f(x) = 3$ si $x \notin \{0,1,2,3\}$
  b. $f(x) = 0$ para toda $x \in C$ y $f(x) = 1$ si $x \in \{3,4,5,6, \ldots\}$
  c. $f(x)$ es el dígito de las unidades de x para todo $x \in C$.

6. Dados los siguientes diagramas de flechas para funciones de A a B, da una posible regla para la función:

  a.

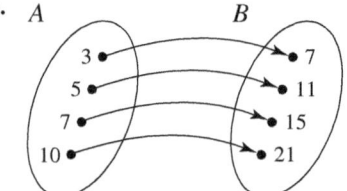

  b. A B

$(0, 3)$	3
$(3, 5)$	14
$(2, 9)$	13
$(4, 5)$	21

7. De acuerdo con expertos en vida silvestre, la tasa de chirridos de los grillos es función de la temperatura; específicamente, $C = T - 40$, donde C es el número de chirridos cada 15 s y T es la temperatura en grados Fahrenheit.
  a. ¿Cuántos chirridos por segundo emite un grillo si la temperatura es de 70°F?
  b. ¿Cuál es la temperatura si el grillo emite 40 chirridos en 1 min?

8. Descubre una posible regla usada por Laura para responder. En cada caso, si n es tu entrada y $L(n)$ es la respuesta de Laura, expresa $L(n)$ en términos de n.

a.

Tú	Laura
6	42
0	0
8	72
2	6

b.

Tú	Laura
0	1
1	2
5	32
6	64
10	1024

9. Los *Principios y objetivos* para los grados 6 a 8 señalan que "al estudiar álgebra, los estudiantes de grados medios deberán encontrar preguntas acerca de cantidades que cambian" (p. 229). Se plantea el siguiente problema.

ChismeCel cobra $4.5 por minuto en llamadas de teléfono celular. No cambia el costo por minuto, pero el costo total cambia conforme se usa el teléfono.

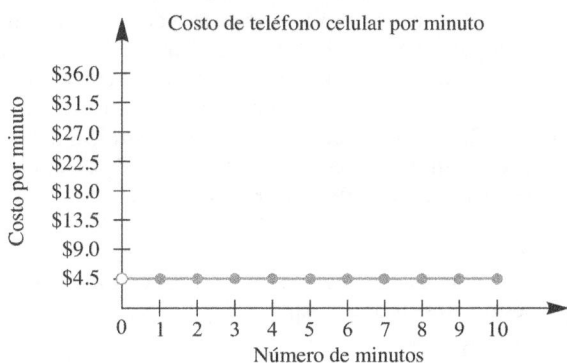

Costo de teléfono celular por minuto

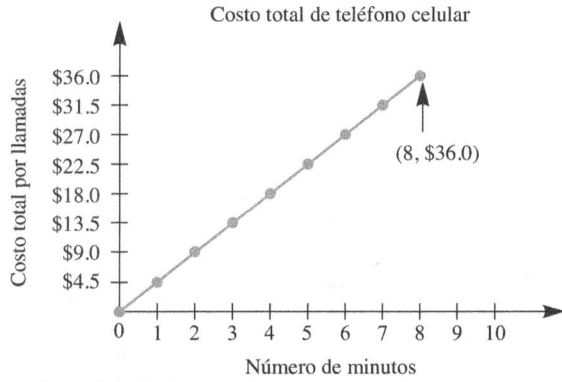

Costo total de teléfono celular

a. Cuando el número de minutos es 6, ¿qué representan los puntos correspondientes en cada gráfica?

b. ¿Qué tipo de hipótesis acerca de los cargos se necesita hacer para permitir la conexión de los puntos en cada gráfica? Explica.

c. Si el tiempo en minutos es t y el costo total de las llamadas es c, escribe c como función de t en cada gráfica.

10. Para cada una de las sucesiones siguientes, halla un patrón y una posible función cuyo dominio sea el conjunto de los números naturales y cuyas salidas sean los términos de la sucesión:

a. 2, 4, 6, 8, 10, . . .
b. 1, 3, 9, 27, 81, . . .
c. 2, 2 + 4, 2 + 4 + 6, 2 + 4 + 6 + 8, . . .

11. Considera dos máquinas-función colocadas como se muestra. Halla la salida final para cada una de las entradas siguientes:

a. 5   **b.** 3   **c.** 10   **d.** a

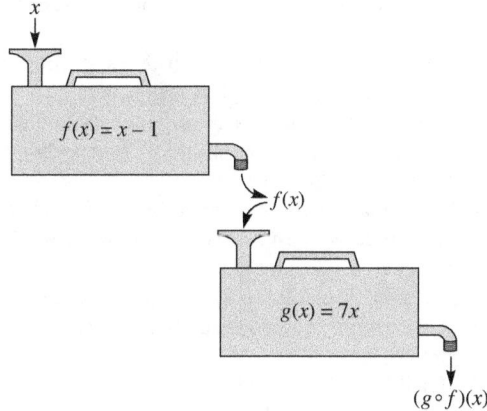

12. Sea $t(n)$ la representación del término n-ésimo de una sucesión para $n \in N$. Responde:

a. Si $t(n) = n^2$, determina cuáles son valores de la función:
(i) 1   (ii) 4   (iii) 9   (iv) 10   (v) 900

b. Si $t(n) = n(n + 1)$, determina cuáles están en el rango de la función:
(i) 2   (ii) 12   (iii) 2550   (iv) 2600

13. Considera una máquina-función que acepte pares ordenados como entradas. Supón que las componentes de los pares ordenados son números naturales y que la primera componente es la longitud de un rectángulo y la segunda componente es su ancho. La máquina siguiente calcula el perímetro (la distancia alrededor de una figura) del rectángulo. Así, para un rectángulo cuya longitud l es 3 y cuyo ancho a es 1, la entrada es (3, 1) y la salida es $2 \cdot 3 + 2 \cdot 1$, u 8. Responde:

a. Para cada una de las entradas (1, 4), (2, 1), (1, 2), (2, 2) y (x, y), halla la salida correspondiente.

b. Halla el conjunto de todas las entradas cuya salida sea 20.

c. ¿Es (2, 2) una salida posible? Explica.

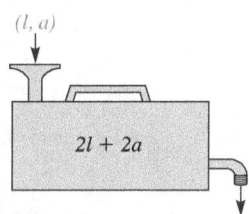

14. Un club cobra un pago único de $1,000 por membresía más una cuota mensual de $400.

a. Escribe una expresión para la función de costo $C(x)$ que dé el costo total de pertenencia al club durante x meses.

b. Traza la gráfica de la función en (a).

c. El club decide brindar a sus miembros una oferta: aumenta la membresía pero disminuye la cuota mensual. Si la membresía cuesta $3,000 y la cuota mensual es de $300, usa otro color y traza sobre el mismo conjunto de ejes la gráfica que representa este nuevo plan.

d. Determina, a partir de las gráficas, después de cuántos meses el segundo plan es más barato.

15. Se lanza una bola hacia arriba. Sabemos que su altura A en metros, después de t segundos, está dada por la función $A(t) = 128t - 16t^2$.

a. Grafica la función y, a partir de la gráfica, halla en qué instante la bola está en su punto más alto. ¿Cuál es su altura en ese instante?

b. De la gráfica, halla todos los t tales que $A(t) = A(1)$.

c. ¿Cuánto tardará la bola en llegar al suelo? Verifica tu respuesta.

d. ¿Cuál es el dominio de A?

e. ¿Cuál es el rango de A?

16. Se va a cercar una porción rectangular de terreno acotado en un lado por un río recto y en los otros lados por una cerca. Supón que disponemos de 800 m de cerca y que denotamos con x el lado del rectángulo paralelo al río.

a. Halla una expresión para el área $A(x)$ en términos de x.

b. Grafica $A(x)$.

c. Usa la gráfica en (b), o tu calculadora, para estimar la longitud y el ancho del rectángulo cuya área sea la más grande.

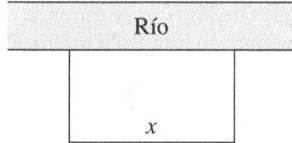

17. Para cada una de las siguientes sucesiones de figuras formadas con cerillos, sea $S(n)$ la función que da el número total de cerillos en la n-ésima figura, suponiendo que el patrón continúa

a. Para cada una, halla el número total de cerillos empleados en la cuarta figura.

b. Para cada una, halla una fórmula lo más sencilla posible para $S(n)$ en términos de n.

(i)

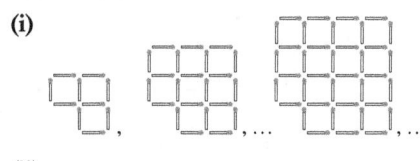

(ii)

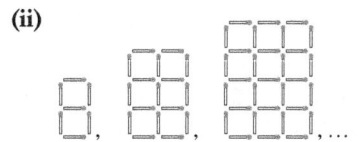

18. Estás a 20 km de tu casa y te alejas en tu coche a una rapidez constante de 60 km/h. Describe la distancia S a la que estás de tu casa como función del tiempo t en horas que llevas manejando.

19. Supón que continúa el patrón mostrado en cada una de las sucesiones siguientes de figuras formadas por ladrillos cuadrados. Sea $S(n)$ la función que da el número total de ladrillos en la n-ésima figura. Para cada una, halla una fórmula para $S(n)$ en términos de n.

a.

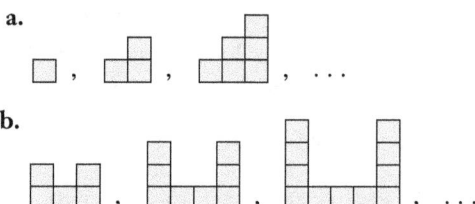

b.

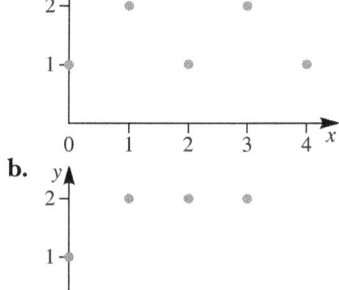

20. Una función se puede representar como un conjunto de pares ordenados donde el conjunto de todas las primeras componentes es el dominio y el conjunto de las segundas componentes es el rango. Si cada par ordenado (a, b) se reemplaza por (b, a), ¿es una función el nuevo conjunto?

21. ¿Cuáles de las ecuaciones o desigualdades siguientes representan funciones y cuáles no? En cada caso, x y y son números completos. Justifica tus respuestas.

a. $x - y = 2$ **b.** $x + y < 20$
c. $y = 2x^2$ **d.** $y = x^3 - 1$

22. ¿Cuáles de las siguientes son gráficas de funciones y cuáles no? Justifica tus respuestas.

a.

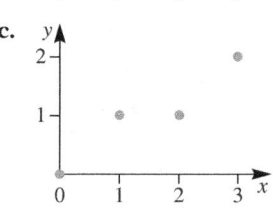

b.

c.

d.

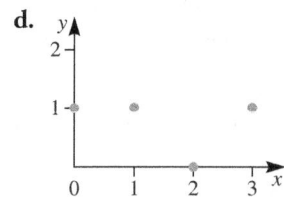

23. a. ¿Cuáles de las siguientes relaciones del conjunto C de números completos a C tienen la propiedad simétrica? Justifica tus respuestas.

    (i) $x + y = 10$ **(ii)** $x - y = 100$

    (iii) $xy = 100$ **(iv)** $y = x$

    (v) $y = x^2$

b. ¿Cuáles de las relaciones en la parte (a) son funciones? Justifica tus respuestas.

24. Supón que cada punto en la figura representa a una niña o niño en un jardín, que las letras representan sus nombres y que una flecha de I a $\mathcal{J}$ significa que I "es hermana de" $\mathcal{J}$.

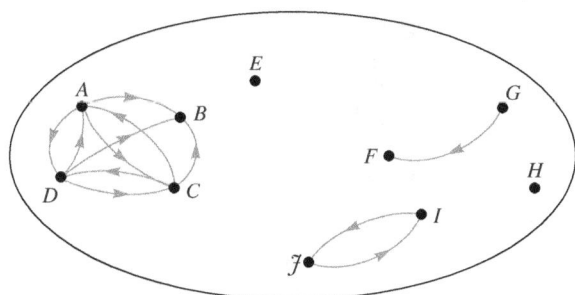

a. Con base en la información de la figura, ¿quiénes son con certeza niñas y quiénes son con certeza niños?

b. Supongamos que escribimos "A es hermana de B" como el par ordenado (A, B). Con base en la información del diagrama, escribe el conjunto de dichos pares ordenados.

c. ¿Es el conjunto de los pares ordenados en (b) una función con dominio igual al conjunto de todas las primeras componentes de los pares ordenados y rango igual al conjunto de todas las segundas componentes?

25. ¿Cuáles de las siguientes son funciones y cuáles son relaciones, pero no funciones, del conjunto de las primeras componentes de los pares ordenados al conjunto de las segundas componentes?

a. {(Sinaloa, Guasave), (Yucatán, Mérida), (Coahuila, Monclova), (Michoacán, Uruapan)}

b. {(Sonora, Hermosillo), (Oaxaca, Huajuapan), (Oaxaca, Juchitán), (Chiapas, Tapachula)}

c. $\{(x, y) \mid x$ reside en Cuernavaca, Morelos y x es madre de y, donde y es residente en México$\}$

d. $\{(1, 1), (2, 4), (3, 9), (4, 16)\}$

e. $\{(x, y) \mid x$ y y son números naturales y $x + y$ es un número par$\}$

26. a. Considera la relación formada por los pares ordenados (x, y) tales que y es la madre biológica de x. ¿Es una función cuyo dominio es el conjunto de todas las personas?

b. Como en la parte (a) pero ahora y es hermano de x. ¿Es la relación una función del conjunto de todos los niños al conjunto de todos los niños?

27. Considerando el conjunto de todas las personas, menciona cuál es reflexiva, simétrica o transitiva. ¿Cuáles son relaciones de equivalencia?

a. "Es padre de"

b. "Tiene la misma edad que"

c. "Tiene el mismo apellido que"

d. "Tiene la misma estatura que"

e. "Está casada con"

f. "Vive a menos de 10 km de"

g. "Es mayor que"

28. Di cuál es reflexiva, simétrica o transitiva en el conjunto de subconjuntos de un conjunto no vacío. ¿Cuáles son relaciones de equivalencia?

a. "Es igual a"

b. "Es un subconjunto propio de"

c. "No es igual a"

d. "Tiene el mismo número cardinal que"

Conexiones matemáticas 4-3

Comunicación

1. ¿Define el diagrama una función de A a B? ¿Por qué sí o por qué no?

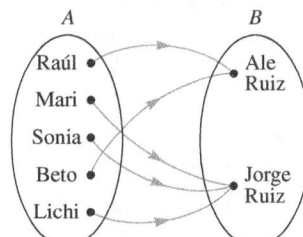

2. ¿Es función una correspondencia biunívoca? Explica tu respuesta y da un ejemplo.

3. ¿Cuáles de las siguientes son funciones de A a B? Si la respuesta es "no es función", explica por qué no.

a. A es el conjunto de maestras y maestros de matemáticas en la universidad. B es el conjunto de grupos de matemáticas. A cada maestra o maestro le asociamos el grupo al que imparte clases en ese semestre.

b. A es el conjunto de grupos de matemáticas en la universidad y B es el conjunto de maestras y maestros. A cada grupo de matemáticas le asociamos el o la maestra que imparte la clase.

c. A es el conjunto de senadores y B es el conjunto de comisiones del Senado. Asociamos a cada senador con el comité que preside.

4. Si C es el conjunto de alumnos en la clase de la profesora Carmelita y A es cualquier subconjunto de S, definimos:

$f(A) = \overline{A}$ (donde $\overline{A}$ es el complemento de A). Nota que en esta función la entrada es un subconjunto de C y que la salida es un subconjunto de C. Responde a lo siguiente:

a. Explica por qué f es una función y describe el dominio y el rango de f.

b. Si hay 20 niñas y niños en la clase, ¿cuál es el número de elementos en el dominio y el número en el rango? Explica.

c. ¿La función en esta pregunta es una correspondencia biunívoca? Justifica tu respuesta.

Solución abierta

5. Busca en periódicos y revistas al menos tres ejemplos de funciones y descríbelos. ¿Cuáles son el dominio y el rango de cada función?

6. Da al menos tres ejemplos de funciones de A a B donde ni A ni B sean conjuntos de números.

7. Traza una sucesión de figuras con cerillos y describe con palabras el patrón. Halla la expresión más sencilla posible para $S(n)$, el número total de cerillos en la n-ésima figura.

8. Una función cuya salida sea la misma, independientemente de la entrada, es una *función constante*. Da varios ejemplos de funciones constantes, tomados de la vida real.

9. Una función cuya salida es igual que su entrada se llama *función identidad*. Da varios ejemplos concretos de funciones identidad.

Aprendizaje colectivo

10. Cada persona de un grupo escoge un número natural y lo

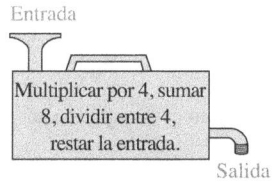

usa como entrada en la siguiente máquina-función:

a. Compara tus respuestas. Con base en las respuestas, emite una conjetura acerca de cuál es el rango de la función.

b. Con base en tu respuesta en (a), grafica la función.

c. Escribe la función de la manera más sencilla posible usando la notación $f(x)$.

d. Justifica la conjetura emitida en (a).

e. Construye máquinas-función similares y pruébalas con diferentes entradas en tu grupo.

f. Diseña una máquina-función en la cual se ejecuten varias operaciones pero que la salida siempre sea igual a la entrada. Intercambia tu respuesta con otras personas y verifica que las máquinas-función de los otros se comporten según lo requerido.

11. Trabajen la siguiente actividad en grupos de cuatro. Necesitarán una cinta métrica o un metro.

a. Coloquen su libro de matemáticas sobre un escritorio y midan la distancia (al centímetro más cercano) del

piso a la parte superior del libro. Anoten esa distancia.

b. Coloquen un segundo libro de matemáticas encima del primero y midan la distancia (el centímetro más cercano) del piso a la parte superior del segundo libro. Anoten esa distancia.

c. Continúen este procedimiento con sus cuatro libros de

Número de libros	Distancia desde el piso
1	
2	
3	
4	

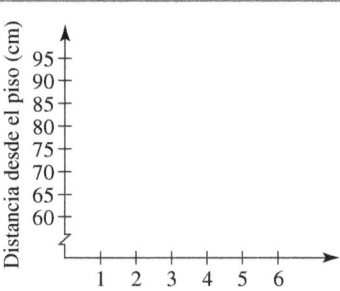

matemáticas y completen la tabla y la gráfica siguientes:

d. Sin medir, ¿cuál es la distancia desde el piso con 0 libros? ¿y con 5 libros?

e. Escribe una regla o función para $d(x)$, donde $d(x)$ sea la distancia del piso a la parte superior de la pila de libros y x sea el número de libros.

f. Supón que la distancia del piso al techo es de 2.5 m. Si los libros se apilan como se describió, ¿cuántos libros se necesitarán para llegar al techo?

g. La función $h(x) = 34x + 70$ representa la altura de otra pila de libros de x libros de matemáticas (en centímetros) sobre un mueble. ¿Qué les dice la función acerca de la altura del mueble? ¿Qué les dice acerca del grosor de cada libro?

h. Supón ahora que una mesa con una pila similar de libros de matemáticas (más de 10) mide 200 cm de alto. Si quitamos el libro de arriba, la altura es de 197 cm. Si quitamos un segundo libro, la altura es de 194 cm. ¿Cuál es la altura si quitamos 5 libros?

i. Escribe una función $h(x)$ para la altura de la pila después de quitar x libros.

Preguntas del salón de clase

12. Un alumno asegura que la siguiente máquina no representa una máquina-función pues acepta dos entradas si-

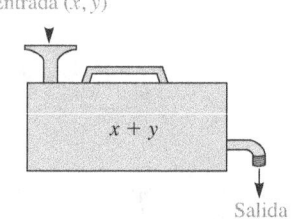

multáneamente en lugar de una sola. ¿Cómo le respondes?

13. Una alumna pregunta, "Si toda sucesión es una función, ¿también es cierto que toda función es una sucesión?" ¿Cómo le respondes?

14. Un alumno asegura que lo siguiente no representa una función pues todos los valores de x corresponden al mis-

x	0	1	2	3	4	5
y	1	1	1	1	1	1

mo número.
¿Cómo le respondes?

15. Una alumna piensa que la función $f(x) = 3x + 5$ con dominio en todos los números completos es una correspondencia biunívoca y quisiera saber por qué. ¿Cómo le respondes?

16. Un alumno quiere saber por qué a veces es incorrecto conectar los puntos en la gráfica de una función. ¿Cómo le respondes?

Problemas de repaso

17. De ser posible, resuelve las ecuaciones siguientes:
   a. $3x - 1 = x + 99$
   b. $2(5x + 1) - 11 = x + 9$
   c. $3(x - 1) = 2(x - 1) + 99$
   d. $5(2x - 6) = 3(2x - 6)$

18. Resuelve el siguiente problema planteando una ecuación adecuada:
   Dos carros, cada uno viajando a rapidez constante, uno a 60 km/h y el otro a 70 km/h, comienzan al mismo tiempo desde el mismo punto y viajan en la misma dirección. ¿Después de cuántas horas la distancia entre ellos será de 40 km?

Preguntas del *National Assessment of Educational Progress* (NAEP) (Evaluación Nacional del Progreso Educativo)

Entrada	Salida
2	5
3	7
4	9
5	11
15	31
38	

La tabla muestra cómo se relacionan los números en "Entrada" con los números en "Salida". Cuando entra 38, ¿qué número sale?

a. 41   **b.** 51   **c.** 54   **d.** 77

NAEP, Grado 4, 2007

Cada figura en el patrón a continuación está formada por hexágonos que miden 1 centímetro por lado.

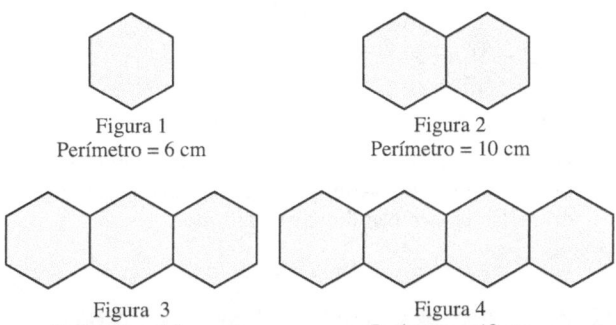

Figura 1
Perímetro = 6 cm

Figura 2
Perímetro = 10 cm

Figura 3
Perímetro = 14 cm

Figura 4
Perímetro = 18 cm

Si se continúa el patrón de añadir un hexágono a cada figura, ¿cuál será el perímetro de la figura número 25 del patrón? Ilustra cómo obtuviste tu respuesta.

NAEP, Grado 8, 2007

En la ecuación $y = 4x$, si el valor de x se incrementa en 2, ¿cuál es el efecto en el valor de y?

   a. Es 8 más que la cantidad original.
   b. Es 6 más que la cantidad original.
   c. Es 2 más que la cantidad original.
   d. Es 16 por la cantidad original.
   e. Es 8 por la cantidad original.

NAEP, Grado 8, 2007

Preguntas del *Third International Mathematics and Science Study* (TIMSS) (Tercer Estudio Internacional sobre Matemáticas y Ciencia)

Una máquina numérica toma un número y opera sobre él. Cuando el número de entrada es 5 el número de salida es 9, como se muestra a continuación.

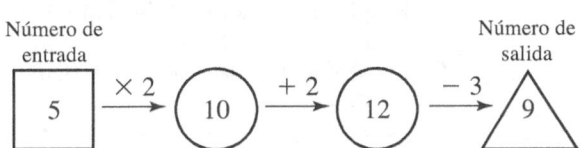

Número de entrada

Número de salida

Cuando el número es 7, ¿cuál de éstos es el número de salida?

   a. 11
   b. 13
   c. 14
   d. 25

TIMSS 2003, Grado 4

Alberto tiene 50 manzanas. Vendió algunas y le quedaron 20. ¿Cuál de las expresiones numéricas muestra esto?

a. $\square - 20 = 50$
b. $20 - \square = 50$
c. $\square - 50 = 20$
d. $50 - \square = 20$

TIMSS 2003, Grado 4

Los objetos en la balanza hacen que ésta se nivele. En el platillo izquierdo hay un peso de 1 kg (masa) y medio ladrillo. En el otro platillo hay un ladrillo.

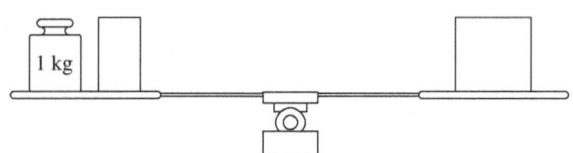

¿Cuánto pesa (masa) un ladrillo?

a. 0.5 kg   **b.** 1 kg
c. 2 kg   **d.** 3 kg

TIMSS 2003, Grado 8

Sugerencia para resolver el problema preliminar

Llama x al número de cada estudiante y a a la respuesta final. Plantea una ecuación que incluya x y a y despeja x en términos de a.

Resumen del capítulo

I. Variables
    A. Incógnita en una ecuación
    B. Cambio de cantidad
    C. Aplicar el álgebra para resolver problemas
    D. En una hoja de cálculo

II. Ecuaciones
    A. Propiedad de la suma: Para números a, b y c, si $a = b$, entonces $a + c = b + c$.
    B. Propiedad de la multiplicación: Para números a, b y c, si $a = b$, entonces $ac = bc$.
    C. Propiedades de la cancelación: Para números a, b y c,
        1. si $a + c = b + c$, entonces $a = b$.
        2. si $c \neq 0$, y $ac = bc$, entonces $a = b$.
    D. La igualdad no se afecta si substituimos un número por su igual.
    E. Propiedades de la suma y la resta para las ecuaciones
        1. If $a = b$ y $c = d$, entonces $a + c = b + d$ y $a - c = b - d$.
    F. Propiedades distributivas
        1. $a(b + c) = ab + ac$
        2. $a(b - c) = ab - ac$
    G. Resolución de ecuaciones
    H. Problemas de aplicación

III. Funciones y relaciones
    A. Una función de un conjunto A a B es una correspondencia en la que cada elemento $a \in A$ está pareado con un, y sólo un, elemento $b \in B$. Si la función se denota con f, escribimos $f(a) = b$. El elemento $a \in A$ es la entrada y $f(a)$ es la salida. A es el **dominio** de la función. B es cualquier conjunto que contenga todas las salidas. El conjunto de todas las salidas es el **rango** o **imagen** de la función.
    B. Una función se puede representar ya sea mediante una tabla, una ecuación, un diagrama de flechas, una máquina-función, un conjunto de pares ordenados o una gráfica.
    C. Una sucesión es una función cuyo dominio es N, el conjunto de números naturales.
    D. Cualquier conjunto de pares ordenados es una relación.
        1. Una relación de A a B es un subconjunto de $A \times B$.
        2. Una relación puede tener una o más de las propiedades siguientes:
            a. Reflexiva
            b. Simétrica
            c. Transitiva

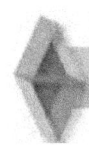

Revisión del capítulo

1. Hay 13 veces más estudiantes que profesores en una secundaria. Usa E para el número de estudiantes y P para el número de profesores a fin de representar la información dada.

2. Escribe una frase que dé la misma información que la ecuación siguiente: $A = 103 \cdot B$, donde A es el número de niñas en una colonia y B es el número de niños.

3. Escribe una acuación para hallar el número de pies dado el número de yardas (sea p el número de pies y y el número de yardas).

4. La suma de un conjunto de n números completos es S. Si cada número se multiplica por 10 y después se disminuye en 10, ¿cuál es la suma del nuevo conjunto en términos de n y S?

5. Estoy pensando un número completo. Si lo divido entre 13, después multiplico el resultado por 12, luego le resto 20 y le sumo 89, el resultado es 93. ¿Cuál es mi número original?

6. **a.** Piensa un número.
   Súmale 17.
   Dobla el resultado.
   Réstale 4.
   Dobla el resultado.
   Súmale 20.
   Divídelo entre 4.
   Réstale 20.
   Tu respuesta será tu número original. Explica cómo funciona este truco.

   b. Plantea tres pasos más que te regresen a tu número original.
   Piensa un número.
   Súmale 18.
   Multiplícalo por 4.
   Réstale 7.
   .
   .
   .

   c. Elabora una serie de instrucciones que te regresen siempre a tu número original.

7. Halla todos los valores de x que satisfagan las ecuaciones siguientes:
   a. $4x - 2 = 3x + 10$
   b. $4(x - 12) = 2x + 10$
   c. $4(7x - 21) = 14(7x - 21)$
   d. $2(3x + 5) = 6x + 11$
   e. $3(x + 1) + 1 = 3x + 4$

8. Miguel tiene 3 veces más tarjetas de beisbol que Juan, quien tiene el doble de tarjetas que Pati. Entre los tres tienen 999 tarjetas. Plantea una ecuación en una variable y halla cuántas tarjetas tiene cada quien.

9. Juanita tiene 10 libros vencidos en la biblioteca. Ella recuerda que sacó 2 libros de ciencias dos semanas antes de que sacara 8 libros infantiles. La multa diaria por libro es de $0.20. Si su multa total fue de $11.60, ¿cuánto tiempo tuvo vencido cada libro?

10. En un pueblo, tres niños entregan todos los periódicos. Jacobo entrega el doble de periódicos que Dalia, quien entrega 100 más que Raquel. Si entre todos entregan un total de 500 periódicos, ¿cuántos periódicos entregó cada uno?

11. ¿Cuáles de los siguientes conjuntos de pares ordenados son funciones del conjunto de las primeras componentes al conjunto de las segundas componentes?
    a. $\{(a,b),(c,d),(e,a),(f,g)\}$
    b. $\{(a,b),(a,c),(b,b),(b,c)\}$
    c. $\{(a,b),(b,a)\}$

12. Dadas las siguientes reglas de la función y los dominios, halla los rangos asociados:
    a. $f(x) = x + 3$; dominio $= \{0,1,2,3\}$
    b. $f(x) = 3x - 1$; dominio $= \{5,10,15,20\}$
    c. $f(x) = x^2$; dominio $= \{0,1,2,3,4\}$
    d. $f(x) = x^2 + 3x + 5$; dominio $= \{0,1,2\}$

13. ¿Cuáles de las correspondencias siguientes de A a B describen una función? Si una correspondencia es función, halla su rango. Justifica tu respuesta.
    a. A es el conjunto de los estudiantes de bachillerato y B es el conjunto de especialidades. A cada estudiante de bachillerato le corresponde una especialidad.
    b. A es el conjunto de libros de la biblioteca y B es el conjunto N de números naturales. A cada libro le corresponde el número de páginas del libro.
    c. $A = \{(a,b) \mid a \in N$ y $b \in N\}$, y $B = N$. A cada elemento de A le corresponde el número $4a + 2b$.
    d. $A = N$ y $B = N$. Si x es par, entonces $f(x) = 0$, y si x es impar, entonces $f(x) = 1$.
    e. $A = N$ y $B = N$. A cada número natural le corresponde la suma de sus dígitos.

14. Un club cobra una membresía de $2,000 que incluye 1 mes gratis, y después cuesta $550 mensuales.
    a. Si $C(x)$ es el costo total de pertenecer al club durante x meses, expresa $C(x)$ en términos de x.
    b. Grafica $C(x)$ para los primeros 12 meses.
    c. Usa la gráfica en (b) para averiguar cuándo el costo total de pertenencia excederá de $6,000.
    d. ¿Cuándo el costo total excederá de $60,000?

15. Si la regla para la función es $f(x) = 4x - 5$ y la salida es $f(x) = 15$, ¿cuál es la entrada?

16. ¿Cuáles de las siguientes gráficas representan funciones? Di por qué.

a.

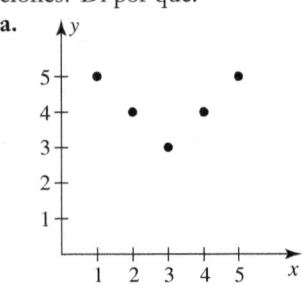

b.

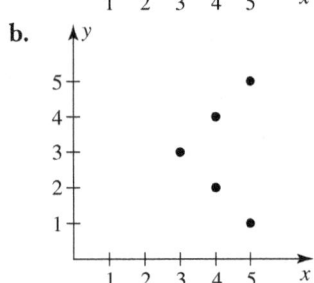

c.

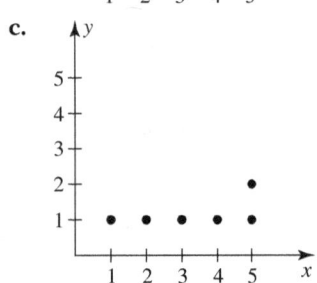

17. a. Julia construye torres con cubos, colocando un cubo arriba de otro y pintando la torre (incluida la tapa y la base pero no las caras que se tocan entre sí). Halla el número de caras que Julia necesita pintar para torres formadas con 1, 2, 3, 4, 5 y 6 cubos, y llena la tabla siguiente:

# de cubos	# de cuadrados por pintar
1	6
2	10
3	
4	
5	
6	

b. Grafica la información hallada en la parte (a) donde el número de cubos de la torre está sobre el eje *x* horizontal y el número de cuadrados por pintar está sobre el eje vertical.

c. Si *x* es el número de cubos en una torre y *y* es el número correspondiente de cuadrados por pintar, escribe una ecuación que exprese *y* como una función de *x*.

d. ¿La gráfica que describe el número de cuadrados como función del número de cubos contiene un segmento de recta?

Bibliografía seleccionada

Adams, T.L. "Addressing Students' Difficulties with the Concept of Function: Applying Graphing Calculators and a Model of Conceptual Change." *Focus on Learning Problems in Mathematics* (1997) 19(2): 43–57.

Billings, E., T.L. Tiedt, and L.H. Slater. "Algebraic Thinking and Pictorial Growth Patterns." *Teaching Children Mathematics* 14 (December 2007–January 2008): 302–308.

Bishop, J., A. Otto, and C. Lubinski. "Promoting Algebraic Reasoning Using Student Thinking." *Mathematics Teaching in the Middle School* 6 (May 2001): 508–514.

Booth, L. "Children's Difficulties in Beginning Algebra." In *The Ideas of Algebra, K-12*, edited by A. Coxford and A. Shulte. Reston, VA: NCTM, 1988.

Bradley. E. "Is Algebra in the Cards?" *Mathematics Teaching in the Middle School* 2 (May 1997): 398–403.

Carpenter, T.P., M.L. Franke, and L. Levi. *Thinking Mathematically: Integrating Arithmetic and Algebra in Elementary School*. Portsmouth, NH: Heinemann (2003).

Chappell, M., and M. Strutchens. "Creating Connections: Promoting Algebraic Thinking with Concrete Models." *Mathematics Teaching in the Middle School* 7 (September 2001): 20–25.

Ferrucci, B., B. Yeap, and J. Carter. "A Modeling Approach for Enhancing Problem-Solving in the Middle Grades." *Mathematics Teaching in the Middle School* 8 (May 2003): 470–475.

Fouche, K. "Algebra for Everyone: Start Early." *Mathematics Teaching in the Middle School* 2 (February 1997): 226–229.

Joram, E., and V. Oleson. "How Fast Do Trees Grow? Using Tables and Graphs to Explore Slope."

Mathematics Teaching in the Middle School 13 (January 2008): 260–265.

Joram, E., V. Oleson, and K. Sabey. "Is It a Good Deal? Developing Number Sense in Algebra by Comparing Housing Prices." *Journal of the Iowa Council of Teachers of Mathematics* 32 (Winter 2005): 15–19.

Kalchman, M.S. "Walking Through Space: A New Approach for Teaching Functions." *Mathematics Teaching in the Middle School* 11 (August 2005): 12–17.

Koirala, H., and P. Goodwin. "Teaching Algebra in the Middle Grades Using Mathmagic." *Mathematics Teaching in the Middle School* 5 (May 2000): 562–566.

Krebs, A. "Studying Students' Reasoning in Writing Generalizations." *Mathematics Teaching in the Middle School* 10 (February 2005): 284–287.

Lamdin, D., R. Lynch, and H. McDaniel. "Algebra in the Middle Grades." *Mathematics Teaching in the Middle School* 6 (November 2000): 195–198.

Lannin, J. "Developing Algebraic Reasoning Through Generalization." *Mathematics Teaching in the Middle School* 8 (March 2003): 342–348.

Lubinski, C., and A. Otto. "Meaningful Mathematical Representation and Early Algebraic Reasoning." *Teaching Children Mathematics* 9 (October 2002): 76–80.

MacGregor, M., and Quinlan, C. "Research in Teaching and Learning Algebra." In *Research in Mathematics Education in Australasia: 1992–1995*, edited by W. Atweh, K. Owens, and P. Sullivan. 365–381. (1996)

Markovits, Z., B.-S. Eylon, and M. Bruckheimer. "Functions—Linearity unconstrained." In *Proceedings of the Seventh International Conference for the Psychology of Mathematics Education*, edited by R. Hershkowitz. Rehovot, Israel: Weizmann Institute of Science, 1983: 271–277.

Markovits, Z., B.-S. Eylon, and M. Bruckheimer. "Functions Today and Yesterday?" *For the Learning of Mathematics* (1986), 6(2): 18–24.

Markovits, Z., B.-S. Eylon, and M. Bruckheimer. "Difficulties Students have with the Function Concept." In *The Ideas of Algebra, K-12*, edited by A. Coxford and A. Shulte, Reston, VA: NCTM, 1988.

Martinez-Cruz, A., and E. Barger. "Adding a la Gauss." *Mathematics Teaching in the Middle School* 10 (October 2004): 152–155.

Ploger, D. "Spreadsheets, Patterns, and Algebraic Thinking." *Teaching Children Mathematics* 3 (February 1997): 330–334.

Pólya, G. *How to Solve It*. Princeton, NJ: Princeton University Press, 1957.

_____ *Mathematical Discovery, Combined Edition*. New York: John Wiley & Sons, Inc., 1981.

Quinlan, Cyril R. E. (1992) *Developing an Understanding of Algebraic Symbols*. Ph.D. thesis, University of Tasmania.

Rubenstein, R. "Building Explicit and Recursive Forms of Patterns with the Function Game." *Mathematics Teaching in the Middle School* 7 (April 2002): 426–431.

_____. "The Function Game." *Mathematics Teaching in the Middle School* 2 (November–December 1996): 74–78.

Sakshaug, L., and K. Wohlhuter. Responses to the Which Graph Is Which Problem." *Teaching Children Mathematics* 7 (February 2001): 352–353.

Sand, M. "A Function Is a Mail Carrier." *Mathematics Teacher* 89 (September 1996): 468–469.

Schneider, S., and C. Thompson. "Incredible Equations Develop Incredible Number Sense." *Teaching Children Mathematics* 7 (November 2000): 146–148, 165–168.

Shealy, B. "Becoming Flexible with Functions: Investigating United States Population Growth." *Mathematics Teacher* 89 (May 1996): 414–418.

Siegel, M. "The Sum of Cubes: An Activity Review and Conjecture." *Mathematics Teaching in the Middle School* 10 (March 2005): 356–359.

Smith, E. "Patterns, Functions, and Algebra." In *A Research Companion to NCTM's Standards*, edited by J. Kirkpatrick, W. G. Martin, and D. S. Schifter. Reston, VA: NCTM, 2000.

Smith, J., and E. Phillips. "Listening to Middle School Students' Algebraic Thinking." *Mathematics Teaching in the Middle School* 6 (November 2000): 156–161.

Steinberg, R., D. Sleeman, and D. Ktorza. "Algebra Students Knowledge of Equivalence of Equations." *Journal for Research in Mathematics Education* (1990), 22(2): 112–121.

Suh, J. M. "Developing "Algebra-'Rithmetic" in the Elementary Grades." *Teaching Children Mathematics* 14 (November 2007): 246–252.

Thompson, F. M. "Algebraic Instruction for the Younger Child." In *The Ideas of Algebra K–12*, NCTM Yearbook, 1988: 69–77.

Thornton, S. "New Approaches to Algebra: Have We Missed the Point?" *Mathematics Teaching in the Middle School* 6 (March 2001): 388–392.

Usiskin, Z. "Doing Algebra in Grades K–4." *Teaching Children Mathematics* 3 (February 1997): 346–356.

Van de Walle, J. *Elementary and Middle School Mathematics: Teaching Developmentally*. New York: Addison Wesley Longman, 2007.

Van Dyke, F., and J. Tomback. "Collaborating to Introduce Algebra," *Mathematics Teaching in the Middle School* 10 (December/January 2005): 236–242.

Van Reeuwijk, M., and M. Wijers. "Students' Construction of Formulas in Context." *Mathematics Teaching in the Middle School* 2 (February 1997): 230–236.

CAPÍTULO 5

Enteros y teoría de números

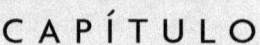

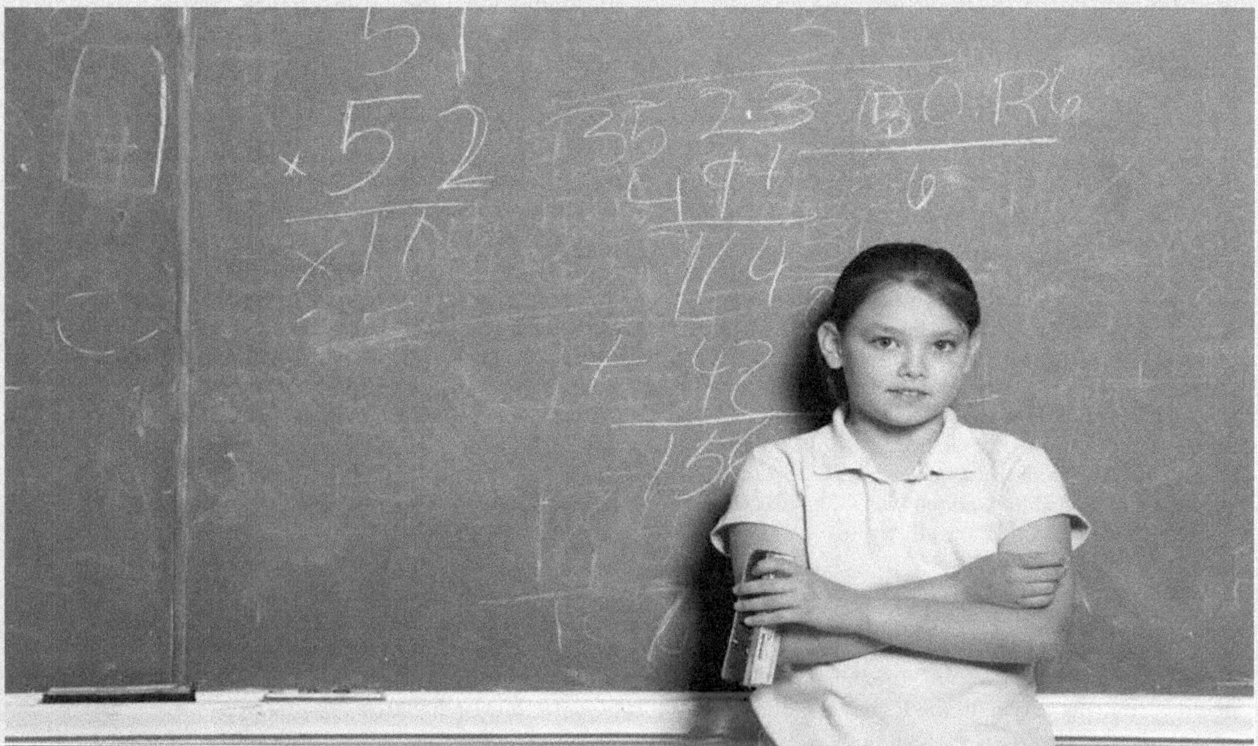

Problema preliminar

Halla una manera rápida de obtener la suma sin usar una calculadora.

$$50^2 - 49^2 + 48^2 - 47^2 + \ldots + 2^2 - 1^2$$

Entre las expectativas mencionadas en los *Principios y objetivos* para los estudiantes de grados 3–5 se incluyen:

- explorar números menores que 0 extendiendo la recta numérica y recurriendo a aplicaciones conocidas;
- describir clases de números de acuerdo con determinadas características tales como la naturaleza de sus factores. (p. 148)

Las expectativas para los estudiantes de los grados 6–8 son:

- usar factores, múltiplos, factorización en números primos y primos relativos para resolver problemas;
- desarrollar significado para los enteros y, con ellos, representar y comparar cantidades. (p. 214)

Además, los *Principios y objetivos* señalan que en los grados 6–8:

Los estudiantes también podrán trabajar con números completos al estudiar teoría de números. Algunas actividades, como las siguientes, que incluyen factores, múltiplos, números primos y divisibilidad, darán oportunidad de aprender a resolver problemas y de razonar.

1. Explicar por qué la suma de los dígitos de cualquier múltiplo de 3 es divisible entre 3.

2. Un número de la forma *abcabc* siempre tiene varios factores primos. ¿Qué números primos siempre son factores de un número de esta forma? ¿Por qué?

Los estudiantes de grados medios también deberán trabajar con enteros. En grados inferiores es posible que los estudiantes ya hayan conectado los números negativos de manera apropiada, con el conocimiento informal derivado de la vida diaria, como las invernales temperaturas bajo cero o la pérdida de yardas en los juegos de futbol americano. En los grados medios, los estudiantes deben extender esta comprensión inicial a los enteros. Se deberá comprender la utilidad de los enteros positivos y negativos para percibir cambios o valores relativos. Los estudiantes también apreciarán la utilidad de los enteros negativos cuando trabajen con ecuaciones cuya solución los requiera, como $2x + 7 = 1$. (pp. 217–18)

En este capítulo, comenzaremos con el sistema de los enteros y estudiaremos teoría de números.

Los números negativos son útiles en la vida diaria. Por ejemplo, el monte Everest está a 8,850 m sobre el nivel del mar y el mar Muerto está a 395 m bajo el nivel del mar. Podemos simbolizar estas elevaciones como 8,850 y ⁻395.

En matemáticas surge la necesidad de emplear los enteros negativos debido a que no siempre es posible efectuar substracciones o restas exclusivamente dentro del conjunto de los números completos. Para calcular $4 - 6$ usando la definición de resta para números completos, debemos hallar un número completo n tal que $6 + n = 4$. Como no existe dicho número completo n, para efectuar el cálculo debemos inventar un nuevo número, un *entero negativo*. Si tratamos de calcular $4 - 6$ en una recta numérica, debemos trazar inter-

---

◆ *Nota histórica*

El matemático hindú Bhramagupta (ca. 598–665) fue el primero en dar un tratamiento sistemático a los números negativos y el cero. Sólo después de casi 1000 años el matemático italiano Gerolamo Cardano (1501–1576) consideró soluciones negativas para ciertas ecuaciones, pero sintiéndose incómodo con el concepto de números negativos, los llamó números "ficticios". ◆

valos a la izquierda del 0. En la figura 5-1, se ilustra $4 - 6$ como una flecha que comienza en el 0 y termina 2 unidades a la izquierda del 0. El nuevo número, que corresponde a un punto a 2 unidades a la izquierda del 0 es el *dos negativo*, que simbolizamos como $^-2$.

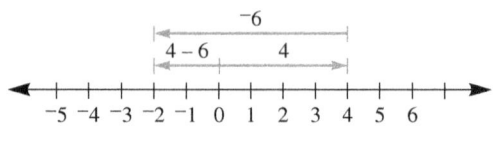

Figura 5-1

De manera análoga, creamos otros números a la izquierda del 0. El nuevo conjunto de números $\{^-1, ^-2, ^-3, ^-4, \dots\}$ es el conjunto de los **enteros negativos**. El conjunto $\{1, 2, 3, 4, \dots\}$ es el conjunto de los **enteros positivos**. El entero 0 no es positivo ni negativo. La unión del conjunto de los enteros negativos, el conjunto de los enteros positivos y el $\{0\}$ constituye el conjunto de los **enteros**. El conjunto de los **enteros** se denota con E.

$$E = \{\dots, ^-4, ^-3, ^-2, ^-1, 0, 1, 2, 3, 4, \dots\}$$

Como campo de estudio, la teoría de los números comenzó a florecer en el siglo diecisiete con el trabajo de PIERRE DE FERMAT (1601–1665). Los temas de la teoría de los números que se presentan en los programas de la escuela elemental incluyen factores, múltiplos, criterios de divisibilidad, números primos, factorizaciones en primos, máximo común divisor y mínimo común múltiplo. El tema de las congruencias, introducido por CARL GAUSS (1777–1855), también está incorporado en los programas elementales por medio de la aritmética de reloj y la aritmética modular. La aritmética modular y la del reloj permiten al alumno echar un vistazo a un sistema matemático.

5-1   Los enteros y las operaciones de suma y resta

Representación de los enteros

Es una pena que usemos el símbolo "$-$" para indicar una resta y también como signo negativo. Para reducir la confusión entre los usos del símbolo, en este libro usamos un signo elevado "$^-$" para los números negativos, como en $^-2$, y para el opuesto de un número, como en ^-x, a diferencia del signo para la resta que se coloca más abajo. A veces, para enfatizar que un entero es positivo se usa un signo "más" elevado, como en $^+3$. En este libro usamos el signo "más" sólo para la suma y escribimos $^+3$ simplemente como 3.

Nota histórica

No siempre se usó una raya para denotar la operación de resta y el signo negativo. Se desarrollaron otras notaciones pero nunca se adoptaron de manera universal. Una de dichas notaciones fue la usada por ABU AL-KHWÂRIZMÎ (ca. 825), quien indicaba un número negativo colocando un pequeño círculo arriba del número. Por ejemplo, $^-4$ lo escribía como $\overset{\circ}{4}$. Los hindúes denotaban un número negativo encerrándolo en un círculo; por ejemplo, escribían $^-4$ como ④. Los símbolos $+$ y $-$ aparecieron impresos por primera vez en la matemática europea al final del siglo quince, época en que los símbolos no se referían a sumas o restas ni a números positivos o negativos, sino a excedentes o déficits en problemas de negocios. ◆

Los enteros negativos son los **opuestos** de los enteros positivos. Por ejemplo, el opuesto de 5 es ⁻5. Análogamente, los enteros positivos son los opuestos de los enteros negativos. Como el opuesto de 4 se denota con ⁻4, el opuesto de ⁻4 puede denotarse con ⁻(⁻4), ó 4. El opuesto de 0 es 0. En el conjunto E de enteros, el opuesto de todo elemento también está en E.

OBSERVACIÓN Pronto veremos que, usando la suma de enteros, cuando sumamos un opuesto de un entero al entero la suma es 0. De hecho, ⁻a se puede definir como la solución de $x + a = 0$.

Ejemplo 5-1

▶▶▶▶▶▶▶▶▶▶

Para cada caso, halla el opuesto de x:

a. $x = 3$
b. $x = {}^-5$
c. $x = 0$

Solución   **a.** ⁻$x = {}^-3$
                b. ⁻$x = {}^-({}^-5) = 5$
                c. ⁻$x = {}^-0 = 0$

El valor de ⁻x en el ejemplo 5-1(b) es 5. Nota que ⁻x es el opuesto de x y *no necesariamente representa un número negativo*. Es una variable que puede reemplazarse por cualquier número, ya sea positivo, cero o negativo. *Nota: ⁻x se lee "el opuesto de x"; no "menos x" ni "negativo de x".*

En los *Puntos focales* para el grado 7 hallamos lo siguiente:

> Al aplicar las propiedades de la aritmética y considerando los números negativos en el contexto de la vida diaria (p. ej. en situaciones de deber dinero o medir alturas sobre o bajo el nivel del mar), los alumnos se explican por qué tienen sentido las reglas para sumar, restar, multiplicar y dividir números negativos. (p. 19)

A continuación investigamos varias maneras informales de introducir las operaciones con enteros; comenzamos con la suma.

Nota de investigación

Es importante manipular objetos al trabajar con números negativos. (THOMPSON 1988). ◆

Suma de enteros

Como se menciona en la *Nota de investigación*, es importante usar materiales para manipular cuando se trabaja con enteros. A continuación se presentan varios modelos para motivar la suma de enteros. Los maestros pueden trazar en el piso una recta numérica para que los estudiantes caminen sobre ella cuando usen ese modelo.

Modelo de las fichas para la suma

En el modelo de las fichas, los enteros positivos se representan con fichas negras y los enteros negativos con fichas rojas. Una ficha roja neutraliza una ficha negra. Por lo tanto, el entero ⁻1 se puede representar con 1 ficha roja o con 2 rojas y 1 negra, o bien con 3 rojas y 2 negras, y así sucesivamente. De manera análoga, cada entero se puede representar de muchas maneras usando fichas, como se muestra en la figura 5-2.

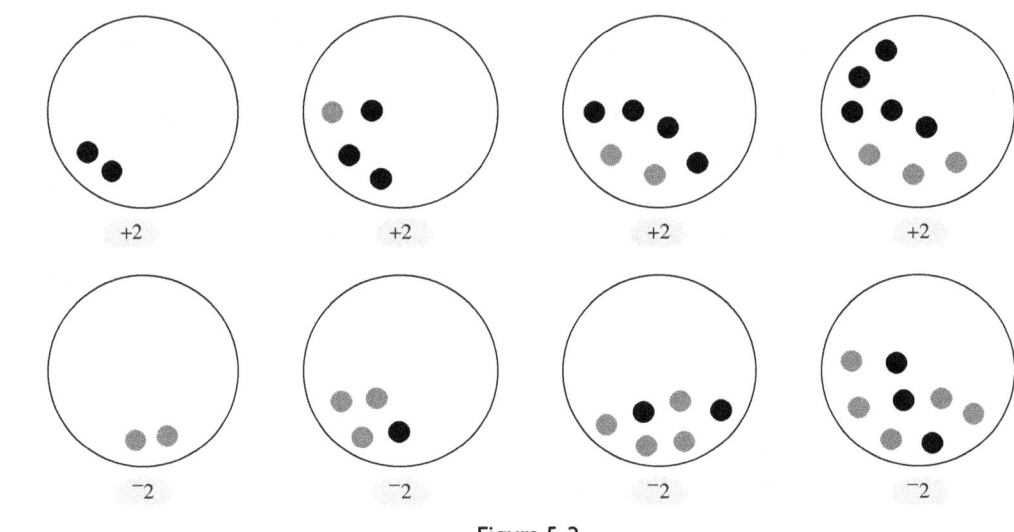

Figura 5-2

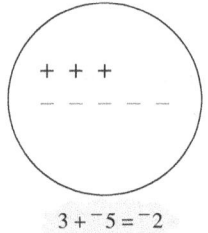

$^-4 + 3 = {}^-1$

Figura 5-3

En la figura 5-3 se muestra el modelo para la suma $^-4 + 3$. Colocamos cuatro fichas rojas junto con 3 fichas negras. Como 3 rojas neutralizan 3 negras, la figura 5-3 representa el equivalente de 1 ficha roja, ó $^-1$.

Modelo del campo de cargas para la suma

$3 + {}^-5 = {}^-2$

Figura 5-4

Un modelo similar al de las fichas usa cargas positivas y negativas. Un campo tiene carga 0 si posee el mismo número de cargas positivas ($+$) y negativas ($-$). Como en el modelo de las fichas, un entero dado se puede representar de muchas maneras usando el modelo del campo de cargas. La figura 5-4 usa el modelo para $3 + {}^-5$. Como 3 cargas positivas "neutralizan" 3 cargas negativas, el resultado neto es de 2 negativas. Por tanto, $3 + {}^-5 = {}^-2$.

Modelo de la recta numérica

Otro modelo para la suma incluye una recta numérica. Se puede introducir con la idea de un excursionista caminando por la recta numérica, como se ve en la *Página de un libro de texto* en la página 253. Estudia esa página para ver cómo funciona el modelo del excursionista y cómo se pueden registrar sobre la recta numérica los movimientos que realiza. Sin el excursionista, $^-3 + {}^-5$ se puede representar como en la figura 5-5.

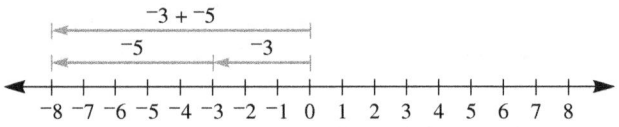

Figura 5-5

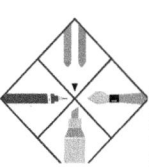

Página de un libro de texto SUMA DE ENTEROS

Lección 8-5

Álgebra

Idea clave
Puedes usar la recta numérica para sumar enteros.

Vocabulario
• **valor absoluto**
  (p. 408)

Reflexión

¡Piensa!
Cuando sumo enteros en la recta numérica necesito **comenzar en cero.**

418

Suma de enteros

Aprende

✓ Calentamiento
1. 5 + 8   2. 12 + 9
3. 15 − 6   4. 23 − 18

¿Cómo puedes sumar enteros usando una recta numérica?

Piensa que vas caminando a lo largo de un recta numérica. Camina hacia adelante para los enteros positivos y camina hacia atrás para los enteros negativos.

Ejemplo A

En el primer *down*, después de obtener la pelota, un equipo avanzó 5 yardas. En el siguiente *down* perdió 7 yardas. ¿El equipo ganó o perdió yardas después de los dos *downs*?

Halla $5 + (-7)$.

Parte de cero viendo hacia los números positivos. Camina hacia adelante 5 pasos para representar 5.

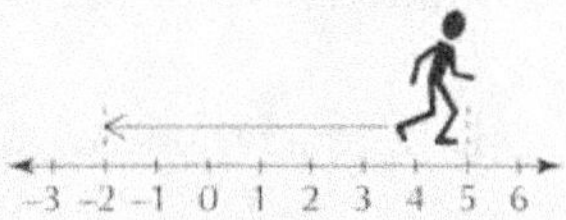

El equipo perdió 2 yardas.

Después camina hacia atrás 7 pasos para representar −7. Te detienes en −2.

Así, $5 + (-7) = -2$.

Ejemplo B

Halla $-4 + (-2)$.

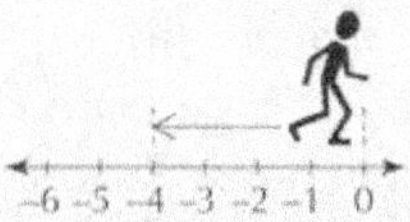

Parte de cero viendo hacia los números positivos. Camina hacia atrás 4 pasos para representar −4.

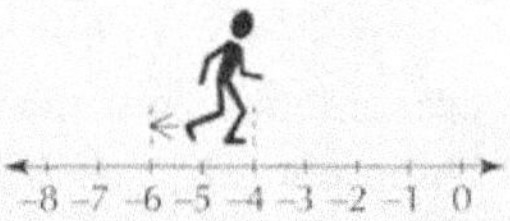

Después camina hacia atrás 2 pasos para representar −2. Te detienes en −6.

Así, $-4 + (-2) = -6$.

Ejemplo C

Halla $-6 + 11$.

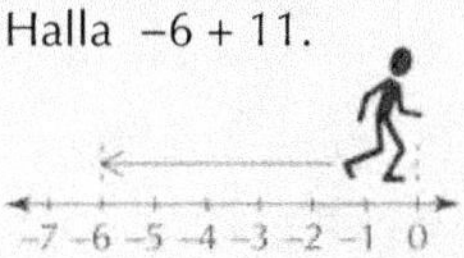

Parte de cero viendo hacia los números positivos. Camina hacia atrás 6 pasos para representar −6.

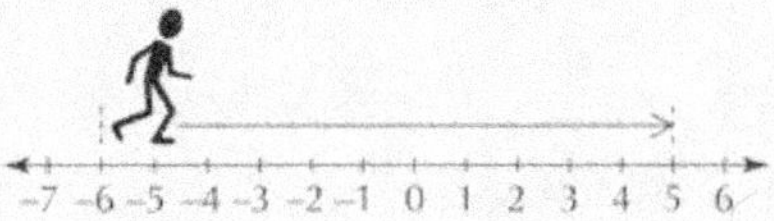

Después camina hacia adelante 11 pasos para representar 11. Te detienes en 5.

Así, $-6 + 11 = 5$.

Fuente: Scott Foresman-Addison Wesley, Grade 6, 2008 (p. 418).

Análogamente, la figura 5-6 ilustra la suma de 3 + ⁻5.

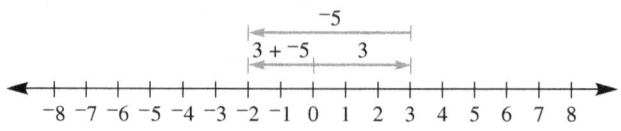

Figura 5-6

AHORA INTENTA ÉSTE 5-1

a. En referencia al ejemplo B de la página de muestra, ¿la suma de dos enteros negativos siempre es negativa?
b. En referencia a los ejemplos A y C de la página de muestra, ¿la suma de un entero positivo y uno negativo, es positiva o negativa? Explica.
c. Usa una recta numérica para sumar 6 + (⁻8) + (⁻2).

En el ejemplo 5-2 presentamos un termómetro con una escala en la forma de una recta numérica vertical.

Ejemplo 5-2

La temperatura era de ⁻4°C. En una hora subió 10°C. ¿Cuál es la nueva temperatura?

Solución   En la figura 5-7 se muestra que la nueva temperatura es de 6°C y que ⁻4 + 10 = 6.

Modelo del patrón

En el capítulo 3 vimos la suma de números completos. La suma de enteros también puede motivarse usando patrones de suma de números completos. Nota que en la columna de la izquierda los primeros cuatro resultados se conocen a partir de la suma de números completos. Nota también que el 4 permanece fijo y que conforme los números sumados a 4 decrecen en 1, la suma se reduce en 1. Siguiendo este patrón, 4 + ⁻1 = 3 y podemos, así, completar el resto de la primera columna. Razonando de manera similar podemos completar los cálculos en la columna derecha, donde ⁻2 permanece fijo y los otros números decrecen en 1 cada vez.

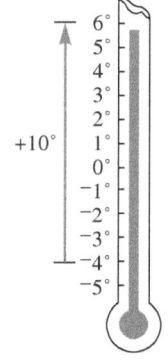

Figura 5-7

$$4 + 3 = 7 \qquad ⁻2 + 4 = 2$$
$$4 + 2 = 6 \qquad ⁻2 + 3 = 1$$
$$4 + 1 = 5 \qquad ⁻2 + 2 = 0$$
$$4 + 0 = 4 \qquad ⁻2 + 1 = ⁻1$$
$$4 + ⁻1 = 3 \qquad ⁻2 + 0 = ⁻2$$
$$4 + ⁻2 = 2 \qquad ⁻2 + ⁻1 = ⁻3$$
$$4 + ⁻3 = 1 \qquad ⁻2 + ⁻2 = ⁻4$$
$$4 + ⁻4 = 0 \qquad ⁻2 + ⁻3 = ⁻5$$
$$4 + ⁻5 = ⁻1 \qquad ⁻2 + ⁻4 = ⁻6$$
$$4 + ⁻6 = ⁻2 \qquad ⁻2 + ⁻5 = ⁻7$$

Nota que el razonamiento con patrones es un razonamiento inductivo y, por lo tanto, no constituye una demostración.

Valor absoluto

Como 4 y ⁻4 son opuestos, están en lados opuestos del 0 en la recta numérica y se encuentran a la misma distancia (4 unidades) del 0, como se muestra en la figura 5-8.

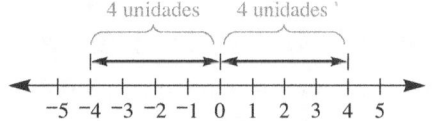

Figura 5-8

La distancia siempre es positiva o cero. La distancia entre el punto correspondiente a un entero y el 0 es el **valor absoluto** del entero. Así, el valor absoluto de 4 y de ⁻4 es 4, que se escribe $|4| = 4$ y $|{}^{-}4| = 4$, respectivamente. Nota que si $x \geq 0$, entonces $|x| = x$, y que si $x < 0$, entonces ⁻x es positivo. Por lo tanto, tenemos lo siguiente:

Definición de valor absoluto

$$|x| = x \text{ si } x \geq 0$$
$$|x| = {}^{-}x \text{ si } x < 0$$

OBSERVACIÓN Algunos estudiantes quieren abreviar la definición anterior escribiendo $|x| = \pm x$. Esto no es cierto pues $|x|$ tiene un solo valor.

Ejemplo 5-3

Evalúa lo siguiente:

a. $|20|$
b. $|{}^{-}5|$
c. $|0|$
d. ${}^{-}|{}^{-}3|$
e. $|2 + {}^{-}5|$

Solución **a.** $|20| = 20$
b. $|{}^{-}5| = 5$
c. $|0| = 0$
d. ${}^{-}|{}^{-}3| = {}^{-}3$
e. $|2 + {}^{-}5| = |{}^{-}3| = 3$

AHORA INTENTA ÉSTE 5-2 Escribe cada caso de la forma más sencilla sin la notación de valor absoluto en la respuesta final. Muestra tu trabajo.

a. $|x| + x$ si $x \leq 0$
b. $^-|x| + x$ si $x \leq 0$
c. $^-|x| + x$ si $x \geq 0$

OBSERVACIÓN Es posible describir la suma de enteros como el proceso de hallar la diferencia o la suma de los valores absolutos de los enteros y asignarles el signo apropiado.

Propiedades de la suma de enteros

La suma de enteros tiene todas las propiedades de la suma de los números completos. Estas propiedades se pueden demostrar si se define la suma de enteros en términos de suma y resta de números completos.

Teorema 5–1: Propiedades

Dados enteros a, b y c:

Propiedad de la cerradura de la suma de enteros $a + b$ es un entero único.

Propiedad conmutativa de la suma de enteros $a + b = b + a$.

Propiedad asociativa de la suma de enteros $(a + b) + c = a + (b + c)$.

Elemento identidad de la suma de enteros   0 es el único entero tal que para todos los enteros a, $0 + a = a = a + 0$.

Pon atención al nombre *elemento identidad* en el teorema 5–1. El cero es el elemento identidad de la suma pues cuando se suma a cualquier entero, no cambia el resultado; deja el entero sin modificación.

Hemos visto que todo entero tiene su opuesto. Este opuesto es el **inverso aditivo** del entero. El hecho de que cada entero tenga un único (uno y sólo uno) inverso aditivo se plantea como sigue.

Teorema 5–2: Unicidad del inverso aditivo

Para todo entero a existe un entero único ^-a, el inverso aditivo de a, tal que $a + {}^-a = 0 = {}^-a + a$.

OBSERVACIÓN Nota que por definición el inverso aditivo, ^-a, es la solución de la ecuación $x + a = 0$. El hecho de que el inverso aditivo sea único equivale a decir que la ecuación anterior tiene una sola solución. De hecho, para cualesquier enteros a y b, la ecuación $x + a = b$ tiene solución única, $b + {}^-a$.

La unicidad del inverso aditivo se puede usar para justificar otros teoremas. Por ejemplo el opuesto, o inverso aditivo, de ^-a se puede escribir como $^-(^-a)$. Sin embargo, como

$a + {}^-a = 0$, el inverso aditivo de ${}^-a$ es también a. Como el inverso aditivo de ${}^-a$ debe ser único, tenemos ${}^-({}^-a) = a$. Se pueden investigar otros teoremas de la suma de enteros al considerar las nociones recién desarrolladas. Por ejemplo, vemos que ${}^-2 + {}^-4 = {}^-6$ y sabemos que ${}^-6$ es el inverso aditivo de 6, ó $2 + 4$. Esto nos conduce a lo siguiente:

$$^-2 + {}^-4 = {}^-(2 + 4)$$

Esta relación es verdadera en general y se enuncia junto con su demostración.

Teorema 5–3

Para cualesquier enteros a y b:

1. ${}^-({}^-a) = a$
2. ${}^-a + {}^-b = {}^-(a + b)$

Demostramos la segunda parte del teorema 5–3 de la manera siguiente: por definición ${}^-(a + b)$ es el inverso aditivo de $(a + b)$, esto es, $(a + b) + {}^-(a + b) = 0$. Si pudiéramos mostrar que también ${}^-a + {}^-b$ es inverso aditivo de $a + b$, la unicidad del inverso aditivo implicará que ${}^-(a + b)$ y ${}^-a + {}^-b$ son iguales. Para mostrar que ${}^-a + {}^-b$ también es inverso aditivo de $a + b$, sólo necesitamos mostrar que $(a + b) + ({}^-a + {}^-b) = 0$. Para ello se pueden usar las propiedades asociativa y conmutativa de la suma de enteros y la definición del inverso aditivo, de la siguiente manera:

$$(a + b) + ({}^-a + {}^-b) = (a + {}^-a) + (b + {}^-b)$$
$$= 0 + 0$$
$$= 0$$

Ahora tenemos que

$$(a + b) + ({}^-a + {}^-b) = 0$$
$$(a + b) + {}^-(a + b) = 0$$

Por lo tanto, ${}^-(a + b) = {}^-a + {}^-b$.

OBSERVACIÓN Nota que en la demostración se omitieron algunos pasos correspondientes a las propiedades conmutativa y asociativa de la suma de enteros. A continuación presentamos una demostración más detallada que muestra todos los pasos:

$$(a + b) + ({}^-a + {}^-b) = (a + b) + ({}^-b + {}^-a)$$
$$= [(a + b) + {}^-b] + {}^-a$$
$$= [a + (b + {}^-b)] + {}^-a$$
$$= (a + 0) + {}^-a$$
$$= a + {}^-a$$
$$= 0$$

Ejemplo 5-4

Halla el inverso aditivo de cada caso:

a. ${}^-(3 + x)$
b. $a + {}^-4$
c. ${}^-3 + {}^-x$

Solución a. $3 + x$
   b. $^-(a + {}^-4)$, que se puede escribir como $^-a + {}^-({}^-4)$, ó $^-a + 4$
   c. $^-({}^-3 + {}^-x)$, que puede escribirse como $^-({}^-3) + {}^-({}^-x)$, ó $3 + x$

Resta o substracción de enteros

Como hicimos con la suma de enteros, exploramos diversos modelos para la resta o substracción de enteros.

Modelo de las fichas para la resta

Para hallar $3 - {}^-2$, queremos restar $^-2$ (o eliminar 2 fichas rojas) de 3 fichas negras. Como se ve en la figura 5-9(a), si sólo tenemos 3 fichas negras, no podemos quitar 2 rojas. Por lo tanto, necesitamos representar 3 de manera que tengamos al menos 2 fichas rojas. Recordemos que 1 ficha roja neutraliza 1 ficha negra y así, añadir una ficha negra y una ficha roja (o 2 fichas negras y 2 fichas rojas) es lo mismo que sumar 0 y el problema es el mismo. Como necesitamos 2 fichas rojas, podemos añadir 2 fichas negras y 2 fichas rojas sin que se modifique el problema. En la figura 5-9(b), vemos a 3 representado por medio de 5 fichas negras y 2 fichas rojas. Ahora, al "retirar" 2 fichas rojas en la figura 5-9(c), quedan 5 fichas negras y por lo tanto, $3 - {}^-2 = 5$.

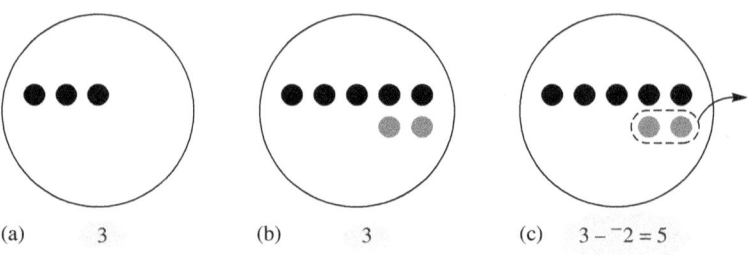

(a)   3   (b)   3   (c) $3 - {}^-2 = 5$

Figura 5-9

Modelo de campo de cargas para la resta

La resta de enteros se puede modelar con un campo de cargas. Por ejemplo, considera $^-3 - {}^-5$. Para restar $^-5$ de $^-3$, primero representamos $^-3$ de modo que estén presentes al menos 5 cargas negativas. Se muestra un ejemplo en la figura 5-10(a). Para restar $^-5$, quita 5 cargas negativas, lo cual deja 2 cargas positivas, como en la figura 5-10(b). Por lo tanto, $^-3 - {}^-5 = 2$.

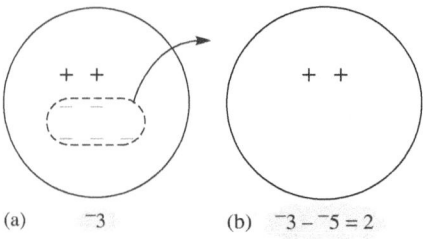

(a) $^-3$ (b) $^-3 - {}^-5 = 2$

Figura 5-10

Nota cómo se combinan el modelo de las fichas y el de campo de cargas en la parte de la página que mostramos a continuación.

Página de un libro de texto **MODELO FICHA/CAMPO DE CARGA**

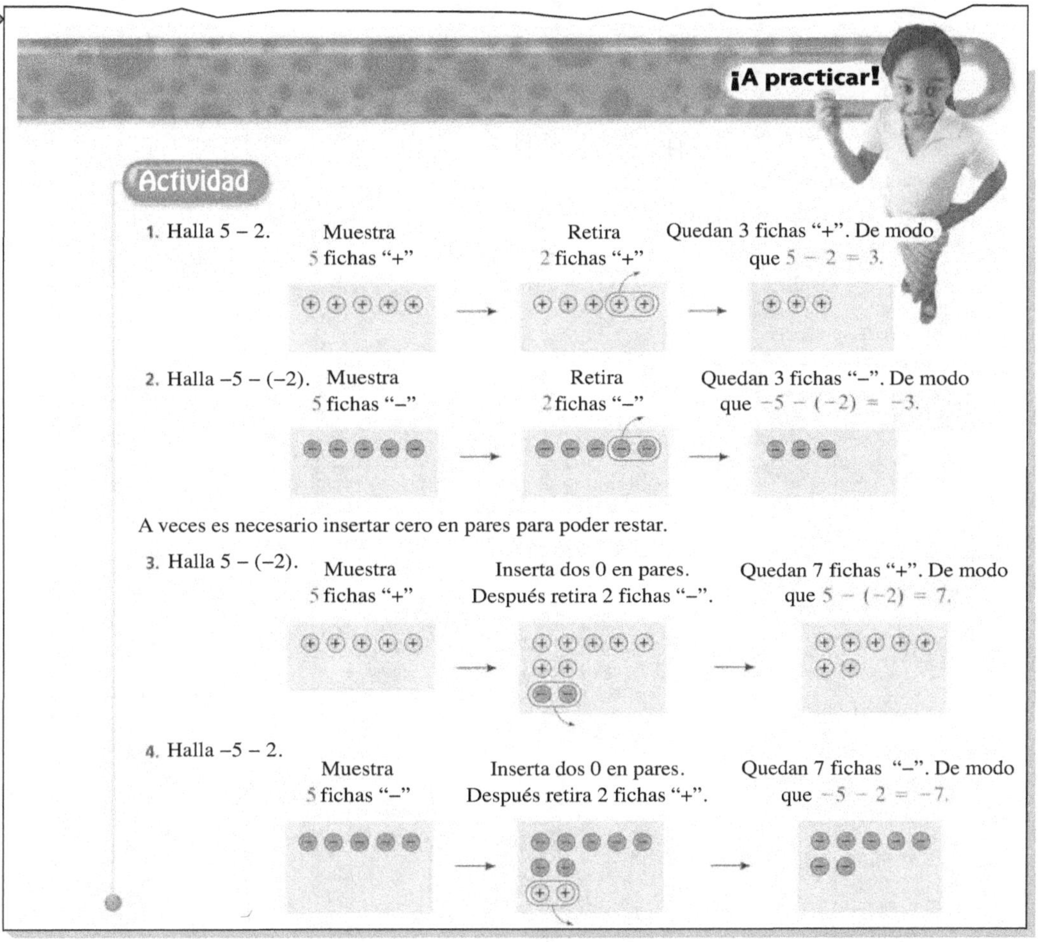

¡A practicar!

Actividad

1. Halla 5 − 2.   Muestra   Retira   Quedan 3 fichas "+". De modo
                    5 fichas "+"   2 fichas "+"   que 5 − 2 = 3.

   ⊕ ⊕ ⊕ ⊕ ⊕   →   ⊕ ⊕ ⊕ ⊕ ⊕   →   ⊕ ⊕ ⊕

2. Halla −5 − (−2). Muestra   Retira   Quedan 3 fichas "−". De modo
                    5 fichas "−"   2 fichas "−"   que −5 − (−2) = −3.

   ⊖ ⊖ ⊖ ⊖ ⊖   →   ⊖ ⊖ ⊖ ⊖ ⊖   →   ⊖ ⊖ ⊖

A veces es necesario insertar cero en pares para poder restar.

3. Halla 5 − (−2).   Muestra   Inserta dos 0 en pares.   Quedan 7 fichas "+". De modo
                    5 fichas "+"   Después retira 2 fichas "−". que 5 − (−2) = 7.

   ⊕ ⊕ ⊕ ⊕ ⊕   →   ⊕ ⊕ ⊕ ⊕ ⊕   →   ⊕ ⊕ ⊕ ⊕ ⊕
                        ⊕ ⊕   ⊕ ⊕
                        ⊖ ⊖

4. Halla −5 − 2.   Muestra   Inserta dos 0 en pares.   Quedan 7 fichas "−". De modo
                    5 fichas "−"   Después retira 2 fichas "+". que −5 − 2 = −7.

   ⊖ ⊖ ⊖ ⊖ ⊖   →   ⊖ ⊖ ⊖ ⊖ ⊖   →   ⊖ ⊖ ⊖ ⊖ ⊖
                        ⊖ ⊖   ⊖ ⊖
                        ⊕ ⊕

Fuente: Prentice Hall Mathematics, Grade 7, 2008, Course 2 (p. 37).

Modelo de la recta numérica para la resta

El modelo de la recta numérica usado para la suma de enteros también puede usarse para modelar la resta de enteros. Mientras que la suma se modela manteniendo la misma dirección y el movimiento hacia adelante o hacia atrás depende de si se suma un entero positivo o negativo, la resta se modela dando la vuelta. Para ver cómo funciona esto examina la página de muestra que sigue. Estudia el modelo para asegurarte de que estás cómodo con él y úsalo para hallar $5 - {}^{-}3 - {}^{-}2$.

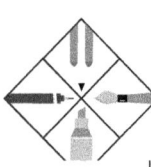

Página de un libro de texto   RESTA DE ENTEROS

Lección 12-7

Álgebra

Idea clave
Puedes usar una recta numérica para ilustrar la resta de enteros.

Vocabulario
• **enteros positivos** (p. 712)
• **enteros negativos** (p. 712)

Materiales
• **Rectas numéricas**

Reflexión

¡Piensa!
Puedo **trazar una recta numérica para ilustrar** la idea principal.

Resta de enteros

Aprende

¿Cómo restas enteros?

Ejemplo A

Halla $^+4 - ^-3$.

Para restar enteros puedes pensar que estás caminando a lo largo de una recta numérica. Comienza en 0 viendo hacia los enteros positivos.

Camina hacia adelante 4 pasos para $^+4$.

El signo de resta (−) significa *date vuelta*.

Después camina hacia atrás 3 pasos para $^-3$.

$^-8$ $^-6$ $^-4$ $^-2$ 0 $^+2$ $^+4$ $^+6$ $^+8$ $^-8$ $^-6$ $^-4$ $^-2$ 0 $^+2$ $^+4$ $^+6$ $^+8$

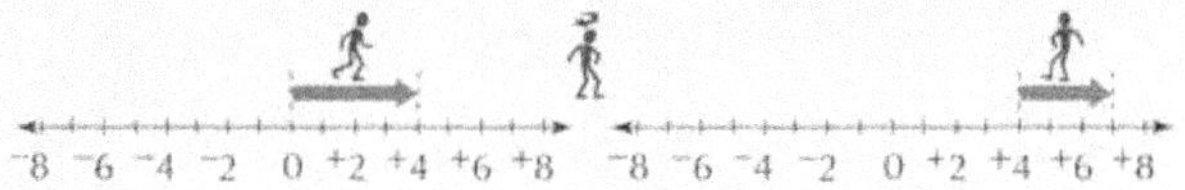

Terminas en $^+7$. De modo que $^+4 - ^-3 = ^+7$

El problema anterior ilustra cómo restar un entero negativo de un entero positivo. A continuación se muestran otros casos posibles.

Ejemplo B

Halla $^+2 - ^+4$.

Comienza en 0, viendo hacia los enteros positivos.

Camina 2 pasos hacia adelante para $^+2$

El signo de resta (−) significa *date vuelta*.

Después camina hacia adelante 4 pasos para $^+4$.

$^-8$ $^-6$ $^-4$ $^-2$ 0 $^+2$ $^+4$ $^+6$ $^+8$ $^-8$ $^-6$ $^-4$ $^-2$ 0 $^+2$ $^+4$ $^+6$ $^+8$

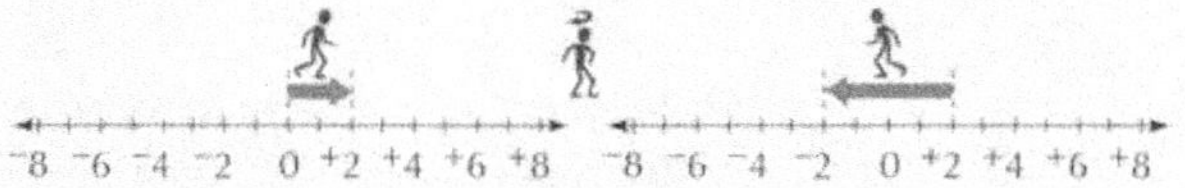

Terminas en $^-2$. De modo que $^+2 - ^+4 = ^-2$

Ejemplo C

Halla $^-6 - ^-3$.

Comienza en 0, viendo hacia los enteros positivos.

Camina 6 pasos hacia atrás para $^-6$

El signo de resta (−) significa *date vuelta*.

Después camina hacia atrás 3 pasos para $^-3$.

$^-8$ $^-6$ $^-4$ $^-2$ 0 $^+2$ $^+4$ $^+6$ $^+8$ $^-8$ $^-6$ $^-4$ $^-2$ 0 $^+2$ $^+4$ $^+6$ $^+8$

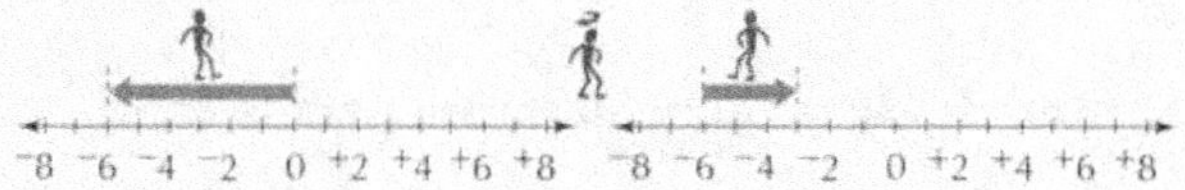

Terminas en $^-3$. De modo que $^-6 - ^-3 = ^-3$

718

Fuente: Scott Foresman-Addison Wesley, Grade 5, 2008 (p. 718).

AHORA INTENTA ÉSTE 5-3 Supón que un servicio de mensajería te entrega tres cartas, una con un cheque de $25 y otras dos con cuentas de $15 y $20, respectivamente. Registras esto como $25 + {}^-15 + {}^-20$, ó ${}^-10$; esto es, eres $10 más pobre. Supón que al día siguiente te encuentras con que la cuenta de $20 era, en realidad, para otra persona y la devuelves al mensajero. Registras tu nuevo saldo como

$$^-10 - {}^-20$$

o como

$$25 + {}^-15 + {}^-20 - {}^-20$$

que es igual a $25 + {}^-15$, ó 10.

Para cada uno de los siguientes casos, construye un relato acerca de envíos y explica cómo puede ayudar a encontrar la respuesta.

a. $23 + {}^-13 + {}^-12$
b. $18 - {}^-37$

Modelo del patrón para la resta

Usando razonamiento inductivo podemos hallar la diferencia de dos enteros al considerar los patrones siguientes, donde comenzamos con restas que ya sabemos cómo hacer. Los dos patrones mostrados, el de la izquierda y el de la derecha, comienzan con $3 - 2 = 1$.

$$
\begin{array}{ll}
3 - 2 = 1 & 3 - 2 = 1 \\
3 - 3 = 0 & 3 - 1 = 2 \\
3 - 4 = ? & 3 - 0 = 3 \\
3 - 5 = ? & 3 - {}^-1 = ?
\end{array}
$$

En el patrón de la izquierda la diferencia decrece en 1. Si continuamos el patrón tenemos que $3 - 4 = {}^-1$ y $3 - 5 = {}^-2$. En el patrón de la derecha la diferencia se incrementa en 1. Si continuamos el patrón, tenemos que $3 - {}^-1 = 4$ y $3 - {}^-2 = 5$.

Resta usando el enfoque del sumando faltante

La resta de enteros, como la resta de números completos, se puede definir en términos de la suma. Usando el enfoque del sumando faltante, $5 - 3$ se puede calcular hallando un número completo n como sigue:

$$5 - 3 = n \text{ si, y sólo si, } 5 = 3 + n$$

Como $3 + 2 = 5$, entonces $n = 2$.

De manera análoga, calculamos $3 - 5$ como sigue:

$$3 - 5 = n \text{ si, y sólo si, } 3 = 5 + n$$

Como $5 + {}^-2 = 3$, entonces $n = {}^-2$. En general, para enteros a y b, tenemos la siguiente definición de resta o *substracción*.

Definición de resta o substracción

Para enteros a y b, $a - b$ es el único entero n tal que $a = b + n$.

> **OBSERVACIÓN** La suma "deshace" la resta; esto es, $(a - b) + b = a$. También la resta "deshace" la suma; esto es, $(a + b) - b = a$.

Ejemplo 5-5

Usa la definición de resta para calcular lo siguiente:

a. $3 - 10$

b. $^-2 - 10$

Solución **a.** Sea $3 - 10 = n$. Entonces $10 + n = 3$, de modo que $n = {}^-7$. Por lo tanto, $3 - 10 = {}^-7$.

b. Sea $^-2 - 10 = n$. Entonces $10 + n = {}^-2$, de modo que $n = {}^-12$. Por lo tanto, $^-2 - 10 = {}^-12$.

Resta usando el enfoque de sumar el opuesto

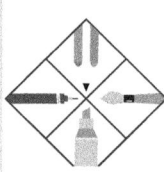

A continuación, estudia la parte de la página de muestra del libro *Scott Foresman-Addison Wesley Mathematics, Grade 6, 2008* (p. 423). Considera las restas y sumas en las partes A–D y después la regla que descubrieron los estudiantes. Esta técnica es muy útil para efectuar restas de enteros.

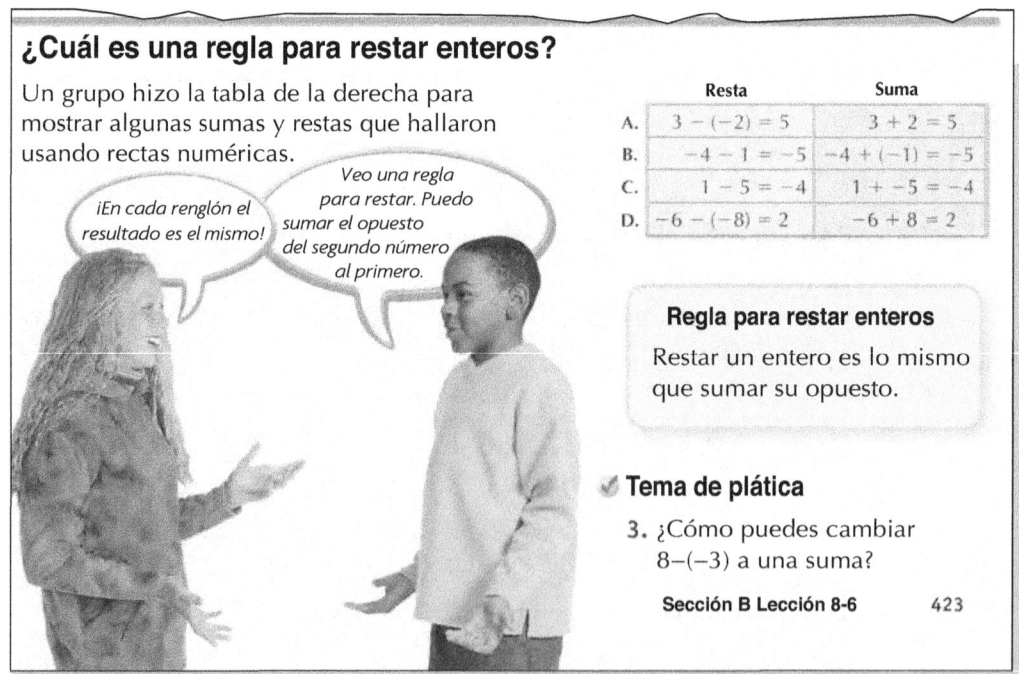

Fuente: Scott Foresman-Addison Wesley, Mathematics 2008, Grade 6 (p. 423).

De nuestro trabajo anterior con la suma de enteros, sabemos que $3 - 5 = {}^-2$ y $3 + {}^-5 = {}^-2$. Por lo tanto, $3 - 5 = 3 + {}^-5$. En general, lo siguiente es verdadero.

Teorema 5–4

Para todos los enteros a y b, $a - b = a + {}^-b$.

El teorema anterior se puede justificar usando el hecho de que la ecuación $b + x = a$ tiene solución única para x. De la definición de resta, la solución de la ecuación es $a - b$. Para mostrar que $a - b = a + {}^-b$, sólo necesitamos mostrar que $a + {}^-b$ también es una solución. Para ello, substituimos $a + {}^-b$ en lugar de x y verificamos si $b + (a + {}^-b) = a$:

$$b + (a + {}^-b) = b + ({}^-b + a)$$
$$= (b + {}^-b) + a$$
$$= 0 + a$$
$$= a$$

En consecuencia, $a - b = a + {}^-b$.

OBSERVACIÓN A veces la propiedad anterior se usa como definición de resta.

AHORA INTENTA ÉSTE 5-4

a. ¿El conjunto de los enteros es cerrado bajo la resta? ¿Por qué?

b. Serán válidas para la resta de enteros las propiedades conmutativa, asociativa o de identidad? ¿Por qué sí o por qué no?

Muchas calculadoras tienen una tecla de cambio de signo, ya sea $\boxed{\text{CHS}}$ o $\boxed{+/-}$. Otras calculadoras usan $\boxed{(-)}$, una tecla que permite realizar cálculos con enteros. Por ejemplo, para calcular $8 - ({}^-3)$, debes teclear $\boxed{8}\ \boxed{-}\ \boxed{3}\ \boxed{+/-}\ \boxed{=}$. Investiga qué sucede si tecleas $\boxed{8}\ \boxed{-}\ \boxed{-}\ \boxed{3}\ \boxed{=}$.

Ejemplo 5-6

Usa el hecho de que $a - b = a + {}^-b$ para calcular lo siguiente:

a. $2 - 8$ **b.** $2 - {}^-8$ **c.** ${}^-12 - {}^-5$ **d.** ${}^-12 - 5$

Solución   **a.** $2 - 8 = 2 + {}^-8 = {}^-6$
b. $2 - {}^-8 = 2 + {}^-({}^-8) = 2 + 8 = 10$
c. ${}^-12 - {}^-5 = {}^-12 + {}^-({}^-5) = {}^-12 + 5 = {}^-7$
d. ${}^-12 - 5 = {}^-12 + {}^-5 = {}^-17$

Ejemplo 5-7

Usa el hecho de que $a - b = a + ({}^-b)$ y los teoremas sobre el inverso aditivo para escribir expresiones iguales a cada una de las siguientes sin paréntesis en la respuesta final.

a. ${}^-(b - c)$ **b.** $a - (b + c)$

Solución   **a.** ${}^-(b - c) = {}^-(b + {}^-c) = {}^-b + {}^-({}^-c) = {}^-b + c$
b. $a - (b + c) = a + {}^-(b + c) = a + ({}^-b + {}^-c) = (a + {}^-b) + {}^-c = a + {}^-b + {}^-c$

OBSERVACIÓN Es posible simplificar todavía más las respuestas en el ejemplo 5-7 (a) y (b), como sigue: $^-b + c = c + {}^-b = c - b$; y $a + {}^-b + {}^-c = (a - b) - c$.

Ejemplo 5-8

Simplifica lo siguiente:

a. $2 - (5 - x)$ **b.** $5 - (x - 3)$ **c.** $^-(x - y) - y$

Solución a. $2 - (5 - x) = 2 + {}^-(5 + {}^-x)$ **b.** $5 - (x - 3) = 5 + {}^-(x + {}^-3)$
$\qquad\qquad\qquad = 2 + {}^-5 + {}^-({}^-x)$ $\qquad\qquad\qquad\qquad = 5 + {}^-x + {}^-({}^-3)$
$\qquad\qquad\qquad = 2 + {}^-5 + x$ $\qquad\qquad\qquad\qquad\qquad = 5 + {}^-x + 3$
$\qquad\qquad\qquad = {}^-3 + x \text{ ó } x - 3$ $\qquad\qquad\qquad\qquad\quad = 8 + {}^-x$

c. $^-(x - y) - y = {}^-(x + {}^-y) + {}^-y$ $\qquad\qquad\qquad\qquad\quad = 8 - x$
$\qquad\qquad\qquad = [{}^-x + {}^-({}^-y)] + {}^-y$
$\qquad\qquad\qquad = ({}^-x + y) + {}^-y$
$\qquad\qquad\qquad = {}^-x + (y + {}^-y)$
$\qquad\qquad\qquad = {}^-x + 0$
$\qquad\qquad\qquad = {}^-x$

Orden de las operaciones

La resta en el conjunto de los enteros no es conmutativa ni asociativa, como se ilustra en estos contraejemplos:

$$5 - 3 \neq 3 - 5 \text{ porque } 2 \neq {}^-2$$
$$(3 - 15) - 8 \neq 3 - (15 - 8) \text{ porque } {}^-20 \neq {}^-4$$

Una expresión como $3 - 15 - 8$ es ambigua a menos que sepamos en qué orden realizar las restas. Los matemáticos están de acuerdo en que $3 - 15 - 8$ significa $(3 - 15) - 8$; esto es, las restas en $3 - 15 - 8$ se efectúan de izquierda a derecha. De manera análoga, $3 - 4 + 5$ significa $(3 - 4) + 5$ y no $3 - (4 + 5)$. Así, $(a - b) - c$ se puede escribir sin paréntesis como $a - b - c$. Revisaremos el orden de las operaciones después de estudiar la multiplicación y la división.

Ejemplo 5-9

Calcula lo siguiente:

a. $2 - 5 - 5$ **b.** $3 - 7 + 3$ **c.** $3 - (7 - 3)$

Solución a. $2 - 5 - 5 = {}^-3 - 5 = {}^-8$
$\qquad\quad$ **b.** $3 - 7 + 3 = {}^-4 + 3 = {}^-1$
$\qquad\quad$ **c.** $3 - (7 - 3) = 3 - 4 = {}^-1$

RINCÓN DE LA TECNOLOGÍA

a. En una calculadora graficadora, grafica la función con ecuación $y = x - {}^-4$.
b. Usando la gráfica en (a), describe lo que sucede cuando x toma valores menores que $^-4$, iguales a $^-4$ y mayores que $^-4$.

Evaluación 5-1A

1. Halla el inverso aditivo de cada uno de los enteros siguientes. Escribe tu respuesta de la forma más sencilla posible.
   a. 2
   b. $^-5$
   c. m
   d. 0
   e. ^-m
   f. $a + b$
2. Simplifica lo siguiente:
   a. $^-(^-2)$
   b. $^-(^-m)$
   c. $^-0$
3. Evalúa lo siguiente:
   a. $|^-5|$
   b. $|10|$
   c. $^-|^-5|$
   d. $^-|5|$
4. Ilustra cada una de las sumas siguientes por medio del modelo de las fichas o del campo de carga:
   a. $5 + ^-3$
   b. $^-2 + 3$
   c. $^-3 + 2$
   d. $^-3 + ^-2$
5. Ilustra cada una de las sumas del problema 4 usando un modelo de recta numérica.
6. Calcula cada una de las siguientes usando $a - b = a + ^-b$:
   a. $3 - ^-2$
   b. $^-3 - 2$
   c. $^-3 - ^-2$
7. Responde cada parte del problema 6 usando la definición de resta con el enfoque del sumando faltante.
8. Escribe una suma básica que corresponda a cada una de las expresiones siguientes y después responde la pregunta:
   a. Una acción cae 17 puntos y al día siguiente gana 10 puntos. ¿Cuál es el cambio neto en el valor de la acción?
   b. La temperatura era de $^-10°C$ y después subió en $8°C$. ¿Cuál es la nueva temperatura?
   c. El avión estaba a 5000 pies y bajó 100 pies. ¿Cuál es la nueva altitud del avión?
9. El 1° de enero el saldo en la cuenta de Juana era de $300. Durante el mes ella expidió cheques por $45, $55, $165, $35 y $100 e hizo depósitos por $75, $25 y $400.
   a. Si se representa un cheque con un número negativo y un depósito con un número positivo, expresa las transacciones de Juana como una suma de enteros positivos y negativos.
   b. ¿Cuál es el saldo de la cuenta de Juana al final del mes?
10. Usa un modelo de recta numérica para encontrar lo siguiente:
    a. $^-4 - ^-1$
    b. $^-4 - ^-3$
11. Usa patrones para ilustrar lo siguiente:
    a. $^-4 - ^-1 = ^-3$ **b.** $^-2 - 1 = ^-3$
12. Efectúa cada una de las operaciones siguientes:
    a. $^-2 + (3 - 10)$
    b. $[8 - (^-5)] - 10$
    c. $(^-2 - 7) + 10$
13. En cada caso, escribe un problema de substracción y un problema de suma que correspondan a la pregunta, y después responde:

a. La temperatura es de 55°F y se supone que baja 60°F por la noche. ¿Cuál es la temperatura esperada para la medianoche?
b. A Miguel, su banco le permite sobregirarse. Si él tiene $200 en su cuenta de cheques y expide un cheque por $220, ¿cuál es el saldo?

14. Los aceites para motor brindan protección en un rango de temperaturas. Estos aceites tienen nombres como 10W–40 ó 5W–30. La siguiente gráfica muestra las temperaturas, en grados Fahrenheit, a las cuales la máquina está protegida por un aceite particular. Usa la gráfica y halla qué aceites se pueden usar para las temperaturas siguientes:
    a. Entre $^-5°$ y 90°
    b. Debajo de $^-20°$
    c. Entre $^-10°$ y 50°
    d. De $^-20°$ a más de 100°
    e. De $^-8°$ a 90°

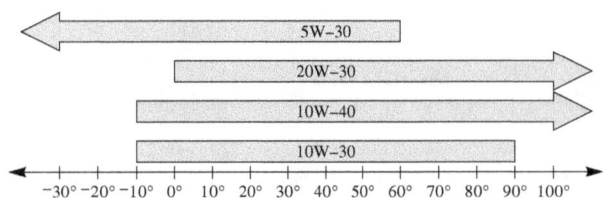

15. Simplifica cada caso lo más posible. Muestra todos los pasos.
    a. $3 - (2 - 4x)$
    b. $x - (^-x - y)$
16. ¿Para qué enteros a, b y c sucede que $a - b - c = a - (b - c)$? Justifica tu respuesta.
17. Denotemos con C el conjunto de los números completos, con E el conjunto de los enteros, E^+ como el conjunto de los enteros positivos y E^- como el conjunto de los enteros negativos. Halla lo siguiente:
    a. $C \cup E$
    b. $C \cap E$
    c. $E^+ \cup E^-$
    d. $E^+ \cap E^-$
    e. $C - E$
    f. $E - C$
18. Sea $f(x) = ^-x - 1$ con dominio E. Halla lo siguiente:
    a. $f(^-1)$
    b. $f(100)$
    c. $f(^-2)$
    d. $f(^-a)$ en términos de a
    e. ¿Para qué valores de x la salida es 3?
19. Halla todos los enteros x, si los hay, tales que lo siguiente sea verdadero:
    a. ^-x es positivo.
    b. ^-x es negativo.
    c. $^-x - 1$ es positivo.
    d. $|x| = 2$.

20. Sea $f(x) = |1 - x|$ con dominio E. Halla lo siguiente:
  a. $f(10)$　　　　**b.** $f(^-1)$
  c. Todas las entradas cuya salida sea 1
  d. El rango

21. En cada caso, halla todos los enteros x que satisfagan la ecuación dada:
  a. $|x - 6| = 6$
  b. $|x| + 2 = 10$
  c. $|^-x| = |x|$

22. Determina cuántos enteros hay entre los siguientes enteros dados (sin incluir los enteros dados):
  a. 10 y 100　　　　**b.** $^-30$ y $^-10$

23. Supón que $a = 6$, $b = 5$, $c = 4$ y $d = ^-3$. Inserta paréntesis en la expresión $a - b - c - d$ para obtener el mayor y el menor valor posibles. ¿Cuáles son estos valores?

24. Una sucesión aritmética puede tener diferencia positiva o negativa. En cada una de las sucesiones aritméticas siguientes, halla la diferencia y escribe los dos términos siguientes:
  a. $0, ^-3, ^-6, ^-9$
  b. $x + y, x, x - y$

25. En una sucesión aritmética, el octavo término menos el primer término es igual a 21. La suma del primer y el octavo términos es $^-5$. Halla el quinto término de la sucesión.

26. Clasifica cada una de las siguientes expresiones como verdadera o falsa. Si es falsa, exhibe un contraejemplo.
  a. $|^-x| = |x|$
  b. $|x - y| = |y - x|$
  c. $|^-x + ^-y| = |x + y|$

27. Resuelve las ecuaciones siguientes:
  a. $x + 7 = 3$　　　　**b.** $^-10 + x = ^-7$
  c. $^-x = 5$

28. Efectúa con tu calculadora cada uno de los siguientes problemas de aritmética con enteros, usando la tecla de cambio de signo. Por ejemplo, en algunas calculadoras, para hallar $^-5 + ^-4$ se teclea $\boxed{5}$ $\boxed{+/-}$ $\boxed{+}$ $\boxed{4}$ $\boxed{+/-}$ $\boxed{=}$.
  a. $^-12 + ^-6$　　　　**b.** $^-12 + 6$
  c. $27 + ^-5$　　　　**d.** $^-12 - 6$
  e. $16 - ^-7$

Evaluación 5-1B

1. Halla el inverso aditivo de cada uno de los enteros siguientes. Escribe tu respuesta de la forma más sencilla posible.
  a. 3　　　　**b.** $^-4$
  c. q　　　　**d.** 6
  e. ^-n　　　　**f.** $3 + x$

2. Simplifica lo siguiente:
  a. $^-(^-5)$
  b. $^-(^-x)$

3. Evalúa lo siguiente:
  a. $|^-3|$　　　　**b.** $|15|$　　　　**c.** $^-|^-3|$

4. Ilustra cada una de las sumas siguientes por medio del modelo de las fichas o del campo de carga:
  a. $^-2 + 5$　　　**b.** $^-5 + 2$　　　**c.** $^-3 + ^-3$

5. Ilustra cada una de las sumas del problema 4 usando un modelo de recta numérica.

6. Calcula cada cada caso usando $a - b = a + ^-b$.
  a. $^-3 - 5$
  b. $5 - (^-3)$

7. Responde cada parte del problema 6 usando la definición de resta con el enfoque del sumando faltante.

8. Escribe una suma básica que corresponda a cada una de las expresiones siguientes y después responde la pregunta:
  a. En un casino de Las Vegas, un visitante perdió $200, ganó $100 y después perdió $50. ¿Cuál es el cambio que hubo en el valor neto del jugador?
  b. En cuatro "downs" el equipo de futbol americano perdió 2 yd, ganó 7 yd, ganó 0 yd y perdió 8 yd. ¿Cuál es el total ganado o perdido?

9. Usa un modelo de recta numérica para encontrar lo siguiente:
  a. $^-3 - ^-2$　　　　**b.** $^-4 - 3$

10. Usa patrones para ilustrar lo siguiente:
  a. $^-2 - ^-3 = 1$　　　　**b.** $^-3 - 2 = ^-5$

11. Efectúa cada una de las operaciones siguientes:
  a. $^-2 - (7 + 10)$
  b. $8 - 11 - 10$
  c. $^-2 - 7 + 3$

12. Responde a lo siguiente:
  a. En un juego de triminos, los marcadores de Javier en cinco turnos sucesivos son $17, ^-8, ^-9, 14$ y 45. ¿Cuál es el total al final de los cinco turnos?
  b. La cámara de burbujas más grande del mundo tiene 15 pies de diámetro y contiene 7259 gal de hidrógeno líquido a una temperatura de $^-247°C$. Si la temperatura desciende 11°C por hora durante 2 horas consecutivas, ¿cuál es la nueva temperatura?
  c. Los mayores rangos de temperatura medidos en el mundo están alrededor del "polo frío" en Siberia. Las temperaturas en Verjoyansk han variado de $^-94°F$ a 98°F. ¿Cuál es la diferencia entre las temperaturas mayor y menor en Verjoyansk?

13. Simplifica cada caso lo más posible. Muestra todos los pasos.

a. $4x - 2 - 3x$ **b.** $4x - (2 - 3x)$

14. Denotemos con C el conjunto de los números completos, con E el conjunto de los enteros, E^+ como el conjunto de los enteros positivos y E^- como el conjunto de los enteros negativos. Halla lo siguiente:

a. $C - E^+$ **b.** $C - E^-$ **c.** $E \cap E$

15. a. Demuestra que $^-x - y = {}^-y - x$ para todos los enteros ent x y y.

' ¿Implica la parte (a) que la resta es conmutativa? Explica.

16. Completa el cuadrado mágico usando los enteros siguientes:

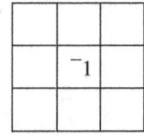

guientes: $^-13, \ ^-10, \ ^-7, \ ^-4, 2, 5, 8, 11$.

17. Sea $f(x) = {}^-3x - 2$ con dominio E. Halla lo siguiente:

a. $f(^-1)$ **b.** $f(100)$

c. $f(^-2)$ **d.** $f(^-a)$ en términos de a

e. ¿Para qué valores de x la salida es $^-11$?

18. Halla todos los enteros x, si los hay, tales que lo siguiente sea verdadero:

a. $^-|x| = 2$.

b. $^-|x|$ es negativo.

c. $^-|x|$ es positivo.

d. $^-x - 1$ es positivo.

e. $^-x - 1$ es negativo.

19. Sea $f(x) = |x - 5|$ con dominio E. Halla lo siguiente:

a. $f(10)$ **b.** $f(^-1)$

c. Todas las entradas cuya salida sea 7

d. El rango

20. a. Para cada una de las funciones siguientes, halla $f(f(x))$:

i. $f(x) = x$

ii. $f(x) = {}^-x$

iii. $f(x) = {}^-x + 2$

b. Interpreta tus respuestas en la parte (a) usando el modelo de la máquina-función.

c. Halla otras funciones para las cuales $f(f(x)) = x$. Justifica tu respuesta.

21. Por la definición de valor absoluto, la función $f(x) = |x|$ se puede escribir como sigue:

$$f(x) = \begin{cases} x, & \text{si } x \geq 0 \\ ^-x, & \text{si } x < 0 \end{cases}$$

Escribe la función $f(x) = |x - 6|$ de manera análoga, sin usar el símbolo de valor absoluto.

22. Determina cuántos enteros hay entre los siguientes enteros dados (sin incluir los enteros dados):

a. $^-10$ y 10

b. x y y (si $x < y$)

23. De la media noche a la 1:00 A.M. en enero, la temperatura descendió 5°C. Después de descender, la temperatura en el exterior era de $^-2$°C. ¿Cuál era la temperatura a la media noche?

24. Una sucesión aritmética puede tener diferencia positiva o negativa. En cada una de las sucesiones aritméticas siguientes, halla la diferencia y escribe los dos términos siguientes:

a. $7, 3, \ ^-1, \ ^-5$

b. $1 - 3x, 1 - x, 1 + x$

25. Halla las sumas de las siguientes sucesiones aritméticas:

a. $^-20 + \ ^-19 + \ ^-18 + \ldots + 18 + 19 + 20$

b. $100 + 99 + 98 + \ldots + \ ^-50$

c. $100 + 98 + 96 + \ldots + \ ^-6$

26. Clasifica cada una de las siguientes expresiones como verdadera o falsa. Si es falsa, exhibe un contraejemplo.

a. $|x^2| = x^2$ **b.** $|x^3| = x^3$

c. $|x^3| = x^2|x|$

27. Resuelve las ecuaciones siguientes:

a. $^-x + 5 = 7$ **b.** $1 - x = {}^-13$

c. $^-x - 8 = {}^-9$

28. Supón que el engranaje A tiene 56 dientes y que el engranaje B tiene 14 dientes. Supón que el número de rotaciones en sentido contrario al que giran las manecillas del reloj está representado por un número positivo y que el número de rotaciones en el sentido en que giran las manecillas del reloj está dado por un número negativo. Si el engranaje A gira 7 veces por minuto, ¿cuántas veces por minuto gira el engranaje B? Explica tu razonamiento.

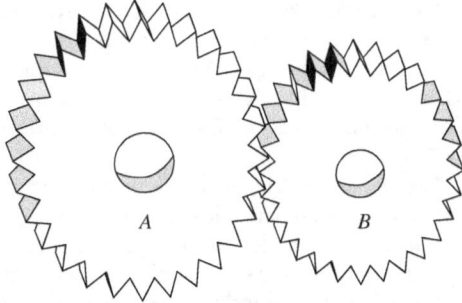

29. Estima cada caso y después usa una calculadora para hallar la respuesta real:

a. $343 + \ ^-42 - 402$

b. $^-1992 + 3005 - 497$

c. $992 - \ ^-10{,}003 - 101$

d. $^-301 - \ ^-1303 + 4993$

30. Halla una manera rápida de calcular lo siguiente:

$1 - 2 + 3 - 4 + 5 - 6 + \ldots - 2004 + 2005 - 2006 + 2007$

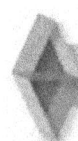

Conexiones matemáticas 5-1

Comunicación

1. Un chofer en una autopista tuvo problemas con su carro. Sabía que cuando se presentó la falla, hacía 12 minutos que había pasado por la señal de la milla 68. Suponiendo que estaba confundido y desorientado cuando llamó por su teléfono celular solicitando ayuda, ¿cómo puede determinar su posible posición? Explica.

2. Dolores asegura que la mejor manera de entender que $a - b = a + {}^-b$, para todos los enteros a y b, es mostrar que cuando sumas b a cada expresión obtienes la misma respuesta.

   a. Explica por qué Dolores haría esta afirmación.

   b. ¿Estás de acuerdo con Dolores en que su enfoque es la "mejor manera"? De no ser así, ¿cuál es un mejor enfoque?

3. La suma de enteros con signos iguales se puede describir usando valores absolutos, como sigue:

   Para sumar enteros con signos iguales, suma los valores absolutos de los enteros. La suma tiene el mismo signo que los enteros.

   Describe de un modo similar cómo sumar enteros con distinto signo.

4. Explica por qué $b - a$ y $a - b$ son inversos aditivos entre sí.

5. **a.** El valor absoluto de un entero nunca es negativo. ¿Contradice esto el hecho de que el valor absoluto de x podría ser igual a ${}^-x$? Explica por qué sí o por qué no.

   b. Explica cómo escribir el inverso aditivo de $a - b - c$ usando la menor cantidad de símbolos.

6. Si un entero a se coloca en una recta numérica, entonces la distancia del punto sobre la recta numérica que representa el entero al origen es $|a|$. Usa esta idea para responder a lo siguiente:

   a. Explica por qué $|a - b|$ es la distancia entre los puntos que representan a los enteros a y b.

   b. Una manera de definir "menor que" para enteros es como sigue: $a < b$ si, y sólo si, a está a la izquierda de b sobre la recta numérica. En consecuencia, $b > a$ si, y sólo si, b está a la derecha de a. Usa estas ideas para marcar sobre una recta numérica todos los enteros x tales que

   i. $|x| < 5$.   **ii.** $|x| < 1$.

   iii. $|x| \geq 5$.   **iv.** $|x| > {}^-1$.

7. Recuerda la definición de "menor que" para números completos usando la suma y define $a < b$ cuando a y b son cualesquiera enteros. Usa tu definición para mostrar que ${}^-8 < {}^-7$.

Solución abierta

8. Describe con palabras un problema que se modele con ${}^-50 + ({}^-85) - ({}^-30)$.

9. En una biblioteca algunos pisos están debajo del nivel de la superficie y otros están arriba. Si el piso de la superficie se designa como piso cero, diseña un sistema que numere los pisos.

10. **a.** Escojo un entero. Después le resto 10, tomo el opuesto del resultado, le sumo ${}^-3$ y hallo el opuesto del nuevo resultado. Mi resultado es ${}^-3$. ¿Cuál es el número original?

    b. Julia quiere realizar la actividad descrita en la parte (a) con sus compañeras de clase. Lo más probable es que cada compañera escoja un número diferente, y Julia quiere decir rápidamente a cada compañera el número que escogió. Julia se da cuenta de que basta sumar 7 a cada respuesta. ¿Siempre funciona? Explica por qué sí o por qué no.

    c. Construye tu propio "truco" análogo al de la parte (b) que funcione para cada respuesta que recibas de tus compañeros de clase.

11. **a.** Escribe una función $f(x)$ tal que para toda entrada entera, la salida sea negativa.

    b. Escribe una función $f(x)$ tal que la sucesión $f({}^-1)$, $f({}^-2), f({}^-3), \ldots$ sea una sucesión aritmética.

Aprendizaje colectivo

12. Examinen varios libros de texto de matemáticas elementales. Expliquen cómo se tratan la suma y la resta de enteros y cómo se justifican varias propiedades. Analicen en grupo cómo se compara el tratamiento de la suma y la resta de enteros de esta sección con el tratamiento en los libros de texto elementales.

13. Busca en varios libros de historia de las matemáticas y en Internet cuándo y cómo se introdujeron por primera vez los números negativos, y explícalo a tu grupo.

14. Toma 21 tarjetas y numéralas con enteros del ${}^-10$ al 10. Coloca las tarjetas en el piso para formar una recta numérica. Escoge a una persona de tu grupo para que actúe como el caminante de las páginas de muestra para la suma y resta usando la recta numérica. Da instrucciones al caminante para que se desplace por la recta numérica para resolver los problemas 5 y 9 del conjunto de problemas 5-lA. Resuelve otros problemas de suma y resta para asegurarte de que todo el grupo comprendió el modelo de la recta numérica y que ya lo pueden usar en un grupo de educación básica.

Preguntas del salón de clase

15. Una estudiante de cuarto grado diseñó el siguiente algoritmo de la resta para restar $84 - 27$:
4 menos 7 igual a 3 negativo.

$$
\begin{array}{r}
84 \\
-\ 27 \\
\hline
^-3
\end{array}
$$

80 menos veinte igual a 60.

$$
\begin{array}{r}
84 \\
-\ 27 \\
\hline
^-3 \\
60
\end{array}
$$

60 más 3 negativo igual a 57.

$$
\begin{array}{r}
84 \\
-\ 27 \\
\hline
^-3 \\
+\ 60 \\
\hline
57
\end{array}
$$

Así, la respuesta es 57. ¿Qué le respondes como maestro?

16. Una estudiante de octavo grado asegura que puede demostrar que la resta de enteros es conmutativa. Ella señala que si a y b son enteros, entonces $a - b = a +\ ^-b$. Como la suma es conmutativa, también lo es la resta. ¿Cuál es tu respuesta?

17. Una estudiante trazó la siguiente figura de un entero y su opuesto. Otros estudiantes del grupo no estuvieron de acuerdo, argumentando que ^-a a debería estar a la izquierda del 0. ¿Cómo respondes?

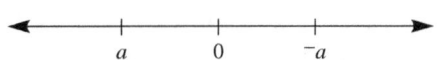

18. Una estudiante halló que la suma de enteros se puede efectuar obteniendo la suma o la diferencia de los valores absolutos de estos enteros y después agregando el signo "−", de ser necesario. Ella quisiera saber si esto siempre es cierto. ¿Cómo le respondes?

Pregunta del *Third International Mathematics and Science Study* (TIMSS) (Tercer Estudio Internacional sobre las Matemáticas y la Ciencia)

Cuando Patricia salió rumbo a la escuela, la temperatura era de menos 3 grados.

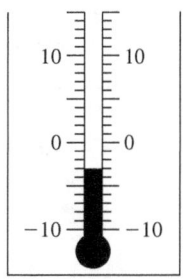

En el recreo la temperatura era de 5 grados.

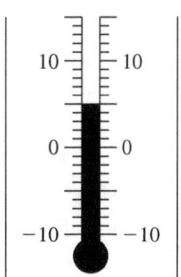

¿Cuántos grados se elevó la temperatura?
a. 2 grados   **b.** 3 grados   **c.** 5 grados   **d.** 8 grados
TIMSS, Grado 4, 2003

Pregunta del *National Assessment of Educational Progress* (NAEP) (Evaluación Nacional del Progreso Educativo)

Paco tenía 32 estampas. Le dio N estampas a su amigo. ¿Cuál es la expresión que dice cuántas estampas tiene Paco ahora?
a. $32 + N$ **b.** $32 - N$ **c.** $N - 32$ **d.** $32 \div N$
NAEP, Grado 4, 2007

ROMPECABEZAS Si se escriben en orden los dígitos 1 a 9, es posible colocar signos más y menos entre los números, o no usar un símbolo de operación, para obtener un total de 100. Por ejemplo,

$$1 + 2 + 3 - 4 + 5 + 6 + 78 + 9 = 100$$

¿Puedes obtener un total de 100 usando una menor cantidad de signos más o menos que en el ejemplo dado? Nota que se pueden combinar dígitos, como 7 y 8 en el ejemplo.

5-2   Multiplicación y división de enteros

Enfocamos las multiplicación de enteros por medio de diversos modelos: *patrones*, *campos de carga*, *fichas* y *recta numérica*. Nota que el razonamiento empleado en estos modelos es razonamiento inductivo y por lo tanto no constituye una demostración.

Modelo del patrón para la multiplicación de enteros

Podemos enfocar la multiplicación de enteros usando sumas repetidas. Por ejemplo, si un corredor pierde 2 yd en cada uno de sus tres intentos en un juego de futbol americano, entonces tendrá una pérdida neta de $^-2 + {}^-2 + {}^-2$, ó $^-6$, yardas. Como $^-2 + {}^-2 + {}^-2$ se puede escribir como $3(^-2)$, usando suma repetida tenemos $3(^-2) = {}^-6$.

Considera $(^-2)3$. No tiene sentido decir que hay $^-2$ tres en una suma. Pero si queremos que la propiedad conmutativa sea válida para todos los enteros, debemos tener $(^-2)3 = 3(^-2) = {}^-6$.

A continuación, considera $(^-3)(^-2)$. Podemos desarrollar el patrón siguiente:

$$3(^-2) = {}^-6$$
$$2(^-2) = {}^-4$$
$$1(^-2) = {}^-2$$
$$0(^-2) = 0$$
$$^-1(^-2) = ?$$
$$^-2(^-2) = ?$$
$$^-3(^-2) = ?$$

Los primeros cuatro productos, $^-6, {}^-4, {}^-2$ y 0, son términos de una sucesión aritmética con diferencia fija de 2. Si el patrón continúa, los siguientes tres términos de la sucesión son 2, 4 y 6. Así, parece que $(^-3)(^-2) = 6$. Asimismo, $(^-2)(^-3) = 6$.

> **OBSERVACIÓN** Nota el uso de la frase "parece que $(^-3)(^-2) = 6$". Más adelante en esta sección veremos por qué $^-3(^-2) = 6$.

 **RINCÓN DE LA TECNOLOGÍA** En una hoja de cálculo, en la columna A coloca 5 como primer registro y después escribe una fórmula para sumar $^-1$ a 5 para obtener el segundo registro. Después suma $^-1$ al segundo registro y llena hacia abajo, continuando el patrón. Repite el proceso en la columna B. En la columna C, halla el producto de los registros respectivos en las columnas A y B. ¿Qué patrones observas?

A continuación veremos la multiplicación de los enteros usando el modelo de las fichas, el modelo de campo de carga y el modelo de la recta numérica. En todos estos modelos comenzamos con 0, representado de varias maneras.

Modelo de campo de carga y modelo de las fichas para la multiplicación

Se puede usar tanto el *modelo de las fichas* como el *modelo de campo de carga* para ilustrar la multiplicación de los enteros. Considera la figura 5-11(a), donde se ilustra $3(^-2)$ usando un modelo de fichas. El producto $3(^-2)$ se interpreta como 3 grupos de 2 fichas rojas cada uno. En la figura 5-11(b), $3(^-2)$ se ilustra como 3 grupos de 2 cargas negativas.

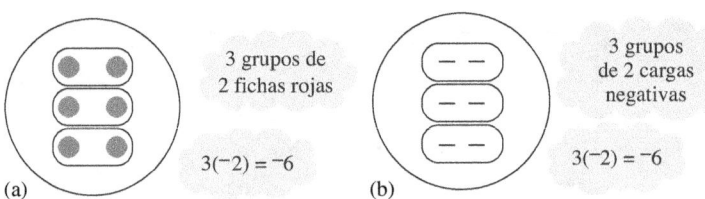

Figura 5-11

Para obtener $(^-3)(^-2)$ usando el modelo de fichas, interpretamos los signos como sigue: $^-3$ se toma como "*quitar 3 grupos de*"; $^-2$ se toma como "*2 fichas rojas*". Para hacer esto comenzamos con un valor de 0 que incluya al menos 6 fichas rojas, como se muestra en la figura 5-12(a). Cuando quitamos 6 fichas rojas quedamos con 6 fichas negras. El resultado es un 6 positivo, de modo que $(^-3)(^-2) = 6$. Se puede usar un razonamiento análogo en la figura 5-12(b) con el modelo de campo de carga.

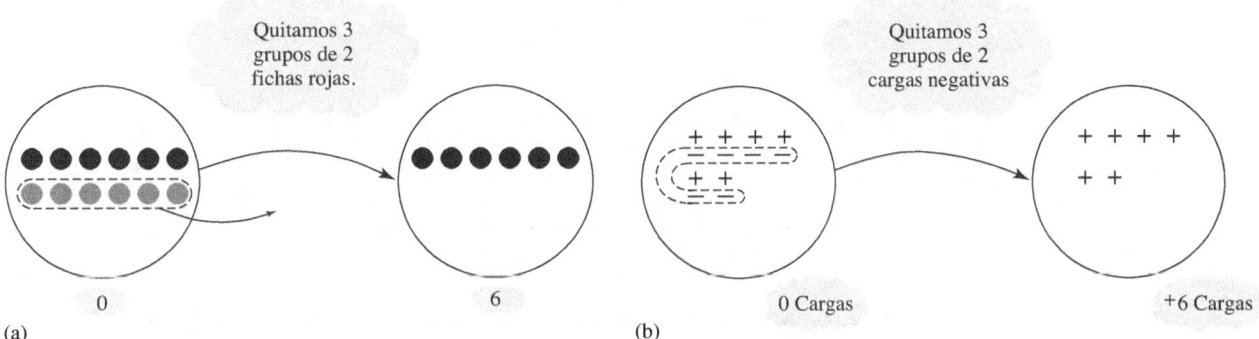

Figura 5-12

Modelo de la recta numérica

Como con la suma y la resta, ilustramos la multiplicación mediante un caminante que se mueve a lo largo de una recta numérica, de acuerdo con las reglas siguientes:

1. Viajar hacia la izquierda (al oeste) significa moverse en dirección negativa, y viajar hacia la derecha (el este) significa moverse en dirección positiva.
2. El tiempo futuro se denota con un valor positivo y el tiempo en el pasado se denota con un valor negativo.

Considera la recta numérica mostrada en la figura 5-13. Damos a continuación varios casos usando esta recta numérica.

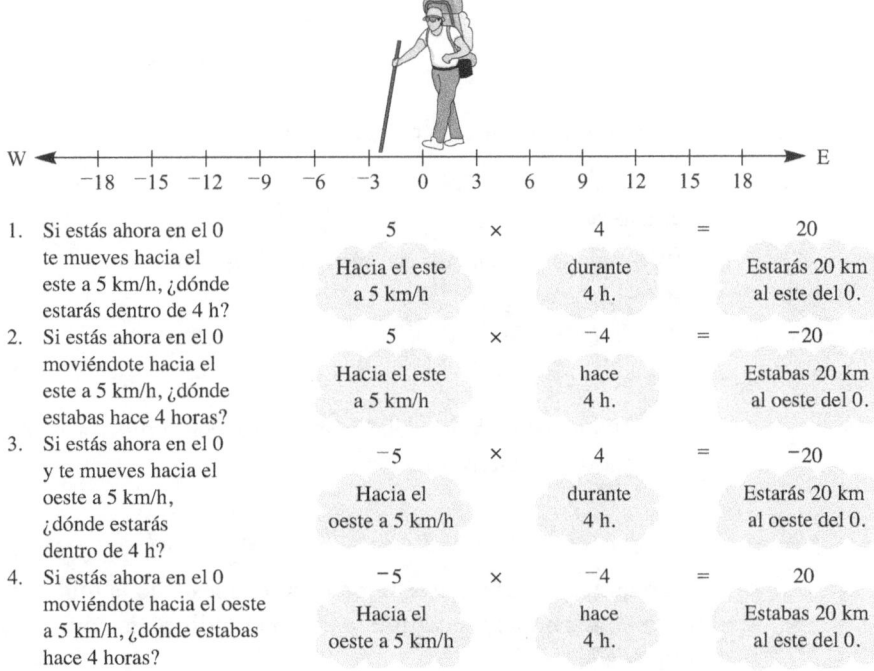

Figura 5-13

En la figura 5-14 se da un uso alternativo de la recta numérica para ilustrar la multiplicación de enteros.

a. $3 \cdot 2$ quiere decir tres grupos de 2 cada uno: $3 \cdot 2 = 6$.

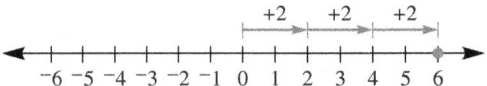

b. $3(^-2)$ quiere decir tres grupos de $^-2$ cada uno: $3(^-2) = ^-6$.

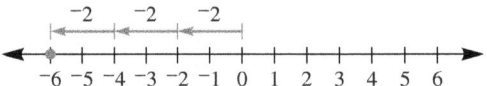

c. Los enteros 3 y $^-3$ son opuestos. Puedes pensar a $(^-3)2$ como el opuesto de tres grupos de 2 cada uno. Así, $(^-3)2 = ^-6$.

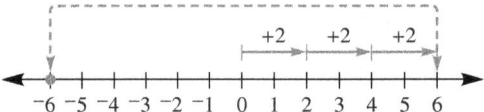

d. Puedes pensar a $(^-3)(^-2)$ como el opuesto de tres grupos de $^-2$ cada uno. Como $3(^-2) = ^-6$, $^-3(^-2) = 6$.

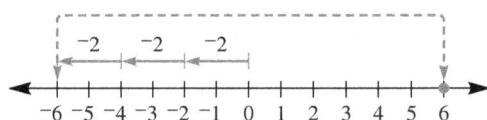

Figura 5-14

Estos modelos ilustran el siguiente:

Teorema 5–5

Para cualesquier números completos a y b, es válido que:

1. $(^-a)(^-b) = ab$
2. $(^-a)b = b(^-a) = \,^-(ab)$

OBSERVACIÓN Más adelante en esta sección mostraremos que este teorema es cierto para todos los enteros a y b.

Propiedades de la multiplicación de enteros

El conjunto de los enteros tiene propiedades bajo la multiplicación análogas a las del conjunto de los números completos bajo la multiplicación. A continuación se resumen estas propiedades.

Teorema 5–6: Propiedades de la multiplicación de enteros

El conjunto de los enteros E satisface las siguientes propiedades de la multiplicación para todos los enteros a, b y $c \in E$:

Propiedad de la cerradura de la multiplicación de enteros ab es un entero único.

Propiedad conmutativa de la multiplicación de enteros $ab = ba$.

Propiedad asociativa de la multiplicación de enteros $(ab)c = a(bc)$.

Propiedad de la identidad multiplicativa   1 es el único entero tal que para todos los enteros a, $1 \cdot a = a = a \cdot 1$.

Propiedades distributivas de la multiplicación sobre la suma de enteros
$a(b + c) = ab + ac$ y $(b + c)a = ba + ca$.

Propiedad de los enteros de la multiplicación por cero   0 es el único entero tal que para todos los enteros a, $a \cdot 0 = 0 = 0 \cdot a$.

Un enfoque para mostrar que $(^-2)3 = {}^-(2 \cdot 3)$ usa la propiedad de la unicidad de los inversos aditivos. Si podemos mostrar que $(^-2)3$ y ${}^-(2 \cdot 3)$ son inversos aditivos del mismo número, entonces deben ser iguales. Por definición, el inverso aditivo de $(2 \cdot 3)$ es ${}^-(2 \cdot 3)$. Que $(^-2)3$ también es inverso aditivo de $2 \cdot 3$ se puede demostrar al probar que $(^-2)3 + 2 \cdot 3 = 0$. A continuación se presenta la demostración:

$$(^-2)3 + 2 \cdot 3 = (^-2 + 2)3 \quad \text{Propiedad distributiva de la multiplicación sobre la suma}$$
$$= 0 \cdot 3 \quad \text{Inverso aditivo}$$
$$= 0 \quad \text{Multiplicación por cero}$$

Tenemos ahora que

$$(^-2)3 + 2 \cdot 3 = 0$$
$$-(2 \cdot 3) + 2 \cdot 3 = 0$$

Como $(^-2)3$ y ${}^-(2 \cdot 3)$ son inversos aditivos de $(2 \cdot 3)$ y como el inverso aditivo debe ser único, $(^-2)3 = {}^-(2 \cdot 3)$. Usando este enfoque podríamos demostrar el teorema siguiente (la demostración se explora en la *Evaluación 5-2A*):

Teorema 5–7

Para todo entero $a, (^-1)a = {}^-a$.

Es importante tener presente que $(^-1)a = {}^-a$ es verdadero para todos los enteros a. Así, si substituimos a por $^-1$, obtenemos $(^-1)(^-1) = {}^-(^-1)$. Como ${}^-(^-1) = 1$, tenemos otra justificación para el hecho de que $(^-1)(^-1) = 1$. Usando este resultado, la propiedad anterior y las propiedades de los enteros listados anteriormente, podemos mostrar que $(^-a)b = {}^-(ab)$ y que $(^-a)(^-b) = ab$ para todos los enteros a y b, como sigue:

◆ *Nota histórica*

Emmy Noether (1882–1935) realizó importantes contribuciones al estudio de los *anillos*, sistemas algebraicos entre los cuales está el conjunto de los enteros. Cuando entró a la Universidad de Erlanger (Alemania) en 1900, Emmy Noether era una de las dos únicas mujeres inscritas. Aún después de terminar el doctorado en 1907 no podía hallar un trabajo apropiado pues era mujer. En 1919 obtuvo un nombramiento universitario sin recibir pago y sólo después comenzó a recibir un muy modesto salario. En 1933, junto con muchos otros profesores, fue despedida de la Universidad de Göttingen por ser judía. Emigró a Estados Unidos e impartió clases en Bryn Mawr College hasta su muerte prematura sólo 18 meses después de haber llegado a Estados Unidos. ◆

$$(^-a)b = [(^-1)a]b$$
$$= (^-1)(ab)$$
$$= {}^-(ab)$$

Además:
$$(^-a)(^-b) = [(^-1)a][(^-1)b]$$
$$= [(^-1)(^-1)](ab)$$
$$= 1(ab)$$
$$= ab$$

Hemos establecido los teoremas siguientes:

Teorema 5–8

Para todos los enteros a y b,
$$(^-a)b = {}^-(ab)$$
$$(^-a)(^-b) = ab$$

OBSERVACIÓN Es importante notar que en el teorema 5–8, ^-a y ^-b no son necesariamente negativos y que a y b no son necesariamente positivos.

La propiedad distributiva de la multiplicación sobre la resta se sigue de la propiedad distributiva de la multiplicación sobre la suma:

$$a(b - c) = a(b + {}^-c)$$
$$= ab + a(^-c)$$
$$= ab + {}^-(ac)$$
$$= ab - ac$$

En consecuencia, $a(b - c) = ab - ac$. De aquí, y de la propiedad conmutativa de la multiplicación, vemos que $(b - c)a = ba - ca$.

Teorema 5–9: Propiedad distributiva de la multiplicación sobre la resta de enteros

Para cualesquier enteros a, b y c,
$$a(b - c) = ab - ac \text{ y } (b - c)a = ba - ca$$

Ejemplo 5-10

Simplifica cada uno de los casos siguientes de modo que no haya paréntesis en la respuesta final:

a. $(^-3)(x - 2)$ **b.** $(a + b)(a - b)$

Solución **a.** $(^-3)(x - 2) = (^-3)x - (^-3)(2) = {}^-3x - (^-6) = {}^-3x + {}^-(^-6) = {}^-3x + 6$

b. $(a + b)(a - b) = (a + b)a - (a + b)b$
$$= (a^2 + ba) - (ab + b^2)$$
$$= a^2 + ba + {}^-(ab + b^2)$$
$$= a^2 + ab + {}^-(ab) + {}^-b^2 \qquad \text{(Nota: } {}^-b^2 \text{ significa } {}^-(b^2).)$$
$$= a^2 + 0 + {}^-b^2$$
$$= a^2 - b^2$$

Así, $(a + b)(a - b) = a^2 - b^2$.

El resultado $(a + b)(a - b) = a^2 - b^2$ en el ejemplo 5-10(b) es la fórmula de la **diferencia de cuadrados**.

Ejemplo 5-11

Usa la fórmula de la diferencia de cuadrados para simplificar lo siguiente:

a. $(4 + b)(4 - b)$ **b.** $(^-4 + b)(^-4 - b)$ **c.** $(x + 3)^2 - (x - 3)^2$

Solución   **a.** $(4 + b)(4 - b) = 4^2 - b^2 = 16 - b^2$

          b. $(^-4 + b)(^-4 - b) = (^-4)^2 - b^2 = 16 - b^2$

          c. $(x + 3)^2 - (x - 3)^2 = [(x + 3) + (x - 3)][(x + 3) - (x - 3)]$

$$= 2x(x + 3 - x + 3)$$
$$= 2x \cdot 6$$
$$= 12x$$

AHORA INTENTA ÉSTE 5-5 Determina cómo usar la fórmula de la diferencia de cuadrados para calcular mentalmente lo siguiente:

a. $101 \cdot 99$ **b.** $22 \cdot 18$ **c.** $24 \cdot 36$ **d.** $998 \cdot 1002$

    Cuando la propiedad distributiva de la multiplicación sobre la resta se escribe en orden inverso como

$$ab - ac = a(b - c) \text{ y } ba - ca = (b - c)a$$

y de manera similar para la suma, las expresiones del lado derecho de cada ecuación están en *forma factorizada*. Decimos que hemos *factorizado* o *sacado el factor común a*. Tanto la fórmula de la diferencia de cuadrados como las propiedades distributivas de la multiplicación sobre la suma y la resta se pueden usar para factorizar.

Ejemplo 5-12

Factoriza completamente lo siguiente:

a. $x^2 - 9$ **b.** $(x + y)^2 - z^2$ **c.** $^-3x + 5xy$ **d.** $3x - 6$ **e.** $5x^2 - 2x^2$

Solución   **a.** $x^2 - 9 = x^2 - 3^2 = (x + 3)(x - 3)$

          b. $(x + y)^2 - z^2 = (x + y + z)(x + y - z)$

          c. $^-3x + 5xy = x(^-3 + 5y)$

          d. $3x - 6 = 3(x - 2)$

          e. $5x^2 - 2x^2 = (5 - 2)x^2 = 3x^2$

División de enteros

En el conjunto de los números completos, $a \div b$, donde $b \neq 0$, es el único número completo c tal que $a = bc$. Si no existe dicho número completo c, entonces $a \div b$ está indefinido. La división en el conjunto de los enteros se define de manera análoga.

Definición de división de enteros

Si a y b son enteros cualesquiera, entonces $a \div b$ es el único entero c, si es que existe, tal que $a = bc$.

OBSERVACIÓN Nota que $a \div b$, si es que existe, es la solución de $a = bx$.

Ejemplo 5-13

Usa la definición de división de enteros, de ser posible, para evaluar cada una de las siguientes operaciones:

a. $12 \div (^-4)$ **b.** $^-12 \div 4$ **c.** $^-12 \div (^-4)$ **d.** $^-12 \div 5$

e. $(ab) \div b, b \neq 0$ **f.** $(ab) \div a, a \neq 0$

Solución   **a.** Sea $12 \div (^-4) = c$. Entonces $12 = ^-4c$ y, en consecuencia, $c = ^-3$. Así, $12 \div (^-4) = ^-3$.

         b. Sea $^-12 \div 4 = c$. Entonces $^-12 = 4c$ y, por lo tanto, $c = ^-3$. Entonces, $^-12 \div 4 = ^-3$.

         c. Sea $^-12 \div (^-4) = c$. Entonces $^-12 = ^-4c$ y, en consecuencia, $c = 3$. Entonces, $^-12 \div (^-4) = 3$.

         d. Sea $^-12 \div 5 = c$. Entonces $^-12 = 5c$. Como no existe entero c que satisfaga esta ecuación (¿por qué?), decimos que $^-12 \div 5$ está indefinido en los enteros.

         e. Sea $(ab) \div b = x$. Entonces $ab = bx$ y, en consecuencia, $x = a$.

         f. Sea $(ab) \div a = x$. Entonces $ab = ax$ y, por lo tanto, $x = b$.

El ejemplo 5-13 sugiere que *el cociente de dos números negativos, de existir, es un entero positivo y que el cociente de un entero positivo y uno negativo, de existir, o de un entero negativo y uno positivo, de existir, es negativo.*

AHORA INTENTA ÉSTE 5-6 Usa la definición de división de enteros para mostrar que no es posible dividir entre 0.

Orden de las operaciones en enteros

Cuando la suma, resta, multiplicación, división y exponenciación aparecen sin paréntesis, la exponenciación se efectúa primero de derecha a izquierda, después las multiplicaciones y divisiones en el orden en que aparecen de izquierda a derecha, y a continuación las sumas y restas en el orden en que aparecen de izquierda a derecha. Las operaciones aritméticas que aparecen dentro de paréntesis deben efectuarse primero.

Ejemplo 5-14

Evalúa cada caso:

a. $2 - 5 \cdot 4 + 1$ **b.** $(2 - 5)4 + 1$ **c.** $2 - 3 \cdot 4 + 5 \cdot 2 - 1 + 5$

d. $2 + 16 \div 4 \cdot 2 + 8$ **e.** $(^-3)^4$ **f.** $^-3^4$

Solución   **a.** $2 - 5 \cdot 4 + 1 = 2 - 20 + 1 = ^-18 + 1 = ^-17$

         b. $(2 - 5)4 + 1 = (^-3)4 + 1 = ^-12 + 1 = ^-11$

         c. $2 - 3 \cdot 4 + 5 \cdot 2 - 1 + 5 = 2 - 12 + 10 - 1 + 5 = 4$

         d. $2 + 16 \div 4 \cdot 2 + 8 = 2 + 4 \cdot 2 + 8 = 2 + 8 + 8 = 10 + 8 = 18$

         e. $(^-3)^4 = (^-3)(^-3)(^-3)(^-3) = 81$

         f. $^-3^4 = ^-(3^4) = ^-(81) = ^-81$

OBSERVACIÓN Nota que del ejemplo 5-14(e) y (f), tenemos que $(^-3)^4 \neq ^-3^4$. Por convención, $(^-x)^4$ significa $(^-x)(^-x)(^-x)(^-x)$ y $^-x^4$ significa $^-(x^4)$ y por lo tanto es igual a $^-(x \cdot x \cdot x \cdot x)$.

Orden en los enteros

Como en los números completos, se puede usar una recta numérica como la mostrada en la figura 5-15 para describir las relaciones de **mayor que** y **menor que** para el conjunto de los enteros. Como $^{-}5$ está a la izquierda de $^{-}3$ en la recta numérica, decimos que "$^{-}5$ es menor que $^{-}3$" y escribimos $^{-}5 < ^{-}3$. También podemos decir que "$^{-}3$ es mayor que $^{-}5$" y escribir $^{-}3 > ^{-}5$.

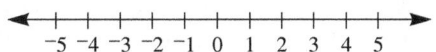

Figura 5-15

Nota que debido a que $^{-}5$ está a la izquierda de $^{-}3$, existe un entero positivo que puede sumarse a $^{-}5$ para obtener $^{-}3$, a saber, 2. Así, $^{-}5 < ^{-}3$ pues $^{-}5 + 2 = ^{-}3$. La definición de *menor que* para enteros es análoga a la usada para los números completos.

Definición de menor que para enteros

Para cualesquier enteros a y b, a es menor que b y se escribe $a < b$, si, y sólo si, existe un entero positivo k tal que $a + k = b$.

La última ecuación implica que $k = b - a$. Así, tenemos el teorema siguiente:

Teorema 5–10

$a < b$ (o, de manera equivalente, $b > a$) si, y sólo si, $b - a$ es igual a un entero positivo; esto es, $b - a$ es mayor que 0.

◆ *Nota de investigación*

Los estudiantes no comprenden muy bien el concepto de ecuaciones equivalentes. Por ejemplo, aunque son capaces de usar transformaciones para resolver ecuaciones sencillas
($x + 2 = 5$ se convierte en
$x + 2 - 2 = 5 - 2$),
los estudiantes parecen no estar conscientes de que cada transformación produce una ecuación equivalente
(Steinberg *et al.*
1990). ◆

Usando este teorema, $^{-}5 < ^{-}3$ pues $^{-}3 - (^{-}5) = ^{-}3 + ^{-}(^{-}5) = ^{-}3 + 5 = 2 > 0$. (Además $a \leq b$ significa que $a < b$ ó $a = b$. Nota que $b > a$ si, y sólo si, $a < b$. También $b \geq a$ si, y sólo si, $a \leq b$.)

Se puede usar la propiedad anterior para justificar cada uno de los casos siguientes para enteros x, y y n:

Teorema 5–11

a. Si $x < y$ y n es un entero cualquiera, entonces $x + n < y + n$.
b. Si $x < y$, entonces $^{-}x > ^{-}y$.
c. Si $x < y$ y $n > 0$, entonces $nx < ny$.
d. Si $x < y$ y $n < 0$, entonces $nx > ny$.

A continuación se justifica lo anterior.

a. Como $x < y$, $y - x > 0$. Necesitamos demostrar que $(y + n) - (x + n) > 0$. Tenemos $y + n - (x + n) = y + n - x - n = y - x$. Como $y - x > 0$, tenemos $y + n - (x + n) > 0$ y, por lo tanto, $x + n < y + n$.

b. Como $x < y$, $y - x > 0$. Necesitamos demostrar que $^{-}x - (^{-}y) > 0$. Tenemos $^{-}x - (^{-}y) = ^{-}x + ^{-}(^{-}y) = ^{-}x + y = y + ^{-}x = y - x$. Como $y - x > 0$, tenemos $^{-}x - (^{-}y) > 0$ y, por lo tanto, $^{-}x > ^{-}y$.

c. Como $x < y$, $y - x > 0$. Necesitamos demostrar que $ny - nx > 0$. Tenemos $ny - nx = n(y - x)$. Como n es un entero positivo y $y - x$ es positivo, $n(y - x)$ también debe ser positivo. Como $ny - nx > 0$, tenemos que $nx < ny$.

d. Para mostrar que $nx > ny$, sólo necesitamos demostrar que $nx - ny > 0$. Tenemos $nx - ny = n(x - y)$. Como $y - x > 0$, $x - y < 0$ (¿por qué?). Como $n < 0$ y $x - y < 0$, $n(x - y)$ es positivo. Así, $nx - ny > 0$ y, por lo tanto, $nx > ny$.

De la *Nota de investigación* en la página 277 vemos que los alumnos no comprenden bien el concepto de ecuaciones equivalentes. En el ejemplo 5-15 se practica este concepto.

Ejemplo 5-15

Usa los teoremas desarrollados anteriormente para hallar todos los enteros x que satisfagan lo siguiente:

a. $x + 3 < {}^-2$

b. ${}^-x - 3 < 5$

c. Si $x \le {}^-2$, halla los valores de $5 - 3x$.

Solución   **a.** Si $x + 3 < {}^-2$ entonces, por el teorema 5-11 (a),

$$x + 3 + {}^-3 < {}^-2 + {}^-3$$

$$x < {}^-5, \quad x \text{ es un entero.}$$

También podemos escribir el conjunto solución (el conjunto de todas las soluciones) como

$$\{{}^-6, {}^-7, {}^-8, {}^-9, \dots\}$$

Nota que, hablando estrictamente, sólo hemos demostrado que todo x que satisface la primera desigualdad también satisface $x < {}^-5$. Para estar seguros de que $x < {}^-5$ representa todas las soluciones, necesitamos mostrar el recíproco; esto es, si $x < {}^-5$ entonces $x + 3 < {}^-2$. Esto se puede hacer fácilmente sumando 3 en ambos lados de $x < {}^-5$.

b. Si ${}^-x - 3 < 5$, entonces

$$ {}^-x - 3 + 3 < 5 + 3$$

$$-x < 8$$

$${}^-({}^-x) > {}^-8 \quad \text{por el teorema 5-11 (b)}$$

$$x > {}^-8, \quad x \text{ es un entero}$$

c. Si $x \le {}^-2$, entonces

$${}^-3x \ge {}^-3({}^-2)$$

$${}^-3x \ge 6$$

$$5 + {}^-3x \ge 5 + 6$$

$$5 - 3x \ge 5 + 6$$

$$5 - 3x \ge 11; \text{ esto es, todos los enteros del conjunto } \{11, 14, 17, 20, \dots\}.$$

Extensión del sistema coordenado

Extendimos una recta numérica para incluir todos los enteros. Esta nueva recta numérica extendida puede convertirse en los ejes x y y de un sistema coordenado. En el capítulo 12 investigaremos el sistema coordenado para todos los números reales. Mientras tanto, observa la *Página de un libro de texto* donde el sistema coordenado se extiende para incluir los enteros negativos. Responde las preguntas de esa página de muestra. Nota que cuando $x = 0$, las descripciones de derecha o izquierda del eje y y la analogía para $y = 0$ no son ciertas.

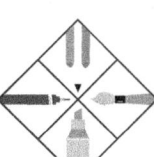

Página de un libro de texto   EL SISTEMA COORDENADO

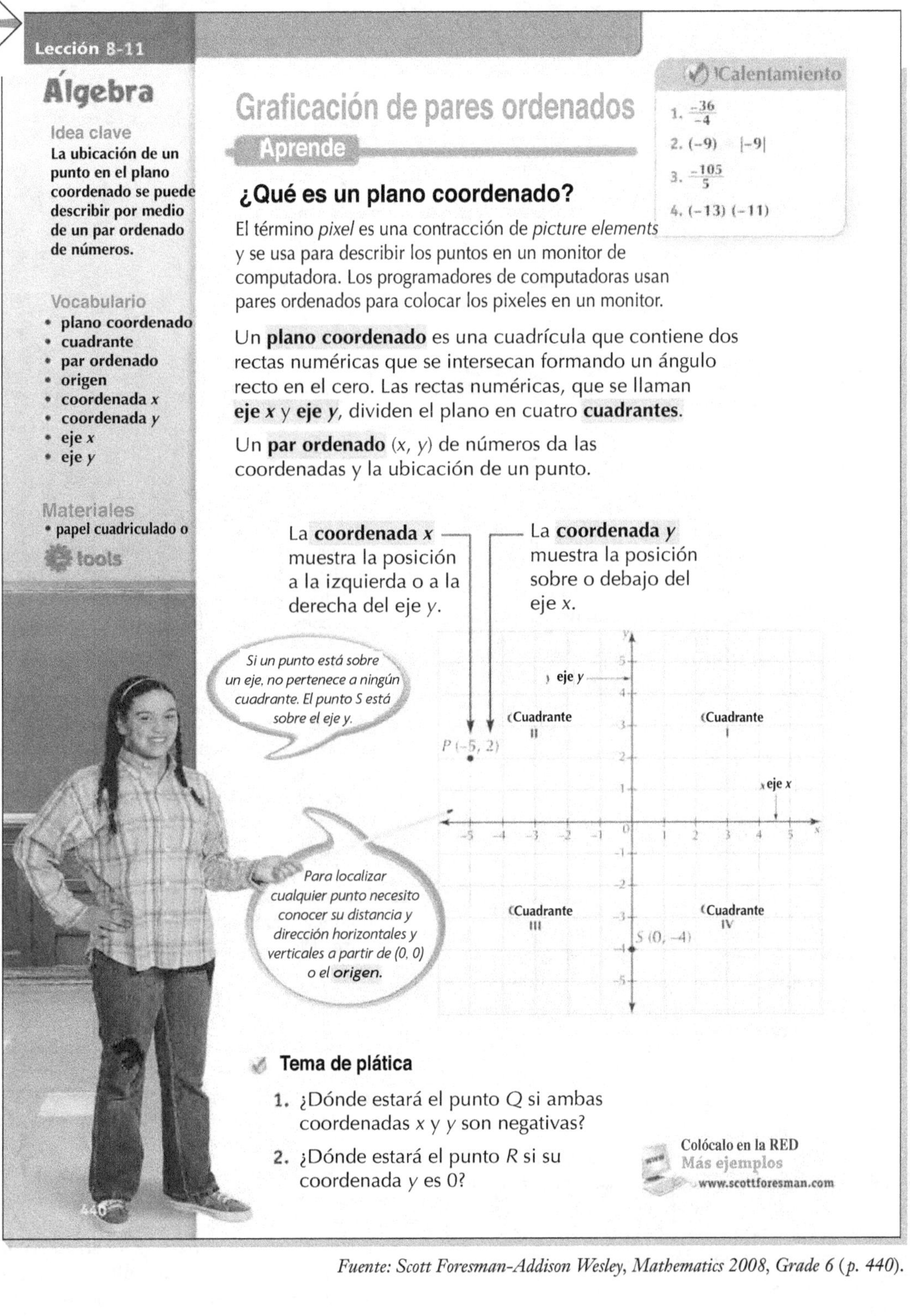

Lección 8-11

Álgebra

Idea clave

La ubicación de un punto en el plano coordenado se puede describir por medio de un par ordenado de números.

Vocabulario

- plano coordenado
- cuadrante
- par ordenado
- origen
- coordenada x
- coordenada y
- eje x
- eje y

Materiales

- papel cuadriculado o

⚙ tools

Graficación de pares ordenados

Aprende

¿Qué es un plano coordenado?

El término *pixel* es una contracción de *picture elements* y se usa para describir los puntos en un monitor de computadora. Los programadores de computadoras usan pares ordenados para colocar los pixeles en un monitor.

Un **plano coordenado** es una cuadrícula que contiene dos rectas numéricas que se intersecan formando un ángulo recto en el cero. Las rectas numéricas, que se llaman **eje x** y **eje y**, dividen el plano en cuatro **cuadrantes**.

Un **par ordenado** (x, y) de números da las coordenadas y la ubicación de un punto.

La **coordenada x** muestra la posición a la izquierda o a la derecha del eje y.

La **coordenada y** muestra la posición sobre o debajo del eje x.

Si un punto está sobre un eje, no pertenece a ningún cuadrante. El punto S está sobre el eje y.

Para localizar cualquier punto necesito conocer su distancia y dirección horizontales y verticales a partir de (0, 0) o el origen.

P (−5, 2)

Cuadrante II

Cuadrante I

eje y

x eje x

Cuadrante III

Cuadrante IV

S (0, −4)

Calentamiento

1. $\frac{-36}{-4}$

2. (-9) $|-9|$

3. $\frac{-105}{5}$

4. $(-13)(-11)$

✓ Tema de plática

1. ¿Dónde estará el punto Q si ambas coordenadas x y y son negativas?

2. ¿Dónde estará el punto R si su coordenada y es 0?

Colócalo en la RED
Más ejemplos
www.scottforesman.com

Fuente: Scott Foresman-Addison Wesley, Mathematics 2008, Grade 6 (p. 440).

AHORA INTENTA ÉSTE 5-7 En los casos siguientes halla y grafica todos los puntos (x, y) que satisfagan la condición dada, donde x y y son enteros.

a. $y = x$ **b.** $y = {}^-x$ **c.** $y = |x|$ **d.** $|x| + |y| = 5$

ROMPECABEZAS   Expresa cada uno de los números del 1 al 10 usando cuatro dígitos 4 y cualquier operación. Por ejemplo,

$$1 = 44 \div 44, \text{ ó}$$
$$1 = (4 \div 4)^{44}, \text{ ó}$$
$$1 = {}^-4 + 4 + (4 \div 4)$$

Evaluación 5-2A

1. Usa patrones para mostrar que $({}^-1)({}^-1) = 1$.
2. Usa el modelo del campo de cargas para mostrar que $({}^-4)({}^-2) = 8$.
3. Usa el modelo de la recta numérica para mostrar que $2({}^-4) = {}^-8$.
4. En cada uno de los siguientes modelos de campos de carga se quitan las cargas encerradas con una línea. Escribe el problema correspondiente de multiplicación de enteros cuya solución esté basada en el modelo.

a. **b.**

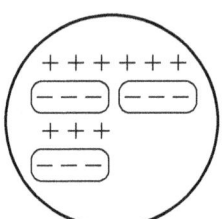 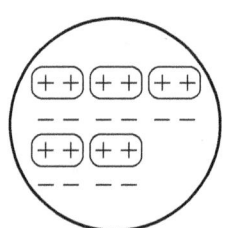

5. El número de estudiantes que almuerza en la cafetería de la escuela ha decrecido a una tasa de 20 por año. Suponiendo que esta tendencia continúa, plantea un problema de multiplicación que describa el cambio en el número de estudiantes que almuerzan en la cafetería de la escuela para los casos siguientes:
a. El cambio en los siguientes 4 años
b. La situación hace 4 años
c. El cambio en los siguientes n años
d. La situación hace n años
6. Usa la definición de división para hallar cada cociente, de ser posible. Si un cociente no está definido, explica por qué.
a. ${}^-40 \div {}^-8$ **b.** ${}^-143 \div 13$
c. ${}^-5 \div 0$
7. Evalúa cada caso, de ser posible:
a. $({}^-10 \div {}^-2)({}^-2)$
b. $({}^-10 \cdot 5) \div 5$

c. ${}^-8 \div ({}^-8 + 8)$
d. $({}^-6 + 6) \div ({}^-2 + 2)$
e. $|{}^-24| \div [4(9 - 15)]$
8. Evalúa cada uno de los siguientes productos y después, de ser posible, escribe dos afirmaciones de división que sean equivalentes a las afirmaciones sobre multiplicación. Si no es posible construir dos afirmaciones de división, explica por qué.
a. $({}^-6)5$
b. $({}^-5)({}^-4)$
c. $({}^-3)0$
d. $0 \cdot 0$
9. En los casos siguientes, x y y son enteros con $y \neq 0$. Usa la definición de división en términos de multiplicación para efectuar las operaciones indicadas. Escribe tus respuestas en la forma más sencilla.
a. $(4x) \div 4$
b. $({}^-xy) \div y$
10. En un laboratorio, la temperatura de varias reacciones químicas cambiaba en un número fijo de grados por minuto. Plantea un problema de multiplicación que describa cada uno de los casos siguientes:
a. La temperatura a las 8:00 P.M. era de 32°C. Si disminuye 3°C por minuto, ¿cuál es la temperatura a las 8:30 P.M.?
b. La temperatura a las 8:20 P.M. era de 0°C. Si disminuyó 4°C por minuto, ¿cuál era la temperatura a las 7:55 P.M.?
c. La temperatura a las 8:00 P.M. era de ${}^-20$°C. Si disminuyó 4°C por minuto, ¿cuál era la temperatura a las 7:30 P.M.?
d. La temperatura a las 8:00 P.M. era de 25°C. Si cada minuto se incrementó en 3°C, ¿cuál era la temperatura a las 7:40 P.M.?
11. Si se predijo que la tierra de cultivo perdida por uso habitacional en los próximos 9 años sería de 12,000 acres por año, ¿cuánta tierra de cultivo se perdería al dedicarla a casa habitación durante este periodo de tiempo?

12. Muestra que la propiedad distributiva de la multiplicación sobre la suma, $a(b + c) = ab + ac$, es verdadera para cada uno de los valores de a, b y c:

   a. $a = {}^-1, b = {}^-5, c = {}^-2$

   b. $a = {}^-3, b = {}^-3, c = 2$

13. Calcula los casos siguientes:

   a. $({}^-2)^3$ **b.** $({}^-2)^4$

   c. $({}^-10)^5 \div ({}^-10)^2$

   d. $({}^-3)^5 \div ({}^-3)$

   e. $({}^-1)^{50}$ **f.** $({}^-1)^{151}$

   g. ${}^-2 + 3 \cdot 5 - 1$ **h.** $10 - 3 \cdot 7 - 4({}^-2) + 3$

14. Calcula lo siguiente sin usar una calculadora:

   a. $({}^-2)^{64} - 2^{64}$ **b.** ${}^-2^8 + 2^8$

   c. ${}^-({}^-2)^5 + 0 \cdot 9 - |7 - 15| - 15$

15. Si x es un entero y $x \neq 0$, ¿cuáles de las siguientes expresiones son siempre positivas y cuáles son siempre negativas?

   a. ${}^-x^2$ **b.** x^2 **c.** $({}^-x)^2$

   d. ${}^-x^3$ **e.** $({}^-x)^3$

16. ¿Cuáles de las expresiones del problema 15 son iguales entre sí para todos los valores de x?

17. Identifica la propiedad de los enteros ilustrada en cada caso:

   a. $({}^-3)(4 + 5) = (4 + 5)({}^-3)$

   b. $({}^-4)({}^-7) \in E$

   c. $5[4({}^-3)] = (5 \cdot 4)({}^-3)$

   d. $({}^-9)[5 + ({}^-8)] = ({}^-9) \cdot 5 + ({}^-9)({}^-8)$

18. Simplifica cada caso:

   a. $({}^-x)({}^-y)$ **b.** ${}^-2x({}^-y)$

   c. ${}^-2({}^-x + y) + x + y$ **d.** ${}^-1 \cdot x$

19. Multiplica cada caso y combina términos donde sea posible:

   a. ${}^-2(x - y)$ **b.** $x(x - y)$

   c. ${}^-x(x - y)$

   d. ${}^-2(x + y - z)$

20. Halla todos los enteros x (de ser posible) que hagan verdadero cada uno de los casos siguientes:

   a. ${}^-3x = 6$ **b.** ${}^-3x = {}^-6$

   c. ${}^-2x = 0$ **d.** $5x = {}^-30$

   e. $x \div 3 = {}^-12$ **f.** $x \div ({}^-3) = {}^-2$

   g. $x \div ({}^-x) = {}^-1$

   h. $0 \div x = 0$

21. Despeja x en cada uno de los casos siguientes:

   a. ${}^-3x - 8 = 7$

   b. ${}^-2(5x - 3) = 26$

   c. $3x - x - 2x = 3$

   d. ${}^-2(5x - 6) - 30 = {}^-x$

   e. $x^2 = 4$ **f.** $(x - 1)^2 = 9$

   g. $(x - 1)^2 = (x + 3)^2$

   h. $(x - 1)(x + 3) = 0$

22. Usa la fórmula de diferencia de cuadrados para simplificar cada caso, de ser posible:

   a. $52 \cdot 48$

   b. $(5 - 100)(5 + 100)$

   c. $({}^-x - y)({}^-x + y)$

23. Factoriza completamente cada una de las expresiones siguientes.

   a. $3x + 5x$

   b. $xy + x$

   c. $x^2 + xy$

   d. $3xy + 2x - xz$

   e. $abc + ab - a$

   f. $16 - a^2$

   g. $4x^2 - 25y^2$

24. a. Usa la propiedad distributiva de la multiplicación sobre la suma o sobre la resta para mostrar que

$$(a - b)^2 = a^2 - 2ab + b^2$$

   b. Usa los resultados que obtuviste en (a) para calcular mentalmente cada uno de los casos siguientes:

     (i) 98^2 (*Sugerencia:* Escribe $98 = 100 - 2$.)

     (ii) 99^2

     (iii) 997^2

25. En cada uno de los casos a continuación halla los dos términos siguientes. Supón que la sucesión es aritmética o geométrica y halla su diferencia o razón, y el término n-ésimo.

   a. ${}^-10, {}^-7, {}^-4, {}^-1, 2, 5, \_, \_$

   b. ${}^-2, {}^-4, {}^-8, {}^-16, {}^-32, {}^-64, \_, \_$

   c. $2, {}^-2^2, 2^3, {}^-2^4, 2^5, {}^-2^6, \_, \_$

26. Halla la suma de los primeros 100 términos en la sucesión aritmética ${}^-10, {}^-7, {}^-4, {}^-1, 2, 5, \ldots$.

27. Halla los primeros cinco términos de las sucesiones cuyo término n-ésimo es

   a. $n^2 - 10$.

   b. ${}^-5n + 3$.

   c. $({}^-2)^n - 1$.

28. Halla los dos primeros términos de una sucesión aritmética en donde el cuarto término es ${}^-8$ y el término 101 es ${}^-493$.

29. Tita notó que cada 30 segundos la temperatura de una reacción química en su laboratorio estaba decreciendo en el mismo número de grados. Inicialmente la temperatura era de 28°C y 5 minutos después de ${}^-12$°C. En un segundo experimento, Tita notó que la temperatura de la reacción química era inicialmente de ${}^-57$°C e iba decreciendo 3°C cada minuto. Si ella comenzó los dos experimentos al mismo tiempo, ¿cuándo fueron iguales las temperaturas de las reacciones? ¿Cuál fue esa temperatura?

30. Halla todos los valores enteros (si los hay) de x y y para los cuales lo siguiente sea cierto.

   a. $xy = {}^-|x||y|$

   b. ${}^-x^2 = x^2$

   c. $x^2 > y^2$.

Evaluación 5-2B

1. Usa patrones para mostrar que $(^-2)(^-2) = 4$.

2. Usa el modelo del campo de cargas para mostrar que $(^-2)(^-2) = 4$.

3. Usa el modelo de la recta numérica para mostrar que $2(^-2) = ^-4$.

4. En cada uno de los siguientes modelos de campos de carga se quitan las cargas encerradas con una línea. Escribe el problema correspondiente de multiplicación de enteros cuya solución está basada en el modelo.

a.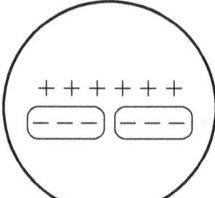

b.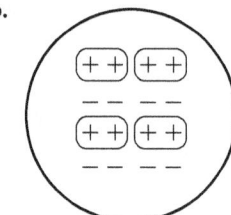

5. Usa la definición de división para hallar cada cociente, de ser posible. Si un cociente no está definido, explica por qué.
a. $143 \div (^-11)$ **b.** $0 \div (^-5)$
c. $0 \div 0$

6. Evalúa cada caso, de ser posible:
a. $(a \div b)b$ **b.** $(ab) \div b$
c. $(^-8 + 8) \div 8$ **d.** $(^-23 - ^-7) \div 4$

7. Evalúa cada uno de los siguientes productos y después, de ser posible, escribe dos afirmaciones de división que sean equivalentes a las afirmaciones sobre multiplicación. Si no es posible construir dos afirmaciones de división, explica por qué.
a. $(^-5)4$
b. $(^-4)(^-3)$

8. Supón que a y b son enteros y que $a \div b$ es un entero.
a. Usa la definición de división de enteros para demostrar que si $c \neq 0$, entonces $(ac) \div (bc) = a \div b$.
b. ¿Por qué la afirmación en (a) no es verdadera si $c = 0$? ¿Es verdadera si $a \div b = 0$ y $c \neq 0$? Justifica tus respuestas.

9. En los casos siguientes, x y y son enteros. Usa la definición de división en términos de multiplicación para efectuar las operaciones indicadas. Escribe tus respuestas en la forma más sencilla.
a. $(^-4x) \div x$
b. $(^-10x + 5) \div 5$

10. En un laboratorio, la temperatura de varias reacciones químicas cambiaba en un número fijo de grados por minuto. Plantea un problema de multiplicación que describa cada uno de los casos siguientes:
a. La temperatura a las 8:00 A.M. es de $^-5$°C. Si se incrementa en d grados por minuto, ¿cuál será la temperatura m minutos después?
b. La temperatura a las 8:00 P.M. es de 0°C. Si disminuye d grados por minuto, ¿cuál será la temperatura m minutos antes?

c. La temperatura a las 8:00 P.M. es de 20°C. Si cada minuto se incrementó en d grados, ¿cuál era la temperatura m minutos antes?

11. a. En cada una de cuatro jugadas consecutivas en un juego de futbol americano, un equipo perdió 11 yd. Si las yardas perdidas se interpretan como un entero negativo, escribe la información como un producto de enteros y determina el número total de yardas perdidas.
b. Si Gerardo González perdió un total de 66 yardas en 11 jugadas, ¿cuántas yardas, en promedio, perdió en cada jugada?

12. Muestra que la propiedad distributiva de la multiplicación sobre la suma, $a(b + c) = ab + ac$, es verdadera para cada uno de los valores de a, b y c:
a. $a = ^-5, b = 2, c = ^-6$
b. $a = ^-2, b = ^-3, c = 4$

13. Calcula los casos siguientes:
a. $10 - 3 - 12$ **b.** $10 - (3 - 12)$
c. $(^-3)^2$ **d.** $^-3^2$
e. $^-5^2 + 3(^-2)^2$ **f.** $^-2^3$
g. $(^-2)^5$ **h.** $^-2^4$

14. Calcula lo siguiente sin usar una calculadora:
a. $^-2^{63} + 2^{64}$
b. $^-|^-6| - 8^2 + (^-1)^{49} \cdot 48 \div (^-4) \cdot 3 + (^-5)^3$

15. Si x es un entero y $x \neq 0$, ¿cuáles de las siguientes expresiones son siempre positivas y cuáles son siempre negativas?
a. $^-x^4$ **b.** $(^-x)^4$ **c.** x^4
d. x **e.** ^-x

16. ¿Cuáles de las expresiones del problema 15 son iguales entre sí para todos los valores de x?

17. Identifica la propiedad de los enteros ilustrada en cada caso:
a. $(^-2)(3) \in E$
b. $(^-4)0 = 0$
c. $^-2(3 + 4) = ^-2(3) + (^-2)4$
d. $(^-2)3 = 3(^-2)$

18. Simplifica cada caso:
a. $x - 2(^-y)$
b. $a - (a - b)(^-1)$
c. $y - (y - x)(^-2)$
d. $^-1(x - y) + x$

19. Multiplica cada caso y combina términos donde sea posible:
a. $^-x(x - y - 3)$
b. $(^-5 - x)(5 + x)$
c. $(x - y - 1)(x + y + 1)$
d. $(^-x^2 + 2)(x^2 - 1)$

20. Halla todos los enteros x (de ser posible) que hagan verdadero cada uno de los casos siguientes:
a. $x \div 0 = 1$

b. $x^2 = 9$

c. $x^2 = {}^-9$

d. ${}^-x \div {}^-x = 1$

e. ${}^-x^2$ es negativo.

f. ${}^-(1 - x) = x - 1$

g. $x - 3x = {}^-2x$

h. ${}^-3(x + 2) = {}^-3x + 6$

21. Despeja x o halla los valores de la expresión indicada:

   a. $(2x - 1)^2 = (1 - 2x)^2$

   b. $x^3 = {}^-2^9$

   c. ${}^-6x > {}^-x + 20$

   d. ${}^-5(x - 3) > {}^-5$

   e. Si $x > {}^-2$, halla los valores de $3 - 5x$.

   f. Si $x < 0$, halla los valores de $2 - 7x$.

22. Usa la fórmula de diferencia de cuadrados para simplificar cada caso, de ser posible:

   a. $(2 + 3x)(2 - 3x)$

   b. $(x - 1)(1 + x)$

   c. $213^2 - 13^2$

23. Factoriza completamente cada una de las expresiones siguientes y después simplifica, de ser posible:

   a. $ax + 2x$ **b.** $ax - 2x$

   c. $3x - 4x + 7x$ **d.** $3x^2 + xy - x$

   e. $(a + b)(c + 1) - (a + b)$

   f. $x^2 - 9y^2$

   g. $(x^2 - y^2) + x + y$

24. Si x y y son enteros, clasifica cada uno de los casos siguientes como verdadero o falso. Si es verdadero, explica por qué. Si es falso, exhibe un contraejemplo.

   a. $|x + y| = |x| + |y|$

   b. $|xy| = |x||y|$

   c. $|x^2| = x^2$

   d. $|x|^2 = x^2$

25. a. Dado un calendario de cualquier mes del año, como el que sigue, escoge varios grupos de números de 3×3 y halla la suma de estos números. ¿Cómo se relacionan las sumas obtenidas con el número del centro?

JULIO						
D	L	M	M	J	V	S
		1	2	3	4	5
6	7	8	9	10	11	12
13	14	15	16	17	18	19
20	21	22	23	24	25	26
27	28	29	30	31		

★ **b.** Demuestra que la suma de los nueve dígitos de cualquier conjunto de 3×3 números seleccionados de un calendario mensual siempre es igual a 9 por el número del centro.

26. En cada uno de los casos a continuación halla los dos términos siguientes. Supón que la sucesión es aritmética o geométrica y halla su diferencia o razón, y el término n-ésimo.

   a. $10, 7, 4, 1, {}^-2, {}^-5, \_, \_$

   b. ${}^-2, 4, {}^-8, 16, {}^-32, 64, \_, \_$

27. Halla la suma de los primeros 100 términos de la sucesión aritmética $10, 7, 4, 1, {}^-2, {}^-5, \ldots$

28. Halla los primeros cinco términos de las sucesiones cuyo término n-ésimo es

   a. $({}^-2)^n + 2^n$

   b. $n^2({}^-1)^n$

   c. $|10 - n^2|$

29. En la sucesión geométrica $1, {}^-2, 4, {}^-8, \ldots$, determina si existe un término igual a los números siguientes:

   a. 512   **b.** 1024

30. Si x y y son enteros, clasifica cada caso como siempre verdadero, verdadero a veces o nunca verdadero. Justifica tus respuestas.

   a. $({}^-x)^3 = {}^-x^3$ **b.** $|x| > {}^-1$

   c. Si $x < y$ entonces $a - x < a - y$, para todos los enteros a.

31. José tiene dos cuentas de cheques. En la primera está sobregirado por \$120, y en la segunda su saldo es de \$300. Si deposita \$40 cada día en la primera cuenta pero retira \$20 diariamente de la segunda cuenta, ¿después de cuántos días el saldo será igual en cada cuenta? Explica tu solución.

Conexiones matemáticas 5-2

Comunicación

1. ¿Se puede multiplicar $({}^-x - y)(x + y)$ usando la fórmula de diferencia de cuadrados? Explica por qué sí o por qué no.

2. Carla dice que usando la ecuación $(a + b)^2 = a^2 + 2ab + b^2$, puede hallar una ecuación similar para $(a - b)^2$. Examina su argumento. Si es correcto, proporciona los pasos o razonamientos faltantes. Si es incorrecto, señala por qué.

$$(a - b)^2 = [a + ({}^-b)]^2$$
$$= a^2 + 2a({}^-b) + ({}^-b)^2$$
$$= a^2 - 2ab + b^2$$

3. a. Usa la propiedad distributiva de la multiplicación sobre la suma para mostrar que $({}^-1)a + a = 0$. (*Sugerencia:* Escribe a como $1 \cdot a$.)

   b. Usa la parte (a) para mostrar que $({}^-1)a = {}^-a$.

4. Nina dio el siguiente argumento para mostrar que $({}^-a)b = {}^-(ab)$, para todos los enteros a y b: *Yo sé que* $({}^-1)a = {}^-a$; *por lo tanto:*

$$({}^-a)b = [({}^-1)a]b$$
$$= ({}^-1)(ab)$$
$$= {}^-(ab)$$

Si el argumento es válido, completa los detalles; si no es válido, explica por qué.

5. Horacio dio el argumento de que $^-(a + b) = {}^-a + {}^-b$, para todos los enteros a y b. Si el argumento es correcto, proporciona el razonamiento faltante. Si es incorrecto, explica por qué.

$$^-(a + b) = (-1)(a + b)$$
$$= (-1)a + (-1)b$$
$$= {}^-a + {}^-b$$

6. El matemático suizo LEONHARD EULER (1707–1783) demostró que $(^-1)(^-1) = 1$ argumentando como sigue: "El resultado debe ser $^-1$ ó 1. Si es $^-1$, entonces $(^-1)(^-1) = {}^-1$. Como $^-1 = (^-1)1$, tenemos que $(^-1)(^-1) = (^-1)1$. Ahora, dividiendo ambos lados de la última ecuación entre $^-1$ tenemos que $^-1 = 1$, lo cual, por supuesto, no puede ser cierto. Por lo tanto, $(^-1)(^-1)$ debe ser igual a 1".

   a. ¿Cuál es tu reacción ante este argumento? ¿Es lógico? ¿Por qué sí o por qué no?

   b. ¿Se puede usar el enfoque de EULER para justificar otras propiedades de los enteros? Explica.

7. Si $5x + 3 < {}^-20$, responde a lo siguiente:

   a. Halla el mayor entero x para el cual la desigualdad es verdadera. Explica tu razonamiento.

   b. ¿Existe un menor entero x para el cual la desigualdad es verdadera? Explica por qué sí o por qué no.

8. Juanita pide a sus compañeras de clase que escojan un número, después que multipliquen el número por $^-3$, le sumen 2 al producto, multipliquen el resultado por $^-2$ y después le resten 14. Finalmente, pide a cada estudiante que divida el resultado entre 6 y registre la respuesta. Cuando Juanita obtiene una respuesta de una de sus compañeras, ella le suma 3 mentalmente y anuncia el número que cada compañera eligió originalmente. ¿Cómo supo Juanita que debía sumar 3 a cada respuesta?

Solución abierta

9. Construye un problema similar al problema 8 pero con todas las cifras diferentes, y resuélvelo.

10. En una competencia nacional de matemáticas, el resultado se obtiene usando la fórmula 4 por el número de respuestas correctas menos el número de respuestas incorrectas. En este esquema, los problemas dejados en blanco no se consideran correctos ni incorrectos. Describe un escenario que permita que un estudiante obtenga un resultado negativo.

11. Selecciona un libro de texto de educación media que presente la multiplicación y la división de enteros; analiza cualquiera de los modelos usados y expresa lo que piensas acerca de su efectividad para usarlo con un grupo de estudiantes.

Aprendizaje colectivo

12. Diseñen un esquema para determinar el promedio de un estudiante al que se pueden asignar puntos negativos como calificación reprobatoria.

   a. Usen su esquema para determinar posibles calificaciones para estudiantes con promedios positivo, cero y negativo.

   b. Comparen su esquema con el de otro grupo y escriban una justificación del mejor esquema.

13. a. ¿Cómo expondrían la multiplicación de enteros en una escuela de educación media y cómo explicarían que el producto de dos números negativos es positivo? Escriban una justificación de su enfoque.

   b. Presenten sus respuestas y compárenlas con las de otro grupo; juntos decidan acerca de la manera más apropiada de exponer los conceptos. Escriban una justificación de su enfoque.

14. Discutan en su grupo acerca del enfoque favorito de cada persona para justificar el hecho de que $(^-1)(^-1) = 1$ y por qué es el favorito.

Preguntas del salón de clase

15. Un estudiante de séptimo grado no cree que $^-5 < {}^-2$. El estudiante argumenta que una deuda de \$5 es mayor que una deuda de \$2. ¿Cómo le respondes?

16. Un estudiante calcula $^-8 - 2(^-3)$ escribiendo $^-10(^-3) = 30$. ¿Cómo puedes ayudar a este estudiante?

17. Un estudiante dice que su papá le enseñó un método muy sencillo para trabajar con expresiones como $^-(a - b + 1)$ y $x - (2x - 3)$. La regla es que si hay un signo negativo antes del paréntesis, cambian los signos de la expresión dentro del paréntesis. Así, $^-(a - b + 1) = {}^-a + b - 1$ y $x - (2x - 3) = x - 2x + 3$. ¿Cuál es tu respuesta?

18. Ale dice que $4(^-2)$ y $^-4(^-2)$ no pueden ser iguales a 8. Dice que él sabe que $4(^-2) = {}^-8$ pues $4(^-2) = {}^-2 + {}^-2 + {}^-2 + {}^-2 = {}^-8$. Por lo tanto, $^-4(^-2)$ debe ser 8. ¿Qué le dices a Ale?

19. Beti usó el modelo de campos de carga para mostrar que $^-2(^-3) = 6$. Dice que esto demuestra que cualquier número negativo multiplicado por cualquier número negativo es un entero positivo. ¿Cómo le respondes?

Problemas de repaso

20. Encuentra $^-8 + {}^-5$ usando una recta numérica.

21. Halla el inverso aditivo de cada uno de los siguientes casos:

   a. $^-5$ **b.** 7   **c.** 0

22. Calcula cada caso:

   a. $|^-14|$

   b. $|^-14| + 7$

   c. $8 - |^-12|$

   d. $|11| + |^-11|$

23. En los años 1400, los mercaderes europeos usaban números positivos y negativos para marcar barriles de harina. Por ejemplo, un barril marcado +3 significaba que tenía 3 lb de sobrepeso, mientras que si estaba marcado con $^-5$ significaba que tenía 5 lb por debajo del peso. Si se hallaron los números siguientes en barriles de 100 lb, ¿cuál era el peso total de los barriles?

24. Escribe la función $f(x) = (x + |x|) \div 2$ sin los símbolos de valor absoluto. (Distingue los dos casos: $x \geq 0$ y $x < 0$.)

25. Despeja x de ser posible:

    a. $|x| = 3$ **b.** $|x| + 1 = 0$

    c. $|x| = x$ **d.** $|x| = {}^-x$

Preguntas del *Third International Mathematics and Science Study* (TIMSS) (Tercera Reunión Internacional sobre el Estudio de las Matemáticas y la Ciencia)

Si n es un entero negativo, ¿cuál de estos números es el mayor?

    a. $3 + n$ **b.** $3 \times n$ **c.** $3 - n$ **d.** $3 \div n$

Si $x = {}^-3$, ¿cuál es el valor de ${}^-3x$?

    a. ${}^-9$

    b. ${}^-6$

    c. ${}^-1$

    d. 1

    e. 9

TIMSS, Grado 8, 2003

ROMPECABEZAS Si $a, \ldots, z$ son letras consecutivas del alfabeto que representan enteros, halla el producto:

$$(x - a)(x - b)(x - c) \cdot \ldots \cdot (x - z)$$

5-3   Divisibilidad

Los conceptos de enteros *par* e *impar* son de uso común. Por ejemplo, durante los periodos de escasez de agua en el verano, en muchos lugares las casas con número par pueden tener agua los días con número par y las casas con número impar pueden tener agua los días con número impar. Un entero par es aquel que es divisible entre 2; esto es, un entero que tiene residuo 0 cuando se divide entre 2. Un entero impar es un entero que no es divisible entre 2. El hecho de que 12 sea divisible entre 2 se puede enunciar mediante las siguientes afirmaciones equivalentes, en la columna de la izquierda:

Ejemplo	**Afirmación general**
12 es divisible entre 2.	a es divisible entre b.
2 es un divisor de 12.	b es un divisor de a.
12 es un múltiplo de 2.	a es un múltiplo de b.
2 es un factor de 12.	b es un factor de a.
2 divide a 12.	b divide a a.

La afirmación de que "2 divide a 12" se escribe con un segmento vertical, como en $2\,|\,12$, donde el segmento vertical significa **divide a**. Asimismo, "b divide a a" se puede escribir como $b\,|\,a$. Cada afirmación en la columna de la derecha se puede escribir como $b\,|\,a$. Escribimos $5 \nmid 12$ para simbolizar que 5 no divide a 12 o que 12 no es divisible entre 5. La notación $5 \nmid 12$ también implica que 12 no es un múltiplo de 5 y que 5 no es un factor de 12.

En general, si a es un entero no negativo y b es un entero positivo, decimos que a es divisible entre b o, de manera equivalente, que b divide a a si, y sólo si, el residuo cuando a se divide entre b es 0. Usando el algoritmo de la división, esto significa que existe un único c (cociente) tal que $a = bc$. En la siguiente definición extendemos este concepto de divisibilidad para todos los enteros.

> **Definición de "Divide"**
>
> Si a y b son enteros cualesquiera, entonces b divide a a, que se escribe $b\,|\,a$, si, y sólo si, existe un entero único c tal que $a = bc$.

Si $b\,|\,a$, entonces b es un **factor**, o un **divisor**, de a, y a es un **múltiplo** de b.

> **OBSERVACIÓN**   En este capítulo, cuando se use el símbolo de "divide a", como en $b|a$, suponemos que a y b son enteros y que $b \neq 0$.

No confundas $b|a$ con b/a, que se interpreta como $b \div a$. La primera expresión, que es una relación, puede ser verdadera o falsa. La expresión posterior, una operación, tiene un valor numérico si $a \neq 0$. Nota que si b/a es un entero, entonces $a|b$. Nota, además, que para enteros positivos $a \nmid b$ es equivalente a decir que el residuo cuando b se divide entre a no es 0.

Ejemplo 5-16

Clasifica cada uno de los casos siguientes como verdadero o falso. Explica tus respuestas.

a. $^-3|12$ **b.** $0|2$ **c.** 0 es par.
d. $8 \nmid 2$ **e.** Para todos los enteros a, $1|a$.   **f.** Para todos los enteros a, $^-1|a$.
g. $3|6n$ para todos los enteros n. **h.** $(a-b)|(a^2-b^2)$ Si a y b son enteros y $a \neq b$.
i. $0|0$

Solución   **a.** $^-3|12$ es verdadero porque $12 = {}^-4(^-3)$.
         b. $0|2$ es falso porque no existe entero c tal que $2 = c \cdot 0$.
         c. $2|0$ es verdadero porque $0 = 0 \cdot 2$; por lo tanto, 0 es par.
         d. $8 \nmid 2$ es verdadero porque no existe entero c tal que $2 = c \cdot 8$.
         e. $1|a$ es verdadero para todos los enteros a pues $a = a \cdot 1$.
         f. $^-1|a$ es verdadero para todos los enteros a pues $a = (^-a)(^-1)$.
         g. $3|6n$ es verdadero. Como $6n = 3 \cdot 2n$, $6n$ es un múltiplo de 3 y, por lo tanto, $3|6n$.
         h. $(a-b)|(a^2-b^2)$ es verdadero pues $a^2 - b^2 = (a-b)(a+b)$ y $a \neq b$.
         i. $0|0$ es falso pues $0 = 0 \cdot q$ para todos los enteros q, de modo que q no es único.

Supón que tenemos un paquete de goma de mascar y sabemos que el número de piezas, a, es divisible entre 5. Entonces, si tenemos dos paquetes el número total de piezas de goma de mascar sigue siendo divisible entre 5. Lo mismo es cierto si tenemos 7 paquetes o 20 paquetes, o en general n paquetes donde n es cualquier entero positivo. Podemos registrar la observación anterior como:

Si $5|a$, entonces $5|na$, donde a y n son enteros y $n > 0$.

De manera más general, si $d|a$ entonces d divide a cualquier múltiplo de a. Enunciamos este hecho en el siguiente:

> **Teorema 5–12**
>
> Para cualesquier enteros a y d, si $d|a$ y n es cualquier entero, entonces $d|na$.

Nota histórica

PIERRE DE FERMAT (1601–1665) fue un abogado y magistrado que sirvió en el parlamento provincial de Toulouse, Francia. Dedicaba su tiempo libre a las matemáticas —tema en el cual no tenía una educación formal. Después de su muerte, su hijo decidió publicar una nueva edición de la *Arithmetica* de Diofanto con las notas de Fermat. Una de las notas en el margen del ejemplar de Fermat aseguraba que la ecuación $x^n + y^n = z^n$ no tenía soluciones enteras positivas si n era un entero mayor que 2 y comentaba, "He hallado una demostración admirable de esto, pero el margen es muy estrecho para contenerla". Muchos grandes matemáticos dedicaron años a tratar de probar la afirmación de Fermat, ahora llamada "el último teorema de Fermat". En 1995 ANDREW WILES, un matemático de la Universidad de Princeton, demostró el último teorema de Fermat. ◆

El teorema se puede enunciar en una forma equivalente:

Si d es un factor de a (esto es, si a es igual a algún entero multiplicado por d), entonces d es un factor de cualquier múltiplo de a.

Figura 5-16

A continuación considera dos paquetes de goma de mascar, cada uno con cinco piezas, como en la figura 5-16. Podemos dividir equitativamente cada paquete de este producto entre cinco estudiantes. Además, si abrimos ambos paquetes y colocamos todas las piezas en una bolsa, todavía podríamos dividir equitativamente las piezas de chicle entre los cinco estudiantes. Para generalizar esta idea, si compramos goma de mascar en paquetes más grandes con a piezas en un paquete y b piezas en un segundo paquete, y con a y b divisibles entre 5, podemos registrar el análisis anterior como:

$$\text{Si } 5|a \text{ y } 5|b, \text{ entonces } 5|(a+b).$$

Si el número, a, de piezas de goma de mascar en un paquete es divisible entre 5, pero el número b de piezas en otro paquete no lo es, entonces el total, $a + b$, no puede dividirse de manera equitativa entre cinco estudiantes. Esto se puede registrar como:

$$\text{Si } 5|a \text{ y } 5\nmid b, \text{ entonces } 5\nmid(a+b).$$

AHORA INTENTA ÉSTE 5-8 Si $a, b \in E$, ¿cuál es el error, si lo hay, en la afirmación: si $5\nmid a$ y $5\nmid b$, entonces $5\nmid(a+b)$?

Como la resta se puede definir en términos de la suma, resultados similares para la suma son válidos para la resta. Estas ideas se generalizan en el teorema 5–13.

Teorema 5–13

Para cualesquier enteros a, b y d, $d \neq 0$,

a. Si $d|a$ y $d|b$, entonces $d|(a+b)$.
b. Si $d|a$ y $d\nmid b$, entonces $d\nmid(a+b)$.
c. Si $d|a$ y $d|b$, entonces $d|(a-b)$.
d. Si $d|a$ y $d\nmid b$, entonces $d\nmid(a-b)$.

OBSERVACIÓN El teorema 5–13 se puede extender. Por ejemplo, si a, b, c y d son enteros, con $d \neq 0$, entonces,

$$\text{Si } d|a, d|b \text{ y } d|c, \text{ entonces } d|(a+b+c).$$

Las demostraciones de la mayoría de los teoremas en esta sección se dejan como ejercicios, pero damos la demostración del teorema 5–13(a) como ilustración.

Demostración

El teorema 5–13(a) equivale a lo siguiente:

Si a es un múltiplo de d y b es un múltiplo de d, entonces $a + b$ es un múltiplo de d.

Nota que "a es un múltiplo de d" significa que $a = md$, para algún entero m. Análogamente, "b es un múltiplo de d" significa $b = nd$, para algún entero n. Para mostrar que $a + b$ es un múltiplo de d, sumamos estas ecuaciones como sigue:

$$a + b = md + nd$$

¿Es $md + nd$ un múltiplo de d? Nota que $md + nd = (m + n)d$, de modo que $a + b = (m + n)d$. Por la propiedad de la cerradura de la suma de enteros, $m + n$ es un entero. Luego, $a + b$ es un múltiplo de d y, por lo tanto, $d | (a + b)$.

Ejemplo 5-17

Clasifica cada uno de los casos siguientes como verdadero o falso, donde x, y y z son enteros. Si una afirmación es verdadera, demuéstrala. Si una afirmación es falsa, exhibe un contraejemplo.

a. Si $3 | x$ y $3 | y$, entonces $3 | xy$.   **b.** Si $3 | (x + y)$, entonces $3 | x$ y $3 | y$.
c. Si $9 \nmid a$, entonces $3 \nmid a$.

Solución   **a.** Verdadera. Por el teorema 5–12, si $3 | x$ entonces, para cualquier entero y, $3 | yx$ ó $3 | xy$.
b. Falsa; por ejemplo, $3 | (7 + 2)$, pero $3 \nmid 7$ y $3 \nmid 2$.
c. Falsa; por ejemplo, $9 \nmid 21$, pero $3 | 21$.

AHORA INTENTA ÉSTE 5-9 Si $x, y \in E$, y si $3 | x$, ¿es cierto que $3 | xy$ independientemente de que $3 | y$ ó $3 \nmid y$? ¿Por qué?

Ejemplo 5-18

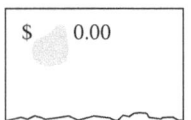

Figura 5-17

Cinco estudiantes hallaron una caja de dinero cerrada con una ficha de depósito pegada. La ficha estaba mojada, de manera que la cantidad se veía como aparece en la figura 5-17. Un estudiante observó que si el dinero listado en la ficha de depósito estaba en la caja, sería fácil dividirlo equitativamente entre los cinco estudiantes sin usar monedas. ¿Cómo supo esto el estudiante?

Solución   Como el dígito de las unidades de la cantidad de dinero es 0, la solución al problema es determinar si todos los números naturales cuyo dígito de las unidades es 0 son divisibles entre 5. Para resolver este problema, *busca un patrón*. Los números naturales cuyo dígito de las unidades es 0 forman un patrón, esto es, 10, 20, 30, 40, 50, ... Estos números son múltiplos de 10. Ahora queremos determinar si 5 divide a todos los múltiplos de 10. Como $5 | 10$, por el teorema 5–12, 5 divide a cualquier múltiplo de 10. Por lo tanto, 5 divide a la cantidad de dinero en la caja, y el estudiante tiene razón.

Criterios de divisibilidad

Como se mostró en el ejemplo 5-18, a veces es útil saber si un número es divisible entre otro sólo con verlo o mediante una prueba sencilla. Descubrimos que si un número termina en 0, entonces el número es divisible entre 5. El mismo argumento se puede usar para mostrar que si un número termina en 5, es divisible entre 5. Éste es un ejemplo de una regla de divisibilidad. Más aún, si el último dígito de un número no es 0 ó 5, entonces el número no es divisible entre 5.

Los libros de texto elementales frecuentemente enuncian reglas de divisibilidad, mismas que tienen uso limitado, excepto para aritmética mental. Es posible determinar si 1734 es divisible entre 17 ya sea usando lápiz y papel o una calculadora. Para verificar la divisibilidad y evitar los decimales, podemos usar una calculadora con tecla de división entera, $\boxed{\text{INT} \div}$. En dicha calculadora se puede efectuar la división entera usando la siguiente sucesión de teclas:

$$\boxed{1}\ \boxed{7}\ \boxed{3}\ \boxed{4}\ \boxed{\text{INT} \div}\ \boxed{1}\ \boxed{7}\ \boxed{=}$$

para obtener en pantalla $\underset{Q}{\underline{102}}\quad \underset{R}{\underline{0.}}$

Esto implica que $1734/17 = 102$ con residuo 0, lo cual, a su vez, implica que $17|1734$.

Podríamos haber determinado el mismo resultado mentalmente al considerar lo siguiente:

$$1734 = 1700 + 34$$

Como $17|1700$ y $17|34$, por el teorema 5–13(a), tenemos $17|(1700 + 34)$, ó $17|1734$. De manera análoga, podríamos determinar mentalmente que $17\nmid 1735$.

> **OBSERVACIÓN** Nota que $17|1734$ implica que $17|(^-1)1734$, esto es, $17|^-1734$. En general, $d|^-a$ si, y sólo si, $d|a$.

Criterios de divisibilidad para 2, 5 y 10

Para determinar mentalmente si un entero dado n es divisible entre otro entero d, pensamos n como suma o diferencia de enteros, donde d divide a al menos uno de estos números. Usamos un ejemplo para tener idea de cómo funciona este concepto. Considera el número 1362. Este número se puede representar como en la figura 5-18. Nota que 2 divide a cada parte de la figura (ve la línea punteada). Como 2 divide a cada parte de la figura, por la extensión del teorema 5–13, 2 divide a la suma de todas las partes, y por lo tanto $2|1362$.

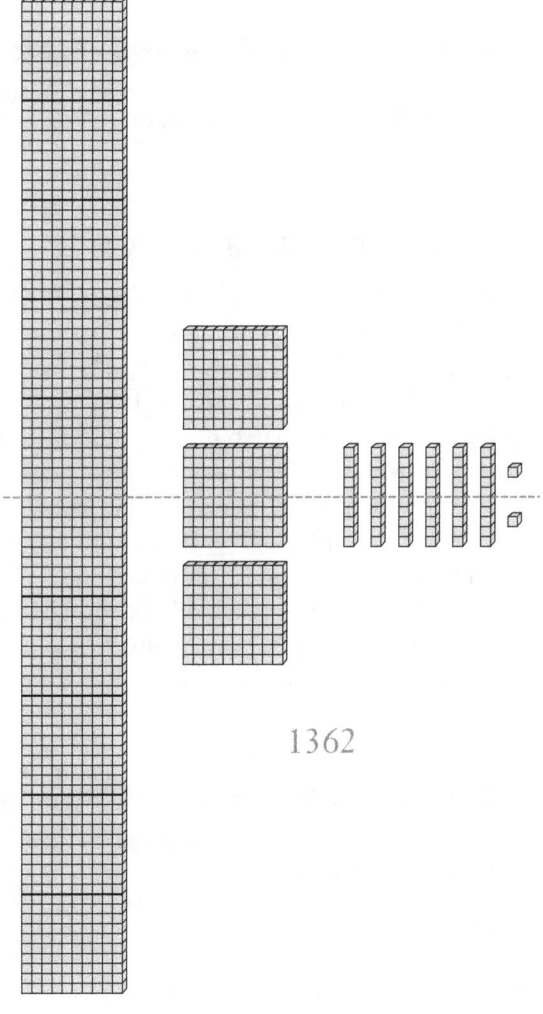

1362

Figura 5-18

Nota que si el número original era 1363, entonces $2 \mid 1362$ y $2 \nmid 1$; por lo tanto, $2 \nmid 1363$. Vemos que todo lo que tenemos que hacer es determinar si el dígito de las unidades es divisible entre 2 para determinar si el número es divisible entre 2. Podemos desarrollar un criterio similar para verificar la divisibilidad entre 5 y 10.

Teorema 5–14: Criterio de divisibilidad para 2

Un entero es divisible entre 2 si, y sólo si, su dígito de las unidades es divisible entre 2.

Teorema 5–15: Criterio de divisibilidad para 5

Un entero es divisible entre 5 si, y sólo si, su dígito de las unidades es divisible entre 5, esto es, si, y sólo si, el dígito de las unidades es 0 ó 5.

Teorema 5–16: Criterio de divisibilidad para 10

Un entero es divisible entre 10 si, y sólo si, su dígito de las unidades es divisible entre 10, esto es, si, y sólo si, el dígito de las unidades es 0.

Criterios de divisibilidad para 4 y 8

Al considerar reglas de divisibilidad para 4 y 8 vemos que $4 \nmid 10$ y $8 \nmid 10$, de modo que no es cuestión de verificar si el dígito de las unidades es divisible entre 4 y 8. Sin embargo, 4 (que es 2^2) divide a 10^2, y 8 (que es 2^3) divide a 10^3.

Primero desarrollamos una regla de divisibilidad para 4. Considera, por ejemplo, cualquier número n de cuatro dígitos, a, b, c y d, tal que $n = a10^3 + b10^2 + c10 + d$. *Nuestro objetivo parcial es escribir el número dado como suma de dos números*, uno de los cuales debe ser lo más grande posible y ser divisible entre 4. Sabemos que $4 \mid 10^2$ pues $10^2 = 4 \cdot 25$ y, en consecuencia, $4 \mid 10^3$. Como $4 \mid 10^2$, entonces $4 \mid b10^2$; y como $4 \mid 10^3$, entonces $4 \mid a10^3$. Finalmente, $4 \mid a10^3$ y $4 \mid b10^2$ implican que $4 \mid (a10^3 + b10^2)$. Ahora la divisibilidad de $a10^3 + b10^2 + c10 + d$ entre 4 depende de la divisibilidad de $(c10 + d)$ entre 4. Nota que $c10 + d$ es el número representado por los últimos dos dígitos del número dado n. Resumimos esto en el siguiente criterio.

Teorema 5–17: Criterio de divisibilidad para 4

Un entero es divisible entre 4 si, y sólo si, los dos últimos dígitos del entero representan un número divisible entre 4.

Para investigar la divisibilidad entre 8, notamos que la mínima potencia positiva de 10 divisible entre 8 es 10^3 como $10^3 = 8 \cdot 125$. En consecuencia, todas las potencias enteras de 10 mayores que 10^3 también son divisibles entre 8. Por lo tanto, lo siguiente es un criterio de divisibilidad entre 8.

Teorema 5–18: Criterio de divisibilidad para 8

Un entero es divisible entre 8 si, y sólo si, los últimos tres dígitos del entero representan un número divisible entre 8.

Ejemplo 5-19

a. Determina si 97,128 es divisible entre 2, 4 y 8.
b. Determina si 83,026 es divisible entre 2, 4 y 8.

Solución **a.** $2 | 97{,}128$ porque $2 | 8$.
    $4 | 97{,}128$ porque $4 | 28$.
    $8 | 97{,}128$ porque $8 | 128$.
  b. $2 | 83{,}026$ porque $2 | 6$.
    $4 \nmid 83{,}026$ porque $4 \nmid 26$.
    $8 \nmid 83{,}026$ porque $8 \nmid 026$.

Ejemplo 5-20

Usa los teoremas 5–12 y 5–13 para demostrar por qué funciona el criterio de divisibilidad para 8 en el ejemplo 5-19(a).

Solución Podemos escribir 97,128 como 97,000 + 128. Como $8|1000$, entonces $8|97 \cdot 1000$ u $8|97{,}000$ (Teorema 5–12). A continuación necesitamos verificar que $8|128$. Es así, de modo que $8|(97{,}000 + 128)$ u $8|97{,}128$ (Teorema 5–13).

OBSERVACIÓN En el ejemplo 5–19(a), hubiera bastado verificar que el número dado es divisible entre 8 pues si $8|a$, entonces $2|a$ y $4|a$. ¿Por qué? Esta relación se muestra en la figura 5-19.

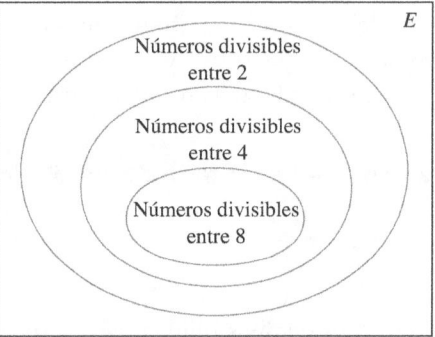

Figura 5-19

Nota que si $8 \nmid a$, no podemos concluir que $4 \nmid a$ ó $2 \nmid a$. ¿Por qué?

Criterios de divisibilidad entre 3 y 9

A continuación consideramos un criterio de divisibilidad para 3. Ninguna potencia de 10 es divisible entre 3, pero los números 9 y 99 y 999 y otros de este tipo son divisibles entre 3. Por ejemplo, para determinar si 5721 es divisible entre 3, reescribimos el número usando 999, 99 y 9, como sigue:

$$5721 = 5 \cdot 10^3 + 7 \cdot 10^2 + 2 \cdot 10 + 1$$
$$= 5(999 + 1) + 7(99 + 1) + 2(9 + 1) + 1$$
$$= 5 \cdot 999 + 5 \cdot 1 + 7 \cdot 99 + 7 \cdot 1 + 2 \cdot 9 + 2 + 1$$
$$= (5 \cdot 999 + 7 \cdot 99 + 2 \cdot 9) + (5 + 7 + 2 + 1)$$

La suma en el primer conjunto entre paréntesis del último renglón es divisible entre 3, así que la divisibilidad de 5721 entre 3 depende de la suma del segundo conjunto entre paréntesis. En este caso, $5 + 7 + 2 + 1 = 15$ y $3|15$, de modo que $3|5721$. Por lo tanto, para probar la divisibilidad de 5721 entre 3, probamos la divisibilidad de $5 + 7 + 2 + 1$ entre 3. Nota que $5 + 7 + 2 + 1$ es la suma de los dígitos de 5721. El ejemplo sugiere el siguiente criterio de divisibilidad entre 3.

> **Teorema 5–19: Criterio de divisibilidad entre 3**
>
> Un entero es divisible entre 3 si, y sólo si, la suma de sus dígitos es divisible entre 3.

Podemos usar un argumento similar al que usamos para demostrar que $3|5721$ para probar el criterio de divisibilidad entre 3 para cualquier entero, y en particular para cualquier número de cuatro dígitos $n = a10^3 + b10^2 + c10 + d$. Aunque $a10^3 + b10^2 + c10 + d$ no sea necesariamente divisible entre 3, el número $a999 + b99 + c9$ *es* divisible entre 3. Tenemos lo siguiente:

$$a10^3 + b10^2 + c10 + d = a1000 + b100 + c10 + d$$
$$= a(999 + 1) + b(99 + 1) + c(9 + 1) + d$$
$$= (a999 + b99 + c9) + (a1 + b1 + c1 + d)$$
$$= (a999 + b99 + c9) + (a + b + c + d)$$

Como $3|9$, $3|99$ y $3|999$, se sigue que $3|(a999 + b99 + c9)$. Si $3|(a + b + c + d)$, entonces $3|[(a999 + b99 + c9) + (a + b + c + d)]$; esto es, $3|n$. Por otro lado, si $3 \nmid (a + b + c + d)$, del teorema 5–13(b) tenemos que $3 \nmid n$.

Como $9|9$, $9|99$, $9|999$ y así sucesivamente, un criterio similar al de la divisibilidad entre 3 se aplica a la divisibilidad entre 9. ¿Por qué?

> **Teorema 5–20: Criterio de divisibilidad entre 9**
>
> Un entero es divisible entre 9 si, y sólo si, la suma de los dígitos del entero es divisible entre 9.

Ejemplo 5-21

Usa criterios de divisibilidad para determinar si cada uno de los números siguientes es divisible entre 3 y entre 9:

a. 1002   **b.** 14,238

Solución **a.** Como $1 + 0 + 0 + 2 = 3$ y $3|3$, se sigue que $3|1002$. Como $9 \nmid 3$, se sigue que $9 \nmid 1002$.

b. Como $1 + 4 + 2 + 3 + 8 = 18$ y $3|18$, se sigue que $3|14,238$. Como $9|18$, se sigue que $9|14,238$.

Ejemplo 5-22

El gerente de una tienda tiene una factura de pago de 72 calculadoras de cuatro funciones. El primero y el último dígitos de la factura son ilegibles. El gerente puede leer

$$\$■67.9■$$

¿Cuáles son los dígitos faltantes y cuál es el costo de cada calculadora?

Solución Sean x y y los dígitos faltantes, de modo que el número es $x67.9y$ dólares, o $x679y$ centavos. Como se vendieron 72 calculadoras, el número en la factura debe ser divisible entre 72. Como el número es divisible entre 72 y $72 = 8 \cdot 9$, debe ser divisible entre 8 y entre 9, que son factores de 72. Para que el número en la factura sea divisible entre 8, el número de tres dígitos $79y$ debe ser divisible entre 8. Como $79y$ debe ser divisible entre 8, es un número par. Por lo tanto, $79y$ debe ser 790, 792, 794, 796 ó 798. Sólo el número 792 es divisible entre 8, de modo que ya sabemos que el último dígito de la factura, y, debe ser 2.

Como el número en la factura debe ser divisible entre 9, sabemos que 9 debe dividir a $x + 6 + 7 + 9 + 2$, ó $(x + 24)$. Como 3 es el único dígito que hace que $(x + 24)$ sea divisible entre 9, se sigue que x debe ser 3. Por lo tanto, el número en la factura debe ser $\$367.92$. Las calculadoras deben costar $\$367.92/72$, ó $\$5.11$, cada una.

Criterios de divisibilidad para 11 y 6

El criterio de divisibilidad para 7 es más difícil de usar que realizar la división, de modo que lo omitimos. Enunciamos el criterio de divisibilidad para 11 pero omitimos la demostración. Los lectores interesados pueden intentar hallarla.

> **Teorema 5–21: Criterio de divisibilidad para 11**
>
> Un entero es divisible entre 11 si, y sólo si, la suma de los dígitos en los lugares que son potencias pares de 10 menos la suma de los dígitos en los lugares que son potencias impares de 10 es divisible entre 11.

Por ejemplo, para verificar si 8,471,986 es divisible entre 11, verificamos si 11 divide a la diferencia $(6 + 9 + 7 + 8) - (8 + 1 + 4)$, ó 17. Como $11 \nmid 17$, se sigue, del criterio de divisibilidad para 11, que $11 \nmid 8,471,986$. Un número como 2772 es divisible entre 11 pues $(2 + 7) - (7 + 2) = 9 - 9 = 0$ y 0 es divisible entre 11.

El criterio de divisibilidad para 6 está relacionado con los criterios de divisibilidad para 2 y 3. En la sección 5-4 te pediremos demostrar que si $2|n$ y $3|n$, entonces $(2 \cdot 3)|n$, y en general: si a y c no tienen factor común, entonces si $a|b$ y $c|b$, podemos concluir que $ac|b$. En consecuencia, el siguiente criterio de divisibilidad es verdadero.

> **Teorema 5–22: Criterio de divisibilidad para 6**
>
> Un entero es divisible entre 6 si y sólo si el entero es divisible entre 2 y 3.

Se exploran más criterios de divisibilidad para otros números en las *Evaluaciones* 5-3A y 5-3B.

Ejemplo 5-23   El número 57,729,364,583 tiene demasiados dígitos para caber en la mayoría de las pantallas de calculadora. Determina si es divisible entre cada uno de los siguientes números:

a. 2   **b.** 3   **c.** 5   **d.** 6   **e.** 8   **f.** 9   **g.** 10   **h.** 11

Solución **a.** No, el último dígito, 3, no es divisible entre 2.
   b. No, la suma de los dígitos es 59, que no es divisible entre 3.
   c. No, el último dígito no es 0 ni 5.
   d. No, el número no es divisible entre 2.
   e. No, pues el número formado por los últimos tres dígitos, 583, no es divisible entre 8.
   f. No, pues la suma de los dígitos es 59, que no es divisible entre 9.
   g. No, pues el dígito de las unidades no es 0.
   h. Si, pues $(3 + 5 + 6 + 9 + 7 + 5) - (8 + 4 + 3 + 2 + 7) =$
   $35 - 24 = 11$, y 11 es divisible entre 11.

AHORA INTENTA ÉSTE 5-10 Llena los espacios en blanco de modo que el número sea divisible entre 9. Lista todas las posibilidades.

12,506,5_ _.

Resolver Problemas   Un error en el inventario

Un grupo escolar visitó una empacadora. El gerente les informó que había 11,368 latas de jugo en el inventario y que las latas estaban empacadas en cajas de 6 o de 24, dependiendo del tamaño de la lata. Uno de los estudiantes, Pepito, lo pensó por un momento y dijo que había un error en el inventario. ¿Es correcta la afirmación de Pepito? ¿Por qué sí o por qué no?

Comprender el problema   El problema es determinar si el inventario de 11,368 latas era correcto. Para resolver el problema, debemos suponer que no hay cajas parcialmente llenas; esto es, una caja debe contener exactamente 6 o exactamente 24 latas de jugo.

Trazar un plan   Sabemos que las cajas contienen 6 ó 24 latas, pero no sabemos cuántas cajas hay de cada tipo. Una estrategia para resolver este problema es *plantear una ecuación* que incluya el número total de latas en todas las cajas.

Nota histórica

Una matemática del siglo xx que trabajó en el área de teoría de números fue la estadounidense JULIA ROBINSON (1919–1985). ROBINSON fue la primera mujer matemática, en Estados Unidos, elegida como miembro de la Academia Nacional de Ciencias y la primera mujer presidenta de la Sociedad Matemática de Estados Unidos. Murió de leucemia a la edad de 65 años. ◆

El número total de latas, 11,368, es igual al número de latas en todas las cajas de 6 latas más el número de latas en todas las cajas de 24 latas. Si hay n cajas de 6 latas, en esas cajas hay $6n$ latas. De manera análoga, si hay m cajas con 24 latas, esas cajas contienen un total de $24m$ latas. Como se reportó un total de 11,368 latas, tenemos la ecuación $6n + 24m = 11,368$. Pepito afirmó que $6n + 24m \neq 11,368$.

Una manera de mostrar que $6n + 24m \neq 11,368$ es mostrar que $6n + 24m$ y 11,368 no tienen los mismos divisores. Tanto $6n$ como $24m$ son divisibles entre 6. Esto implica que $6n + 24m$ debe ser divisible entre 6. Si 11,368 no es divisible entre 6, Pepito está en lo correcto.

Realizar el plan   El criterio de divisibilidad para 6 dice que un número es divisible entre 6 si, y sólo si, el número es divisible entre 2 y entre 3. Como 11,368 termina en 8, es divisible entre 2. ¿Es divisible entre 3?

El criterio de divisibilidad para 3 dice que un número es divisible entre 3 si, y sólo si, la suma de los dígitos en el número es divisible entre 3. Vemos que $1 + 1 + 3 + 6 + 8 = 19$, el cual no es divisible entre 3, de modo que 11,368 no es divisible entre 3. Por lo tanto, Pepito está en lo correcto.

Revisar   Supón que 11,368 hubiera sido divisible entre 6. ¿Ello habría implicado que el gerente estaba en lo correcto? La respuesta es no; sólo hubiera implicado que deberíamos cambiar el enfoque del problema.

Como parte de la actividad de revisar, supón que, dando datos diferentes, el gerente estuviera en lo correcto. ¿Podemos determinar valores para m y n? De hecho, es posible hacerlo. Si disponemos de una computadora, podemos usar una hoja de cáculo para determinar todos los valores numéricos naturales para m y n.

ROMPECABEZAS El siguiente es un argumento para mostrar que una hormiga pesa lo mismo que un elefante. ¿Dónde está el error?

Sea e el peso del elefante y h el peso de la hormiga. Sea $e - h = d$. En consecuencia, $e = h + d$. Multiplica cada lado de $e = h + d$ por $e - h$. Después simplifica.

$$e(e - h) = (h + d)(e - h)$$
$$e^2 - eh = he + de - h^2 - dh$$
$$e^2 - eh - de = he - h^2 - dh$$
$$e(e - h - d) = h(e - h - d)$$
$$e = h$$

Así, el peso del elefante es igual al peso de la hormiga.

Evaluación 5-3A

1. Clasifica cada caso como verdadero o falso. Si es falso, di por qué.
   a. 6 es un factor de 30.
   b. 6 es un divisor de 30.
   c. $6 | 30$.
   d. 30 es divisible entre 6.
   e. 30 es un múltiplo de 6.
   f. 6 es un múltiplo de 30.

2. Usa los criterios de divisibilidad para responder lo siguiente:
   a. Hay 1379 niños inscritos para jugar en la liga de beisbol. Si se van a asignar exactamente 9 jugadores a cada equipo, ¿habrá algún equipo al que le falten jugadores?
   b. Un reforestador tiene 43,682 semillas para plantar. ¿Pueden plantarse en filas, con 11 semillas por fila?

c. Hay 261 estudiantes que se asignarán a 9 maestras de modo que cada maestra tenga el mismo número de estudiantes. ¿Es ello posible?

3. Sin usar calculadora, prueba cada uno de los números siguientes para ver si son divisibles entre 2, 3, 4, 5, 6, 8, 9, 10 y 11:

a. 746,988

b. 81,342

c. 15,810

4. Determina cada caso sin realizar la división. Explica cómo lo hiciste en cada caso.

a. ¿Es 34,015 divisible entre 17?

b. ¿Es 34,051 divisible entre 17?

c. ¿Es 19,031 divisible entre 19?

d. ¿Es $2 \cdot 3 \cdot 5 \cdot 7$ divisible entre 5?

e. ¿Es $(2 \cdot 3 \cdot 5 \cdot 7) + 1$ divisible entre 5?

5. Justifica cada una de las afirmaciones dadas suponiendo que a, b y c son enteros. Si la afirmación no se puede justificar por medio de los teoremas de esta sección, responde "no".

a. $4 \mid 20$ implica $4 \mid 113 \cdot 20$.

b. $4 \mid 100$ y $4 \nmid 13$ implica $4 \nmid (100 + 13)$.

c. $4 \mid 100$ y $4 \nmid 13$ implica $4 \nmid 1300$.

d. $3 \mid (a + b)$ y $3 \nmid c$ implica $3 \nmid (a + b + c)$.

e. $3 \mid a$ implica $3 \mid a^2$.

6. Clasifica cada uno de los casos siguientes como verdadero o falso. Justifica tus respuestas.

a. Si $b \mid a$, entonces $(b + c) \mid (a + c)$.

b. Si $b \mid a$, entonces $b^2 \mid a^3$.

c. Si $b \mid a$, entonces $b \mid {}^{-}a$ y ${}^{-}b \mid {}^{-}a$.

7. Justifica cada caso:

a. $7 \mid 210$

b. $19 \mid (1900 + 38)$

c. $6 \mid 2^3 \cdot 3^2 \cdot 17^4$

d. $7 \nmid (4200 + 22)$

8. Clasifica cada uno de los casos siguientes como verdadero o falso:

a. Si todo dígito de un número es divisible entre 3, el número mismo es divisible entre 3.

b. Si un número es divisible entre 3, entonces todo dígito del número es divisible entre 3.

9. Llena cada uno de los siguientes espacios en blanco con el mayor dígito que haga verdadera la afirmación:

a. $3 \mid 74\_$

b. $9 \mid 83\_45$

c. $11 \mid 6\_55$

10. Si es posible, coloca un dígito en el cuadro de modo que el número

$$527,4 \,\square\, 2$$

sea divisible entre

a. 2   **b.** 3

c. 4   **d.** 9

e. 11

11. Una papelería bajó el precio de las libretas de $2.00, pero las mantuvo por arriba de $1.00. Vendió todas. El monto total de la venta de las libretas fue de $31.45. ¿Cuántas libretas vendió?

12. Un grupo de personas ordenó unos lápices. La cuenta fue de $2.09. Si el precio original de cada uno era de 12¢ pero el precio estaba inflado, ¿cuánto cuesta cada lápiz?

13. Los años bisiestos ocurren en años divisibles entre 4. Sin embargo, si el año termina en dos ceros, para que el año sea bisiesto debe ser divisible entre 400. Determina cuáles de los años siguientes son bisiestos:

a. 1776

b. 1986

c. 2000

d. 2100

14. Hay un criterio para verificar cálculos que se llama *prueba del nueve*. Considera la suma $193 + 24 + 786 = 1003$. Los residuos cuando 193, 24 y 786 se dividen entre 9 son 4, 6 y 3, respectivamente. La suma de los residuos, 13, tiene residuo 4 al dividirlo entre 9, como sucede con 1003. Verificar así los residuos proporciona una cuasiverificación del cálculo. Halla las sumas siguientes y usa la prueba del nueve para verificar tus resultados:

a. $12,343 + 4546 + 56$

b. $987 + 456 + 8765$

c. $10,034 + 3004 + 400 + 20$

d. Prueba el criterio con la resta $1003 - 46$.

e. Prueba el criterio con la multiplicación $345 \cdot 56$.

f. ¿Tendría sentido probar el criterio en una división? ¿Por qué sí o por qué no?

15. a. Si 21 divide a n, ¿qué otros números naturales dividen a n? ¿Por qué?

b. Si 16 divide a n, ¿qué otros números naturales dividen a n? ¿Por qué?

16. Los números x y y son divisibles entre 5.

a. ¿Es la suma de x y y divisible entre 5? ¿Por qué?

b. ¿Es la diferencia de x y y divisible entre 5? ¿Por qué?

c. ¿Es el producto de x y y divisible entre 5? ¿Por qué?

17. Usando sólo criterios de divisibilidad, explica si 6,868,395 es divisible entre 15.

18. Clasifica cada uno de los casos siguientes como verdadero o falso, suponiendo que a, b, c y d son enteros. Si una afirmación es falsa, exhibe un contraejemplo.

a. Si $d \mid (a + b)$, entonces $d \mid a$ y $d \mid b$.

b. Si $d \mid (a + b)$, entonces $d \mid a$ o $d \mid b$.

c. Si $d \mid ab$, entonces $d \mid a$ o $d \mid b$.

d. Si $ab \mid c$, entonces $a \mid c$ y $b \mid c$.

e. Si $a \mid b$ y $b \mid a$, entonces $a = b$.

19. Prueba el criterio para la divisibilidad entre 9 en cualquier número de cinco dígitos.

Evaluación 5-3B

1. Clasifica cada caso como verdadero o falso. Si es falso, di por qué.
   a. 5 es un múltiplo de 20.
   b. 10 es un divisor de 30.
   c. $8|32$.
   d. 10 es divisible entre 1.
   e. 30 es un factor de 6.
   f. 6 es un múltiplo de 20.

2. Usa los criterios de divisibilidad para responder lo siguiente:
   a. Seis amigos ganaron la lotería con un boleto. El premio es de $242,800. ¿Puede repartirse equitativamente el dinero?
   b. Juan pidió un préstamo de $7812 para un carro nuevo. ¿Es posible cubrir esta cantidad en 12 pagos mensuales iguales?

3. Sin usar calculadora, prueba cada uno de los números siguientes para ver si son divisibles entre 2, 3, 4, 5, 6, 8, 9, 10 y 11:
   a. 4,201,012   **b.** 1001
   c. 10,001

4. Determina cada caso sin realizar la división. Explica cómo lo hiciste en cada caso.
   a. ¿Es 24,013 divisible entre 12?
   b. ¿Es 24,036 divisible entre 12?
   c. ¿Es 17,034 divisible entre 17?
   d. ¿Es $2 \cdot 3 \cdot 5 \cdot 7$ divisible entre 3?
   e. ¿Es $(2 \cdot 3 \cdot 5 \cdot 7) + 1$ divisible entre 6?

5. Justifica cada caso.
   a. $a^3|a^4$, si $a \neq 0$.
   b. $a^4|a^{10}$, si $a \neq 0$.
   c. $a^n|a^m$, si $0 \leq n \leq m$, si $a \neq 0$.
   d. Si $b|a$ y $c \neq 0$, entonces $bc|ac$.

6. Justifica cada caso:
   a. $26|(13^4 \cdot 100)$
   b. $13 \nmid (2^4 \cdot 5^3 \cdot 26 + 1)$
   c. $2^4 \nmid (2 \cdot 4 \cdot 6 \cdot 8 \cdot 17^{10} + 1)$
   d. $2^4|(10^4 + 6^4)$

7. Clasifica cada uno de los casos siguientes como verdadero o falso:
   a. Si un número es divisible entre 6, entonces es divisible entre 2 y entre 3.
   b. Si un número es divisible entre 2 y entre 3, entonces es divisible entre 6.
   c. Si un número es divisible entre 2 y entre 4, entonces es divisible entre 8.
   d. Si un número es divisible entre 8, entonces es divisible entre 2 y entre 4.

8. Diseña un criterio de divisibilidad para cada uno de los números siguientes:
   a. 16
   b. 25

9. Cuando los dos dígitos faltantes en el número siguiente se reemplazan, el número es divisible entre 99. ¿Cuál es el número?

$$85\_\_1$$

10. Sin usar calculadora, clasifica cada uno de los casos siguientes como verdadero o falso. Justifica tus respuestas.
   a. $7|280021$
   b. $19 \nmid 3,800,018$
   c. $23|46^{10}$
   d. $23 \nmid 460,046$

11. En futbol americano un touchdown con un punto extra vale 7 puntos y un gol de campo vale 3 puntos. Supón que en un juego las únicas anotaciones realizadas por los equipos fueron touchdowns con punto extra y goles de campo.
   a. ¿Cuáles de los números del 1 al 25 son imposibles como marcador final de las anotaciones de un equipo?
   b. Lista todas las maneras posibles de que un equipo logre 40 puntos.
   c. Un equipo logró 57 puntos con 6 touchdowns y 6 puntos extra. ¿Cuántos goles de campo anotó el equipo?

12. Completa la siguiente tabla, donde n es el entero dado.

	n	Residuo cuando n se divide entre 9	Suma de los dígitos de n	Residuo cuando la suma de los dígitos de n se divide entre 9
a.	31			
b.	143			
c.	345			
d.	2987			
e.	7652			

   f. Emite una conjetura acerca del residuo y la suma de los dígitos en un entero cuando éste se divide entre 9.

13. Un palíndromo es un número que se lee igual hacia adelante que hacia atrás.
   a. Verifica la divisibilidad entre 11 de los siguientes palíndromos de cuatro dígitos:
      i. 4554   **ii.** 9339   **iii.** 2002   **iv.** 2222
   b. ¿Son todos los palíndromos de cuatro dígitos divisibles entre 11? ¿Por qué sí o por qué no?
   c. ¿Son todos los palíndromos de cinco dígitos divisibles entre 11? ¿Por qué sí o por qué no?
   d. ¿Son todos los palíndromos de seis dígitos divisibles entre 11? ¿Por qué sí o por qué no?

14. Los números 5872 y 2785 son un par palindrómico de números pues al invertir el orden de los dígitos de un número obtenemos el otro número. Explica por qué en un par palindrómico, si un número es divisible entre 3 también lo es el otro.

15. Clasifica cada uno de los casos siguientes como verdadero o falso, suponiendo que a, b, c, y d son enteros. Si una afirmación es falsa, exhibe un contraejemplo.

   a. Si $d|a$ y $d|b$, entonces $d|(ax + by)$ para cualesquier enteros x y y.

   b. Si $d \nmid a$ y $d \nmid b$, entonces $d \nmid (a + b)$.

   c. Si $d|a^2$, entonces $d|a$.

   d. Si $d \nmid a$, entonces $d \nmid a^2$.

16. Demuestra el teorema 5–13(b).

17. **a.** Escoge un número de dos dígitos tal que el número en el lugar de las decenas sea 1 más que el número en el lugar de las unidades. Invierte los dígitos de tu número y resta este número del número original, por ejemplo

87 − 78 = 9. Emite una conjetura acerca de los resultados al realizar esta operación.

   b. Escoge cualquier número de dos dígitos tal que el dígito en el lugar de las decenas sea 2 más que el dígito en el lugar de las unidades. Invierte los dígitos en tu número y resta este número del número original, por ejemplo 31 − 13 = 18. Emite una conjetura acerca de los resultados al realizar esta operación.

   c. Demuestra que para cualquier número de dos dígitos, si los dígitos se invierten y los números se restan, la diferencia es un múltiplo de 9.

   d. Investiga lo que sucede cuando se restan números de dos dígitos con igual suma de dígitos, por ejemplo 62 − 35 = 27.

Conexiones matemáticas 5-3

Comunicación

1. Un cliente quiere enviar un paquete por correo. El empleado postal determina que el costo del envío es de $18.95, pero sólo tiene timbres de 6¢ y 9¢. ¿Se pueden usar las estampillas disponibles para juntar la cantidad exacta del costo del envío? ¿Por qué sí o por qué no?

2. **a.** Juan usa su calculadora para ver si un número n de ocho o menos dígitos es divisible entre un número d. Encuentra que $n \div d$ presenta en pantalla 32. ¿Sucede que $d|n$? ¿Por qué?

   b. Si $n \div d$ da en pantalla 16.8. ¿Sucede que $d|n$? ¿Por qué?

3. ¿Es el área de cada uno de los siguientes rectángulos divisible entre 4? Explica por qué sí o por qué no.

   a.

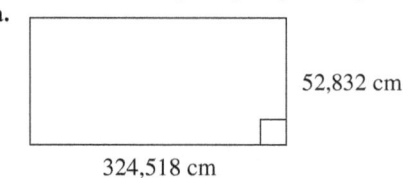

52,832 cm

324,518 cm

   b.

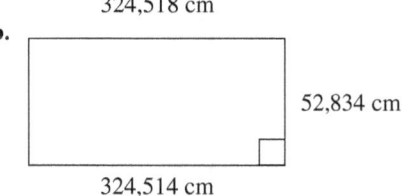

52,834 cm

324,514 cm

4. ¿Puedes hallar tres números naturales consecutivos de manera que ninguno sea divisible entre 3? Explica tu respuesta.

5. Responde cada caso siguiente y justifica tus respuestas.

   a. Si un número no es divisible entre 5, ¿puede ser divisible entre 10?

   b. Si un número no es divisible entre 10, ¿puede ser divisible entre 5?

6. Un número en el que cada dígito excepto el 0 aparece exactamente 3 veces es divisible entre 3. Por ejemplo,

777,555,222 y 414,143,313 son divisibles entre 3. Explica por qué esta afirmación es verdadera.

7. Introduce cualquier número de tres dígitos en la calculadora, por ejemplo 243. Repítelo: 243,243. Divide entre 7. Divide entre 11. Divide entre 13. ¿Cuál es la respuesta? Inténtalo de nuevo con cualquier otro número de tres dígitos. ¿Siempre funciona? ¿Por qué?

8. Ceci asegura que puede justificar el criterio de divisibilidad entre 11. Ella dice: *He notado que cada potencia par de 10 se puede escribir como un múltiplo de 11 más 1 y cada potencia impar de 10 se puede escribir como un múltiplo de 11 menos 1. De hecho:*

$$10 = 11 - 1$$
$$10^2 = 99 + 1 = 9 \cdot 11 + 1$$
$$10^3 = 10 \cdot 10^2 = 10(9 \cdot 11 + 1) = 90 \cdot 11 + 10$$
$$= 90 \cdot 11 + 11 - 1 = 91 \cdot 11 - 1$$
$$10^4 = 10^2 \cdot 10^2 = 100(9 \cdot 11 + 1)$$
$$= 900 \cdot 11 + 9 \cdot 11 + 1 = 909 \cdot 11 + 1$$

y así sucesivamente.

   Ahora veo un número de cuatro dígitos abcd y procedo como en la divisibilidad entre 3. Reúno las partes que son divisibles entre 11 sin importar qué dígitos son y agrupo el resto, que es

$$d - c + b - a$$

Completa los detalles del argumento de Ceci y justifica el criterio para la divisibilidad entre 11.

9. Toma un número escrito en base diez con tres o más dígitos y resta el dígito de las unidades a la expresión indicada. ¿Entre qué números puedes estar seguro que es divisible la diferencia? Justifica tus respuestas.

   a. El dígito de las unidades

   b. El número formado por los últimos dos dígitos (esto es, el dígito de las decenas seguido del dígito de las unidades)

c. La suma de los dígitos

d. Responde las preguntas anteriores para un número de tres o más dígitos escrito en base cinco.

10. a. ¿En qué bases la divisibilidad entre 2 dependerá sólo del último dígito? Justifica tu respuesta.

b. ¿En qué bases la divisibilidad entre 2 dependerá sólo de que la suma de los dígitos sea par o impar? Justifica tu respuesta.

Solución abierta

11. Una compañía que manufactura desayunos organizó un concurso para el cual se colocaron números en cajas de desayuno. Se asignó un premio de $1000 para la persona que juntara números cuya suma fuera 100. La compañía emitió miles de tarjetas con los siguientes números:

3 12 15 18 27 33 45 51 66 75 84 90

a. Si la compañía no hizo más tarjetas, ¿hay una combinación ganadora?

b. Si la compañía va a añadir un número más a la lista y quiere asegurarse de que el concurso tenga a lo sumo 1000 ganadores, sugiere una estrategia de acción.

12. ¿Cómo usarías material físico para explicar a niños pequeñas lo siguiente?

a. Que un número sea par o impar

b. Que un número sea divisible entre 3 o que no sea divisible entre 3

c. Que si $4 | a$, entonces $2 | a$

Aprendizaje colectivo

13. En tu grupo, analiza el valor de enseñar diversos criterios de divisibilidad en la educación media. Si una maestra decide analizar varios criterios, ¿cómo los debería presentar?

Preguntas del salón de clase

14. Juana asegura que un número es divisible entre 4 si cada uno de los dos últimos dígitos es divisible entre 4. ¿Es correcta su afirmación? De no ser así, ¿qué sugerirías a Juana que cambiara para que su afirmación fuera precisa?

15. Jaime dice que $a | b$ y a/b significan lo mismo. ¿Cómo le respondes?

16. Beti notó que $2 | 36$, $9 | 36$ y $18 | 36$. Notó que $18 = 2 \cdot 9$. Entonces notó que $4 | 36$ y $6 | 36$ de modo que pensó que $4 \cdot 6$ ó 24 debe dividir a 36. ¿Qué le dices?

17. Un estudiante asegura que $a | a$ y $a | a$ implica que $a | (a - a)$, y, por lo tanto, $a | 0$. ¿El estudiante está en lo correcto?

18. Un estudiante escribe, "Si $d \nmid a$ y $d \nmid b$, entonces $d \nmid (a + b)$". ¿Cómo le respondes?

19. Tu grupo de séptimo grado acaba de terminar una unidad sobre reglas de divisibilidad. Una de las mejores estudiantes pregunta por qué la divisibilidad entre números diferentes de 3 y 9 no puede verificarse dividiendo la suma de los dígitos entre el número probado. ¿Cómo deberás responderle?

20. Un estudiante dice que un número con una cantidad par de dígitos es divisible entre 7 si, y sólo si, cada uno de los números formados juntando los dígitos en grupos de dos es divisible entre 7. Por ejemplo, 49,562,107 es divisible entre 7 porque cada uno de los números 49, 56, 21 y 07 es divisible entre 7. ¿Es verdad esto?

21. Una estudiante asegura que un número es divisible entre 24 si, y sólo si, es divisible entre 6 y entre 4, y que, en general, un número es divisible entre $a \cdot b$ si, y sólo si, es divisible entre a y entre b. ¿Qué le respondes?

22. Una estudiante halló que todos los números de tres dígitos de la forma aba, donde $a + b$ es un múltiplo de 7, son divisibles entre 7. Ella quiere saber por qué es así. ¿Cómo le respondes?

Problemas de repaso

23. Halla todos los enteros x (de ser posible) que hagan verdadero cada uno de los casos siguientes:

a. $3(^{-}x) = 6$

b. $(^{-}2)|x| = 6$

c. $(^{-}x) \div 0 = ^{-}1$

d. $^{-}(x - 1) = 1 - x$

e. $^{-}|^{-}x| = 5$

f. $^{-}x < 0$

24. Simplifica cada caso:

a. $3x - (1 - 2x)$

b. $(^{-}2x)^2 - 3x^2$

c. $y - x - 2(y - x)$

d. $(x - 1)^2 - x^2 + 2x$

25. Considera la función $y = f(x) = ^{-}2x - 3$ cuyo dominio es el conjunto de los enteros y responde las preguntas siguientes:

a. ¿Cuál es $f(^{-}5)$?

b. ¿Para qué valores de x el valor de y es 17?

c. ¿Es 2 una salida posible? Explica tu respuesta.

d. ¿Cuál el rango de la función?

Pregunta del *National Assessment of Educational Progress* (NAEP) (Evaluación Nacional del Progreso Educativo)

Escribe cada uno de los números en el círculo al cual pertenecen.

NAEP, 2007, Grado 4

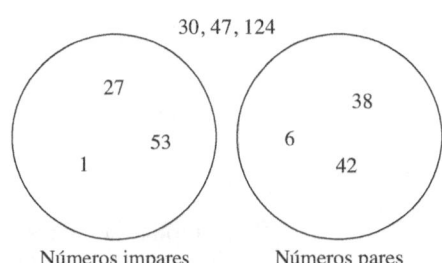

30, 47, 124

Números impares   Números pares

ROMPECABEZAS Diana vio un número extraordinario de nueve dígitos. Sus nueve dígitos contienen todos los números del 1 al 9. Además, forma un número con las siguientes características: cuando se lee de izquierda a derecha, sus primeros dos dígitos forman un número divisible entre 2, sus primeros tres dígitos forman un número divisible entre 3, sus primeros cuatro dígitos forman un número divisible entre 4, y así sucesivamente, hasta que el número completo es divisible entre 9. ¿Cuál es ese número extraordinario que vio Diana?

5-4   Números primos y compuestos

En los *Principios y objetivos* se afirma que:

Los estudiantes deberán reconocer que diferentes tipos de números tienen características particulares; por ejemplo, los números cuadrados tienen un número impar de factores y los números primos tienen sólo dos factores. (p. 151)

Un método usado en escuelas de educación básica para determinar los divisores positivos de un número natural es usar cuadrados de papel y representar el número como un rectángulo. Dicho rectángulo recuerda una barra de dulce formada por pequeños cuadrados. Las dimensiones del rectángulo son divisores o factores del número. Por ejemplo, la figura 5-20 muestra rectángulos que representan el 12.

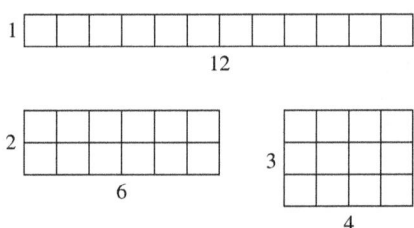

Figura 5-20

Como muestra la figura, el número 12 tiene seis divisores positivos: 1, 2, 3, 4, 6 y 12. Si se usan rectángulos para hallar los divisores de 7, entonces sólo hallaríamos un rectángulo de 1×7, como se muestra en la figura 5-21. Así, 7 tiene exactamente dos divisores: 1 y 7.

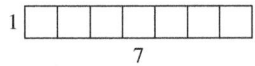

Figura 5-21

Para ampliar la ilustración de la cantidad de divisores positivos de un número natural, construimos la tabla 5-1. Debajo de cada número listado a lo largo de la primera fila, identificamos los números menores o iguales a 37 que tienen ese número de divisores positivos. Por ejemplo, 12 está en la columna 6 pues tiene seis divisores positivos, y 7 está en la columna 2 pues tiene sólo dos divisores positivos.

Tabla 5-1 Número de divisores positivos

1	2	3	4	5	6	7	8	9
1	2	4	6	16	12		24	36
	3	9	8		18		30	
	5	25	10		20			
	7		14		28			
	11		15		32			
	13		21					
	17		22					
	19		26					
	23		27					
	29		33					
	31		34					
	37		35					

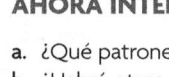

AHORA INTENTA ÉSTE 5-11

a. ¿Qué patrones ves que se forman en la tabla 5-1?
b. ¿Habrá otros registros en la columna 1? ¿Por qué?
c. ¿Cuáles son los siguientes tres números en la columna 3?
d. Halla un registro para la columna 7.
e. ¿Qué tipos de números tienen un número impar de factores? ¿Por qué?

Los números en la columna 2 de la tabla 5-1 son de particular importancia. Nota que tienen exactamente dos divisores positivos, a saber, 1 y ellos mismos. Cualquier entero positivo que tenga exactamente dos distintos divisores positivos es un *número primo*, o un **primo**. Cualquier entero mayor que 1 que tenga un factor positivo distinto de 1 y de sí mismo es un *número compuesto*, o un **compuesto**. Por ejemplo, 4, 6 y 16 son compuestos pues tienen factores positivos distintos de 1 y de ellos mismos. El número 1 tiene sólo un factor positivo, de modo que no es primo ni compuesto. De la columna 2 en la tabla 5-1, vemos que los primeros 12 primos son 2, 3, 5, 7, 11, 13, 17, 19, 23, 29, 31 y 37. Nota que el número 2 es el único primo par. En los problemas exploramos otros patrones de la tabla.

Ejemplo 5-24

Muestra que los números siguientes son compuestos:

a. 1564
b. 2781
c. 1001
d. $3 \cdot 5 \cdot 7 \cdot 11 \cdot 13 + 1$

Solución
a. Como $2|4$, 1564 es divisible entre 2 y es compuesto.
b. Como $3|(2 + 7 + 8 + 1)$, 2781 es divisible entre 3 y es compuesto.
c. Como $11|[(1 + 0) - (0 + 1)]$, 1001 es divisible entre 11 y es compuesto.
d. Como el producto de dos números impares es impar (¿por qué?), $3 \cdot 5 \cdot 7 \cdot 11 \cdot 13$ es impar. Si sumamos 1 a un número impar, la suma es par. Un número par (diferente de 2) tiene un factor de 2 y es, por lo tanto, compuesto.

AHORA INTENTA ÉSTE 5-12 La tira cómica *FoxTrot* trata acerca de la divisibilidad y los números primos. Responde las siguientes preguntas basadas en la tira.

a. Escoge al azar un número de la tira y divídelo entre 13, después divídelo entre 17 y luego divídelo entre 19. Sigue haciendo esto hasta que encuentres un número que al dividirlo entre 13, 17 ó 19 te dé como respuesta un número completo. ¿Qué significa obtener como respuesta un número completo?

b. El autor cometió un error. El número 2261 aparece a la izquierda del centro de la tira. Explica por qué no se debería incluir este número.

Factorización en primos

En los *Puntos focales* para el grado 7 hallamos la siguiente afirmación:

Los alumnos continúan desarrollando su comprensión de la multiplicación y la división así como la estructura de los números, al determinar si un número natural mayor que 1 es primo, y si no lo es, factorizándolo en producto de primos. (p. 19)

Los números compuestos se pueden expresar como productos de dos o más números completos mayores que 1. Por ejemplo, $18 = 2 \cdot 9, 18 = 3 \cdot 6$ ó $18 = 2 \cdot 3 \cdot 3$. Cada expresión de 18 como un producto de factores es una **factorización**.

Una factorización que contenga solamente números primos es una **factorización en primos**. Para hallar una factorización en primos de un número compuesto dado, primero reescribimos el número como un producto de dos números más pequeños mayores que 1. Continuamos el proceso, factorizando los números menores hasta que todos los factores sean primos. Por ejemplo, considera 260:

$$260 = 26 \cdot 10 = (2 \cdot 13)(2 \cdot 5) = 2 \cdot 2 \cdot 5 \cdot 13 = 2^2 \cdot 5 \cdot 13$$

El procedimiento para hallar una factorización en primos de un número se puede organizar usando un **árbol de factores**, como se ilustra en la figura 5-22(a). Las últimas ramas del árbol presentan los factores primos de 260. Una segunda manera de factorizar 260 se muestra en la figura 5-22(b). Los dos árboles producen la misma factorización en primos, excepto por el orden en que aparecen los primos en los productos.

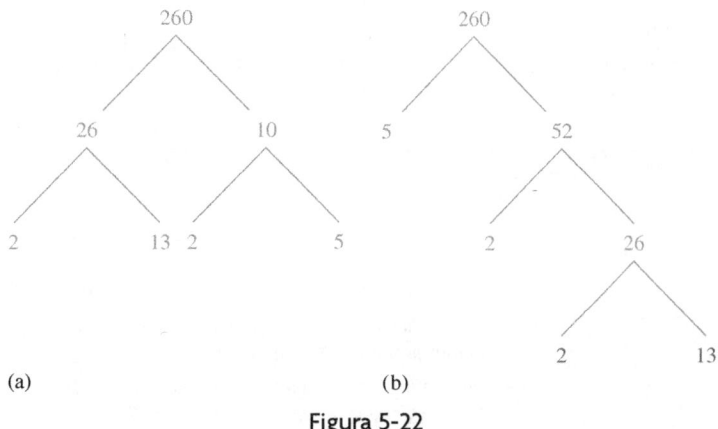

Figura 5-22

El *teorema fundamental de la aritmética*, o *teorema de la factorización única*, afirma que, en general, si se hace caso omiso del orden, la factorización en primos de un número es única.

Teorema 5–23

Teorema fundamental de la aritmética   Cada número compuesto se puede escribir como un producto de primos de una y sólo una manera, excepto por el orden de los factores primos en el producto.

El teorema fundamental de la aritmética nos asegura que una vez hallada una factorización en primos de un número, no puede hallarse, de ese mismo número, una factorización en primos diferente. Por ejemplo, considera 260. Comenzamos con el menor primo, 2, y vemos si divide a 260. De no ser así, tratamos con el siguiente primo mayor y verificamos la divisibilidad entre ese primo. Una vez que hallemos un primo que divida al número en cuestión, debemos hallar el cociente del número dividido entre el primo. Este paso de la factorización en primos de 260 se muestra en la figura 5-23(a). A continuación verificamos si el primo divide al cociente. Si sucede así, repetimos el proceso; de no ser así, pasamos al siguiente primo mayor, 3, y vemos si divide al cociente. Vemos que 130 dividido entre 2 da 65, como se muestra en la figura 5-23(b). Continuamos el procedimiento, usando primos cada vez mayores, hasta alcanzar el cociente 1. El número original es el producto de todos los divisores primos usados. El procedimiento completo para 260 se muestra en la figura 5-23(c). Una forma alternativa se muestra en la figura 5-23(d).

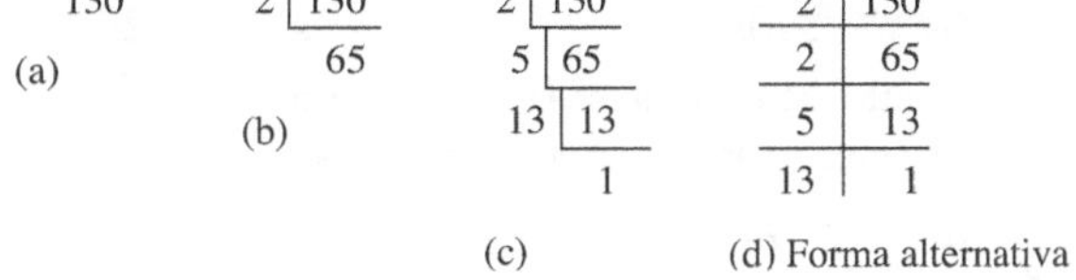

$$
\begin{array}{c|c}
2 & 260 \\ \hline
 & 130
\end{array}
\qquad
\begin{array}{c|c}
2 & 260 \\ \hline
2 & 130 \\ \hline
 & 65
\end{array}
\qquad
\begin{array}{c|c}
2 & 260 \\ \hline
2 & 130 \\ \hline
5 & 65 \\ \hline
13 & 13 \\ \hline
 & 1
\end{array}
\qquad
\begin{array}{c|c}
 & 260 \\ \hline
2 & 130 \\ \hline
2 & 65 \\ \hline
5 & 13 \\ \hline
13 & 1
\end{array}
$$

(a)   (b)   (c)   (d) Forma alternativa

Figura 5-23

En la factorización en primos de un número, los primos suelen listarse en orden creciente, de izquierda a derecha, y si un primo aparece en un producto más de una vez, se usa notación exponencial. Así, la factorización de 260 se escribe como $2^2 \cdot 5 \cdot 13$. En la siguiente página de muestra se ilustra la factorización en primos. Nota que el árbol de factores se desarrolla de dos maneras diferentes que conducen al mismo resultado. Trabaja con la *Práctica guiada* de la página de muestra.

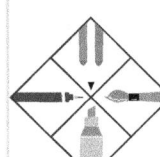

Página de un libro de texto   **¿CÓMO PUEDES ESCRIBIR UN NÚMERO COMO PRODUCTO DE FACTORES PRIMOS?**

Lección 5-2

¡Comprende!
Todo número completo mayor que 1 es un número primo o es un número compuesto.

Factorización en primos

¿Cómo puedes escribir la factorización en primos de un número?

Los números completos mayores que 1 son números primos o compuestos.

Un número primo tiene **precisamente dos factores, 1 y él mismo**. Los números 2, 3 y 5 son números primos.

Modelo	Dimensión	Factores
	1 × 2	1, 2
	1 × 3	1, 3
	1 × 4	1, 4
	2 × 2	2
	1 × 5	1, 5

Otro ejemplo   ¿Cómo puedes usar un árbol de factores para encontrar la factorización en primos de un número?

Una manera

Para hallar la factorización en primos de 72, comenzamos con el menor factor primo. Escribe factores hasta que todos ellos sean números primos.

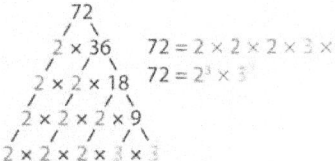

$$72 = 2 \times 2 \times 2 \times 3 \times 3$$
$$72 = 2^3 \times 3^2$$

Otra manera

Para hallar la factorización en primos de 72, comenzamos con cualesquier dos factores de 72. Escribe factores hasta que todos ellos sean números primos.

Arregla los factores primos en orden.

$$72 = 2 \times 2 \times 2 \times 3 \times 3$$
$$72 = 2^3 \times 3^2$$

Hay sólo una factorización en primos para cada número.

Práctica guiada*

¿Sabes cómo?

En los puntos del **1** al **8**, escribe la factorización en primos de cada número. Si es primo escribe: *primo*.

1. 18   **2.** 23   **3.** 32   **4.** 45

5. 89   **6.** 169   **7.** 216   **8.** 243

¿Entiendes?

9. ¿Cómo es que los dos anteriores árboles de factores ilustran que sólo hay una factorización en primos para 72?

10. ¿El 1 es primo o compuesto?

 Para otro ejemplo, ver el conjunto B de la página 140.

Fuente: Scott Foresman-Addison Wesley, enVisionMATH, 2008, Grade 6 (p. 124).

AHORA INTENTA ÉSTE 5-13 En las aulas de escuelas de educación básica se usan barras de colores para enseñar muchos conceptos. La longitud de las barras varía de 1 cm a 10 cm. Las diversas longitudes tienen colores asociados; por ejemplo, la barra 5 es amarilla. En la figura 5-24 se muestran las barras con sus colores apropiados. Una fila con todas las barras del mismo color se llama *tren de un color*.

a. ¿Qué barras se pueden usar para formar un tren de un color para 18?
b. ¿Qué trenes de un color son posibles para 24?
c. ¿Cuántos trenes de un color de dos o más barras son posibles para cada número primo?
d. Si un número se puede representar con un tren rojo, un tren verde y un tren amarillo, ¿cuál es el menor número de factores que debe tener? ¿Cuáles son éstos?

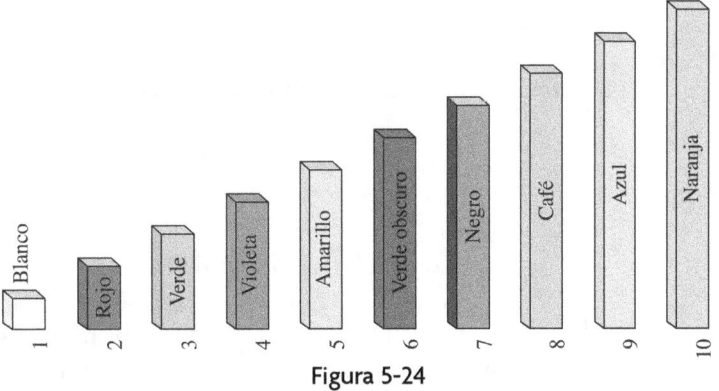

Figura 5-24

Número de divisores

¿Cuántos divisores positivos tiene 24? Nota que la pregunta es acerca del número de divisores, no sólo de los divisores primos. Como ayuda para listarlos, los agrupamos como sigue:

1, 2, 3, 4, 6, 8, 12, 24

Los divisores positivos de 24 se presentan en pares, donde el producto de cada par es 24. Si 3 es un divisor de 24, entonces 24/3, u 8, también es un divisor de 24. En general, si un número natural k es un divisor de 24, entonces $24/k$ también es un divisor de 24.

Otra manera de pensar el número de divisores de 24 es considerar la factorización en primos $24 = 2^3 \cdot 3$. Los divisores positivos de 2^3 son $2^0, 2^1, 2^2$ y 2^3. Los divisores positivos de 3 son 3^0 y 3^1. Sabemos que 2^3 tiene $(3+1)$, ó 4, divisores y 3^1 tiene $(1+1)$, ó 2, divisores. Como cada divisor de 24 es el producto de un divisor de 2^3 y un divisor de 3^1, entonces usamos el principio fundamental del conteo para concluir que 24 tiene $4 \cdot 2$, u 8, divisores positivos. Esto se resume en la tabla 5-2.

Tabla 5-2

Divisores positivos de 2^3	$2^0 = 1$	$2^1 = 2$	$2^2 = 4$	$2^3 = 8$
Divisores positivos de 3^1	$3^0 = 1$	$3^1 = 3$		
Divisores positivos de $3^1 \cdot 2^3$ (Divisores positivos de 24)	$3^0 \cdot 2^0 = 1$ $3^1 \cdot 2^0 = 3$	$3^0 \cdot 2^1 = 2$ $3^1 \cdot 2^1 = 6$	$3^0 \cdot 2^2 = 4$ $3^1 \cdot 2^2 = 12$	$3^0 \cdot 2^3 = 8$ $3^1 \cdot 2^3 = 24$

Este análisis puede generalizarse como sigue: si p es cualquier primo y n es cualquier número natural, entonces los divisores positivos de p^n son p^0, p^1, p^2, p^3, ..., p^n. Por lo tanto, hay $(n + 1)$ divisores de p^n. Ahora, usando el principio fundamental del conteo, podemos hallar el número de divisores positivos de cualquier número cuya factorización en primos sea conocida.

> **Teorema 5–24**
>
> Si p y q son primos diferentes, entonces $p^n q^m$ tiene $(n + 1)(m + 1)$ divisores positivos. En general, si $p_1, p_2 \ldots, p_k$ son primos y $n_1, n_2 \ldots, n_k$ son números completos, entonces $p_1^{n_1} \cdot p_2^{n_2} \cdot \ldots \cdot p_k^{n_k}$ tiene $(n_1 + 1)(n_2 + 1) \cdot \ldots \cdot (n_k + 1)$ divisores positivos.

Ejemplo 5-25

▶▶▶▶▶▶▶▶▶▶

Halla la cantidad de divisores positivos de cada número:

a. 1,000,000   **b.** 210^{10}

Solución   **a.** Primero hallamos la factorización en primos de 1,000,000.

$$1{,}000{,}000 = 10^6 = (2 \cdot 5)^6 = (2 \cdot 5)(2 \cdot 5)(2 \cdot 5)(2 \cdot 5)(2 \cdot 5)(2 \cdot 5)$$
$$= (2 \cdot 2 \cdot 2 \cdot 2 \cdot 2 \cdot 2)(5 \cdot 5 \cdot 5 \cdot 5 \cdot 5 \cdot 5)$$
$$= 2^6 \cdot 5^6$$

Como 2^6 tiene $6 + 1$ divisores positivos y 5^6 tiene $6 + 1$ divisores positivos, entonces, por el principio fundamental del conteo, $2^6 \cdot 5^6$ tiene $(6 + 1)(6 + 1)$, ó 49, divisores positivos.

b. La factorización en primos de 210 es

$$210 = 21 \cdot 10 = 3 \cdot 7 \cdot 2 \cdot 5 = 2 \cdot 3 \cdot 5 \cdot 7,$$
$$210^{10} = (2 \cdot 3 \cdot 5 \cdot 7)^{10} = 2^{10} \cdot 3^{10} \cdot 5^{10} \cdot 7^{10}$$

Por el principio fundamental del conteo, la cantidad de divisores positivos de 210^{10} es $(10 + 1)(10 + 1)(10 + 1)(10 + 1) = 11^4 = 14{,}641$.

AHORA INTENTA ÉSTE 5-14 Para ver si es necesario dividir 97 entre 2, 3, 4, 5, 6, . . . , 96 para verificar que es primo, responde lo siguiente (justifica tus respuestas):

a. Si 2 no es divisor de 97, ¿podría un múltiplo de 2 ser divisor de 97?
b. Si 3 no es divisor de 97, ¿qué otros números no podrían ser divisores de 97?
c. Si 5 no es divisor de 97, ¿qué otros números no podrían ser divisores de 97?
d. Si 7 no es divisor de 97, ¿qué otros números no podrían ser divisores de 97?
e. Conjetura qué números debemos verificar en cuanto a su divisibilidad para poder determinar si 97 es primo

Cómo determinar si un número es primo

Como se ilustra en la siguiente caricatura de Sidney Harris, los números primos han fascinado a personas de los más diversos orígenes. En la sección *Ahora intenta éste 5-14*, quizá hallaste que para determinar si un número es primo hay que verificar solamente la divisibilidad entre los números primos menores que el número dado. ¿Por qué? Sin embargo, ¿necesitamos verificar todos los primos menores que el número? Supón que queremos verificar si 97 es primo y hallamos que 2, 3, 5 y 7 no dividen a 97. ¿Podría un primo mayor dividir a 97? Si p es un primo mayor que 7, entonces $p \geq 11$. Si $p \mid 97$, entonces $97/p$ también divide a 97. Sin embargo, como $p \geq 11$ entonces $97/p$ debe ser menor que 10 y, por lo tanto, no puede dividir a 97. ¿Por qué? Así vemos que no hay necesidad de verificar la divisibilidad entre otros números además de 2, 3, 5 y 7. En los teoremas siguientes se generalizan estas ideas.

Teorema 5–25

Si d es un divisor de n, entonces $\dfrac{n}{d}$ también es un divisor de n.

Supón que p es el *mínimo* divisor de un número compuesto n (mayor que 1). Dicho divisor debe ser primo (¿por qué?). Entonces $n = pk, k \neq 1$. Como $k \mid n$ y p era el mínimo divisor común de $n, k \geq p$. Por lo tanto, $n = pk \geq pp = p^2$. Como $n \geq p^2$, tenemos que $p^2 \leq n$. Esta idea se resume en el teorema siguiente.

Teorema 5–26

Si n es compuesto, entonces n tiene un factor primo p tal que $p^2 \leq n$.

El teorema 5–26 puede usarse como ayuda para determinar si un número dado es primo o compuesto. Por ejemplo, considera el número 109. Si 109 es compuesto, debe tener un divisor primo p tal que $p^2 \leq 109$. Los primos cuyos cuadrados no exceden 109 son 2, 3, 5 y 7. Mentalmente, podemos ver que $2 \nmid 109, 3 \nmid 109, 5 \nmid 109$ y $7 \nmid 109$. Por lo tanto, 109 es primo. El argumento usado conduce al teorema siguiente.

Teorema 5–27

Si n es un entero mayor que 1 y no es divisible entre ningún primo p tal que $p^2 \leq n$, entonces n es primo.

OBSERVACIÓN Como $p^2 \leq n$ implica que $p \leq \sqrt{n}$, el teorema 5–27 dice que para determinar si un número n es primo, basta verificar que ningún primo menor o igual que $\sqrt{n}$ es un divisor de n.

Ejemplo 5-26   **a.** ¿Es 397 compuesto o primo?   **b.** ¿Es 91 compuesto o primo?

Solución **a.** Los primos posibles p tales que $p^2 \leq 397$ son 2, 3, 5, 7, 11, 13, 17 y 19. Como $2 \nmid 397, 3 \nmid 397, 5 \nmid 397, 7 \nmid 397, 11 \nmid 397, 13 \nmid 397, 17 \nmid 397$ y $19 \nmid 397$, el número 397 es primo.

b. Los primos posibles p tales que $p^2 \leq 91$ son 2, 3, 5 y 7. Como 91 is divisible entre 7, es compuesto.

Una manera sencilla de hallar todos los primos menores que un número dado es usando la *criba de Eratóstenes*, llamada así en honor del matemático griego Eratóstenes (ca. 276–194 AC). Si se consideran todos los números naturales mayores que 1 (o se colocan en la criba), los números que no son primos se tachan metódicamente (o se dejan pasar por los agujeros de la criba). Los números restantes son primos. La siguiente página de muestra ilustra este proceso. Antes de continuar la lectura, responde las preguntas en la página de muestra.

La criba de Eratóstenes es otra manera de motivar el teorema 5–27. Nota las observaciones de la criba conforme tachamos números, en la tabla 5-3.

Tabla 5-3

Primo	Observación
2	El primer número sin tachar divisible entre 2 es $4 = 2^2$.
3	El primer número sin tachar divisible entre 3 es $9 = 3^2$.
5	El primer número sin tachar divisible entre 5 es $25 = 5^2$.
7	El primer número sin tachar divisible entre 7 es $49 = 7^2$.

No necesitamos continuar el procedimiento para 11 pues el primer número sin tachar divisible entre 11 es 11^2, ó 121, y la tabla sólo llega hasta 100. Por lo tanto, para saber si un número como 137 es primo, primero averiguamos si es divisible entre los primos hasta, sin incluirlo, el primer primo cuyo cuadrado sea mayor que 137. Como $13^2 = 169$, cualquier primo mayor o igual que 13 daría un cociente menor o igual a 13, y ya verificamos esos primos. Esto nos dice que al tratar de probar que un número es primo, necesitamos usar como divisores sólo a primos cuyos cuadrados sean menores o iguales que el número que estamos probando.

Más acerca de los primos

Hay infinidad de números completos, hay infinidad de números completos pares y hay infinidad de números completos impares. ¿Hay infinidad de primos? Debido a que los números primos no aparecen siguiendo un patrón conocido, la respuesta no es obvia. Euclides fue el primero en demostrar que hay infinidad de números primos.

Nota histórica

Eratóstenes (276–194 AC), un erudito griego, nació en Cirene pero pasó la mayor parte de su vida en Alejandría como director de la biblioteca del museo. En su obra *Geográfica*, dio razones para afirmar que la Tierra tiene forma esférica. Actualmente, Eratóstenes es mejor conocido por su "criba" —un procedimiento sistemático para aislar números primos— y por un método sencillo para calcular la circunferencia de la Tierra. ◆

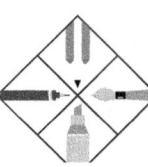

Página de un libro de texto LA CRIBA DE ERATÓSTENES

Complemento

La criba de Eratóstenes

Alrededor de 230 a.c., el matemático griego Eratóstenes desarrolló un método para identificar los números primos. El método se llama **criba de Eratóstenes.**

Sigue los pasos para identificar los números primos del 1 al 100.

Paso 1 Copia la tabla de la derecha.

Paso 2 Tacha el 1 pues no es primo ni compuesto.

Paso 3 Señala el 2. Después tacha todos los múltiplos de 2.

Paso 4 Pasa al primer número que no esté tachado. Señálalo y tacha todos sus múltiplos.

Paso 5 Repite el paso 4 hasta que todos los números de la tabla estén señalados o tachados. Los números señalados son primos.

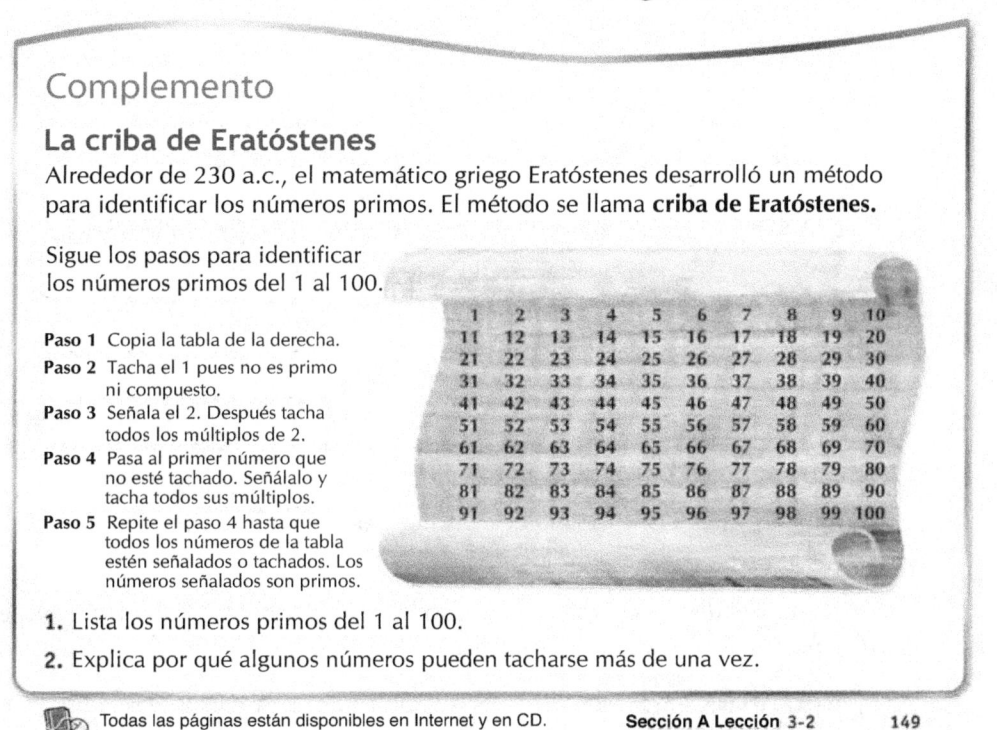

1	2	3	4	5	6	7	8	9	10
11	12	13	14	15	16	17	18	19	20
21	22	23	24	25	26	27	28	29	30
31	32	33	34	35	36	37	38	39	40
41	42	43	44	45	46	47	48	49	50
51	52	53	54	55	56	57	58	59	60
61	62	63	64	65	66	67	68	69	70
71	72	73	74	75	76	77	78	79	80
81	82	83	84	85	86	87	88	89	90
91	92	93	94	95	96	97	98	99	100

1. Lista los números primos del 1 al 100.

2. Explica por qué algunos números pueden tacharse más de una vez.

Todas las páginas están disponibles en Internet y en CD.   **Sección A Lección 3-2**   149

Fuente: Scott Foresman–Addison Wesley, Mathematics, 2008, Grade 6 (p. 149).

Los matemáticos han buscado por largo tiempo una fórmula que produzca sólo primos, pero no la han hallado. Un resultado fue la expresión $n^2 - n + 41$, donde n es un número completo. Al substituir n por 0, 1, 2, 3, . . . , 40 en la expresión, siempre se produce un primo. Sin embargo, al substituir n por 41 da $41^2 - 41 + 41$, ó 41^2, un número compuesto. En 1998 ROLAND CLARKSON, un estudiante de 19 años de California State University, mostró que $2^{3021377} - 1$ es primo. El número tiene 909,526 dígitos. La expansión decimal completa del número llenaría varios cientos de páginas. Desde entonces se han descubierto más primos mayores: $2^{32,582,657} - 1$ (9,808,358 dígitos) y $2^{30,402,457} - 1$ (9,152,052 dígitos). Éstos son ejemplos de los *primos de Mersenne*. Un primo de Mersenne, llamado así en honor del monje

Nota histórica

SOPHIE GERMAIN (1776–1831) nació en París y creció durante la Revolución Francesa. Ella quería estudiar en la prestigiosa École Polytechnique, pero no se admitían estudiantes mujeres. En consecuencia, estudió con notas de clase y con la monografía de GAUSS sobre teoría de números. Realizó importantes aportes a la teoría matemática de la elasticidad, por lo cual se le otorgó el premio de la Academia Francesa de Ciencias. El trabajo de GERMAIN fue seguido de cerca por GAUSS, quien la recomendó para un grado honorario en la Universidad de Göttingen. Ella murió antes de que le pudieran otorgar el grado. ◆

francés Marin Mersenne (1588–1648), es un primo de la forma $2^n - 1$, donde n es primo. El 23 de agosto de 2008, una computadora de UCLA (University of California Los Angeles) descubrió el 45° primo de Mersenne conocido, $2^{43,112,609} - 1$ (12,978,189 dígitos). El 6 de septiembre de 2008 se descubrió, en Alemania, el 46° primo de Mersenne, $2^{37,156,661} - 1$ (11,185,272 dígitos).

La búsqueda de primos grandes ha propiciado avances en el *cómputo distribuido*, esto es, en el uso de Internet para aprovechar la capacidad de cómputo ociosa de una gran cantidad de computadoras. La búsqueda de primos de Mersenne se ha utilizado como prueba para equipos de cómputo.

Otro tipo de primo interesante es un *primo de Sophie Germain*, el cual es un primo impar p para el cual $2p + 1$ también es primo. Nota que $p = 3$ es un primo de Sophie Germain pues $2 \cdot 3 + 1$, ó 7, también es primo. Verifica que 5, 11 y 23 también sean de ese tipo de primos. Esos primos se llaman así en honor de la matemática francesa Sophie Germain. En 2007, el mayor primo de Sophie Germain descubierto tenía 51,910 dígitos.

Resolver Problemas   ¿Cuántos osos?

Una tienda de juguetes ofrece un tipo de osos de peluche. El lunes vendieron cierta cantidad de osos de peluche por un total de $1843 y el martes, sin cambiar el precio, la tienda vendió cierta cantidad de osos de peluche por un total de $1957. ¿Cuántos osos se vendieron diariamente si el precio de cada pieza es un número completo mayor que $1?

Comprender el problema   Cierto día una tienda vendió una cantidad de osos de peluche por $1843 y al día siguiente una cantidad de ellos por un total de $1957. Necesitamos hallar la cantidad de osos vendidos cada día.

Trazar un plan   Si x osos se vendieron el primer día y y osos el segundo día, y si el precio de cada oso era de c dólares, tendríamos $cx = 1843$ y $cy = 1957$. Así, 1843 y 1957 deberán tener un factor común: el precio c. Podríamos factorizar cada número y hallar los posibles factores. Si el problema ha de tener una solución única, los dos números deberán tener un solo factor común además de 1. Cualquier factor común de 1957 y 1843 también será factor de $1957 - 1843 = 114$ y los factores de 114 son más fáciles de hallar.

Realizar el plan   Tenemos $114 = 2 \cdot 57 = 2 \cdot 3 \cdot 19$. Así, si 1957 y 1843 tienen un factor común primo, debe ser 2, 3 ó 19. Pero ni 2 ni 3 dividen a los números, por lo que el único factor común posible es 19. Dividimos cada número entre 19 y hallamos

$$1843 = 19 \cdot 97$$
$$1957 = 19 \cdot 103$$

Nota histórica

En la década de 1970 la determinación de primos grandes se volvió extremadamente útil para codificar y descodificar mensajes secretos. En todo tipo de codificación y descodificación, las letras del alfabeto corresponden, de alguna manera, a enteros no negativos. Tres científicos del Massachusetts Institute of Technology (Ronald Rivest, Adi Shamir y Leonard Adleman) diseñaron un sistema de codificación "seguro", conocido como sistema RSA (sus iniciales), en el cual los mensajes son ininteligibles para todos excepto para el destinatario. La llave secreta para descifrar consta de dos primos grandes elegidos por el usuario. La llave para cifrar es el producto de estos dos primos. Debido a la extrema dificultad y al tiempo requerido para factorizar números grandes, era prácticamente imposible obtener la llave para descifrar a partir de la llave conocida para cifrar. En 1982 se inventaron nuevos métodos para factorizar números grandes, lo cual provocó que se usaran primos aún mayores para prevenir la ruptura de las llaves para descodificar. ◆

Nota que ni 97 ni 103 son divisibles entre 2, 3, 5 ó 7. Por lo tanto, 97 y 103 son primos (¿por qué?) y, en consecuencia, el único factor común (mayor que 1) de 1843 y 1957 es 19. Así, el precio de cada oso fue de $19. El primer día se vendieron 97 osos y el día siguiente se vendieron 103.

Revisar Nota que el problema tuvo solución única pues el único factor común (mayor que 1) de los dos números fue 19. Podemos crear problemas similares haciendo que el precio del objeto sea un número primo y que el número de objetos vendidos cada día también sea primo. Por ejemplo, la venta total del primer día podría ser $23 \cdot 101$, ó $2323 y la del segundo día $23 \cdot 107$, ó $2461 (nota que 23, 101 y 107 son números primos).

Para hallar un factor común de 1957 y 1843, hallamos todos los factores comunes de $1957 - 1843 = 114 = 2 \cdot 3 \cdot 19$ y verificamos cuál de los factores de la diferencia era factor común de los números originales. Hemos usado la propiedad del teorema 5–13: Si $d|a$ y $d|b$, entonces $d|(a - b)$. Este teorema nos asegura que todo factor común de a y b también será factor de $a - b$.

Evaluación 5-4A

1. Halla el menor número positivo que sea divisible entre tres primos diferentes.

2. Determina cuáles de los números siguientes son primos:
  a. 109   **b.** 119
  c. 33   **d.** 101
  e. 463   **f.** 97
  g. $2 \cdot 3 \cdot 5 \cdot 7 + 1$ **h.** $2 \cdot 3 \cdot 5 \cdot 7 - 1$

3. Usa un árbol de factores para hallar la factorización en primos para los números siguientes:
  a. 504   **b.** 2475   **c.** 11,250

4. a. Llena los números faltantes en el siguiente árbol de factores:

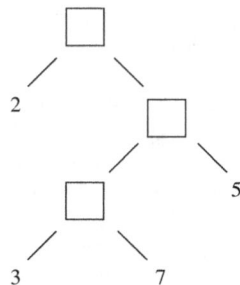

  b. ¿Cómo podrías hallar el número de arriba sin hallar los otros dos números?

5. ¿Cuál es el mayor primo que debes tomar en cuenta para verificar si 5669 es primo?

6. Halla las factorizaciones en primos de:
  a. $1 \cdot 2 \cdot 3 \cdot 4 \cdot 5 \cdot 6 \cdot 7 \cdot 8 \cdot 9 \cdot 10$
  b. $10^2 \cdot 26 \cdot 49^{10}$
  c. 251
  d. 1001

7. a. Cuando la bandera de Estados Unidos tenía 48 estrellas, éstas formaban un arreglo rectangular de 6 por 8. ¿En qué otro arreglo rectangular podrían colocarse?
  b. ¿Cuántos arreglos rectangulares de estrellas podrían formarse si hubiera sólo 47 estados?

8. a. Usa el teorema fundamental de la aritmética para justificar que si $2|n$ y $3|n$, entonces $6|n$.
  b. ¿Es siempre cierto que si $a|n$ y $b|n$, entonces $ab|n^2$? Demuestra la afirmación o exhibe un contraejemplo.

9. Don Alfonso quiere plantar árboles frutales formando un arreglo rectangular. Para cada uno de los siguientes números de árboles, halla los posibles números de filas si cada fila ha de tener el mismo número de árboles:
  a. 36
  b. 28
  c. 17
  d. 144

10. Algunos de los divisores de un número de casillero son 2, 5 y 9. Si hay exactamente nueve divisores adicionales, ¿cuál es el número de casillero?

11. Extiende la criba de Eratóstenes para hallar todos los primos entre 100 y 200.

12. Los números primos 11 y 13 se llaman *primos gemelos* pues difieren en 2. (No se ha demostrado la existencia de infinidad de primos gemelos). Halla todos los primos gemelos menores que 200.

13. Si $42|n$, ¿qué otros enteros positivos dividen a n?

14. Si 1000 es un factor de n, ¿qué otros enteros positivos dividen a n? ¿Cuántos de esos enteros positivos hay?

15. No se sabe si hay infinidad de primos en la sucesión infinita formada sólo por unos; 1, 11, 111, 1111, ... Halla infinidad de números compuestos en la sucesión.

16. ¿Es $3^2 \cdot 2^4$ un factor de $3^4 \cdot 2^7$? Explica por qué sí o por qué no.

17. Explica por qué cada uno de los números siguientes es compuesto:
   a. $3 \cdot 5 \cdot 7 \cdot 11 \cdot 13$
   b. $(3 \cdot 4 \cdot 5 \cdot 6 \cdot 7 \cdot 8) + 2$
   c. $(3 \cdot 5 \cdot 7 \cdot 11 \cdot 13) + 5$
   d. $10! + 7$ (*Nota:* $10! = 10 \cdot 9 \cdot 8 \cdot 7 \cdot 6 \cdot 5 \cdot 4 \cdot 3 \cdot 2 \cdot 1$.)

18. Explica por qué $2^3 \cdot 3^2 \cdot 25^3$ no es una factorización en primos y halla la factorización en primos de ese número.

19. Halla las factorizaciones en primos de los casos siguientes:
   a. $36^{10} \cdot 49^{20} \cdot 6^{15}$
   b. $100^{60} \cdot 300^{40}$
   c. $2 \cdot 3^4 \cdot 5^{110} \cdot 7 + 4 \cdot 3^4 \cdot 5^{110}$
   d. $2 \cdot 3 \cdot 5 \cdot 7 \cdot 11 + 1$

20. Soy un número primo mayor que 40 y menor que 90. Mis dígitos de las unidades y de las decenas son primos. La diferencia entre mis dígitos de las unidades y de las decenas no es 2. ¿Qué número soy?

Evaluación 5-4B

1. Determina cuáles de los números siguientes son primos:
   a. 89   **b.** 147
   c. 159   **d.** 187
   e. $2 \cdot 3 \cdot 5 \cdot 7 + 5$ **f.** $2 \cdot 3 \cdot 5 \cdot 7 - 5$

2. Usa un árbol de factores para hallar la factorización en primos para los números siguientes:
   a. 304
   b. 1570
   c. 9550

3. a. Llena los números faltantes en el siguiente árbol de factores:

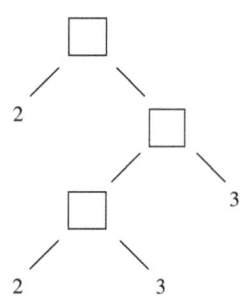

   b. ¿Cómo podrías hallar el número de arriba sin hallar los otros dos números?

4. ¿Cuál es el mayor primo que debes tomar en cuenta para verificar si 503 es primo?

5. Halla las factorizaciones en primos de:
   a. 1001
   b. 1001^2
   c. 999^{10}
   d. $111^{10} - 111^9$

6. Supón que los 435 miembros de la Cámara de Representantes se distribuyeran en comités formados por más de 2 miembros, pero menos de 30. Cada comité debe tener igual número de miembros y cada miembro ha de estar en sólo un comité.
   a. ¿Cuál es el tamaño de los posibles comités?
   b. ¿Cuántos comités hay de cada tamaño?

7. Halla el menor número divisible entre cada número natural menor o igual que 12.

8. Halla el mayor número de cuatro dígitos que tenga exactamente tres factores positivos.

9. Muestra que si el 1 se considerara primo, todo número tendría más de una factorización en números primos.

10. ¿Es posible hallar enteros positivos x, y y z tales que $2^x \cdot 3^y = 5^z$? ¿Por qué sí o por qué no?

11. a. Muestra que hay infinidad de números compuestos en la sucesión aritmética $1, 5, 9, 13, 17, \ldots$.
   b. ¿Toda sucesión aritmética formada por enteros con diferencia mayor que 0 tiene infinidad de números compuestos? Justifica tu respuesta.

12. Si $2N = 2^6 \cdot 3^5 \cdot 5^4 \cdot 7^3 \cdot 11^7$, explica por qué $2 \cdot 3 \cdot 5 \cdot 7 \cdot 11$ es un factor de N.

13. ¿Es $3^2 \cdot 2^4$ un factor de $3^3 \cdot 2^2$? Explica por qué sí o por qué no.

14. Explica por qué cada uno de los números siguientes es compuesto:
   a. $7 \cdot 11 \cdot 13 \cdot 17 + 17$
   b. $10! + k$, donde $k = 2, 3, 4, 5, 6, 7, 8, 9$ ó 10

15. Explica por qué $2^2 \cdot 5^3 \cdot 9^2$ no es una factorización en primos y halla la factorización en primos de ese número.

16. Un primo como 7331 es un *superprimo* pues cualquier entero obtenido suprimiendo dígitos de la derecha de 7331 es primo; por ejemplo, 733, 73 y 7.
   a. Para que un primo sea superprimo, ¿qué dígitos no pueden aparecer en el número?
   b. De los dígitos que pueden aparecer en un superprimo, ¿qué dígito no puede ser el dígito de la extrema izquierda de un superprimo?
   c. Halla todos los superprimos de dos dígitos.
   d. Halla un superprimo de tres dígitos distinto de 733.

17. ¿Es siempre verdadero lo siguiente? (Justifica tu respuesta). Si $m|ab$, entonces $m|a$ o $m|b$.

18. Halla las factorizaciones en primos de los casos siguientes:
   a. $16^4 \cdot 81^4 \cdot 6^6$
   b. $8^4 \cdot 32^5$
   c. $2^2 \cdot 3^5 \cdot 7^{55} + 2^4 \cdot 3^4 \cdot 7^{55}$

19. Usa el teorema fundamental de la aritmética para justificar la siguiente afirmación acerca de los números completos a y b mayores que 1. Si p es primo y $p|ab$, entonces $p|a$ o $p|b$.

20. El producto de tres números primos menores que 30 es 1955. ¿Cuáles son los tres primos?

Conexiones matemáticas 5-4

Comunicación

1. Explica por qué el producto de cualesquier tres enteros consecutivos es divisible entre 6.

2. Explica por qué el producto de cualesquier cuatro enteros consecutivos es divisible entre 24.

3. Para verificar la divisibilidad entre 12, una estudiante verificó la divisibilidad entre 3 y 4; otra verificó la divisibilidad entre 2 y 6. ¿Están ambas estudiantes usando un enfoque correcto para la divisibilidad entre 12? ¿Por qué sí o por qué no?

4. En la criba de Eratóstenes para números menores que 100 explica por qué, después de que tachamos todos los múltiplos de 2, 3, 5 y 7, los números restantes son primos.

5. Sea $M = 2 \cdot 3 \cdot 5 \cdot 7 + 11 \cdot 13 \cdot 17 \cdot 19$. Sin multiplicar, muestra que ninguno de los primos menores o iguales que 19 divide a M.

6. Una señora con una canasta de huevos halla que si retira los huevos de la canasta en grupos de 3 ó 5, siempre queda 1 huevo. Sin embargo, si retira los huevos en grupos de 7, no queda ninguno. Si en la canasta caben hasta 100 huevos, ¿cuántos huevos tiene? Explica tu razonamiento.

7. Explica por qué, cuando un número es compuesto, su menor divisor positivo, distinto de 1, debe ser primo.

8. EUCLIDES demostró que dada cualquier lista finita de primos, existe un primo que no está en la lista. Lee el siguiente argumento y responde las preguntas que siguen.

Sea $2, 3, 5, 7, \ldots, p$ una lista de todos los primos menores o iguales que cierto primo p. Mostraremos que existe un primo que no está en la lista. Considera el producto

$$2 \cdot 3 \cdot 5 \cdot 7 \cdot \ldots \cdot p$$

Nota que todo primo en nuestra lista divide ese producto. Sin embargo, si sumamos 1 al producto, esto es, si formamos el número $N = (2 \cdot 3 \cdot 5 \cdot 7 \cdot \ldots \cdot p) + 1$, entonces ninguno de los primos de la lista divide a N. Nota que ya sea N primo o compuesto, algún primo q debe dividir a N. Como ningún primo de nuestra lista divide a N, q no es de los primos de nuestra lista. En consecuencia, $q > p$. Hemos mostrado que existe un primo mayor que p.

a. Explica por qué ningún primo de la lista divide a N.

b. Explica por qué algún primo debe dividir a N.

c. Alguien descubrió un primo que tiene 65,050 dígitos. ¿De qué manera el argumento anterior nos asegura que existe un primo aún mayor?

d. ¿El argumento muestra que hay infinidad de primos? ¿Por qué sí o por qué no?

e. Sea $M = 2 \cdot 3 \cdot 5 \cdot 7 \cdot 11 \cdot 13 \cdot 17 \cdot 19 + 1$. Sin multiplicar, explica por qué algún primo mayor que 19 debe dividir a M.

Solución abierta

9. a. ¿En cuál de los intervalos siguientes crees que hay más primos? ¿Por qué? Verifica si estás en lo correcto.
    i. 0–99   **ii.** 100–199

b. ¿Cuál es la cadena más larga de números compuestos consecutivos en los intervalos?

c. ¿Cuántos primos gemelos (ver el problema 16) hay en cada intervalo?

d. ¿Qué patrones, de haberlos, ves en las preguntas anteriores? Predice lo que podría pasar en otros intervalos.

10. Un número es *perfecto* si la suma de sus factores (aparte de sí mismo) es igual a él. Por ejemplo, 6 es un número perfecto pues sus factores suman 6, esto es, $1 + 2 + 3 = 6$. Un *número abundante* tiene factores cuya suma es mayor que el número mismo. *Un número deficiente* es un número con factores cuya suma es menor que el número mismo.

a. Clasifica cada uno de los siguientes números como perfecto, abundante o deficiente:
    i. 12   **ii.** 28   **iii.** 35

b. Halla al menos un número que corresponda a cada clase.

Aprendizaje colectivo

11. Un grupo de 23 estudiantes usó losetas cuadradas para construir formas rectangulares. Cada estudiante tenía más de una loseta y cada uno tenía un número diferente de losetas. Cada estudiante fue capaz de construir una sola forma rectangular. Tuvieron que usarse todas las losetas para construir un rectángulo, y el rectángulo no podía tener huecos. Por ejemplo, un rectángulo de 2 por 6 usa 12 losetas y se considera igual al rectángulo de 6 por 2, pero es diferente de un rectángulo de 3 por 4. El grupo realizó la actividad usando el menor número de losetas. ¿Cuántas losetas usó? Dividan el trabajo entre los miembros del grupo para explorar los diversos rectángulos que pudieron hacerse.

Preguntas del salón de clase

12. María dice que su árbol de factores para 72 comienza con 3 y 24, de modo que sus factores primos serán diferentes de los de Lalo pues él comenzará con 8 y 9. ¿Qué le dices a María?

13. Beto dice que para verificar si un número es primo, él sólo usa las reglas de divisibilidad que conoce para 2, 3, 4, 5, 6, 8 y 10. Él dice que si el número no es divisible entre esos números, entonces es primo. ¿Cómo le respondes?

14. José dice que todo número impar mayor que 3 se puede escribir como la suma de dos primos. Para convencer al grupo, escribió: $7 = 2 + 5$, $5 = 2 + 3$, y $9 = 7 + 2$. ¿Cómo le respondes?

15. Una estudiante del octavo grado en una escuela secundaria asegura que debido a que hay tantos números pares como impares entre 1 y 1000, debe haber tantos números que tengan un número par de divisores positivos como números que tengan un número impar de divisores positivos entre 1 y 1000. ¿Tiene razón la estudiante? ¿Por qué sí o por qué no?

16. Un estudiante de sexto grado argumenta que hay infinidad de primos pues "no hay fin para los números". ¿Cómo le respondes?

17. Un estudiante asegura que todo primo mayor que 3 es un término en la sucesión aritmética cuyo término n-ésimo es $6n + 1$ o en la sucesión aritmética cuyo término n-ésimo es $6n - 1$. ¿Es cierto? De ser así, ¿por qué?

Problemas de repaso

18. Clasifica lo siguiente como verdadero o falso:
   a. 11 es un factor de 189.
   b. 1001 es un múltiplo de 13.
   c. $7 | 1001$ y $7 \nmid 12$ implica $7 \nmid (1001 - 12)$.

19. Verifica la divisibilidad entre 2, 3, 4, 5, 6, 7, 8, 9, 10 y 11 de cada número:
   a. 438,162
   b. 2,345,678,910

20. Demuestra que si un número es divisible entre 12, entonces es divisible entre 3.

21. ¿Podrían dividirse $3376 exactamente entre siete u ocho personas?

 **ACTIVIDAD DE LABORATORIO** En la figura 5-25, comienza una espiral con centro en 41 y continúa en dirección contraria al giro de las manecillas del reloj. Los primos están sobre fondo blanco. Fíjate en los primos a lo largo de la diagonal con fondo blanco. ¿Puedes obtener cada uno de los primos a partir de la fórmula $n^2 + n + 41$ substituyendo valores apropiados para n?

265	264	263	262	261	260	259	258	257	256	255	254	253	252	251
210	209	208	207	206	205	204	203	202	201	200	199	198	197	250
211	162	161	160	159	158	157	156	155	154	153	152	151	196	249
212	163	122	121	120	119	118	117	116	115	114	113	150	195	248
213	164	123	90	89	88	87	86	85	84	83	112	149	194	247
214	165	124	91	66	65	64	63	62	61	82	111	148	193	246
215	166	125	92	67	50	49	48	47	60	81	110	147	192	245
216	167	126	93	68	51	42	41	46	59	80	109	146	191	244
217	168	127	94	69	52	43	44	45	58	79	108	145	190	243
218	169	128	95	70	53	54	55	56	57	78	107	144	189	242
219	170	129	96	71	72	73	74	75	76	77	106	143	188	241
220	171	130	97	98	99	100	101	102	103	104	105	142	187	240
221	172	131	132	133	134	135	136	137	138	139	140	141	186	239
222	173	174	175	176	177	178	179	180	181	182	183	184	185	238
223	224	225	226	227	228	229	230	231	232	233	234	235	236	237

Figura 5-25

ROMPECABEZAS Un sábado Yoli interrumpió su visita a su amiga Natalia para llevar a otras tres amigas al cine. "¿Qué edad tienen?", preguntó Natalia. "El producto de sus edades es 2450 y la suma es exactamente el doble de tu edad", respondió Yoli. Natalia lo pensó por un momento y dijo: "Necesito más información". A lo cual Yoli respondió, "Debo decirte que yo soy por lo menos un año menor que la mayor de mis tres amigas". Con esta información, Natalia obtuvo de inmediato la edad de las amigas. ¿Cómo pudo saber Natalia la edad de las amigas y cuáles fueron sus edades?

5-5 Máximo divisor común y mínimo múltiplo común

Considera la situación siguiente:

Dos bandas se combinan para desfilar. Una banda de 24 miembros marchará detrás de una banda de 30 miembros. Las bandas combinadas deberán tener el mismo número de columnas y el mismo número de miembros en cada columna. ¿Cuál es el mayor número de columnas en que pueden marchar?

Las bandas podrían marchar en 2 columnas y tendríamos el mismo número de columnas, pero esto no satisface la condición de tener el mayor número de columnas posible. El número de columnas debe dividir a ambos, 24 y 30. ¿Por qué? Los números que dividen a 24 y a 30 son 1, 2, 3 y 6. El mayor de estos números es 6, de modo que las bandas deberán marchar en 6 columnas. La primera banda tendrá 6 columnas con 4 miembros en cada columna, y la segunda banda tendrá 6 columnas con 5 miembros en cada columna. En este problema hemos hallado el mayor número que divide tanto a 24 como a 30, esto es, el **máximo divisor común (MDC)** de 24 y 30.

Nota de investigación

Posiblemente debido a que los estudiantes confunden a menudo factores y múltiplos, el máximo factor común y el mínimo múltiplo común son temas difíciles de comprender para ellos (GRAVISS y GREAVER 1992).

Definición
El **máximo divisor común (MDC)** de dos enteros a y b es el mayor entero que divide tanto a a como a b.

En la *Nota de investigación* vemos que a los estudiantes se les dificultan los máximos divisores comunes (MDC) y los mínimos múltiplos comunes (MMC). Proporcionamos varios métodos para hallar MDC y MMC y así aclarar estos conceptos.

Método de las barras de colores

Podemos construir un modelo de dos o más enteros con barras de colores para determinar el MDC de dos enteros positivos. Por ejemplo, considera hallar el MDC de 6 y 8 usando la barra del 6 y la barra del 8, como en la figura 5-26.

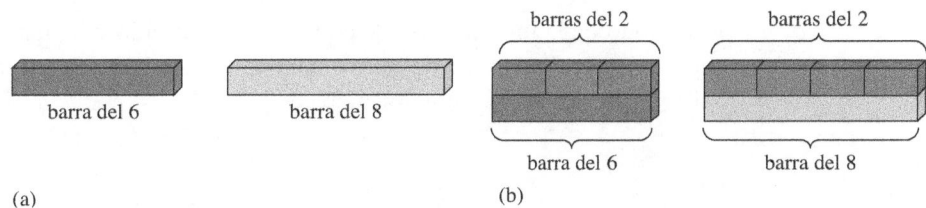

(a)   (b)

Figura 5-26

Para hallar el MDC de 6 y 8 debemos hallar la barra más larga tal que podamos usar múltiplos de esa barra para construir la barra del 6 y la barra del 8. Se pueden usar las barras del 2 para construir ambas barras, la del 6 y la del 8, como se muestra en la figura 5-26(b); se pueden usar barras del 3 para construir la barra del 6 pero no la barra del 8; se pueden usar las barras del 4 para construir la barra del 8, pero no la del 6; con las barras del 5 no podemos construir ninguna, ni podemos usar barras del 6 para construir la barra del 8. Por lo tanto, $MDC(6,8) = 2$.

 **AHORA INTENTA ÉSTE 5-15** Explica cómo puedes usar barras de colores para resolver el problema del desfile de bandas enunciado al principio de esta sección.

Método de la intersección de conjuntos

En el método de *intersección de conjuntos* listamos todos los miembros del conjunto de divisores positivos de los dos enteros, de entre éstos hallamos el conjunto de todos los *divisores comunes* y, finalmente, escogemos el *mayor* elemento en ese conjunto. Por ejemplo, para hallar el MDC de 20 y 32 denotamos los conjuntos de divisores positivos de 20 y 32 por D_{20} y D_{32}, respectivamente.

$$D_{20} = \{1, 2, 4, 5, 10, 20\}$$
$$\uparrow\ \uparrow\ \uparrow$$
$$D_{32} = \{1, 2, 4, 8, 16, 32\}$$

El conjunto de todos los divisores comunes positivos de 20 y 32 es

$$D_{20} \cap D_{32} = \{1, 2, 4\}$$

Como el mayor número en el conjunto de divisores comunes positivos es 4, el MDC de 20 y 32 es 4, que se escribe $MDC(20, 32) = 4$.

 **AHORA INTENTA ÉSTE 5-16** El diagrama de Venn de la figura 5-27 ilustra los factores de 24 y 40. Responde a lo siguiente:

a. ¿Cuál es el significado de cada una de las regiones sombreadas?
b. ¿Qué factor es el MDC?
c. ¿Traza un diagrama de Venn similar para hallar el MDC de 36 y 44.

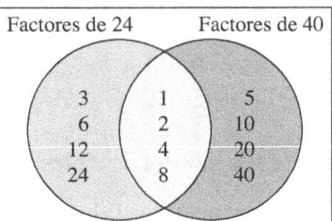

Figura 5-27

Método de factorización en primos

El método de la intersección de conjuntos es tardado y tedioso si los números tienen muchos divisores. Otro método, más eficiente, es el método de la factorización en primos. Para hallar MDC(180, 168), nota primero que

$$180 = 2 \cdot 2 \cdot 3 \cdot 3 \cdot 5 = (2^2 \cdot 3)3 \cdot 5$$

y
$$\uparrow\ \uparrow\ \ \searrow$$
$$168 = 2 \cdot 2 \cdot 2 \cdot 3 \cdot 7 = (2^2 \cdot 3)2 \cdot 7$$

Vemos que 180 y 168 tienen en común dos factores de 2 y uno de 3. Estos primos comunes dividen tanto a 180 como a 168. De hecho, los números distintos de 1 que dividen a 180 y 168 no deben tener más de dos 2 y un 3 y ningún otro factor primo en su factorización en primos. Los divisores comunes positivos posibles son $1, 2, 2^2, 3, 2 \cdot 3$ y $2^2 \cdot 3$. Por lo tanto, el máximo divisor común de 180 y 168 es $2^2 \cdot 3$. El procedimiento para hallar el MDC de dos o más números usando el método de la factorización en primos se resume a continuación:

> Para hallar el MDC de dos o más enteros positivos, halla primero las factorizaciones en primos de los números dados y después identifica cada factor primo común de los números dados. El MDC es el producto de los factores comunes, cada uno elevado a la menor potencia en la que ese primo se presenta en cualquiera de las factorizaciones en primos.

Si aplicamos la técnica de factorización en primos para hallar MDC(4, 9), vemos que 4 y 9 no tienen factores primos comunes. Pero eso no significa que no exista el MDC. Todavía tenemos a 1 como divisor común, de modo que MDC(4, 9) = 1. Números como 4 y 9, cuyo MDC es 1, son **primos relativos**. En la siguiente página de muestra verás el método de la intersección de conjuntos y el método de la factorización en primos. Estudia la página y trabaja las preguntas del Tema de plática al final de la página de muestra. Nota que el MFC en la página de muestra significa *máximo factor común*, que es lo mismo que MDC.

Ejemplo 5-27

Halla lo siguiente:

a. MDC(108, 72)
b. MDC(0, 13)
c. MDC(x, y) si $x = 2^3 \cdot 7^2 \cdot 11 \cdot 13$ y $y = 2 \cdot 7^3 \cdot 13 \cdot 17$
d. MDC(x, y, z) si $z = 2^2 \cdot 7$, usando x y y de (c)
e. MDC(x, y), donde $x = 5^4 \cdot 13^{10}$ y $y = 3^{10} \cdot 11^{20}$

Solución **a.** Como $108 = 2^2 \cdot 3^3$ y $72 = 2^3 \cdot 3^2$, se sigue que MDC(108, 72) $= 2^2 \cdot 3^2 = 36$.

   b. Como $13|0$ y $13|13$, se sigue que MDC(0, 13) $= 13$.

   c. MDC$(x, y) = 2 \cdot 7^2 \cdot 13 = 1274$.

   d. Como $x = 2^3 \cdot 7^2 \cdot 11 \cdot 13$, $y = 2 \cdot 7^3 \cdot 13 \cdot 17$ y $z = 2^2 \cdot 7$, entonces MDC$(x, y, z) = 2 \cdot 7 = 14$. Nota que MDC$(x, y, z)$ también puede obtenerse hallando el MDC de z y 1274, la respuesta de (c).

   e. Como x y y no tienen factores comunes primos, MDC$(x, y) = 1$.

Método de la calculadora

Las calculadoras que tienen la tecla $\boxed{\text{Simp}}$ se pueden usar para hallar el MDC de dos números. Por ejemplo, para hallar MDC(120, 180) usamos la siguiente sucesión de teclas: primero teclea

$\boxed{1}$ $\boxed{2}$ $\boxed{0}$ $\boxed{/}$ $\boxed{1}$ $\boxed{8}$ $\boxed{0}$ $\boxed{\text{Simp}}$ $\boxed{=}$ para obtener en pantalla $\boxed{\text{N/D} \rightarrow \text{n/d } 60/90}$. Al presionar la tecla $\boxed{x \otimes y}$ vemos $\boxed{2}$ en la pantalla como un divisor común de 120 y 180. Al presionar de nuevo la tecla $\boxed{x \otimes y}$ y oprimiendo, $\boxed{\text{Simp}}$ $\boxed{=}$ $\boxed{x \otimes y}$, vemos de nuevo 2 como factor. Se repite el proceso hasta obtener 3 y 5 como otros factores comunes. El MDC de 120 y 180 es el producto de los factores comunes primos $2 \cdot 2 \cdot 3 \cdot 5$, ó 60.

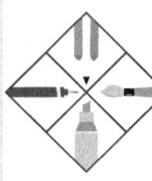

Página de un libro de texto MÁXIMO FACTOR COMÚN

Idea clave
Hay diferentes maneras de hallar los factores que son comunes a dos o más números.

Vocabulario
• factor común
• máximo factor común (MFC)
• factorización en primos (p. 147)

¡Piensa!
• Puedo **usar factores** para identificar grupos iguales que comparten.
• Puedo **hacer una lista organizada** para hallar los factores comunes y el MFC.

Máximo factor común

Aprende

¿Cómo puedes usar factores?

Carmelita está haciendo paquetes de tentempiés para un grupo de excursionistas. Cada paquete deberá tener el mismo número de bolsas de granola y el mismo número de botellas de agua. ¿Cuál es el mayor número de paquetes que puede hacer sin que sobren refrigerios?

Para resolver este problema, necesitas hallar los números que son factores tanto de 60 como de 90. Estos son los **factores comunes** de 60 y 90. El **máximo factor común (MFC)** es el *mayor* número que es factor de 60 y de 90.

Calentamiento
Lista los factores de cada número.
1. 12   2. 31
3. 54   4. 100

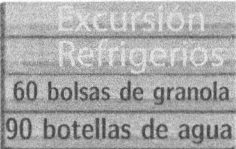
Excursión Refrigerios
60 bolsas de granola
90 botellas de agua

Ejemplo

Halla el MFC de 60 y 90.

Una manera

Lista los factores de cada número.

60: 1, 2, 3, 4, 5, 6, 10, 12, 15, 20, 30, 60
90: 1, 2, 3, 5, 6, 9, 10, 15, 18, 30, 45, 90

Engloba pares de factores comunes. Escoge el mayor.

60: 1, 2, 3, 4, 5, 6, 10, 12, 15, 20, 30, 60
90: 1, 2, 3, 5, 6, 9, 10, 15, 18, 30, 45, 90

El MFC es 30.

Otra manera

Usa la factorización en primos.

$60 = 2 \times 2 \times 3 \times 5$
$90 = 2 \times 3 \times 3 \times 5$

Halla el producto de los factores comunes primos. De no haber factores comunes primos, el MFC es 1.

$60 = 2 \times 2 \times 3 \times 5$
$90 = 2 \times 3 \times 3 \times 5$ $2 \times 3 \times 5 = 30$

El MFC es 30.

El mayor número de paquetes de tentempiés que ella puede hacer es 30.

Tema de plática

1. En el segundo método, ¿por qué se usa 2 sólo una vez como factor del MFC?

2. En cada uno de los 30 paquetes de tentempiés, ¿cuántas bolsas de granola y cuántas botellas de agua habrá?

3. **Razonamiento** Halla el MFC de 48 y de 120. ¿Qué método usaste? ¿Por qué?

Colócalo en la RED
Más ejemplos
www.scottforesman.com

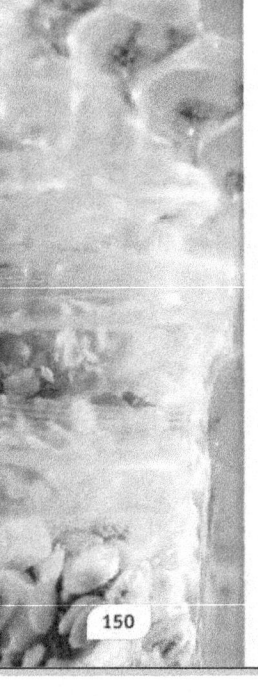

150

Fuente: Scott Foresman-Addison Wesley Mathematics 2008, Grade 6 (p. 150).

Algunas calculadoras ya tienen incorporada la característica de MDC; seguramente tienes que ir al menú *MATH* para encontrarla. Con esta característica, seleccionas MDC y tecleas los números separados por una coma dentro de paréntesis; por ejemplo, MDC(120, 180). Cuando se presiona ⬚= aparece en pantalla el MDC, que es 60.

Método del algoritmo de Euclides

Los números grandes pueden ser difíciles de factorizar. Para estos números hay otro método más eficiente que la factorización para hallar el MDC. Por ejemplo, supón que queremos hallar MDC(676, 221). Si pudiéramos hallar dos números más pequeños cuyo MDC fuera el mismo que MDC(676, 221), nuestra tarea sería más fácil. Por el teorema 5–13(c), todo divisor de 676 y 221es también un divisor de $676 - 221$ y 221. Recíprocamente, todo divisor de $676 - 221$ y 221 también es un divisor de 676 y 221. Así, el conjunto de todos los divisores comunes de 676 y 221 es igual que el conjunto de todos los divisores comunes de $676 - 221$ y 221. En consecuencia, $\text{MDC}(676, 221) = \text{MDC}(676 - 221, 221)$. Este proceso se puede continuar restando tres 221 de 676 de modo que $\text{MDC}(676, 221) = \text{MDC}(676 - 3 \cdot 221, 221) = \text{MDC}(13, 221)$. Para determinar cuántos 221 podemos restar de 676, pudimos haber dividido como sigue:

$$\overset{3\ \text{R}\ 13}{221\overline{)676}} \qquad \overset{17\ \text{R}\ 0}{13\overline{)221}}$$

Cuando se obtiene 0 como residuo, esto significa que las divisiones se han completado. Como $\text{MDC}(0, 13) = 13$, $\text{MDC}(676, 221) = 13$. Basados en esta ilustración, hacemos la generalización esbozada en el siguiente teorema.

Teorema 5–28

Si a y b son cualesquier números completos mayores que 0 y $a \geq b$, entonces $\text{MDC}(a, b) = \text{MDC}(r, b)$, donde r es el residuo cuando a se divide entre b.

OBSERVACIÓN Como $\text{MDC}(x, y) = \text{MDC}(y, x)$ para todos los números completos x y y tales que no sean ambos 0, el teorema 5–28 puede reescribirse como

$$\text{MDC}(a, b) = \text{MDC}(b, r).$$

Hallar el MDC de dos números por medio del uso repetido del teorema 5-28 hasta alcanzar el residuo 0 se conoce como **algoritmo euclidiano**. Este método se halla en el Libro IV de *Los Elementos* de Euclides (300 a.c.). En la figura 5-28 se da un diagrama de flujo para usar el algoritmo euclidiano.

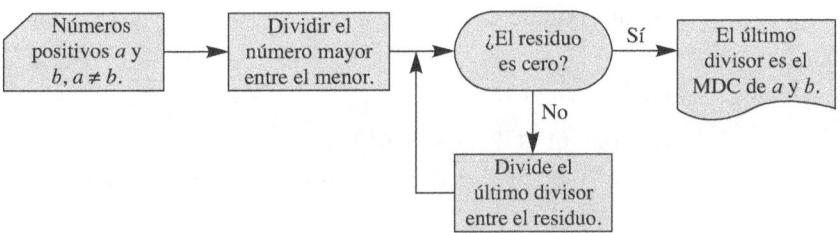

Figura 5-28

Ejemplo 5-28   Usa el algoritmo euclidiano para hallar MDC(10764, 2300).

Solución

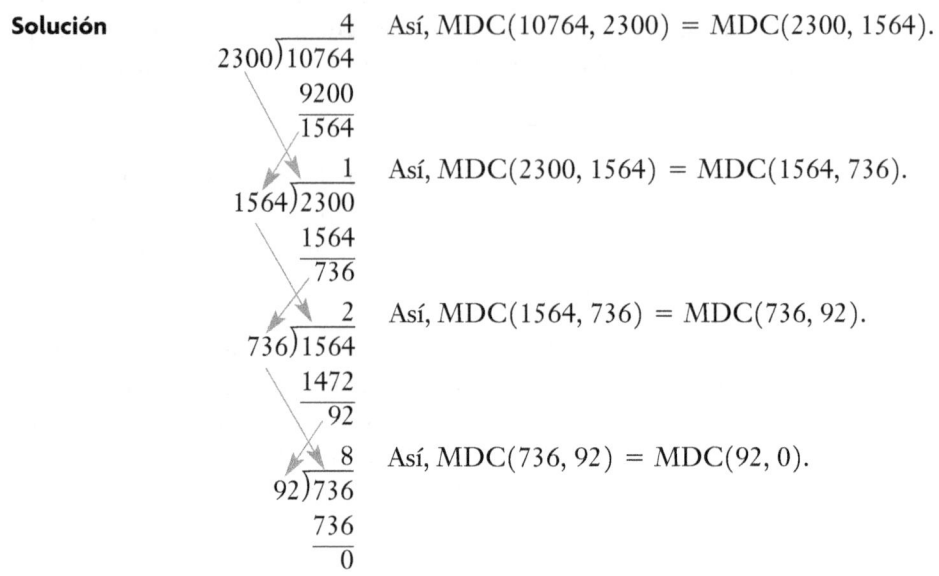

$$\begin{array}{r} 4 \\ 2300\overline{)10764} \\ 9200 \\ \hline 1564 \end{array}$$ Así, MDC(10764, 2300) = MDC(2300, 1564).

$$\begin{array}{r} 1 \\ 1564\overline{)2300} \\ 1564 \\ \hline 736 \end{array}$$ Así, MDC(2300, 1564) = MDC(1564, 736).

$$\begin{array}{r} 2 \\ 736\overline{)1564} \\ 1472 \\ \hline 92 \end{array}$$ Así, MDC(1564, 736) = MDC(736, 92).

$$\begin{array}{r} 8 \\ 92\overline{)736} \\ 736 \\ \hline 0 \end{array}$$ Así, MDC(736, 92) = MDC(92, 0).

Como MDC(92, 0) = 92, se sigue que MDC(10764, 2300) = 92.

OBSERVACIÓN El procedimiento para hallar el MDC usando el algoritmo euclidiano se puede detener en cualquier paso en que el MDC sea obvio.

    También se puede usar una calculadora con la característica de división entera para efectuar el algoritmo euclidiano. Esta característica produce el cociente y el residuo cuando se hace una división. Por ejemplo, si la tecla de división entera se ve como $\boxed{\text{INT} \div}$, entonces para hallar MDC(10764, 2300) procedemos como sigue:

$\boxed{1}\boxed{0}\boxed{7}\boxed{6}\boxed{4}\boxed{\text{INT} \div}\boxed{2}\boxed{3}\boxed{0}\boxed{0}\boxed{=}$ que presenta en pantalla $\underset{\text{Q}}{\lfloor 4 \rfloor}\ \underset{\text{R}}{\lfloor 1564 \rfloor}$

$\boxed{2}\boxed{3}\boxed{0}\boxed{0}\boxed{\text{INT} \div}\boxed{1}\boxed{5}\boxed{6}\boxed{4}\boxed{=}$ que presenta en pantalla $\underset{\text{Q}}{\lfloor 1 \rfloor}\ \underset{\text{R}}{\lfloor 736 \rfloor}$

$\boxed{1}\boxed{5}\boxed{6}\boxed{4}\boxed{\text{INT} \div}\boxed{7}\boxed{3}\boxed{6}\boxed{=}$ que presenta en pantalla $\underset{\text{Q}}{\lfloor 2 \rfloor}\ \underset{\text{R}}{\lfloor 92 \rfloor}$

$\boxed{7}\boxed{3}\boxed{6}\boxed{\text{INT} \div}\boxed{9}\boxed{2}\boxed{=}$ que presenta en pantalla $\underset{\text{Q}}{\lfloor 8 \rfloor}\ \underset{\text{R}}{\lfloor 0 \rfloor}$

El último número entre el que dividimos cuando obtuvimos residuo 0 es 92, así que

$$\text{MDC}(10764, 2300) = 92$$

A veces podemos usar atajos para hallar el MDC de dos o más números, como en el ejemplo siguiente.

Ejemplo 5-29   Halla lo siguiente:

a. MDC(134791, 6341, 6339)
b. El MDC de dos enteros consecutivos cualesquiera.

Solución   **a.** Cualquier divisor común de tres números también es un divisor común de cualesquier dos de ellos (¿por qué?). En consecuencia, el MDC de tres números no puede ser mayor que el MDC de cualesquier dos de los números. Los números 6341 y 6339 son cercanos y, por lo tanto, es más fácil hallar su MDC:

$$MDC(6341, 6339) = MDC(6341 - 6339, 6339)$$
$$= MDC(2, 6339)$$
$$= 1$$

Como MDC(134791, 6341, 6339) no puede ser mayor que 1, se sigue que debe ser igual a 1.

b. Nota que MDC(4, 5) = 1, MDC(5, 6) = 1, MDC(6, 7) = 1, y MDC(99, 100) = 1. Parece que el MDC de dos enteros consecutivos es 1. Para justificar esta conjetura necesitamos mostrar que para todos los enteros n, MDC$(n, n + 1) = 1$. Tenemos

$$MDC(n, n + 1) = MDC(n + 1, n) = MDC(n + 1 - n, n)$$
$$= MDC(1, n)$$
$$= 1$$

Mínimo múltiplo común

Las salchichas se venden usualmente en paquetes de 10 y el pan para hacer *hot-dogs* suele venderse en paquetes de 8 piezas. Esta disparidad causa problemas cuando uno trata de hacer corresponder salchichas y panes. ¿Cuál es el menor número de paquetes de cada uno que podrías ordenar de modo que haya igual número de salchichas que de pan? Las cantidades de salchichas que podemos tener son simplemente los múltiplos de 10, esto es, 10, 20, 30, 40, 50, ... Asimismo, las cantidades posibles de pan son 8, 16, 24, 32, 40, 48, ... Podemos ver que el número de salchichas se corresponde con el número de panes cuando 10 y 8 tienen múltiplos en común. Esto sucede en 40, 80, 120, ... En este problema estamos interesados en el menor de estos múltiplos, 40. Por lo tanto, podemos obtener el mismo número de salchichas y de pan en la menor cantidad si compramos cuatro paquetes de salchichas y cinco paquetes de pan. La respuesta de 40 es el **mínimo múltiplo común (MMC)** de 8 y 10.

> **Definición**
>
> Supón que a y b son números naturales. Entonces el mínimo múltiplo común (MMC) de a y b es el menor número natural que es simultáneamente un múltiplo de a y un múltiplo de b.

Como en el MDC, hay diversos métodos para hallar mínimo múltiplo común.

Método de la recta numérica

Se puede usar una recta numérica para determinar el MMC de dos números. Por ejemplo, para determinar MMC(3, 4) podemos mostrar los múltiplos de 3 y de 4 sobre la recta numérica por medio de intervalos de longitud 3 y 4, como se ilustra en la figura 5-29.

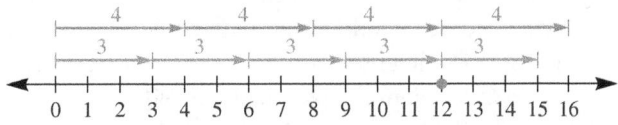

Figura 5-29

Comenzando en 0, vemos que las puntas de las flechas no coinciden sino hasta el punto 12 sobre la recta numérica. Si continuáramos la recta, las flechas coincidirían en 24, 36, 48 y así sucesivamente. Vemos que hay un número infinito de múltiplos comunes de 3 y 4, pero el mínimo múltiplo común positivo es 12. Nota que este enfoque de la recta numérica es ilustrativo y ayuda a comprender, pero no es práctico usarlo para números grandes.

Método de las barras de colores

Podemos usar barras de colores para determinar el MMC de dos números. Por ejemplo, considera la barra del 3 y la barra del 4 de la figura 5-30(a). Construimos trenes de barras del 3 y de barras del 4 hasta que tengan la misma longitud, según se muestra en la figura 5-30(b). El MMC es la longitud común del tren.

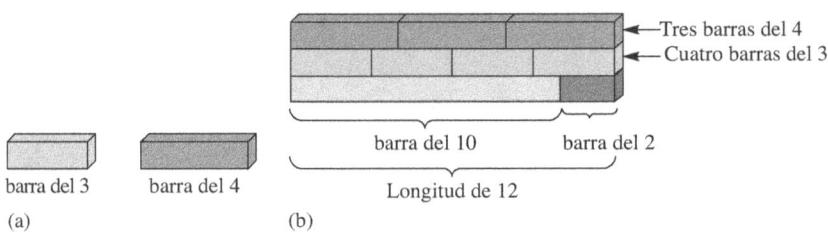

Figura 5-30

Método de la intersección de conjuntos

En el método de *intersección de conjuntos*, primero hallamos el conjunto de todos los *múltiplos* positivos tanto del primero como del segundo números, después hallamos el conjunto de todos los *múltiplos comunes positivos* de ambos números y finalmente escogemos el *menor* elemento de ese conjunto. Por ejemplo, para hallar el MMC de 8 y 12 denotamos los conjuntos de los múltiplos positivos de 8 y 12 con M_8 y M_{12}, respectivamente.

$$M_8 = \{8, 16, 24, 32, 40, 48, 56, 64, 72, \dots\}$$

$$M_{12} = \{12, 24, 36, 48, 60, 72, 84, 96, 108, \dots\}$$

El conjunto de los múltiplos comunes positivos es

$$M_8 \cap M_{12} = \{24, 48, 72, \dots\}$$

Como el número menor en $M_8 \cap M_{12}$ es 24, el MMC de 8 y 12 es 24, que se escribe MMC(8, 12) = 24.

AHORA INTENTA ÉSTE 5-17 Traza un diagrama de Venn para ilustrar M_8 y M_{12} y muestra cómo hallar MMC(8, 12) por medio del diagrama

Método de la factorización en primos

El método de la intersección de conjuntos para hallar el MMC con frecuencia es largo, especialmente cuando se usa para hallar el MMC de tres o más números naturales. Otro método, más eficiente, para hallar el MMC de varios números es el *método de la factorización en primos*. Por ejemplo, para hallar MMC(40, 12), primero hallamos las factorizaciones en primos de 40 y 12, a saber $2^3 \cdot 5$ y $2^2 \cdot 3$, respectivamente.

Si $m = \text{MMC}(40, 12)$, entonces m es múltiplo de 40 y debe contener como factores a 2^3 y 5. Además, m es un múltiplo de 12 y debe contener 2^2 y 3 como factores. Como 2^3 es un múltiplo de 2^2, entonces $m = 2^3 \cdot 5 \cdot 3 = 120$. En general, tenemos lo siguiente:

Para hallar el MMC de dos números naturales, primero halla la factorización de cada número. Después toma cada uno de los primos que son factores de alguno de los números dados. El MMC es el producto de estos primos, cada uno elevado a la mayor potencia en la que ese primo se presenta en cualquiera de las factorizaciones en primos.

Ejemplo 5-30

Halla el MMC de 2520 y 10,530.

Solución

$$2520 = 2^3 \cdot 3^2 \cdot 5 \cdot 7.$$
$$10{,}530 = 2 \cdot 3^4 \cdot 5 \cdot 13.$$
$$\text{MMC}(2520, 10530) = 2^3 \cdot 3^4 \cdot 5 \cdot 7 \cdot 13 = 294{,}840$$

El método de factorización en primos también puede usarse para hallar el MMC de más de dos números. Por ejemplo, para hallar MMC(12, 108, 120) podemos proceder como sigue:

$$12 = 2^2 \cdot 3$$
$$108 = 2^2 \cdot 3^3$$
$$120 = 2^3 \cdot 3 \cdot 5$$

Entonces, $\text{MMC}(12, 108, 120) = 2^3 \cdot 3^3 \cdot 5 = 1080$.

El método del producto MDC-MMC

Para ver la conexión entre el MDC y el MMC, considera el MDC y el MMC de 24 y 30. Las factorizaciones en primos de estos números son

$$24 = 2^3 \cdot 3$$
$$30 = 2 \cdot 3 \cdot 5$$

En la figura 5-31 se muestra un diagrama que ilustra la factorización en primos.

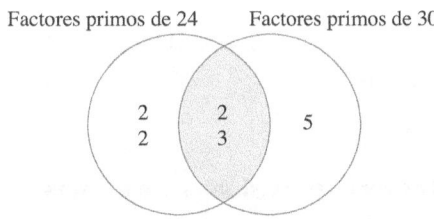

Figura 5-31

Nota que $\text{MDC}(24, 30) = 2 \cdot 3$ es el producto de los factores en la región sombreada y que $\text{MMC}(24, 30) = 2^3 \cdot 3 \cdot 5$ es el producto de los factores en las regiones combinadas. Nota también que

$$\text{MDC}(24, 30) \cdot \text{MMC}(24, 30) = (2 \cdot 3)(2^3 \cdot 3 \cdot 5) = (2^3 \cdot 3)(2 \cdot 3 \cdot 5) = 24 \cdot 30$$

Esto muestra que el producto del MDC y el MMC de 24 y 30 es igual a $24 \cdot 30$. En general, la conexión entre el MDC y el MMC de cualquier par de números naturales está dada por el teorema 5–29.

Teorema 5–29

Para cualesquier dos números naturales a y b,
$$\text{MDC}(a, b) \cdot \text{MMC}(a, b) = ab$$

El teorema 5–29 puede justificarse de varias maneras. Aquí presentamos un ejemplo específico que sugiere cómo puede demostrarse el teorema

$$a = 5^{13} \cdot 7^{20} \cdot 11^4 \quad y \quad b = 5^{10} \cdot 7^{25} \cdot 11^6 \cdot 13$$

Entonces,

$$\text{MMC}(a, b) = 5^{13} \cdot 7^{25} \cdot 11^6 \cdot 13 \quad y \quad \text{MDC}(a, b) = 5^{10} \cdot 7^{20} \cdot 11^4$$

Ahora tenemos

$$\text{MMC}(a, b) \cdot \text{MDC}(a, b) = 5^{13+10} \cdot 7^{25+20} \cdot 11^{6+4} \cdot 13 \quad y \quad ab = 5^{13+10} \cdot 7^{20+25} \cdot 11^{4+6} \cdot 13$$

Para los valores anteriores de a y b, el teorema 5–29 es válido. Nota, sin embargo, que en el producto $\text{MMC}(a, b) \cdot \text{MDC}(a, b)$ tenemos todas las potencias de los primos que aparecen en a o en b, pues para el MMC tomamos la mayor de las potencias de los primos comunes y para el MDC la menor. También en ab tenemos todas las potencias. Por lo tanto, el teorema 5–29 es válido en general.

Método del algoritmo euclidiano

El teorema 5–29 es útil para hallar el MMC de dos números a y b cuando sus factorizaciones en primos no son fáciles de hallar. El $\text{MDC}(a, b)$ se puede hallar por medio del algoritmo euclidiano, el producto ab se puede hallar por simple multiplicación y $\text{MMC}(a, b)$ se puede hallar dividiendo.

Ejemplo 5-31   Halla $\text{MMC}(731, 952)$.

Solución   Por el algoritmo euclidiano, $\text{MDC}(731, 952) = 17$. Por el teorema 5–29,

$$17 \cdot \text{MMC}(731, 952) = 731 \cdot 952$$

En consecuencia,

$$\text{MMC}(731, 952) = \frac{731 \cdot 952}{17} = 40{,}936$$

Método de la división entre primos

Otro procedimiento para hallar el MMC de varios números naturales incluye la *división entre primos*. Por ejemplo, para hallar $\text{MMC}(12, 75, 120)$ comenzamos con el menor primo que divide por lo menos a uno de los números dados y dividimos como sigue:

$$\frac{2\,|\,12, \ 75, \ 120}{6, \ 75, \quad 60}$$

Como 2 no divide a 75, simplemente bajamos el 75. Para obtener el MMC usando este procedimiento, continuamos el proceso hasta que el renglón de respuestas conste de números primos relativos como se muestra a continuación.

$$
\begin{array}{r|rrr}
2 & 12, & 75, & 120 \\
2 & 6, & 75, & 60 \\
2 & 3, & 75, & 30 \\
3 & 3, & 75, & 15 \\
5 & 1, & 25, & 5 \\
\hline
 & 1, & 5, & 1
\end{array}
$$

Así, MMC$(12, 75, 120) = 2 \cdot 2 \cdot 2 \cdot 3 \cdot 5 \cdot 1 \cdot 5 \cdot 1 = 2^3 \cdot 3 \cdot 5^2 = 600$.

Evaluación 5-5A

1. Halla el MDC y el MMC para cada uno de los casos siguientes, usando el método de la intersección de conjuntos:
   a. 18 y 10
   b. 24 y 36
   c. 8, 24 y 52
   d. 7 y 9

2. Halla el MDC y el MMC para cada uno de los casos siguientes, usando el método de la factorización en primos:
   a. 132 y 504
   b. 65 y 1690
   c. 900, 96 y 630
   d. 108 y 360

3. Halla el MDC para cada uno de los casos siguientes, usando el algoritmo euclidiano:
   a. 220 y 2924
   b. 14,595 y 10,856

4. Halla el MMC para cada uno de los casos siguientes, usando cualquier método:
   a. 24 y 36
   b. 72 y 90 y 96
   c. 90 y 105 y 315
   d. 9^{100} y 25^{100}

5. Halla el MMC para cada uno de los siguientes pares de números usando el teorema 5–29 y las respuestas del problema 3:
   a. 220 y 2924
   b. 14,595 y 10,856

6. Usa barras de colores para hallar el MDC y el MMC de 6 y 10.

7. En el dormitorio de Patricia hay tres relojes de alarma, cada uno programado para activarse en tiempos diferentes. El reloj A se activa cada 15 min, el reloj B se activa cada 40 min y el reloj C se activa cada 60 min. Si los tres relojes se activan a las 6:00 A.M., contesta lo siguiente:
   a. ¿Cuánto tiempo transcurrirá antes de que las alarmas se activen juntas de nuevo, después de las 6:00 A.M.?
   b. ¿La respuesta a (a) sería diferente si el reloj B se activara cada 15 min y el reloj A se activara cada 40 min?

8. Midas tenía 120 monedas de oro y 144 monedas de plata. Quiere colocar sus monedas de oro y sus monedas de plata en pilas de modo que haya el mismo número de monedas en cada pila. ¿Cuál es el mayor número de monedas que puede colocar en cada pila?

9. Vendiendo galletas a 24¢ cada una, José juntó suficiente dinero para comprar varias latas de refresco de 45¢ por lata. Si no le quedó dinero después de comprar el refresco, ¿cuál es el menor número de galletas que pudo haber vendido?

10. Dos ciclistas recorren un trayecto circular. El primer ciclista completa una vuelta en 12 min y el segundo ciclista la completa en 18 min. Si comienzan en el mismo lugar, al mismo tiempo y en la misma dirección, ¿después de cuántos minutos se encontrarán de nuevo en el lugar de partida?

11. Tres motociclistas recorren una pista circular de carreras comenzando en el mismo lugar y al mismo tiempo. El primero pasa por el punto de partida cada 12 min, el segundo cada 18 min y el tercero cada 16 min. ¿Después de cuántos minutos pasarán de nuevo los tres juntos por el punto de partida? Explica tu razonamiento.

12. Supón que a y b son números naturales y responde lo siguiente:
    a. Si MDC$(a, b) = 1$, halla MMC(a, b).
    b. Halla MDC(a, a) y MMC(a, a).
    c. Halla MDC(a^2, a) y MMC(a^2, a).
    d. Si $a|b$, halla MDC(a, b) y MMC(a, b).

13. Clasifica cada caso como verdadero o falso:
    a. Si MDC$(a, b) = 1$, entonces a y b no pueden ser ambos pares.
    b. Si MDC$(a, b) = 2$, entonces a y b son pares.
    c. Si a y b son pares, entonces MDC$(a, b) = 2$.

14. Para hallar MDC$(24, 20, 12)$, es posible hallar MDC$(24, 20)$, que es 4, y después hallar MDC$(4, 12)$, que es 4. Usa este enfoque y el algoritmo euclidiano para hallar
    a. MDC$(120, 75, 105)$.
    b. MDC$(34578, 4618, 4619)$.

15. Muestra que 97,219,988,751 y 4 son primos relativos.

16. La estación de radio reparte cupones de descuento para cada doce y trece llamadas. Cada vigésima llamada recibe boletos gratis para un concierto. ¿Qué llamada fue la primera en obtener un cupón y un boleto para el concierto?

17. Susana gastó la misma cantidad de dinero en DVDs que en discos compactos. Si el DVD cuesta $12 y el CD $16, ¿cuál es la mínima cantidad que pudo haber gastado en cada uno?

18. En una tienda de artículos para fiestas, los platos de papel vienen en paquetes de 30, las tazas de papel en paquetes de 15 y las servilletas en paquetes de 20. ¿Cuál es el menor número de platos, tazas y servilletas que pueden comprarse de modo que se tenga el mismo número de cada uno?

19. Se pueden usar diagramas para mostrar los factores de dos o más números. Traza diagramas para mostrar los factores primos de cada uno de los siguientes conjuntos de tres números:
   a. 10, 15, 60   **b.** 8, 16, 24

20. ¿Cuáles son los factores de 4^{10}?

21. En álgebra a menudo es necesario factorizar una expresión lo más posible. Por ejemplo, $a^3b^2 + a^2b^3 =$ $a^2b^2(a + b)$, donde no es posible mayor factorización sin conocer los valores de a y b. Nota que a^2b^2 es el MDC de a^3b^2 y a^2b^3. Factoriza lo más posible:
   a. $12x^4y^3 + 18x^3y^4$
   b. $12x^3y^2z^2 + 18x^2y^4z^3 + 24x^4y^3z^4$

22. Marca las siguientes afirmaciones como "siempre es verdadero", "a veces es verdadero" o "nunca es verdadero". Justifica tus respuestas.
   a. $MDC(a, b) = MDC(|a|, b) = MDC(|a|, |b|)$
   b. $MDC(-a, b) = MDC(a, -b) = MDC(-a, -b)$

23. Halla el MDC y el MMC de cada caso. (No calcules los productos.)
   a. 10!, 11!
   b. 10!, 10! + 1

24. Factoriza mil millones como el producto de dos números que no contenga, ninguno de ellos, al cero.

Evaluación 5-5B

1. Halla el MDC y el MMC para cada uno de los casos siguientes, usando el método de la intersección de conjuntos:
   a. 12 y 18   **b.** 18 y 36
   c. 12, 18 y 24   **d.** 6 y 11

2. Halla el MDC y el MMC para cada uno de los casos siguientes, usando el método de la factorización en primos:
   a. 11 y 19   **b.** 140 y 320
   c. 800, 75 y 450   **d.** 104 y 320

3. Halla el MDC para cada uno de los casos siguientes, usando el algoritmo euclidiano:
   a. 14,560 y 8250   **b.** 8424 y 2520

4. Halla el MMC para cada uno de los casos siguientes, usando cualquier método:
   a. 25 y 36
   b. 82 y 90 y 50
   c. 80 y 105 y 315
   d. 8^{100} y 50^{100}

5. Halla el MMC para cada uno de los siguientes pares de números usando el teorema 5–29 y las respuestas del problema 3:
   a. 14,560 y 8250
   b. 8424 y 2520

6. Una tienda que renta películas da unas palomitas gratis a cada cuatro clientes y una renta de película gratis a cada seis clientes. Usa el método de la recta numérica para saber cuáles clientes fueron los primeros en ganar ambos premios.

7. Usa barras de colores para hallar el MDC y el MMC de 4 y 10.

8. Beto y Sofía trabajan de noche. Beto tiene libre cada sexta noche y Sofía tiene libre cada octava noche. Si ambos tienen noche libre hoy, ¿cuántas noches pasarán antes de que vuelvan a tener la noche libre juntos?

9. Los Cinemas I y II comienzan sus funciones a las 7:00 P.M. La película en el Cinema I dura 75 min, mientras que la película en el Cinema II dura 90 min. Si la proyección es continua, ¿cuándo comenzarán de nuevo a la misma hora?

10. Un terreno rectangular de 75 pies por 625 pies se va a dividir en porciones cuadradas del mismo tamaño. Si los lados de los cuadrados han de ser números completos de pies:
   a. ¿Cuáles son los mayores cuadrados posibles y cuántos cuadrados cabrán en el terreno?
   b. ¿Cuáles son los cuadrados más pequeños posibles?
   c. ¿Qué otro tamaño de cuadrados es posible?

11. La directora de una escuela primaria quiere dividir cada uno de los tres grupos de cuarto grado en grupos iguales más pequeños con al menos 2 estudiantes en cada uno. Si los grupos tienen 18, 24 y 36 estudiantes, respectivamente, ¿qué tamaños de grupos son posibles?

12. Supón que a y b son números naturales y responde lo siguiente:
   a. Si a y b son dos números primos, halla $MDC(a, b)$ y $MMC(a, b)$.
   b. ¿Cuál es la relación entre a y b si $MDC(a, b) = a$?
   c. ¿Cuál es la relación entre a y b si $MMC(a, b) = a$?

13. Clasifica cada caso como verdadero o falso: para todos los números naturales a y b.
   a. $MMC(a, b)|MDC(a, b)$.
   b. Para todos los números naturales a y b, $MMC(a, b)|ab$.
   c. $MDC(a, b) \le a$.
   d. $MMC(a, b) \ge a$.

14. Para hallar $MDC(24, 20, 12)$ es posible hallar $MDC(24, 20)$, que es 4, y después hallar $MDC(4, 12)$, que es 4. Usa este enfoque y el algoritmo euclidiano para hallar
   a. $MDC(180, 240, 306)$.
   b. $MDC(5284, 1250, 1280)$.

15. Muestra que 181,345,913 y 11 son primos relativos.

16. Laura y Miguel compraron una membresía especial de 360 días en un club de tenis. Laura usará el club un día sí y otro no, y Miguel usará el club cada tercer día. Ambos usaron el club el primer día. ¿Cuántos días ninguno de ellos lo usará, en los 360 días?

17. Determina cuántas revoluciones completas debe dar el engranaje 2 antes de que las flechas queden alineadas de nuevo.

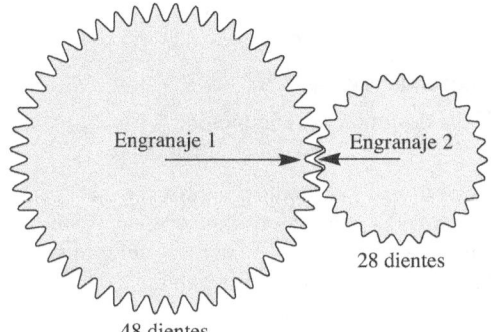

48 dientes

28 dientes

18. Determina cuántas revoluciones completas debe dar cada engranaje antes de que las flechas queden alineadas de nuevo:

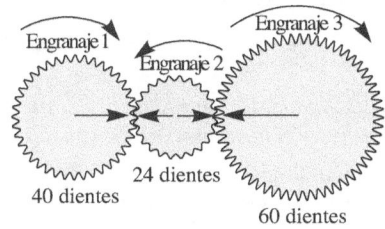

40 dientes   24 dientes   60 dientes

19. Se pueden usar diagramas para mostrar los factores de dos o más números. Traza diagramas para mostrar los factores primos de cada uno de los siguientes conjuntos de tres números:
  a. 12, 14, 70   **b.** 6, 8, 18

20. Halla todos los números naturales x tales que $MDC(25, x) = 1$ y $1 \leq x \leq 25$.

21. En álgebra a menudo es necesario factorizar una expresión lo más posible. Por ejemplo, $a^3b^2 + a^2b^3 = a^2b^2(a + b)$, donde no es posible mayor factorización sin conocer los valores de a y b. Nota que a^2b^2 es el MDC de a^3b^2 y a^2b^3. Factoriza en cada caso lo más posible.
  a. $6(x^2 - y^2) - 3(x - y) + 9(y - x)$
  b. $6(x^2 - y^2) + 12(x^2 - y^2) + 18(y^2 - x^2)$

22. Halla todos los valores de a y b para los cuales es verdadero que:
  a. Si $MDC(a, b) = 1$, entonces $MDC(a^2, b^2) = MDC(a, b^3)$.
  b. Si $MMC(a, b, c) = abc$, entonces $MDC(a, b, c) = 1$.

23. Halla el MDC y el MMC de cada caso. (No calcules los productos.)
  a. pqr, qrs (donde p, q, r, s son números primos)
  b. 2^{10}, 2^8

24. Si hallas la suma de cualquier número de dos dígitos y del número formado invirtiendo sus dígitos, ¿entre qué tres números es siempre divisible el número resultante?

Conexiones matemáticas 5-5

Comunicación

1. ¿Pueden tener dos números naturales un máximo múltiplo común? Explica tu respuesta.

2. Explica a un estudiante de sexto grado la diferencia entre un divisor y un múltiplo.

3. ¿Es cierto que $MDC(a, b, c) \cdot MMC(a, b, c) = abc$? Explica tu respuesta.

4. Un terreno rectangular mide 558 m por 1212 m. Un perito necesita dividirlo en terrenos cuadrados del mismo tamaño, lo más grandes posible, cuya longitud debe ser un número entero no negativo de metros. ¿Cuál es el tamaño de cada cuadrado y cuántos terrenos se pueden crear? Explica tu razonamiento.

5. Supón que $MDC(a, b, c) = 1$. ¿Es necesariamente verdadero que $MDC(a, b) = MDC(b, c) = 1$? Explica tu razonamiento.

6. Supón que $MDC(a, b) = MDC(b, c) = 2$. ¿Esto siempre implica que $MDC(a, b, c) = 2$? Justifica tu respuesta.

7. ¿Cómo puedes decir, a partir de la factorización en primos de dos números, si su MMC es igual al producto de los números? Explica tu razonamiento.

8. ¿Puede ser el MMC de dos números mayor que el producto de los números? Explica tu razonamiento.

9. Sean $MDC(m, n) = g$ y $MMC(m, n) = l$. Beti conjetura que $MDC(m + n, l) = g$ para todos los enteros m y n. Verifica la conjetura de Beti para tres diferentes pares de enteros.

Solución abierta

10. Inventa una situación que pueda resolverse hallando el MDC y otra que pueda resolverse hallando el MMC. Resuelve tus problemas y explica por qué estás seguro de que tu enfoque es correcto.

11. Halla tres pares de números para los cuales el MMC de los números en cada par sea menor que el producto de los dos números.

12. Describe infinidad de pares de números cuyo MDC sea
   a. 2
   b. 6
   c. 91

Aprendizaje colectivo

13. Cada miembro de tu grupo deberá examinar diferentes libros de texto de nivel básico que cubran los temas de MDC y MMC. Informa a la clase acerca de qué métodos usaron y cómo los usaron.

14. a. Analicen en el grupo si el algoritmo euclidiano para hallar el MDC de dos números debe enseñarse en la escuela secundaria (¿a todos los estudiantes, a algunos?) ¿Por qué sí o por qué no?
   b. Si deciden que deberá enseñarse en la escuela secundaria, analicen cómo deberá enseñarse. Comuniquen la decisión del grupo a todos los demás grupos.

Preguntas del salón de clase

15. Alba preguntó por qué no hablamos del **mínimo divisor común** y del **máximo múltiplo común**. ¿Cómo le respondes?

16. Una estudiante dice que para dos números naturales a y b, MDC(a, b) divide al MMC(a, b) y, por lo tanto, MDC(a, b) < MMC(a, b). ¿Está la estudiante en lo correcto? ¿Por qué sí o por qué no?

17. Un estudiante pregunta acerca de la relación entre el mínimo múltiplo común y el mínimo denominador común. ¿Qué le respondes?

18. Una estudiante quiere saber cuántos enteros entre 1 y 10,000 inclusive son múltiplos de 3 o múltiplos de 5. Ella se pregunta si es correcto hallar el número de esos enteros que son múltiplos de 3 y sumarles el número de los que son múltiplos de 5. ¿Cómo le respondes?

19. Diana asegura que ha hallado un atajo para obtener el MDC usando el algoritmo euclidiano. Ella dice que cuando el residuo es grande, usa un "residuo" negativo. Por ejemplo, para obtener MDC(2132, 534), divide 2132 entre 534 y obtiene 2132 = 3 · 534 + 530, lo cual da un residuo de 530. En ese caso, ella escribe 2132 = 4 · 534 − 4 y asegura que

$$\text{MDC}(2132, 534) = \text{MDC}(^-4, 534)$$
$$= \text{MDC}(4, 534)$$
$$= 2 \text{ (porque } 4 \nmid 534)$$

¿Es correcto este enfoque, y si es así, por qué?

Problemas de repaso

20. Halla dos números completos x y y tales que
$$xy = 1,000,000$$
y que ni x ni y contengan dígitos cero.

21. Llena cada espacio en blanco con un solo dígito que haga que la afirmación correspondiente sea verdadera. Halla todas las respuestas posibles.
   a. 3|83_51
   b. 11|8_691
   c. 23|103_6

22. ¿Es 3111_ un primo? Demuestra tu respuesta.

23. Halla un número que tenga exactamente seis factores primos.

24. Produce el menor número positivo que sea divisible entre 2, 3, 4, 5, 6, 7, 8, 9, 10 y 11.

25. ¿Cuál es el mayor primo que debe usarse para determinar si 2089 es primo?

Preguntas del *National Assessment of Educational Progress* (NAEP) (Evaluación Nacional del Progreso Educativo)

El mínimo múltiplo común de 8, 12 y un tercer número es 120. ¿Cuál de los siguientes podría ser el tercer número?
   a. 15   **b.** 16   **c.** 24   **d.** 32   **e.** 48

NAEP, Grado 8, 1990

RINCÓN DE LA TECNOLOGÍA

1. Usa una hoja de cálculo para generar los primeros 50 múltiplos de 3 y los primeros 50 múltiplos de 4. Describe la intersección de los dos conjuntos.

2. Usa una hoja de cálculo para hallar los factores de 2486. ¿Qué tan abajo necesitas copiar la fórmula para tener la certeza de que hallaste todos los divisores?

	A	**B**
1	1	= 2486/A1
2	2	
3	3	

3. Forma una hoja de cálculo con cuatro columnas:
   Columna A—Los múltiplos de 6
   Columna B—Los múltiplos de 9
   Columna C—Los múltiplos de 12
   Columna D—Los múltiplos de 15
   a. ¿Cuál es el menor número que aparece en las cuatro columnas?
   b. Explica cómo hallar este número sin usar una hoja de cálculo.

ROMPECABEZAS Para cualquier rectángulo de $n \times m$ tal que $\text{MDC}(n, m) = 1$, halla una regla para determinar el número de cuadrados unitarios (1×1) por los que pasa una diagonal. Por ejemplo, en la figura 5-32 la diagonal pasa por 8 y 6 cuadrados unitarios, respectivamente.

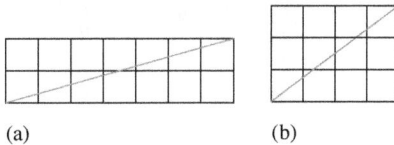

(a)   (b)

Figura 5-32

*5-6   Aritmética de reloj y modular

En esta sección investigamos la aritmética del reloj. Considera lo siguiente:

a. Una receta de tu médico te dice que tomes una pastilla cada 8 h. Si tomas la primera pastilla a las 7:00 A.M., ¿cuándo deberás tomar las dos pastillas siguientes?

b. Supón que sigues una receta para hacer sopa de frijoles que te pide que dejes en remojo los frijoles por 12 h. Si los pones a remojar a las 8:00 P.M., ¿cuándo los debes sacar?

c. El odómetro de un carro marca hasta 99,999 millas y después comienza contando desde 0. Si el odómetro muestra 99,124 millas, ¿qué mostrará después de un viaje de 2,116 millas?

Algunas de estas situaciones tienen que ver con la habilidad para resolver problemas de aritmética usando relojes. La mayoría de las personas pueden resolver estos problemas sin pensar en lo que están haciendo. Es posible usar el reloj de la figura 5-33 para determinar que 8 h después de las 7:00 A.M. son las 3:00 P.M., y que 8 h después son las 11:00 P.M. Asimismo, 12 h después de las 8:00 P.M. son las 8:00 A.M. Podríamos escribir estas sumas en el reloj como

$$7 \oplus 8 = 3, \qquad 3 \oplus 8 = 11, \qquad 8 \oplus 12 = 8$$

donde $\oplus$ indica suma en un reloj de 12 horas.

Figura 5-33

Probablemente notaste el papel especial del 12 cuando obtuviste $8 \oplus 12 = 8$. En la aritmética del reloj de 12 h, el 12 actúa como un 0 si estuvieras sumando en el conjunto de los números completos. En la tabla 5-4 se muestra una tabla de sumar para el sistema finito basado en el reloj.

Tabla 5-4

+	12	1	2	3	4	5	6	7	8	9	10	11
12	12	1	2	3	4	5	6	7	8	9	10	11
1	1	2	3	4	5	6	7	8	9	10	11	12
2	2	3	4	5	6	7	8	9	10	11	12	1
3	3	4	5	6	7	8	9	10	11	12	1	2
4	4	5	6	7	8	9	10	11	12	1	2	3
5	5	6	7	8	9	10	11	12	1	2	3	4
6	6	7	8	9	10	11	12	1	2	3	4	5
7	7	8	9	10	11	12	1	2	3	4	5	6
8	8	9	10	11	12	1	2	3	4	5	6	7
9	9	10	11	12	1	2	3	4	5	6	7	8
10	10	11	12	1	2	3	4	5	6	7	8	9
11	11	12	1	2	3	4	5	6	7	8	9	10

AHORA INTENTA ÉSTE 5-18 Examina la tabla 5-4 para determinar si las propiedades siguientes son válidas para $\oplus$ en el conjunto de números de la tabla:

a. Propiedad conmutativa de la suma
b. Propiedad de la identidad de la suma
c. Propiedad del inverso de la suma

Cuando permitimos que se sumen otros números además de los que están en el reloj de 12 horas, como $8 \oplus 24 = 8$, hallamos que los números como $24, 36, 48, \ldots$ actúan como el 12 (o el 0). Asimismo, los números $13, 25, 37, \ldots$ actúan como el número 1. De manera análoga, podemos generar clases de números que actúan como cada uno de los números en el reloj de 12 horas. Los miembros de cada una de las clases difieren en múltiplos de 12. En consecuencia, para efectuar sumas en un reloj de 12 horas realizamos la suma común, dividimos entre 12 y el residuo es la respuesta. Por ejemplo, podemos hallar $11 \oplus 8$ y $8 \oplus 12$ como sigue:

$11 + 8 = 19$. A continuación divide $19 \div 12$. El cociente es 1 con residuo de 7. Por lo tanto, $11 \oplus 8 = 7$.

$8 + 12 = 20$. A continuación divide $20 \div 12$. El cociente es 1 con residuo de 8. Por lo tanto, $8 \oplus 12 = 8$.

La multiplicación en el reloj se puede definir usando la suma repetida, como en los números completos. Por ejemplo, $2 \otimes 8 = 8 \oplus 8 = 4$, donde $\otimes$ denota la multiplicación en el reloj. Análogamente, $3 \otimes 5 = (5 \oplus 5) \oplus 5 = 10 \oplus 5 = 3$. También podemos encontrar $2 \otimes 8$ pues $(2 \cdot 8) \div 12$ tiene residuo 4, así que $2 \otimes 8 = 4$. Asimismo, podemos hallar $3 \otimes 5$ pues $(3 \cdot 5) \div 12$ tiene residuo 3, es decir, $3 \otimes 5 = 3$. Esto conduce a la siguiente definición.

Definición

Sumas y productos en relojes de 12 horas   Para calcular una suma o un producto en la aritmética del reloj de 12 horas, efectuamos la operación como en los números completos, dividimos entre 12 y la respuesta será el residuo.

Para efectuar otras operaciones en el reloj, como $2 \ominus 9$, donde $\ominus$ denota la resta en el reloj, podemos interpretarlo como la hora que marca 9 horas antes de las 2. Al contar hacia atrás (en el sentido contrario al que giran las manecillas del reloj) 9 unidades desde el 2, vemos que $2 \ominus 9 = 5$. Si la resta en el reloj se define en términos de la suma, tenemos que $2 \ominus 9 = x$ si, y sólo si, $2 = 9 \oplus x$. En consecuencia, $x = 5$.

La división en el reloj se puede definir en términos de la multiplicación. Por ejemplo, $8 \oslash 5 = x$, donde $\oslash$ denota la división en el reloj, si, y sólo si, $8 = 5 \otimes x$ para un único x en el conjunto $\{1, 2, 3, \ldots, 12\}$. Como $5 \otimes 4 = 8$ y 8 es único, tenemos entonces que $8 \oslash 5 = 4$.

Ejemplo 5-32

Efectúa cada uno de los cálculos en un reloj de 12 horas:

a. $8 \oplus 8$ **b.** $4 \ominus 12$
c. $4 \ominus 4$ **d.** $4 \ominus 8$

Solución   **a.** $(8 + 8) \div 12$ tiene residuo 4. Por lo tanto, $8 \oplus 8 = 4$.
  b. $4 \ominus 12 = 4$, pues al contar 12 h hacia adelante o hacia atrás se llega a la posición original.
  c. $4 \ominus 4 = 12$. Esto deberá quedar claro viendo el reloj, pero también podría obtenerse usando la definición de resta en términos de suma.
  d. $4 \ominus 8 = 8$ pues $8 \oplus 8 = 4$.

Ejemplo 5-33

Efectúa las operaciones siguientes en un reloj de 12 horas, de ser posible:

a. $3 \otimes 11$ **b.** $2 \oslash 7$
c. $3 \oslash 2$ **d.** $5 \oslash 12$

Solución   **a.** $3 \otimes 11 = (11 \oplus 11) \oplus 11 = 10 \oplus 11 = 9$ ó $(3 \cdot 11) \div 12$ tiene residuo 9. Por lo tanto, $3 \otimes 11 = 9$.
  b. $2 \oslash 7 = x$ si, y sólo si, $2 = 7 \otimes x$ y x es único. En consecuencia, $x = 2$.
  c. $3 \oslash 2 = x$ si, y sólo si, $3 = 2 \otimes x$ y x es único. Multiplicando cada uno de los números $1, 2, 3, 4, \ldots, 12$ por 2 se muestra que ninguna de las multiplicaciones produce 3. Así, la ecuación $3 = 2 \otimes x$ no tiene solución y, en consecuencia, $3 \oslash 2$ no está definido.
  d. $5 \oslash 12 = x$ si, y sólo si, $5 = 12 \otimes x$ y x es único. Sin embargo, $12 \otimes x = 12$ para todo x en el conjunto $\{1, 2, 3, 4, \ldots, 12\}$. Así, $5 = 12 \otimes x$ no tiene solución en el reloj y, por lo tanto, $5 \oslash 12$ no está definido.

Sumar o restar 12 en un reloj de 12 horas da el mismo resultado. Así, 12 se comporta como lo hace 0 en la suma o resta en los enteros y es la identidad aditiva para la suma en el reloj de 12 horas. Análogamente, en un reloj de 5 horas el 5 se comporta como lo hace el 0.

La suma, resta y multiplicación en un reloj de 12 horas se pueden efectuar para cualesquier dos números pero, como se mostró en el ejemplo 5-33(d), no se pueden efectuar todas las divisiones. La división entre 12, la identidad aditiva, nunca puede efectuarse o no tiene sentido en un reloj de 12 horas pues no conduce a una respuesta única. Sin embargo, hay relojes en los cuales se pueden efectuar todas las divisiones excepto entre la correspondiente identidad aditiva. Uno de dichos relojes es de 5 horas y se muestra en la figura 5-34.

Tabla 5-5

(a)

$\oplus$	1	2	3	4	5
1	2	3	4	5	1
2	3	4	5	1	2
3	4	5	1	2	3
4	5	1	2	3	4
5	1	2	3	4	5

(b)

$\otimes$	1	2	3	4	5
1	1	2	3	4	5
2	2	4	1	3	5
3	3	1	4	2	5
4	4	3	2	1	5
5	5	5	5	5	5

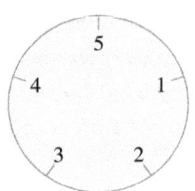

Figura 5-34

En este reloj, $3 \oplus 4 = 2$, $2 \ominus 3 = 4$, $2 \otimes 4 = 3$ y $3 \oplus 4 = 2$. Como sumar 5 a cada número produce el número original, 5 es la identidad aditiva para este reloj de 5 horas, como se ve en la tabla 5-5(a). En consecuencia, puedes sospechar que la división entre 5 no es posible en un reloj de 5 horas. Para determinar cuáles divisiones son posibles, considera la tabla 5-5(b), una tabla de multiplicar para la aritmética en el reloj de 5 horas. Para hallar $1 \oslash 2$, escribimos $1 \oslash 2 = x$, que es equivalente a $1 = 2 \otimes x$. El segundo renglón de la tabla 5-5(b) muestra que $2 \otimes 1 = 2$, $2 \otimes 2 = 4$, $2 \otimes 3 = 1$, $2 \otimes 4 = 3$ y $2 \otimes 5 = 5$. La solución única de $1 = 2 \otimes x$ es $x = 3$, de modo que $1 \oslash 2 = 3$. La información dada en el segundo renglón de la tabla puede usarse para determinar las divisiones siguientes:

$$2 \oslash 2 = 1 \text{ porque } 2 = 2 \otimes 1$$
$$3 \oslash 2 = 4 \text{ porque } 3 = 2 \otimes 4$$
$$4 \oslash 2 = 2 \text{ porque } 4 = 2 \otimes 2$$
$$5 \oslash 2 = 5 \text{ porque } 5 = 2 \otimes 5$$

Como todo elemento está presente en el segundo renglón, siempre es posible la división entre 2. De manera análoga la división entre todos los demás números, excepto el 5, siempre es posible. En el conjunto de problemas se te pide efectuar aritmética en diferentes relojes e investigar para qué relojes pueden efectuarse todos los cálculos, excepto la división entre la identidad aditiva.

Aritmética modular

ABRIL						
D	L	M	Mi	J	V	S
1	2	3	4	5	6	7
8	9	10	11	12	13	14
15	16	17	18	19	20	21
22	23	24	25	26	27	28
29	30					

Figura 5-35

Muchos de los conceptos para la aritmética en un reloj se pueden usar para trabajar problemas que traten con un calendario. En el calendario de la figura 5-35, los cinco domingos tienen fechas 1, 8, 15, 22 y 29. Cualesquier dos de estas fechas para el domingo difieren en un múltiplo de 7. La misma propiedad es verdadera para cualquier otro día de la semana. Por ejemplo, el segundo y el trigésimo días caen en el mismo día, pues $30 - 2 = 28$ y 28 es un múltiplo de 7. Decimos que 30 es congruente con 2, módulo 7, y lo escribimos $30 \equiv 2$ (mod 7). De manera análoga, como 18 y 6 difieren en un múltiplo de 12, escribimos $18 \equiv 6$ (mod 12). Esto se generaliza en la siguiente definición.

Definición de congruencia modular

Para enteros a y b, **a es congruente con b módulo m,** que se escribe $a \equiv b$ (mod m), si, y sólo si, $a - b$ es un múltiplo de m, donde m es un entero positivo mayor que 1.

OBSERVACIÓN Esta definición podría escribirse como $a \equiv b$ (mod m) si, y sólo si, $m|(a - b)$, donde m es un número entero positivo mayor que 1.

Nota que 18 y 25 son congruentes módulo 7 y que cada número deja el mismo residuo, 4, al dividirlo entre 7. En efecto, $18 = 2 \cdot 7 + 4$ y $25 = 3 \cdot 7 + 4$. En general, tenemos la siguiente propiedad: *Dos números completos son congruentes módulo m si, y sólo si, sus residuos al dividirlos entre m son iguales.*

Ejemplo 5-34

Di por qué cada uno de los casos siguientes es verdadero:

a. $23 \equiv 3 \pmod{10}$ **b.** $23 \equiv 3 \pmod 4$ **c.** $23 \not\equiv 3 \pmod 7$

d. $10 \equiv {}^{-}1 \pmod{11}$ **e.** $m \equiv 0 \pmod m$

Solución **a.** $23 \equiv 3 \pmod{10}$ porque $23 - 3$ es un múltiplo de 10 o porque 23 y 3 dejan el mismo residuo, 3, al dividirlos entre 10.

        b. $23 \equiv 3 \pmod 4$ porque $23 - 3$ es un múltiplo de 4.

        c. $23 \not\equiv 3 \pmod 7$ porque $23 - 3$ no es un múltiplo de 7.

        d. $10 \equiv {}^{-}1 \pmod{11}$ porque $10 - ({}^{-}1) = 11$ es un múltiplo de 11.

        e. $m \equiv 0 \pmod m$ porque $m - 0$ es un múltiplo de m o porque m y 0 dejan el mismo residuo, 0, al dividirlos entre m.

OBSERVACIÓN El ejemplo 5-34(e) muestra que m se comporta como 0 módulo m. Esto también es evidente para $m = 12$ en la tabla 5-4 y para $m = 5$ en la tabla 5-5.

Ejemplo 5-35

Halla todos los enteros x tales que $x \equiv 1 \pmod{10}$.

Solución $x \equiv 1 \pmod{10}$ si, y sólo si, $x - 1 = 10k$, donde k es cualquier entero. En consecuencia, $x = 10k + 1$. Al hacer $k = 0, 1, 2, 3, \ldots$ se produce la sucesión $1, 11, 21, 31, 41, \ldots$. Asimismo, al hacer $k = {}^{-}1, {}^{-}2, {}^{-}3, {}^{-}4, \ldots$ se producen los números negativos ${}^{-}9, {}^{-}19, {}^{-}29, {}^{-}39, \ldots$. Las dos sucesiones se pueden combinar para dar el conjunto solución

$$\{ \ldots, {}^{-}39, {}^{-}29, {}^{-}19, {}^{-}9, 1, 11, 21, 31, 41, 51, \ldots \}$$

 Se puede usar la tecla $\boxed{\text{INT} \div}$ en una calculadora para trabajar con aritmética modular. Si presionamos la siguiente sucesión de teclas, vemos que $4325 \equiv 5 \pmod 9$ pues cuando se divide 4325 entre 9 el residuo es 5:

$$\boxed{4}\ \boxed{3}\ \boxed{2}\ \boxed{5}\ \boxed{\text{INT} \div}\ \boxed{9}\ \boxed{=}$$

la pantalla muestra un residuo de 5.

Ejemplo 5-36

Hilda firmó un pagaré que vencerá en 90 días. Está preocupada de que venza un fin de semana. Ella firmó el pagaré un lunes. ¿En qué día de la semana vence?

Solución Como $90 = 7 \cdot 12 + 6$, sabemos que $90 \equiv 6 \pmod 7$. En una calculadora con fracciones puedes teclear $\boxed{9}\ \boxed{0}\ \boxed{\text{INT} \div}\ \boxed{7}\ \boxed{=}$, y se despliega en pantalla un cociente 12 con residuo 6. Por lo tanto, el pagaré se vencerá 12 semanas y 6 días después del lunes, que es domingo.

Ejemplo 5-37

a. Si hoy es lunes 14 de octubre, ¿qué día de la semana será 14 de octubre el próximo año si es que el próximo año no es bisiesto?

b. Si Navidad cae en jueves este año, ¿en qué día de la semana caerá Navidad el próximo año si es un año bisiesto?

Solución

a. Como el próximo año no es bisiesto, tenemos 365 días en el año. Como $365 = 52 \cdot 7 + 1$, tenemos $365 \equiv 1 \pmod 7$. Así, 365 días después del 14 de octubre serán 52 semanas más un día. Así, el 14 de octubre será martes.

b. Hay 366 días en un año bisiesto, y $366 \equiv 2 \pmod 7$. Así, Navidad caerá 2 días después del jueves, en sábado.

Evaluación 5-6A

1. El doctor Legorreta le recetó una medicina a Camila. Se supone que ella debe tomar una dosis cada 6 h. Si toma su primera dosis a las 8:00 a.m., ¿a qué hora deberá tomar su siguiente dosis?

2. Efectúa cada una de las operaciones en un reloj de 5 horas, de ser posible:
- **a.** $7 \oplus 8$
- **b.** $4 \oplus 10$
- **c.** $3 \ominus 9$
- **d.** $4 \ominus 8$
- **e.** $3 \otimes 9$
- **f.** $2 \otimes 2$
- **g.** $1 \oslash 3$
- **h.** $2 \oslash 5$

3. Efectúa cada una de las operaciones en un reloj de 5 horas:
- **a.** $3 \oplus 4$
- **b.** $3 \oplus 3$
- **c.** $3 \otimes 4$
- **d.** $1 \otimes 4$
- **e.** $4 \otimes 4$
- **f.** $2 \otimes 3$
- **g.** $3 \oslash 4$
- **h.** $1 \oslash 4$

4. **a.** Construye una tabla de sumar para un reloj de 9 horas.
- **b.** Usando la tabla de sumar en (a), halla $5 \ominus 6$ y $2 \ominus 5$.
- **c.** Usando la definición de resta en términos de suma, muestra que la suma siempre se puede efectuar en un reloj de 9 horas.

5. **a.** Construye una tabla de multiplicación para un reloj de 9 horas.
- **b.** Usa la tabla de multiplicación en (a) para hallar $3 \oslash 5$ y $4 \oslash 6$.
- **c.** Usa la tabla de multiplicación para hallar si es posible dividir siempre entre números diferentes de 9.

6. En un reloj de 5 horas, halla lo siguiente:
- **a.** El inverso aditivo de 2
- **b.** El inverso aditivo de 3
- **c.** $(^-2) \oplus (^-2)$
- **d.** $^-(2 \oplus 2)$
- **e.** $(^-2) \ominus (^-3)$
- **f.** $(^-2) \otimes (^-2)$

7. **a.** Si el 23 de abril cae en martes, ¿cuáles son las fechas de los otros martes de abril de ese año?
- **b.** Si el 2 de julio cae en martes, lista las fechas de todos los miércoles de julio.
- **c.** Si el 3 de septiembre cae en lunes, ¿en qué día de la semana caerá el próximo año si es un año bisiesto?

8. Llena cada uno de los siguientes espacios en blanco de modo que la respuesta sea no negativa y el número sea el menor posible:
- **a.** $29 \equiv$ _____ $\pmod 5$
- **b.** $3498 \equiv$ _____ $\pmod 3$
- **c.** $3498 \equiv$ _____ $\pmod{11}$
- **d.** $^-23 \equiv$ _____ $\pmod{10}$

9. **a.** Halla todas las x tales que $x \equiv 0 \pmod 2$.
- **b.** Halla todas las x tales que $x \equiv 1 \pmod 2$.
- **c.** Halla todas las x tales que $x \equiv 3 \pmod 5$.

10. Un reloj nuevo comienza a caminar a las 10:00 p.m. del domingo. Si el reloj continúa sin parar, ¿en qué día y a qué hora, redondeada a la hora más cercana, llegará el reloj al segundo número 100,000?

11. Si continúa el siguiente patrón,

CLOCK CLOCK CLOCK CLOCK...

¿cuál será la letra que ocupe el lugar 101?

Evaluación 5-6B

1. La familia González salió de viaje en carro a las 6:00 a.m. Viajaron exactamente 15 h. ¿A qué hora llegaron?

2. Efectúa cada una de las operaciones en un reloj de 12 horas, de ser posible:
- **a.** $6 \oplus 6$
- **b.** $5 \oplus 11$
- **c.** $4 \ominus 6$
- **d.** $5 \ominus 8$
- **e.** $4 \otimes 9$
- **f.** $3 \otimes 3$
- **g.** $2 \oslash 3$
- **h.** $4 \oslash 6$

3. Efectúa cada una de las operaciones en un reloj de 5 horas:
- **a.** $4 \oplus 5$
- **b.** $2 \oplus 2$
- **c.** $4 \otimes 4$
- **d.** $1 \otimes 3$
- **e.** $3 \otimes 3$
- **f.** $5 \otimes 3$
- **g.** $2 \oslash 4$
- **h.** $4 \oslash 4$

4. a. Construye una tabla de sumar para un reloj de 7 horas.

   b. Usando la tabla de sumar en (a), halla $5 \ominus 6$ y $2 \ominus 5$.

   c. Usando la definición de resta en términos de suma, muestra que la resta siempre se puede efectuar en un reloj de 7 horas.

5. a. Construye una tabla de multiplicación para un reloj de 7 horas.

   b. Usa la tabla de multiplicación en (a) para hallar $3 \oslash 5$ y $4 \oslash 6$.

   c. Usa la tabla de multiplicación para hallar si es posible dividir siempre entre números diferentes de 7.

6. En un reloj de 12 horas, halla lo siguiente:

   a. El inverso aditivo de 2   **b.** El inverso aditivo de 3

   c. $(^-2) \oplus (^-3)$ **d.** $^-(2 \oplus 3)$

   e. $(^-2) \ominus (^-3)$ **f.** $(^-2) \otimes (^-3)$

7. a. Si el 8 de abril cae en viernes, ¿cuáles son las fechas de los otros viernes de abril?

   b. Si el 4 de julio cae en martes, ¿en qué día de la semana caerá el próximo año si no es un año bisiesto?

   c. ¿Es cierto que los días número 125 y número 256 del año caen en el mismo día de la semana? Explica por qué.

8. Llena cada uno de los siguientes espacios en blanco de modo que la respuesta sea no negativa y el número sea el menor posible:

   a. $29 \equiv$ _____ (mod 3)

   b. $3498 \equiv$ _____ (mod 5)

   c. $3498 \equiv$ _____ (mod 10)

   d. $^-23 \equiv$ _____ (mod 11)

9. a. Halla todas las x tales que $x \equiv 0$ (mod 3).

   b. Halla todas las x tales que $x \equiv 1$ (mod 3).

   c. Halla todas las x tales que $x \equiv 3$ (mod 7).

10. Continúa un posible patrón y lista los siguientes cuatro términos de cada sucesión en aritmética del reloj.

   a. 3, 8, 1, 6, 11, 4, 9, 2, 7, …

   b. 3, 8, 13, 4, 9, 14, 5, 10, 1, …

Conexiones matemáticas 5-6

Comunicación

1. Explica o halla lo siguiente:

   a. Un número congruente módulo 10 con el número formado por su último dígito

   b. El último dígito de $2^{180} - 1$

   c. Un número congruente módulo 100 con el número formado por sus últimos dos dígitos

2. a. Para todo a, b, c y d, explica por qué $abcd \equiv a + b + c + d$ (mod 9).

   b. Si $abcd_{\text{cinco}} \equiv a + b + c + d$ (mod m), ¿cuál es m? Explica tu razonamiento.

Solución abierta

3. En un reloj definimos el inverso aditivo de a de la misma manera en que definimos el inverso aditivo para los enteros. Teniendo en cuenta esta definición, lista algunas analogías y algunas diferencias entre el sistema numérico en el reloj y el conjunto de los enteros. Justifica tus respuestas.

Aprendizaje colectivo

4. a. Que miembros de tu grupo construyan las tablas de multiplicación para relojes de 3 horas, 4 horas, 6 horas y 11 horas.

   b. Compara tus resultados. ¿En cuáles de los relojes de (a) siempre se pueden realizar divisiones entre números diferentes de la identidad aditiva?

   c. ¿En qué forma las tablas de multiplicación de relojes para los cuales siempre se puede efectuar la división (excepto entre una identidad aditiva) difieren de las tablas de multiplicación de relojes para los cuales la división no siempre tiene sentido?

Preguntas del salón de clase

5. Daniel trata de ver cómo funcionan fracciones como $\frac{1}{4}$ en un sistema de reloj de 5 horas. Dice que mostró que $1 \oslash 4$ es mayor que 3. Él quiere saber si eso puede ser correcto. ¿Cómo le respondes?

6. Alina quiere saber qué elementos de un sistema de reloj de 5 horas tienen inverso multiplicativo. ¿Qué le dices?

7. Zeneide asegura que en el reloj de 5 horas mostrado en la figura 5-34 no hay 0 y por lo tanto no puede haber identidad aditiva. ¿Cómo le respondes?

ROMPECABEZAS ¿Cuántos primos hay en la sucesión siguiente?

9, 98, 987, 9876, …, 987654321, 9876543219, 98765432198, …

Sugerencia para resolver el problema preliminar

La fórmula de la diferencia de cuadrados, junto con el trabajo realizado con el problema de Gauss del capítulo 1, te ayudará a resolver este problema.

Resumen del capítulo

I. Conceptos básicos de los enteros

  A. El conjunto de los **enteros**, E, es $\{\ldots, {}^{-}3, {}^{-}2, {}^{-}1, 0, 1, 2, 3, \ldots\}$.

  B. La distancia de cualquier entero a 0 es el **valor absoluto** del entero. El valor absoluto de un entero x se denota con $|x|$. Si $x \geq 0$, entonces $|x| = x$ y si $x < 0$, entonces $|x| = {}^{-}x$.

  C. Operaciones con enteros

    1. Suma: Para cualesquier enteros a y b,
$$^{-}a + {}^{-}b = {}^{-}(a + b)$$

    2. Resta

      a. Para todos los enteros a y b, $a - b = n$ si, y sólo si, $a = b + n$.

      b. Para todos los enteros a y b, $a - b = a + {}^{-}b$.

    3. Multiplicación: Para todos los enteros a y b,

      a. $({}^{-}a)({}^{-}b) = ab$.

      b. $({}^{-}a)b = b({}^{-}a) = {}^{-}(ab)$.

    4. División: Si a y b son enteros cualesquiera, con $b \neq 0$, entonces $a \div b$ es el único entero c, si existe, tal que $a = bc$.

    5. Orden de las operaciones: Cuando la suma, resta, multiplicación y división aparecen sin paréntesis, primero se efectúan las multiplicaciones y divisiones en el orden en que aparecen de izquierda a derecha, y después se efectúan las sumas y restas en el orden en que aparecen de izquierda a derecha. Cualquier operación entre paréntesis se realiza primero.

II. El sistema de los enteros

  A. El conjunto de los enteros, junto con las operaciones de suma y multiplicación, satisfacen las propiedades siguientes:

Propiedad	$+$	$\times$
Cerradura	Sí	Sí
Conmutatividad	Sí	Sí
Asociatividad	Sí	Sí
Identidad	Sí, 0	Sí, 1
Inverso	Sí	No
Propiedad distributiva de la multiplicación sobre la suma		

  B. Propiedad de multiplicación por cero de los enteros: Para cualquier entero a, $a \cdot 0 = 0 = 0 \cdot a$.

  C. Para todos los enteros a, b y c,

    1. $^{-}({}^{-}a) = a$.

    2. $a - (b - c) = a - b + c$.

    3. $(a + b)(a - b) = a^2 - b^2$ **(fórmula de diferencia de cuadrados)**.

III. Divisibilidad

  A. Si a y b son cualesquier enteros, entonces b **divide a** a, que se denota con $b\,|\,a$, si, y sólo si, existe un único entero c tal que $a = cb$.

  B. Los siguientes son teoremas básicos de divisibilidad para enteros a, b y d:

    1. Si $d\,|\,a$ y k es cualquier entero, entonces $d\,|\,ka$.

    2. Si $d\,|\,a$ y $d\,|\,b$, entonces $d\,|\,(a + b)$ y $d\,|\,(a - b)$.

    3. Si $d\,|\,a$ y $d\nmid b$, entonces $d\nmid(a + b)$ y $d\nmid(a - b)$.

  C. Criterios de divisibilidad

    1. Un entero es divisible entre 2, 5 ó 10 si, y sólo si, su dígito de las unidades es divisible entre 2, 5 ó 10, respectivamente.

    2. Un entero es divisible entre 4 si, y sólo si, los dos últimos dígitos del entero representan un número divisible entre 4.

    3. Un entero es divisible entre 8 si, y sólo si, los últimos tres dígitos del entero representan un número divisible entre 8.

    4. Un entero es divisible entre 3 ó entre 9 si, y sólo si, la suma de sus dígitos es divisible entre 3 ó entre 9, respectivamente.

    5. Un entero es divisible entre 11 si, y sólo si, la suma de los dígitos en los lugares de las potencias pares de 10, menos la suma de los dígitos en los lugares de las potencias impares de 10, es divisible entre 11.

    6. Un entero es divisible entre 6 si, y sólo si, el entero es divisible entre 2 y 3.

IV. Números primos y compuestos

  A. Los enteros positivos que tienen exactamente dos divisores positivos son **primos**. Los enteros mayores que 1 y que no son primos son **compuestos**.

  B. Teorema fundamental de la aritmética: Todo número compuesto tiene una, y sólo una, factorización en primos, aparte de la variación en el orden de los factores primos.

C. Criterio para determinar si un número dado n es primo: *Si n no es divisible entre ningún primo p tal que $p^2 \leq n$, entonces n es primo.*

D. Si la factorización en primos de un número es $p^n q^m$, donde p y q son primos, entonces el número de divisores de n es $(n + 1)(m + 1)$.

V. Máximo divisor común y mínimo múltiplo común

A. El **máximo divisor común (MDC)** de dos o más números naturales es el máximo divisor, o factor, que tienen los números en común.

B. **Algoritmo euclidiano:** Si a y b son enteros positivos y $a \geq b$, entonces $\text{MDC}(a, b) = \text{MDC}(b, r)$, donde r es el residuo cuando se divide a entre b. El procedimiento de hallar el MDC de dos números a y b usando de manera repetida este resultado es el *algoritmo euclidiano.*

C. El **mínimo múltiplo común (MMC)** de dos o más números naturales es el menor múltiplo positivo que tienen los números en común.

D. $\text{MDC}(a, b) \cdot \text{MMC}(a, b) = ab$.

E. Si $\text{MDC}(a, b) = 1$, entonces a y b son **primos relativos**.

* VI. Aritmética modular

A. Para cualesquier enteros a y b, a **es congruente con** b **módulo** m si, y sólo si, $a - b$ es un múltiplo de m, donde m es un entero positivo mayor que 1.

B. Dos enteros son congruentes módulo m si, y sólo si, al dividirlos entre m sus residuos son iguales.

Revisión del capítulo

1. Halla el inverso aditivo de cada caso:
  a. 3   **b.** ^-a **c.** $^-2 + 3$
  d. $x + y$ **e.** $^-x + y$ **f.** $^-x - y$
  g. $(^-2)^5$ **h.** $^-2^5$

2. Efectúa cada una de las operaciones siguientes:
  a. $(^-2 + {}^-8) + 3$ **b.** $^-2 - (^-5) + 5$
  c. $^-3(^-2) + 2$ **d.** $^-3(^-5 + 5)$
  e. $^-40 \div (^-5)$ **f.** $(^-25 \div 5)(^-3)$

3. Para cada uno de los casos siguientes, halla todos los valores enteros de x (si hay alguno) que hagan verdaderas las ecuaciones dadas:
  a. $^-x + 3 = 0$
  b. $^-2x = 10$
  c. $0 \div (^-x) = 0$
  d. $^-x \div 0 = {}^-1$
  e. $3x - 1 = {}^-124$
  f. $^-2x + 3x = x$

4. Usa un enfoque de patrones para explicar por qué $(^-2)(^-3) = 6$.

5. En cada uno de los siguientes modelos de fichas, se eliminan las fichas encerradas con una línea punteada. Escribe el correspondiente problema con su solución.

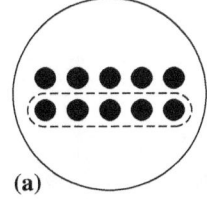
(a)

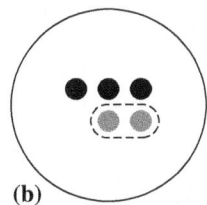
(b)

6. Simplifica cada una de las expresiones siguientes:
  a. ^-1x
  b. $(^-1)(x - y)$

  c. $2x - (1 - x)$
  d. $(^-x)^2 + x^2$
  e. $(^-x)^3 + x^3$
  f. $(^-3 - x)(3 + x)$
  g. $(^-2 - x)(^-2 + x)$

7. Factoriza cada una de las expresiones siguientes y después simplifica, si es posible:
  a. $x - 3x$
  b. $x^2 + x$
  c. $x^2 - 36$
  d. $81y^4 - 16x^4$
  e. $5 + 5x$
  f. $(x - y)(x + 1) - (x - y)$

8. Clasifica cada uno de los casos siguientes como verdadero o falso (todas las letras representan enteros). Justifica tus respuestas.
  a. $|x|$ siempre es positivo.
  b. Para todo x y y, $|x + y| = |x| + |y|$.
  c. Si $a < {}^-b$, entonces $a < 0$.
  d. Para todo x y y, $(x - y)^2 = (y - x)^2$.

9. Exhibe un contraejemplo para refutar cada una de las siguientes propiedades en el conjunto de los enteros:
  a. Propiedad conmutativa de la división
  b. Propiedad asociativa de la resta
  c. Propiedad de la cerradura para la división
  d. Propiedad distributiva de la división sobre la resta

10. Despeja x en cada uno de los casos siguientes, donde x es un entero:
  a. $x + 3 = {}^-x - 17$
  b. $2x = {}^-2^{100}$
  c. $2^{10}x = 2^{99}$
  d. $^-x = x$
  e. $|^-x| = 3$
  f. $|x| = {}^-x$

g. $|x| > 3$

h. $(x - 1)^2 = 100$

11. Escribe los primeros seis términos de cada una de las sucesiones cuyo término n-ésimo sea

   a. $(^-1)^n$

   b. $\dfrac{n}{2}[(^-1)^n + 1]$

   c. $(^-2)^n$

   d. $^-2 - 3n$

12. En cada parte del problema 11, si una sucesión es aritmética, halla su diferencia; y si es geométrica, halla su razón.

13. Clasifica cada caso como verdadero o falso:

   a. $8|4$

   b. $0|4$

   c. $4|0$

   d. Si un número es divisible entre 4 y entre 6, entonces es divisible entre 24.

   e. Si un número no es divisible entre 12, entonces no es divisible entre 3.

14. Clasifica cada caso siguiente como verdadero o falso. Si es falso, exhibe un contraejemplo.

   a. Si $7|x$ y $7 \nmid y$, entonces $7 \nmid xy$.

   b. Si $d \nmid (a + b)$, entonces $d \nmid a$ y $d \nmid b$.

   c. Si $d|(a + b)$ y $d \nmid a$, entonces $d \nmid b$.

   d. Si $d|(x + y)$ y $d|x$, entonces $d|y$.

   e. Si $4 \nmid x$ y $4 \nmid y$, entonces $4 \nmid xy$.

15. Verifica si cada uno de los números siguientes es divisible entre 2, 3, 4, 5, 6, 8, 9 y 11:

   a. 83,160

   b. 83,193

16. Supón que 10,007 es primo. Sin efectuar la división entre 17, demuestra que 10,024 no es divisible entre 17.

17. Llena cada espacio en blanco con un dígito para hacer que cada uno de los casos siguientes sea verdadero (halla todas las respuestas posibles):

   a. $6|87\_4$

   b. $24|4\_856$

   c. $29|87\_\_4$

18. Un estudiante asegura que la suma de cinco enteros positivos consecutivos siempre es divisible entre 5.

   a. Verifica la afirmación del estudiante en algunos casos.

   b. Demuestra o refuta la afirmación del estudiante.

19. Determina cuál de los números siguientes es primo o compuesto:

   a. 143   **b.** 223

20. ¿Cómo puedes decir si un número es divisible entre 24? Verifica si 4152 es divisible entre 24.

21. ¿El MMC de dos números es siempre mayor que el MDC de los números? Justifica tu respuesta.

22. Explica cómo hallar el MMC de tres números con la ayuda del algoritmo euclidiano.

23. Para saber si el número $2 \cdot 3 \cdot 5 \cdot 7 + 11 \cdot 13$ es primo, una estudiante halla que el número es igual a 353. Ella verifica que $17 \nmid 353$ y $19^2 > 353$ y sin mayor verificación asegura que 353 es primo. Explica por qué la estudiante está en lo correcto.

24. Halla el MDC para cada uno de los casos siguientes:

   a. 24 y 52

   b. 5767 y 4453

25. Halla el MMC para cada uno de los casos siguientes:

   a. $2^3 \cdot 5^2 \cdot 7^3$, $2 \cdot 5^3 \cdot 7^2 \cdot 13$ y $2^4 \cdot 5 \cdot 7^4 \cdot 29$

   b. 278 y 279

26. Construye un número que tenga exactamente cinco divisores positivos. Explica tu construcción.

27. Halla todos los divisores positivos de 144.

28. Halla la factorización en primos de lo siguiente:

   a. 172   **b.** 288

   c. 260   **d.** 111

29. Halla el menor número positivo que sea divisible entre todo entero positivo menor o igual que 10.

30. Unas barras de dulce no se vendieron a 50¢ así que redujeron el precio. Después todas se vendieron en un día, para un total de $31.93. ¿Cuál fue el precio reducido de cada barra de dulce?

31. Dos campanas suenan a las 8:00 A.M. Por el resto del día, una campana suena cada media hora y la otra cada 45 min. ¿A qué hora sonarán de nuevo las campanas juntas?

32. Si el MDC de dos números completos positivos es 1, ¿qué puedes decir del MMC de los dos números? Explica tu razonamiento.

33. Si había 9 niños y 6 niñas en una fiesta, y el anfitrión quería dar exactamente el mismo número de caramelos que pudieran comprarse en paquetes de 12 caramelos, ¿cuál es el menor número de paquetes que podría comprar?

34. Juliana y Ramón corren en una pista. Si comienzan en el mismo tiempo y lugar y van en la misma dirección, con Juliana corriendo una vuelta en 5 min y Ramón en 3 min, ¿cuánto tiempo les tomará coincidir en el punto de partida si continúan corriendo a estas velocidades?

35. Flora, propietaria de un puesto de café, bajó el precio del capuchino de $2.00 la taza entre 7:00 A.M. y 8:00 A.M. Si obtuvo $98.69 de la venta de capuchinos y sabemos que nunca vende un capuchino por menos de un dólar, ¿cuántos capuchinos vendió entre 7:00 A.M. y 8:00 A.M.? Explica tu razonamiento. (*Nota:* $71|9869$.)

36. Halla las factorizaciones en primos de cada caso.

   a. 6^{10}

   b. 34^n

   c. 97^4

   d. $8^4 \cdot 6^3 \cdot 26^2$

   e. $2^3 \cdot 3^2 + 2^4 \cdot 3^3 \cdot 7$

   f. $2^4 \cdot 3 \cdot 5^7 + 2^4 \cdot 5^6$

37. ¿Cuáles son los posibles residuos cuando un número primo mayor que 3 se divide entre 12? Justifica tu respuesta.

38. Demuestra el criterio de divisibilidad entre 9 usando un número n de tres dígitos a, b y c tal que $n = a \cdot 10^2 + b \cdot 10 + c$.

★**39.** El trío 3, 5, 7 consta de enteros impares consecutivos que son todos primos. Da un argumento convincente de que éste es el único trío de enteros impares consecutivos donde todos son primos. (*Sugerencia:* usa el algoritmo de la división).

***40.** La duración de una semana probablemente fue inspirada por la necesidad de marcar días de mercado y fiestas religiosas. Los romanos, por ejemplo, en algún momento usaron una semana de 8 días. Suponiendo que en ese entonces abril tenía 30 días pero estaba basado en una semana de 8 días, si el primer día del mes fue domingo y el día posterior al sábado se llamaba vena, ¿en qué día caía el último día del mes?

***41.** ¿Qué sistema modular se usaría, y por qué, para medir los ángulos de rotación (en grados) que barre la luz de un faro en una pequeña isla?

Bibliografía seleccionada

Anthony, G., and M. Walshaw. "Zero A 'None' Number?" *Teaching Children Mathematics* 11 (August 2004): 38–42.

Bay, J. "Developing Number Sense on the Number Line." *Mathematics Teaching in the Middle School* 6 (April 2001): 448–451.

Bennett, A., and L. Nelson. "Divisibility Tests: So Right for Discoveries." *Mathematics Teaching in the Middle School* 7 (April 2002): 460–464.

Bezuszka, S., and M. Kenney. "Even Perfect Numbers: (Update)[2]." *Mathematics Teacher* 90 (November 1997): 628–633.

Brown, E., and E. Jones. "Using Clock Arithmetic to Teach Algebra Concepts." *Mathematics Teaching in the Middle School* 11 (September 2005): 104–109.

Graviss, T., and J. Greaver. "Extending the Number Line to Make Connections with Number Theory." *Mathematics Teacher* 85 (September 1992): 418–420.

Gregg, J., and D. Gregg. "A Context for Integer Computation." *Mathematics Teaching in the Middle School* 13 (August 2007): 46–50.

Nurnberger-Haag, J. "Integers Made Easy: Just Walk It Off," *Mathematics Teaching in the Middle School* 13 (September 2007): 118–121.

Peterson, J. "Fourteen Different Strategies for Multiplication of Integers, or Why $(^-1)(^-1) = (^+1)$." *Arithmetic Teacher* 19 (May 1972): 396–403.

Petrella, G. "Subtracting Integers: An Affective Lesson." *Mathematics Teaching in the Middle School* 7 (November 2001): 150–151.

Ponce, G. "It's All in the Cards: Adding and Subtracting Integers." *Mathematics Teaching in the Middle School* 13 (August 2007): 10–17.

Reeves, A., and M. Beasley. "Advanced Paint by Numbers." *Mathematics Teaching in the Middle School* 12 (April 2007): 447.

Robbins, C., and T. Adams. "Get Primed to the Basic Building Blocks of Numbers." *Mathematics Teaching in the Middle School* 13 (September 2007): 122–127.

Schneider, S., and C. Thompson. "Incredible Equations Develop Incredible Number Sense." *Teaching Children Mathematics* 7 (November 2000): 146–148, 165–168.

Shultz, H. "The Postage-Stamp Problem, Number Theory, and the Programmable Calculator." *Mathematics Teacher* 92 (January 1999): 20–22.

Steinberg, R., D. Sleeman, D. Ktorza. "Algebra Students Knowledge of Equivalent Equations." *Journal of Research in Mathematics Education* 22 (February 1990): 112–121.

Agradecimientos

School book pages:

Scott Foresman Addison Wesley Math Grade 4, copyright © 2008 Pearson Education, Inc. or its affiliate(s); *Scott Foresman Addison Wesley Math Grade 5*, copyright © 2008 Pearson Education, Inc. or its affiliate(s); *Scott Foresman Addison Wesley Math Grade 3*, copyright © 2008 Pearson Education, Inc. or its affiliate(s); *Scott Foresman Addison Wesley Math Grade 6*, copyright © 2008 Pearson Education, Inc. or its affiliate(s). Used by permission. All rights reserved.

Prentice Hall Math Course 3, copyright © 2008 Pearson Education, Inc. or its affiliate(s); *Prentice Hall Math Course 2*, copyright © 2008 Pearson Education, Inc. or its affiliate(s); *Prentice Hall Connected Mathematics Grade 7*, copyright © 2006 Pearson Education, Inc. or its affiliate(s). Used by permission. All rights reserved.

enVisionMATH 2009, Grade 6, copyright © 2009 Pearson Education, Inc. or its affiliate(s). Used by permission. All rights reserved.

McDougal Littell *Math Thematics*, copyright © 2008 McDougal Littell. All rights reserved. Used by permission of Holt McDougal, a division of Houghton Mifflin Harcourt Publishing Company.

NAEP questions from the National Assessment of Educational Progress (NAEP).

TIMSS questions from Trends in International Mathematics and Science Study (TIMSS).

Excerpts from NCTM Curriculum Focal Points reprinted with permission from *Curriculum Focal Points for Prekindergarten through Grade 8 Mathematics: A Quest for Coherence*, copyright 2006 by the National Council of Teachers of Mathematics (NCTM). All rights reserved.

Excerpts from NCTM Standards reprinted with permission from *Principals and Standards for School Mathematics*, copyright 2000 by the National Council of Teachers of Mathematics (NCTM). All rights reserved. NCTM does not endorse the content or validity of these alignments.

The Geometer's Sketchpad and Dynamic Geometry are registred trademarks of Key Curriculum Press. Sketchpad is a trademark of Key Curriculum Press.

p. 1 Chelsea Pingree, **p. 2** Jerry Craft, **p. 3** AP Wide World Photos, **p. 5** Library of Congress, **p. 5** © 1997 Carolina Biological Supply Company. Burlington, NC. Used by permission. **p. 31** Universal Press Syndicate, **p. 31** The Granger Collection, **p. 45** The Image Works, **p. 61** Craig McAteer/Shutterstock, **p. 65** KING FEATURES SYNDICATE, **p. 66** Johnny Lott/Shutterstock, **p. 72** KING FEATURES SYNDICATE, **p. 78** Corbis, Bettmann, **p. 84** © United Feature Syndicate October 5, 1965, **p. 85** KING FEATURES SYNDICATE, **p. 110** PhotoCreate/Shutterstock, **p. 118** © King Features Syndicate September 12, 1990, **p. 119** © 2005 Creators Syndicate. Used by permission of John L. Hart FLP, and Creators Syndicate, Inc. January 21, 2005, **p. 143** St. Andrews University MacTutor Archive, **p. 145** PhotoCreate/Shutterstock, **p. 145** Chiyacat/Shutterstock, **p. 163** KING FEATURES SYNDICATE, **p. 165** From Portraits of Eminent Mathematicians by David Eugene Smith published by Pictorial Mathematics, New York, 1936, **p. 178** Calvin and Hobbes © 1990 Bill Watterson, September 15, 1990. Distributed by Universal Press Syndicate, Inc. February 9, 1992, **p. 194** Monkey Business Images/Shutterstock, **p. 196** © Stefano Bianchetti/CORBIS All Rights Reserved, **p. 197** National Archives, Public Programs, **p. 212** Sheila Terry/Photo Researchers, Inc., **p. 221** George Bernard/Photo Researchers, Inc., **p. 248** Steve Cole/Getty Images, Inc.-Photodisc., **p. 273** Bryn Mawr College, **p. 286** Photo Researchers, Inc., **p. 294** Constance Reid, **p. 302** Bill Amend/Universal Press Syndicate, **p. 307** © Sidney Harris/ScienceCartoonsPlus.com, **p. 308** Culver Pictures, Inc., **p. 309** The Granger Collection, **p. 310** Picture Desk, Inc./Kobal Collection, **p. 340** Ron Chapple/www.indexopen.com, **p. 344** KING FEATURES SYNDICATE, **p. 409** Image Source/Superstock Royalty Free, **p. 410** Corbis/Bettmann, **p. 413** KING FEATURES SYINDICATE **p. 451** The Granger Collection, **p. 455** Corbis/Bettmann, **p. 476** LLC. Vstock/www.indexopen.com, **p. 498** KING FEATURES SYNDICATE, **p. 515** idesygn/Shutterstock, **p. 517** Photo Researchers, Inc., **p. 519** The Granger Collection, New York, **p. 529** © Newspaper Enterprise Association. September 26, 1998, **p. 540** © Creators Syndicate. Used by permission of John L. Hart FLP, and Creators Syndicate, Inc. March 17, 1992, **p. 564** Stan Lynde, **p. 567** © 1998 Carole Cable; April 6, 1998. Used with permission., **p. 592** EyeWire Collection/Getty Images-Photodisc., **p. 593** Hulton Archive, **p. 594** © 1981 LaughingStock Licensing, Inc., October 20, 1981. All rights reserved. HERMAN® is a registered trademark of LaughingStock Licensing, Inc., **p. 596** © Thaves. Reprinted by permission., **p. 648** Kobal Collection

Aquí aparecen las respuestas a los ejercicios de la **Evaluación A**, a los problemas impares de **Conexiones matemáticas**, a los problemas de **Revisión del capítulo**, a los problemas de **Ahora intenta éste**, a los **Rompecabezas**, a las **Actividades de laboratorio**, a los **Rincones de la tecnología** y a los **Problemas preliminares** del **Volumen uno**.

Capítulo 1

Evaluación 1-1A

1. (a) 4950 **(b)** 251,001 **2.** 10,248 **3.** 12
4. 160 km **5.** Marisolita, Trueno, Yolanda, Chocolata
6. 45 **7.** $33.20, (uno de 10, uno de 5, cuatro de a peso, nueve de 50¢, veinticuatro de 20¢ y cuarenta y nueve de 10¢) **8. (a) (i)** 541×72 **(ii)** divide 754 entre 12
(b) (i) 257×14 **(ii)** divide 124 entre 75 **9.** $5,256,000
10. 12 **11.** $24.50 **12.** 23 peldaños
13. (a) 10,500 cuadrados **(b)** $n^2 + 5n$ cuadrados
14. ancho = 230 m; longitud = 310 m **15.** 9°C
16. Alicia—invierno; Beti—verano; Carlos—primavera; Daniel—otoño **17.** $A = 9$.

Conexiones matemáticas 1-1

Comunicación

1. Las respuestas pueden variar; por ejemplo, las habilidades para resolver problemas pueden ayudar a los estudiantes a enfrentar retos futuros en el trabajo, la vida cotidiana y la escuela. Las habilidades para resolver problemas permiten atacar con seguridad nuevas tareas y problemas. Si falla un primer intento, los buenos solucionadores de problemas se pueden reponer con enfoques alternativos. Mucho de las matemáticas que se enseña a los estudiantes se introduce mediante problemas interesantes. Los estudiantes necesitan saber cómo resolver problemas para poder avanzar en estos problemas y, a su vez, aprender matemáticas. **3.** Las respuestas pueden variar desde estudiantes que no tienen idea de qué hacer e intentan adivinar y ver qué tan cerca están, hasta el uso de conjeturas para empezar a aproximarse a la respuesta exacta. Si se hacen conjeturas inteligentes y se aprende algo de cada conjetura, entonces el estudiante se puede acercar a la respuesta exacta.

Solución abierta

5. Las respuestas pueden variar; por ejemplo, cualesquiera de los problemas de esta sección son ejemplos de problemas que podrían abordarse con la estrategia estudiada.

Aprendizaje colectivo

7. Las respuestas pueden variar; por ejemplo, si el alcance promedio en tu grupo es de 1.8 m, entonces serían necesarias aproximadamente 22,000,000 de personas. **9. (a)** Para un libro de 100 páginas, se necesitan 25 hojas de papel. **(b)** La suma de los números de página sobre el mismo lado de la hoja es 101. **(c)** La suma de todos los números de página en un libro de 100 páginas es 5050.
(d) El caso general se da en la siguiente tabla.

Número de hojas	Número de páginas de libro	Suma de dos números de página sobre el mismo lado de la hoja	Suma de todos los números de página
1	4	5	$1 + 2 + 3 + 4 = \dfrac{4 \cdot 5}{2} = 10$
2	8	9	$1 + 2 + 3 + \ldots + 8 = \dfrac{8 \cdot 9}{2} = 36$
3	12	13	$1 + 2 + 3 + \ldots + 12 = \dfrac{12 \cdot 13}{2} = 78$
⋮	⋮	⋮	⋮
n	$4n$	$4n + 1$	$1 + 2 + 3 + \ldots + 4n = \dfrac{4n(4n + 1)}{2}$ $= 2n(4n + 1)$

Preguntas del salón de clase

11. Las respuestas pueden variar; por ejemplo, es en el último paso donde los estudiantes examinan si su respuesta es razonable y si cumple las condiciones originales del problema. En ocasiones, los estudiantes llegan a respuestas incorrectas en este punto porque quizá nunca se molestaron en verificar si la respuesta obtenida tenía sentido. Es en este paso donde los estudiantes reflexionan sobre las matemáticas que usaron y determinan si puede haber otras formas de resolver el problema. Además, en esta etapa se reflexiona sobre conexiones con otros problemas o generalizaciones que se resaltan en los estándares del NCTM.   **13.** Las respuestas pueden variar; por ejemplo, si esos nueve números se van a usar en un cuadrado mágico, entonces la suma en cada una de las tres columnas debe ser el mismo número natural. Este número debe ser 1/3 de la suma de los nueve números. Sin embargo, $1 + 3 + 4 + 5 + 6 + 7 + 8 + 9 + 10 = 53$ y $53/3 = 17 \; 2/3$, que no es un número natural. Por lo tanto, estos números no se pueden usar en un cuadrado mágico.

Evaluación 1-2A

1. (a) ▭▭▭▭▭▭   **(b)** △▽△▽△▽△   **(c)**

2. (a) $11, 13, 15$; aritmética   **(b)** $250, 300, 350$; aritmética   **(c)** $96, 192, 384$; geométrica   **(d)** $10^6, 10^7, 10^8$ geométrica   **(e)** $33, 37, 41$; aritmética   **(f)** $6^3, 7^3, 8^3$; ni una ni otra
3. (a) $199; 2n - 1$ **(b)** $4950; 50(n - 1)$ **(c)** $3 \cdot 2^{99}; 3 \cdot 2^{n-1}$ **(d)** $10^{100}; 10^n$ **(e)** $405; 5 + 4n$ ó $9 + 4(n - 1)$ **(f)** $100^3 = 1,000,000; n^3$ **4.** $2, 7, 12$
5. (a) $2, 4, 8$ **(b)** $169, 256, 169$ La regla es elevar al cuadrado la suma de los dígitos del término anterior.
(c) $4, 16, 37$. Si u_n es el dígito de las unidades de a_n, t_n es el dígito de las decenas de a_n, y h_n es el dígito de las centenas de a_n, entonces $a_n = (u_{n-1})^2 + (t_{n-1})^2 + (h_{n-1})^2$ **(d)** La sucesión original se repetirá infinidad de veces.
6. (a) $30, 42, 56$ **(b)** $10,100$ **(c)** $n(n + 1)$ o $n^2 + n$
7. (a) 41 **(b)** $4n + 1,$ ó $5 + (n - 1)4$ **(c)** $12n + 4$
8. (a) 42 **(b)** $4n + 2$ ó $6 + (n - 1)4$ **9.** 1200 estudiantes
10. vigésimo tercer año   **11. (a)** $3, 5, 9, 15, 23, 33$ **(b)** $4, 6, 10, 16, 24, 34$ **(c)** $15, 17, 21, 27, 35, 45$ **12. (a)** $299, 447, 644$ **(b)** $56, 72, 90$ **13. (a)** 101 **(b)** 61 **(c)** 200
(d) 11 **14. (a)** $3, 6, 11, 18, 27$ **(b)** $4, 9, 14, 19, 24$
(c) $9, 99, 999, 9999, 99999$ **(d)** $5, 8, 11, 14, 17$
15. (a) Las respuestas pueden variar; por ejemplo si $x = 5$, entonces $\dfrac{5 + 5}{5} \neq 5 + 1$.   **(b)** Las respuestas pueden variar; por ejemplo, si $x = 2$, entonces $(2 + 4)^2 \neq 2 + 16$.
16. (a) 41 **(b)** $n^2 + (n - 1) = n^2 + n - 1$ **(c)** sí, la figura trigésimo quinta
17. $a_3 = 8, a_4 = 11, a_5 = 14$ **18.** El término 12 de la sucesión geométrica es mayor que el término 12 de la sucesión aritmética.   **19. (a)** $1, 5, 9, 13, 17, 21, \ldots$
(b) $4n + 1,$ o $S + (n - 1)4$ **20.** Hay dos soluciones posibles: $64, 128, 256,$ ó $-64, 128, -256$.

21. (a) 51 **(b)** $n^2 + \dfrac{n(n - 1)}{2},$ ó $\dfrac{3n^2 - n}{2},$ ó $\dfrac{n(3n - 1)}{2}$

Conexiones matemáticas 1-2

Comunicación

1. (a) Las respuestas pueden variar; por ejemplo, ambas sucesiones comienzan igual pero la primera es aritmética con $d = 2$ y la segunda es geométrica con $r = 2$. **(b)** Las respuestas pueden variar; por ejemplo, ambas son aritméticas con $d = 2$, pero son diferentes en tanto que una genera números pares y la otra genera números impares. **(c)** Las respuestas pueden variar; por ejemplo, ambas sucesiones son aritméticas con $d = 5$ en la primera sucesión y $d = 50$ en la

segunda sucesión. La segunda se puede generar multiplicando cada término de la primera sucesión por 10.   **3. (a)** Sí. La diferencia entre los términos de la nueva sucesión es igual que la anterior pues se sumó un número fijo a cada número de la sucesión.   **(b)** Sí. Si el número fijo es k, la diferencia entre los términos de la segunda sucesión es k veces la diferencia entre los términos de la primera sucesión.   **(c)** Sí. La diferencia de la nueva sucesión es la suma de las diferencias de las sucesiones originales.

Solución abierta

5. Las respuestas pueden variar; por ejemplo, presentamos dos patrones:

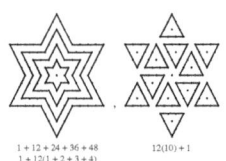

7. Las respuestas varían dependiendo de la sucesión.

Aprendizaje colectivo

9. (a) 81 **(b)** 40 **(c)** 3^{n-1} **(d)** $1 + 3 + 3^2 + 3^3 + \ldots + 3^{n-2}$; para $n \geq 2$.

Preguntas del salón de clase

11. Las respuestas pueden variar; por ejemplo, se le pudo decir a Juanito que encontró un patrón que cumplen muchos números, pero que debe tener cuidado al generalizar sus conjeturas a todos los números. Se le debe alentar a buscar más números para ver si puede encontrar un *contraejemplo* de su conjetura. Si comienza a investigar, hallará que 14 termina en 4, pero no es divisible entre 4. 34 es otro número que termina en 4, pero que no es divisible entre 4. Estos contraejemplos prueban que la conjetura de Juanito es falsa.
13. Se debe pedir al estudiante que muestre ejemplos de por qué su afirmación es cierta. Luego, necesita explorar más posibilidades para ver si puede hallar un contraejemplo. Considere $\frac{5}{16}$ y $\frac{3}{4}$. El numerador de la primera fracción es mayor que el numerador de la segunda, y el denominador de la primera fracción es mayor que el denominador de la segunda. Sin embargo, $\frac{5}{16}$ es menor que un medio y $\frac{3}{4}$ es mayor que un medio, de donde es claro que $\frac{5}{16}$ no es mayor que $\frac{3}{4}$. Así, tenemos un *contraejemplo* que muestra que la conjetura es falsa.   **15.** Dos términos pueden conducir a más de una sucesión. Por ejemplo, los términos $3, 6, \ldots$ conducen a $3, 6, 9, 12, \ldots$, que es una sucesión aritmética con diferencia fija 3. También puede conducir a $3, 6, 9, 15, 24, 39, \ldots$, en la cual cada término sucesivo se obtiene sumando los dos términos previos. Otra sucesión es $3, 6, 10, 15, 21, \ldots$, en la cual la regla es sumar 3 al primer término, luego sumar 4 al segundo, luego sumar 5 al tercero y así sucesivamente. De estos ejemplos, podemos ver que dos términos no bastan para determinar una sucesión.

Problemas de repaso

17. 90 **19.** Necesitamos una tienda para 12 personas y una combinación de tiendas donde quepan 14 personas. Hay 10 maneras: 662, 653, 6332, 62222, 5522, 5333, 53222, 33332, 332222 y 2222222.

Evaluación 1-3A

1. (a) Proposición falsa. **(b)** Proposición falsa. **(c)** No es proposición. **(d)** Proposición verdadera. **(e)** No es proposición.
2. (a) Existe un número natural x tal que $x + 8 = 11$.
(b) Existe un número natural x tal que $x^2 = 4$. **(c)** Para todos los números naturales x, $x + 3 = 3 + x$. **(d)** Para todos los números naturales x, $5x + 4x = 9x$. **3. (a)** Para todo número natural, x, $x + 8 = 11$. **(b)** Cada número natural x satisface $x^2 = 4$. **(c)** No existe número natural x tal que $x + 3 = 3 + x$. **(d)** No existe número natural x tal que $5x + 4x = 9x$. **4. (a)** Este libro no tiene 500 páginas. **(b)** $3 \cdot 5 \neq 15$ **(c)** Algunos perros no tienen cuatro patas. **(d)** No hay rectángulos que sean cuadrados. **(e)** Todos los rectángulos son cuadrados. **(f)** Algunos perros tienen pulgas.
5. (a) V **(b)** V
6. (a)

p	$\neg p$	$\neg(\neg p)$
V	F	V
F	V	F

(b)

p	$\neg p$	$p \vee \neg p$	$p \wedge \neg p$
V	F	V	F
F	V	V	F

(c) sí **(d)** no **7. (a)** $q \wedge r$ **(b)** $r \vee \neg q$
(c) $\neg(q \wedge r)$ **(d)** $\neg q$ **8. (a)** falso **(b)** verdadero
(c) falso **(d)** falso **(e)** falso **9. (a)** falso **(b)** verdadero
(c) falso **(d)** falso **(e)** verdadero **10. (a)** no **(b)** no
11.

p	q	$\neg p$	$\neg p \wedge q$
V	V	F	F
V	F	F	F
F	V	V	V
F	F	V	F

12. (a) $p \to q$ **(b)** $\neg p \to q$ **(c)** $p \to \neg q$ **(d)** $p \to q$
(e) $\neg q \to \neg p$ **(f)** $q \leftrightarrow p$ **13. (a)** Recíproca: Si $2x = 10$, entonces $x = 5$. Inversa: Si $x \neq 5$, entonces $2x \neq 10$. Contrapositiva: Si $2x \neq 10$, entonces $x \neq 5$.
(b) Recíproca: Si no te gustan las matemáticas, entonces no te gusta este libro. Inversa: Si te gusta este libro, entonces te gustan las matemáticas. Contrapositiva: Si te gustan las matemáticas, entonces te gusta este libro. **(c)** Recíproca: Si tienes caries, entonces no usas la pasta dental Ultra. Inversa: Si usas la pasta dental Ultra, entonces no tienes caries. Contrapositiva: Si no tienes caries, entonces usas la pasta dental Ultra. **(d)** Recíproca: Si tus calificaciones son altas, entonces eres bueno en lógica. Inversa: Si no eres bueno en lógica, entonces tus calificaciones no son altas. Contrapositiva: Si tus calificaciones no son altas, entonces no eres bueno en lógica.

14. (a) no **(b)** sí **(c)** no **15.** Si un número no es múltiplo de 4, entonces no es múltiplo de 8. (Contrapositiva)
16. (a) válida **(b)** válida **(c)** inválida **17. (a)** Algunas estudiantes de primero son inteligentes. **(b)** Si estudio para el final, entonces buscaré un trabajo como maestra. **(c)** Existen triángulos que son isósceles.
18. (a) Si una figura es un cuadrado, entonces es un rectángulo. **(b)** Si un número es un entero, entonces es un número racional. **(c)** Si un polígono tiene exactamente tres lados, entonces es un triángulo. **19. (a)** $3 \cdot 2 \neq 6$ ó $1 + 1 = 3$ **(b)** No puedes pagarme ahora y no puedes pagarme después.

Conexiones matemáticas 1-3

Comunicación

1. Las órdenes, preguntas y opiniones no son proposiciones pues no pueden ser clasificadas como verdaderas o falsas.
3. Una proposición compuesta puede estar formada por una combinación de dos o más proposiciones. Los conectivos tales como *y*, *o*, *si … entonces* y *no* se usan para formar proposiciones compuestas. **5.** Dada la disyunción *p o q*, el uso *inclusivo* de "o" significa "*p o q o ambos*". En lógica, usamos el "o" inclusivo. Los abogados algunas veces usan la frase "y/o" para aclarar el uso inclusivo del "o". El uso *excluyente* del "o" significa "*ya sea p o q pero no ambos*". **7.** Dr. No es un espía varón que no es pobre ni alto. **9.** Las respuestas pueden variar.

Aprendizaje colectivo

11. Las respuestas pueden variar.

Preguntas del salón de clase

13. Cuando se escribe $\neg(p \wedge q)$, el signo de negación opera en todo lo que está adentro del paréntesis; es decir, es la negación de la conjunción $p \wedge q$. Puedes hallar el valor verdadero para $p \wedge q$ y después negarla. Cuando escribimos $\neg p \wedge q$, el símbolo de negación opera sólo en la proposición p y no en la conjunción.
15. En el ejemplo,
Hipótesis: Todos los maestros tienen una altura mayor a 6 pies.
          Kay es un maestro.
Conclusión: Kay mide más de 6 pies de altura.

Se puede dibujar un diagrama de Euler (Venn) para mostrar que todos los maestros pertenecen al conjunto de personas que miden más de 6 pies de altura. Kay pertenece al conjunto de maestros. Así, el argumento es válido aunque la hipótesis sea falsa.

Revisión del capítulo

1. (a) $15, 21, 28$ **(b)** $32, 27, 22$ **(c)** $400, 200, 100$
(d) $21, 34, 55$ **(e)** $17, 20, 23$ **(f)** $256, 1024, 4096$
(g) $16, 20, 24$ **(h)** $125, 216, 343$ **2. (a)** ninguna
(b) aritmética **(c)** geométrica **(d)** ninguna **(e)** aritmética
(f) geométrica **(g)** aritmética **(h)** ninguna
3. (a) $3n + 2$ **(b)** $n^3 - 1$ **(c)** 3^n **4. (a)** $1, 4, 7, 10, 13$
(b) $2, 6, 12, 20, 30$ **(c)** $3, 7, 11, 15, 19$ **5. (a)** $10,100$
(b) $10,201$ **6. (a)** F; por ejemplo, $3 + 3 = 6$ y 6 no es
impar.   **(b)** F; por ejemplo, 19 es impar y termina en 9.
(c) V; la suma de cualesquiera dos números pares es par pues
$2m + 2n = 2(m + n)$, donde m y n son números naturales.
7.

16	3	2	13
5	10	11	8
9	6	7	12
4	15	14	1

8. 26 **9.** $\$2.00$ **10.** 21 postes   **11.** 128 partidas

12. (a) $3 + 6 + 9 + 12 + 15 = \dfrac{15 \cdot 6}{2}; \; 3 + 6 + 9 +$
$12 + 15 + 18 = \dfrac{18 \cdot 7}{2}$ **(b)** $3 + 6 + 9 + 12 + \ldots +$
$3n = 3 \cdot 1 + 3 \cdot 2 + 3 \cdot 3 + 3 \cdot 4 + \ldots + 3n =$
$3 \cdot (1 + 2 + 3 + 4 + \ldots + n) = 3\left(\dfrac{n(n + 1)}{2}\right)$
$= \dfrac{(3n)(n + 1)}{2}$, donde n es un número natural.

13. $44,000,000$ de vueltas **14.** 20 estudiantes **15.** 39 cajas
16. 48 triángulos **17.** 9 h **18.** 235 **19.** Habrá $96,000$ hormigas en el séptimo día y $192,000$ hormigas en el octavo día, de
modo que para entonces estará llena. **20.** 4 preguntas **21.** Sí;
corta 10 cm y deja 80 cm. Luego corta 20 cm y deja 60 cm.
22. 4 ó -4 **23.** En la proposición (i) todos y cada uno de los
estudiantes pasaron el examen final. En la proposición (ii) al menos un estudiante pasó el examen final y quizá todos los estudiantes pasaron. **24. (a)** sí **(b)** síí **(c)** no **(d)** sí **25. (a)** Ninguna
mujer fuma. **(b)** $3 + 5 \neq 8$ **(c)** Algún mariachi no es ruidoso,
o no todos los mariachis son ruidosos. **(d)** Beethoven escribió
alguna música que no es clásica. **26.** Recíproca: Si alguno se
desmaya, tendremos un concierto de rock. Inverso: Si no tenemos un concierto de rock, entonces ninguno se desmayará.
Contrapositiva: Si ninguno se desmaya, entonces no
tendremos un concierto de rock.

27.

p	q	$\neg p$	$\neg q$	$p \to \neg q$	$q \to \neg p$
V	V	F	F	F	F
V	F	F	V	V	V
F	V	V	F	V	V
F	F	V	V	V	V

Por lo tanto, $p \to \neg q \equiv q \to \neg p$.

28. (a)

p	q	$\neg q$	$(p \wedge \neg q)$	$(p \wedge q)$	$(p \wedge \neg q) \vee (p \wedge q)$
V	V	F	F	V	V
V	F	V	V	F	V
F	V	F	F	F	F
F	F	V	F	F	F

(b)

p	q	$\neg p$	$(p \vee q)$	$(p \vee q) \wedge \neg p$	$[(p \vee q) \wedge \neg p] \to q$
V	V	F	V	F	V
V	F	F	V	F	V
F	V	V	V	V	V
F	F	V	F	F	V

29. (a) Chucho González adora a Juan Gabriel y el mole.
(b) La estructura de la Estatua de la Libertad con el tiempo
se oxidará.   **(c)** Albertina pasó el curso de matemáticas con
100.   **30.** Representa con las letras siguientes las proposiciones dadas:
p: Tienes la piel delicada.
q: Te vas a asolear.
r: No vas al baile.
s: Tus padres quieren saber por qué no fuiste al baile.
Simbólicamente, $p \to q, \, q \to r, \, r \to s$. Usando contrapositivas
tenemos: $\neg s \to \neg r, \; \neg r \to \neg q, \; \neg q \to \neg p$. Por la regla de
la cadena, $\neg s \to \neg p$; esto es, Si tus padres no quieren saber
por qué no fuiste al baile, entonces no tienes la piel delicada.
31. (a) Válida, *modus tollens* **(b)** Válida, *modus ponens*

Respuestas a Ahora intenta éste

1-1. 11 piezas en 10 cortes; $(n + 1)$ piezas en n cortes
1-2. (a) 2500 **(b)** $\left(\dfrac{a_1 + a_n}{2}\right)n$ **1-3.** 120

1-4. 90 días **1-5.** Las respuestas pueden variar; por ejemplo,
como cada persona debe pagar $\$130$, Alberto puede pagar
$\$42.50$ a Beti y $\$40.00$ a Carlos; Daniel podría pagar $\$70.00$ a
Carlos y así estarían parejos. **1-6.** 23 pisos. **1-7.** Las respuestas
pueden variar, por ejemplo,

$$
\begin{array}{r}
132 \\
+ \; 932 \\
\hline
1064
\end{array}
\qquad
\begin{array}{r}
173 \\
+ \; 873 \\
\hline
1046
\end{array}
$$

1-8. 83 **1-9.** Ale juega tenis; Beto juega beisbol; Cali
juega baloncesto; Dani nada.   **1-10. (a)** Las respuestas
pueden variar; por ejemplo, los tres siguientes términos
podrían ser $\triangle, \triangle, \bigcirc$.   **(b)** El patrón podría ser un círculo,
dos triángulos, un círculo, dos triángulos, y así sucesivamente.
1-11. (a) Razonamiento inductivo **(b)** Funciona para varios
números.   **(c)** Sí, si $x = 11$, entonces $11^2 + 11 + 11$ no es
primo pues es divisible entre 11. **1-12.** Como el segundo término es 11, entonces $11 = a_1 + d$. Como el término 5 es 23, entonces $23 = a_1 + 4d$. Despejando a_1 e igualando las respuestas,
tenemos $11 - d = 23 - 4d$, lo cual implica que $d = 4$. Para
encontrar el término 100, substituimos en $a_1 + (n - 1)d$ y el
término 100 es $7 + (100 - 1)4 = 7 + 99 \cdot 4 = 403$.

1-13. **(a)** 4 **(b)** 7 **(c)** 12 **(d)** 20 **(e)** 33 **(f)** La suma de los primeros n números de Fibonacci es uno menos que el número de Fibonacci que está dos lugares más adelante en la sucesión.
(g) $F_1 + F_2 + F_3 + F_4 + \ldots + F_n = F_{n+2} - 1$
1-14. **(a)** Después de 10 horas, hay $2 \cdot 3^{10} = 118{,}098$ bacterias, y después de n horas, hay $2 \cdot 3^n$ bacterias.
(b) Después de 10 horas, hay $2 + 10 \cdot 3 = 32$ bacterias y después de n horas, hay $2 + n \cdot 3$ bacterias. Podemos ver que después de 10 horas, el crecimiento geométrico es mucho más rápido que el crecimiento aritmético. En este caso, 118,098 *versus* 32. Esto es cierto, en general, cuando $n > 1$.
1-15. **(a)**

(b)

1	2	3	4
4	12	24	40

(c)

```
4  12  24  40  60  84  112
  8  12  16  20  24  28
    4   4   4   4   4
```

d) No, hallar diferencias para a_{100} y para a_n es muy difícil. Es más fácil hallar un patrón que incluya el número de palillos horizontales y de palillos verticales, esto es,
$a_{100} = 101 \cdot 100 + 101 \cdot 100 = 20{,}200$ y
$a_n = (n + 1)n + (n + 1)n$ ó $2[(n + 1)n]$ ó $2n^2 + 2n$.
1-16.

p	q	$\neg p$	$\neg q$	$p \vee q$	$\neg(p \vee q)$	$\neg p \wedge \neg q$
V	V	F	F	V	F	F
V	F	F	V	V	F	F
F	V	V	F	V	F	F
F	F	V	V	F	V	V

$\neg(p \vee q) \equiv \neg p \wedge \neg q$
1-17.

p	q	$p \to q$	$\neg(p \to q)$	$\neg q$	$p \wedge \neg q$
V	V	V	F	F	F
V	F	F	V	V	V
F	V	V	F	F	F
F	F	V	F	V	F

$\neg(p \to q) \equiv p \wedge \neg q$
1-18.

p	q	$p \to q$	$q \to p$	$(p \to q) \wedge (q \to p)$
V	V	V	V	V
V	F	F	V	F
F	V	V	F	F
F	F	V	V	V

Respuesta a los Rompecabezas

Sección 1-1

35 movimientos. Esto se puede resolver usando la estrategia de examinar casos más sencillos y buscar un patrón. Si una persona está en cada lado, se necesitan 3 movimientos. Si dos personas están en cada lado, se necesitan 8 movimientos. Con 3 personas en cada lado, se necesitan 15 movimientos. Si n personas están en cada lado, se necesitan $(n + 1)^2 - 1$ movimientos.

Sección 1-2

312211; el patrón cuenta el número de veces que un número aparece en la fila anterior. Por ejemplo, para hallar la sexta fila examinamos la quinta fila. Hay 3 unos, dos 2 y un 1, de modo que en la sexta fila están 312211. El patrón continúa usando esta regla.

Respuesta a la Actividad de laboratorio

Sección 1-1

El número de movimientos es $2^n - 1$ con n monedas. Esto se puede resolver usando la estrategia de resolver un problema más simple. Si hay una moneda, 1 movimiento es necesario. Si hay dos monedas, 3 movimientos son necesarios. Para tres monedas, el número de movimientos es 7. Para cuatro monedas, el número de movimientos es 15.

A la razón de un movimiento por segundo, se llevará aproximadamente 584,942,417,418 años para mover 64 monedas.

Respuesta al Problema preliminar

Es posible rotular correctamente cada plato si escoges el plato rotulado MANZANAS Y NARANJAS. Si la fruta que tomas es una manzana, entonces debes colocar debajo del plato el rótulo de MANZANAS. Como cada plato tiene incorrecta la etiqueta, debes mover el letrero de NARANJAS a donde está el letrero de MANZANAS y esto deja solo un plato para etiquetarlo con MANZANAS Y NARAN JAS. Si la pieza seleccionada fue naranja, entonces se puede usar un razonamiento análogo. El letrero de NARANJAS debe ser colocado en el plato y el letrero de MANZANA debe ser removido, dejando sólo un lugar para el letrero de MANZANAS Y NARANJAS.

Nota que si el plato etiquetado con MANZANAS fue seleccionado y tomaste una naranja, entonces no sabrás cual letrero le corresponde. Un razonamiento similar se puede usar para mostrar que el plato etiquetado con NARANJAS no se debe seleccionar primero.

Capítulo 2

Evaluación 2-1A

1. **(a)** $\overline{\overline{\text{M}}}$CDXXIV; la doble barra sobre M representa $1000 \cdot 1000 \cdot 1000$. **(b)** 46,032; el 4 en 46,032 representa 40,000 mientras que el 4 en 4632 representa sólo 4000.
(c) < ▾▾: el espacio en el último número indica que < se multiplica por 60. **(d)** 𓆼∩|; la 𓆼 representa 1000, mientras que 𓍢 representa sólo 100. **(e)** 𝋣𝋠 representa tres grupos de 20 más cero 1 y 𝋲 representa tres 5 y tres 1. **2.** **(a)** MCML; MCMXLVIII **(b)** << <▾▾ <<< **(c)** 𓆼𓍢𓍢|; 𓆼𓍢∩∩∩∩∩∩∩∩∩|||||||| **(d)** 𝋧𝋮; 𝋧𝋬 **3.** 1922 **4.** **(a)** CXXI **(b)** XLII
5. **(a)** ▾ <▾▾; ∩∩∩∩∩∩∩||; LXXII; 𝋣𝋬 **(b)** 602; 𓍢𓍢𓍢𓍢𓍢𓍢||; DCII; 𝋡𝋬𝋢

(c) 1223; « «▼▼▼; MCCXXIII; $\overset{\cdots}{\underset{\cdots}{\vdots}}$ **6. (a)** Cientos
(b) Dieces   **7. (a)** 3,004,005 **(b)** 20,001   **8.** 811 ó
910   **9. (a)** 86 **(b)** 11 **10.** 2112_{cuatro} **11. (a)** (1, 10,
11, 100, 101, 110, 111, 1000, 1001, 1010, 1011, 1100, 1101,
1110, 1111)$_{\text{dos}}$ **(b)** (1, 2, 3, 10, 11, 12, 13, 20, 21, 22, 23,
30, 31, 32, 33)$_{\text{cuatro}}$ **12.** 20   **13.** $2032_{\text{cuatro}} = 2 \cdot 4^3 +$
$0 \cdot 4^2 + 3 \cdot 4^1 + 2 \cdot 1$ **14. (a)** 111_{dos} **(b)** OOO_{doce}
15. (a) ODO_{doce}; $OO1_{\text{doce}}$ **(b)** 11111_{dos}; 100001_{dos}
(c) 554_{seis}; 1000_{seis} **16. (a)** No hay numeral 4 en la base
cuatro.   **(b)** No hay numerales 6 ó 7 en la base cinco.
17. 3 bloques, 1 losa, 1 barra, 2 unidades
18.

19. (a) 8 centavos pueden ser cambiados por 1 moneda de
cinco y 3 de centavo. Después del cambio, tenemos 2 monedas
de veinticinco, 10 de cinco y 3 de centavo. 10 monedas de cinco
se pueden cambiar por 2 de veinticinco. Después de este cambio
tenemos 4 monedas de veinticinco, 0 de cinco y 3 de centavo.
(b) Supón que tienes 73 centavos en cualquier combinación
posible, por ejemplo, 10 monedas de cinco y 23 de un centavo.
Como 23 centavos se pueden cambiar por 4 monedas de cinco y
3 de centavo tenemos 14 de cinco y 3 de centavo. 14 de cinco se
pueden cambiar por dos de veinticinco y 4 de cinco. Después del
segundo cambio, debemos tener 2 monedas de veinticinco, 4 de
cinco y 3 de centavo. Obtenemos: $73 = 243_{\text{cinco}}$.
20. (a) 10 losa = 1 bloque; 10 losas en base diez = 1000
(b) 20 losas = 1 bloque + 8 losas; 20 losas en base doce =
1800_{doce} **21.** Los métodos varían. 100010_{dos}
22. (a) 117 **(b)** 45 **(c)** 1331   **23.** 1 premio de $625,
2 premios de $125 y 1 de $25   **24. (a)** 8 semanas, 2
días **(b)** 1 día, 5 horas   **25. (a)** 6 **(b)** 1 **26.** Sobre la
barra están 5, 50, 500 y 5000. Debajo de la barra están las
unidades, decenas, centenas y unidades de millar. Así se pre-
sentan $1 \cdot 5000, 1 \cdot 500, 3 \cdot 100, 1 \cdot 50, 1 \cdot 5$ y $2 \cdot 1$ para un total de 5857. El número 4869 se podría representar como
sigue:

27. Supón que tienes una pantalla de ocho dígitos sin notación científica. 98,765,432 **28. (a)** Las respuestas varían;
por ejemplo, resta 2020. **(b)** Las respuestas varían; por
ejemplo, resta 50.

Conexiones matemáticas 2-1

Comunicación

1. Las respuestas pueden variar. Benjamín no tiene razón.
El cero representa un lugar vacío en el sistema indoarábigo.
Se usa para diferenciar entre números como 54 y 504. Si el
cero fuera nada, entonces lo podríamos eliminar sin cambiar
nuestro sistema numérico. **3. (a)** Esto es principalmente
para facilitar la lectura con bloques agrupados por miles y
nombrarlos.

Se ha propuesto, junto con el sistema métrico, quitar las comas y simplemente usar espacios. **(b)** Las respuestas varían.

Solución abierta

5. 4; 1, 2, 4, 8; 1, 2, 4, 8, 16

Preguntas del salón de clase

7. Las respuestas pueden variar; por ejemplo, en base dos
tenemos dos dígitos, en base cinco tenemos cinco dígitos y
en base diez tenemos diez dígitos. Podría definirse una base
negativa.   **9.** Es correcta. Sin embargo, los romanos usualmente reservaban la barra para los números mayores que
4000. Pues M es el símbolo especial para el número 1000, es
preferible escribir MI para 1001 en vez de $\overline{\text{I}}\text{I}$.

Evaluación 2-2A

1. (a) $\{m, a, t, e, i, c, s\}$ **(b)** $\{x \mid x$ es un número natural
donde $x > 20\}$ ó $\{21, 22, 23, \dots\}$ **2. (a)** $P = \{a, b, c, d\}$
(b) $\{1, 2\} \subset \{1, 2, 3, 4\}$ **(c)** $\{0, 1\} \not\subseteq \{1, 2, 3, 4\}$
(d) $0 \notin \{ \}$ ó $0 \notin \varnothing$ **3. (a)** Sí **(b)** Sí **(c)** No
4. (a) 720 **(b)** $n(n - 1)(n - 2) \cdot \dots \cdot 3 \cdot 2 \cdot 1$
5. (a) 24 **(b)** 6 **(c)** 12   **6.** $A = C, E = H, I = \mathcal{J}$
7. (a) $1100 - 100$, ó 1000 con la aritmética **(b)** 501
(c) 11 **(d)** 100 **(e)** 5   **8.** $\overline{A}$ es el conjunto de todos los estudiantes de secundaria que al menos tienen una calificación
diferente de diez; es decir, es el conjunto de estudiantes cuyo
promedio no es diez cerrado.   **9. (a)** 7 **(b)** 0
10. (a) $n(D) = 5$ **(b)** $C = D$ **11. (a)** $\notin$ **(b)** $\notin$
(c) $\in$ **(d)** $\in$ **12. (a)** $\not\subseteq$ **(b)** $\subseteq$ **(c)** $\not\subseteq$ **(d)** $\not\subseteq$
13. (a) Sí **(b)** No. A puede ser igual a B.
(c) Sí **(d)** No. Considera $A = \{1\}$ y $B = \{1, 2\}$.
14. (a) Sean $A = \{1, 2, 3\}$ y $B = \{1, 2, 3, 4, \dots, 100\}$.
Como $A \subset B, n(A)$ es menor que $n(B)$. Así, $3 < 100$.
(b) Sean $A = \varnothing$ y $B = \{1, 2, 3\}$. Como $A \subset B, n(A) = 0$ es
menor que $n(B) = 3$, así que $0 < 3$.   **15.** 35   **16.** 81

Conexiones matemáticas 2-2

Comunicación

1. Un conjunto está bien definido cuando dado cualquier objeto
se puede decidir si pertenece o no al conjunto. Por ejemplo, el
conjunto de presidentes de Estados Unidos está bien definido
pero el conjunto de presidentes adinerados de Estados Unidos
no está bien definido pues "adinerado" es una cuestión de
opinión. **3.** Sí, $\varnothing \subset A$ para todos los conjuntos A ya que A contiene al menos un elemento y $\varnothing$ no contiene ninguno; también
$\varnothing \subseteq A$. **5.** Para mostrar que $A \not\subseteq B$, debemos poder encontrar
al menos un elemento del conjunto A que no pertenezca al con-
junto B. **7.** Si A y B son subconjuntos finitos, decimos que
$n(A) \leq n(B)$ en el caso de que A sea un subconjunto (no necesariamente propio) de B.

Solución abierta

9. (a) Sea A el conjunto de todos los números naturales diferentes del 1 con N como el conjunto universal. Entonces $\overline{A} = \{1\}$
es finito. **(b)** Las respuestas varían. Sea A el conjunto de números naturales pares con N como conjunto universal. $\overline{A}$ es el conjunto de números impares y por lo tanto es infinito.

Aprendizaje colectivo

11. (a) Hay $2^{64} \approx 1.84 \times 10^{19}$ subconjuntos de $\{1,2,3,\ldots,64\}$. Si una computadora puede listar un subconjunto en aproximadamente 1 microsegundo (una millonésima de segundo), entonces tardará

$$1.84 \times 10^{19} \times 0.000001\,\text{s} \times \frac{1\,\text{año}}{31{,}536{,}000\,\text{s}} \approx 580{,}000 \text{ años}$$

en listar todos los subconjuntos. **(b)** Hay $64 \cdot 63 \cdot 62 \cdot \ldots \cdot 2 \cdot 1 \approx 1.27 \times 10^{89}$ correspondencias uno a uno entre los dos conjuntos. Así que tomará aproximadamente

$$1.27 \times 10^{89} \times 0.000001\,\text{s} \times \frac{1\,\text{año}}{31{,}536{,}000\,\text{s}} \approx 4 \times 10^{75} \text{ años}$$

listar todas las correspondencias uno a uno entre los conjuntos.

Preguntas del salón de clase

13. Una manera de indicar el conjunto vacío es $\{\ \}$. Cualquier cosa que encerremos dentro de las llaves es un elemento del conjunto. Así $\{\varnothing\}$ es un conjunto con un solo elemento, el símbolo del conjunto vacío; así no es vacío. La dificultad aparece frecuentemente de la reticencia a considerar al conjunto vacío como un elemento. **15.** El conjunto $A = \{1, \{1\}\}$ tiene dos elementos, 1 y $\{1\}$.

Problemas de repaso

17. Las respuestas pueden variar. El sistema métrico está basado en potencias de 10. Las longitudes más comunes y sus conversiones se dan a continuación.

10 mm (milímetros) = 1 cm (centímetro)
10 cm = 1 dm (decímetro)
10 dm = 1 m (metro)
10 m = 1 dam (decámetro)
10 dam = 1 hm (hectómetro)
10 hm = 1 km (kilómetro)

El esquema de conversiones trabaja más como conversiones en base diez. **19.** 1410 **21. (a)** alrededor de 121 semanas **(b)** Aproximadamente 3 años **(c)** Las respuestas pueden variar. **(d)** Las respuestas pueden variar.

Evaluación 2-3A

1. (a) A ó C **(b)** N **(c)** $\varnothing$ **2. (a)** Sí **(b)** Sí **(c)** Sí **(d)** Sí **3. (a)** Verdadero **(b)** Falso. Sean $A = \{a,b,c\}$ y $B = \{a,b\}$. Entonces $A - B = \{c\}$, pero $B - A = \varnothing$. **(c)** Falso. Sean $U = \{a,b,c\}$, $A = \{a\}$ y $B = \{b\}$. Entonces $A \cap B = \varnothing$ y $\overline{A \cap B} = U$. $\overline{A} = \{b,c\}$; $\overline{B} = \{a,c\}$, y $\overline{A} \cap \overline{B} = \{c\}$. $\overline{A \cap B} \neq \overline{A} \cap \overline{B}$. **(d)** Falso. Sean $A = \{a,b\}$; $B = \{b\}$. $A \cup B = \{a,b\}$; $(A \cup B) - A = \varnothing \neq B$. **(e)** Falso. Sean $A = \{1,2,3\}$, $B = \{3,4,5\}$. Entonces $(A - B) \cup A = \{1,2,3\}$, pero $(A - B) \cup (B - A) = \{1,2\} \cup \{4,5\} = \{1,2,4,5\}$. **4. (a)** $A \cap B = B$ **(b)** $A \cup B = A$

5. (a) 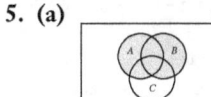 **(b)**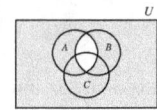

(c) 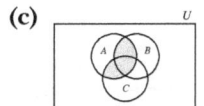 **(d)** 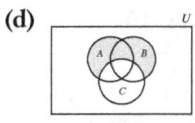 **(e)**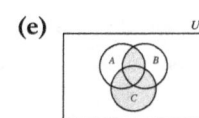

6. (a) $S \cup \overline{S} = U$ **(b)** $\overline{U} = \varnothing$ **(c)** $S \cap \overline{S} = \varnothing$ **(d)** $\varnothing \cap S = \varnothing$ **7. (a)** $A - B = A$ **(b)** $A - B = \varnothing$ **8.** Sí. Por definición, $A - B$ es el conjunto de todos los elementos que están en A y que no están en B. Si $A - B$ es el conjunto vacío, entonces esto quiere decir que no hay elementos en A que no sean elementos en B, lo cual hace que A sea un subconjunto de B. **9.** Las respuestas pueden variar. **(a)** $B - A$ **(b)** $\overline{A \cup B}$ **(c)** $(A \cap B) - C$ **10.**

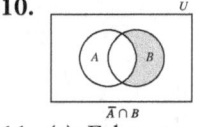

$\overline{A} \cap B$

11. (a) Falsa

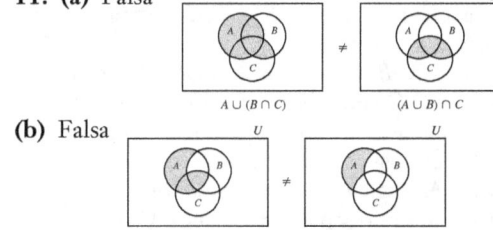

$A \cup (B \cap C)$ $\neq$ $(A \cup B) \cap C$

(b) Falsa

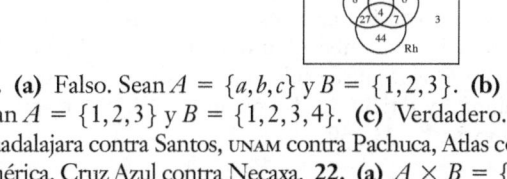

$A - (B - C)$ $\neq$ $(A - B) - C$

12. (a) $(A \cap B \cap C) \subseteq (A \cap B)$ **(b)** $(A \cup B) \subseteq (A \cup B \cup C)$ **13. (a) (i)** 5 **(ii)** 2 **(iii)** 2 **(iv)** 3 **(b) (i)** $n + m$ **(ii)** El menor de los dos números entre m y n **(iii)** m **(iv)** n **14. (a)** El mayor es 15; el menor es 6. **(b)** El mayor es 4; el menor es 0. **15. (a)** El conjunto de jugadores de baloncesto universitario que miden más de 200 cm de altura **(b)** El conjunto de seres humanos que no son estudiantes universitarios o estudiantes universitarios que miden menos o igual que 200 cm de altura **(c)** El conjunto de seres humanos que son jugadores de baloncesto universitario o que son estudiantes universitarios que miden más de 200 cm de altura **(d)** El conjunto de seres humanos que no son jugadores universitarios de baloncesto y que no son estudiantes universitarios que miden más de 200 cm **(e)** El conjunto de todos los estudiantes universitarios que miden más 200 cm y que no son jugadores de baloncesto **(f)** El conjunto de todos los jugadores universitarios de baloncesto que miden menos o igual a 200 cm de altura. **16.** 18 **17.** 4 **18. (a)** 20 **(b)** 10 **18. (a)** 20 **(b)** 10 **(c)** 10 **19.** 3. Usando el siguiente diagrama de Venn y el hecho de que el conjunto de personas que son O negativo es $100 - n(A \cup B \cup C)$, vemos que la respuesta es 3.

20. (a) Falso. Sean $A = \{a,b,c\}$ y $B = \{1,2,3\}$. **(b)** Falso. Sean $A = \{1,2,3\}$ y $B = \{1,2,3,4\}$. **(c)** Verdadero. **21.** Guadalajara contra Santos, UNAM contra Pachuca, Atlas contra América, Cruz Azul contra Necaxa. **22. (a)** $A \times B = \{(x,a),(x,b),(x,c),(y,a),(y,b),(y,c)\}$ **(b)** $B \times A = \{(a,x),(a,y),(b,x),(b,y),(c,x),(c,y)\}$ **23. (a)** $C = \{a\}$, $D = \{b,c,d,e\}$ **(b)** $C = \{1,2\}$, $D = \{1,2,3\}$ **(c)** $C = D = \{0,1\}$

Conexiones matemáticas 2-3

Comunicación

1. **(a)** Sí. $(A \cap B) \subseteq (A \cup B)$ **(b)** No. Por ejemplo, sean $A = \{1, 2, 3\}$ y $B = \{4\}$. Entonces $2 \in A \cup B$, pero $2 \notin A \cap B$.   **3.** No. Sean $A = \{1\}$ y $B = \{a\}$. Entonces $A \times B = \{(1, a)\}$, pero $B \times A = \{(a, 1)\}$. Éstos no son iguales.

Solución abierta

5. Las respuestas varían.

Aprendizaje colectivo

7. Las respuestas varían.

Preguntas del salón de clase

9. El estudiante tiene razón. Si $A = \{1, 2\}$, $B = \{2, 3\}$ y $C = \{2, 4\}$, $A \cap B = A \cap C$ pero $B \neq C$. También, para mostrar que la hipótesis implica que $B = C$, demostramos que $B \subseteq C$ y $C \subseteq B$. Para mostrar que $B \subseteq C$, sea $x \in B$, entonces $x \in A \cup B$ y como $A \cup B = A \cup C$, $x \in A \cup C$. Por lo tanto, $x \in A$ o $x \in C$. Si $x \in C$, entonces $B \subseteq C$. Si $x \in A$, entonces como empezamos con $x \in B$, se sigue que $x \in A \cap B$. Como $A \cap B = A \cap C$, concluimos que $x \in A \cap C$ y por lo tanto $x \in C$. Así, $B \subseteq C$. Análogamente, empezando con $x \in C$, se puede demostrar que $x \in B$ y por lo tanto que $C \subseteq B$.
11. Aunque el producto cartesiano de conjuntos incluye todas las parejas en las cuales cada elemento del primer conjunto es la primera componente de una pareja con cada elemento del segundo conjunto, esto no necesariamente es una correspondencia uno a uno. Una correspondencia uno a uno implica que hay la misma cantidad de elementos en cada conjunto. Esto no sucede en el producto cartesiano. Por ejemplo, considera los conjuntos $A = \{1\}$ y $B = \{a, b\}$.

Problemas de repaso

13. El número "dos" existe en base dos pero no hay un solo dígito que represente el "dos".   **15.** **(a)** $\{x \mid 3 < x < 10$ donde $x \in N\}$ **(b)** $\{15, 30, 45\}$ **17.** **(a)** Éstos son todos los subconjuntos de $\{2, 3, 4\}$. Hay $2^3 = 8$ de dichos subconjuntos.   **(b)** Hay 8 subconjuntos que contienen el número 1.   **(c)** Doce subconjuntos contienen 1 ó 2 (o ambos). Hay 4 subconjuntos de $\{3, 4\}$. Podemos formar subconjuntos que contengan el 1 o el 2 o ambos añadiendo 1 a cada uno, 2 a cada uno, o 1 y 2 a cada uno. Por el Principio Fundamental del Conteo, entonces hay $3 \cdot 4 = 12$ posibilidades. (No es difícil listarlos).   **(d)** Cuatro subconjuntos no contienen el 1 ni el 2.   **(e)** 16; B tiene $2^5 = 32$ subconjuntos. La mitad contiene el 5 y la mitad no.   **(f)** Todo subconjunto de A es un subconjunto de B. Los otros se pueden listar añadiendo el elemento 5 a cada subconjunto de A. Así hay el doble de subconjuntos de B que de subconjuntos de A. A tiene 16 subconjuntos y B tiene 32 subconjuntos.   **19.** Las respuestas pueden variar.   **21.** 60

Revisión del capítulo

1. **(a)** dieces   **(b)** miles   **(c)** cientos   **2.** **(a)** 400,044   **(b)** 117   **(c)** 1704   **(d)** 11   **(e)** 1448

3. **(a)** CMXCIX   **(b)** ∩∩∩∩∩∩∩∩ııı⫶ⅢⅢ   **(c)** $\overset{\cdot}{\cdots}$ **(d)** 2341_{cinco} **(e)** 11011_{dos} **4.** **(a)** 3^{17} **(b)** 2^{21} **5.** 2020_{tres}
6. 1 bloque, 2 losas, 2 barras, 0 unidades
7. **(a)** 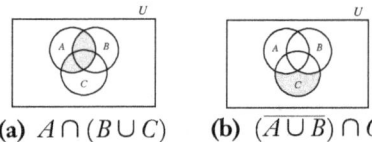   **(b)**
8. **(a)** 10^{10} **(b)** 5^8 **(c)** 2^{31} **9.** **(a)** 10,000,000,023   **(b)** $10,000,000,001_{\text{dos}}$ **(c)** $10,000,000,001_{\text{cinco}}$ **(d)** 9,999,999,999   **(e)** $1,111,111,111_{\text{dos}}$ **(f)** $OOOOO_{\text{doce}}$
10. Las respuestas pueden variar. Vender lápices por unidades, docenas y gruesas es un ejemplo del uso de la base 12. **11.** **(a)** El sistema egipcio tenía siete símbolos. Era un sistema de *muescas* y de *agrupación*, y usaba la *propiedad aditiva*. No tenía un símbolo para el cero, pero no era muy importante pues no usaba el valor posicional.   **(b)** El sistema babilonio sólo usó dos símbolos. Fue un sistema con valor posicional (base 60) y fue aditivo sin las posiciones. Faltó un símbolo para el cero hasta alrededor de 300 A.C.   **(c)** El sistema de numeración romano usó siete símbolos. Fue aditivo, substractivo y multiplicativo; no tuvo el símbolo para el 0.   **(d)** El sistema indoarábigo usa 10 símbolos. Tiene valor posicional y un símbolo para el 0.   **12.** **(a)** 1003_{cinco} **(b)** 10000000_{dos} **(c)** $D8_{\text{doce}}$ **13.** **(a)** 4210014_{cinco} **(b)** 10000001000_{dos} **(c)** $O0D018_{\text{doce}}$ **(d)** 1100010_{ocho} **14.** $\varnothing, \{m\}, \{a\},$ $\{t\}, \{b\}, \{m,a\}, \{m,t\}, \{m,b\}, \{a,t\}, \{a,b\}, \{t,b\}, \{m,a,t\},$ $\{m,a,b\}, \{m,t,b\}, \{a,t,b\}, \{m,a,t,b\}$ **15.** **(a)** $A \cup B = A$
(b) $C \cap D = \{l, e\}$ **(c)** $\overline{D} = \{u, n, i, v, r\}$
(d) $A \cap \overline{D} = \{r, v\}$ **(e)** $\overline{B \cup C} = \{s, v, u\}$
(f) $(B \cup C) \cap D = \{l, e, a\}$ **(g)** $\{i, n\}$ **(h)** $\{e\}$
(i) 5   **(j)** 16
16.

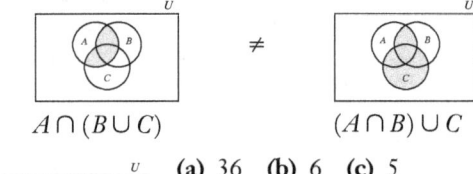

(a) $A \cap (B \cup C)$ **(b)** $(\overline{A \cup B}) \cap C$

17. 5040   **18.** **(a)** Las respuestas pueden variar.   **(b)** 6
$$t \leftrightarrow e$$
$$b \leftrightarrow n$$
$$e \leftrightarrow d$$
19. No es cierto que $A \cap (B \cup C) = (A \cap B) \cup C$ para toda A, B y C, como se muestra en los siguientes diagramas.

$$A \cap (B \cup C) \qquad \neq \qquad (A \cap B) \cup C$$

20.   **(a)** 36   **(b)** 6   **(c)** 5

21. Las respuestas pueden variar. **(a)** $B \cup (C \cap A)$ **(b)** $B - C$
22. **(a)** Falso. Considera los conjuntos $\{a\}$ y $\{2\}$.   **(b)** Falso. No es un subconjunto propio de sí mismo.   **(c)** Falso. Considera los conjuntos $\{t, b, e\}$ y $\{e, n, d\}$. Ellos tienen el mismo número de elementos, pero no son iguales.   **(d)** Falso. Esto es una correspondencia uno a uno con el conjunto de los números naturales.

(e) Falso. El conjunto $\{5, 10, 15, 20, \ldots\}$ es un subconjunto propio del conjunto de números naturales y es equivalente al conjunto de los números naturales, pues hay una correspondencia uno a uno entre los conjuntos. **(f)** Falso. Sean $B = \{1, 2, 3\}$ y A el conjunto de números naturales. **(g)** Verdadero **(h)** Falso. Sean $A = \{1, 2, 3\}$ y $B = \{a, b, c\}$. **23. (a)** Como $A \cup B$ es la unión de conjuntos ajenos, $A - B$, $B - A$ y $A \cap B$, la ecuación es verdadera. **(b)** Verdadera, pues $A - B$ y B son ajenos así como $B - A$ y A; también, $A \cup B = (A - B) \cup B = (B - A) \cup A$. **24. (a)** 17 **(b)** 34 **(c)** 0 **(d)** 17 **25.** 7 **26.** Las respuestas pueden variar. La primera pregunta puede ser "¿Es un estado de la República mexicana?" Si la respuesta es *sí*, La segunda pregunta puede ser "¿Comienza con una vocal?" La tercera pregunta puede ser "¿Es ___?" Si la respuesta a la primera pregunta es *no*, la segunda pregunta puede ser "¿Es la capital de un estado?" y la tercera pregunta puede ser como la anterior. **27. (a)** Sean $A = \{1, 2, 3, \ldots, 13\}$ y $B = \{1, 2, 3\}$; entonces B es un subconjunto propio de A. Por lo tanto, B tiene menos elementos que A y así $n(B)$ es menor que $n(A)$; así, $3 < 13$. **(b)** Sean $A = \{1, 2, 3, \ldots, 12\}$ y $B = \{1, 2, 3, \ldots, 9\}$. B es un subconjunto propio de A, así que A tiene más elementos que B; por lo tanto, $n(A)$ es mayor que $n(B)$, $12 > 9$. **28.** 12 maneras

Respuestas a Ahora intenta éste

2-1. 3 bloques 12 losas 11 barras 17 unidades
$\quad$ = 3 bloques (1 bloque 2 losas) (10 barras 1 barra)
$\qquad$ (10 unidades 7 unidades)
$\quad$ = 4 bloques 2 losas (1 losa 1 barra) (1 barra 7 unidades)
$\quad$ = 4 bloques 3 losas 2 barras 7 unidades
$\quad$ = 4327

2-2. (a) 𒀯 𒀸𒀸𒀸 ʼʃʃ 999∩∩‖ $\quad$ **(b)** 203,034
(c) Las respuestas pueden variar; por ejemplo, escribir números grandes es molesto cuando el sistema es aditivo y no usa valor posicional. Es difícil efectuar operaciones que incluyan sumas, restas, multiplicaciones y divisiones debido a la manera en que están representados los números.
2-3. (a) ▼▼▼ <<▼▼▼▼▼ <<▼ $\quad$ **(b)** $2 \cdot 60^2 + 11 \cdot 60 + 1 = 7861$. **(c)** Las respuestas pueden variar. El sistema indoarábigo tiene un símbolo para el 0, lo cual es muy importante en un sistema que use valor posicional. Como usa base sesenta, el sistema babilonio requiere el uso de varios símbolos para escribir números como 59.
2-4. (a) La ilustración indica divisiones sucesivas entre 5. Esto muestra que hay 164 cincos en 824 con residuo 4. A continuación vemos que hay 32 cincos en 164 con residuo 4. Este proceso continúa hasta ver que hay un número 625 en 824 con un 125, dos 25, cuatro 5 y 4 unidades.

(b)
```
5 | 728
5 | 145   3
5 |  29   0
5 |   5   4
    1 → 0
```

Así, la respuesta es 10403_{cinco}. **2-5. (a)** y **(b)**: Numera los carriles como 1, 2, 3, 4 y nombra a las personas como A, B, C, D. Luego representamos la correspondencia:

$$
\begin{array}{ccc}
1 & \leftrightarrow & A \\
2 & \leftrightarrow & B \\
3 & \leftrightarrow & C \\
4 & \leftrightarrow & D
\end{array}
\quad \text{como} \quad
\begin{array}{cccc}
1 & 2 & 3 & 4 \\
A & B & C & D
\end{array}
$$

Las 24 correspondencias biunívocas son

1 2 3 4	1 2 3 4	1 2 3 4	1 2 3 4
A B C D	B A C D	C A B D	D A B C
A B D C	B A D C	C A D B	D A C B
A C B D	B C A D	C B A D	D B A C
A C D B	B C D A	C B D A	D B C A
A D B C	B D A C	C D A B	D C A B
A D C B	B D C A	C D B A	D C B A

(c) Notamos que $24 = 4 \cdot 3 \cdot 2 = 4 \cdot 3 \cdot 2 \cdot 1$. También notamos que tenemos cuatro maneras de colocar a las personas en el carril 1. Después de escoger una, vemos que tenemos tres maneras de colocar a las personas en el carril 2, lo cual deja sólo dos maneras de escoger a la persona para el carril 3 y, finalmente, una persona para el carril 4. Extrapolando todo esto, emitimos la conjetura de que hay

$$5 \cdot 4 \cdot 3 \cdot 2 \cdot 1 = 120$$

distintas correspondencias biunívocas entre un par de conjuntos de cinco elementos. **2-6.** Si el evento M_1 puede ocurrir de m_1 maneras y si, después de ocurrido, el evento M_2 puede ocurrir de m_2 maneras y, después de ocurrido, el evento M_3 puede ocurrir de m_3 maneras y así sucesivamente, donde los eventos $M_1, M_2, M_3, \ldots, M_n$ pueden ocurrir, respectivamente, de $m_1, m_2, m_3, \ldots, m_n$ maneras, entonces el evento M_1 seguido del evento M_2 seguido del evento $M_3, \ldots$ seguido del evento M_n, puede ocurrir de $m_1 \cdot m_2 \cdot m_3 \cdot \ldots \cdot m_n$ maneras.
2-7. (a) No, dos conjuntos pueden ser equivalentes sin ser iguales. Para verlo, considera el ejemplo siguiente:

$$
\begin{aligned}
A &= \{a, b, c\} \\
B &= \{1, 2, 3\}
\end{aligned}
$$

Entonces,

$$
\begin{aligned}
a &\leftrightarrow 1 \\
b &\leftrightarrow 2 \\
c &\leftrightarrow 3
\end{aligned}
$$

es una correspondencia biunívoca entre A y B, y, por lo tanto, $A \sim B$. Sin embargo, $A \neq B$. **(b)** Sí, si dos conjuntos son iguales, entonces cada elemento se puede poner en correspondencia con él mismo, mostrando que son equivalentes. **2-8.** El conjunto de los números naturales es $N = \{1, 2, 3, 4, 5, \ldots\}$. Si N fuera finito, entonces habría un elemento máximo q. Sin embargo, $q + 1$ es un número natural mayor que q y seguiría estando en N. Así, no hay un mayor elemento en N y no puede ser finito. **2-9. (a)** Sí, por definición, $A \subseteq B$ significa que cada elemento de A es un elemento de B. De manera análoga, $A \subset B$ significa que cada elemento de A es elemento de B pero existe algún elemento de B que no es elemento de A. De aquí que, si $A \subset B$, entonces es cierto que cada elemento de A está en B. En consecuencia, $A \subseteq B$. Nota que si la condición más fuerte $A \subset B$ se satisface, entonces la condición más débil $A \subseteq B$ también debe satisfacerse. **(b)** No, para verlo exhibimos el siguiente contraejemplo:

$$
\begin{aligned}
A &= \{a, b, c\} \\
B &= \{a, b, c\}
\end{aligned}
$$

Entonces, $A \subseteq B$. Nota que $A \not\subset B$ pues $A = B$.

2-10. **(a)** Sean dos representaciones del conjunto vacío $\varnothing$ y $\{\ \}$. Supongamos que $\varnothing \nsubseteq \{\ \}$. Entonces existe un elemento de $\varnothing$ que no está en $\{\ \}$. Esto no puede suceder, por lo tanto, $\varnothing \subseteq \{\ \}$. **(b)** Otra vez usa las dos representaciones, $\varnothing$ y $\{\ \}$. Del inciso (a) sabemos que $\varnothing \subseteq \{\ \}$. Supón $\varnothing \subset \{\ \}$. Si $\varnothing$ es un subconjunto propio de $\{\ \}$, entonces existe algún elemento en $\{\ \}$ que no está en $\varnothing$. Como no existe tal elemento, así $\varnothing \nsubseteq \{\ \}$.

2-11. **(a)** Suponiendo que una mayoría simple conforma una coalición ganadora, vemos que cualquier subconjunto formado de tres o más senadores es una coalición ganadora. Hay 16 de dichos subconjuntos. Para verlo, sea $\{A, B, C, D, E\}$ el conjunto de los cinco senadores en el comité. Entonces las siguientes son todas las posibles coaliciones ganadoras:

$$\{A,B,C\} \quad \{A,B,D\} \quad \{A,B,E\} \quad \{A,C,D\}$$
$$\{A,C,E\} \quad \{A,D,E\} \quad \{B,C,D\} \quad \{B,C,E\}$$
$$\{B,D,E\} \quad \{C,D,E\} \quad \{A,B,C,D\} \quad \{A,B,C,E\}$$
$$\{A,B,D,E\} \quad \{A,C,D,E\} \quad \{B,C,D,E\} \quad \{A,B,C,D,E\}$$

De la lista vemos que hay cinco subconjuntos que contienen exactamente cuatro miembros. También vemos que hay cinco senadores en el comité. Para comprender por qué estos números son iguales, nota que crear un subconjunto de cuatro elementos es equivalente a quitar un solo elemento del conjunto total. Esto es, podemos dar una correspondencia biunívoca entre el conjunto de los subconjuntos de cuatro elementos de $\{A, B, C, D, E\}$ y el conjunto de los senadores asociando a cada uno de los subconjuntos de cuatro elementos con el senador que no está en ese subconjunto, según se muestra:

$$\{A,B,C,D\} \quad \leftrightarrow \quad E$$
$$\{A,B,C,E\} \quad \leftrightarrow \quad D$$
$$\{A,B,D,E\} \quad \leftrightarrow \quad C$$
$$\{A,C,D,E\} \quad \leftrightarrow \quad B$$
$$\{B,C,D,E\} \quad \leftrightarrow \quad A$$

(b) Podemos dar una correspondencia biunívoca entre los subconjuntos de tres elementos y los subconjuntos de dos elementos de $\{A, B, C, D, E\}$ al asociar a cada conjunto de tres elementos con el único subconjunto de dos elementos que contiene a los senadores de comité que no están en el conjunto; por ejemplo, $\{A, B, C\} \leftrightarrow \{D, E\}$. De la parte (a), sabemos que hay exactamente 10 subconjuntos de tres elementos del comité; por lo tanto, debe haber 10 subconjuntos del comité con dos elementos.

2-12. **(a)** 15   **(b)** $2^n - 1$

2-13. La fórmula es $n(A \cup B) = n(A) + n(B) - n(A \cap B)$. Para justificarla, nota que en $n(A \cup B)$, los elementos de $A \cap B$ se cuentan una sola vez. En $n(A) + n(B)$, los elementos de $A \cap B$ se cuentan dos veces, una vez en A y otra en B. Así, substraer $n(A \cap B)$ de $n(A) + n(B)$ hace que el número sea igual a $n(A \cup B)$. Por ejemplo, si $A = \{a, b, c\}$ y $B = \{c, d\}$, entonces $A \cup B = \{a, b, c, d\}$ y $n(A \cup B) = 4$. Sin embargo, $n(A) + n(B) = 3 + 2 = 5$ pues c es contado dos veces. Como $A \cap B = \{c\}$, $n(A \cap B) = 1$ y $n(A) + n(B) - n(A \cap B) = 4$.

2-14. Es siempre cierto que $A \cap (B \cap C) = (A \cap B) \cap C$. En la siguiente figura vemos diagramas de Venn para cada lado de la ecuación, como los diagramas de Venn describen el mismo conjunto, la ecuación siempre es verdadera.

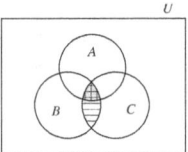
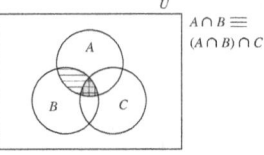

De manera análoga, siempre es cierto que $A \cup (B \cup C) = (A \cup B) \cup C$. Los siguientes diagramas de Venn justifican ésta proposición.

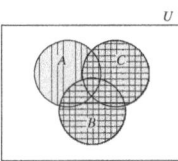
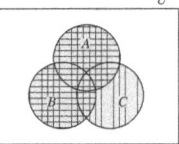

Sin embargo, en general, $A - (B - C) \neq (A - B) - C$. Para verlo, consideren el siguiente contraejemplo:

$$A = \{1, 2, 3, 4, 5\}$$
$$B = \{1, 2, 3\}$$
$$C = \{3, 4\}$$

Entonces, $A - (B - C) = A - \{1, 2\} = \{3, 4, 5\}$, pero $(A - B) - C = \{4, 5\} - C = \{5\}$. Así, por la elección de A, B y C, tenemos $A - (B - C) \neq (A - B) - C$.

2-15. El siguiente diagrama de Venn muestra $A \cup (B \cap C) = (A \cup B) \cap (A \cup C)$.

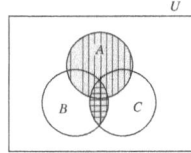
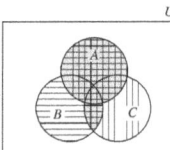

Lo anterior debería llamarse propiedad distributiva de la unión sobre la intersección.

2-16.

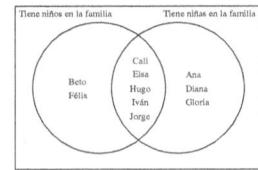

Respuesta al Rompecabezas

Sección 2-2

Considere el conjunto de estudiantes del maestro González. Este conjunto tiene $2^{24} - 1$ subconjuntos no vacíos. El conjunto de estudiantes de la maestra Salas tiene $2^{25} - 1$ subconjuntos no vacíos. Usando el principio fundamental de conteo encontramos que $(2^{24} - 1) \cdot (2^{25} - 1)$, o aproximadamente 563 trillones de comités escolares se pueden formar conteniendo al menos un estudiante de cada clase. Este número es mayor que la población del mundo, la cual es de aproximadamente 6 mil millones. Por lo tanto, Linda tiene razón.

Respuesta a la actividad de laboratorio

Sección 2-3

1. $A \cup B$ es el conjunto de bloques que son verdes, grandes, o ambos verdes y grandes. $B \cup A$ es el conjunto de todos los bloques que son grandes, verdes, o ambos grandes y verdes. Estos conjuntos son iguales.
2. $\overline{A \cap B}$ es el conjunto de bloques que no son grandes y verdes. $\overline{A} \cap \overline{B}$ es el conjunto de los bloques pequeños que no son verdes. Estos conjuntos no son iguales.
3. $\overline{A \cap B}$ es el conjunto de bloques que no son verdes y grandes. $\overline{A} \cup \overline{B}$ es el conjunto de bloques que no son verdes o no son grandes. Estos conjuntos son iguales.
4. $A - B$ es el conjunto de bloques verdes que no son grandes. $A \cap \overline{B}$ es el conjunto de bloques que son verdes y no son grandes. Estos conjuntos son iguales.

Respuesta al Problema preliminar

El enfoque del problema puede variar. Supongamos que A es el conjunto de todos los adultos, F el conjunto de todas las mujeres y M el conjunto de todos los residentes de Mississippi. El diagrama siguiente muestra las incógnitas de los números de elementos (personas) en cada región.

Con esta clasificación, tenemos lo siguiente:
a – Hombres de Mississippi
b – Mujeres de Mississippi
c – Hombres de Tennessee
d – Mujeres de Tennessee
e – Niñas de Tennessee
f – Niñas de Mississippi
g – Niños de Mississippi
h – Niños de Tennessee
Además, con la información del problema tenemos

$$a + b = 24$$
$$b + d = 29$$
$$a + b + f + g = 44$$
$$e + f = 29$$
$$d = 17$$
$$b + f = 26$$
$$c + h = 17$$

Queremos $a + b + c + d + e + f + g + h$.
Combinándolos
$$a + b + f + g = 44$$
$$c + h = 17$$
$$d = 17$$
Sabemos que
$$a + b + c + d + f + g + h = 44 + 17 + 17 = 78.$$

Si tenemos un valor para e, tenemos la solución.
Con $d = 17$ y $b + d = 29$, obtenemos $b = 12$.
Con $b = 12$ y $a + b = 24$, obtenemos $a = 12$.
Con $b = 12$ y $b + f = 26$, obtenemos $f = 14$.
Y con $f = 14$ y $e + f = 29$, obtenemos $e = 15$.
Por lo tanto, el número total en el camión es $78 + 15 = 93$.

Capítulo 3

Evaluación 3-1A

1. Por ejemplo, sean $A = \{1, 2\}, B = \{2, 3\}$; entonces $A \cup B = \{1, 2, 3\}$. Así, $n(A) = 2, n(B) = 2, n(A \cup B) = 3$, pero $n(A) + n(B) = 2 + 2 = 4 \neq n(A \cup B)$.   **2. (a)** verdadero **(b)** falso **(c)** verdadero   **3.** $n(A \cap B) = 2$
4. (a) 3, 4, 5, 6 **(b)** 3 **5. (a)** sí **(b)** sí **(c)** sí **(d)** No. $3 + 5 \notin V$. **(e)** sí **6. (a)** propiedad conmutativa de la suma **(b)** propiedad asociativa de la suma **(c)** propiedad conmutativa de la suma **(d)** propiedad de la identidad aditiva **(e)** propiedad conmutativa de la suma **(f)** propiedad asociativa de la suma   **7.** No. Si $k = 0$, tenemos $k = 0 + k$, lo que implica que $k < k$, lo cual es falso.   **8. (a) (i)** Para cualesquier números completos a y b, $a < b$ si, y sólo si, existe un número natural k tal que $b - k = a$, o equivalentemente si, y sólo si $b - a$ es un número natural. **(ii)** Para cualesquier números completos a y b, $a > b$ si, y sólo si, existe un número natural k tal que $a - k = b$, o equivalentemente $a - b$ es un número natural. **(b)** $a \geq b$ si, y sólo si, $a - b$ es un número entero.   **9. (a)** 33, 38, 43 **(b)** 56, 49, 42
10. (a) 9 **(b)** 8 **(c)** 3 **(d)** 6 u 8 **(e)** 5 **(f)** 4 u 8 **(g)** 9 **11.** 0   **12. (a)**

8	1	6
3	5	7
4	9	2

(b)

17	10	15
12	14	16
13	18	11

13. (a) Queta es la más baja y Vera es la más alta. **(b)** Queta, 140 cm; Miriam, 142 cm; Sandra, 148 cm; Vera, 152 cm   **14. (a)** $9 = 7 + x$, ó $9 = x + 7$ **(b)** $x = 6 + 3$ ó $x = 3 + 6$ **(c)** $9 = x + 2$ ó $9 = 2 + x$ **15. (a)** $8 + 3 = 11, 3 + 8 = 11$, $11 - 3 = 8, 11 - 8 = 3$ **(b)** $13 - 8 = 5, 13 - 5 = 8$, $8 + 5 = 13, 5 + 8 = 13$ **16. (a)** $a \geq b$
(b) $b \geq c$ y $a \geq b - c$ **17. (a)**

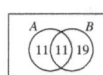

(b) $\square + 5 = 8$, así $\square = 3$ **(c)**

(d)

18. (a) 4 **(b)** 8 **(c)** 5 **(d)** 9

Conexiones matemáticas 3-1

Comunicación

1. No, los conjuntos A y B no necesitan ser conjuntos ajenos. Por ejemplo, supón que hay 11 estudiantes que toman álgebra y biología. Esto lo representamos en el siguiente diagrama de Venn:

Del diagrama de Venn observamos que $n(A \cup B) = 41$ y que no necesariamente los 52 estudiantes toman álgebra o biología. **3.** Una flecha que empieza en 0 y termina en 3 representa el mismo número que una flecha que empieza en 4 y termina en 7. Una manera de explicar ésto a los estudiantes es hacer modelos físicos y mostrar que las longitudes son las mismas por comparación. **5.** Es útil para los estudiantes aprender más de un método para modelar la suma y resta si estos métodos se pueden generalizar a otros conjuntos de números diferentes de los números completos. El modelo del sumando faltante es útil para todos los conjuntos de números que se usan al resolver problemas de resta. El método de contar para calcular las sumas no es conveniente con el conjunto de fracciones o de números reales. **7. (a)** Cuando colocamos el 9 y el 4 juntos, obtenemos la misma longitud que 13.   **(b)** Si colocamos 9 y 4 juntos y encima colocamos el 4 y el 9 juntos, ambos son iguales a 13. **(c)** Quitamos la longitud 9 de 13 y la longitud que queda es igual a 4.   **(d)** Quitamos la longitud 4 de 13 y la longitud que queda es igual a 9. **9.** Para que 0 sea el elemento identidad de la resta, lo siguiente debe ser cierto: para cualquier entero a, $a - 0 = a = 0 - a$. En este caso, $a - 0 = a$ funciona, pero $0 - a = a$ no es cierto.

Solución abierta

11. Las respuestas pueden variar; por ejemplo, sean $A = \{a, b\}$ y $B = \{a, b, c, d\}$. Entonces $4 - 2 = n(B - A) = n(\{c, d\}) = 2$.

Aprendizaje colectivo

13. (a) La tabla muestra que si sumamos cualesquier dos números completos de un solo dígito, la respuesta es un número completo.   **(b)** La tabla muestra que si sumamos cualesquier dos números completos de un solo dígito el orden no importa; esto es, si $a \in C$ y $b \in C$, $a + b = b + a$. Cada fila de respuestas tiene una columna correspondiente con respuestas idénticas.   **(c)** La primera fila y la primera columna muestran que si sumamos a cualquier dígito la identidad, 0, obtenemos de regreso el mismo dígito.   **(d)** Las propiedades reducen el número de hechos que recordar: por ejemplo, los 19 números en la primera fila y columna se pueden aprender sabiendo que 0 es el elemento identidad de la suma. La propiedad conmutativa también reduce el número de hechos; por ejemplo, si sabes $9 + 2$, entonces sabes $2 + 9$.
15. Las respuestas pueden variar.

Preguntas del salón de clase

17. Cualquier número puede ser representado por una flecha dirigida con una longitud dada. En este caso, la flecha dirigida representa 3 unidades. Cualquier flecha con longitud de 3 unidades puede usarse para representar al 3, sin importar dónde empieza el punto inicial.   **19.** Las respuestas pueden variar; por ejemplo, todos los ejemplos que la estudiante muestra son verdaderos, pero esto no prueba que la afirmación sea verdadera en general. Todo lo que se necesita es exhibir un *contraejemplo* para demostrar que la afirmación no es verdadera. Si consideramos $5 - 8$, observamos que no existe ningún número completo que satisfaga la resta. Si el conjunto fuera cerrado, entonces si escogemos cualesquier dos elementos y los restamos uno de otro, la respuesta tendría que ser un número completo. En el caso $5 - 8$, esto no sucede.

Evaluación 3-2A

1. (a)
$$\begin{array}{r} 981 \\ +421 \\ \hline 1402 \end{array}$$
(b)
$$\begin{array}{r} 2025 \\ 1196 \\ +3148 \\ \hline 6369 \end{array}$$
2.

3. (a) una posibilidad:
$$\begin{array}{r} 863 \\ + 752 \\ \hline 1615 \end{array}$$
(b) una posibilidad:
$$\begin{array}{r} 368 \\ + 257 \\ \hline 625 \end{array}$$

4. No, él puede escoger entre el pescado o la ensalada.

5. sí, $124   **6.**
$$\begin{array}{r} 3428 \\ + 5631 \\ \hline 9059 \end{array}$$

7. (a)
$$\begin{array}{r} 93 \\ - 37 \end{array} \rightarrow \begin{array}{r} 93 + 3 \\ - (37 + 3) \end{array} \rightarrow \begin{array}{r} 96 \\ - 40 \\ \hline 56 \end{array}$$

(b)
$$\begin{array}{r} 321 \\ - 38 \end{array} \rightarrow \begin{array}{r} 321 + 2 \\ - (38 + 2) \end{array} \rightarrow \begin{array}{r} 323 \\ - 40 \end{array} \rightarrow \begin{array}{r} 323 + 60 \\ - (40 + 60) \end{array} \rightarrow \begin{array}{r} 383 \\ - 100 \\ \hline 283 \end{array}$$

8. (a) (i)
$$\begin{array}{r} 687 \\ +549 \\ \hline 16 \\ 12 \\ 11 \\ \hline 1236 \end{array}$$
(ii)
$$\begin{array}{r} 359 \\ +673 \\ \hline 12 \\ 12 \\ 9 \\ \hline 1032 \end{array}$$

(b) El algoritmo funciona porque el lugar de las sumas parciales conserva el valor posicional. En el ejemplo es claramente fácil porque sólo se suman dos dígitos cada vez. Este proceso se puede adaptar si más de dos números se suman.

9. Las respuestas pueden variar; por ejemplo: **(a)** El estudiante sumó $8 + 5 = 13$ y escribió 13 sin reagrupar. Después sumó $2 + 7 = 9$ y escribió 9.   **(b)** El estudiante sumó $8 + 5 = 13$ y en vez de escribir 3 y reagruparlo con el 1, escribió 1 y reagrupó con el 3.   **(c)** El estudiante sólo indica las diferencias en las unidades $(9 - 5)$, en los diez $(5 - 0)$ y en los cien $(3 - 2)$. El estudiante siempre resta el más pequeño del mayor no importando qué número esta "arriba" y cual "abajo".   **(d)** El estudiante reagrupó 3 cientos como 2 cientos y 10 dieces, pero después no reagrupó los 10 dieces como $9 \cdot 10 + 15$.

10. Paso 1—valor posicional
Paso 2—propiedad conmutativa y asociativa de la adición
Paso 3—propiedad distributiva de la multiplicación sobre la adición
Paso 4—tablas de sumar de dígitos
Paso 5—valor posicional

11. (a) $68 + 23 = (6 \cdot 10 + 8) + (2 \cdot 10 + 3)$
$= (6 \cdot 10 + 2 \cdot 10) + (8 + 3)$
$= (6 + 2)10 + (8 + 3)$
$= 8 \cdot 10 + 11$
$= 8 \cdot 10 + (1 \cdot 10 + 1)$
$= (8 \cdot 10 + 1 \cdot 10) + 1$
$= (8 + 1) \cdot 10 + 1 = 9 \cdot 10 + 1 = 91$
(b) $174 + 285 = (1 \cdot 100 + 7 \cdot 10 + 4) + (2 \cdot 100 + 8 \cdot 10 + 5)$
$= (1 \cdot 100 + 2 \cdot 100) + (7 \cdot 10 + 8 \cdot 10) + (4 + 5)$
$= (1 + 2) \cdot 100 + (7 + 8) \cdot 10 + (4 + 5)$
$= 3 \cdot 100 + 15 \cdot 10 + 9$
$= 3 \cdot 100 + (10 + 5) \cdot 10 + 9$
$= 3 \cdot 100 + 1 \cdot 100 + 5 \cdot 10 + 9$
$= (3 + 1) \cdot 100 + 5 \cdot 10 + 9$

$$= 4 \cdot 100 + 5 \cdot 10 + 9$$
$$= 459$$

(c) $2458 + 793 = (2 \cdot 1000 + 4 \cdot 100 + 5 \cdot 10 + 8)$
$$+ (7 \cdot 100 + 9 \cdot 10 + 3)$$
$$= 2 \cdot 1000 + (4 \cdot 100 + 7 \cdot 100)$$
$$+ (5 \cdot 10 + 9 \cdot 10) + (8 + 3)$$
$$= 2 \cdot 1000 + (4 + 7) \cdot 100 +$$
$$(5 + 9) \cdot 10 + (8 + 3)$$
$$= 2 \cdot 1000 + 11 \cdot 100 + 14 \cdot 10 + 11$$
$$= 2 \cdot 1000 + (10 + 1) \cdot 100 +$$
$$(10 + 4) \cdot 10 + (1 \cdot 10 + 1)$$
$$= 2 \cdot 1000 + 1 \cdot 1000 + 1 \cdot 100$$
$$+ 1 \cdot 100 + 4 \cdot 10 + 1 \cdot 10 + 1$$
$$= (2 + 1) \cdot 1000 + (1 + 1) \cdot 100$$
$$+ (4 + 1) \cdot 10 + 1$$
$$= 3 \cdot 1000 + 2 \cdot 100 + 5 \cdot 10 + 1$$
$$= 3251$$

12. (a)

```
    4 3 5 8
  + 3 8 6 4
  ⎡0⎤⎡1⎤⎡1⎤⎡1⎤⎡1⎤
  ⎣7⎦⎣1⎦⎣1⎦⎣1⎦⎣2⎦
    8 2 2 2
```

(b)

```
    4 9 2 3
  + 9 8 9 7
  ⎡1⎤⎡1⎤⎡1⎤⎡1⎤⎡1⎤
  ⎣3⎦⎣7⎦⎣1⎦⎣1⎦⎣0⎦
  1 4 8 2 0
```

13. (a) 121_{cinco} **(b)** 20_{cinco} **(c)** 1010_{cinco} **(d)** 14_{cinco}
(e) 1001_{dos} **(f)** 1010_{dos}

14.

+	0	1	2	3	4	5	6	7
0	0	1	2	3	4	5	6	7
1	1	2	3	4	5	6	7	10
2	2	3	4	5	6	7	10	11
3	3	4	5	6	7	10	11	12
4	4	5	6	7	10	11	12	13
5	5	6	7	10	11	12	13	14
6	6	7	10	11	12	13	14	15
7	7	10	11	12	13	14	15	16

Base ocho

15. (a) $9 \, \text{h} \, 33 \, \text{min} \, 25 \, \text{s}$ **(b)** $1 \, \text{h} \, 39 \, \text{min} \, 40 \, \text{s}$
16. La calculadora hacía dos veces la operación.

17. (a)
```
      11
     4 3 2
      9 7 6
    1 4 1
  + 1 4 1 8
  ─────────
    2 8 2 6
```
(b)
```
    3₁2
    13₀
    2 2
    4 ₃3₀
    2₀3
    12₀
  ─────
  310_cinco
```

18. (a) 3 gruesas 10 docenas 9 unidades
(b) 6 gruesas 3 docenas 4 unidades

19. No existe el número 5 en base cinco: $22_{\text{cinco}} + 33_{\text{cinco}} = 110_{\text{cinco}}$. **20. (a)**
```
    230_cinco
  −  22_cinco
  ──────────
    203_cinco
```
(b)
```
    20010_tres
  −  2022_tres
  ───────────
    10211_tres
```

21. (a) 1241_{cinco} **(b)** 101_{dos} **(c)** DOD_{doce} **(d)** 4000_{cinco}
22. (a) El método produce un palíndromo en cada caso:
(i) 363 (ii) 9339 (iii) 5005. **(b)** por ejemplo, 89 ó 97

Conexiones matemáticas 3-2

Comunicación

1. Las respuestas pueden variar. Este enfoque enfatiza el significado del valor posicional de los dígitos y puede ser más fácil para los niños pequeños que usar el algoritmo convencional. También puede servir como transición hacia el algoritmo convencional. **3.** Las respuestas pueden variar. Por ejemplo, podemos hablar de cómo sumar 1 y restar 1 tiene el efecto de sumar 0 al problema, lo cual nos lleva a un problema equivalente. La razón de hacer el cambio al problema original es que los números son más faciles de trabajar. Le puedes decir que su técnica funciona bien y discutir por qué funciona. **5. (a)** Las respuestas pueden variar. **(b)** En el ejemplo, si a 10 le sumamos 4 obtenemos 14 unos y no hacemos nada más; esto cambia el problema. Así, el 10 hay que quitarlo para que el resultado sea sumar 0, lo cual no cambia el problema original. Cuando sumamos 1 decena a 8 decenas cuando restamos abajo, esto balancea 1 decena que sumamos en el minuendo. Análogamente, continuamos con el algoritmo sumando valores en el minuendo y después sumando el valor correspondiente en la posición adecuada del valor posicional en el sustraendo para neutralizar lo que sumamos arriba. **7.** Por ejemplo, las palabras *reagrupar* e *intercambiar* reflejan de manera más precisa las acciones realizadas cuando se resuelven problemas de suma y de resta. Las palabras *prestar* y *llevar* parecen reflejar mecanización y no las ideas matemáticas usadas en el algoritmo.

Solución abierta

9. Se alienta a los estudiantes a usar la bibliografía al final de cada capítulo para buscar artículos de educación matemática para responder estas preguntas.

Preguntas del salón de clase

11. Primero podemos determinar cuál es la intención de Pepe y qué va hacer después y cuál es su respuesta. Después podemos discutir diferentes maneras de verificar si la respuesta es razonable y correcta usando esta técnica. Podemos modelar el problema usando la base diez mediante bloques; comenzamos con 6 barras y 8 unidades y preguntamos cómo podemos "quitar" 19. Varios modelos se pueden usar para mostrar que necesitamos considerar tomar 9 de 18 en lugar de $9 - 8$. **13.** Beti está confundida respecto a cuál es la cantidad que hay que sumar para verificar la resta. Ella debe trabajar con números más pequeños para sentir lo que debe hacer; por ejemplo, $9 - 5 = 4$. Para verificar sumamos $4 + 5$ y observamos que regresamos al 9. Pueden usarse rectas numéricas o carriles coloreados para mostrar que $9 - 5 = 4$ y que $4 + 5$ regresa a la longitud 9.

Problemas de repaso

15. No, por ejemplo $2 + 3$ no es un elemento del conjunto $\{1, 2, 3\}$.

Evaluación 3-3A

1. (a) 5 **(b)** 4 **(c)** cualquier número completo **2.** Cada posible pareja con dos de los conjuntos es ajena. **3. (a)** sí

(b) sí   **(c)** sí   **4. (a)** No, $2 + 3 = 5$.   **(b)** sí
(c) No es cerrado para ninguno, $2 + 4 = 6$ y $2 \cdot 3 = 6$.
5. (a) $ac + ad + bc + bd$ **(b)** $\square \cdot \triangle + \square \cdot \bigcirc$
(c) $ab + ac - ac$ o ab **6. (a)** $(5 + 6) \cdot 3 = 33$ **(b)** no
se necesitan paréntesis   **(c)** no se necesitan paréntesis
(d) $(9 + 6) \div 3 = 5$ **7. (a)** $y(x + y)$ **(b)** $x(y + 1)$
(c) $ab(a + b)$ **8. (a)** 6   **(b)** 0   **(c)** 4   **9.** 72
10. (a) propiedad asociativa de la multiplicación   **(b)** propiedad
conmutativa de la multiplicación   **(c)** propiedad conmutativa de
la multiplicación   **(d)** propiedad de la identidad de la multiplicación   **(e)** propiedad de multiplicar por cero   **(f)** propiedad distributiva de la multiplicación sobre la suma   **11. (a)** propiedad de
cerradura de la multiplicación   **(b)** propiedad de multiplicar por
cero   **(c)** propiedad de la identidad de la multiplicación
12. (a) propiedad distributiva de la multiplicación sobre la suma
(b) $32 \cdot 12 = 32(10 + 2)$
$$= 32 \cdot 10 + 32 \cdot 2$$
$$= 320 + 64$$
$$= 384$$
13. (a) $9(10 - 2) = 9 \cdot 10 - 9 \cdot 2 = 90 - 18 = 72$
(b) $20(8 - 3) = 20 \cdot 8 - 20 \cdot 3 = 160 - 60 = 100$
14. (a) $(a + b)^2 = (a + b)(a + b) = (a + b)a +$
$(a + b)b = a^2 + ba + ab + b^2 = a^2 + 2ab + b^2$
(b) El área del cuadrado con lado $a + b$ se puede expresar
como $(a + b) \cdot (a + b)$ y también como la suma de las áreas
de cuatro regiones: dos cuadrados, a^2 y b^2, y dos rectángulos
ab y ba. De aquí,
$$(a + b)^2 = a^2 + b^2 + ab + ba = a^2 + 2ab + b^2$$

15. El área del cuadrado completo es $(a + b)^2$. El área del
cuadrado pequeño es $(a - b)^2$. El área de cada rectángulo
$a \times b$ es ab, así que el área de los cuatro rectángulos es $4ab$.
De aquí que el área del cuadrado completo menos el cuadrado pequeño es $(a + b)^2 - (a - b)^2 = 4ab$.
16. (a) $(ab)c = c(ab)$ Propiedad conmutativa de la
                            multiplicación
$\quad\quad = (ca)b$ Propiedad asociativa de la
                       multiplicación
(b) $(a + b)c = c(a + b)$ Propiedad conmutativa de la
                               multiplicación
$\quad\quad = c(b + a)$ Propiedad conmutativa de la
                          suma
17. a. $y(x - y)$ **b.** $47(101 - 1)$ **(c)** $ab(b - a)$
18. (a) $40 = 8 \cdot 5$ **(b)** $326 = 2 \cdot x$ **19. (a)** $(8 \div 4) \div$
$2 \neq 8 \div (4 \div 2)$ **(b)** $8 \div (2 + 2) \neq (8 \div 2) + (8 \div 2)$
20. (a) Supón que tenemos dos bolsas de canicas; en una bolsa
hay a canicas y en la otra b. Queremos distribuir las canicas de manera equitativa entre c estudiantes. Entonces el número de canicas
que obtiene cada estudiante se puede hallar de dos maneras, como
sigue: colocando todas las canicas en una bolsa, tenemos $a + b$ canicas y cada estudiante recibe $(a + b) \div c$. También podemos dividir las canicas de la primera bolsa y luego dividir las canicas de la
segunda bolsa. De esta manera, cada estudiante obtendría
$(a \div c) + (b \div c)$ canicas.

(b) Sean $a \div c = x$ y $b \div c = y$. Entonces $a = cx$ y $b = cy$.
Por consiguiente,
$$a + b = cx + cy$$
$$= c(x + y)$$
Ahora por definición de división, $x + y = (a + b) \div c$.
Cuando sustituimos x y y, las propiedades se siguen.
21. (a) 4   **(b)** 3   **(c)** 2   **22.** 5 meses.   **23.** 2; quedaron 3
24. (a) $(1,36), (2,18), (3,12), (4,9), (6,6), (9,4), (12,3), (18,2),$
$(36,1)$ **(b)**

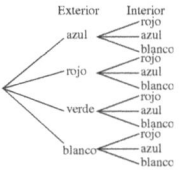

(c) Los puntos de la parte (b) están sobre una curva, mientras que los puntos de la suma están sobre una recta.
25. Se da una posible respuesta, resultando en $4 \cdot 3$, ó 12,
combinaciones de color.

Exterior   Interior
azul ── rojo, azul, blanco
rojo ── rojo, azul, blanco
verde ── rojo, azul, blanco
blanco ── rojo, azul, blanco

26. (a) 3   **(b)** 2   **(c)** 2   **(d)** 6   **(e)** 4   **27.** sí, 64   **28.**
(a) Resta 18 de 45.   **(b)** Divide 54 entre 9.
(c) Suma 11 y 48.   **(d)** Suma 6 y 8.   **29. (a)** A/l
(b) $f/3$ **(c)** $60h$ **(d)** $d/7$

Conexiones matemáticas 3-3

Comunicación

1. El residuo es 1. El número puede escribirse como $10q + 6$,
donde q es un número completo. $10q$ es divisible entre 5.
Cuando 6 es dividido entre 5, el residuo es 1.   **3.** Las respuestas pueden variar; por ejemplo, podemos pensar $9 \cdot 7$ como
$7 \cdot 9$ y ver si eso ayuda. Y podemos pensar $9 \cdot 7$ como $9 \cdot 6 + 9$
ó $54 + 9 = 63$ ó $9 \cdot 7 = 9 \cdot 5 + 9 \cdot 2 = 45 + 18 = 63$.
5. Esto sucede cuando x es 0 ó 1.

Solución abierta

7. Las respuestas pueden variar; por ejemplo, un taxista cobra
\$3 iniciales y \$2 por minuto durante 6 minutos. (Quizá los
precios no sean reales, pero éste es el tipo de problemas que
pueden sugerir los estudiantes).

Aprendizaje colectivo

9. (a) Las respuestas pueden variar   **(b)** Sabemos que si
$a \div b = c$, entonces $a = bc$, donde a, b y c son enteros y
$c \neq 0$. Por lo tanto, para hallar $35 \div 5$ vemos la tabla y bajamos hasta la fila 5, de ahí al 35, y después, para obtener el
otro factor, subimos al 7. Así, $35 \div 5 = 7$.   **(c)** La única
manera de que un producto de dos números sea impar es
que los dos factores sean impares. Los ocho productos alrededor de cada número impar contienen un factor par y por
lo tanto son pares.

Preguntas del salón de clase

11. Podemos aconsejar a Susi que sustituya números en a y b para ver si su afirmación es correcta. Por ejemplo, si $a = 2$ y $b = 4$, entonces $3(2 \cdot 4) = 3 \cdot 8 = 24$ y $(3 \cdot 2)(3 \cdot 4) = 6 \cdot 12 = 72$. Así, hemos encontrado un contraejemplo para mostrarle a Susi que su afirmación es falsa. En este punto las propiedades asociativas y distributivas pueden demostrarse.
13. En general, $a \div (b - c) \neq (a \div b) - (a \div c)$. Por ejemplo, $100 \div (25 - 5) \neq (100 \div 25) - (100 \div 5)$. De hecho, el miembro derecho es $4 - 20$, el cual no está definido en el conjunto de números completos. Sin embargo, la propiedad distributiva de la división sobre la resta funciona asegurándose de que cada expresión esté definida en el conjunto de los números completos; esto es,
$(b - c) \div a = (b \div a) - (c \div a)$.

Problemas de repaso

15. Por ejemplo, $\{0, 1\}$ **17. (a)** El estudiante no reagrupó $7 + 6 = 13$ como $1 \cdot 10 + 3$ y no llevó el 1 a la columna de las decenas. **(b)** El estudiante sumó $5 + 7 = 12$ y sólo lo escribió sin considerar el valor posicional en la columna de las decenas. Análogamente, el estudiante sumó $3 + 4 = 7$ y lo escribió en la columna de las centenas. **(c)** El estudiante tomó la diferencia absoluta entre 9 y 6 en lugar de reagrupar para tomar 9 de 16. **(d)** El estudiante no disminuyó el número en las decenas después de reagrupar.

Evaluación 3-4A

1. (a)
```
      426
    × 783
    ─────
     1278
     3408
    2982
   ───────
   333558
```
(b)
```
      327
    × 941
    ─────
      327
     1308
    2943
   ───────
   307707
```

2. (a)

$728 \cdot 94 = 68{,}432$

(b)

$306 \cdot 24 = 7{,}344$

3. Las diagonales separan el valor posicional como se colocan los valores en el algoritmo tradicional. **4. (a)** 5^{19} **(b)** 6^{15} **(c)** 10^{313} **(d)** 10^{12} ó $2^{12} \cdot 5^{12}$ **5. (a)** 2^{100} porque $2^{80} + 2^{80} = 2^{80}(1 + 1) = 2^{80} \cdot 2 = 2^{81}$ **(b)** 2^{102} porque $2^{101} = 2^{100} \cdot 2$ y $2^{102} = 2^{100} \cdot 4$ **6.** Los siguientes productos parciales, que se obtienen por la propiedad distributiva de la multiplicación sobre la suma, se muestran en el modelo.

(a)
```
      22
    × 13
    ────
       6    (3 × 2)
      60    (3 × 20)
      20    (10 × 2)
     200    (10 × 20)
    ────
     286
```

(b)
```
      15
    × 21
    ────
       5    (1 × 5)
      10    (1 × 10)
     100    (20 × 5)
     200    (20 × 10)
    ────
     315
```

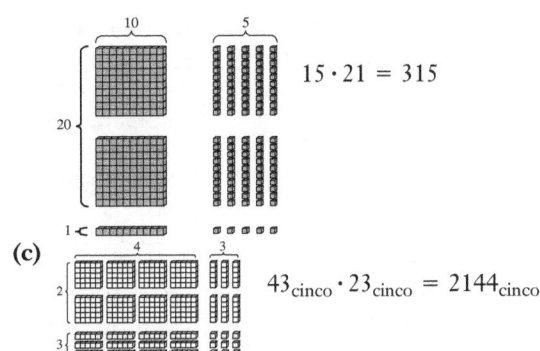

$15 \cdot 21 = 315$

(c)

$43_{\text{cinco}} \cdot 23_{\text{cinco}} = 2144_{\text{cinco}}$

Para hallar $43_{\text{cinco}} \cdot 23_{\text{cinco}}$, contamos el número de losas, barras y unidades; tenemos $4 \cdot 2$ losas, $2 \cdot 3 + 3 \cdot 4$ barras y $3 \cdot 3$ unidades. Recordamos que 5 unidades = 1 barra, 5 barras = 1 losa y 5 losas = 1 bloque, y tenemos $43_{\text{cinco}} \cdot 23_{\text{cinco}} = 2$ bloques, 1 losa, 4 barras y 4 unidades = 2144_{cinco}. **7. (a)** $293 \cdot 476 = 139{,}468$ **(b)** El lugar indica el valor posicional.
(c)
```
      363
    ×  84
    ─────
     2904    (8 × 363)
    1452     (4 × 363)
    ─────
    30492
```
8. :
```
17 ×      63
 8       126
 4       252
 2       504
 : 1    1008,  y 63 + 1008 = 1071
```

9. (a) 1332 calorías **(b)** Juana, 330 calorías más **(c)** Mauricio, 96 calorías más **10.** No **11. (a)** 77 residuo 7 **(b)** 8 residuo 10 **(c)** 10 residuo 91 **12.** 3
13.

2	11
4	15
0	7
6	19
12	31

14. (a)
```
     32        23
   × 69      × 96
   ────      ────
   2208      2208
```
(b) $(10a + b)(10c + d) = (10b + a)(10d + c)$ implica $100ac + 10bc + 10ad + bd = 100bd + 10ad + 10bc + ac$ ó $99ac = 99bd$, lo cual implica $ac = bd$. Así, esto funciona cada vez que que el producto de los dígitos de las unidades sea igual al producto de los dígitos de las decenas. **15.** 3 h **16.** 1356, 2712 y 452 **17.** $142 **18. (a)** 5 fue multiplicado por 6 para obtener 30; el 3 se reagrupó y después 3 fue multiplicado por 2 para obtener 6; el resultado del "reagrupamiento" se sumó para obtener 9, lo cual fue indicado. **(b)** Cuando bajamos el 1, el cociente de 0 no fue indicado. **19. (a)** valor posicional y propiedad distributiva de la multiplicación sobre la suma; propiedad asociativa de la multiplicación; definición de a^n; propiedad de la identidad para la suma y propiedad de la multiplicación con el cero, valor posicional.

(b)
$$34 \cdot 10^2 = (3 \cdot 10 + 4)10^2 \quad \text{valor posicional}$$
$$= (3 \cdot 10)10^2 + 4 \cdot 10^2 \quad \text{propiedad distributiva de la multiplicación sobre la suma}$$
$$= 3(10 \cdot 10^2) + 4 \cdot 10^2 \quad \text{propiedad asociativa de la multiplicación}$$
$$= 3 \cdot 10^3 + 4 \cdot 10^2 \quad \text{definición de } a^n$$
$$= 3 \cdot 10^3 + 4 \cdot 10^2 + 0 \cdot 10 + 0 \cdot 1 \quad \text{propiedad de la identidad en la suma y propiedad de la multiplicación por cero}$$
$$= 3400 \quad \text{valor posicional}$$

20. Se necesitan 58 autobuses, no todos llenos.

21. (a)
$$\begin{array}{r} 763 \\ \times\ 8 \\ \hline 6104 \end{array}$$
(b)
$$\begin{array}{r} 678 \\ \times\ 3 \\ \hline 2034 \end{array}$$
22. (a) nueve   **(b)** seis

23. (a)

$$\begin{array}{ccc} & 3\ \ 2\ \ 3 & \\ 3 & \boxed{\begin{smallmatrix}2/1&2/1&2/1\end{smallmatrix}} & 4 \\ 0 & \boxed{\begin{smallmatrix}1/0&1/0&1/1\end{smallmatrix}} & 2 \\ & 2\ \ 2\ \ 1 & \end{array}$$

(b) $a = 5, b = 7$

24. (a) 233_{cinco} **(b)** $4_{\text{cinco}}\,R1_{\text{cinco}}$ **(c)** 1513_{seis}
(d) 31_{cinco} **(e)** 110_{dos} **(f)** 1101110_{dos}

Conexiones matemáticas 3-4

Comunicación

1. Como $345 \cdot 678 = 345 \cdot (6 \cdot 10^2 + 7 \cdot 10 + 8)$, una explicación puede ser la siguiente: usando la propiedad distributiva de la multiplicación sobre la suma, primero multiplicamos 345 por 6 y el resultado por 10^2; después multiplicamos 345 por 7 y el resultado por 10; después multiplicamos 345 por 8. Sumamos todos los números obtenidos previamente.   **3.** El resultado siempre es 4. Sea x el número original. Las operaciones aparecen como sigue:
$$\left[(2x)3 + 24\right]/6 - x = 4$$
5. Las respuestas varían dependiendo de la elección de los estudiantes. Muchos estudiantes prefieren el algoritmo de la multiplicación reticular porque multiplican los dígitos solos y posteriormente suman.   **7.** $abba = a \cdot 10^3 + b \cdot 10^2 + b \cdot 10 + a = a \cdot 1001 + b \cdot 110 = 11(91 \cdot a + 10 \cdot b)$. Sí, $abccba = a \cdot 10^5 + b \cdot 10^4 + c \cdot 10^3 + c \cdot 10^2 + b \cdot 10 + a = a \cdot 100001 + b \cdot 10010 + c \cdot 1100 = 11(a \cdot 9091 + b \cdot 910 + c \cdot 100)$.

Aprendizaje colectivo

9. Los argumentos varían dependiendo de los grupos. Algunos argumentarán que después de la suma se debe ver la resta porque son operaciones inversas. Otros argumentarán que después de la suma hay que ver la multiplicación porque la multiplicación es una suma repetida. Esto también pospone la resta hasta que los estudiantes estén mejor preparados.

Preguntas del salón de clase

11. Evidentemente el estudiante no entiende el proceso de la división larga. El método de las restas sucesivas puede ayudar a entender el error.

$$\begin{array}{r} 6\overline{)36} \\ -\ 6 \quad \text{1 seis} \\ \hline 30 \\ -\ 30 \quad \text{5 seises} \\ \hline \text{6 seises} \end{array}$$

En lugar de sumar 1 y 5, el estudiante escribió 15.   **13.** Si el número tiene tres dígitos y en las unidades el 0, tenemos $ab0 \div 10 = ab$ ya que $ab \cdot 10 = ab0$. Esto no funciona si el dígito 0 no está en las unidades.   **15. (a)** La primera ecuación es verdadera porque $39 + 41 = 39 + (1 + 40) = (39 + 1) + 40 = 40 + 40$. Ahora, $39 \cdot 41 = (40 - 1)(40 + 1) = 40^2 - 1^2$, y $40^2 - 1 \neq 40^2$.   **(b)** Sí, este patrón continúa pues los números considerados son de la forma $(a - 1)(a + 1)$, que es igual a $a^2 - 1$.

Problemas de repaso

17. (a) $(a + b + 2)x$ **(b)** $(3 + x)(a + b)$
19. (a) $36 = 4 \cdot 9$ **(b)** $112 = 2x$ **(c)** $48 = x \cdot 6$, ó $48 = 6x$ **(d)** $x = 7 \cdot 17$

Evaluación 3-5A

1. (a) 160   **(b)** 120   **2. (a)** $(9 \cdot 6) \cdot (2 \cdot 5) = 54 \cdot 10 = 540$ **(b)** $(8 \cdot 7) \cdot (25 \cdot 4) = 56 \cdot 100 = 5600$ **3. (a)** 605   **(b)** 963   **4. (a)** 36   **(b)** 120   **(c)** 46   **(d)** 97   **5.** 496 mi   **6. (a)** $28 + 2 = 30; 30 + 20 = 50; 50 + 3 = 53$; así la respuesta es $2 + 20 + 3 = 25$.   **(b)** $47 + 3 = 50; 50 + 10 = 60; 60 + 3 = 63$; así la respuesta es $3 + 10 + 3 = 16$.   **7. (a)** $86 + 37 = (80 + 30) + (7 + 6) = 123$ sumando las decenas y las unidades por separado.   **(b)** $97 + 54 = 97 + 3 + 54 - 3 = 100 + 51 = 151$ sumando 3 a 97 y luego restándolo de 54.   **(c)** $230 + 60 + 70 + 44 + 40 + 6 = (230 + 70) + (60 + 40) + (44 + 6) = 450$ usando números compatibles.   **8. (a)** 5300   **(b)** 100,000   **(c)** 120,000   **(d)** 2330   **9.** Las respuestas pueden variar; por ejemplo: **(a)** $900 \div 30 = 30$ **(b)** $25,000 - 20,000 = 5000$ **(c)** $30 \cdot 30 = 900$ **(d)** $2000 + 3000 + 6000 + 1000 = 12,000$ **10.** Las respuestas pueden variar; por ejemplo: **(a)** $2 + 3 + 5 = 10$, de modo que 10,000 es un estimado inicial. $10,000 + 2000$ (ajuste) $= 12,000$ como estimado final.   **(b)** La suma de los dígitos de la izquierda es 22, de modo que $2200 + 270$ al ajustar da 2470.   **11. (a)** El primer conjunto de números no está en cúmulos. El segundo conjunto está acumulado alrededor de 500, de modo que un estimado es 2500.   **(b)** Las estimaciones pueden variar.   **12. (a)** El rango es 600 $(20 \cdot 30)$ a 1200 $(30 \cdot 40)$.   **(b)** El rango es 700 $(100 + 600)$ a 900 $(200 + 700)$.   **(c)** El rango es 230 $(200 + 30)$ a 340 $(300 + 40)$.   **13.** Las respuestas pueden variar; por ejemplo, $3300 - 100 - 300 - 400 - 500 = 2000$. El estimado es alto pues las cantidades se redondearon a la centésima más cercana y \$8 se quitaron de

la cuenta de cheques mientras que $13 se sumó a $3287.
14. Por ejemplo, $35 \cdot 20 = 700$ asientos ó $40 \cdot 25 = 1000$ asientos; 700 será bajo y 1000 alto. **15. (a)** Diferentes resultados pues los estimados de 800 y 220 están lejos uno de otro.
(b) Misma respuesta pues 22 fue dividido entre 2 para obtener 11 mientras que 32 se multiplicó por 2 para obtener 64. El resultado es multiplicar el cálculo original por $2/2$, ó 1, lo cual no lo cambia. **(c)** La misma respuesta pues el primer número se multiplicó por 3 y el segundo número se dividió entre 3, lo que resultó en que multiplicamos por 1 el cálculo original, el cual no cambia. **16. (a)** falso **(b)** falso **(c)** falso
(d) verdadero **17.** La estrategia de cúmulos da $6 \cdot 70,000$, ó 420,000. **18. (a)** alto; $299 \cdot 3 < 300 \cdot 3$
(b) bajo; $6,001 \div 299 > 6000 \div 300$ **(c)** bajo; $6,000 \div 299 > 6000 \div 300$ **(d)** bajo; $10 \cdot 99$ es sólo 990
19. Una posibilidad es que al hallar $(10x + 5)^2$ podamos escribir $(10x + 5)^2 = 100x^2 + 50x + 50x + 25 = 100x^2 + 100x + 25 = 100x(x + 1) + 25$. Por ejemplo, en 65^2 tomamos $6 \cdot 7 = 42$ y agregamos 25 para obtener 4225.

Conexiones matemáticas 3-5

Comunicación

1. La matemática mental es el proceso de producir una respuesta exacta a un cálculo sin usar ayudas externas. La estimación de un cálculo es el proceso de formar una respuesta aproximada a un problema numérico. **3.** Las respuestas pueden variar; por ejemplo, los estudiantes pueden sugerir que la matemática mental y la estimación son necesarias todos los días con objeto de determinar rápidamente si el cálculo de los totales en varias operaciones fue efectuado correctamente. La matemática mental y la estimación ayudan a los estudiantes a saber si los resultados de la calculadora son razonables. La NCTM (Consejo Nacional de Maestros de Matemáticas de Estados Unidos) señala varios puntos importantes alrededor del cálculo mental y la estimación en los *Principios y objetivos* y *Puntos focales*.

Solución abierta

5. Las respuestas pueden variar; por ejemplo, cuando determinamos el monto de la propina de un mesero en un restaurante.

Aprendizaje colectivo

7. Las respuestas pueden variar, dependiendo del nivel del grado y del libro de texto que se elija.

Preguntas del salón de clase

9. Mane tuvo una buena idea y casi la tuvo correcta. Sólo necesitamos indicar que ella necesitaba sumar el 2 al final en lugar de restar. El razonamiento de esto se debe explicar. Por ejemplo,

$$
\begin{aligned}
261 - 48 &= 261 - (50 - 2) \\
&= 261 - 50 + 2 \\
&= (261 - 50) + 2 \\
&= 211 + 2 \\
&= 213
\end{aligned}
$$

11. Al usar primero la calculadora, ella no está aprendiendo la habilidad de estimar, lo que es muy útil para tomar decisiones. Uno de los usos importantes es determinar por estimación si una respuesta es razonable. Por ejemplo, si el problema es $492 \cdot 63$, por estimación, la estudiante podrá saber si la respuesta se aproxima a 30,000. Si obtiene una respuesta tal como 17,712 ($492 \cdot 36$) ó 59,346 ($942 \cdot 63$), ella sabrá que hubo un error en el cálculo. (Tal vez pulsó la tecla equivocada en la calculadora.)

Problemas de repaso

13. (a)

(b)

(c)

Revisión del capítulo

1. (a) propiedad distributiva de la multiplicación sobre la adición **(b)** propiedad conmutativa de la adición
(c) propiedad de la identidad de la multiplicación
(d) propiedad distributiva de la multiplicación sobre la suma **(e)** propiedad conmutativa de la multiplicación
(f) propiedad asociativa de la multiplicación
2. (a) $3 < 13$ pues existe un número natural, digamos 10, tal que $3 + 10 = 13$ **(b)** $12 < 9$ ó $9 < 12$ pues existe un número natural, digamos 3, tal que $9 + 3 = 12$.

3. (a) 15, 14, 13, 12, 11 ó 10   **(b)** 10   **(c)** cualquier número completo   **(d)** los números completos de 0 a 26
4. (a) $15a$ **(b)** $5x^2$ **(c)** $xa + xb + xy$
  (d) $3x + 15 + xy + 5y$ o $(x + 5)(3 + y)$ **5.** 40 latas
6. 12 maneras   **7.** 26   **8.** \$60,000 para 80 personas es la más barata.   **9.** \$214   **10.** \$400   **11. (a)** Si n es el número original, entonces cada una de las siguientes líneas muestra los resultados de las instrucciones realizadas:

$$n$$
$$n + 17$$
$$2(n + 17) = 2n + 34$$
$$2n + 30$$
$$4n + 60$$
$$4n + 80$$
$$n + 20$$
$$n$$

(b) Las respuestas pueden variar; por ejemplo, las siguientes dos líneas pueden ser restar 65 y después dividir entre 4.
(c) Las respuestas pueden variar.   **12.** 1119   **13.** 60,074
14. (a) 5 residuo 243 **(b)** 91 residuo 10 **(c)** 120_cinco residuo 2_cinco **(d)** 11_dos residuo 10_dos **15. (a)** $912 \cdot 5 + 243 = 4803$
(b) $11 \cdot 91 + 10 = 1011$ **(c)** $23_\text{cinco} \cdot 120_\text{cinco} + 2_\text{cinco} = 3312_\text{cinco}$ **(d)** $11_\text{dos} \cdot 11_\text{dos} + 10_\text{dos} = 1011_\text{dos}$
16. (a) $(19 \cdot 194)10 = 36,860$ **(b)** $(379 \cdot 193)100 = 7,314,700$ **(c)** $481 \cdot 73 \cdot (8 \cdot 125) = (481 \cdot 73)1000 = 35,113,000$ **(d)** $374 \cdot 893 \cdot (200 \cdot 50) = (374 \cdot 893) \cdot 10,000 = 3,339,820,000$ **17.** \$395   **18.** \$4380
19. 2600 cajas **20.** \$3842 **21.** \$2.16   **22.** 36 bicicletas y 18 triciclos   **23. (a)** 212_cinco **(b)** 101_dos **(c)** 1442_cinco
(d) 101101_dos **24. (a)** por ejemplo, $(26 + 24) + (37 - 7) = 50 + 30 = 80$ **(b)** por ejemplo, $(7 \cdot 9)(4 \cdot 25) = 63 \cdot 100 = 6300$ **25. (a)** 441   **(b)** 36
(c) 180   **(d)** 406   **26.** Las respuestas pueden variar; por ejemplo, (a) $2300 + 300$ (ajuste) $= 2600$, (b) 2600.
27. $2400 \cdot 4 = 9600$ **28.** Las respuestas pueden variar; por ejemplo, primero estimamos cuántas veces cabe 14 en 322. Al menos hay 20, de modo que usando el valor posicional indicamos un 2 arriba del 2 en 32 para indicar que estamos quitando 20 conjuntos de 14. Al quitar 280 de 322, quedan 42. Después estimamos cuántas veces cabe 14 en 42. La respuesta es 3, así que escribimos 3 junto al 2 en el cociente para indicar que quitamos 3 conjuntos de 14. Esto nos deja 0, de modo que no hay más 14 que quitar. El 23 indica que 322 contiene 23 conjuntos de 14 y el 0 indica que no queda nada por quitar.
29. (a) $999 \cdot 47 + 47 = 47 (999 + 1) = 47 \cdot 1000 = 47,000$ **(b)** $43 \cdot 59 + 41 \cdot 43 = 43 \cdot (59 + 41) = 43 \cdot 100 = 4300$ **(c)** $1003 \cdot 79 - 3 \cdot 79 = 79 \cdot (1003 - 3) = 79 \cdot 1000 = 79,000$ **(d)** $1001 \cdot 113 - 113 = 113 \cdot (1001 - 1) = 113 \cdot 1000 = 113,000$ **(e)** $101 \cdot 35 = (100 + 1)35 = 100 \cdot 35 + 1 \cdot 35 = 3500 + 35 = 3535$
(f) $98 \cdot 35 = (100 - 2)35 = 100 \cdot 35 - 2 \cdot 35 = 3500 - 70 = 3430$ **30. (a)** $3x^3 + 4x^2 + 7x + 8 + (5x^2 + 2x + 1) = 3x^3 + 9x^2 + 9x + 9$ **(b)** Las respuestas pueden variar.   **(c)** Las respuestas pueden variar; por ejemplo, $34 \cdot 10^2 = (3 \cdot 10 + 4) \cdot 10^2 = 3 \cdot 10^3 + 4 \cdot 10^2 + 0 \cdot 10 + 0 = 3400$ y $(3x + 4)x^2 = 3x^3 + 4x^2$.

Respuestas a Ahora intenta éste

3-1. Por ejemplo, si los elementos de los conjuntos son a, b, c y a, d, entonces los elementos de la unión de los conjuntos son a, b, c, d. La unión tiene sólo 4 elementos mientras que los conjuntos originales tienen 3 y 2, respectivamente. La suma 3 y 2 es 5, no 4, el número de elementos de la unión.
3-2. Las respuestas pueden variar; por ejemplo, los estudiantes cuando empiezan a contar, usualmente comienzan con 1 de modo que algunas veces en la recta numérica comienzan con el 1. Debe señalarse que cuando trabajamos con los números completos, el primer número es 0. Después, para representar el 3 en la recta numérica trazamos una flecha (vector) de longitud 3 unidades. La longitud de la flecha en la figura 4-3 es 2 unidades.
3-3. (a) Cerrado; un número par más un número par es siempre un número par. **(b)** No es cerrado; por ejemplo, $1 + 3 = 4$ y 4 no es un elemento de F.
3-4.

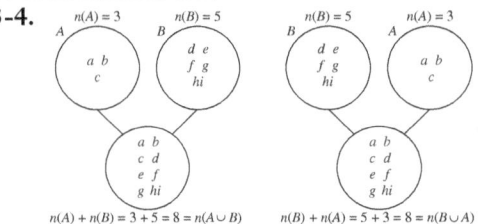

3-5. Sea $B \subseteq A$. Si $n(A) = a$ y $n(B) = b$, entonces $a - b = n(A - B)$. Por ejemplo, $A = \{a, b, d, e\}$ y $B = \{a\}$, $A - B = \{b, d, e\}$, $n(A) = 4$, $n(B) = 1$, $n(A - B) = 3$.   **3-6. (a)** El conjunto de los números completos no es cerrado bajo la resta; por ejemplo, $2 - 5$ no es un número completo.   **(b)** En los números completos la resta no es asociativa; por ejemplo, $9 - (7 - 2) \neq (9 - 7) - 2$.
(c) La resta no es conmutativa para los números completos; por ejemplo, $3 - 2 \neq 2 - 3$. **(d)** No hay elemento identidad para la resta de números completos; por ejemplo, $5 - 0 = 5 \neq 0 - 5$. **3-7. (a)** 5 **(b)** 7 **(c)** 10 **3-8.** $182 + 61$ puede estar representado por:

1 bloque	8 losas	2 unidades
	6 losas	1 unidad
1 bloque	(10 losas + 4 losas)	3 unidades
ó 1 bloque	(1 bloque + 4 losas)	3 unidades
ó 2 bloques	4 losas	3 unidades
ó 243		

3-9. (i) El método es válido porque restar y sumar el mismo número no cambia la suma original.
(ii) $97 + 69 = (97 + 3) + (69 - 3)$
$$= 100 + 66$$
$$= 166$$
3-10. (a) 1000_cinco **(b)** 31_cinco
3-11. (a)

+	0_dos	1_dos
0_dos	0_dos	1_dos
1_dos	1_dos	10_dos

(b) (i) 1101_dos
$$-\ 111_\text{dos}$$
$$110_\text{dos}$$
(ii) 1111_dos
$$+\ 111_\text{dos}$$
$$10110_\text{dos}$$
3-12. Una explicación posible es como sigue: la primera camisa se puede usar con cada uno de los 5 pantalones, lo cual da un total de 5 vestimentas diferentes. Además, la segunda camisa se

puede usar con cada uno de los 5 pantalones, lo cual da un total de 5 vestimentas diferentes de las anteriores. De manera análoga, la 3ª, 4ª, 5ª y 6ª camisas se pueden combinar con los 5 pantalones para obtener nuevas vestimentas. De esta manera, cada una de las 6 camisas se puede usar para obtener 5 nuevas vestimentas, lo cual hace un total de $5 + 5 + 5 + 5 + 5 + 5 = 6 \cdot 5$ vestimentas.

3-13. 91 miembros **3-14. (a)** El conjunto de números completos no es cerrado bajo la división; por ejemplo, $8 \div 5$ no es un número completo. También, $8 \div 2 \neq 2 \div 8$ y $(8 \div 4) \div 2 \neq 8 \div (4 \div 2)$ muestran que no es conmutativa ni asociativa. **(b)** 1 no es la identidad para la división de números completos pues $n \div 1 = n$ para todos los números completos n y $1 \div n \neq n$ excepto cuando $n = 1$.

3-15.
$$\begin{aligned}
10 \cdot 600 &= 10^1(6 \cdot 10^2) \\
&= (6 \cdot 10^2)10^1 \\
&= 6 \cdot (10^2 10^1) \\
&= 6 \cdot 10^3 \\
&= 6 \cdot 10^3 + 0 \cdot 10^2 + 0 \cdot 10 + 0 \cdot 1 \\
&= 6000
\end{aligned}$$
$$\begin{aligned}
20 \cdot 300 &= (2 \cdot 10^1)(3 \cdot 10^2) \\
&= (2 \cdot 3)(10^1 \cdot 10^2) \\
&= 6(10^1 \cdot 10^2) \\
&= 6 \cdot 10^3 \\
&= 6 \cdot 10^3 + 0 \cdot 10^2 + 0 \cdot 10 + 0 \cdot 1 \\
&= 6000
\end{aligned}$$

3-16.
$$\begin{aligned}
7 \cdot 4589 &= 7(4 \cdot 10^3 + 5 \cdot 10^2 + 8 \cdot 10 + 9) \\
&= (7 \cdot 4)10^3 + (7 \cdot 5)10^2 + (7 \cdot 8) \cdot \\
&\quad 10 + 7 \cdot 9 \\
&= 28000 + 3500 + 560 + 63 \\
&= 32123
\end{aligned}$$

3-17. Las respuestas pueden variar; por ejemplo,
(a) $40 + 160 = 200$ y $29 + 31 = 60$ así la suma es 260.
(b) $3679 - 400 = 3279$ y $3279 - 74 = 3205$.
(c) $75 + 25 = 100$ y $100 + 3 = 103$.
(d) $2500 - 500 = 2000$ y $2000 - 200 = 1800$. **3-18.** Las respuestas pueden variar; por ejemplo,
(a) $4 \cdot 25 = 100$ y $32 \cdot 100 = 3200$. **(b)** $123 \cdot 3 = 100 \cdot 3 + 23 \cdot 3 = 300 + 69 = 369$. **(c)** $25 \cdot 35 = (30 - 5)(30 + 5) = 30^2 - 5^2 = 900 - 25 = 875$.
(d) $5075/25 = 5000/25 + 75/25 = 200 + 3 = 203$.
3-19. Las respuestas pueden variar; por ejemplo, **(a)** Para estimar $4525 \cdot 9$, sabemos que $4525 \cdot 10 = 45,250$ y como sólo tenemos 9 conjuntos de 4525 podemos tomar la aproximación de 5000 como el estimado y obtenemos 40,250. **(b)** Para estimar $3625/42$, sabemos que la respuesta es cercana a $3600/40$, ó 90.

Respuestas a los Rompecabezas

Sección 3-1
Las respuestas pueden variar. Por ejemplo,

1	2	3
8	9	4
7	6	5

Sección 3-2

El número de placa es 10968.

Sección 3-4

(a)
$$\begin{array}{r} 570{,}140 \\ \times\ 6 \\ \hline 3{,}420{,}840 \end{array}$$

(b)
$$\begin{array}{r} 38 \\ 38 \\ +\ 38 \\ \hline 114 \end{array} \qquad \begin{array}{r} 39 \\ 39 \\ +\ 39 \\ \hline 117 \end{array}$$

Sección 3-5

Hay 85 miembros en una asociación de padres y maestros; para contactarse usan un árbol telefónico. Vamos a suponer que cada llamada lleva 30 s y que todos están en casa y contestan el teléfono. La clave para resolver el problema es darse cuenta de que cuando alguien llama a la primera persona de las dos que tiene que llamar, la primera persona no espera a que el que la llamó haga su segunda llamada para hacer las llamadas que le corresponden. Una estrategia es construir un modelo de este árbol telefónico y una tabla para mantenerse informado del número de personas contactadas. Un modelo para los primeros 3 min se da a continuación. La tabla de la derecha en el modelo muestra el número de *Personas llamadas* en cada intervalo de 30 s y también muestra el *Número total de llamadas*.

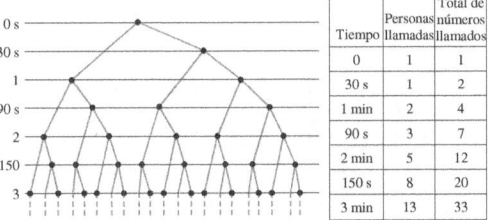

Tiempo	Personas llamadas	Total de números llamados
0	1	1
30 s	1	2
1 min	2	4
90 s	3	7
2 min	5	12
150 s	8	20
3 min	13	33

Si examinamos los números en la columna de las *Personas llamadas*, notamos una sucesión familiar, esto es, la sucesión de *Fibonacci* donde cada número en la sucesión es la suma de los dos números anteriores. Esto continúa, como se observa en el modelo, porque el número de puntos en cada segmento es la suma de los puntos de los segmentos previos. Así, necesitamos continuar la tabla para ver en qué tiempo el número total de personas llamadas iguala o excede 85. Continuando la tabla, observamos que $8 + 13 = 21$ personas más serían llamadas a los 210 s, dando un total de $33 + 21 = 54$. A los 4 min habría $13 + 21 = 34$ personas más llamadas, dando un total de $54 + 34 = 88$. Así, podemos llamar a 85 personas en 4 min.

Podemos extender el problema tratando números diferentes de miembros del grupo o generalizar el problema para encontrar el intervalo de tiempo requerido para llamar a n personas. Podemos también investigar cómo aparece la sucesión de Fibonacci en otros contextos, tales como los conos de los pinos o los hábitos reproductivos de algunos animales.

Respuestas a las Actividades de laboratorio

Sección 3-2

Cualquiera de los dos ábacos se pueden usar. Los dos son comparables. Algunos preferirán el ábaco chino porque tiene dos cuentas arriba de la barra y cinco debajo de la barra.

Sección 3-3

1. sí   **2.** 18 y 19   **3.** En general, los números pares parecen alcanzar más rápido el 1.   **4.** Las respuestas dependen de las elecciones. (Nota: La pregunta 1 es un problema famoso no resuelto en matemáticas.)

Sección 3-4

1. (a) Calcula   **(b)** Las respuestas pueden variar.
2. (a) Cuando una persona dice su edad mediante cartas listadas, la persona está dando la representación de su edad en base dos. El número puede ser determinado sumado los números en la esquina superior izquierda de las cartas nombradas.
(b) La carta F tendría 32 en la esquina superior izquierda. Cada uno de los números del 1 al 63 se podría escribir en base dos de modo que puedas decir dónde poner los números en las cartas.

Solución al Problema preliminar

Las respuestas pueden variar. A continuación se dará un conjunto de respuestas que muestran cómo usar 5 cincos agrupándolos con símbolos para obtener todos los números del 1–10.

$$(5 \div 5) + [(5 - 5) \cdot 5] = 1$$
$$[(5 + 5) \div 5] + (5 - 5) = 2$$
$$[(5 + 5) \div 5] + (5 \div 5) = 3$$
$$[(5 \cdot 5) \div 5] - (5 \div 5) = 4$$
$$5 + [(5 - 5) \cdot 55] = 5$$
$$[(5 \cdot 5) \div 5] + (5 \div 5) = 6$$
$$5 + (5 \div 5) + (5 \div 5) = 7$$
$$5 + [(5 + 5 + 5) \div 5] = 8$$
$$[55 - (5 + 5)] \div 5 = 9$$
$$5 + 5 + [(5 - 5) \cdot 5] = 10$$

Capítulo 4

Evaluación 4-1A

1. (a) $10 + 2d$ **(b)** $2n - 10$ **(c)** $10n^2$ **(d)** $n^2 - 2n$
2. (a) $\dfrac{7(n + 3) - 14}{7} - n$ **(b)** 1   **3. (a)** $2(n + 1)$
(b) $(n + 2)^2 - 2(n + 1)$ **4. (a)** $200 + 250b$ **(b)** $175d$
(c) $3x + 3$ **(d)** $q \cdot 2^n$ **(e)** $40 - 3t°F$ **(f)** $4s + 15{,}000$
(g) $3x + 5$ **(h)** $3m$ **5.** $S = 20P$ **6.** $g = 5 + b$
7. $6n + 4$ **8. (a)** $P = 8t$
dólares   **(b)** $P = 15 + 10(t - 1)$ dólares para $t \geq 1$
9. $5x + 1300$ dólares   **10.** Las respuestas en dólares:
(a) la más joven x, la mayor $3x$, la de
enmedio $\dfrac{3x}{2}$ dólares **(b)** la de enmedio y, la mayor $2y$, la
más joven $\dfrac{2y}{3}$ **c)** la mayor z, la más joven $\dfrac{z}{3}$, la de enmedio $\dfrac{z}{2}$

Conexiones matemáticas 4-1

Comunicación

1. Los dos son correctos. Para el primer estudiante, x es el primero de los tres números naturales consecutivos. El segundo escogió a x como el segundo de los tres números naturales consecutivos.

Solución abierta

3. Las respuestas pueden variar.

Preguntas del salón de clase

5. El estudiante tiene razón. Si el tercer entero es x, los cinco enteros son $x - 2, x - 1, x, x + 1, x + 2$; su suma es $5x$. Para cualquier sucesión aritmética con diferencia d, los cinco primeros enteros son $x - 2d, x - d, x, x + d, x + 2d$. Su suma es $5x$.
7. Sí, por ejemplo en $\{A \mid A \subset C\}$, A es un conjunto variable; cualquier conjunto que sea un subconjunto propio de C, el conjunto de números completos.

Evaluación 4-2A

1. Si $\triangle \square = 12$, entonces $\bigcirc \bigcirc + 12 = 18$ y $\bigcirc = 3$. Entonces $\square \bigcirc \bigcirc = \square + 6 = 10$, de modo que $\square = 4$. Si $\square = 4$, entonces $4 + \triangle = 12$ y $\triangle = 8$. Por lo tanto, $\bigcirc = 3, \square = 4$ y $\triangle = 8$.
2. (a) 24   **(b)** 20   **(c)** 9   **(d)** 3   **(e)** 3
3. 22   **4.** 524 boletos para estudiantes   **5.** Sea x la cantidad que recibió la menor. Entonces $x + 3x + x + 14{,}000 = 486{,}000$, ó $5x = 472{,}000$. La menor recibió \$94,400, la mayor \$283,200 y la de enmedio \$108,400.   **6.** 41, 41 y 38 pulg.   **7.** Sea x el número de monedas de a cinco. Entonces $67 - x$ es el número de monedas de a diez. De modo que $10(67 - x) + 5x = 420$, $x = 50$. Por lo tanto, 50 son de cinco y 17 de diez.   **8.** Ricardo 4, Miriam 14   **9.** 625   **10.** 350 yd por 175 yd

Conexiones matemáticas 4-2

Comunicación

1. Las dos son correctas. Para el primer estudiante, x es el primero de los tres números completos consecutivos. Para el segundo x es el segundo de los tres números completos consecutivos.

Solución abierta

3. Las respuestas pueden variar. Por ejemplo: **(a)** $(x + 1)(x + 2) = x^2 + 3x + 2$ **(b)** $2x + 3 = 2x - 1$
(c) $3x + 1 = 2x + 1$

Preguntas del salón de clase

5. $x = 0$ es una solución. El estudiante está mal pues no se puede dividir entre 0.   **7.** Pues puede haber un error al plantear la ecuación y así la ecuación no representa un modelo del problema.

Problemas de repaso

9. $x = 3y$ **11.** Juan x, Julia $2x$, Tina $6x$

Evaluación 4-3A

1. (a) Duplica el número de entrada. **(b)** Suma 6 al número de entrada. **2. (a)** Esto no es una función, ya que la entrada 1 está asociada con dos salidas (a y d). **(b)** Esto es una función.
3. (a) Las respuestas pueden variar. Por ejemplo: **(b)** 30

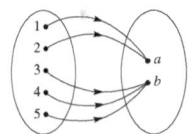

4. (a)
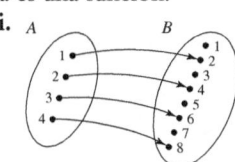

(b) $\{(0,1),(1,3),(2,5),(3,7),(4,9)\}$

(c)

x	$f(x)$
0	1
1	3
2	5
3	7
4	9

(d)
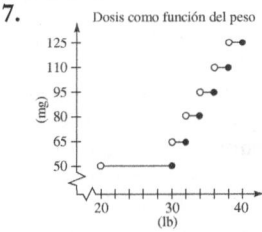

5. (a) Ésta es una función. **(b)** Ésta es una función.
(c) Ésta es una función.
6. (a) i. **ii.**
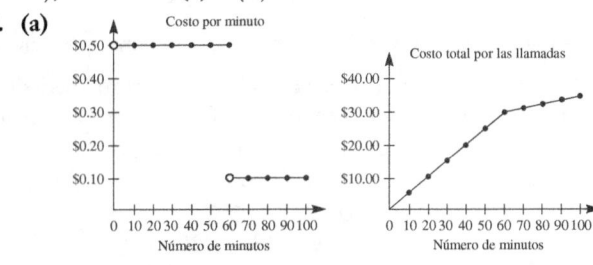

(b) La parte (i) es una función de A a B. Para cada elemento de A, hay un único elemento en B. El rango de la función es $\{2,4,6,8\}$.

7.

Dosis como función del peso

(imagen de gráfica con ejes (mg) y (lb))

8. (a) 8 dólares **(b)** $3n + 2$ dólares **9. (a)** $L(n) = 2n + (n-1)$, ó $3n - 1$ **(b)** $L(n) = n^2 + 1$
10. (a)

Costo por minuto

Costo total por las llamadas

Número de minutos   Número de minutos

Observa que como no podemos pintar 100 puntos en la gráfica solamente dibujamos un punto cada 10 minutos. Como en la parte (a) suponemos un número completo de minutos, los puntos no están conectados; sin embargo, debido a la escala, si dibujamos 100 puntos, éstos se verían conectados.
(b) La compañía cobra por cada parte de un minuto a razón de $0.50 por minuto **(c)** Los dos segmentos representan diferentes cargos por minuto. El que representa el mayor costo es el más empinado. **(d)** $C(t) = 0.50t$ si $0 \leq t \leq 60, C(t) = 30 + 0.10(t - 60)$ si $t > 60$.
11. (a) $5n - 2$ **(b)** 3^n **12. (a)** 30 **(b)** 65
13. (a) Los primeros tres son. **(b)** Sólo (ii) y (iii).
(c) Los primeros tres son. **14. (a)** $2 \cdot 1 + 2 \cdot 7 = 16$; $2 \cdot 2 + 2 \cdot 6 = 16; 2 \cdot 6 + 2 \cdot 2 = 16; 2 \cdot 5 + 2 \cdot 5 = 20$
(b) $\{(1,9), (2,8),(3,7), (4,6), (5,5), (6,4), (7,3),$ $(8,2), (9,1)\}$ **(c)** El dominio es $N \times N$, y el rango es el conjunto de todos los números mayores o iguales a 4.
15. (a) 50 carros **(b)** entre 6:00 A.M. y 6:30 A.M. **(c)** 0
(d) entre 8:30 A.M. y 9 A.M.., decreció en 100 carros
(e) Usamos segmentos porque los datos son continuos en lugar de discretos. Por ejemplo, hay un número de carros a las 5:20 A.M. **16. (a)** $A(2) = 192; A(6) = 192; A(3) = 240$; $A(5) = 240$. Algunas de las alturas corresponden a la bola yendo hacia arriba y otras hacia abajo.
(b)

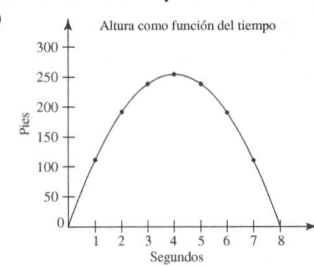

Altura como función del tiempo

Con $t = 4$ s, la altura de la pelota es $A(4) = 256$ pies por encima del piso. **(c)** 8 s **(d)** $0 \leq t \leq 8$ **(e)** $0 \leq A(t) \leq 256$
17. (a) i. 40
     ii. 49
   (b) i. $S(n) = 2n(n + 1)$
     ii. $S(n) = (n + 1)^2 + (n + 2)n$ ó $2n^2 + 4n + 1$
18. (a) $\dfrac{n(n + 1)}{2}$ **(b)** 4^{n-1} **19.** El recíproco es falso.

Por ejemplo, el conjunto de pares ordenados $\{(1,2), (1,3)\}$ no representa una función, ya que el elemento 1 está relacionado con dos diferentes segundas componentes. **20.** Sólo (b) no representa una función; si x, la entrada, es cualquier número completo, entonces y no es único, ya que puede ser cualquier número completo y tal que $y > x - 2$. **21.** Sólo (b) no es. Para $x = 1$ hay cinco valores de y. **22. (a)** niños: B, H; niñas $: A, C, D, G, I, J, E, F$ **(b)** $\{(A, B),$ $(A, C), (A, D), (C, A), (C, B), (C, D), (D, A),(D, B),$ $(D, C), (F, G), (G, F),(I, J), (J, I), (E, H)\}$ **(c)** no

Conexiones matemáticas 4-3

Comunicación

1. Sí, pues cada elemento de A está relacionado con exactamente un elemento de B **3. (a)** Esto no es una función, ya que un maestro de la universidad puede enseñar a más de un grupo.   **(b)** Esto sí es función (suponiendo que a cada maestro le corresponde un grupo).   **(c)** Esto no es función, ya que no todo senador está relacionado con una comisión. (No todo senador preside un comité.)

Solución abierta

5. Las respuestas pueden variar.   **7.** Las respuestas pueden variar.   **9.** Las respuestas pueden variar.

Aprendizaje colectivo

11. Las respuestas pueden variar.

Preguntas del salón de clase

13. No toda función es una sucesión. Considera, por ejemplo, la función cuyas entradas son estudiantes de la universidad y cuyas salidas son los números de identificación de cada estudiante.   **15.** Una manera es mostrar que para una salida dada y existe una única entrada. Si $y = 3x + 5$ y y es la salida, entonces la única entrada es $\dfrac{y - 5}{3}$. Otro enfoque es escribir la sucesión de salidas $5, 8, 11, 14, 17, \ldots$. Entonces al 0 le corresponde el 5, al 1 el 8, etc.

Problemas de repaso

17. (a) 50   **(b)** 2   **(c)** 100   **(d)** 3

Resumen del capítulo

1. $S = 13P$ **2.** La cantidad de niñas es 103 veces la cantidad de niños.   **3.** $f = 3y$ **4.** $10S - 10n$ **5.** 26
6. (a) Si n es el número original, entonces cada uno de los siguientes renglones muestra el resultado de una instrucción:

$$n$$
$$n + 17$$
$$2(n + 17) = 2n + 34$$
$$2n + 30$$
$$4n + 60$$
$$4n + 80$$
$$n + 20$$
$$n$$

(b) Las respuestas pueden variar; por ejemplo, los siguientes dos renglones podrían decir "resta 65" y "divide entre 4".   **(c)** Las respuestas pueden variar.
7. (a) 12   **(b)** 29   **(c)** 3   **(d)** No hay solución   **(e)** Todo número es una solución.   **8.** Pati 111, Juan 222 y Miguel 666   **9.** Los libros de ciencias 17 días, los otros libros 3 días   **10.** Raquel 50, Dalia 150 y Jacobo 300
11. (a) función   **(b)** no es una función   **(c)** función
12. (a) rango = $\{3, 4, 5, 6\}$ **(b)** rango = $\{14, 29, 44, 59\}$
(c) rango = $\{0, 1, 4, 9, 16\}$ **(d)** rango = $\{5, 9, 15\}$

13. (a) Esto no es una función, ya que un estudiante puede tener dos especialidades.   **(b)** Esto es una función. El rango es el subconjunto de números naturales que incluye el número de páginas de cada libro de la biblioteca.   **(c)** Esto es una función. El rango es $\{6, 8, 10, 12, \ldots\}$.   **(d)** Esto es una función. El rango es $\{0, 1\}$.   **(e)** Esto es una función. El rango es N.
14. (a) $C(x) = 200 + 55(x - 1)$
(b)

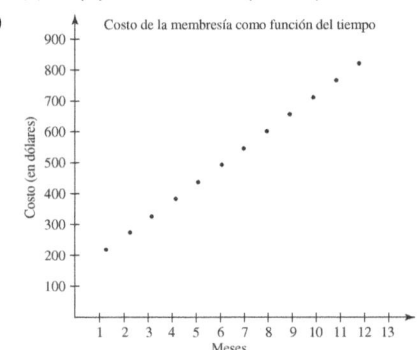

(c) En el noveno mes, el costo excede \$600.   **(d)** en el mes número 107   **15.** 5   **16. (a)** Sí, cada entrada tiene exactamente una salida.   **(b)** No, para $x = 4$, hay dos valores para y.   **(c)** No, para $x = 5$, hay dos valores para y.
17. (a) 14, 18, 22, 26   **(b)** La gráfica consiste en todos los puntos sobre la recta $y = 4x + 2$ con $x = 1, 2, 3, 4, \ldots$.
(c) $y = 4x + 2$ **(d)** La gráfica consiste en algunos puntos sobre una línea recta pero no todos los puntos de ésta, y por lo tanto no es una línea recta.

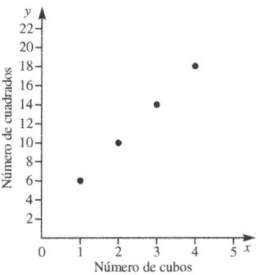

Respuestas a Ahora intenta éste

4-1. (a) Si quitamos los cuatro mosaicos blancos de las esquinas, entonces los mosaicos blancos que quedan en un lado igualan en número a los mosaicos sombreados, i.e., n. En los cuatro lados tenemos $4n$. sumando los cuatro mosaicos de las esquinas tenemos $4n + 4$.   **(b)** (i) 206 (ii) $2n + 6$ **4-2. (1)** al calcular primero $2 \cdot 50$ **(2)** escribiendo $70 \cdot 50 = 50 \cdot 70$ **(3)** no, los cálculos dentro de los paréntesis deben hacerse primero   **4-3. (a)** $\square = 3, \triangle = 9$ **(b)** $\square = 4, \triangle = 2$
4-4. Para hallar s, tenemos $\dfrac{6s}{6} = s$ **4-5. 1.** libras que aumentó
2. $4 + p = 8, p = 4$ **4-6. (1)** Si Brenda entregó b periódicos entonces Abel entregó $3b$ periódicos y Carla $3b + 13$. Por lo tanto,

$$b + 3b + 3b + 13 = 496,$$
$$b = 69$$
$$a = 3b = 207$$
$$c = 3b + 13 = 220.$$

(2) $x + y = 8$
$z + y = 9$
$z + x = 7$

Restando la tercera ecuación de la segunda, obtenemos $y - x = 2$. Con $y + x = 8$ sumamos ambas ecuaciones miembro a miembro y obtenemos $2y = 10; y = 5$. Por lo tanto, $x = 3$ y $z = 4$.   **4-7. (a)** Es una función que va del conjunto de números naturales al $\{0\}$, ya que para cada número natural existe una única salida en $\{0\}$.   **(b)** Es una función que va del conjunto de números naturales al $\{0, 1\}$, ya que por cada número natural existe una única salida en $\{0, 1\}$.   **4-8. (4)** Ellos están en la misma línea recta. **(5)** Dibuja una recta que pase por los puntos y extiéndela. El punto $(6, 20)$ está en la recta.   **(6)** No, no está en la recta. **4-9.** $\{5, 10, 15, 20, 25\}$ **4-10. (a)** niñas: A, C, D, F, G, I; niños: $B, \mathcal{J}$ **(b)** E y H **4-11. (a)** Para $x > 10$, y no es un número completo. El rango se obtiene al substituir $x = 0, 1, 2, 3, \ldots, 10$ en $y = 10 - x$.   **(b)** Si x y y se intercambian, obtenemos $x = y + 10$ ó $y = x - 10$, el cual es diferente de $y = x + 10$.

Respuesta al Rincón de la tecnología

Sección 4-3
Las respuestas pueden variar. Las gráficas son rectas paralelas porque cualesquier dos ecuaciones con valores diferentes de b no tienen una solución común.

Respuesta al Problema preliminar

Si el número que el estudiante escogió es x y la respuesta es a, entonces

$$2 \cdot \left(\frac{6x + 4}{2} + 5 \right) - 18 = a$$
$$6x - 4 = a$$
$$6x = a + 4$$
$$x = \frac{a + 4}{6}$$

Así, el maestro sumó 4 a cada respuesta y dividió la suma entre 6.

Capítulo 5

Evaluación 5-1A

1. (a) $^-2$ **(b)** 5 **(c)** ^-m **(d)** 0 **(e)** m **(f)** $^-a - b$ o $^-(a + b)$ **2. (a)** 2 **(b)** m **(c)** 0 **3. (a)** 5 **(b)** 10 **(c)** $^-5$ **(d)** $^-5$
4. (a)

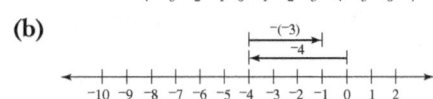

5 cargas +   Añade 3 cargas negativas.
Resultado neto: 2 cargas positivas

(b)

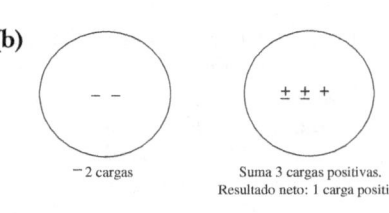

$^-2$ cargas   Suma 3 cargas positivas.
Resultado neto: 1 carga positiva

(c)

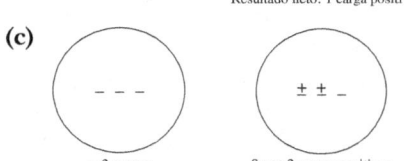

$^-3$ cargas   Suma 2 cargas positivas.
Resultado neto: 1 carga negativa

(d)

$^-3$ cargas   Añade 2 cargas negativas.
Resultado neto: 5 cargas negativas

5. (a)

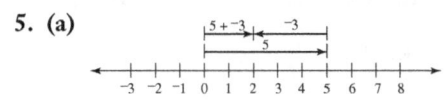

(b)

(c)

(d)

6. (a) $3 + {}^-(^-2) = 5$ **(b)** $^-3 + {}^-2 = {}^-5$ **(c)** $^-3 + {}^-(^-2) = {}^-1$ **7. (a)** $3 - (^-2) = x$ si, y sólo si, $3 = {}^-2 + x$. Entonces, $x = 5$.   **(b)** $^-3 - 2 = x$ si, y sólo si, $^-3 = 2 + x$. Por lo tanto, $x = {}^-5$.**(c)** $^-3 - (^-2) = x$ si, y sólo si, $^-3 = {}^-2 + x$. Por lo tanto, $x = {}^-1$. **8. (a)** $^-17 + 10 = {}^-7$ puntos **(b)** $^-10°C + 8°C = {}^-2°C$ **(c)** 5000 pies $+ (^-100$ pies$) = 4900$ pies **9. (a)** $(^-45) + (^-55) + (^-165) + (^-35) + (^-100) + 75 + 25 + 400$ **(b)** $\$400$ **10. (a)**

(b)

11. (a) $^-4 - 2 = {}^-6; {}^-4 - 1 = {}^-5; {}^-4 - 0 = {}^-4;$ $^-4 - {}^-1 = {}^-3$ **(b)** $3 - 1 = 2; 2 - 1 = 1; 1 - 1 = 0;$ $0 - 1 = {}^-1; {}^-1 - 1 = {}^-2; {}^-2 - 1 = {}^-3$ **12. (a)** $^-9$ **(b)** 3 **(c)** 1 **13. (a) (i)** $55 - 60$ **(ii)** $55 + (^-60)$ **(iii)** $^-5°F$ **(b) (i)** $200 - 220$ **(ii)** $200 + (^-220)$ **(iii)** $\$^-20$ **14. (a)** 10W–40 ó 10W–30 **(b)** 5W–30 **(c)** 10W–40, 5W–30, ó 10W–30 **(d)** ninguno **(e)** 10W–30 ó 10W–40   **15. (a)** $1 + 4x$ **(b)** $2x + y$ **16.** La ecuación es válida si, y sólo si, $c = 0$ (a y b pueden ser enteros cualesquiera). Justificación: Se puede mostrar que $a - (b - c) = a - b + c$ para todos los enteros a, b y c. Así, la ecuación original es válida si, y sólo si, $(a - b) + {}^-c = (a - b) + c$, lo cual, a su vez, es válido si, y sólo si, ${}^-c = c$. Esta última ecuación es verdadera si, y sólo si, $c = 0$

17. (a) E (b) C (c) $E - \{0\}$ (d) $\varnothing$ (e) $\varnothing$ (f) E^-
18. (a) 0 (b) ${}^-101$ (c) 1 (d) $a - 1$ (e) ${}^-4$ **19.** (a) Todos los enteros negativos (b) Todos los enteros positivos (c) Todos los enteros menores que ${}^-1$ (d) 2 ó ${}^-2$
20. (a) 9 (b) 2 (c) 0 y 2 (d) el conjunto de los números completos **21.** (a) 0 ó 12 (b) ${}^-8$ u 8 (c) Todo entero satisface esta propiedad. **22.** (a) 89 (b) 19
23. El mayor valor posible: $a - (b - c) - d$, u 8; el menor valor posible: $a - b - (c - d)$, ó ${}^-6$ **24.** (a) $d = {}^-3$, términos siguientes: ${}^-12, {}^-15$ (b) $d = {}^-y$, términos siguientes: $x - 2y, x - 3y$ **25.** ${}^-1$ **26.** (a) verdadero
(b) verdadero (c) verdadero **27.** (a) ${}^-4$ (b) 3
(c) ${}^-5$ **28.** (a) ${}^-18$ (b) ${}^-6$ (c) 22 (d) ${}^-18$ (e) 23

Conexiones matemáticas 5-1

Comunicación

1. Pudo haber manejado 12 mi en cualquier dirección a partir del poste de la milla 68. Por lo tanto, su ubicación podría ser el poste $68 - 12 = 56$ mi o el poste $68 + 12 = 80$ mi.
3. Una manera es encontrar la diferencia del valor absoluto mayor y el valor absoluto menor. La suma tiene el mismo signo que el del valor absoluto mayor.
5. (a) No; si $x < 0$, entonces ${}^-x$ es positivo.
(b) $\begin{aligned} {}^-(a - b - c) &= {}^-(a + {}^-b + {}^-c) \\ &= {}^-a + {}^-({}^-b) + {}^-({}^-c) \\ &= {}^-a + b + c = b + c - a \end{aligned}$
7. $a < b$ si, y sólo si, existe un número completo distinto de cero c tal que $a + c = b$. ${}^-8 < {}^-7$ ya que ${}^-8 + 1 = {}^-7$.

Solución abierta

9. Las respuestas pueden variar; por ejemplo, los pisos por arriba de la superficie se podrían numerar como de costumbre $1, 2, 3, \ 4, \ldots, n$, el piso cero o a nivel de la superficie se podría llamar *PB* (Planta baja) y los pisos debajo de la superficie, o en el sótano, se podrían llamar $1S, 2S, 3S, \ 4S, \ldots, mS$. El sistema se podría modelar con una recta numérica vertical con *PB* en lugar del 0 y $1S, 2S, 3S, \ldots, mS$ en lugar de los números negativos. **11.** (a) Las respuestas pueden variar. Por ejemplo, $f(x) = -|x| - 1$. (b) Las respuestas pueden variar. Por ejemplo, $f(x) = |x|$.

Aprendizaje colectivo

13. Las respuestas pueden variar.

Preguntas del salón de clase

15. El algoritmo es correcto, y al estudiante hay que felicitarlo por haberlo hallado. Una manera de alentar su creatividad es referirse al procedimiento y nombrarlo por su nombre; por ejemplo, "El método de resta de David". En cuarto grado, la técnica se puede explicar usando un modelo de dinero. Supongamos que tienes $4 en una cuenta de cheques y

$80 en otra, teniendo un total de $84. Gastas $27 quitando $7 de la primera cuenta y $20 de la segunda. La primera cuenta está sobregirada en $3; esto es, el saldo es ${}^-\$3$. El saldo en la segunda cuenta es $60. Después de transferir $3 de la segunda a la primera, el saldo en la primera cuenta es $0 y en la segunda $57; esto es, el saldo total es $57. **17.** La figura se supone que ilustra el hecho de que un entero y su opuesto son reflejos en un espejo. Como a puede ser negativo, la figura es correcta. Por ejemplo, los valores posibles para a y ${}^-a$ son $a = {}^-1$, ${}^-a = 1$, y $a = {}^-7$, ${}^-a = 7$. En este punto, el maestro puede recordar al alumno que el signo "$-$" en ${}^-a$ *no* significa que ${}^-a$ es negativo. Si a es positivo, ${}^-a$ es negativo, pero si a es negativo, ${}^-a$ es positivo.

Evaluación 5-2A

1. $3({}^-1) = {}^-3; 2({}^-1) = {}^-2; 1({}^-1) = {}^-1; 0({}^-1) = 0;$ $({}^-1)({}^-1) = 1$, continuando el patrón de una sucesión aritmética con la diferencia fija de 1.
2.

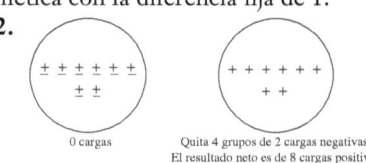

0 cargas   Quita 4 grupos de 2 cargas negativas.
El resultado neto es de 8 cargas positivas.

3.

$$2({}^-4) = {}^-8$$

(recta numérica de -8 a 7, con ${}^-4$ y ${}^-4$ indicados)

4. (a) $({}^-3)({}^-3) = 9$ (b) $({}^-5)2 = {}^-10$
5. (a) $4({}^-20)$ ó ${}^-80$ (b) $({}^-4)({}^-20)$ u 80
(c) $n({}^-20)$ ó ${}^-20n$ (d) $({}^-n)({}^-20)$ ó $20n$
6. (a) 5 (b) ${}^-11$ (c) Imposible; debido a que $0 \cdot k = {}^-5$ no tiene solución entera. **7.** (a) ${}^-10$
(b) ${}^-10$ (c) No está definida (d) No está definida
(e) ${}^-1$ **8.** (a) ${}^-30; {}^-30 \div {}^-6 = 5; {}^-30 \div 5 = {}^-6$
(b) $20; 20 \div {}^-5 = {}^-4; 20 \div {}^-4 = {}^-5$ (c) 0,
$0 \div {}^-3 = 0$; la división entre 0 no está definida. (d) 0, la división entre 0 no está definida. **9.** (a) $(4x) \div 4 = a$ si, y sólo si, $4x = 4a$ si, y sólo si, $a = x$. Así, $(4x) \div 4 = x$
(b) ${}^-xy \div y = a$ si, y sólo si, ${}^-xy = ya = ay$ si, y sólo si, $a = {}^-x$ **10.** Todas las respuestas están en °C. (a) $32 + ({}^-3)30$ ó $32 - 3 \cdot 30 = {}^-58$ (b) $0 + ({}^-4)({}^-25)$ ó $4 \cdot 25 = 100$ (c) ${}^-20 + ({}^-4)({}^-30) = 100$
(d) $25 + 3({}^-20) = 25 - 3 \cdot 20 = {}^-35$ **11.** $108,000$ acres **12.** (a) ${}^-1({}^-5 + {}^-2) = {}^-1({}^-7) = 7;$
$({}^-1)({}^-5) + ({}^-1)({}^-2) = 5 + 2 = 7$ (b) ${}^-3({}^-3 + 2) = {}^-3({}^-1) = 3; ({}^-3)({}^-3) + ({}^-3)(2) = 9 + {}^-6 = 3$
13. (a) ${}^-8$ (b) 16 (c) ${}^-1000$ (d) 81 (e) 1 (f) ${}^-1$
(g) 12 (h) 0 **14.** (a) 0 (b) 0 (c) 9 **15.** (b) y (c) siempre son positivas, (a) siempre es negativa. (d) y (e) no son ninguna **16.** (b) $=$ (c); (d) $=$ (e) **17.** (a) Propiedad conmutativa de la multiplicación (b) Propiedad de la cerradura de la multiplicación (c) Propiedad asociativa de la multiplicación (d) Propiedad distributiva de la multiplicación sobre la suma **18.** (a) xy (b) $2xy$ (c) $3x - y$ (d) ${}^-x$
19. (a) ${}^-2x + 2y$ (b) $x^2 - xy$ (c) ${}^-x^2 + xy$
(d) ${}^-2x - 2y + 2z$

20. (a) $^-2$ **(b)** 2 **(c)** 0 **(d)** $^-6$ **(e)** $^-36$ **(f)** 6
(g) Todos los enteros excepto 0 **(h)** Todos los enteros excepto 0
21. (a) $^-5$ **(b)** $^-2$ **(c)** No hay soluciones **(d)** $^-2$
(e) $^-2$ y 2 **(f)** $^-2$ ó 4 **(g)** $^-1$ **(h)** 1 ó $^-3$
22. (a) $(50 + 2)(50 - 2) = 50^2 - 2^2 = 2500 - 4 =$
2496 **(b)** $25 - 10{,}000 = {}^-9975$ **(c)** $x^2 - y^2$
23. (a) $8x$ **(b)** $x(y + 1)$ **(c)** $x(x + y)$
(d) $x(3y + 2 - z)$ **(e)** $a[b(c + 1) - 1]$
(f) $(4 + a)(4 - a)$ **(g)** $(2x + 5y)(2x - 5y)$
24. (a)
$$\begin{aligned}(a - b)^2 &= (a + {}^-b)(a + {}^-b)\\ &= a(a + {}^-b) + {}^-b(a + {}^-b)\\ &= a^2 + a({}^-b) + ({}^-b)a + ({}^-b)({}^-b)\\ &= a^2 - 2ab + b^2\end{aligned}$$
(b) (i) $98^2 = (100 - 2)^2 = 100^2 - 2(200) + 2^2 =$
$10{,}000 - 400 + 4 = 9604$ **(ii)** $99^2 = (100 - 1)^2 =$
$100^2 - 2(100) + 1^2 = 10{,}000 - 200 + 1 = 9801$
(iii) $997^2 = (1000 - 3)^2 = 1000^2 - 2(3000) + 3^2 =$
$1{,}000{,}000 - 6000 + 9 = 994{,}009$ **25. (a)** $8, 11, d = 3$,
el n-ésimo término es $3n - 13$. **(b)** $^-128, {}^-256, r = 2$,
el n-ésimo término es $^-2^n$. **(c)** $2^7, {}^-2^8, r = {}^-2$, el n-
ésimo término es $2 \cdot ({}^-2)^{n-1}$ ó $^-({}^-2)^n$. **26.** $13{,}850$
27. (a) $^-9, {}^-6, {}^-1, 6, 15$ **(b)** $^-2, {}^-7, {}^-12, {}^-17, {}^-22$
(c) $^-3, 3, {}^-9, 15, {}^-33$ **28.** El primer término es 7 y el segundo es 2 **29.** Después de17 min, la temperatura era de
$-108°C$ **30. (a)** Si $x \geq 0$ y $y \leq 0$, entonces
$^-|x| \cdot |y| = {}^-x({}^-y) = xy$. De manera análoga, la proposición es verdadera para $x \leq 0$ y $y \geq 0$. **(b)** Es verdadero
si, y sólo si, $x = 0$. Si $x \neq 0$, $^-x^2$ es negativo y x^2 es
positivo y por tanto las expresiones no pueden ser
iguales. **(c)** Si x y y son positivas y $x > y$, la proposición
es verdadera.

Conexiones matemáticas 5-2

Comunicación

1. No; no es de la forma $(a - b)(a + b)$.
3. (a)
$$\begin{aligned}(^-1)a + a &= (^-1)a + 1 \cdot a\\ &= (^-1 + 1)a\\ &= 0 \cdot a\\ &= 0\end{aligned}$$
(b) La parte (a) implica que $(^-1)$ es el inverso aditivo de a.
Como ^-a es también el inverso aditivo de a, se sigue que
$(^-1)a = {}^-a$.
5.
$$\begin{aligned}^-(a + b) &= (^-1)(a + b) &&\text{Problema 3(b)}\\ &= (^-1)a + (^-1)b &&\text{Por la propiedad distributiva}\\ &= {}^-a + {}^-b &&\text{Problema 3(b)}\end{aligned}$$
7. (a) $5x + 3 < {}^-20$ si, y sólo si, $5x < {}^-23$. Como
$5({}^-5) = {}^-25 < {}^-23$ y $5({}^-4) = {}^-20 > {}^-23$, el mayor
entero es $^-5$. **(b)** No, no hay un entero mínimo. Como
x es un entero, la desigualdad es equivalente a $x \leq {}^-5$ y no
hay tal entero mínimo.

Solución abierta

9. Las respuestas pueden variar. **11.** Las respuestas varían dependiendo del nivel o grado y la selección del libro
publicado.

Aprendizaje colectivo

13. (a) Las respuestas pueden variar. **(b)** Las respuestas
pueden variar.

Preguntas del salón de clase

15. El estudiante tiene razón al decir que la deuda de \$5 es
mayor que la deuda de \$2. Sin embargo, lo que esto significa
en la recta real es que $^-5$ está más a la izquierda que $^-2$. El
hecho de que $^-5$ esté más lejos a la izquierda que $^-2$ sobre
la recta real implica que $^-5 < {}^-2$. **17.** El procedimiento
se puede justificar como sigue. Como para todos los enteros
c, $^-c = (^-1)c$, el hecho de realizar el opuesto de una expresión algebraica es lo mismo que multiplicar la expresión
por $^-1$. Sin embargo, en esta expresión $x - (2x - 3)$, el signo "$-$" denota la resta, no simplemente encontrar el opuesto.
Si primero la expresión la escribimos como $x + {}^-(2x + {}^-3)$,
entonces sucede $^-(2x + {}^-3) = {}^-1(2x + {}^-3)$, ó $^-2x + 3$.
Ahora la expresión puede escribirse como $x + {}^-2x + 3$, la
cual el estudiante pudo obtener usando la regla de su padre.
19. El modelo muestra que $^-2({}^-3) = 6$, pero esto no muestra en general que la multiplicación entre enteros negativos
sea un entero positivo. Una demostración formal que demues-
tre que la multiplicación entre dos números enteros negativos
es un entero positivo para todos los enteros es deseable.

Problemas de repaso

21. (a) 5 **(b)** $^-7$ **(c)** 0 **23.** 400 lb **25. (a)** $x = 3$
ó $^-3$ **(b)** No hay x posible **(c)** $x \geq 0$ **(d)** $x \leq 0$

Evaluación 5-3A

1. (a) verdadero **(b)** verdadero **(c)** verdadero **(d)** verdadero
(e) verdadero **(f)** Falso; no hay ningún valor $c \in E$ tal que
$30c = 6$. **2. (a)** sí **(b)** no **(c)** sí **3. (a)** 2, 3, 4, 6, 11
(b) 2, 3, 6, 9 **(c)** 2, 3, 5, 6, 10 **4. (a)** No, $17|34{,}000$ y
$17 \nmid 15$, de modo que $17 \nmid 34{,}015$. **(b)** Sí, $17|34{,}000$ y $17|51$,
de modo que $17|34{,}051$. **(c)** No, $19|19{,}000$ y $19 \nmid 31$, de
modo que $19 \nmid 19{,}031$. **(d)** Sí, 5 es un factor de $2 \cdot 3 \cdot 5 \cdot 7$.
(e) No, $5|2 \cdot 3 \cdot 5 \cdot 7$ y $5 \nmid 1$, de modo que $5 \nmid (2 \cdot 3 \cdot 5 \cdot 7) + 1$.
5. (a) Verdadero por el teorema 5–12 **(b)** Verdadero por
el teorema 5–13(b) **(c)** ninguno **(d)** Verdadero por el teorema 5–13(b) **(e)** Verdadero por el teorema 5–12 **6. (a)**
Falso, $2|6$ pero $(2 + 5) \nmid (6 + 5)$ **(b)** Verdadero. Como $b|a$,
existe c tal que $a = bc$. Entonces $a^3 = b^3c^3 = (bc)^2b^2$, lo que
significa que $b^2|a^3$. **(c)** Verdadero. Como $b|a$, existe c tal
que $a = bc$. Entonces $^-a = {}^-(bc) = b({}^-c)$, lo que implica que
$b|{}^-a$. También, $^-a = {}^-(bc) = ({}^-b)c$, lo que implica $^-b|{}^-a$.
7. (a) $210 = 7 \cdot 30$ **(b)** $19|1900$ y $19|38$ **(c)** $6|(2 \cdot 3) \cdot$
$2^2 \cdot 3 \cdot 17^4$ y $6|6 \cdot 2^4 \cdot 3 \cdot 17^4$ **(d)** $7|4200$ pero $7 \nmid 22$ **8. (a)**
verdadero **(b)** falso **9. (a)** 7 **(b)** 7 **(c)** 6 **10. (a)**
Cualquier dígito del 0 al 9 **(b)** 1, 4, 7 **(c)** 1, 3, 5, 7, 9
(d) 7 **(e)** 7 **11.** 17 **12.** Cada lápiz costó 19¢. **13. (a)** sí
(b) no **(c)** sí **(d)** no **14. (a)** $12{,}343 + 4546 + 56 =$
$16{,}945$; $4 + 1 + 2 = 7$ tiene residuo 7 cuando dividimos
entre 9, como también $1 + 6 + 9 + 4 + 5$. **(b)** $987 +$
$456 + 8765 = 10{,}208$; $6 + 6 + 8 = 20$ tiene residuo 2 al
dividir entre 9, como también $1 + 0 + 2 + 0 + 8 = 11$.

(c) $10{,}034 + 3004 + 400 + 20 = 13{,}458$; $8 + 7 + 4 + 2 = 21$ tiene residuo 3 cuando lo dividimos entre 9; también $1 + 3 + 4 + 5 + 8$. **(d)** $1003 - 46 = 957$; $4 - 1 = 3$ tiene residuo 3 cuando lo dividimos entre 9, como también $9 + 5 + 7 = 21$. **(e)** $345 \cdot 56 = 19{,}320$. 345 tiene residuo 3 cuando lo dividimos entre 9; 56 tiene residuo 2 cuando lo dividimos entre 9; $3 \cdot 2 = 6$ tiene residuo 6 cuando lo dividimos entre 9. $1 + 9 + 3 + 2 + 0 = 15$ tiene residuo 6 cuando lo dividimos entre 9. **(f)** Las respuestas pueden variar. **15. (a)** 1, 3 y 7 dividen a n. 1 divide a todo número. También, como $n = 21 \cdot d, d \in E$, entonces $n = (3 \cdot 7)d = 3(7d) = 7(3d)$, lo cual implica que n es divisible entre 3 y entre 7. **(b)** 1, 2, 4 y 8 dividen a n. 1 divide a todo número. Como, $16|n$, entonces $n = 16 \cdot d, d \in E$. Así, $n = (2 \cdot 8)d = 2(8d) = 8(2d) = 4(4d)$. Por lo tanto, n es divisible entre 2, 4 y 8.

16. (a) Sí, si $5|x$ y $5|y$, entonces $5|(x + y)$. **(b)** Sí, si $5|y$, entonces $5|(^-y)$. Si $5|x$ y $5|(^-y)$, entonces $5|(x + (^-y))$ ó $5|x - y$. **(c)** Sí, si $5|x$, entonces 5 divide a todos los múltiplos de x y en particular $5|xy$. **17.** 6,868,395 es divisible entre 15 porque es divisible entre 3 y 5. El último dígito es 5 y la suma de los dígitos es 45, el cual es divisible entre 3. **18. (a)** Falso; $2|4$, pero $2 \nmid 1$ y $2 \nmid 3$. **(b)** Falso (mismo ejemplo que en (a)) **(c)** Falso; $12|72$, pero $12 \nmid 8$ y $12 \nmid 9$. **(d)** Verdadero **(e)** Falso; si $a = 5$ y $b = -5$, entonces $a|b$ y $b|a$, pero $a \neq b$.

19. Sea $n = a10^4 + b10^3 + c10^2 + d10 + e$.

$a10^4 = a(10{,}000) = a(9999 + 1) = a9999 + a$
$b10^3 = b(1000) = b(999 + 1) = b999 + b$
$c10^2 = c(100) = c(99 + 1) = c99 + c$
$d10 = d(10) = d(9 + 1) = d9 + d$

Así, $n = (a9999 + b999 + c99 + d9) + (a + b + c + d + e)$. Como $9|9, 9|99, 9|999, 9|9999$, se sigue que si $9|(a + b + c + d + e)$ entonces $9|[(a9999 + b999 + c99 + d9) + (a + b + c + d + e)]$; esto es, $9|n$. Si, por otro lado, $9 \nmid (a + b + c + d + e)$, se sigue que $9 \nmid n$.

Conexiones matemáticas 5-3

Comunicación

1. No, cualquier cantidad de timbres debe ser un múltiplo de 3 (siendo la suma de un múltiplo de 6 y otro de 9, ambos son múltiplos de 3).
3. (a) Sí, $4|52{,}832$, de modo que 4 divide a cualquier entero que multiplica a 52,832. Por lo tanto, 4 divide a $52{,}832 \cdot 324{,}518$, que es el área. **(b)** Sí, 2 es un factor de 52,834 y 2 es un factor de 324,514, de modo que $2 \cdot 2$ ó 4 es un factor de $52{,}834 \cdot 324{,}514$, el cual es el área. **5. (a)** No. Si $16|x$, entonces $x = 10n = 5 \cdot 2n$ para cualquier entero n. Por lo tanto x es divisible entre 5. **(b)** Sí, todos los múltiplos impares de 5 no son divisibles entre 10 pero son divisibles entre 5. **7.** 243; Sí; Considera cualquier número n de la forma $abcabc$. Entonces tenemos lo siguiente:

$n = (a10^5) + (b10^4) + (c10^3) + (a10^2)$
$\quad + (b10^1) + c$
$= a(10^5 + 10^2) + b(10^4 + 10^1) + c(10^3 + 1)$
$= a(100{,}000 + 100) + b(10{,}000 + 10) + c1001$

$= a(1001 \cdot 100) + b(1001 \cdot 10) + c1001$
$= (1001)[a100 + b10 + c1]$
$= (7 \cdot 11 \cdot 13)[a100 + b10 + c1]$

Así, si divides entre 1001, el cociente es abc.
9. (a) Sea $abcd$ un número. Restando el último dígito tenemos $abc0$. Así, el resultado es divisible entre 2, 5 y 10.
(b) Si restamos cd de $abcd$, obtenemos $ab00$. Este número es divisible entre 2, 4, 5, 10, 20, 25, 50 y 100.
(c) $abcd - (a + b + c + d) = a \cdot 10^3 + b \cdot 10^2 + c \cdot 10 + d - a - b - c - d = a \cdot 999 + b \cdot 99 + c \cdot 9 = 9(a \cdot 111 + b \cdot 11 + c)$. Así, el resultado es divisible entre 3 y 9.
(d) • Considera un número de cuatro dígitos en base cinco, $abcd_{\text{cinco}}$. Después restamos el último dígito y obtenemos $abc0_{\text{cinco}} = 10_{\text{cinco}} \cdot abc_{\text{cinco}}$, el cual es divisible entre 10_{cinco} ó 5 en base diez.
  • $abcd_{\text{cinco}} - cd_{\text{cinco}} = ab00_{\text{cinco}}$, el cual es divisible entre 10_{cinco} y 100_{cinco} ó 5 y 25 en base diez.
  • $abcd_{\text{cinco}} - a - b - c - d = 444_{\text{cinco}} \cdot a + 44_{\text{cinco}} \cdot b + 4_{\text{cinco}} \cdot c = 4_{\text{cinco}}(111_{\text{cinco}} \cdot a + 11_{\text{cinco}} \cdot b + c)$, el cual es divisible entre 2 y 4.

Solución abierta

11. (a) Las respuestas pueden variar; por ejemplo, por inspección de los números dados observamos que todos los números son múltiplos de 3. Como 3 divide a cada número, entonces 3 divide a la suma de cualquiera de esos números. Como 100 no es divisible entre 3, no hay una combinación ganadora de los números dados que sume 100. **(b)** Las respuestas pueden variar; por ejemplo, como muchos de estos múltiplos de 3 suman 99 ($33 + 66, 45 + 51 + 3$, etc.), la compañía podría colocar a lo sumo 1000 tarjetas con el número 1 en la caja. Esto asegurará que no haya más de 1000 ganadores. También se podrían usar otros números.

Aprendizaje colectivo

13. Las respuestas pueden variar.

Preguntas del salón de clase

15. Aunque estas dos expresiones se ven similares, no son iguales; a/b significa "a está dividido entre b," una operación, y tiene una respuesta numérica si $b \neq 0$; $a|b$ significa "a divide a b", una relación que puede ser verdadera o falsa. Nota que si a/b es un entero, entonces $b|a$. **17.** Sí, si $a \neq 0$; la conclusión del estudiante es que $a|0$ y esto no es verdadero pues $a \neq 0$, la ecuación $a \cdot k = 0$ tiene una solución única, $k = 0$.
19. Se ha visto que para cualquier número n de cuatro dígitos este puede ser escrito de la forma $n = a10^3 + b10^2 + c10 + d = (a999 + b99 + c9) + (a + b + c + d)$. La prueba de divisibilidad entre algún número g dependerá de la suma de los dígitos $a + b + c + d$ si, y sólo si, $g|(a999 + b99 + c9)$ independientemente de los valores de a, b y c. Como los únicos números mayores que 1 que dividen a 9, 99 y 999 son 3 y 9, la prueba de divisibilidad para dividir la suma de los dígitos entre el número funciona sólo para 3 y 9. Un argumento similar funciona para cualquier número con m-dígitos.

21. Es verdad que si un número es divisible entre 24 es divisible entre 6 y entre 4, y que, en general, un número divisible entre ab es divisible entre ambos, a y b. El recíproco no es verdadero. Por ejemplo, 12 es divisible entre 4 y entre 6 pero no entre $4 \cdot 6$, ó 24.

Problemas de repaso

23. (a) $^-2$ **(b)** No existen tales enteros. **(c)** No existen tales enteros. **(d)** Todos los enteros **(e)** No existen tales enteros. **(f)** Todos los enteros positivos **25. (a)** $f(^-5) = 10 - 3 = 7$ **(b)** $^-10$ **(c)** No, si $^-2x - 3 = 2$, entonces $^-2x = 5$, la cual no tiene solución en los enteros. **(d)** El conjunto de todos los enteros impares.

Evaluación 5-4A

1. 30 **2. (a)** primo **(b)** no es primo **(c)** no es primo **(d)** primo **(e)** primo **(f)** primo **(g)** primo **(h)** no es primo

3. (a) 504 **(b)** 2475

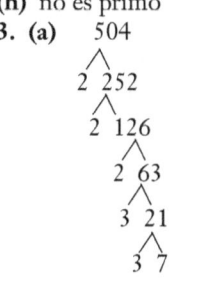

$$504 = 2^3 \cdot 3^2 \cdot 7 \qquad 2475 = 3^2 \cdot 5^2 \cdot 11$$

(c) 11,250

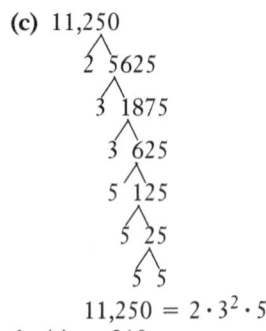

$$11,250 = 2 \cdot 3^2 \cdot 5^4$$

4. (a) 210

(b) Puedes multiplicar $2 \cdot 3 \cdot 7 \cdot 5$. **5.** 73
6. (a) $2^8 \cdot 3^4 \cdot 5^2 \cdot 7$ **(b)** $2^3 \cdot 5^2 \cdot 7^{20} \cdot 13$ **(c)** 251
(d) $7 \cdot 11 \cdot 13$ **7. (a)** 1 entre 48, 2 entre 24, 3 entre 16 y 4 entre 12 **(b)** Sólo uno, 1 entre 47 **8. (a)** El Teorema Fundamental de la Aritmética dice que n se puede escribir como un producto de primos de manera única. Como $2|n$ y

$3|n$ y 2 y 3 son primos, deben estar incluidos en la factorización única:

$$2 \cdot 3 \cdot p_1 \cdot \cdots \cdot p_m = n;$$
$$(2 \cdot 3)(p_1 \cdot p_2 \cdot \cdots \cdot p_m) = n; \text{ por lo tanto,}$$
$$6|n.$$

(b) Sí. Si $a|n$, existe un entero c tal que $ca = n$. Si $b|n$ existe un entero d tal que $db = n$. Por lo tanto,
$(ca)(db) = n^2 \Rightarrow (dc)(ab) = n^2 \Rightarrow ab|n^2$. **9. (a)** 2, 3, 4, 6, 9, 12, 18 ó 36 **(b)** 1, 2, 4, 7, 14 ó 28 **(c)** 1 ó 17
(d) 1, 2, 3, 4, 6, 8, 9, 12, 16, 18, 24, 36, 48, 72 ó 144
10. 90 **11.** 101, 103, 107, 109, 113, 127, 131, 137, 139, 149, 151, 157, 163, 167, 173, 179, 181, 191, 193, 197, 199
12. 3, 5; 5, 7; 11, 13; 17, 19; 29, 31; 41, 43; 59, 61; 71, 73; 101, 103; 107, 109; 137, 139; 149, 151; 179, 181; 191, 193; 197, 199
13. 1, 2, 3, 6, 7, 14, 21 **14.** Hay 16 factores de 1000. Los otros 15 factores son: 1, 2, 4, 5, 8, 10, 20, 25, 40, 50, 100, 125, 200, 250 y 500. **15.** Hay una infinidad de números compuestos de la forma 1, 11, 111, 1111, 11111, 111111 ... pues cada tercer número de la sucesión será divisible entre 3 (también, cada dos de la sucesión es divisible entre 11). **16.** Sí, porque $(3^2 \cdot 2^4)(3^2 \cdot 2^3) = 3^4 \cdot 2^7$ **17. (a)** $3 \cdot 5 \cdot 7 \cdot 11 \cdot 13$ es compuesto porque es divisible entre 3, 5, 7, 11 y 13.
(b) $(3 \cdot 4 \cdot 5 \cdot 6 \cdot 7 \cdot 8) + 2 = 2[(3 \cdot 2 \cdot 5 \cdot 6 \cdot 7 \cdot 8) + 1]$ y, por lo tanto, es compuesto. **(c)** $(3 \cdot 5 \cdot 7 \cdot 11 \cdot 13) + 5 = 5[(3 \cdot 7 \cdot 11 \cdot 13) + 1]$ y por lo tanto es compuesto.
(d) $10! + 7 = 7[(10 \cdot 9 \cdot 8 \cdot 6 \cdot 5 \cdot 4 \cdot 3 \cdot 2 \cdot 1) + 1]$ de modo que es compuesto. **18.** $2^3 \cdot 3^2 \cdot 25^3$ no es una factorización en primos porque 25 no es primo. La factorización en primos es $2^3 \cdot 3^2 \cdot 5^6$. **19. (a)** $2^{35} \cdot 3^{35} \cdot 7^{40}$
(b) $2^{200} \cdot 3^{40} \cdot 5^{200}$ **(c)** $2 \cdot 3^6 \cdot 5^{110}$ **(d)** 2311 **20.** 73

Conexiones matemáticas 5-4

Comunicación

1. En cualquier conjunto de tres números consecutivos hay un número que es divisible entre 3 y al menos uno de los tres es divisible entre 2. Por lo tanto, el producto deberá ser divisible entre 2 y entre 3 y, por lo mismo, entre 6.
3. No, no son correctos. Usar 3 y 4 está bien pues 1 es su único divisor común. Pero 2 y 6 tienen a 2 como divisor común. Al usar este criterio sólo se asegura que el número sea divisible entre 6. **5.** Sean $a = 2 \cdot 3 \cdot 5 \cdot 7$ y $b = 11 \cdot 13 \cdot 17 \cdot 19$. Entonces cada primo p menor o igual que 19 aparece en la factorización en primos de a o de b pero no en ambas. Si p está en la factorización prima de a, entonces $p|a$ pero $p \nmid b$ y, por lo tanto, $p \nmid a + b$. Un argumento similar vale si p está en la factorización en primos de b. **7.** Supón que n es compuesto y d es su mínimo divisor positivo distinto de 1. Necesitamos demostrar que d es primo. Si no es primo, entonces algún primo p menor que d dividirá a d y por lo tanto dividirá a n, lo que contradice el hecho de que d es el menor divisor de n mayor que 1.

Solución abierta

9. (a) Las respuestas varían. **(i)** 25 **(ii)** 21 **(b)** 13, en el intervalo 100–199 **(c) (i)** 8 **(ii)** 7 **(d)** Las respuestas pueden variar. **10. (a) (i)** $1 + 2 + 3 + 4 + 6 = 16$, de modo que 12 es abundante. **(ii)** $1 + 2 + 4 + 7 + 14 = 28$, de modo que 28 es perfecto. **(iii)** $1 + 5 + 7 = 13$, de modo que 35 es deficiente. **(b)** Las respuestas pueden variar; por ejemplo, 10 y 14 son deficientes, 18 es abundante, y 496 y 8128 son perfectos.

Aprendizaje colectivo

11. Los estudiantes deberán tener los primeros 23 números primos para el número de losetas; esto es, 2, 3, 5, 7, 11, 13, 17, 19, 23, 29, 31, 37, 41, 43, 47, 53, 59, 61, 67, 71, 73, 79, 83 losetas. Por lo tanto, el número de losetas es la suma de los primeros 23 números primos, el cual es de 874 losetas.

Preguntas del salón de clase

13. Beto tiene casi la idea correcta pero se necesita un poco de trabajo. Se deberá señalar que si un número no es divisible entre 2 y 3, entonces no puede ser divisible entre 6, de modo que no es necesario verificar el 6. También, si un número no es divisible entre 2, entonces no puede ser divisible entre 4 u 8, de modo que no se necesita verificar para 4 y 8. Después, si un número no es divisible entre 5, entonces no puede ser divisible entre 10, por lo que no es necesario verificar el 10. Así hemos recortado la lista de Beto en 2, 3 y 5, los cuales son todos primos. La criba de Eratóstenes la podemos usar para motivar este concepto. Después necesitamos explorar qué sucede cuando el número por verificar es mayor y mostrar que sólo verificar 2, 3 y 5 no es suficiente. Por ejemplo, verificar la divisibilidad entre 2, 3 y 5 no es suficiente para verificar si 169 es primo. Podemos usar la criba para mostrar que si queremos determinar si un entero positivo n es primo, sólo necesitamos verificar los primos p tales que $p^2 \le n$. **15.** Sólo los cuadrados perfectos tienen un número impar de divisores. Los cuadrados perfectos menores que 1000 son $1^2, 2^2, 3^2, \ldots, 31^2$. Por lo tanto, hay 31 cuadrados perfectos entre 1 y 1000 y por lo tanto hay 31 números con un número impar de divisores. En consecuencia, hay $1000 - 31 = 969$ números entre 1 y 1000 que tienen una cantidad par de divisores. **17.** El estudiante tiene razón. En toda sucesión de seis números consecutivos mayores que 3, sólo los números anterior y posterior a un múltiplo de 6 pueden ser primos. Por ejemplo, considera los números 17, 18, 19, 20, 21 y 22. 18, 20 y 22 son pares. 18 y 21 son múltiplos de 3. Sólo 17 y 19, los números anterior y posterior a 18 (múltiplo de 6), pueden ser primos. Todos los demás son múltiplos de 2 ó 3.

Problemas de repaso

19. (a) 2, 3, 6 **(b)** 2, 3, 5, 6, 9, 10 **21.** Sí, entre ocho personas; cada uno obtiene $422.

Evaluación 5-5A

1. (a) $D_{18} = \{1,2,3,6,9,18\}$
$D_{10} = \{1,2,5,10\}$
$MDC(18,10) = 2$
$M_{18} = \{18,36,54,72,90,\ldots\}$
$M_{10} = \{10,20,30,40,50,60,70,80,90,\ldots\}$
$MMC(18,10) = 90$

(b) $D_{24} = \{1,2,3,4,6,8,12,24\}$
$D_{36} = \{1,2,3,4,6,9,12,18,36\}$
$MDC(24,36) = 12$
$M_{24} = \{24,48,72,96,120,144,168,\ldots\}$
$M_{36} = \{36,72,108,144,180,\ldots\}$
$MMC(24,36) = 72$

(c) $D_8 = \{1,2,4,8\}$
$D_{24} = \{1,2,3,4,6,8,12,24\}$
$D_{52} = \{1,2,4,13,26,52\}$
$MDC(8,24,52) = 4$
$M_8 = \{8,16,24,32,40,48,56,64,72,80,88,96,\ldots\}$
$M_{24} = \{24,48,72,96,120,144,168,192,216,240,$
$264,288,312,\ldots\}$
$M_{52} = \{52,104,156,208,260,312,\ldots\}$
$MMC(8,24,52) = 312$

(d) $D_7 = \{1,7\}, D_9 = \{1,9\}$
$MDC(7,9) = 1$
$MMC(7,9) = 7 \cdot 9 = 63$
$M_7 = \{7, 14, 21, 28, 35, 42, 49, 56, 63, \ldots\}$
$M_9 = \{9, 18, 27, 36, 45, 54, 63, \ldots\}$

2. (a) $132 = 2^2 \cdot 3 \cdot 11$
$504 = 2^3 \cdot 3^2 \cdot 7$
$MDC(132,504) = 2^2 \cdot 3 = 12$
$MMC(132,504) = 2^3 \cdot 3^2 \cdot 7 \cdot 11 = 5544$

(b) $65 = 5 \cdot 13$
$1690 = 2 \cdot 5 \cdot 13^2$
$MDC(65,1690) = 5 \cdot 13 = 65$
$MMC(65,1690) = 2 \cdot 5 \cdot 13^2 = 1690$

(c) $96 = 2^5 \cdot 3$
$900 = 2^2 \cdot 3^2 \cdot 5^2$
$630 = 2 \cdot 3^2 \cdot 5 \cdot 7$
$MDC(96,900,630) = 2 \cdot 3 = 6$
$MMC(96,900,630) = 2^5 \cdot 3^2 \cdot 5^2 \cdot 7 = 50,400$

(d) $108 = 2^2 \cdot 3^3$
$360 = 2^3 \cdot 3^2 \cdot 5$
$MDC(108,360) = 2^2 \cdot 3^2 = 36$
$MMC(108,360) = 2^3 \cdot 3^3 \cdot 5 = 1080$

3. (a) $MDC(2924,220) = MDC(220,64) = MDC(64,28) = MDC(28,8) = MDC(8,4) = MDC(4,0) = 4$ **(b)** $MDC(14595,10856) = MDC(10856,3739) = MDC(3739,3378) = MDC(3378,361) = MDC(361,129) = MDC(129,103) = MDC(103,26) = MDC(26,25) = MDC(25,1) = 1$

4. (a) 72 **(b)** 1440 **(c)** 630 **(d)** $9^{100} \cdot 25^{100}$ ó $3^{200} \cdot 5^{200}$ ó 15^{200} **5. (a)** $220 \cdot 2924/4$, ó 160,820

(b) $14,595 \cdot 10,856/1$, ó 158,443,320

6. $MDC(6, 10) = 2$, $MMC(6, 10) = 30$

7. **(a)** $\text{MMC}(15,40,60) = 120\,\text{min} = 2\,\text{h}$, de modo que las alarmas de los relojes sonarán juntas a las 8:00 A.M. **(b)** no **8.** 24 **9.** 15 galletas **10.** 36 min **11.** Ellos deberán pasar el punto de partida después de $\text{MMC}(12,18,16) = 144$ min. **12.** **(a)** ab **(b)** $\text{MDC}(a,a) = a; \text{MMC}(a,a) = a$ **(c)** $\text{MDC}(a^2,a) = a, \text{MMC}(a^2,a) = a^2$ **(d)** $\text{MDC}(a,b) = a; \text{MMC}(a,b) = b$ **3.** **(a)** Verdadero, si a y b son pares, entonces $\text{MDC}(a,b) \geq 2$. **(b)** Verdadero, $\text{MDC}(a,b) = 2$ implica que a y b son pares. **(c)** Falso, el MDC podría ser múltiplo de 2; por ejemplo, $\text{MDC}(8,12) = 4$. **14.** **(a)** 15 **(b)** 1 **15.** $4 = 2^2$. Como 97,219,988,751 es impar, no tiene factores primos de 2. En consecuencia, 1 es el único divisor común y son primos relativos. **16.** El número 60 llamó **17.** $48 **18.** Dos paquetes de platos, cuatro de vasos y tres de servilletas

19. **(a)**

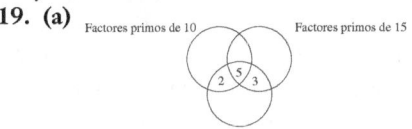

(b)

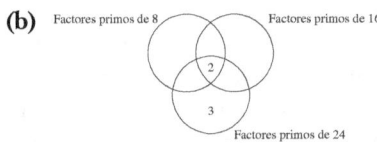

20. $1, 2, 2^2, 2^3, \ldots, 2^{20}$ **21.** **(a)** $6x^3y^3(2x + 3y)$ **(b)** $6x^2y^2z^2(2x + 3y^2z + 4x^2yz^2)$ **22.** **(a)** Siempre es verdadero; los divisores comunes de a y b son iguales que los divisores comunes de $|a|$ y b y son los mismos que los divisores comunes de $|a|$ y $|b|$. **(b)** Siempre es verdadero; mismo razonamiento que en la parte (a) **23.** (a) $\text{MDC}(10!,11!) = 10!$ y $\text{MMC}(10!,11!) = 11!$ **(b)** $\text{MDC}(10!,10!+1) = 1$ y $\text{MMC}(10!,10!+1) = 10!(10!+1)$ **24.** $5^9 = 1{,}953{,}125$ y $2^9 = 512$

Conexiones matemáticas 5-5

Comunicación

1. No, el conjunto de múltiplos comunes es infinito y por lo tanto no puede haber un máximo múltiplo común.
 3. No; por ejemplo, considera $\text{MDC}(2,4,10) = 2$. $\text{MMC}(2,4,10) = 20$, y el $\text{MDC} \cdot \text{MMC} = 2 \cdot 20 = 40$, mientras que $abc = 2 \cdot 4 \cdot 10 = 80$. **5.** No. Sean $a = 2 \cdot 3$, $b = 3 \cdot 5, c = 5 \cdot 7$. Entonces $\text{MDC}(a,b,c) = 1$, pero $\text{MDC}(a,b) = 3$ y $\text{MDC}(b,c) = 5$. **7.** El MMC es igual al producto de los números si, y sólo si, los números no tienen factores primos en común. Como $\text{MDC}(a,b) \cdot \text{MMC}(a,b) = ab, \text{MMC}(a,b) = ab$ si, y sólo si, $\text{MDC}(a,b) = 1$; esto es, a y b no tienen factores primos en común.
9. • $m = 6$ y $n = 9$; entonces $\text{MDC}(6,9) = 3$ y $\text{MMC}(6,9) = 18$. $\text{MDC}(15,18) = 3$.
 • $m = 7$ y $n = 11$; entonces $\text{MDC}(7,11) = 1$ y $\text{MMC}(7,11) = 77$. $\text{MDC}(18,77) = 1$.
 • $m = 8$ y $n = 16$; entonces $\text{MDC}(8,16) = 8$ y $\text{MMC}(8,16) = 16$. $\text{MDC}(24,16) = 8$.

Solución abierta

11. Las respuestas pueden variar. De la respuesta al problema 8 se sigue que $\text{MMC}(a,b) < ab$ si, y sólo si, $\text{MDC}(a,b) > 1$; esto es, si, y sólo si, a y b tienen al menos un primo en común.

Aprendizaje colectivo

13. Las respuestas pueden variar.

Preguntas del salón de clase

15. No tiene sentido hablar del mínimo divisor común de dos o más números ya que el mínimo divisor común de un conjunto de números es siempre 1. De manera análoga, no tiene sentido hablar del máximo múltiplo común de un conjunto de números ya que no hay un mayor múltiplo común pues el conjunto de múltiplos es infinito y por lo tanto no hay un mayor elemento. **17.** Para encontrar el MDC de fracciones, uno debe encontrar el MMC de los denominadores. Así, el MMC de un conjunto de denominadores es el menor denominador común. **19.** Hemos visto que $\text{MDC}(a,b) = \text{MDC}(a-b,b)$. Aplicando esto k veces, tenemos $\text{MDC}(a,b) = \text{MDC}(a-kb,b)$ para todos los enteros $k \geq 1$. También $\text{MDC}(a,b) = \text{MDC}(-a,b)$. Por lo tanto,

$$\begin{aligned}\text{MDC}(2132,534) &= \text{MDC}(2132 - 4 \cdot 534, 534) \\ &= \text{MDC}(^-4,534) \\ &= \text{MDC}(4,534) \\ &= 2\end{aligned}$$

Problemas de repaso

21. **(a)** 83,151; 83,451; 83,751 **(b)** 86,691 **(c)** 10,396 **23.** Las respuestas pueden variar. $30{,}030 = 2 \cdot 3 \cdot 5 \cdot 7 \cdot 11 \cdot 13$ **25.** 43

Evaluación 5-6A

1. 2:00 P.M. **2.** **(a)** 3 **(b)** 2 **(c)** 6 **(d)** 8 **(e)** 3 **(f)** 4 **(g)** No existe **(h)** 10 **3.** **(a)** 2 **(b)** 1 **(c)** 2 **(d)** 4 **(e)** 1 **(f)** 1 **(g)** 2 **(h)** 4
4. **(a)**

$\oplus$	1	2	3	4	5	6	7	8	9
1	2	3	4	5	6	7	8	9	1
2	3	4	5	6	7	8	9	1	2
3	4	5	6	7	8	9	1	2	3
4	5	6	7	8	9	1	2	3	4
5	6	7	8	9	1	2	3	4	5
6	7	8	9	1	2	3	4	5	6
7	8	9	1	2	3	4	5	6	7
8	9	1	2	3	4	5	6	7	8
9	1	2	3	4	5	6	7	8	9

(b) $5 \ominus 6 = 8, 2 \ominus 5 = 6$ **(c)** Todo problema de resta se puede escribir como un problema de suma, el cual siempre se puede resolver usando la tabla de sumar de 9 h.

5. (a)

⊗	1	2	3	4	5	6	7	8	9
1	1	2	3	4	5	6	7	8	9
2	2	4	6	8	1	3	5	7	9
3	3	6	9	3	6	9	3	6	9
4	4	8	3	7	2	6	1	5	9
5	5	1	6	2	7	3	8	4	9
6	6	3	9	6	3	9	6	3	9
7	7	5	3	1	8	6	4	2	9
8	8	7	6	5	4	3	2	1	9
9	9	9	9	9	9	9	9	9	9

(b) $3 \oplus 5 = 6; 4 \oplus 6$ no está definida.   **(c)** No, la división entre números diferentes de 9 no siempre es posible debido a que no en todas las filas (excepto la fila de la identidad) aparecen los números del 1 al 9.   **6. (a)** 3   **(b)** 2 **(c)** 1   **(d)** 1   **(e)** 1   **(f)** 4   **7. (a)** 2, 9, 16, 30   **(b)** 3, 10, 17, 24, 31   **(c)** $366 \equiv 2 \pmod 7$; Miércoles   **8. (a)** 4 **(b)** 0   **(c)** 0   **(d)** 7   **9. (a)** $x = 2k$, k es un entero. **(b)** $x - 1 = 2k$ implica $x = 2k + 1$, donde k es un entero. **(c)** $x - 3 = 5k$ implica $x = 3 + 5k$, donde k es un entero. **10.** Martes a las 2:00 A.M.   **11.** C

Conexiones matemáticas 5-6

Comunicación

1. (a) Sea *abcd* un número de cuatro dígitos, por ejemplo. Entonces $abcd = a10^3 + b10^2 + c10 + d = 10(100a + 10b + c) + d$. Nota que $10(100a + 10b + c) \equiv 0 \pmod{10}$; por lo tanto, $abcd \equiv d \pmod{10}$.   **(b)** 5   **(c)** Sea *abcd* un número de cuatro dígitos, por ejemplo. Entonces $abcd = a10^3 + b10^2 + c10 + d = 100(10a + b) + (c10 + d)$. Nota que $100(10a + b) \equiv 0 \pmod{100}$; por lo tanto, $abcd = cd \pmod{100}$.

Solución abierta

3. Sobre un reloj de 12 h, 12 es la identidad aditiva, mientras que para los enteros 0 es la identidad aditiva. Definimos $^-3$ como la solución de la ecuación $x + 3 = 12$. Como $9 + 3 = 12$, tenemos $^-3 = 9$. En general, si a es un número completo diferente a 12 en el reloj de 12 h, entonces $^-a = 12 - a$ y $^-12 = 12$. La última proposición es análoga a $^-0 = 0$ en los enteros. Las propiedades inversas aditivas tales como $^-(a + b) = {}^-a + {}^-b$ funcionan en el reloj.

Preguntas del salón de clase

5. Daniel tiene razón en que si interpretamos $\frac{1}{4}$ como $1 \oplus 4$, entonces $1 \oplus 4 = 4$ y $4 > 3$ pero $<$ y $>$ no tienen significado en la aritmética del reloj.   **7.** En un reloj de 5 h, el número 5 juega el papel del 0 en los enteros y es la identidad aditiva. Nota que $1 \oplus 5 = 1, 2 \oplus 5 = 2$, $3 \oplus 5 = 3, 4 \oplus 5 = 4$ y $5 \oplus 5 = 5$. Como la suma en el reloj de 5 h es conmutativa, cada una de estas sumas puede ser invertida.

Revisión del capítulo

1. (a) $^-3$ **(b)** a **(c)** -1 **(d)** $^-x - y$ **(e)** $x - y$ **(f)** $x + y$ **(g)** 32   **(h)** 32   **2. (a)** $^-7$ **(b)** 8   **(c)** 8 **(d)** 0   **(e)** 8   **(f)** 15   **3. (a)** 3   **(b)** $^-5$ **(c)** Cualquier entero excepto el 0   **(d)** Ningún entero funcionará.   **(e)** $^-41$ **(f)** Cualquier entero   **4.** $2(^-3) = {}^-6; 1(^-3) = {}^-3;$ $0(^-3) = 0$; si el patrón continúa, entonces $^-1(^-3) = 3;$ $^-2(^-3) = 6.$ **5. (a)** $10 - 5 = 5$ **(b)** $1 - (^-2) = 3$ **6. (a)** ^-x **(b)** $y - x$ **(c)** $3x - 1$ **(d)** $2x^2$ **(e)** 0 **(f)** $^-x^2 - 6x - 9$ **(g)** $4 - x^2$ **7. (a)** ^-2x **(b)** $x(x + 1)$ **(c)** $(x - 6)(x + 6)$ **(d)** $(9y^2 + 4x^2)(3y - 2x)(3y + 2x)$ **(e)** $5(1 + x)$ **(f)** $(x - y)x$ **8. (a)** Falso; no es positivo para $x = 0$.   **(b)** Falso, si un valor es positivo y otro negativo **(c)** Falso, sean $a = 2, b = {}^-5$ **(d)** verdadero   **9. (a)** $1 \div 2 \neq 2 \div 1$ **(b)** $3 - (4 - 5) \neq (3 - 4) - 5$ **(c)** $1 \div 2$ no es un entero.   **(d)** $8 \div (4 - 2) \neq (8 \div 4) - (8 \div 2)$ **10. (a)** $^-10$ **(b)** $^-2^{99}$ **(c)** 2^{89} **(d)** 0   **(e)** 3 ó $^-3$ **(f)** $x \leq 0$; esto es, $0, {}^-1, {}^-2, {}^-3, \ldots$ **(g)** $x \geq 4$ ó $x \leq {}^-4$; esto es, $\{\ldots {}^-6, {}^-5, {}^-4\} \cup \{4, 5, 6, 7, \ldots\}$ **(h)** $x = 11$ ó $^-9$ **11. (a)** $^-1, 1, {}^-1, 1, {}^-1, 1$ **(b)** $0, 2, 0, 4, 0, 6$ **(c)** $^-2, 4, {}^-8,$ $16, {}^-32, 64$ **(d)** $^-5, {}^-8, {}^-11, {}^-14, {}^-17, {}^-20$ **12. (a)** Geométrica, radio $^-1$ **(c)** Geométrica, radio $^-2$ **(d)** Aritmética, diferencia $^-3$ **13. (a)** falso   **(b)** falso   **(c)** verdadero   **(d)** Falso; 12, por ejemplo   **(e)** Falso; 9, por ejemplo   **14. (a)** Falso; $7|7$ y $7 \nmid 3$, aunque $7|3 \cdot 7$.   **(b)** Falso; $3 \nmid (3 + 4)$, pero $3|3$ y $3 \nmid 4$.   **(c)** verdadero   **(d)** verdadero   **(e)** Falso; $4 \nmid 2$ y $4 \nmid 22$, pero $4|44$.   **15. (a)** Divisible entre 2, 3, 4, 5, 6, 8, 9, 11 **(b)** Divisible entre 3, 11   **16.** Si 10,007 es primo, $17 \nmid 10,007$. Sabemos que $17|17$, de modo que $17 \nmid (10,007 + 17)$ por el teorema 5–13(b).   **17. (a)** 87$\underline{2}$4; 87$\underline{5}$4; 87$\underline{8}$4   **(b)** 4$\underline{1}$,856; 4$\underline{4}$,856; 4$\underline{7}$,856   **(c)** 87,$\underline{1}$74; 87,$\underline{4}$64; 87,$\underline{7}$54   **18. (a)** La afirmación del estudiante es verdadera. Los ejemplos varían. **(b)** Sea n un entero. Entonces $n + (n + 1) + (n + 2) +$ $(n + 3) + (n + 4) = 5n + 10 = 5(n + 2)$. Así, la suma es divisible entre 5.   **19. (a)** compuesto   **(b)** primo   **20.** Verifica la divisibilidad entre 3 y 8, 24|4152.   **21.** No, son lo mismo si los números son iguales.   **22.** $\mathrm{MMC}(a, b, c) = \mathrm{MMC}(m, c),$ donde $m = \mathrm{MMC}(a, b),$ $\mathrm{MMC}(a, b) = \dfrac{ab}{\mathrm{MDC}(a, b)}$ y $\mathrm{MMC}(m, c) = \dfrac{mc}{\mathrm{MDC}(m, c)}$. Cada uno de estos MDC puede hallarse usando el algoritmo de Euclides.   **23.** El número no es divisible entre 2, 3, 5, 7, 11 y 13 pues cada uno de estos primos divide un producto en la suma $2 \cdot 3 \cdot 5 \cdot 7 + 11 \cdot 13$ pero no el otro. El estudiante verificó que $17 \nmid 353$ y como $19^2 = 361 > 353$, no se necesita verificar para otros primos. **24. (a)** 4   **(b)** 73   **25. (a)** $2^4 \cdot 5^3 \cdot 7^4 \cdot 13 \cdot 29$ **(b)** 77,562 **26.** Las respuestas pueden variar; por ejemplo, 16. Para obtener cinco divisores elevamos el primo (2) a la potencia $(5 - 1)$.   **27.** 1, 2, 3, 4, 6, 8, 9, 12, 16, 18, 24, 36, 48, 72, 144 **28. (a)** $2^2 \cdot 43$ **(b)** $2^5 \cdot 3^2$ **(c)** $2^2 \cdot 5 \cdot 13$ **(d)** $3 \cdot 37$ **29.** El MMC de todos los enteros positivos menores o iguales a 10 es $2^3 \cdot 3^2 \cdot 5 \cdot 7$, ó 2520.   **30.** \$0.31   **31.** 9:30 A.M.

32. Sabemos que el $\text{MDC}(a, b) \cdot \text{MMC}(a, b) = ab$. Como $\text{MDC}(a, b) = 1$, entonces $\text{MMC}(a, b) = ab$. **33.** 5 paquetes **34.** 15 min   **35.** 71 capuchinos. Como $9869 = 71 \cdot 139$ y 71 así como 139 son primos, ella vendió 71 capuchinos a \$1.39 cada uno.   **36. (a)** $2^{10} \cdot 3^{10}$

(b) $(2 \cdot 17)^n = 2^n \cdot 17^n$ **(c)** 97^4 pues 97 es primo

(d) $(2^3)^4 \cdot (2 \cdot 3)^3 \cdot (2 \cdot 13)^2$
$= 2^{12} \cdot 2^3 \cdot 3^3 \cdot 2^2 \cdot 13^2$
$= 2^{17} \cdot 3^3 \cdot 13^2$

(e) $2^3 \cdot 3^2(1 + 2 \cdot 3 \cdot 7) = 2^3 \cdot 3^2 \cdot 43$

(f) $2^4 \cdot 5^6(3 \cdot 5 + 1) = 2^8 \cdot 5^6$ **37.** Por el algoritmo de la división todo número primo mayor que 3 se puede escribir de la forma $12q + r$, donde $r = 1, 5, 7$ u 11 pues para cualquier otro valor de $r, 12q + r$ es un número compuesto ya que 12 y r compartirán un factor común, lo cual implica que no es primo. **38.** $n = a \cdot 10^2 + b \cdot 10 + c$
$n = a(99 + 1) + b(9 + 1) + c$
$n = 99a + 9b + c + b + a$
Como $9 | 99a$ y $9 | 9b$, entonces $9 | [99a + 9b + (a + b + c)]$ si, y sólo si, $9 | (a + b + c)$. **39.** Primero mostramos que entre tres enteros impares consecutivos cualesquiera, siempre hay uno que es divisible entre 3. Para ello, supón que el primero de la terna no es divisible entre 3. Entonces por el algoritmo de la división ese entero puede escribirse de la forma $3n + 1$ ó $3n + 2$ para algún entero n. Entonces los tres enteros impares consecutivos son $3n + 1, 3n + 3, 3n + 5$ ó $3n + 2, 3n + 4, 3n + 6$. En la primera terna, $3n + 3$ es divisible entre 3, y en la segunda, $3n + 6$ es divisible entre 3. Esto implica que si el primer entero impar es mayor que 3 y no es divisible entre 3, entonces el segundo o el tercero debe ser divisible entre 3, y por lo tanto, no pueden ser primos. **40.** Viernes **41.** mod 360. Cubriría toda el área rodeando el faro.

Respuestas a Ahora intenta éste

5-1. (a) sí   **(b)** Depende de los valores de los números.
(c)

5-2. (a) Como $x \le 0$, $|x| = {}^-x$ y $|x| + x = {}^-x + x = 0$.
(b) Como $x \le 0$, $^-|x| + x = {}^-({}^-x) + x = 2x$.
(c) Como $x \ge 0$, $^-|x| + x = {}^-x + x = 0$.
5-3. (a) Las respuestas pueden variar. Por ejemplo, un servicio de mensajería trae tres cartas, una con un cheque de \$23 y las otras dos con cuentas de \$13 y \$12, respectivamente. ¿Eres más pobre o más rico?, ¿en cuánto?   **(b)** Las respuestas pueden variar. Por ejemplo, un servicio de mensajería te trae un cheque por \$18 y se lleva una cuenta de \$37 que estaba dirigida a otra persona. ¿Eres más pobre o más rico?, ¿en cuánto?   **5-4. (a)** Sí, porque $a - b = a + {}^-b$ y la suma de dos enteros es un entero.   **(b)** Ninguna de las propiedades es válida para los enteros pues:
$$a - b \ne b - a \text{ (si } a \ne b)$$
$$(a - b) - c \ne a - (b - c) \text{ (si } c \ne 0)$$

No existe un solo entero i tal que para todos los enteros $a - i = a$ e $i - a = a$ (la primera ecuación implica que $i = 0$ pero 0 no satisface la segunda ecuación).
5-5. (a) $101 \cdot 99 = (100 + 1)(100 - 1) = 100^2 - 1^2 = 10{,}000 - 1 = 9999$ **(b)** $22 \cdot 18 = (20 + 2)(20 - 2) = 20^2 - 2^2 = 400 - 4 = 396$ **(c)** $24 \cdot 36 = (30 - 6)(30 + 6) = 30^2 - 6^2 = 900 - 36 = 864$
(d) $998 \cdot 1002 = (1000 - 2)(1000 + 2) = 1000^2 - 2^2 = 1{,}000{,}000 - 4 = 999{,}996$ **5-6.** $a \div 0 = x$ si, y sólo si, $0 \cdot x = a$ y x es único. Como $0 \cdot x = 0$ para todos los enteros x, la ecuación no tiene solución si $a \ne 0$. Si $a = 0$, entonces para todos los enteros $x, 0 \cdot x = 0$. Como la solución no es única, $0 \div 0$ no está definida.
5-7.

(a) Una recta   (b) Una recta

(c) Un ángulo recto   (d) Un cuadrado

5-8. Si $5 \nmid a$ y $5 \nmid b$, entonces $5 \nmid (a + b)$ no es verdadera. Por ejemplo, $5 \nmid 8$ y $5 \nmid 12$ pero $5 | (8 + 12)$. Por otro lado, $5 \nmid 7$ y $5 \nmid 12$ y $5 \nmid (7 + 12)$.   **5-9.** Sí, es cierto. Si $3 | x$, entonces 3 divide a cualquier múltiplo de x, en particular $3 | xy$.
5-10. $1 + 2 + 5 + 0 + 6 + 5 = 19$, de modo que debemos hallar números x y y tales que $9 | [19 + (x + y)]$. Cualesquier dos números que sumen 8 ó 17 van a satisfacer esto. Por lo tanto, los espacios en blanco se pueden llenar con 8 y 9, ó 9 y 8, o las parejas $(8, 0), (0, 8), (1, 7), (7, 1), (2, 6), (6, 2), (3, 5), (5, 3), (4, 4)$.
5-11. (a) Las respuestas pueden variar. Por ejemplo, sólo hay números cuadrados listados en la columna 3; 2 es el único número par que aparecerá en la columna 2; y la columna 2 contiene números primos. Las potencias de 2 aparecen en columnas sucesivas.   **(b)** No habrá más números en la columna 1 pues el 1 es el único número con sólo un factor positivo. Los otros números tienen al menos el mismo número y 1. **(c)** 49, 121, 169 **(d)** 64
(e) Los números cuadrados tienen un número impar de factores. Los factores se presentan en pares; por ejemplo, para 16 tenemos 1 y 16, 2 y 8, y 4 y 4. cuando listamos los factores, listamos sólo los factores distintos, de modo que 4 no se lista dos veces, lo cual hace que el número de factores de 16 sea un número impar. Un razonamiento análogo es válido para todos los números cuadrados. **5-12. (a)** Cuando obtenemos como respuesta un número completo, significa que el número con el que empezaste es divisible entre el número por el que dividiste. **(b)** 2261 es divisible entre 17 y 19 y por lo tanto la elección del color no está determinada de manera única.   **5-13. (a)** 1, 2, 3, 6, 9

(b) 1, 2, 3, 4, 6, 8 **(c)** Sólo se pueden usar barras blancas para formar un tren de un solo color, para números primos si se deben usar dos o más barras.   **(d)** El número debe tener al menos 8 factores: 1, 2, 3, 5, 6, 10, 15, 30. **5-14. (a)** No, pues los múltiplos de 2 tienen a 2 como factor **(b)** Los múltiplos de 3: $\{3, 6, 9, 12, 15, \dots\}$ **(c)** Los múltiplos de 5: $\{5, 10, 15, 20, \dots\}$ **(d)** Los múltiplos de 7: $\{7, 14, 21, \dots\}$ **(e)** Sólo tenemos que verificar la divisibilidad entre 2, 3, 5 y 7. **5-15.** Se pueden usar las barras de 1, 2, 3 y 6 a fin de construir los trenes para 24 y 30. El mayor de éstos es 6, de modo que $\text{MDC}(24, 30) = 6$.
5-16. (a) En el área de la izquierda están los factores de 24 que no son factores de 40. En el centro o intersección de las áreas están los factores de 24 y 40. En el área de la derecha están los factores de 40 que no son factores de 24.   **(b)** 8

(c)

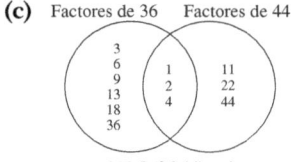

Factores de 36   Factores de 44

$\text{MDC}(36, 44) = 4$

5-17. Múltiplos de 8   Múltiplos de 12

$\text{MMC}(8, 12) = 24$

5-18. (a) Sí   **(b)** Sí, 12 es la identidad.   **(c)** Sí

Respuestas a los Rompecabezas

Sección 5-1

$123 - 45 - 67 + 89 = 100$

Sección 5-2

Página 280   Las respuestas pueden variar. $1 = 4^4/4^4$; $2 = (4 \cdot 4)/(4 + 4)$; $3 = 4 - (4/4)^4$; $4 = [(4 - 4)/4] + 4$; $5 = 4 + 4^{(4-4)}$; $6 = 4 + [(4 + 4)/4]$; $7 = (44/4) - 4$; $8 = [(4 + 4)/4] \cdot 4$; $9 = 4 + 4 + 4/4$; $10 = (44 - 4)/4$

Página 285   0 pues $(x - x) = 0$

Sección 5-3

Página 295   La parte de la explicación que es incorrecta es la división entre $(e - a - d)$, la cual es igual a 0. Dividir entre 0 es imposible.

Página 300   El número es 381-65-4729.

Sección 5-4

Suponiendo que las edades son números completos, listamos la descomposición de 2450 en tres factores, cada uno seguido por la suma de los tres factores.

1, 1, 2450	2452	1, 2, 1225	1228
1, 5, 490	496	1, 7, 350	358
1, 10, 245	256	1, 14, 175	190
1, 35, 70	106	1, 25, 98	124
1, 49, 50	100	2, 5, 245	252
2, 25, 49	76	2, 7, 175	184
2, 35, 35	72	5, 14, 35	54
5, 10, 49	**64**	5, 5, 98	108
5, 7, 70	82	**7, 7, 50**	**64**
7, 10, 35	52		
7, 14, 25	46		

Las únicas sumas de tres factores que aparecen más de una vez se indican en negritas. Si todas las sumas fueran diferentes, Natalia sabría la respuesta pues le dijeron que la suma era el doble de su edad. Como ella necesitó más información, podemos concluir que su edad es 32 y las edades de las amigas de Yoli son 5, 10 y 49 ó 7, 7 y 50. Que Natalia determinara la respuesta después que Yoli dijera que es por lo menos un año menor que la mayor de sus tres amigas eliminó 5, 10, 49 entre estas edades. Si la edad de Yoli era 48 o menos, Natalia seguiría necesitando más información. Por lo tanto, las edades de las amigas deben ser 7, 7 y 50 y Yoli tiene 49 años.

Sección 5-5

Si n es el ancho y m es el largo del rectángulo, entonces el número de cuadrados que cruza la diagonal es $(n + m) - \text{MDC}(n, m)$ o $(n + m) - 1$.

Sección 5-6

No hay primos en la lista.

Respuestas a las Actividades del laboratorio

Sección 5-4

Sí, cada uno de los primos que están sobre la diagonal se pueden obtener de la fórmula. El razonamiento es el siguiente: Debido a la estructura geométrica de la espiral, la "distancia" del centro del cuadrado (donde se localiza el 41) al siguiente cuadrado sobre la diagonal a lo largo de la espiral son 2 pasos. De ahí al siguiente en la diagonal a lo largo de la espiral, son 4 pasos y de ahí al siguiente son 6 pasos, y así sucesivamente. En general, de cualquier punto sobre la diagonal al siguiente sobre la diagonal a lo largo de la espiral son 2 pasos más de lo que tomaría tratar de alcanzar el punto previo sobre la diagonal. Se puede verificar que la fórmula $n^2 + n + 41$ halla los primos para $0 \leq n \leq 39$ (no hay otra manera conocida de hacerlo).

Para $n = 0$, obtenemos 41. Cada vez que $n^2 + n + 41$ es conocida, el siguiente número resultado de la fórmula es $(n + 1)^2 + (n + 1) + 41 = (n^2 + n + 41) + 2(n + 1)$. Por lo tanto, cada vez que $n^2 + n + 41$ halla un primo con $0 \leq n \leq 38$, el siguiente primo que se obtiene de la fórmula está a $2n + 2$ pasos y, por lo tanto, como se explicó anteriormente, sobre la diagonal. Nota que la espiral se puede continuar con sólo primos en la diagonal llegando a $n = 39$, esto es, hasta obtener $39^2 + 39 + 41$, ó 1601. Para $n = 40$, obtenemos $1601 + 2(39 + 1)$, ó $1681 = 41^2$, que estará sobre la diagonal (con $2 \cdot 40$ pasos fuera del 1601) pero no es primo.

Respuestas al Rincón de la tecnología

Sección 5-1

1. Los registros de la columna A son 4 mientras que los registros de la columna B comienzan con 3 y decrecen en 1. La suma de las columnas A y B se coloca en la columna C comenzando con 7. Los registros en la columna C son los enteros en orden decreciente comenzando con 7. Los patrones muestran que la suma de dos números positivos es positiva. La suma de un número positivo y uno negativo es positiva si el número positivo es mayor que el valor absoluto del número negativo. La suma es 0 si ambos números tienen el mismo valor absoluto. En caso contrario, la suma es negativa. Se pueden obtener los resultados análogos si la columna A se cambia a $^-4$.
2. (a) La gráfica debe aparecer como se muestra a continuación.

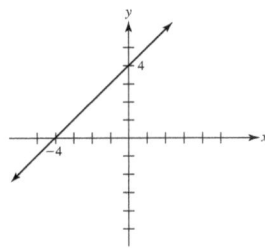

(b) Cuando x es menor que $^-4$, los valores y son negativos; cuando $x = {}^-4$, $y = 0$; cuando x es mayor que $^-4$, los valores y son positivos.

Sección 5-2

El producto de dos números negativos es un número positivo. Los números en la columna C son cuadrados perfectos.

Sección 5-5

1. La intersección está formada con los primeros doce múltiplos de 12.
2. Sólo necesitas llenar hasta el 47. **3. (a)** 180
(b) Necesitas usar una de las técnicas presentadas en la sección para hallar MMC (6, 9, 12, 15).

Respuesta al Problema preliminar

La fórmula de diferencia de cuadrados la podemos usar para resolver este problema. Reescribimos la expresión dada como sigue para obtener una suma que es familiar en el capítulo 1:

$$50^2 - 49^2 + 48^2 - 47^2 + \ldots + 2^2 - 1^2 =$$
$$(50^2 - 49^2) + (48^2 - 47^2) + \ldots + (2^2 - 1^2)$$
$$= (50 - 49)(50 + 49) + (48 - 47)(48 + 47) +$$
$$\ldots + (4 - 3)(4 + 3) + (2 - 1)(2 + 1)$$
$$= 1(50 + 49) + 1(48 + 47) + \ldots$$
$$+ 1(4 + 3) + 1(2 + 1)$$
$$= 50 + 49 + 48 + 47 + 46 + \ldots + 3 + 2 + 1$$

En este punto podemos usar el trabajo realizado con el problema de Gauss en el capítulo 1 para encontrar la suma de los enteros que van de 1 a 50. $51(50)/2 = 1275$ y, por lo tanto, el valor de la expresión inicial es 1275.

Capítulo 6

Evaluación 6-1A

1. (a) La solución a $8x = 7$ es $\frac{7}{8}$. **(b)** Juana comió $\frac{7}{8}$ de la pizza. **(c)** La razón de niños a niñas es 7 a 8.

2. (a) $\frac{1}{6}$ **(b)** $\frac{1}{4}$ **(c)** $\frac{2}{6}$ ó $\frac{1}{3}$ **(d)** $\frac{7}{12}$ **3. (a)** $\frac{2}{3}$ **(b)** $\frac{4}{6}$ ó $\frac{2}{3}$ **(c)** $\frac{6}{9}$ ó $\frac{2}{3}$ **(d)** $\frac{8}{12}$ ó $\frac{2}{3}$. El diagrama ilustra La Ley Fundamental de las Fracciones. **4. (a)** no, partes iguales no **(b)** sí **(c)** sí

5. (a) ▦ $\frac{2}{8}$ **(b)** ◉ $\frac{3}{9}$ **(c)** ⬡ $\frac{3}{6}$

6. (a) $\frac{9}{24}$ ó $\frac{3}{8}$ **(b)** $\frac{12}{24}$ ó $\frac{1}{2}$ **(c)** $\frac{4}{24}$ ó $\frac{1}{6}$ **(d)** $\frac{8}{24}$ ó $\frac{1}{3}$

7. (a) $\frac{4}{18}, \frac{6}{27}, \frac{8}{36}$ **(b)** $\frac{^-4}{10}, \frac{2}{^-5}, \frac{^-10}{25}$ **(c)** $\frac{0}{1}, \frac{0}{2}, \frac{0}{4}$ **(d)** $\frac{2a}{4}, \frac{3a}{6}, \frac{4a}{8}$ **8. (a)** $\frac{52}{31}$ **(b)** $\frac{3}{5}$ **(c)** $\frac{^-5}{7}$

9. (a) indefinida **(b)** indefinida **(c)** 0 **(d)** no se puede simplificar **(e)** no se puede simplificar

10. (a) $\frac{a - b}{3}, a \neq {}^-b$ **(b)** $\frac{2x}{9y}, x \neq 0, y \neq 0$

11. (a) igual **(b)** igual **12. (a)** no es igual **(b)** no es igual

13. ▦ → ▦ **14.** $\frac{36}{48}$

15. 🌡 **16. (a)** $\frac{32}{3}$ **(b)** $^-36$

Créditos de la edición en inglés

Executive Editor   Anne Kelly
Acquisitions Editor   Marnie Greenhut
Executive Project Manager   Christine O'Brien
Senior Project Editor   Joanne Dill
Assistant Editor   Leah Goldberg
Editorial Assistant   Leah Driska
Senior Managing Editor   Karen Wernholm
Senior Production Supervisor   Kathleen A. Manley
Senior Designer   Barbara T. Atkinson
Executive Media Manager   Peter Silvia
Software Development   Eileen Moore (Math XL), Marty Wright (TestGen)
Executive Marketing Manager   Becky Anderson
Marketing Assistant   Katherine Minton
Senior Author Support/Technology Specialist   Joe Vetere
Rights and Permissions Advisor   Shannon Barbe
Manufacturing Manager   Evelyn Beaton
Cover and Text Design   Susan Raymond
Production Coordination, Composition, and Illustrations   Pre-Press PMG

ÍNDICE

Glosario de símbolos

símbolo	significado
$=$	igual a
a_n	término n-ésimo de una sucesión
a^n	a a la potencia n
S_n	suma de los primeros n términos de la sucesión
$p \vee q$	p o q
$\neg p$	negación de p
$p \wedge q$	p y q
$\equiv$	logicamente equivalente
$p \rightarrow q$	p implica q
$p \leftrightarrow q$	p implica q y q implica p
4_{cinco}	4 base cinco
$O2D_{\text{doce}}$	en base diez significa $11 \cdot 12^2 + 2 \cdot 12^1 + 10 \cdot 1$
$\{a, b, c\}$	conjunto que contiene los elementos a, b, y c
$\{x \mid \ldots\}$	notación constructora de conjuntos
$\in$	es un elemento de
$\notin$	no es un elemento de
$\varnothing$ o $\{\ \}$	conjunto vacío
$\subset$	es un subconjunto propio de
$\subseteq$	es un subconjunto de
$\cup$	unión de conjuntos
$\cap$	intersección de conjuntos
U	conjunto universal
$\overline{A}$	el complemento de A
$B - A$	diferencia de conjuntos o el complemento de A respecto a B
$A \sim B$	el conjunto A es equivalente al conjunto B
$A \times B$	producto cartesiano de los conjuntos A y B
$n(C)$	número cardinal del conjunto C
$>$	mayor que

símbolo	significado
$<$	menor que
$\geq$	mayor o igual que
$\leq$	menor o igual que
$f(x)$	f de x, valor de f en x
(a, b)	par ordenado
$(g \circ f)(x)$	$g(f(x))$
^{-}a	opuesto de a o el inverso aditivo de a
$\lvert a \rvert$	valor absoluto de a
$a \mid b$	a divide a b
$a \nmid b$	a no divide a b
$\sqrt{}$	raíz cuadrada principal
MDC	máximo divisor común
MMC	mínimo múltiplo común
$\oplus \otimes, \ominus, \oslash$	operaciones aritméticas en reloj
$a \equiv b \ (\text{mod } n)$	a es congruente con b módulo n
$\dfrac{a}{b}$	fracción "a sobre b" o razón ($b \neq 0$) $a \div b$
$5\dfrac{3}{4}$	fracción mixta $5 + \dfrac{3}{4}$
a^0	$1, a \neq 0$
a^{-n}	$\dfrac{1}{a^n}, a \neq 0$
$\doteq$	aproximadamente igual
$\approx$	aproximadamente igual
$0.\overline{18}$	decimal periódico $0.18181818\ldots$
$\sqrt[n]{}$	la raíz n-ésima
$a^{\frac{1}{n}}$	raíz n-ésima de a
$a^{\frac{m}{n}}$	$\sqrt[n]{a^m}$
$\%$	porcentaje
$P(E)$	probabilidad de un evento
$n(E)$	números de elementos en E
$P(\overline{A})$	probabilidad del complemento de A

símbolo	significado
$n!$	n factorial, es igual a $n(n-1)(n-2) \cdot \ldots \cdot 3 \cdot 2 \cdot 1$ para $n \geq 1$
$0!$	cero factorial, que es igual a 1
$_nP_r$	número de permutaciones de n objetos escogiendo r cada vez
$_nC_r$	número de combinaciones de n objetos escogiendo r cada vez
$P(B|A)$	probailidad condicional de que ocurra el evento B dado que ocurrió A
E	esperanza matemática
$\bar{x}$	la media aritmética de una sucesión de números
DAM	desviación absoluta media
ν	varianza
s	desviación común (*standard*)
RIQ	rango intercuartil
Q_n	cuartil n-ésimo
D_n	decil n-ésimo
P_n	percentil n-ésimo
$A, B, C, \ldots$	puntos
l, m, n	rectas
$\overleftrightarrow{AB}$	recta que pasa por A y B
$\overrightarrow{AB}$	rayo AB
$\overline{AB}$	segmento AB
AB	longitud del segmento $\overline{AB}$
$m \parallel n$	m es paralela a n
$\angle BAC$	ángulo BAC
$^\circ$	símbolo de grado
$'$	símbolo de minutos
$''$	símbolo de segundos
$m(\angle BAC)$	medición de $\angle BAC$
$\perp$	es perpendicular a

símbolo	significado
$\lrcorner$	ángulo recto o de 90°
$\cong$	es congruente al
$\overset{\frown}{AB}$	arco menor que conecta A con B a lo largo de un círculo
$\overset{\frown}{ACB}$	arco mayor
$\triangle ABC$	triángulo ABC
$\sim$	es similar a
$y = mx + b$	forma pendiente-ordenada al origen de una recta no vertical
m	pendiente de una recta
b	cruce en y u ordenada al origen
k	kilo (1000)
c	centi (0.01)
m	mili (0.001)
km	kilómetro
m	metro
cm	centímetro (0.01 m)
mm	milímetro (0.001 m)
π	pi, la razón entre la circunferencia y el diámetro de un círculo
100°C	100 grados Celsius
32°F	32 grados Fahrenheit
L	litro
g	gramo
V	volumen
S.A.	área de superficie
A'	la imagen de A
$(x, y) \rightarrow$ $(x + a, y + b)$	una translación que mueve (x, y) a $(x + a, y + b)$

www.ingramcontent.com/pod-product-compliance
Lightning Source LLC
Chambersburg PA
CBHW080615190526
45169CB00009B/3195